網路概論

黃謝璋　編著

全華圖書股份有限公司　印行

國家圖書館出版品預行編目資料

網路概論 / 黃謝璋編著. -- 初版. -- 新北市 : 全華圖書, 2020.09
面 ; 公分
ISBN 978-986-503-483-2(平裝)

1.電腦網路

312.16 109013723

網路概論

作者 / 黃謝璋
執行編輯 / 王詩蕙
發行人 / 陳本源
出版者 / 全華圖書股份有限公司
郵政帳號 / 0100836-1 號
印刷者 / 宏懋打字印刷股份有限公司
圖書編號 / 06451
初版一刷 / 2020 年 09 月
定價 / 新台幣 520 元
ISBN / 978-986-503-483-2(平裝)
全華圖書 / www.chwa.com.tw
全華網路書店 Open Tech / www.opentech.com.tw
若您對書籍內容、排版印刷有任何問題，歡迎來信指導 book@chwa.com.tw

臺北總公司(北區營業處)
地址：23671 新北市土城區忠義路 21 號
電話：(02) 2262-5666
傳真：(02) 6637-3695、6637-3696

南區營業處
地址：80769 高雄市三民區應安街 12 號
電話：(07) 381-1377
傳真：(07) 862-5562

中區營業處
地址：40256 臺中市南區樹義一巷 26 號
電話：(04) 2261-8485
傳真：(04) 3600-9806

網路的書籍大量充斥在坊間，而筆者將求學、管理學校網路、管理校務系統、學術研究及教書二十多年的心得集結成書，除了教學上的方便，主要希望同學可以在上課時不需要抄筆記，可以集中精神了解課文及提問；本書除了可以當作上課教材外，更希望能幫助有心想學習網路相關知識的讀者，全華圖書股份有限公司給了筆者機會，使得本書可以上市，歷經了數月，終於寫完了！

相關資訊請參閱筆者網站；本書幾經校對，若有任何疏漏與錯誤，蒙各位先進不吝指正及賜教，不勝感激。

感謝黎明技術學院母校的栽培，還有全華圖書公司、編輯部所有伙伴及劉義德先生的幫忙，謹此一併致謝幫助過筆者的朋友，謝謝您們！更感謝家人的體諒。

黃謝璋

E-mail：sanmic.huang@gmail.com

Web site：sanmic.lit.edu.tw

於新莊家中 2020/09

Preface

Chapter3 網際網路

Contents

Contents

Contents

Contents

Contents

Chapter14 廣域網路

Chapter15 電子商務

Contents

Chapter 01

資料通信原理

學習目標

1-1 通訊系統單元
1-2 頻譜
1-3 頻寬
1-4 訊號
1-5 數位通信系統的主要功能指標
1-6 類比信號數位化
1-7 週期性與非週期性訊號
1-8 訊號傳輸的方式
1-9 傅利葉分析
1-10 雜訊
1-11 網路上傳送資料的單位
1-12 錯誤偵測技術
1-13 資料傳送的方式
1-14 多工技術
1-15 基頻與寬頻傳輸
1-16 單投、多投及廣播傳輸
1-17 並列與串列傳輸
1-18 同步與非同步傳輸
1-19 連結導向及非連結導向
1-20 網路測量單位
1-21 鮑率

本章節是本書中最基本，也是最基礎的部份，筆者將大部份的基本技術及觀念在此章分析比較說明，並且以圖表的方式呈現以利讀者閱讀，內容有通訊系統單元、訊號 (Signal)、傅利葉分析、雜訊 (Noise)、網路上傳送資料的單位、錯誤偵測技術、資料傳送的方式、網路測量單位。

1-1 通訊系統單元

通信的主要目的在於將資料從傳送端 (Sender)/ 來源端 (Source) 傳送到接收端 (Receiver)/ 目的端 (Destination)，如圖 1-1 所示，達到訊息的傳遞，一個完整通信系統的主要元件，包括傳送端、接收端、轉送資料的介面 (Interface) 以及傳送資料的實際通道 (Channel) 或媒體 (Media)。傳送與接收資料的節點 (Node) 稱爲資料終端設備 (Data Terminal Equipment，DTE)，例如：個人電腦 (PC，Personal Computer)、工作站 (Workstation) 等等。資料到達目的地之前，可能需經過一些中間節點，它們負責轉送資料，使資料能迅速、正確地前進，送達目的地，這些中間節點稱爲資料交換設備 (Data Switching Equipment，DSE)。

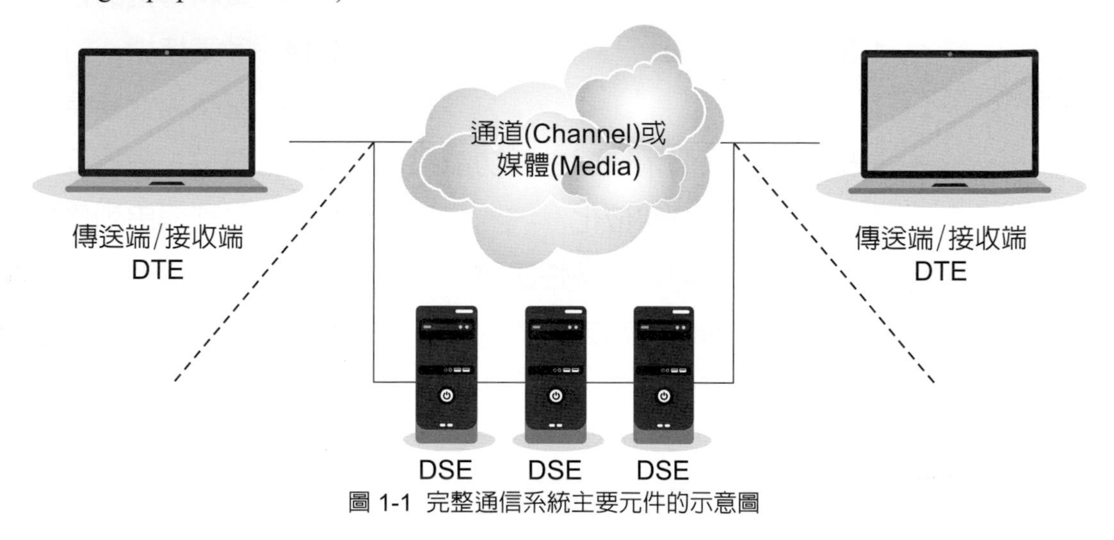

圖 1-1 完整通信系統主要元件的示意圖

當資料終端節點 (DTE) 把資料送上網路時，需要一個負責將訊號轉換的裝置，稱爲資料通信設備 (Data Communication Equipment，DCE)。舉例來說，如圖 1-2 所示，使用者 (User) 想利用電話網路與遠方的電腦連線時，資料必須經過數據機 (Modem) 轉換訊號型態後 (將數位訊號轉成類比訊號)，才送上電信網路 (即電話網路) 或由電信網路接收到電腦，數據機就是一個資料通信設備 (DCE)。通信系統中 DTE 與 DCE 間所使用的連線大都使用 RS-232C，DCE 與 DTE 間的媒體種類很多，包括雙絞線 (Twisted Pair)、

同軸電纜 (Coaxial Cable)、光纖 (Fiber Optics)、無線電 (Wireless / Radio) 或通信衛星 (Satellite) 等等都是。有些通信系統可能不包括 DCE 與 DSE，只是 DTE 之間直接連接，如圖 1-3 所示，例如：經過海底電纜、無線電 (Radio) 或通信衛星 (Satellite) 轉送。

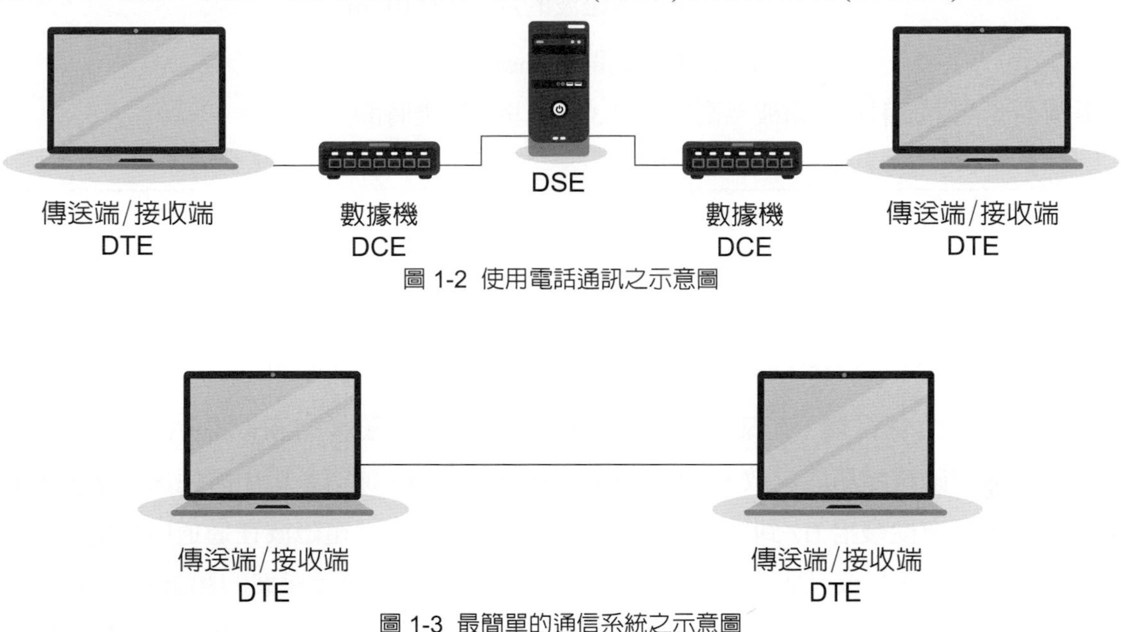

圖 1-2 使用電話通訊之示意圖

圖 1-3 最簡單的通信系統之示意圖

◆ 通信通道傳輸效益的因素

通信通道 (Channel) 可視爲資料從傳送端到接收端所經過的路徑 (Path)。通道的形式很多，例如：電纜、光纖或大氣層都是。影響通道傳輸效益的因素包括訊號頻率 (Frequency)、速度 (Speed)、頻寬 (Bandwidth)、抗干擾性、容量 (Capacity) 等。錯誤位元率 (Bit Error Rate，BER) 是指收到位元錯誤與正確的比率。可以利用錯誤位元率，來判定此網路系統的品質。

1-2 頻譜

電磁波 (Electromagnetic Wave) 可視爲實際沿著通道攜帶使用者資料的一種能量，有些通信系統不一定使用電磁波，基本觀念則是相同的。光在眞空的速度爲 3×10^8m/sec，在大氣層的速度約眞空中的 98% 左右。至於一般通信用媒體 (如雙絞線或同軸電纜) 只有在眞空中的 50% ～ 80% 而已，視通道的種類與絕緣性質而定。電磁波在眞空的速度 (即光速) 是目前最快的速度 (這是愛因斯坦發展相對論的一個觀點)，測量速度、時間與距離的關係如下：

$$D = V * T \quad (1.2\text{-}1)$$

D：距離 (Distance)

V：電磁波的速度 ($3*10^8$ m/s)

T：時間 (Time)

舉例：從台北發射無線電波至高雄 (約 366 公里) 所需時間多少？

解 ：

$T=366*10^3/(3*10^8)=1.22$ (ms)

同上例子，如果訊號經由同軸電纜線 (設傳播速度爲光速的 60%) 所需時間？

解 ：

$T=(366*10^3)/((3*10^8) *0.6) = 2.03$ (ms)，比上例需要更長的時間

從式子 (1.2-1) 得知，在某一通道中，頻率增加時，電磁波的波長將會減少。頻率表單位時間內電磁波循環的次數，單位爲赫茲 (Hertz，Hz)。通信系統中所使用頻率與波長範圍很大，頻率從幾拾 Hz 到幾拾億 Hz 都有，視通道而定。電磁波在通道中行進速度維持一個常數，頻率與波長成反比的關係。整個頻率的範圍稱爲電磁波的頻譜 (Spectrum)，頻譜常依不同功能而區分成幾個頻帶 (Band)。例如：廣播所使用的 530 ～ 1600 KHz 頻帶分配給 AM(調幅) 廣播之用，88 MHz ～ 108 MHz 則用於 FM(調頻) 廣播系統。世界各國所指定的使用範圍大致相同。可見光 (Visible light) 的頻率在 4300 ～ 7500 GHz 之間，可供光纖系統使用。中頻 (MF) 與高頻 (HF) 電磁波遇到地球表面上 80 ～ 300 公里 (Km) 的大氣中時，會折返回地球。

1-3 頻寬

任何通信媒體均使用某個電磁波的頻帶來傳送訊號，如表 1-1 所示，此頻帶可以是低頻 (LF)、高頻 (HF) 或是超高頻 (UHF) 等等。頻寬 (Bandwidth) 的定義如下：

$$B=F_{max} - F_{min} \quad (1.3\text{-}1)$$

Fmax: 通道電磁波的最高頻率

Fmin: 通道電磁波的最低頻率

表 1-1 中華民國無線電頻段劃分表

頻 段 名 稱 (Name)	頻帶範圍 (Frequency Range)	波 段 名 稱	波 長 範 圍
極低頻 (Extremely Low Frequency，ELF)	3~30 Hz	極長波	100~10 兆米
超低頻 (Super Low Frequency，SLF)	30~300 Hz	超長波	10~1 兆米
特低頻 (Ultra low Frequency，ULF)	300~3000 Hz	特長波	100~10 萬米
甚低頻 (Very Low Frequency，VLF)	3~30 KHz	甚長波	10~1 萬米
低頻 (Low Frequency，LF)	30~300 KHz	長 波	10~1 千米
中頻 (Medium Frequency，MF)	300~3000 KHz	中 波	10~1 百米
高頻 (High Frequency，HF)	3~30 MHz	短 波	100~10 米
甚高頻 (Very High Frequency，VHF)	30~300 MHz	米 波	10~1 米
特高頻 (Ultra High Frequency，UHF)	300~3000 MHz	分米波 (微波)	10~1 分米
超高頻 (Super High Frequency，SHF)	3~30 GHz	厘米波 (微波)	10~1 厘米
極高頻 (Extremely High Frequency，EHF)	30~300 GHz	毫米波 (微波)	10~1 毫米
至高頻 (Terahertz High Frequency，THF)	300~3000 GHz	絲米波 (微波)	10~1 絲米

人類的耳朵可聽到 20 ～ 20KHz 的聲音，但是一般人可以聽到的聲音訊號，大部分都分佈在 300 ～ 3400Hz 間，所以電話系統只利用這個頻帶內所有的頻率，因此電話絞線的頻寬為 3100Hz (3400–300)，約 3KHz。再以調頻 (FM) 廣播為例，從 88.1、88.3 一直到 107.9MHz 間，每一電台分配 200KHz 頻寬，事實上 200KHz 頻寬並未完全用於傳送訊號，頻道間仍需保留空隙 (Gap)，稱為安全頻帶 (Guard Band)，以避免相鄰頻道的訊號互相干擾 (Interference)。系統的頻寬與容量是成正比的，一個電視畫面在 6MHz 頻寬上傳送，約需要 1/30 秒，而在電話線 (3KHz) 上傳送約 30 秒才能傳完。頻寬越大，單位時間內可以傳送或接收的資料就越大就能越快傳完，網路科技日漸高漲，對於寬頻的要求就越大，例如：隨選視訊 (VoD)、遠距教學 (e-Learning)、視訊會議等等。

1-4 訊號

可將訊號 (Signal) 分為類比 (Analog) 與數位 (Digital) 訊號，類比訊號以連續性的波形變化來表示資料內容，例如：語音與電流都是。從時間座標來看，波形是連續性的，任何瞬間皆有一個不同值。

數位訊號以斷續 (即非連續) 的波形表示資料。從時間座標來看，波形是不連續性的，任何瞬間只有二種可能值 (0 與 1)，例如：大部份電腦內部匯流排 (Bus) 係以 0 與 1 所組成的資料流。數位訊號只有 0 與 1 兩種變化之訊號即是二進位 (Binary)。電位只有高低兩種，高電位表示訊號 1，低電位表示訊號 0。使用數位訊號的好處有容易進行壓縮、錯誤檢出、錯誤更正、加解密等工作。

表 1-2 類比訊號數位訊號比較表

	類比訊號	數位訊號
波形	連續	不連續
大部份的應用	傳統型產業	科技型產業

1-4-1 類比信號

如果信號的參量 (振幅、頻率、相位等) 攜帶的是類比 (Analog) 訊息，參量的取值是類比的，這樣的信號稱類比信號。例如：普通類比電話機輸出的信號就是類比信號。類比信號的特性包含振幅、頻率及相位。振幅 (Amplitude) 是信號強度，振幅的量測單位也分爲數種，電流是安培 (Amps)，聲音及光使用分貝 (Decibels)。頻率 (Frequency) 是信號在固定時間內所完成的週期數，以赫茲 (Hz) 爲單位。相位 (Phase) 是比對同頻率的兩個信號的週期，以度 (Degrees) 來衡量。

若以信號的振幅 (對應到 y 軸上的值) 作爲代表訊息的參量，其特點是振幅連續，即相鄰 x 軸上的值所對應到 y 軸上的值是平滑連續的，不會瞬間大變動。連續信號的例子有：連續變化的語音信號，及電視影像信號。離散信號的例子有：脈衝振幅調變 (PAM)、脈衝相位調變 (PPM)，脈衝寬度調變 (PWM)，代表訊息的參數完全隨訊息的變化而變化。

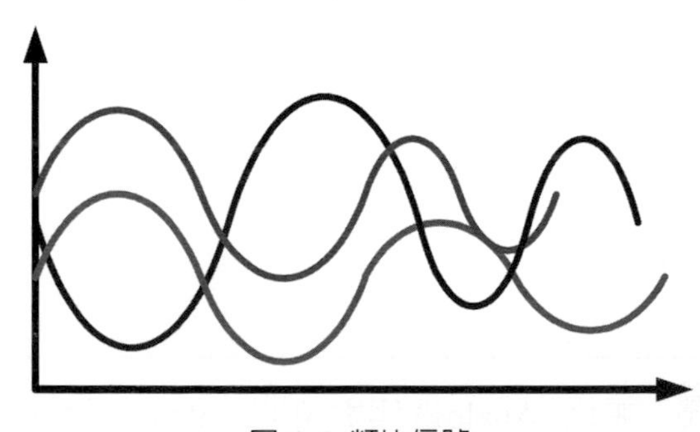

圖 1-4 類比信號

表 1-3 類比通信系統相對的調變

類比通信系統	
連續調變系統	脈衝調變系統
振幅調變 (AM) 系統	脈衝振幅調變 (PAM) 系統
單邊帶 (SSB) 調變系統	脈衝相位調變 (PPM) 系統
頻率調變 (FM) 系	脈衝寬度調變 (PWM) 系統
相位調變 (PM) 系統	

類比通信是利用類比信號來傳遞訊息，為傳遞類比信號而設計的通信系統稱類比通信系統，普通的電話、廣播、傳真、電視都屬於類比通信。類比通信系統中的信號轉換、反轉換，通常是調變 (Modulation)、解調 (DeModulation)。按其調變方式的不同類比通信系統可分為連續調變系統和脈衝調變系統，連續調變系統包括振幅調變 (AM) 系統，單邊帶 (SSB) 調變系統，頻率調變 (FM) 系統，相位調變 (PM) 系統；脈衝調變系統包括脈衝振幅調變 (PAM) 系統，脈衝相位調變 (PPM) 系統，脈衝寬度調變 (PWM) 系統等，這些通信系統已廣泛的在日常中採用。

1-4-2 數位信號

如果信號的參量 (振幅、頻率、相位等) 攜帶的是離散訊息，參量的取值是離散的，這樣的信號稱數位 (Digital) 信號。例如電報機輸出的信號就是數位信號。數位通信是利用數位信號來傳遞訊息。為了傳送數位信號而設計的通信系統稱數位通信系統。電傳電報、數據通信、數位電話通信都屬於數位通信。電報機信號、電腦輸入輸出信號、數位電話信號、數位電視 (DTV) 信號都是數位信號。一般所說的數位信號都是指用 0、1 來表示的二進制信號。可以先把類比信號轉換為數位信號 (類比 - 數位轉換)，經數位通信方式傳輸後，在接收端再進行反轉換 (數位 - 類比轉換)，以還原出類比信號。

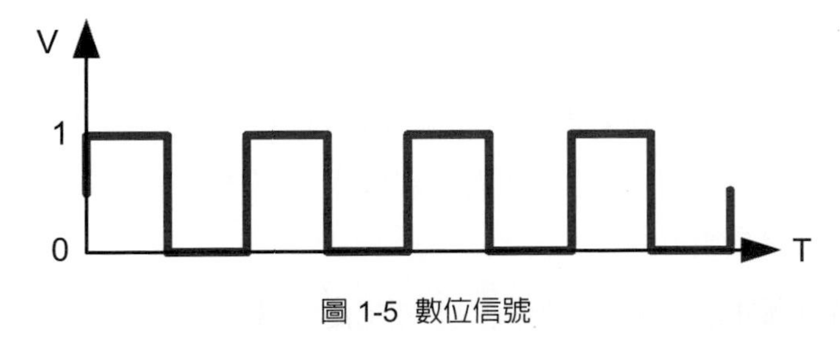

圖 1-5 數位信號

信號源編碼 (Encode) 與信號源解碼 (Decode)，如果信號源發出是連續的或離散的類比信號，就要經過信號源編碼對它取樣 (Sampling)、量化 (Quantification) 及編碼

(Coding)，使之變爲數位信號，此程序稱之數位化。例如：脈碼調變和增量調變編碼器都起信號源編碼器的作用。有時爲了某種目的 (如節省頻寬，增強抗干擾性等) 也需要對信號源發出的信號進行處理。整體而言，信號源編碼有兩個主要作用：一個是達成類比、數位轉換；另一個是降低信號的誤碼率。信號源解碼是信號源編碼的逆向處理。

加密與解碼：爲了通信保密，採用一複雜的密碼串列對信號源編碼器輸出的數碼串列進行人爲的攪亂 (Scramble)，這一過程稱爲加密。解碼是加密的逆向處理。

通道編碼與通道解碼：通道通常會遭受到各種雜訊干擾 (Interference)，可分爲自然的和人爲的，終端設備本身也有雜訊存在，通信系統的各個環節還會引起信號失真 (Distortion)，這些雜訊對信號的干擾與信號的失真，可能導致接收信號的錯誤，即發生誤碼。爲了能夠自動檢出錯誤 (Detection) 或更正錯誤 (Correction)，可採用偵錯編碼或除錯編碼，統稱之爲除錯編碼，又叫通道編碼。通道解碼與通道編碼是相對應的。

調變與解調：從通道編碼器的輸出的數碼串列還是屬於基頻 (Baseband) 信號。除某些近距離的數位通信可以採用基頻傳輸外，通常爲了與採用的通道相適應 (匹配)，都要把基頻信號經過調變轉換成頻帶信號傳輸。解調是調變的逆向轉換。

時脈 (Clock) 與同步 (Synchronization)：時脈與同步也是數位通信系統的一個重要的不可缺少的部分。由於數位通信系統傳遞的是數位信號，發送端和接收端都必須有各自的時脈系統。爲了能正確地接收信號，接收端時脈與發送端時脈應達到同步。

1-4-3 類比與數位通信的比較

無論是類比通信，還是數位通信，都是已獲得廣泛應用的通信方式。在二十世紀中期後，數位通信日漸興盛，已出現用數位通信代替類比通信的趨勢，這是由於數位通信較能適應對通信技術越來越高的要求。

數位通信優於類比通信項目：

- 抗干擾能力強，採用再生中繼消除雜訊累積

在通信過程中，因傳輸距離的增加，訊號就會衰減，訊號強度太小就需要放大信號，但由於難以把類比信號與雜訊分開，雜訊也被放大，隨著傳輸距離的增加，雜訊累積就越來越大，使得傳輸品質惡化。

數位通信系統傳輸的是二進位數位信號，在接收端對每個信號進行取樣判讀，只要取樣時的雜訊絕對值與判讀電位相比不超過某個臨界值，就不會誤判。在長距離傳輸中，可以採用重新產生的方式，在傳輸過程中的信號先進行判讀再重新產生，可將干擾消除，

再生出純淨的原始信號波形，就消除了雜訊累積。

此外，數位通信還可以使用具有偵錯和除錯功能的通道編碼，從而進一步提高系統的抗干擾性。

■ 易於加密處理

資訊傳輸的安全性 (Security) 和保密性越來越重要，數位通信較易採用複雜的 (Complicated)、非線性的 (Non-linear)、長週期的密碼串列對信號碼進行加密，不易破解，使通信更具有高度的保密性。

■ 設備易於整合化 (Integrated) 及微型化 (Miniaturization)

數位通信設備的電路大都由數位電路構成，而數位電路易於整合，信號處理技術和 IC 的製成技術提高，爲數位通信設備的整合化，微型化提供良好的條件。在分時多工的數位通信中，不需要昂貴的、大體積的濾波器 (Filter) 就可充分利用大型、超大型的積體電路，使其消耗功率較低。

■ 方便和電腦連接

數位通信所傳輸的信號與電腦所用的數位信號一樣，所以數位通信線路很方便地就可以與電腦介面連接，兩者的緊密結合，可以構成長距離的、大量的、靈活且多樣化的數位通信系統和自動控制系統以及強有力的資料處理系統。

■ 適應各種通信業務

在數位通信中，各種訊息 (電報、電話、影像、數據、聲音等) 都可以統一用數位信號進行傳輸，所以數位通信能彈性地適應各種通信業務。

■ 類比通信優於數位通信項目

事物總是一體兩面的，數位通信的許多優點都是用比類比通信佔據更寬的系統頻寬而換得的。以電話爲例，一線的類比電話需要 4KHz 頻寬 (Bandwidth)，而一線的數位電話需要的頻寬爲 64KHz，數位電話所需的頻寬是類比電話的 16 倍，數位通信對通道頻寬的利用率是不高的。隨著數據壓縮、半導體技術的提高和使用寬頻帶通道 (微波、衛星、光纜等)，數位通信的缺點就變得較不重要了。

1-5 數位通信系統的主要功能指標

1. 資訊傳輸速率

通道的傳輸速率通常是以每秒所傳輸多少“位元 (bit)”的資訊量來衡量，傳輸速率的單位是位元 / 秒 (bit/sec)。例如：一個數位通信系統，每秒傳輸 100 個二進制碼 (Binary Code)，它的資訊傳輸速率是 100 bps (位元 / 秒，bit per second)。

2. 符號傳輸速率

它是指單位時間 (秒) 內傳輸的碼 (Code) 數目，其單位爲鮑 (Baud)。這裏的 code 可以是二進制的，也可以是多進制的。符號傳輸速率 N 和資訊傳輸速率 R 的關係爲：

$$R=N*\log M \qquad (1.5\text{-}1)$$

當碼元爲二進制時 M 爲 2，此時結果與 bps 相同，所以常誤認鮑率與 bps 相同，只有在 M 爲 2 時；碼元爲四進制時爲 4；如果符號速率爲 100 鮑 (Baud)，在二進制時，資訊傳輸速率爲 100 位元 / 秒，在八進制時爲 300 位元 / 秒。

3. 誤碼率 / 錯誤位元率

信號在傳輸過程中，由於通道不理想和雜訊的干擾，導致在接收端判讀錯誤再生後的信號就發生錯誤，這叫誤碼 (Error Code)。好壞用誤碼率來衡量，誤碼率 (或稱爲錯誤位元率) 是數位通信系統中單位時間內錯誤碼與發送總位元數之比。誤碼越多，誤碼率越高。

1-6 類比信號數位化

類比信號變成數位信號中間的過程，稱之爲數位化，需經過取樣 (Sampling)、量化 (Quantization)、編碼 (Coding)、調變 (Modulation)、載波 (Carrier) 傳送。

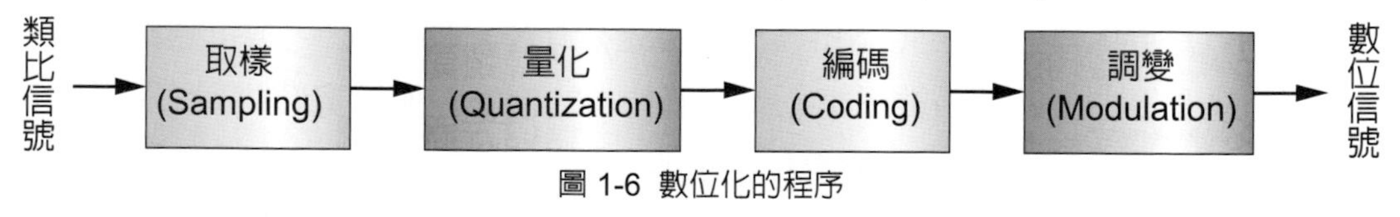

圖 1-6 數位化的程序

◆取樣 (Sampling)

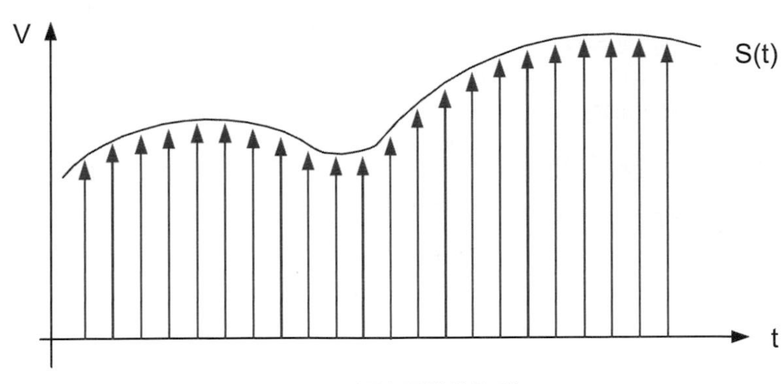

圖 1-7 類比訊號的取樣

尼奎斯特定理 (Nyquist Theorem) 提供一個依據，在沒有雜訊之中，可知取樣頻率最小不會失眞的值，尼奎斯特證明出訊號頻率在 f_m 以下的類比訊號，取樣頻率爲其二倍，便可使接收端精確地還原，是在其公式如下：

$$f_s \geq 2f_m \qquad (1.6\text{-}1)$$

其中，f_s：取樣頻率

f_m：被取樣訊號的最高頻率

$2f_m$：尼奎斯特率 (Nyquist Rate)

最大資料傳送率 $=f_s\log_2 V$ 位元 / 秒

V: 訊號由 v 個離散階層組成

- 例如 : 人的音頻範圍爲 20~20KHz，但是一般在 4000Hz(fm) 以下，所以對人聲的音頻做取樣時，取樣頻率爲 8000Hz($f_s=2f_m$) 就可以，而音響的音質要求較高，取樣頻率在 40K 以上，一般音樂 CD(Compact Disk) 是以 44.1KHz 爲取樣頻率。

在 1948 年謝門 (Claude Shannon) 教授更進一步將 Nyquist 定理延伸至可以考慮隨機雜訊的頻率上。度量雜訊的單位，是以訊噪比 (Signal-to-Noise Ratio，S/N) 爲準，一般不直接使用 S/N 的比値，而是使用 $10\times\log_{10}\frac{S}{N}$，這就是分貝 (dB)，例如：$\frac{S}{N}=10$，就是 10dB，$\frac{S}{N}=100$，就是 20dB，$\frac{S}{N}=1000$，就是 30dB。

謝門法則 (Shannon's Law) 說在一個有雜訊的頻道中，其最大的資料傳送率 fs Hz，訊噪比 (以分貝表示) 爲 S/N，則

$$\text{最大資料傳送率 (C)}=f_s*\log_2(1+S/N) \qquad (1.6\text{-}1)$$

- 例如：在一個頻寬爲 3000 Hz 的頻道，其訊噪比爲 30dB，則

$$C=3000*\log_2(1+1000)$$

$$=3000*\log_2(1001)$$

$$=3000*[\log_{10}1001/\log_{10}2]$$ (對數換底公式 註 1)

$$=3000*[3/0.3]$$

$$=3000*10$$

$$=30000(bps)$$

▲ 註 1：

$$\log_m a = \frac{\log_n a}{\log_n m} \tag{1.6-2}$$

■ 舉例：若一個二進位的訊號，透過一個 SNR 為 20dB 的 3KHz 頻率來傳送，最高的資料傳送率是多少？

■ 解 ：

根據尼奎斯特定理 (Nyquist Theorem) 可知取樣頻率至少為 6KHz，但是這是在沒有雜訊之下，而題目是 SNR 為 20dB，所以需要使用謝門 (Claude Shannon) 定理，根據謝門 (Claude Shannon) 定理可知最大資料傳送率。

最大資料傳送率 $=3000*\log_2(1+100)$

$$=3000*\log_2(101)$$

$$=3000*[\log_{10}101/\log_{10}2]$$ (對數換底公式 註 1)

$$=3000*[2/0.3]$$

$$=10000*2$$

$$=20000$$

$$=20K(bps)$$

所以可知瓶頸 (Bottleneck) 是在尼奎斯特限制 (Nyquist limit)，而不是 Shannon，這題答案為 6Kbps (因為 6Kbps < 20Kbps)。

◆量化 (Quantization)

在振幅上進行分割，分割的層級愈多，還原時效果愈佳，以電話為例，分為 256(=2^8) 個層級就可以達到令人滿意的效果，層級數愈高則資料量也跟著愈多。

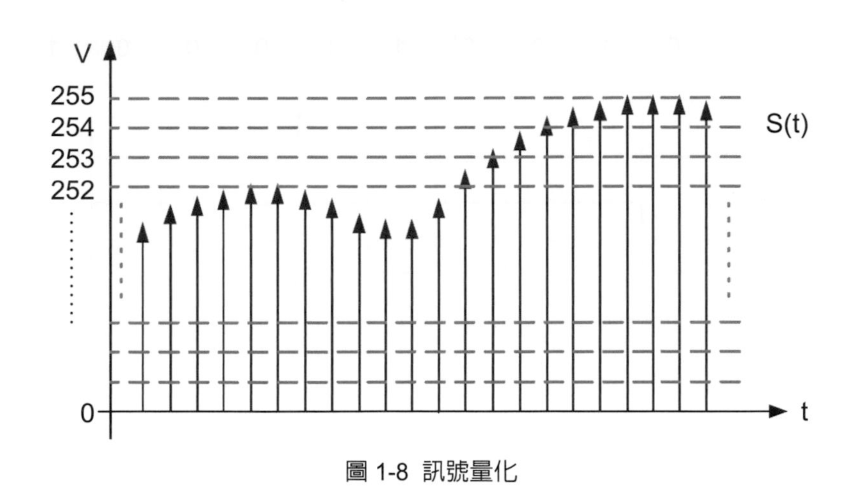

圖 1-8 訊號量化

經量化的訊號，需以不同的碼來代表示不同層級的值，數位信號一般只使用 0 與 1，以上述電話的例子，256 個層級恰好可以以 8 位元來表示，1024 個層則可以以 10 位元來表示，相對地其解析度較好，但處理的資料量也變大。

◆ 編碼

編碼 (Coding) 可分爲二種，一種稱爲資料編碼是指如何在傳輸媒體上表示二進位資料，也就是說，如何表示 1，如何表示 0；另一是考慮到訊號的同步、錯誤偵測、抗雜訊等方面，稱爲通訊編碼。

◆ 資料編碼

常見的資料編碼方式有 NRZ-L、NRZ-I、曼徹斯特、微分曼徹斯特、MLT-3、雙極性交替轉換編碼 (Bipolar-AMI)、Pseudoternary 等等。

1. NRZ-L(Non-return to Zero Level；不歸零) 編碼

圖 1-9(a) 說明 NRZ-L 的編碼情形，NRZ-L 編碼不使用零電位，正電位代表資料 1，負電位代表資料 0 (負邏輯時則相反)，而零電位則代表無訊號傳輸。這種編碼方式簡單、成本低，鮑 (Baud) 低，因此可以有效地運用傳輸通道的頻寬，一般用在連接數據機的 RS-232 介面就是採用這樣的機制。NRZ-L 的缺點就是缺乏自我時序 (Self-Clocking) 的功能。

自我時序 (Self-Clocking) 就是時序 (clock) 的訊息隱含在訊號訊息之中，即可隨時校對時序，也就是缺少同步的能力，無法提供較佳的訊號校正能力。

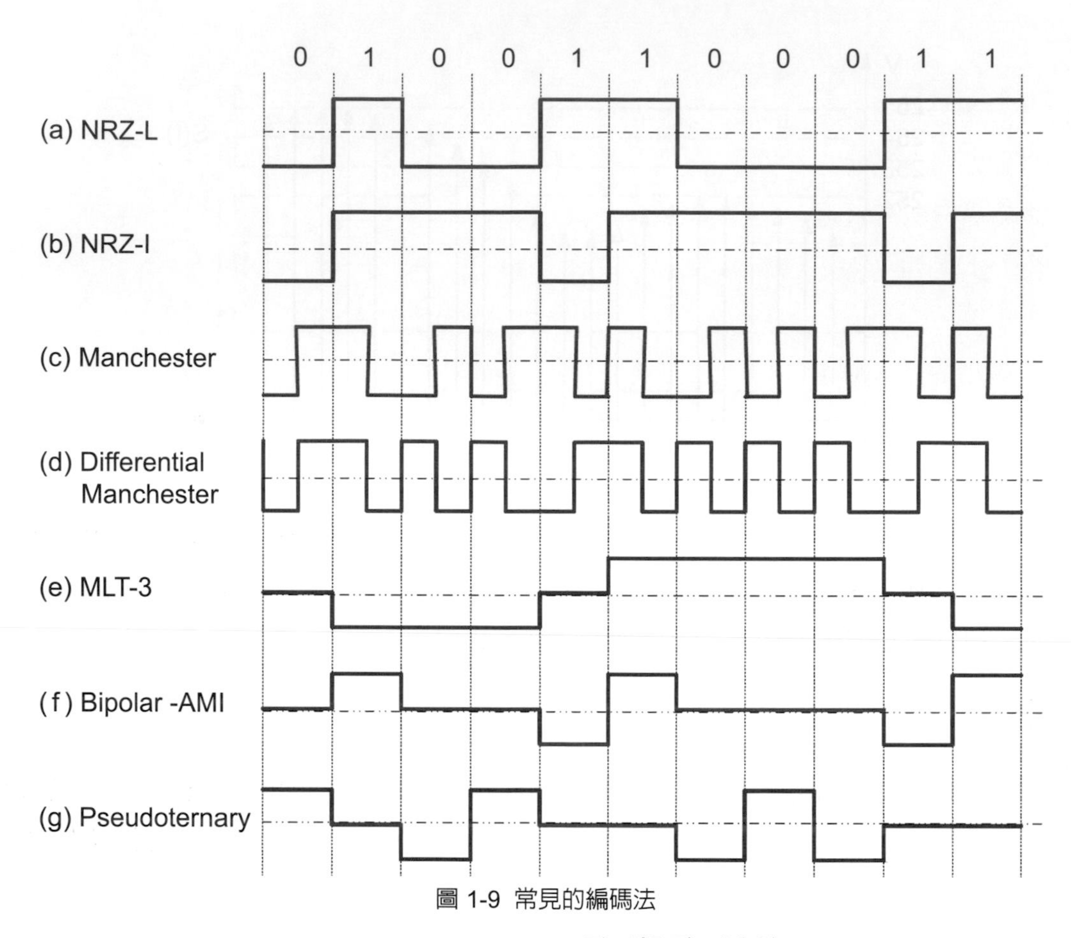

圖 1-9 常見的編碼法

2. NRZ-I(Non-return to Zero，Invert on Ones；反不歸零) 編碼

NRZ-I 編碼所採用的原則，如圖 1-9(b) 的情形，在資料 0 出現時，無論當時的訊號爲何，維持前一位元原來的電位狀態，而在資料 1 出現時，無論當時的訊號爲何，則改變前一位元原來的電位狀態。FDDI 網路架構中的傳輸機制變是採用 NRZ-I 編碼方式。

NRZ-I 編碼可以說是 NRZ-L 編碼的變形，屬於微分編碼 (Differential Encod-ing) 方式的一種 (也有人稱爲差分式編碼)，微分編碼類型的編碼法編碼時依據相鄰訊號值來決定，而 NRZ-L 編碼則是以固定的型式對 0 與 1 的訊號進行編碼。與 NRZ-L 相較，NRZ-I 訊號在單位時間內的變換次數一般比 NRZ-L 少，使得 NRZ-I 比 NRZ-L 具有更高的位元傳輸速率，但是 NRZ-I 編碼與 NRZ-L 編碼方式都不具備自我時序的能力。

3. 曼徹斯特 (Manchester) 編碼

如圖 1-9(c) 所示，不管在傳送資料 0 或資料 1 時，其信號都會有一次轉換，資料 0 時，訊號以低電位變換爲高電位來表示，前半部代表資料的值，後半部是資料值的補數，資料 1 時，訊號以高電位變換爲低電位來表示，前半部代表資料的值，後半部是資料值的補數。與 NRZ-L 相似，曼徹斯特編碼也是以固定型式對 0 與 1 訊號進行編碼。曼徹斯特編碼由於隱含了傳送端的時脈訊號 (資料 0 或資料 1 其信號都有一次信號轉換)，因此接收端可以依其訊號隨時調整解調的時脈速率，以達到自我時序 (Self-Clocking) 的目的。其缺點是所需頻率較高，是 NRZ 的兩倍。

4. 微分曼徹斯特 (Differential Manchester) 編碼

微分曼徹斯特編碼也有譯為差分曼徹斯特編碼，基本上就是曼徹斯特編碼的微分編碼 (Differential Encoding) 變形。微分曼徹斯特編碼的情況如圖 1-9(d) 所示，這種編碼方式，在位元起始點的訊號變化上，若資料為 0 時，不進行信號轉換的工作，而資料為 1 時，則進行信號轉換的工作。這個架構同樣也將傳送端的時脈訊號隱含在訊號之中，也使得接收端同樣可以由所接收的訊號達到自我時序的目標。記號環網路 (Token Ring Networks) 架構中的傳輸機制便是採用這樣的編碼方式。

5. MLT-3 編碼 (Multilevel Transmission 3) 編碼

如圖 1-9(e) 所示，這是一種採用三個電位 (+ V，0，- V) 訊號進行編碼的方式。在資料 0 時，訊號保持不變；資料 1 時，才改變訊號，訊號依 (- V，0，+ V，0) 為循環變化依據。100BaseTx 便是採用 MLT-3 方式進行訊號的編碼。

6. 雙極性交替轉換 (Bipolar Alternating Mark Inversion，Bipolar-AMI) 編碼

如圖 1-9(f) 所示，也是採用三個電位 (+ V，0，- V) 訊號進行編碼的方式。在資料 0 則是以零電位來表示，資料 1 則是以高或低電位來表示，連續資料 1 則以低電位和高電位循環輪流來表示。

7.Pseudoternary

如圖 1-9(g) 所示，也是採用三個電位 (+ V，0，- V) 訊號進行編碼的方式。編碼方式與 Bipolar AMI 的編碼方式的相反，在資料 1 則是以零電位來表示，資料 0 則是以高電位或低電位來表示，連續資料 0 則以高電位和低電位循環輪流來表示。

8.4B/5B 編碼

除了上述的依一個位元為單位來進行編碼，也有以多個位元為單位進行編碼，100Mbps 傳輸速率的高速乙太網路 (Fast Ethernet) 架構，其傳輸機制便採用一種稱之為 4B/5B 的編碼方式。4B/5B 編碼是將四個位元的資料轉換成五個位元的數碼，雖然編碼後會多了一個位元成為五個位元，在傳輸因素上的考量，這樣的編碼可以讓訊號可以更有效率地在通道上進行傳輸。怎麼說呢？這是由於四個位元只有 2^4(=16) 種碼，但五個位元的碼，則可以表現出 2^5(=32) 種排列方式，如果編碼方式依照碼的特性，僅從 32 種排列方式中挑選其中比較適合傳輸的 16 種進行處理，如此地去蕪存菁，其傳輸的效率就可達到某種程度的提昇，像是直流平衡 (DC Balance)、避免有相同連續的訊號。

這類型的編碼，對於碼的選取原則大致如下：

- 直流平衡 (DC Balance)，避免有太多的訊號 1 或太多的訊號 0，造成電位的總合無法接近零電位，則會造成電位不平衡的現象。
- 避免有相同連續的訊號，一般的字元串 (不含符號及控制訊號) 在 4B/5B 的架構中不會有連續三個以上的 0 或連續八個以上的 1 出現。
- 儘量選取較高轉換次數的碼，也就是編碼規則中儘量選取變化較多的數值進行編碼。除了原來 16 種數碼的的編排之外，4B/5B 編碼另外選定 R、S、J、K、T、Q、I、H 等符號分別表示訊號的重設、設定、訊框 (Frame) 的起始結束、無訊號、閒置、停滯等，更加強訊號的傳輸效能。在 4B/5B 的編碼處理過程之後，有時也還可以依實際的需要對前面所提的各項方式再進行另一次的編碼。

當然類似 4B/5B 的其他編碼方式相當多，例如 : 應用在超高速乙太網路 (Gigabit Ethernet) 上的 8B/10B 編碼與應用在 100BaseT4 網路架構的 8B6T 等，都是與 4B/5B 類似的另一種編碼方式，編碼的原則也與 4B/5B 遵循電位平衡、連續訊號少與高轉換密度等的原則相仿。8B/10B 編碼以八位元爲單位，將資料轉換成 10 個位元資料進行傳送；而 8B6T 則以八個位元爲單位將資料對應成六個轉換數碼，數碼由三個位準訊號 (+ Ｖ，0，- Ｖ) 所構成。這些編碼的編碼表相當大，在此也就不再詳列。

表 1-4 4B/5B 編碼表

符號 (Symbol)	傳輸訊號 (4B)	編碼 (5b)
0	0000	11110
1	0001	01001
2	0010	10100
3	0011	10101
4	0100	01010
5	0101	01011
6	0110	01110
7	0111	01111
8	1000	10010
9	1001	10011
a	1010	10110
b	1011	10111

符號 (Symbol)	傳輸訊號 (4B)	編碼 (5b)
c	1100	11010
d	1101	11011
e	1110	11100
f	1111	11101
r	清除 Reset	00111
s	設定 set	
j	起始的第一個符號	
k	起始的第二個符號	
t	結束符號	
q	quiet	
i	閒置 idle	
h	停滯 halt	

◆ 通訊編碼

通訊編碼，主要是用來表示文字、數字、特殊符號及控制文字等。一種編碼所能表達的範圍大小，是由其碼所包含的 bit 數來決定的。目前常見的編碼方式：分別有 Baudot 碼 (Baudot Code)、ASCII 碼 (American Standard Code Information Interchange) 及 EBCDIC 碼 (Extended BCD Interchange Code)。

1.Baudot (Ba udot Code) 碼：

Baudot Code 是通訊業最早採用的 5 個位元碼，也稱作電傳打字碼 (Telex Code)。此編碼用 5 個位元來編碼，因此可表示 2^5=32 種變化，但無法涵蓋 26 個英文字母、10 個數字及一些標點符號及控制字元，所以使用數字移位 (Figure Shift) 及文字移位 (Letter Shift) 字元，來擴充成為 58 種編碼。此種編碼在電報應用上十分廣泛，但無法提供檢查字元的功能，因此在目前的數位通訊上較少使用。

2.ASCII (American Standard Code Information Interchange) 碼：

ASCII 碼是用 7 個位元來編碼，所以可表示 2^7=128 種編碼。但為了配合 IBM PC 特殊字元，因此又設計出 ASCII 擴充字元 (IBM PC Special ASCII Extension Characters)，其多加入了 1 個位元，使成為 8 個位元來編碼。當資料的代表值在 0 至 127 之間，只要用 7 個位元即可，但若超過 127，則必須用 8 個位元來表示。ASCII 碼將一個位元組分成二半，一半是區域位元 (Zone Bit)，一半是數字位元 (Digit Bit)。

表 1-5 ASCII 碼

4	2	1	8	4	2	1
區域位元 Zone 三個位元			數字位元 Digit 四個位元			

表 1-6 ASCII 碼

區域位元 (Zone)	數字位元 (Digit)
000~001	前 32 為控制碼與通訊碼
010	特殊符號
011	數字
100~101	大寫英文字母
110~111	小寫英文字母

3.EBCDIC 碼 (Extended BCD Interchange Code)：

EBCDIC 碼是由 IBM 所發展，是用 8 個位元來編碼，因此可提供 2^8=256 種編碼。EBCDIC 碼將一個位元組分成二半，一半是區域位元，一半是數字位元。

表 1-7 EBCDIC 碼

8	4	2	1	8	4	2	1
區域位元 Zone 四個位元				數字位元 Digit 四個位元			

表 1-8 EBCDIC 碼

區域位元 (Zone)	數字位元 (Digit)
0100~0111	特殊符號
0000,1001~1010	小寫英文字母
1100~1110	大寫英文字母
1111	數字

有編碼 (Coding)，就有解碼 (decoding)，這兩個功能合稱爲編解碼（Codec），有編碼的說明，可以在 https://www.its.bldrdoc.gov/fs-1037/dir-001/_0029.htm 查詢，有更多更詳細地說明。

◆ 調變 (Modulation)

類比或數位訊號在傳輸時，為了達成一些目的，例如：提高傳輸速率、長距離傳送及減少傳輸後的衰減等，因而產生調變 (Modulation)，調變方式請參考表 1-9。在通訊時減少雜訊的干擾，是很重要的，不直接把訊號傳送出去，而是把此訊號再加上一些處理 (例如：混合載波)，再傳送出去，經此種方式處理後，使其適合傳輸媒體的傳輸，稱為調變 (Modulation)，原本的來源信號 (來源信號頻率較載波頻率低) 稱為基頻訊號 (Baseband)，而較高的傳送頻率稱為載波 (Carrier) 頻率。

在沒雜訊之下，依據 Nyquist 理論可知載波最高的傳輸速率為原始信號頻寬的兩倍，所以在頻寬已固定時，Buad Rate 也固定無法增加，為了提高每秒的資料傳輸量 (Data Throughput)，則用較好的調變技術。考慮雜訊時，則需參考 Shannon's Law。

表 1-9 各種調變方式

<table>
<tr><th>調變前</th><th>調變後</th><th>調變方式</th></tr>
<tr><td rowspan="3">類比資料
(Analog Data)</td><td rowspan="3">類比訊號
(Analog Signal)</td><td>調幅 (AM)</td></tr>
<tr><td>調頻 (FM)</td></tr>
<tr><td>調相 (PM)</td></tr>
<tr><td rowspan="5">類比資料
(Analog Data)</td><td rowspan="5">數位訊號
(Digital Signal)</td><td>PAM</td></tr>
<tr><td>PWM</td></tr>
<tr><td>PPM</td></tr>
<tr><td>PNM</td></tr>
<tr><td>PCM</td></tr>
<tr><td rowspan="3">數位資料
(Digital Data)</td><td rowspan="3">類比訊號
(Analog Signal)</td><td>振幅移轉鍵式調變 (ASK)</td></tr>
<tr><td>頻率移轉鍵式調變 (FSK)</td></tr>
<tr><td>相位移轉鍵式調變 (PSK)</td></tr>
<tr><td rowspan="6">數位資料
(Digital Data)</td><td rowspan="6">數位訊號
(Digital Signal)</td><td>不歸零 (NRZ)</td></tr>
<tr><td>歸零 (RZ)</td></tr>
<tr><td>曼徹斯特 (Manchester)</td></tr>
<tr><td>差分曼徹斯特 (Differential Manchester)</td></tr>
<tr><td>交替轉換 (AMI)</td></tr>
<tr><td>雙二進位 (Double Binary)</td></tr>
</table>

◆類比資料→類比訊號

要將類比資料轉換成類比訊號傳送，主要是要使其能作長距離傳送。一般常用的調變訊號技術包含三種：分別爲振幅調變 (Amplitude Modulation，AM)，如圖 1-10，頻率調變 (Frequency Modulation，FM) 及相位調變 (Phase Modulation，PM)。

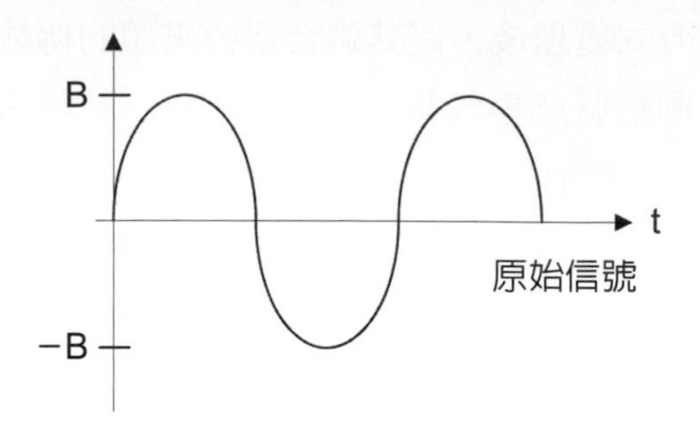

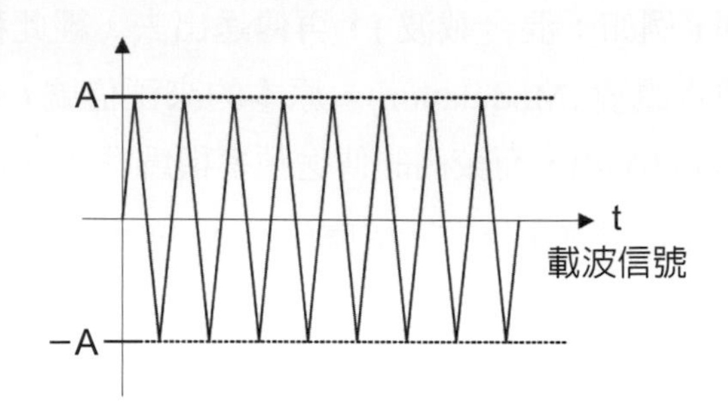

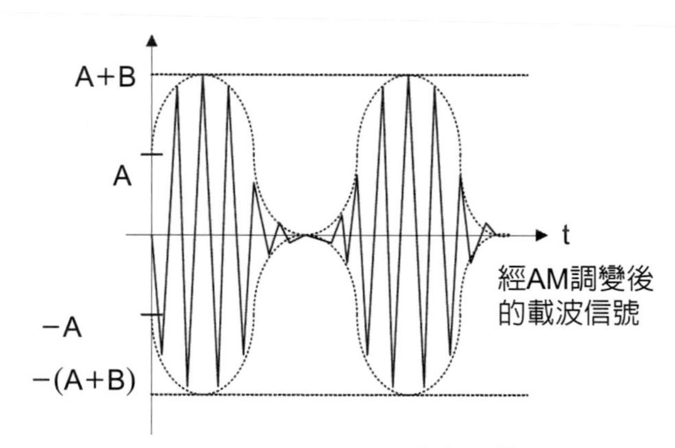

圖 1-10 振幅調變 (Amplitude Modulation，AM)

1. 振幅調變 (AM)

調幅 (AM) 是最早使用的調變技術，其中載波頻率是固定的，但是其振幅會隨著輸入的類比訊號大小幅度改變而改變，調幅廣播電台就是應用這項技術，振幅調變技術即是使載波信號的振幅隨著原始類比信號的振幅做適度的改變，當接收端收到此 AM 訊號後，經由 AM 解調器，便可將訊號還原成原來的類比訊號，這動作稱爲解調變。

2. 頻率調變 (FM)

頻率調變技術的主要目的，在於使高頻的載波訊號隨著輸入的類比訊號的頻率改變而改變，調頻廣播電台就是應用這項技術。載波振幅是固定的，當接收端收到 FM 訊號後，經由 FM 解調器將訊號還原成原本的類比訊號。由於調頻 (FM) 被調變後的訊號其振幅是定值，所以其雜訊免疫的能力比調幅度 (AM) 爲佳，這也就是爲什麼聽廣播時，FM 會比 AM 清楚的原因，還有 FM 具有 Capture Effect 的特性，而 AM 沒有，所謂的 Capture Effect 就是在同一個頻率中收到兩個以上的強度不一樣的訊號時，FM 調變接收器只會對訊號最強的進行接收及解調變；此特性可以避免同頻干擾 (Co-channel Interference) ，現在有更好的選擇可使用網路收音機。

3. 相位調變 (PM)

此種調變方式，主要是利用調變訊號的振幅來改變波的相位移。目前在實用上，低速的傳輸多用振幅調變 (AM)，300~600bps、1200bps 大多採頻率調變 (FM)，而其他更高速的傳輸，則用相位調變 (PM)。AM、FM、PM 主要特性比較如表 1-10。

表 1-10 調變方式比較

調變方式	AM	FM	PM
所需頻寬	小	寬	寬
頻譜複雜性	簡單	複雜	複雜
功率效率	差	良好	良好
調變 / 解調處理	簡單	難	適度
抗雜訊力	弱	強	強

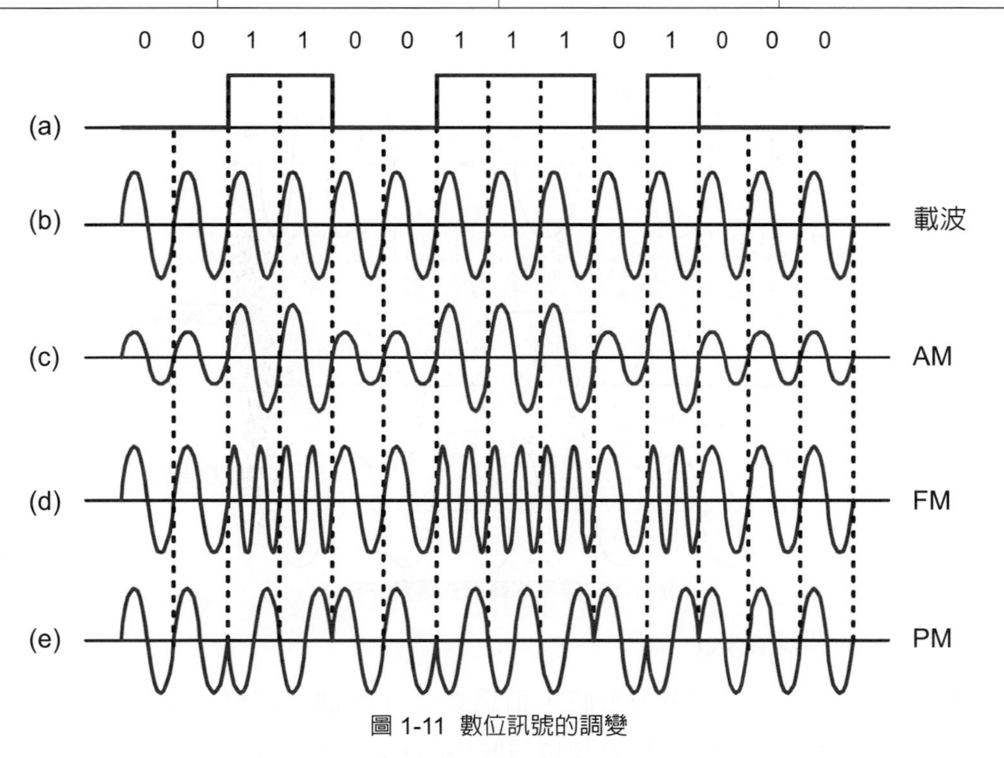

圖 1-11 數位訊號的調變

◆數位資料→類比訊號

要將數位資料轉換成類比訊號，一般是利用下列三種技術：分別爲振幅移轉鍵式調變 (Amplitude Shift-keying，ASK) ，頻率移轉鍵式調變 (Frequency Shift-keying，FSK) 及相位移轉鍵式調變 (Phase Shift-keying，PSK)。

1. 振幅移轉鍵式調變 (ASK)

此種方式是以載波的振幅大小來表示二進位的值 (1 或 0)，例如：以 0 表示沒有輸出，1 則以固定振幅的載波表示，圖 1-12 所示。

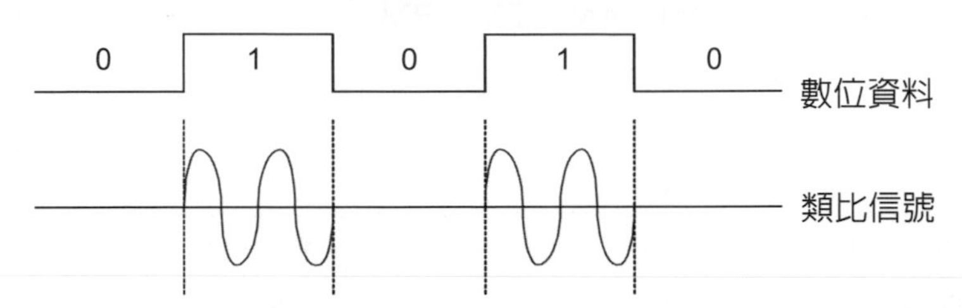

圖 1-12 振幅移轉鍵式調變 (ASK)

2. 頻率移轉鍵式調變 (FSK)

以頻率方式作調變，此種方式，是利用載波頻率的不同來表示二進位的值 (1 或 0)，如圖 1-13 所示。

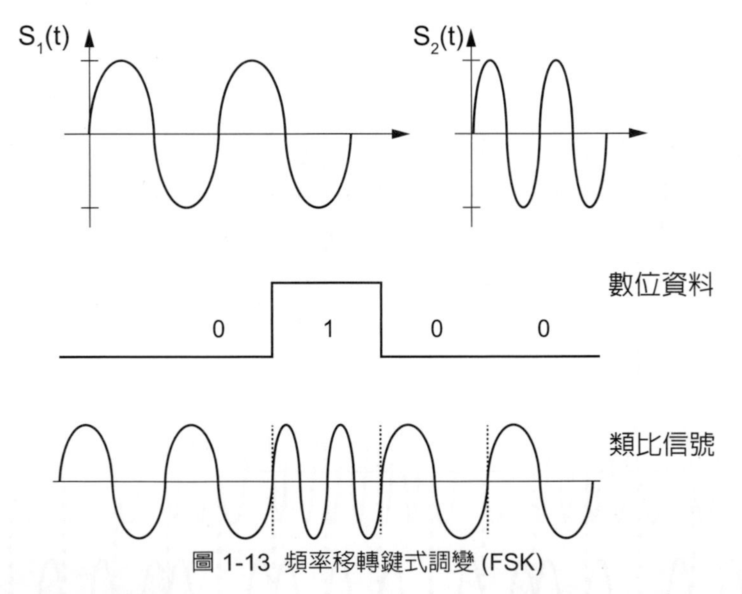

圖 1-13 頻率移轉鍵式調變 (FSK)

3. 相位移轉鍵式調變 (PSK)

基頻信號以載波的相位來表示時，稱爲相位移轉鍵式調變 (Phase Shift Keying，PSK)，載波的 0 與 π 兩個相位代表數位信號中的 0 與 1，如圖 1-14 所示，此方式稱爲 BPSK(Binary PSK)，所以與 FSK 調變方式具有同樣的速率。

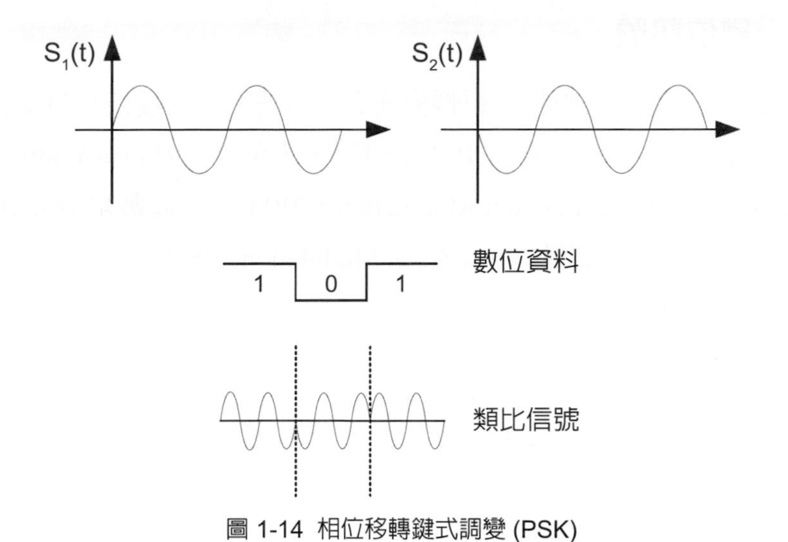

圖 1-14 相位移轉鍵式調變 (PSK)

- QPSK(Quadrant Phase Shift Key)：以正交相位方式做調變，在每一信號有四種組態，也就是採用載波的 0、π/2、π、2π/3 等四個載波相位來表示數位信號，稱之 QPSK，如圖 1-15 所示，速度比 PSK 和 FSK 快；若是採 M 個載波相位時，則爲 MPSK(M-ary PSK)。在 PSK 中表示載波各個相位的圖形稱爲 Constellation 圖形，BPSK 與 QPSK 的 Constellation 圖形如圖 1-15 所示。

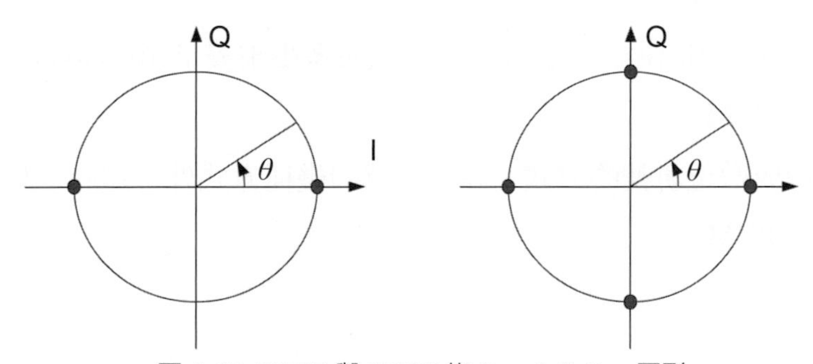

圖 1-15 BPSK 與 QPSK 的 Constellation 圖形

- DQPSK(Differential Quadrant Phase Shift Key)：以差動正交相位方式做調變，在每一信號有四種組態，以可代表 2 個 Bit。速度比 PSK 和 FSK 快，但與 QPSK 一樣快，與 QPSK 差別是在傳輸時候受雜訊的影響。
- QAM(Quadrant Amplitude Modulation)：以正交信號強度方式作調變，調變方式有 16QAM、64QAM、256QAM 幾種。在此 64QAM 做說明。在每一信號有 64 種組態。所以可代表 6 個 Bit，速度比 PSK、FSK、QPSK、DQPSK 快，但是對其數位校正迴路要求較高，現在 QAM 晶片目前業界已發展出並且能大量使用。

◆類比資料→數位訊號

可由編碼技術將類比式或數位資料轉換成數位訊號，編碼技術一般可分為：脈波振幅調變 (Pulse Amplitude Modulation，PAM)、脈波寬度調變 (Pulse Width Modulation，PWM)、脈波位置調變 (Pulse Position Modulation，PPM)、脈波數量調變 (Pulse Number Modulation，PNM) 及脈波碼調變 (Pulse Code Modulation，PCM)。

1. 脈波振幅調變 (PAM)

是以脈衝波形的振幅大小來表示類比訊號的振幅，由於 PAM 其脈衝波形的振幅大小，是連續變化的型式，若直接用長距離傳輸，容易造成失真，多半不單獨使用，大部都是配合 PCM 脈波碼調變方式來使用。

2. 脈波寬度調變 (PWM)

此種方式是以脈衝波形的寬度來表示類比訊號的振幅。也可用來控制直流馬達的轉速，例如：直流馬達自走車差速器功能。

3. 脈波位置調變 (PPM)

此種方式，是以脈衝波形的相對位置，來表示類比訊號的振幅。

4. 脈波數量調變 (PNM)

此種方式，是利用相同振幅脈衝波的波形數量多少來表示類比訊號的振幅。

5. 脈波編碼調變 (PCM)

類比訊號轉換成數位訊號的方式，除了上述的幾種方式外，還有一種是目前廣泛使用的技術，那就是 PCM。

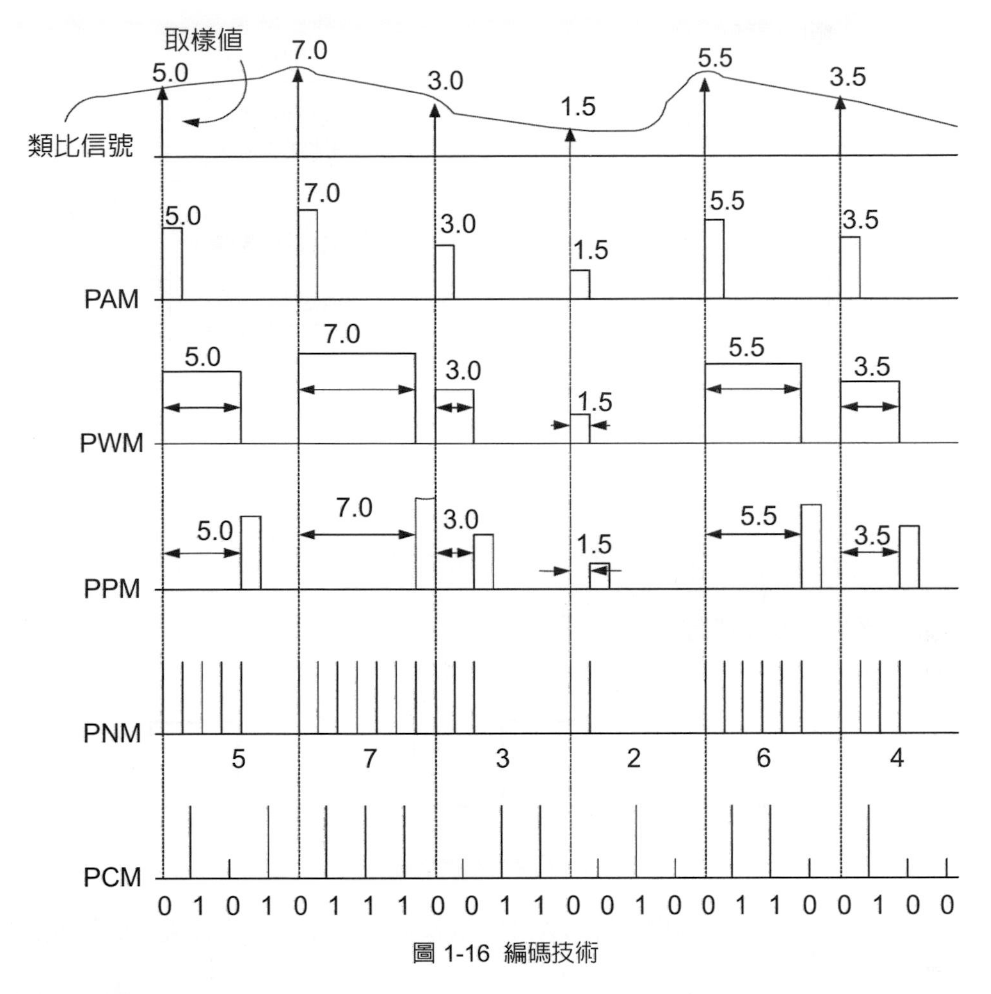

圖 1-16 編碼技術

脈波編碼調變(PCM)是由美國貝爾實驗室於1939年所研發，PCM處理訊號的方式，基本上可分成三個步驟:取樣(Sampling)、量化(Quantizing)、編碼(Encoding)。如圖 1-17。

取樣是依據 Nyquist 的理論，即以類比訊號頻率二倍以上來定時取樣，則將來在由數位訊號回復成類比訊號時波形會較接近原先的訊號。目前一般在實用上，是採用每秒 8000 次的取樣速率。

每一個取樣的訊號，稱為 PAM(Pulse Amplitude Modulation)。取樣後，接著便是對 PAM 訊號做量化(Quantizing)，其目的在為每一個 PAM 訊號設定一個對應數值，若化的範圍在 1 至 128，則每個取須要 7 個位元 (2^7=128) 來表示，而取樣速率須 56000bps(8000*7=56000)；若量化的範圍在 1 至 256，則每個取樣須要 8 個位元 (2^8=256) 來表示，而取樣速率須 64000bps(8000*8=64000)。

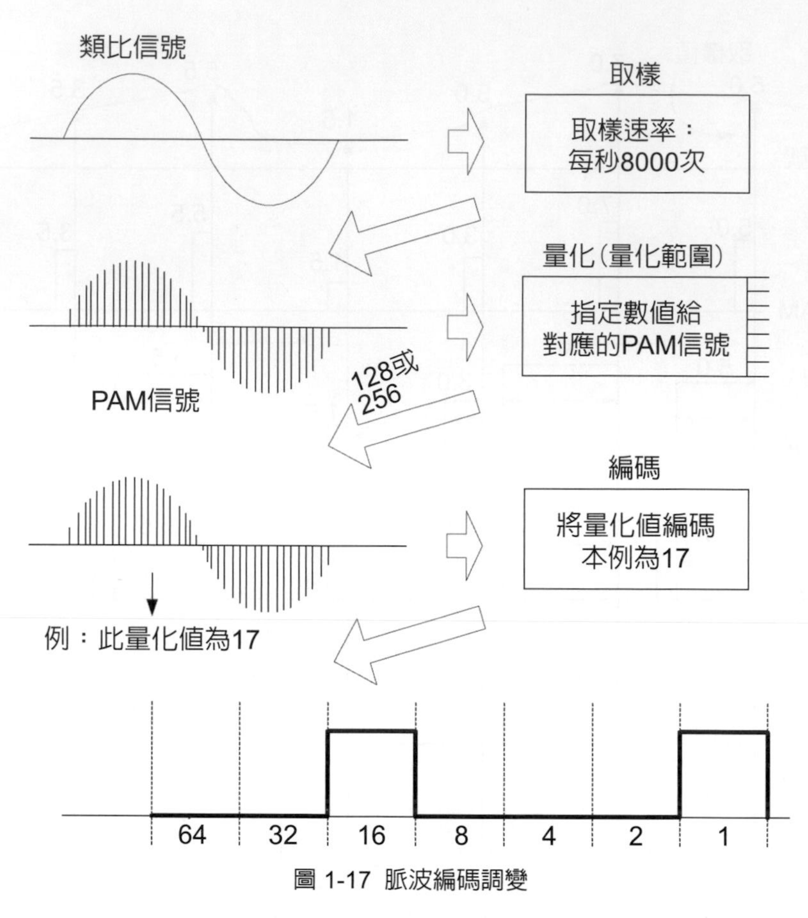

圖 1-17 脈波編碼調變

以圖 1-18 爲例。其中 8 個值來量化 PAM 的取樣值，因此其取樣需要 3 個位元 ($2^3=8$)。

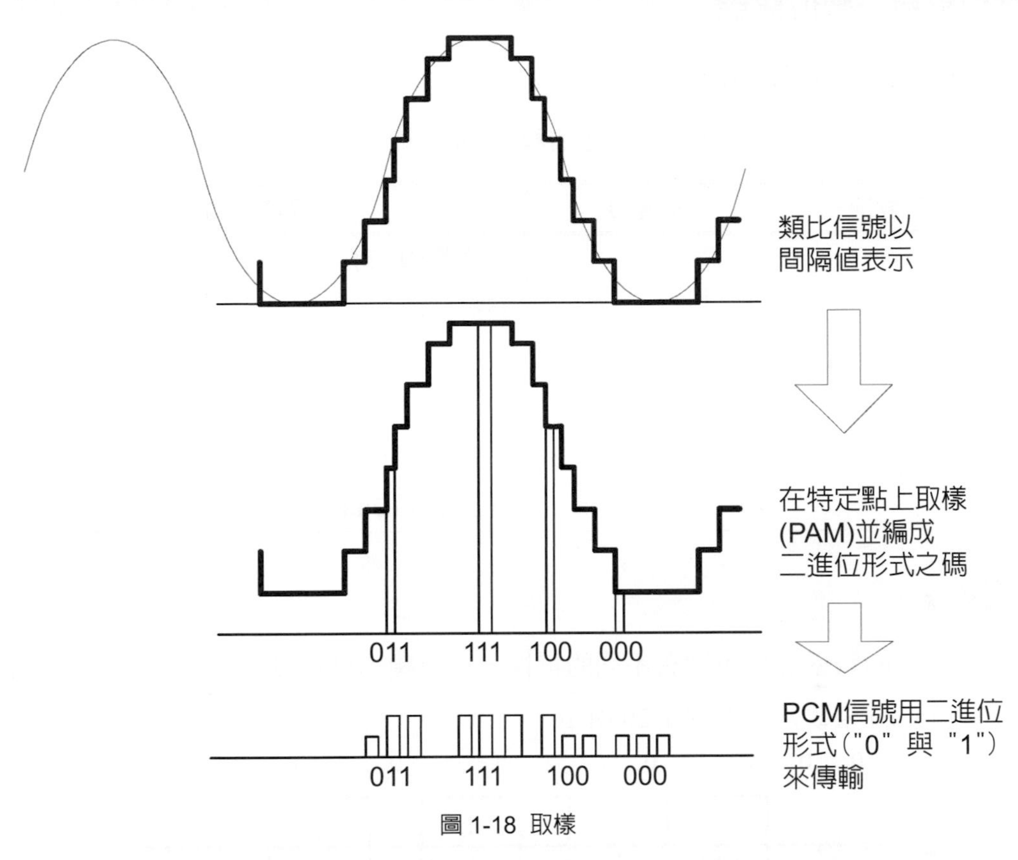

圖 1-18 取樣

根據實驗要提供好的聲音品質，量化的範圍須至少 2048 個單位以上，每個取樣必須要有 11 個位元 (2^{11}=2048)，量化的成本太高因此發展出另一種技術，稱爲縮張 (Companding)。縮張的主要功能在提供較多的量化準位級數給較微弱的信號，而較強的訊號，則可減少其量化準位級數，如圖 1-19。

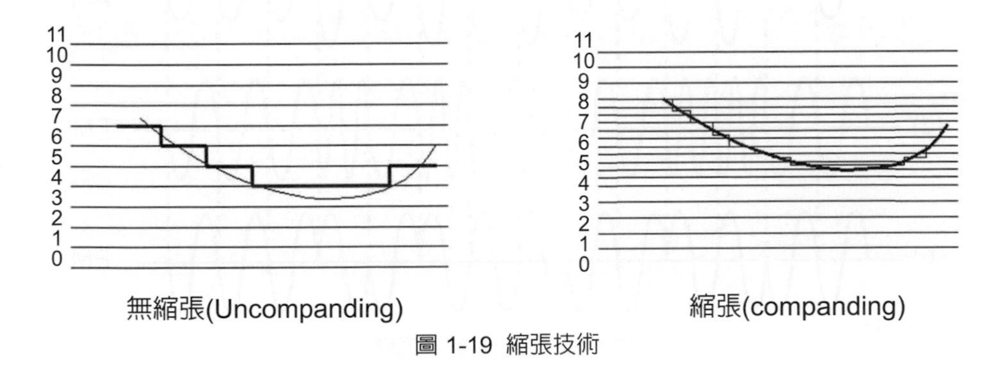

圖 1-19 縮張技術

◆數位資料→數位訊號

就是 1-6 節所提到的編碼方式。

表 1-11 數位資料→數位訊號調變方式

調變前	調變後	調變方式
數位資料 (Digital Data)	數位訊號 (Digital Signal)	不歸零 (NRZ)
		歸零 (RZ)
		曼徹斯特 (Manchester)
		差分曼徹斯特 (Differential Manchester)
		交替轉換 (AMI)
		雙二進位 (Double Binary)

◆載波

傳送訊號的頻率高低不同有不同的特性，一般頻率低速度慢、易受干擾，則需要經由載波 (Carrier) 來改善，如圖 1-20 所示。

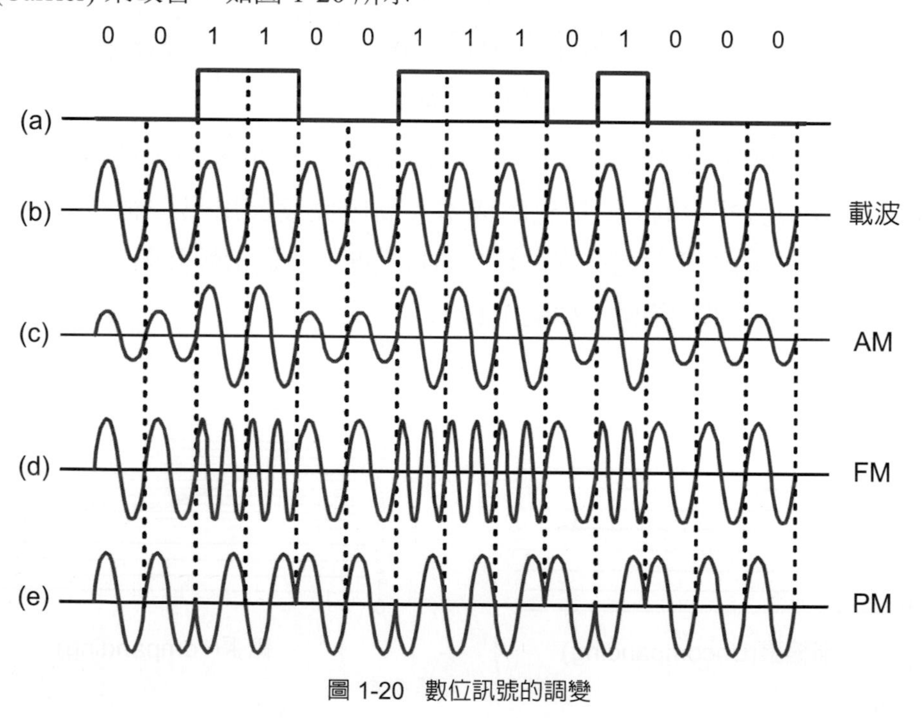

圖 1-20 數位訊號的調變

1-7 週期性與非週期性訊號

另一種分法是將其爲週期性與非週期性訊號，固定的時間間隔 (Time Slice) 訊號的波形會重複出現，此種訊號被稱之爲週期性訊號，不具有此種特性之訊號，則稱之爲非週期性訊號。而週期性訊號的特性包括有週期 (Period)、頻率 (Frequency)、振幅 (Amplitude)、相位 (Phase) 等等，其中週期與頻率互爲倒數 (T=1/f)，而相位則是兩個相同的訊號有時間的差距，其相對的位置的差距，稱之爲相位 (差)。

1-8 訊號傳輸的方式

訊號在網路上傳遞的形式有三種，分別爲電子訊號、無線電波與光脈衝，而電子訊號可再分爲基頻與寬頻傳輸，在 1-15 節再詳細的介紹，無線電波也傳送電子訊號，不過所用的傳輸媒體是看不見的電磁波，區別電磁波的不同是依其頻率，單位爲赫茲 (Hz)，每種無線電波都有自己適用的頻率範圍，稱之爲頻帶 (Band)，常見的調變的技術有調頻 (FM) 及調幅 (AM)，在 1-6 節中曾經的介紹過了，而光脈衝目前使用在光纖 (Fiber) 上，根據光纖的收發設備的不同，可分爲單模傳輸及多模傳輸。

1-9 傅利葉分析

在十九世紀初，法國偉大的數學家傅利葉 (Jean-Baptiste Fourier) 證明，任何週期函數 g(t)，週期爲 T，可以由多個正弦和餘弦函數所組成，其公式如下：

$$g(t)=\frac{1}{2}c+\sum_{n=1}^{\infty}a_n\sin(2\pi nft)+\sum_{n=1}^{\infty}b_n\cos(2\pi nft) \tag{1.9-1}$$

此訊號分解，一般稱爲傅利葉級數 (Fourier series)，其中 f=1/T 爲頻率，a_n 及 b_n 爲第 n 個調和函式 (Harmonics function) 的正弦及餘弦之振幅，而要求得 a_n 值時，可將上式等號兩邊同乘上 sin(2 π nft)，由 0 積到 T，因爲

$$\int_0^T\sin(2\pi kft)\sin(2\pi nft)\,dt=\begin{cases}0 & \text{for } k\neq n\\ T/2 & \text{for } k=n\end{cases} \tag{1.9-2}$$

b_n 該項就消失剩下 a_n 項，同理可求出 b_n，而同時對等式兩邊積分可求出 c，而求傅利葉級數之係數 a_n、b_n、c 公式整理如下：

$$a_n = \frac{2}{T}\int_0^T g(t)\sin(2\pi nft)\,dt \tag{1.9-3}$$

$$b_n = \frac{2}{T}\int_0^T g(t)\cos(2\pi nft)\,dt \tag{1.9-4}$$

$$c = \frac{2}{T}\int_0^T g(t)\,dt \tag{1.9-5}$$

1-10 雜訊

需要的訊號以外的訊號泛稱爲雜訊 (Noise)，SNR(Signal Noise Ratio，訊噪比) 表示訊號與雜訊功率的比值，決定資料傳輸效益最重要的因素元之一。通常在接收端測量 SNR 值，以利將雜訊消除。

SNR 可以用下列公式來表示：

SNR=10*log(S/N)　　(1.10-1)

其中，SNR：單位爲分貝 (Decibel，dB)

S：訊號功率

N：雜訊功率

SNR 愈高，表示雜訊愈小，訊號品質愈高，傳輸過程中，所需放大器 (Amplifier) 與中繼器 (Repeater) 的個數相對減少。SNR 值大於 24dB，不致於影響訊號的正確性。中繼器多應用於數位訊號，放大器則用於類比訊號。

一般雜訊的種類有：熱雜訊 (Thermal Noise)、串音 (Crosstalk)、互調式 (Inter Modulation)、脈衝式 (Impulse)。熱雜訊由於電子在電路上移動時所造成的，此項雜訊均佈在頻譜上，很難加以消除。

串音這是因相鄰通道吸收對方訊號所造成的。當傳輸距離增加、通道間距太接近或訊號強度太強時，串音發生的可能性會提高。如下圖所示，是許多人都有的經驗，在打電話 (有線、無線電話或大哥大) 時聽到另一線的對談聲音，這就是串音現象 (通道間距太接近或訊號強度太強而發生干擾)。

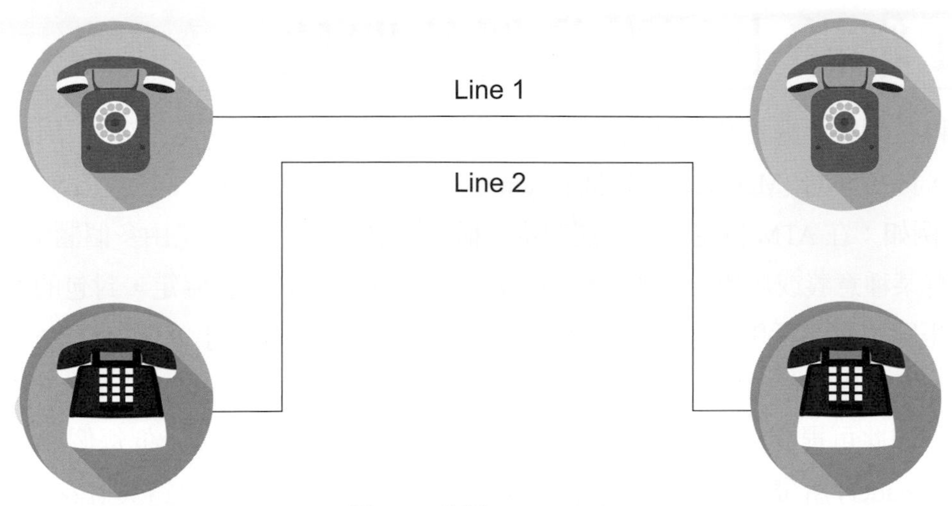

圖 1-21 串音 (Crosstalk)

互調式雜訊屬於串音的一種，由於某些通道上的訊號彼此相互調變，因而產生另一個新頻帶訊號，以致影響到正確的訊號。脈衝雜訊一種隨機產生的異常波形，含有不規律的脈波或是雜訊尖端。

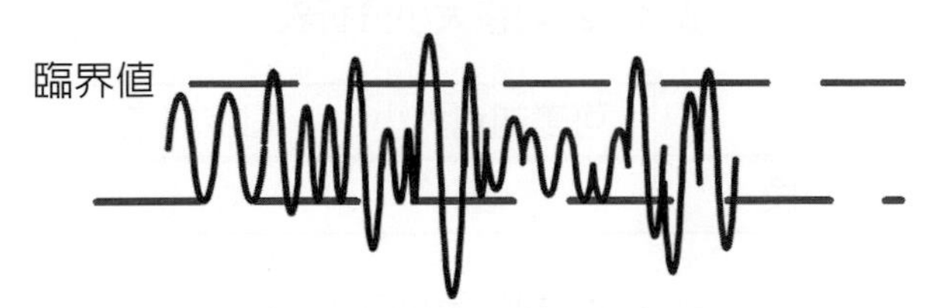

圖 1-22 脈衝式雜訊，脈波強度突然增加

在網路方面雜訊的來源有下列幾種：

- 終端用戶連接 (End-to-end connectivity)
- 阻抗的特性 (Characteristic impedance)
- 衰減 (Attenuation)
- 近端串音 (Near-end CrossTalk)
- 背景雜訊 (Background noise)
- 脈衝雜訊 (Impulse Noise)
- 長度 (Length)

可以再歸種爲下列幾種：電源雜訊、設備產生的雜訊、感應雜訊及接地雜訊。

1-11 網路上傳送資料的單位

資料在網路上傳送時眞實的單位是位元 (Bit)，但邏輯單位依協定的不同而有不同的稱呼，像是訊息 (Message)、訊框 (Frame)、資料元 (Datagram)、封包 (Packet) 與細胞 (Cell)，例如：在 ATM 協定中，其邏輯單位稱爲細胞 (Cell)。Cell 是由多個欄位所組成，各自具有某種意義或功能，一般邏輯單位泛稱爲封包，不同通訊協定，封包的大小，也不一定相同，有的採用固定封包大小，有的則採用可變封包大小 (Variable Size)，各有優缺點，採用固定封包大小 (Fixed Size) 時，其交換設備較容易分辨每一個封包的起始與結束，如此可提高交換速度，而固定封包的大小較大時，可以降低每個封包必須有的表頭 (Header) 所帶來的額外負擔 (Overhead)，但是如果發生封包遺失 (Lost)，需要重傳 (Retransmission) 的時候，反而增加的額外的負擔。國際單位系統 (The International System of Units，SI)，如表 1-14 所示，表中分別以 2 及以 10 爲底相對應單位的唸法、寫法及符號，經常使用到。

表 1-12 封包大小分析表

	可變封包大小	固定封包大小
易交換	慢	快

表 1-13 封包大小分析表

	大封包	小封包
額外負擔	小	大
重傳額外負擔	大	小

表 1-14 國際單位系統

p	n	u	m		K	M	G	T	P
pico	nano	micro	milli		Kilo	Mega	Giga	Tera	Peta
2^{-40}	2^{-30}	2^{-20}	2^{-10}	2^{0}	2^{10}	2^{20}	2^{30}	2^{40}	2^{50}
10^{-12}	10^{-9}	10^{-6}	10^{-3}	10^{0}	10^{3}	10^{6}	10^{9}	10^{12}	10^{15}

1-12 錯誤偵測技術

最常用有下兩小節要介紹的同位檢查碼 (Parity Check) 及循環式重複檢查碼 (Cyclic Redundancy Check，CRC)。

1-12-1 同位檢查碼

如果傳送的位元數很少或錯誤率很低，最簡單的偵測方法就是使用額外的一個位元，稱爲同位檢查位元 (Parity Bit)，此方法適用於非同步傳輸。

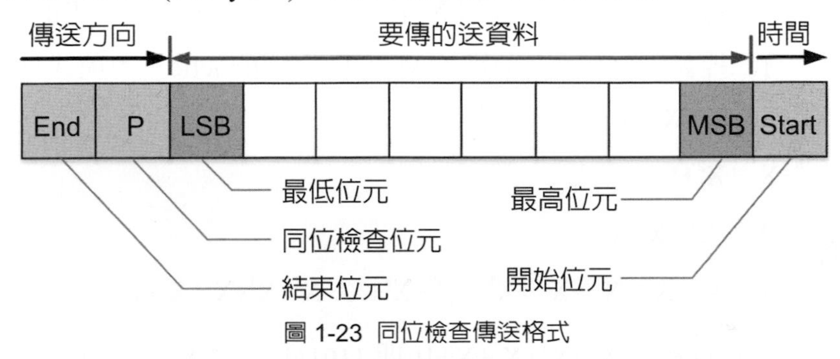

圖 1-23 同位檢查傳送格式

同位檢查位元與使用者的資料位元合併在一起，由傳送端傳送出去。可分爲奇同位檢查 (Odd Parity Check) 及偶同位檢查 (Even Parity Check)，以傳送的資料位元 1 的奇偶數目來區分，同位檢查通常是 XOR 閘 (Gate) 來製作，XOR 閘眞値表 (Truth Table) 見下表 1-15 XOR 閘眞値表所示，另外，同位檢查又可分爲垂直同位檢查及水平同位檢查。

表 1-15 XOR 閘真值表

XOR 閘		
輸入		輸出
0	0	0
1	0	1
0	1	1
1	1	0

1-12-2 循環式重複檢查碼

另外一種更有效的方法就是循環式重複檢查碼 (Cyclic Redundancy Check，CRC)，主要應用於同步傳輸環境。CRC 偵錯原理是發送端欲將送出去的資料先向左移 n 個位置 (相當乘以 2^n) 並在這個位置填補零，填補進去的這些位元，稱為框架檢查序列 (Frame Check Sequence，FCS)，這樣形成的式子稱為被除數，接下來找出最適合除數 (Divisor) 多項式 (常見的除數多項式有 CRC-12、CRC-16、CRC-CCITT 及 CRC-32) 稱為除數，兩數相除可得 CRC 餘數 (Reminder)，將此餘數加在原要傳送的資料之後一起傳送出去，接收端收到後，以同樣的除數除以收到的資料，如果餘數為零表示一切正常，否則表示只要發生錯誤。有三種製作的方法，分別是 Modulo 2 Arithmetic、多項式及數位邏輯。

- CRC-12=$X^{12}+X^{11}+X^3+X^2+X^1+1$
- CRC-16=$X^{16}+X^{15}+X^2+1$
- CRC-CCITT= $X^{16}+X^{12}+X^5+1$
- CRC-32=$X^{32}+X^{26}+X^{23}+X^{22}+X^{16}+X^{12}+X^{11}+X^{10}+X^8+X^7+X^5+X^4+X^2+X^1+1$

舉例：欲傳送的資料為 $X^5+X^4+X^2+X+1$(即 110111)，選 X^4+X^3+1(即 11001)，除數佔 5 個位元，則餘數將佔 4 個位元，所以被除數需向左位移 4 個位元，且此 4 個位元填零，製作的方法為 Modulo 2 Arithmetic，就是二進位的加法 (但忽略進位)，正是數位邏輯中的 XOR 運算。

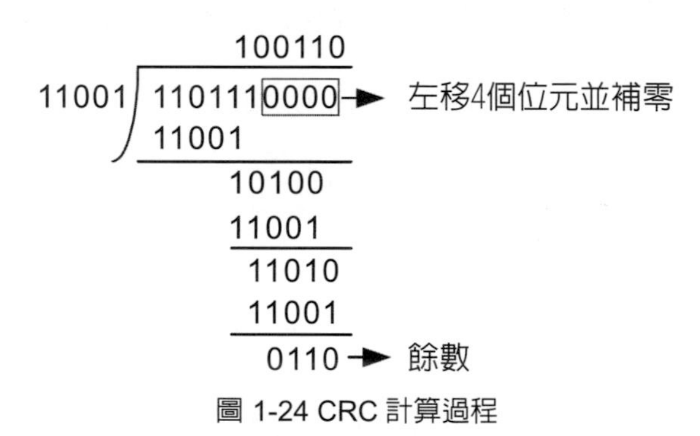

圖 1-24 CRC 計算過程

將此餘數加在原要傳送的資料之後，即是 1101110110，一起傳送出去，接收端收到後，以同樣的除數 (11001) 除以收到的資料，如果餘數為零表示一切正常，否則表示發生錯誤。

```
              100110
11001 ) 1101110110
        11001
        ----------
          10101
          11001
          -----
           11001
           11001
           -----
              00
```

圖 1-25 CRC 計算過程

1-13 資料傳送的方式

資料傳送的方式可分爲很多種，筆者將其方法分類爲下列幾種：多工技術、基頻與寬頻傳輸、單投、多投及廣播傳輸、並列與串列傳輸、同步與非同步傳輸、連接導向與非連接導向，將在以下幾小節做詳細的介紹。

◆單工、半雙工、全雙工

兩個通信裝置間資料傳遞方式可以分爲：單工 (Simplex)、半雙工 (Half-Duplex)、全雙工 (Full-Duplex)。

- 單工 (Simplex)：資料在同一時間內只能由一端傳送給另一端，傳送的方向是單向的，無法作反方向傳輸。例如：收音機的廣播方式、電視台傳送給用戶或滑鼠 (Mouse) 都屬單工傳輸。
- 半雙工 (Half-Duplex)：兩端可以互傳資料，但是不能同時互傳訊息給對方。例如：無線電對講機 (即香腸族、火腿族) 等等。
- (全) 雙工 (Full-Duplex)：全雙工傳輸可以克服前兩項的不便。收發兩端可以同時互傳訊息給對方，例如：電話、電腦網路等等。

1-14 多工技術

目前的通訊技術大多允許多個邏輯連線建立在同一實體傳輸介面之上，此技巧稱作多工 (Multiplexing)，多工技巧使得用戶可在同一實體介面之上同時進行許多連線，X.25、Frame Relay、TCP/IP 等即是這類技術的代表，由於此類連線是透過軟體或硬體的技巧存在於網路中的兩 DTE 之間，而非眞有直接的實體線路相連，故又名虛擬電路 (Virtual Circuit)，同一介面上的許多通道又名邏輯通道 (Logic Channel) 或虛擬通道 (Virtual Channel)。傳統的多工技術有分時多工 (Time Division Multiplexing，TDM)、分頻多工 (Frequency Division Multiplexing，FDM)。

- 分時多工 (TDM)：TDM 將一實體通道的傳輸時間分成多份相等時間片斷 (Time Slice)，每份則依序傳送不同連線的數據，如下圖所示，將傳輸時間分成五份相等時間片斷，以五等分爲一個循環，而這五等分可以分別分給五個使用者使用，每個使用者在使用完自己的時間片段之後，就繼續交給下一個使用者使用，在最後一個使用者使用完畢之後，則交給第一個使用者。

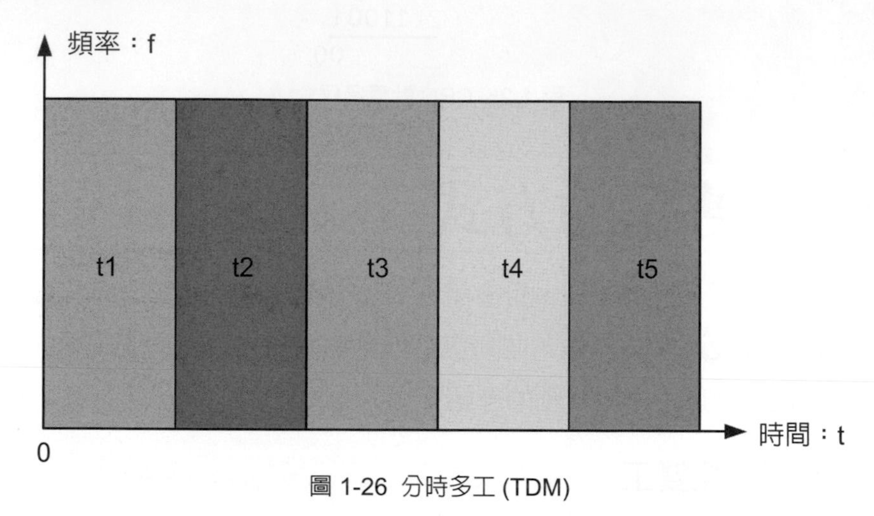

圖 1-26 分時多工 (TDM)

- 分頻多工 (FDM)：而 FDM 是將一實體通道的傳輸頻率分成多份相等頻帶，每份則依序傳送不同連線的數據，如下圖所示，將傳輸時間分成五份相等頻帶，以五等分爲一個循環，而這五等分可以分別分給五個使用者使用。FDM 通常用在聲音級線路或無線電，它在同一傳輸介質利用不同頻率的載波承載不同連線的資料。

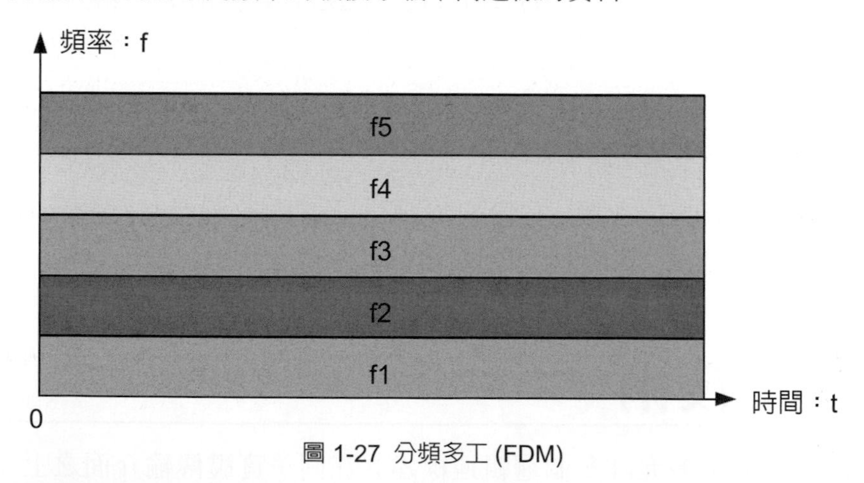

圖 1-27 分頻多工 (FDM)

而這兩種又可以再分爲靜態 (Static) 及動態 (Dynamic) 性的多工：

◆ 靜態多工 (Static Multiplexing)：

上述的兩種方法就是靜態多工，其等分數目是固定的，而造成當使用者不使用時，該片段也必須空下來，其他使用者也無法使用，就浪費該片段的頻寬，較適合經常使用者數目是固定。

◆ 動態多工 (Dynamic Multiplexing)

其等分數目不是固定的，根據需求而動態調整，不會造成當使用者不使用時，該片段必須空下來，其他使用者也無法使用，必須浪費該片段的頻寬，較適合經常使用者數目是非固定，動態多工的頻寬使用率較好，但是技術較高且需花額外的時間來動態調整，所以各有優缺點。

TDM 及 FDM 的優缺點主要在邏輯通道的數量、頻寬的利用程度及穩定性上，TDM 的優點是每一邏輯通道皆分配到固定的頻寬，缺點是固定的頻寬配置使得整個物理通道的頻寬會因某些邏輯通道的處於閒置 (Idle) 而有浪費的情形，有些通道可能經常處於閒置，而忙碌的通道卻無法利用這些閒置通道的頻寬，FDM 的優點是可在一物理通道獲得額外的頻寬，但它較適合用於類比線路，由它可分得的邏輯通道數量也有限，可與 TDM 混合使用以獲得更多的邏輯通道。

動態性的多工則擷取傳統多工的優點，並避免其缺點，例如：先進的多工可視各邏輯通道的需要彈性調節每一通道的頻寬，使得實體通道的頻寬不致因多工而有浪費的情形，Frame Relay、ATM 等分封交換網路即具這方面能力。

將多工後的資料流分解成原本各別連線的動作稱作解多工 (De-Multi plexing)，多工及解多工程序通常是在 DTE 的網路層進行，且多以軟體進行多工以增加應用上的彈性，例如：TCP/IP 的 IP 層或 X.25 的網路層，複雜的多工甚至可將不同上層協定的連線混入同一物理介面，例如 Windows NT 的多網路並存的技術，網路層接受上層協定的數個會談 (Session)，並將這些會談有技巧地混入資料連結層，由它進行 DCE 對 DCE 的數據傳送，但也有例外，例如：Frame Relay 只定義到資料連結層，它的多工是在資料連結層進行的。

爲了擴大通信容量使得在一個通道中可以同時傳輸多路信號，目前廣泛採用了多工方法，最常用的多工方式是分頻多工 (FDM) 和分時多工 (TDM)。有線長途載波電話和類比微波通信的多工設備採用的都是分頻多工方式。

1-15 基頻與寬頻傳輸

在通信領域中，資料傳輸常分爲兩大類：基頻 (Baseband) 與寬頻 (Broadband) 傳輸，只要是信號都會因爲傳送距離的增加而能量衰減 (Attenuation)，產生失眞 (Distortion)。

◆ 基頻傳輸

基頻傳輸是一種網路技術，資料通常以數位型態在通道上傳送，且在同一時間內，整個傳輸容量只供單一資料訊號傳送。多使用者用線路時，可以使用分時多工 (TDM)，依序傳送，而分頻多工 (FDM) 是無法使用的，因爲與基頻傳輸的定義相矛盾。基頻系統的訊號較易衰減，需在適當距離加上中繼器 (Repeater) 放大訊號。基頻訊號傳輸方式是雙向 (Bi-directional) 傳輸，訊號沿兩方向傳送，經過所有節點，到達端點，由終端 (Terminator) 所吸收。Ethernet，ARCnet，Token Ring 的網路皆屬於基頻。

◆ 寬頻傳輸

寬頻傳輸是一種網路技術，使用類比資料，使用的頻率範圍較基頻廣泛，一般使用分頻多工 (FDM) 可同時提供多人使用，將頻寬切分爲多個次頻帶。寬頻訊號傳輸方式是單向 (Unidirectional) 傳輸，訊號只沿纜線的一個方向傳送，爲了可傳遞至所有節點，需要有兩個路徑，到達端點需要往反方向傳遞，所以需要第二個路徑，如此一來才能傳遞至所有節點，端點使用一個路徑來接收稱爲朝外頻帶 (Outbound)，另一個來傳送稱爲朝內頻帶 (Inbound)，而端點是一個頻率轉換器 (Frequency Converter)，接收路徑與傳送路徑使用的頻率不同，需靠頻率轉換器來轉換。

寬頻同軸電纜可用的頻帶範圍在 5~400MHz 之間，有四種不同分割分別爲次、中、高分割、雙纜線，其頻帶範圍，見表 1-16。

表 1-16 寬頻同軸頻帶分割表

分割種類	朝内頻帶 (F1)	朝外頻 (F2)	頻寬	備註
次分割	5~30 MHz	54~400 MHz	25 MHz	主要應用於 CATV
中分割	5~115 MHz	168~400 MHz	110 MHz	
高分割	5~174 MHz	232~400 MHz	169 MHz	
雙纜線	40~400 MHz	40~400 MHz	360 MHz	

表 1-17 基頻與寬頻傳輸的比較

種類	基頻傳輸	寬頻傳輸
訊號型式	數位訊號	類比訊號 (需要 RF)
多工技術	全部頻寬只作單一通道使用，可使用 TDM 而沒有 FDM	可使用 FDM，多通道
傳遞方式	訊號作雙向傳遞	訊號作單向傳遞
拓樸	匯流排 (Bus) 拓樸	樹狀 (Tree)、匯流排拓樸
距離	最多幾公里	可達十幾公里
媒體	雙絞線或同軸電纜	寬頻同軸電纜

1-16 單投、多投及廣播傳輸

■ 單投傳輸 (Unicast)：將資料送往網路的單一節點的動作，如圖 1-28 所示。

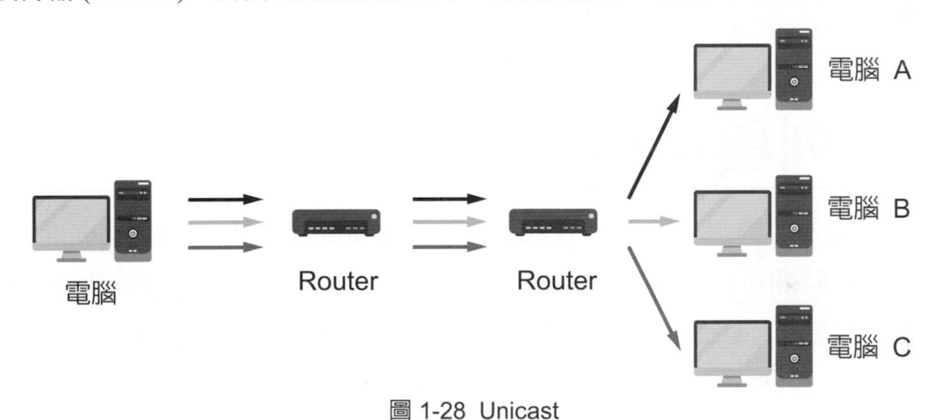

圖 1-28 Unicast

■ 多投傳輸 / 群播 (Multicast)：將資料傳送往網路的多個節點的動作，如圖 1-29 所示。

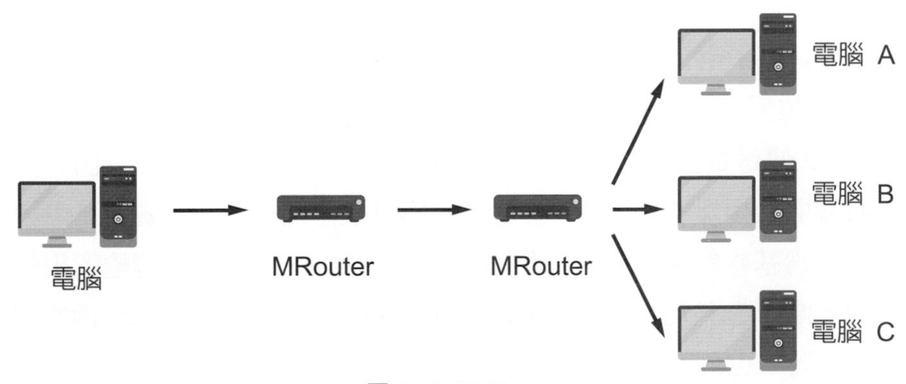

圖 1-29 Multicast

■ 廣播傳輸 (Broadcast)：將資料傳送往網路的每一個節點的動作。

■ Anycast：將資料傳送給群體之中的一個，這個群體的成員都要這一份資料。

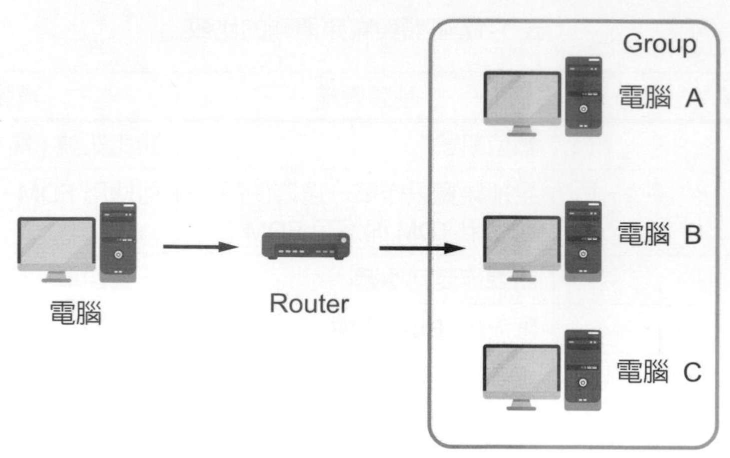

圖 1-30 Anyicast

- 廣播風暴 (Broadcast Storm)：不當使用廣播傳輸的方法所引起的不良現象，不正常的訊息散播到網路的每個區段，通常會佔用相當程度的頻寬，進而導致網路塞車，一般解決的方式是設一個計數器 (counter)，經過一個路由器就加 1，到了一定數量就不再往前傳，一般都設爲 30，封包中有一個欄位叫做 TTL(Time to Live)，就是擔任此工作。

1-17 並列與串列傳輸

資料在電腦內部匯流排傳遞的方式稱爲並列 (Parallel) 傳輸。在 Pentium III 微處理機上，每一單位時間可以傳送 32 個位元訊號，即 32 條線同時用於訊號傳輸 (指的是資料匯流排爲 32 位元，所以一般稱此類電腦爲 32 位元電腦)。在短距離且要求速度的環境下，使用並列式的機會較多，如 CPU 與印表機、磁碟機及其他邊裝置間資料的傳遞，並列式傳輸雖然效率很高，但不適合長距離通信環境，因爲較多的線路費用一定比較高，且維護不易。

串列 (Serial) 傳輸正好彌補這些缺失，電腦系統之間大都採用串列，串列傳輸就是在單一線路上以位元接著位元方式傳送資料。例如：數據器 (Modem)，透過 RS-232C Cable 以串列方式傳送資料給數據機，數據機也是以串列方式一個接一個將資料送上電話網路。接收端則以相反步驟處理，最後電腦即可取得他端送來的資料。串列介面的物理特性是以位元爲基本的傳遞單位，和區域網路以 Mbps 爲單位的傳輸率相較下，串列介面是很慢的，傳輸速率大約在數 Kbps 至數百 Kbps 之間，但是串列介面的彈性極佳，可適用於各種裝置，也可用於通訊。

一般所指的串列介面通常是 RS-232C 介面，串列埠則指電腦與 RS-232C 介面之間的 I/O 埠 (如 COM1、COM2)，串列線路則指透過 RS-232C 介面連出的通訊線路。RS 是建議標準 (Recommend Standard) 之意，RS-232 是美國電子工業協會 (EIA) 視當時需要，聯合廠商制定的串列介面標準，目前版本爲 RS-232C，主要做爲資料終端設備 (DTE) 與資料通訊設備 (DCE) 之間的數位通訊介面，RS-232C 即定義了其間的訊號規格，類似的介面尚有 RS-422、RS-485、V.35 等，RS-232C 經常被用於連接電腦的週邊配備，例如：滑鼠、數據機、繪圖板等，它在通訊領域中仍歷久不衰，從微電腦至大型的工作站皆可見到它的蹤影，爲與美系通訊裝置互通，原歐系的 CCITT(目前的 ITU-T 之前身) 也公佈一與 RS-232C 規格完全相同的 V.24 標準。

表 1-18 串並列傳輸之比較表

	串列 (Serial) 傳輸	並列 (Parallel) 傳輸
距離	遠	近
速度	慢	快
著名的介面	RS-232C 介面	

1-18 同步與非同步傳輸

串列傳輸有兩種模式，同步 (Synchronous) 與非同步 (Asynchronous)，在同步模式中，雙方須共用一相同的時脈 (Clock) 或額外的控制訊號，以此協調雙方的送訊及收訊的時序，在非同步模式，雙方無共用的時脈或控制訊號，而改以在所傳輸資料的前後端附加控制位元，包括用於表示資料的起始 (Start) 與結束 (Stop) 的位元、及用於偵測資料失眞的同位 (Parity) 檢查位元。

同步傳輸的優點是線路完全用在傳送的資料，不像非同步傳輸須於資料間安插額外的控制位元，故效率較高，同步傳輸的缺點是，須額外的同步裝置及線路，成本較高，非同步傳輸則無這方面的成本。

非同步方式以一個位元組爲單位，長度可在 5 ～ 8 位元長度間。傳送端在送出資料時，先在位元組 (byte) 前後各加上開始 (Start) 與結束 (Stop) 符號，利用這兩個符號維持兩端間正常的傳送與接收。

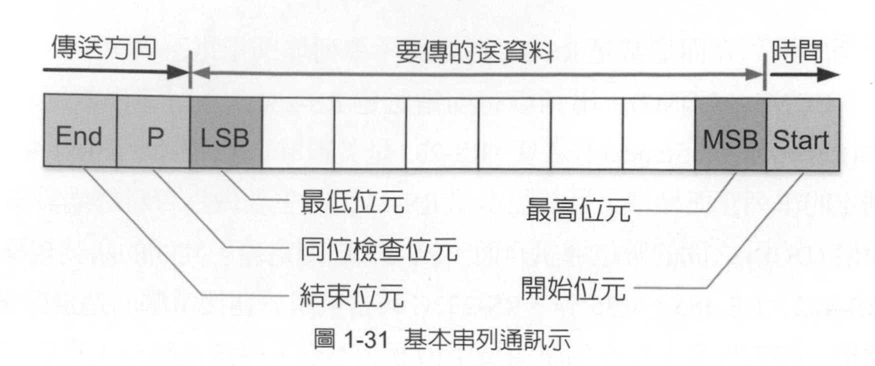

圖 1-31 基本串列通訊示

由於同步係以一個位元組長度爲準，兩端時順序只需要維持在一個位元組即可。開始符號一般爲一個位元，開始符號的電位值與線路 idle 時的電位值相反，使接收端得以知道他端送來資料。停止位元的長度有三種 (1、1.5 與 2 個位元)，與開始位元的電位值相反 (如此可分辨出是開始或結束)，若要提高正確性可在位元組送出時，加上一個同位檢查位元 (Parity)。

同步式傳輸以多個位元組 (100 個或 500 個等) 爲單位，整批一次傳送。爲了達到到同步化目的，在整個資料段 (Block) 前端與後端各附加上前序 (Preamble) 以及後序 (Postamble) 符號，包括前後序符號的全部資料稱爲資料框 (Frame) 或稱爲訊框、框架。資料框內的位元組數目是固定大小，使用者的資料如果太長時，必須分割成較小的資料段，將資料分割的動作，稱之爲分解 (Fragment)，分別附加一些同步訊息後再傳送出去。接收端必須再加以重組，以恢復成原來的資料型式，而這分解的反動作，稱之爲重組 (Defragment)。

1-19 連結導向及非連結導向

當資料從來源通過路由器到達目的地，OSI 模型的網路層決定封包的路徑。在電腦之間的通信能在下列二種不同的方式中被建立：

- 連結導向 (Connection Oriented)：假定在電腦之間將會有通信錯誤。這些協定備用來確定資料無錯誤傳送給它的目的地。TCP 是連結導向協定的一個例子。
- 無連結的導向 (Connectionless Oriented)：系統假定資料都會正確沒有錯誤的到達目的地；這種系統理論上是較快且額外支出較小。使用者資料報協定 (UDP) 是無連結的導向協定的一個例子。

無連結的模式協定在區域網路環境中，傳輸錯誤的數目被保持到最小量。在資料必須通過多重路由器而且錯誤是時常發生的環境，這些協定不會執行的很好。連續的封包遞送在無連結的系統中不被保證，所以它是由較高的協定處理錯誤的封包。

在連結導向模式 (Connection Oriented Mode)，當資料從來源到達目的地之電腦的路徑是事先被協定好的，這個路徑能包含幾個連結，這幾個連結形成邏輯的路徑叫做連結 (Link)。資料封包會依循事先協定好路徑而行，當資料沿著連結移動，這使得那些內在的節點能夠提供流量控制 (Flow Control)。如果節點發現傳輸錯誤，它會向前一個節點請求重新傳送 (Retransmission)。這些節點明瞭哪一封包屬於哪一連結，藉著節點允許幾個連結同時發生。

◆ 無連結導向模式

無連結導向模式 (Connectionless Oriented Mode) 較簡單，只是單純負責傳送，不需要事先建立 Link。一般認爲無連結的導向模式是比連結導向模式環境更快的，因爲內在的節點只轉送寄封包，然而在有許多連結的環境，封包一定是來自來源節點，所以無連結的導向模式實際上是比較慢的。

◆ 連結及非連結網路特性比較

表 1-19 連結及非連結網路特性比較表

項目	無連結導向模式	連結接導向模式
資料型態	封包	多媒體視訊
交換技術	分封交換	電路交換
傳輸延遲變異	大	小
網路節點設備	路由設備	交換設備
網路傳輸速度	慢	快
訊息損失	較多	較少
通訊方式	複雜	簡單

1-20 網路測量單位

先分別說明 B(Bearer) 通道、D(Data Link) 通道、H(High) 通道，B 通道傳輸速率爲 64kbps。由於 B 通道的傳輸速率與一般話音每秒 8000 次取樣、每個取樣以 8 位元表示所需的位元數相同，因此常在數據通訊中構成進行各種語音、視訊或資料傳輸服務的基本通道；許多個 B 通道也可以聚集在一起，做爲更高頻寬需求應用程式通訊之用，例如：兩個 B 通道便可共同整合使用，以提供 128kbps 頻寬的傳輸服務。另外 D 通道則是 16kbps(D0) 或 64kbps(D2) 通訊控制通道，以執行電話交換系統與整體服務數位網路 (ISDN) 元件之間建立或解除呼叫的控制工作。而另外一種標準通道系列爲 H 通道。H 通道將許多個 B 通道聚集提供傳輸，較常見的 H 通道大致如下：H0=384kbps (6 個 B 通道)、H10=1472kbps (23 個 B 通道)、H11=1536Kbps (24 個 B 通道) 以及做爲國際 E1 架構的 H12=1920kbps (30 個 B 通道)。

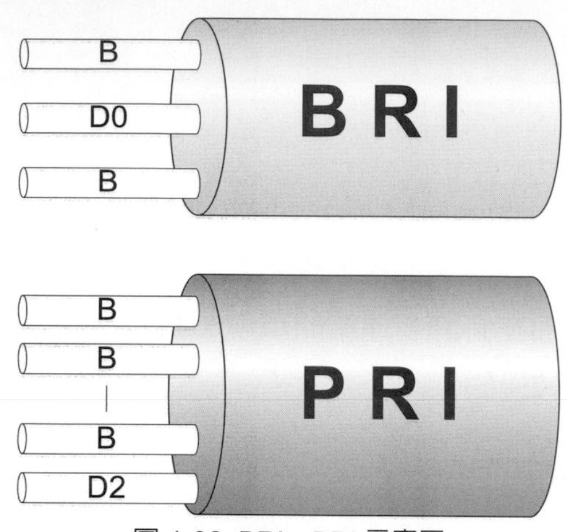

圖 1-32 BRI、PRI 示意圖

ISDN 架構中，有許多的頻寬傳輸介面標準提供選擇，其中最普遍的則是基本速率介面 (Basic Rate Interface，BRI) 與主要速率介面 (Primary Rate Interface，PRI)，如圖 1-32 所示，BRI 介面包含兩個 64Kbps 的 B 通道與一般 16Kbps 的 D0 通道 (=2B+D0)；而 PRI 介面則具有更高的頻寬，以提供一般如 PBX (Private Branch Exchange；私用交換機) 或區域網路等的應用。台灣與北美地區的 PRI 服務包含了 23 個 B 通道及一個 64kbps 的 D2 通道 (23B+D2) 而歐洲的 PRI 服務則是一個包含 30B+D2 的介面。

在幹線傳輸的標準上，時常以各項基本通道的組合來進行傳輸，這些幹線所傳輸的訊號都是數位訊號，而這些數位訊號則是自公眾交換系統的類比訊號所轉換來的。T1 與 T3(或稱之爲 DS-1(Digital Signal Level) 及 DS-3) 標準普遍用於北美，而 E1 與 E2 的標準則是歐洲幹線所常用的。

T1 是由 24 個通道所組成，這 24 個通道其實就是 23 個 B 通道與一個 D2 通道所組成。如下圖所示，分別說明 T1 與 E1 標準每 125 μs(1/8000 Second) 訊框 (Frame) 的架構。

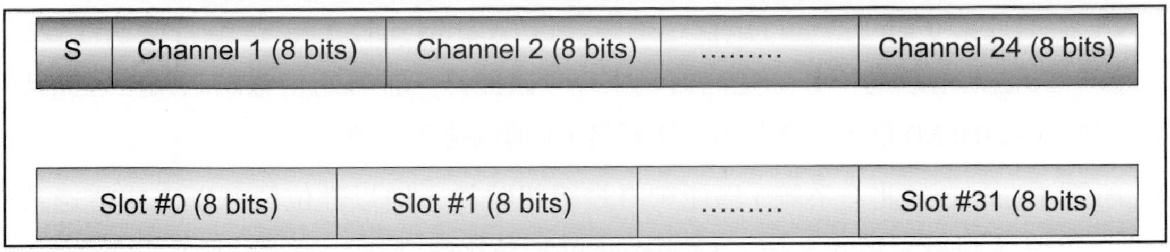

S	Channel 1 (8 bits)	Channel 2 (8 bits)	....	Channel 24 (8 bits)

Slot #0 (8 bits)	Slot #1 (8 bits)	....	Slot #31 (8 bits)

圖 1-33 BRI、PRI 圖

T1 標準中，除了 24 個資料與控制通道之外，在每 125 μs 的訊框最開端還有一個獨立的起始位元 (Start bit)，於是 T1 傳輸速率便爲 1.544Mbps(=8000*(1+24*8))。

表 1-20 傳輸速率表

北美系統	歐洲系統	數位信號	ANSI 標準	OC 標準	CCITT 標準	速度
		DS-0				64 Kbps
T1		DS-1=24* DS-0				1.544 Mbps
	E1					2.0484 Mbps
T2=4*T1		DS-2=4* DS-1				6.312 Mbps
	E2=4*E1					8.448 Mbps
	E3=4*E2					34.368 Mbps
T3=30*T1		DS-3=7* DS-2 DS-3=28* DS-1				44.736 Mbps
			STS-1	OC-1	STM-0	51.84 Mbps
	E4=4*E3					139.264 Mbps
			STS-3	OC-3	STM-1	155.52 Mbps
T4		DS-4				274.176 Mbps
			STS-9		STM-3	466.56 Mbps
			STS-12	OC-12	STM-4	622.18 Mbps
			STS-18		STM-6	933.12 Mbps
			STS-24		STM-8	1244.16 Mbps
			STS-36		STM-12	1866.24 Mbps
			STS-48		STM-16	2488.32 Mbps
			STS-192	OC-192	STM-64	9953.28 Mbps

E1 標準以第 0 個時槽進行訊框起始與警告 (Alarm) 工作，第 17 個時槽執行 D2 控制工作，其他則用以進行 B 通道的傳輸工作。因此每一秒鐘所傳輸的訊號位元數共有 8000*32*8(=2.048M) 個，這個數量也正好是 E1 傳輸速率的值。

所謂 T-Carriers(北美系統) 爲能夠將幾組訊號從一地以數位及多工方式透過某些傳輸介質傳送到另一地的系統。T-Carriers 可將類比聲音訊號轉換成數位訊號 (Digital Signal，DS)，在應用劃時多工的技術載送 DS-1、DS-2、DS-3 數位信號，其速度分別爲 1.544MBps、6.312MBps、44.736MBps，一個 DS-1 信號可傳送 24 線 DS-0(64Kbps) 之話音信號，一個 DS-2 信號由 4 線 DS-1 信號多工而成，一個 DS-3 信號由 7 線 DS-2 信號或 28 線 DS-1 信號多工而成。

光載波 (Optical Carrier，OC) 標準是架構在非同步傳輸模式 (Asynchronous Transfer Mode，ATM) 同步光纖網路 (Synchronous Optical Network，SONET) 的標準，是以 OC-1(51.84 Mbps) 爲基本速率 (Base Rate)，後續的標準是基本速率的整數倍，例如：OC-3 即是 3*51.84=155.52 Mbps，而，OC 標準與 ANSI 所製定的同步傳輸信號 (Synchronous Transport Signal，STS) 標準，但是國際電話電報諮詢委員會 (CCITT) 所製定歐規的同步傳輸模式 (Synchronous Transport Module，STM) 標準的基本速率是 STS 標準的三倍，也就是 STM-x=STS-3x；而臺灣目前採用 OC 標準，大部分以 OC-3 及 OC-12 爲主要架構。上表爲上述之整理。

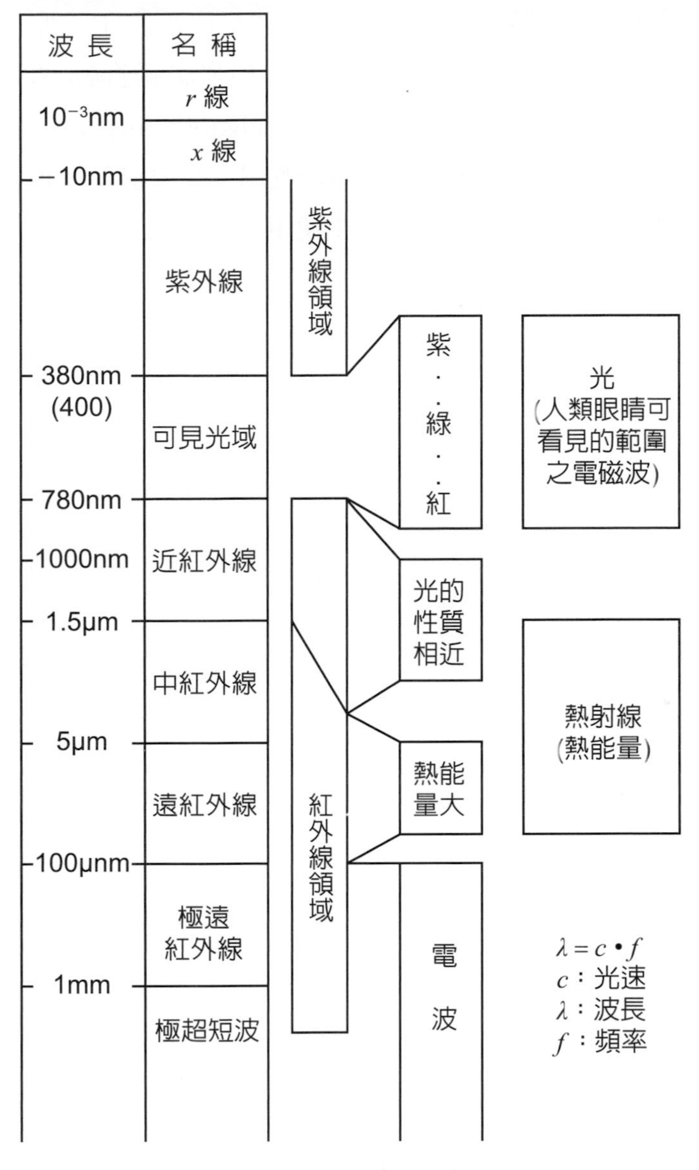

圖 1-34 紅外線波長分佈圖

1-21 鮑率

鮑率 (Baud Rate) 是指每秒所發生的訊號單元變化的狀態。例如：每一個訊號狀態代表一個位元 (則有兩種可能的情況，0 或 1)，則鮑率就和每秒位元數 (bps) 相同。又例如每一訊號狀態代表二個位元，則 2400 鮑就代表 4800bps 之資料傳輸速率。

Baudot Code 是通訊業最早採用的 5 位元碼，也稱作電傳打字碼 (Telex Code)。此編碼用 5 個位元來編碼，因此可表示 2^5=32 種變化，但無法涵蓋 26 個英文字母、10 個數字及一些標點符號及控制字元，故使用數字移位 (Figure Shift) 及文字移位 (Letter Shift) 字元，來擴充成爲 58 種編碼。此種編碼在電報應用上十分廣泛，但由於其無法提供檢查字元的功能，因此在目前的數位通訊上較少使用。

本章習題

填充題

1. 通訊系統中傳送的訊號依其形式可分爲（　　　　）訊號與（　　　　）訊號兩大類。
2. 類比訊號的特性可由（　　　　）、（　　　　）及（　　　　）三個主要屬性來區分。
3. 電壓的振幅通常以（　　　　）爲單位；電流的振幅則以（　　　　）爲單位；聲波的振幅則習慣以（　　　　）爲單位。
4. 人類的耳朵可聽到（　　　　）Hz～（　　　　）Hz 的聲音。
5. 光在眞空的速度爲（　　　　）。
6. 同位檢查位元分爲（　　　　）及（　　　　）。
7. 週期性的類比訊號可以分解成正弦函數和餘弦函數的合成，稱爲（　　　　）轉換。
8. 單位轉換：1 KB =（　　　　）Bytes；1 MB =（　　　　）KB；1 GB =（　　　　）MB。
9. 類比訊號轉換成數位訊號的過程稱爲（　　　　）轉換；數位訊號轉換爲類比訊號的過程稱爲（　　　　）轉換。
10. 常見的三種多工技術爲：（　　　　）、（　　　　）和（　　　　）。

選擇題

1. （　　）D 通道的速率爲 (A)16Kbps (B)32Kbps (C) 64Kbps (D) 128Kbps。
2. （　　）B 通道的速率爲 (A)16Kbps (B)32Kbps (C) 64Kbps (D) 128Kbps。
3. （　　）T1 的速率爲 (A)1 Mbps (B)1.544Mbps (C) 6.176Mbps (D) 45Mbps。
4. （　　）T3 的速率爲 (A)1 Mbps (B)1.544Mbps (C) 6.176Mbps (D) 45Mbps。
5. （　　）T1 的速率爲 (A) 24 (B) 25 (C) 26 (D)27 個通道所組成。
6. （　　）BRI 介面包含爲 (A) 2B+D0 (B) 2B+2D0 (C) 30B+D2 (D) 30B+2D2 通道所組成。
7. （　　）PRI 介面包含爲 (A) 2B+D0 (B) 2B+2D0 (C) 30B+D2 (D) 30B+2D2 通道所組成。

問答題

1. 通信的主要目的為何？
2. 何謂 DTE、DSE、DCE，請圖解說明。
3. 何謂週期 (Period)、頻率 (Frequency)、振幅 (Amplitude)、相位 (Phase) ？
4. 何謂數位化，請圖解說明。
5. 常見編碼有那些？請詳細說明。
6. 調變的目的為何？請詳細說明。
7. 常見雜訊有哪些？請詳細說明。
8. 何謂雜訊？
9. 常見的錯誤偵測技術有哪些？請詳細說明。
10. SNR 的公式為何？
11. 何謂單工？並舉例說明。
12. 何謂半雙工？並舉例說明。
13. 何謂全雙工？並舉例說明。
14. 半雙工和全雙工有何不同？
15. 請解釋單投、多投、廣播及 Anycast 傳輸。
16. 簡述類比訊號與數位訊號的特性與區別。
17. 何謂調變？為何需要調變？簡述調變解調變的工作原理與訊號處理過程。
18. 同位檢查碼分為哪幾種？
19. 請完成此真值表。

XOR 閘		
輸入		輸出
0	0	
1	0	
0	1	
1	1	

20. 請完成下表。

p	n	u	m		K	M	G	T	P
					Kilo				
				2^0					
				10^0					

21. 請完成下表。（d）是由 L->H 開始

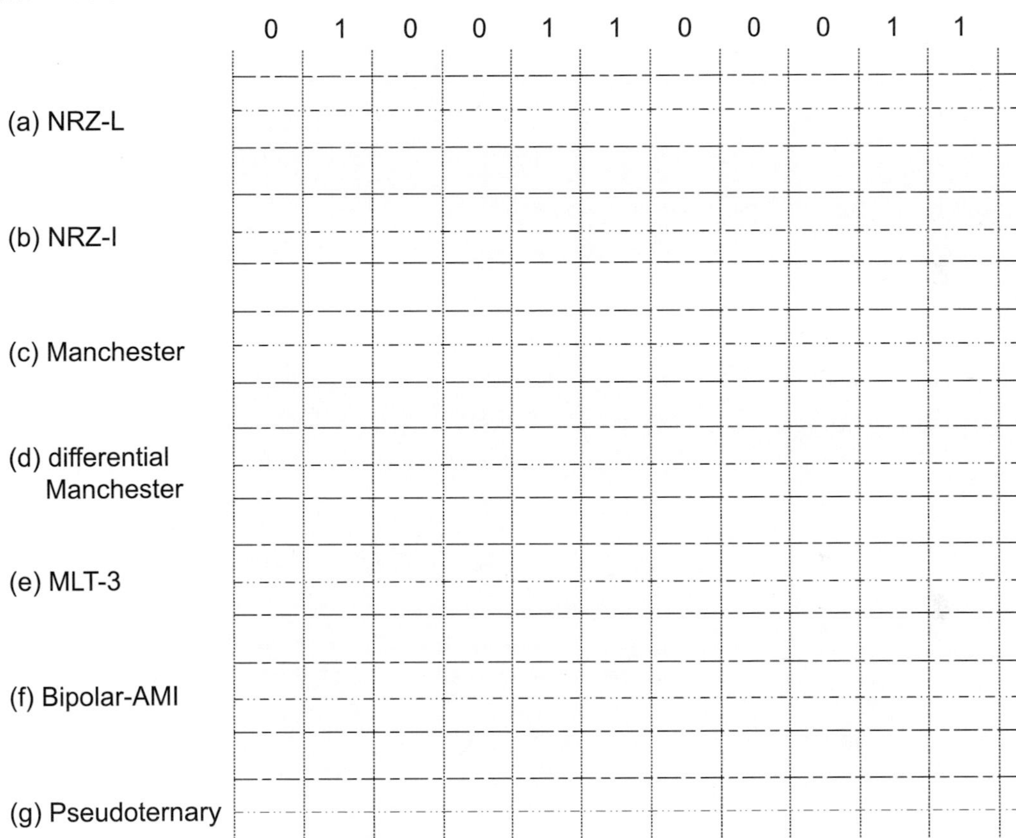

NOTE

Chapter 

網路基本概念

學習目標

- 2-1 什麼是網路
- 2-2 電腦網路通訊的優點
- 2-3 網路的模式
- 2-4 網路作業系統
- 2-5 傳輸媒體
- 2-6 同軸電纜
- 2-7 海底纜線
- 2-8 雙絞線
- 2-9 光纖
- 2-10 微波通訊
- 2-11 網路的拓樸
- 2-12 網路相關常用的指令

學習電腦網路常常遇到一些中、英文專有名詞和術語 (Terminology)，而學習這些中英文專有名詞也是一件重要的課題，而語文是拿來使用的，不是用來考試，專有名詞和術語學會了，學習起來就覺得輕鬆愉快，而學習專有名詞和術語，要中英文一起背，而且要唸一唸，發音不好或不會唸，可以使用會發音的翻譯軟體，善用工具，學習速度、效率也可以增加很多。

2-1 什麼是網路

什麼是網路？一般而言，指的是電腦網路，什麼是電腦網路呢？把兩台或兩台以上的電腦透過傳輸媒體，例如：同軸電纜、雙絞線、光纖、紅外線或藍牙等等連接起來，主要的目的之一就是共享資源 (Shared Resource)。

在現今資訊爆炸的時代，凡事都講求快、有效率，個人單打獨鬥的方式已經不符合時宜，舉例來說：Microsoft 的老闆 Bill Gate 是自己一個人寫出 Windows 作業系統嗎？Intel 的總裁葛洛夫能獨自完成 Intel CPU 嗎？答案 : 當然不是，就算個人有能力可以做到，但也沒有足夠的時間讓獨自一個人慢慢去完成。因此能以最快、最有效率的方法結合眾人的力量去完成就成爲未來的趨勢。透過網路把分散在世界各地的精英集合在一起，使他們能以最快的方式互相傳送訊息、分享資源，而不受時間、空間的限制，而使用網路就是一種很好的方法。

目前最常使用的網路並不是電腦網路 (世界第三大網路) 而是電力網路 (世界第一大網路) 及電話網路 (世界第二大網路)，電腦網路也有使用電話網路來傳送，或許再過幾年可能會有些變化，電腦網路與電話網路 (包含有線電話及無線電話) 及 CableTV 結合。

2-2 電腦網路通訊的優點

電腦網路通訊的優點：有資源共享、節約資源及經費、提升通訊的能力與彈性、提高可靠性、增加商機等等，將在下面幾節作詳細的介紹。資源包含資料、應用程式 (Application Software)、以及周邊設備 (Peripheral Device)。

沒有網路或無法使用網路而有資料要分享時，須將資料儲存在隨身碟裡，帶著隨身碟走到目的地或郵寄，再拷貝到目的地的電腦裡，很不方便且很浪費人力和時間，還會造成資料的不一致。

應用程式的分享是相當重要的，未使用網路之前，每台電腦裡的應用程式不盡相同，舉例來說有人使用 Microsoft Word 2016 作爲文書編輯程式，而另外有些人則使用 Pages，結果造成從不同地方得到的資料有不同的檔案格式，如果想要修改或新增資料，則必須拿到原來完成的那台電腦去工作，多麼不方便！如果使用網路，透過應用程式的分享，不管在何處都能使用相同的文書編輯程式，再也不用擔心從不同地方得到的資料會有不同的檔案格式或不同版本的問題。

硬體含儲存設備、輸出設備、通訊設備。儲存設備：像是硬碟、軟碟及光碟等等；輸出設備：沒有使用網路，想從昂貴的彩色雷射印表機或繪圖機列印出資料或圖形，必須把資料拿到有連接昂貴的彩色雷射印表機或繪圖機的電腦上去列印，或者購買昂貴的週邊設備，如果透過網路可以分享使用昂貴的彩色雷射印表機或繪圖機或其他周邊設備，則不管你人在何處或何時想要列印，只要身邊有一台連接上網路的電腦上就可列印，提升設備的使用率，也可以節省很多成本來購買更好、更有效率的周邊設備。通訊設備：像是無線分享器等可共享，不需要各自買一台，可省下不少費用。

讓網路的參與者迅速得到所需要的資料，在遇到問題或困難時，透過網路發出求助訊息，通常可迅速地獲得其他人的協助而解決問題，或者說，透過電腦通信可以使用其他地點的程式、數據和設備，使用者使用千里之遙的資源就像使用本地資源一樣，可省去旅途之苦及所花的時間。

◆ 節約資源及經費

透過電子通訊與電腦的處理，除了訊息可以快速正確的傳遞外，紙、筆等文書工具的使用將大幅減少，是節約資源的好方法，無紙辦公室時代來臨了。多台電腦可以透過網路共同使用昂貴的周邊設備，這樣可以省去購買多套的周邊，如此一來，可以省掉相當多的經費，辦公室也多出了許多空間。

◆ 提升通訊的能力與彈性

電腦可以擴充並整合電子通訊的能力，將電話通訊中的語音或電傳通訊中的文字，結合圖形與影像成爲多媒體。在高速的電腦網路中，不但可以傳遞聲音與即時性的文字圖形資訊外，更可以利用視訊會議 (Video Conference) 系統的傳輸方式來看到對方的容貌與表情，使通訊效果更爲眞實與親切。透過電腦通信，生活或工作在不同地點的兩個或多個人可以一起寫報告。當其中有個人修改了某檔案，且該檔案被存放於連線的網路之中，其他人可以很快看到這一變動，而無需花幾天等待信件。電腦通信可以發送電子郵件，傳送各種檔案，表格或數據，使人與人之間的關係加強，提高了資訊流動的速度。

在網路上透過 Line、電子郵件或視訊會議，可使在世界各地的人彼此即時通訊、舉行會議，或透過網路連接上圖書館找資料，只要輸入幾個關鍵字，即可立刻查得你所需要的資料。

◆提高可靠性

電腦通信可使重要的資料在異地的電腦或雲端存有備份，如不幸資料毀損，還可以使用異地或雲端的備份。另外，原本的電腦如果損壞了，還可由其他電腦負責它的任務，盡管效益可能下降，但在軍事、銀行、航空交通控制以及其他許多應用中，具備硬體或軟體故障後仍能繼續正常執行的能力非常重要。

◆增加商機

網路是全年無休的，在網路上開一個不需要租金、店面的商店，這就是電子商務 (E-commerce)，像亞馬遜 (Amazon) 書局就是最好的例子。在網路上提供某些服務功能，例如：網路搜尋引擎、網路聊天室等來吸引大批人潮上網，在這網站上刊登廣告，是不是也非常有商機呢？

網路能提供如此大的利益，因此企業網路化、全民上網在台灣幾乎已是普遍的現況。全民上網背後所蘊藏的商業價值就不可限量，網路已改變人們的生活形態，現在有些人每天都必須上 PTT 看一下文章，有些人每天都必須看一下 FB，重度網路使用者，可能隨時隨地都在使用網路。

2-3 網路的模式

筆者將網路的模式可分爲下列三類：對等式 / 主從式網路、封閉式 / 開放式系統及集中式 / 分散式網路，將在以下做詳細的介紹。

◆對等式 / 主從式網路

電腦網路以資源提供的方式而言，可分爲二類：對等式 (Peer to Peer，P2P) 及主從式 (Client/Server)。

- 對等式：又稱爲點對點式網路，在對等式網路上的每台電腦上，對本機的資源有絕對的控制權，但沒有一台電腦可完全控制點對點網路上其他電腦的資源，角色是對等的。

- 主從式：主從式依功能來分，可分為伺服器 (Server) 與客戶端 (Client)，伺服器可提供網路上其他電腦系統資源或服務工作，而客戶端電腦則需靠伺服器才可獲得本身以外的資源與別台電腦連線，簡言之，伺服器是提供服務者，客戶端則是要求提供服務，這樣的架構稱之為 Server/Client 架構常用於資訊產業。

介紹網路基本組成的元件有伺服器 (Server)、用 (客) 戶端 (Client)、傳輸媒介 (Media)、軟體 (Software)、以及分享的資源 (Shared Resources)。

- 伺服器 (Server)：網路上的電腦，負責提供資源、服務分享給網路的使用者。
- 用戶端 (Client)：網路上的電腦，可向伺服器 (Server) 要求服務，而這些服務通常包含了提供資源，像是資料、檔案、列表機、傳真機。
- 傳輸媒介 (Media)：網路上的電腦彼此互相連接的方式。
- 軟體 (Software)：網路上所需的軟體有系統軟體 (System Software)、通訊軟體 (Communication Software)、以及應用軟體 (Application Software)。網路上的軟體用來管理並協調網路上的每一台電腦、每一個周邊設備、每一個應用程式、以及每一筆檔案資料，使其能緊密地配合硬體讓網路發揮最大的功能。
- 分享的資源 (Shared Resources)：分享的資源包含資料、應用程式、以及周邊設備。

當公司逐漸成長，在世界各地陸續的成立了分公司或辦事處，網路的需求與規模也愈來愈大，就適合 Server-Based 這種網路類型。Server-Based 網路需要指定一台或數台速度快、功能強大、且配備齊全的電腦當做伺服器，用來提供資源給網路上每一台用戶的需求。為了提升整個網路的效率，所以在不同的工作環境，會有不同工作需求，一般會指定一台或數台伺服器來滿足需求，且由於不同的工作環境可能需要不同的網路服務支援，例如：有些地方需要檔案或印表機的服務，有些地方可能需要用到資料庫裡的資料等等的各種不同需求，為了滿足不同工作環境、各種不同的需求，因此必須建立各種特殊用途的伺服器。

◆常見的伺服器

常見伺服器有下列幾種：

- 檔案伺服器 (File Server)：是所有伺服器中最基本的一個，提供網路基本的檔案儲存與擷取的服務，專門用來提供檔案、目錄給用戶來使用。
- 印表機伺服器 (Printer Server)：專門用來提供印表機服務給用戶來使用。
- 伺服器 (News Server)：專門用來收發網路新聞，常與郵件伺服器接合在一起。

- 郵件伺服器 (Mail Server)：專門用來收發、管理電子郵件 (E-mail) 及網路新聞常與新聞伺服器接合在一起。
- 網站伺服器 (Web Server)：專門用來提供全球資訊網的服務給用戶，這些服務包含提供資訊，例如：公司介紹、產品目錄、以及其他商業廣告等等，這些資訊可由文字、圖形、聲音、或影像等所組成，提高了人們觀看的興趣，是目前最熱門的網路行銷方式。
- 資料庫伺服器 (Database Server)：專門用來儲存大量資料，提供給用戶來使用，例如：產品資料、人事資料、薪資資料、庫存資料等等。資料庫伺服器與檔案伺服器的最大不同點在於檔案伺服器是把整個檔案或目錄丟給想要的用戶端的電腦上來處理，而資料庫伺服器則是把用戶端所需要的結果 (只有結果) 丟給想要的用戶端的電腦上，而大量的檔案或資料仍留在 Server 端上來處理，可以維持資料的一致性。
- 傳眞伺服器 (Fax Server)：專門用來提供傳眞服務給用戶來使用，管理收發網路傳眞。
- 代理伺服器 (Proxy Server)：如果您的網路速度較慢，可以選擇一台距離較近、速度較快的主機，先連上該主機，再透過該台主機連到世界各地。而該台距離較近、速度較快的主機，稱爲代理主機。
- 應用程式伺服器 (Application Server)：應用程式伺服器是提供給客戶端及伺服器端時用的應用程式。
- 通訊伺服器 (Communication Server)：提供客戶端通訊服務的伺服器，可分爲向內通訊 (Inbound Communication) 及向外通訊 (Outbound Communication)。向內通訊：在此網路之外的使用者可以存取此網路內的資料我們稱之爲向內通訊；向外通訊：在此網路之內的使用者可以存取此網路之外的資料稱之爲向外通訊。

◆ Server-Based 網路的優點

使用 Server-Based 網路的優點有下列幾點：

- 容易管理與控制分享的資源，由於分享的資源集中在特定的數台 Server 上，易於管理與控制。
- 嚴密的網路安全，網路上所有使用者擁有的使用權限，及分享的資源都由網路管理者 (Administrator) 來管理與控制。
- 容易備份重要資料，由於所有的資料集中在數台伺服器上，因此可以很容易的備份重要的資料。
- 提供較多的網路使用者，使用 Server-Based 網路能很容易的提供並管理數千個網路使用者。

- 較大的硬體彈性，由於一個網路裡只有幾台電腦是伺服器，也就是說一個網路裡只要有幾台速度快、功能強大、且配備齊全的電腦當做伺服器就可以了，其他的電腦只是單純的用戶，硬體需求也就不用像伺服器那麼苛求，反之在 Peer-to-Peer 網路的每一台電腦既是伺服器也是 Client 的型式，則所有網路上的電腦都必須要符合當伺服器的需求。
- 節省教育訓練的時間，由於每一個網路使用者只是純粹的用戶，因此可節省網路使用者使用前的教育訓練時間與費用。

2-3-1 對等式網路

網路系統內的各節點皆可爲伺服器或客戶端的架構，彼此的角色對等。對等網路系統中的電腦，擁有相同的地位互相分享和使用對方電腦提供的資源，可以說每一台電腦是 Server 也是 Client，每一台電腦既能夠提供資源分享給別人，也可以從別台電腦得到所需要的資源，這一種每一台電腦的地位與角色都一樣既是 Server 也是 Client 的網路，而沒有特別指定那一台電腦是 Server 的網路，稱之爲對等網路。

使用對等網路有下列幾個條件：

- 網路使用者的人數有限且擴充性有限，適用在小型網路。
- 網路安全管理要求不高。
- 每個網路使用者須具備管理自己電腦的能力。包括設定分享的資源，保護密碼等等。

對等網路的每台電腦既是 Server 也是 Client，所以不需要特定且功能強大的電腦當做 Server，建構一個對等網路所需的費用比建構一個 Server-Based 網路來的便宜。但是相對的對等網路的每一個網路使用者都須具備能夠管理自己電腦的能力，因此網路使用者使用前的教育訓練時間與費用也就相對地增加了。

一般常見的對等網路的作業系統爲 Microsoft Windows 2000 Professional，Microsoft Windows NT Workstation，Microsoft Windows for WorkGroups，以及 Microsoft Windows 10 等，它們都已經內建了對等網路所需的軟體，因此並不需要再加裝額外的軟體。

表 2-1 對等式網路與主從式網路的比較

	對等式網路	主從式網路
優點	成本低	集中式管理網路使用者
	安裝容易	安全保密性高
	不需要網路管理員	網路成長性高
	使用員自行管理自己的資源和權限	可以建立龐大的網路系統
缺點	無法集中式管理	需常駐網路管理員，來架設安裝維護
	會有安全性的問題	初期的使用者和資源管理難度較高
	網路成長性低	成本高

2-3-2 封閉式及開放式網路

依據網路的私密性來區別網路類型可分爲封閉式及開放式網路。封閉式系統 : 封閉式系統 (Close System) 指無法與外界通訊，自成專屬、獨立的系統，一般認爲安全性較高，一般企業網路都是屬於封閉系統，例如:Intranet等等。開放式系統:開放式系統(Open System) 就是使用了這個系統，其他的系統再加進來，仍然可以溝通、相容、管理，這種整合概念包含軟、硬體，例如：Internet 等等。

2-3-3 集中式及分散式網路

以資料處理作業集中在網路中的一台電腦或分散到多台電腦上來區分網路，可分爲集中式和分散式網路。集中式網路 : 集中式網路 (Centralized Network) 大部份的資料處理作業集中在網路中的一台電腦上，過去的大型電腦都是採用集中式，這種資料處理的方式稱爲集中式資料處理 (Centralized Data Processing)。分散式網路 : 分散式網路 (Distributed Network) 大部份的資料處理作業分散在網路中每一台工作站上，現在網路的架構多半強調分散式處理的能力，主要的原因是工作站的資料處理、速度增加很多而價格也不斷地逐年下降，另一個是網路的技術已達到可將工作分散的各台工作站上去協助完成。這種資料處理的方式稱爲分散式資料處理 (Distributed Data Processing，DDP)。

2-4 網路作業系統

有硬體沒有軟體，或有軟體沒有硬體，系統仍然無法工作，可提供網路運作服務的作業系統，稱之爲網路作業系統 (Network Operation System，NOS)，一般常見的網路作業系統有微軟的 Windows 7、Windows 10、Windows Server 2019，Novell(網威) 的 NetWare，還有 Unix，是 1969 年由美國加州大學柏克萊分校的兩位研究生所開發出來，有良好的設計、免費公開其原始碼 (Free Source Code) 並有大量的文件流傳與學界和業界的使用，使得 Unix 成了相當流行的作業系統，因免費公開其原始碼所以有許多版本，許多大公司都有自己的版本，例如昇陽公司 (Sun Micro.) 的 Sun OS 和 Solaris 系統、惠普公司 (HP) 的 HPUX 系統、IBM 的 AIX 系統，還有 Red Hat、Free BSD、Net BSD 及許多免費 Linux 用在 PC 上等。

2-5 傳輸媒體

傳輸媒介 (Media) 可分爲有線 (Wired)、無線 (Wireless) 的媒體，如表 2-2 所示。常見的有線媒體有同軸電纜 (Coaxial Cable)、雙絞線 (Twisted Pair)、光纖 (Fiber Optics) 及電力線 (Power Line)，而無線 (Wireless) 有紅外線 (Infrared)、藍牙 (Bluetooth)、微波 (Microwave)、衛星 (Satellite) 等等稍後再更詳細的介紹。

表 2-2 傳輸媒介的分類

有線			無線			
同軸電纜	雙絞線	光纖	紅外線	藍牙	微波	衛星

2-6 同軸電纜

同軸電纜 (Coaxial) 這種線材，在區域網路及有線電視上使用的非常廣泛，在區域網路可細分爲二種，一種是細型網路 (Thin net 、Thin wire or Cheaper net) 線材，一般稱爲 10Base 2；另一種是粗型網路 (Thick Net、Thick wire) 線材，一般稱爲 10Base 5。同軸電纜的頻寬與傳輸距離均優於雙絞線，其剖面結構見圖 2-1。

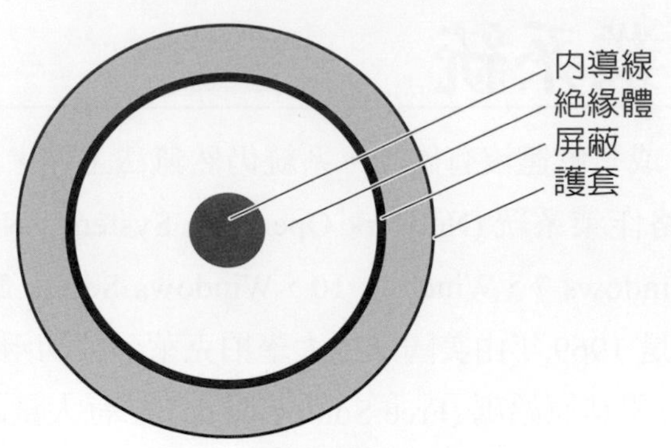

圖 2-1 同軸電纜剖面結構圖

同軸電纜係以一根銅質內導線及網狀導體 (Conducting Mesh) 爲主，兩者之間另一個絕緣材料分隔著，最外層是護套 (Sheath) 或稱爲披覆 (Wrapper) 具有保護作用的絕緣體，由於它們均屬同一圓心，因而稱爲同軸電纜。在同軸電纜中，眞正用於訊號傳輸的部份是內導線 (Inner conductor/Inner Wire)，網狀導體用於防止電磁波能量散射以及接地 (Ground) 功能。屏蔽 (Shielding) 是指任何包覆在纜線外面，用來保護纜線不受外面干擾，像是電磁波或無線電干擾的一層保護層。

纜線製造商與美國軍方共同爲各種纜線類型製定一套規格，RG (Radio Government，無線電政府)，請參照表 2-3。區域網路所使用的同軸媒體規格可分爲 50 與 75 歐姆兩種，前者用基頻傳輸，後者則使用於寬頻系統，75 歐姆纜線也是有線電線 (Community Antenna TV，CATV) 的標準規格。而 93 歐姆則是用在廣播通訊上。50 歐姆同軸電纜使用於數位訊號傳輸，大部份採用曼徹斯特 (Manchester) 編碼法，資料傳輸率達 10MBps。

圖 2-2 中間為 BNC T 型接頭，兩邊是 BNC 纜線接頭

表 2-3 RG 纜線類型

纜線代號	類型	阻抗
RG-8	Thickwire	50 歐姆
RG-11	Thickwire	50 歐姆
RG-58/U	Thinwire	50 歐姆
RG-58 A/U	Thinwire	50 歐姆
RG-58 C/U	Thinwire	50 歐姆
RG-59	CATV	75 歐姆
RG-6	Broadband	93 歐姆
RG62-	Broadband	93 歐姆

75 歐姆同軸以類比傳輸爲主，可用在頻寬在 300 ～ 400MHz 間。一般 TV 頻帶佔用 6MHz，因此包含類比、影像、數據與聲音等資料傳輸均可用於這種纜線。CATV 以分頻多工 (FDM) 技術，將纜線的頻寬分成多個次頻帶供不同使用者，電視視訊 (Video) 與一般數據資料可混合在同一線內傳送。通常，同軸電纜系統常包括 18、20、或 22 根纜線，並有兩根備用。

細型網路 (Thinnet) 使用細的同軸電纜，如圖 2-2 所示，直徑約爲 0.64 公分，容易安裝且便宜又好買到，阻抗 50 歐姆，最大長度爲 185 公尺，頻寬 10 Mbps。粗型網路 (Thicknet) 使用粗的同軸電纜，直徑約爲 1 公分，容易安裝，價格較高，阻抗 50 歐姆，最大長度爲 500 公尺，頻寬 10 Mbps，其包覆一層黃色鐵弗龍 (Teflon) 表層，較僵硬所以又稱爲僵硬黃色爲花園水管 (Frozen Yellow Garden Hose)，也有人稱標準的乙太網路，因爲是第一種用於乙太網路的纜線類型，但是目前在乙太網路上較少人使用，而細型網路與粗型網路兩者的比較，請參照表 2-4。

表 2-4 細型網路與粗型網路比較表

項目	細型網路	粗型網路
最大長度	185 公尺	500 公尺
頻寬	10 MBps	10 MBps
接頭種類	BNC	BNC
終端器	需要	需要
價格	較便宜	較貴
抗干擾性	較差	較佳

項目	細型網路	粗型網路
安裝	較容易	較不容易
纜線直徑	約 0.64 公分	約 1 公分
纜線顏色		黃色
阻抗	50 歐姆	50 歐姆
彎曲半徑	360 度 / 英呎	30 度 / 英呎

2-7 海底纜線

在 1956 年以前，無線電 (Radio) 一直是橫跨海洋傳送電話訊息的唯一方式。之後以海底纜線取代高頻的無線電傳輸。海底電纜與陸上電纜不同，海底電纜一條纜線需有堅實的外層保護，用以抵抗巨大的海水壓力，在海底下維護纜線十分不容易，穩定度是陸上纜線的 100 倍爲目標，20 年間不能超過 4 次故障，纜線的表面鍍有一層鎳合金化合物以增加導電性，纜線的最外層是塑膠製的保護層，海底電纜重量很重，每公里約 1.6 公噸。

1975 年法國電纜船安裝一條長達 3400 浬的海底電纜，稱爲 TAT-6，它爲 AT&T、ITT、RCA 及歐洲國家電視通信部共同擁有。到 1975 年，全球共有約 140 個獨立的海底纜線系統。跨越大西洋與太平洋的洲際光纖通信系統，今天的海底纜線已使用光纖媒體，有兩個系統用於橫越太平洋與大西洋，可攜帶四萬個聲音頻道。一個是從紐澤西州的 Tuckerton 接到英國的 Widem Outh 以及法國的 Penmarch，總長約 3607 海浬。另一個系統則是自洛杉機 (L.A.) 北部經夏威夷、關島到日本與菲律賓，全長約 8000 海浬。

2-8 雙絞線

雙絞線 (Twisted Pair) 是最具歷史且爲目前廣泛使用的媒體之一，由兩根直徑約 1mm 的銅纜線 (外層以絕緣材料) 包成螺旋狀互絞而成的，互絞的目的在於降低與鄰近雙絞線的電氣干擾，而互紋的次數越多，抗干擾的能力就越強，例如：串音 (Crosstalk) 現象。雙絞線可用於數位及類比訊號傳輸，它的頻寬依實際直徑大小與傳輸距離而定。一般在幾公里內，傳輸率可達幾個 MBps 左右。傳送類比訊號時，約 5 ～ 6 公里左右需要加裝訊號放大器 (Amplifier)，數位訊號約 2 ～ 3 公里需要中繼器 (Repeater)，如表 2-5 所示。

表 2-5 雙絞線 (Twisted Pair) 傳送類比及數位訊號比較表

傳送訊號的種類	類比訊號	數位訊號
放大訊號的裝置	訊號放大器 (Amplifier)	中繼器 (Repeater)
多遠要加裝放大器	約 5 ～ 6 公里	約 2 ～ 3 公里

2-8-1 遮蔽式雙絞線

遮蔽式雙絞線 (Shield Twisted Pair，STP)，比 UTP 貴，在塑膠外皮裡面它包覆一層遮蔽的金屬薄膜，還多了一條接地的金屬細銅線，可以防止電磁的干擾，在 1MHz 下阻抗值是 100 歐姆，價格昂貴，比較少人在用，通常用於抗干擾而要得到更佳傳輸品質的環境下。除 IBM 使用外，並不普遍，IBM 定義了不同的 STP 纜線類型，可分爲幾個 STP 纜線類型，類似 UTP 的 Category。

- Type 1：使用兩對 22-AWG 的線，每一對都用鋁箔包裝起來，其中一個鋁箔護罩還有一條電線接地。
- Type 2：包含 Type 1，並有四對有護罩的電話線，可傳輸資料及聲音。
- Type 6：使用兩對遮蔽式 26-AWG 細銅線，通常用作配接纜線。
- Type 7：只有一對 26-AWG 的細銅線。

2-8-2 無遮蔽式雙絞線

無遮蔽式雙絞線 (Unshielded Twisted Pair，UTP) 如圖 2-3 所示，一般用途在 1MHz 下，阻抗值是 100 歐姆，因爲價格低，所以被廣泛使用。雙絞線又依裡面銅導線跟用途分成單芯銅導線的雙絞線 (一般佈線用) 跟多股雙絞線。

圖 2-3 無遮蔽式雙絞線 (Unshielded Twisted Pair，UTP)

UTP 纜線依據電子工業協會 (Electronic Industries Association，簡稱 EIA) 與電信工業協會 (Telecommunications Industries Association，簡稱 TIA) 所制定的標準來分類，共將纜線分成好幾大類，一直到 1991 年美國國家標準協會 (American National Standards Institute，ANSI) 認可這些標準之後，成了 ANSI/EIA/TIA 568 商業建築纜線標準，目前包括六個 UTP 種類 (Category)，其中又可分資料等級 (Data Grade) 及聲音等級 (Voice Grade)，詳細敘述如下：

- 種類 1 (Category 1)：屬於聲音等級，所以只用來傳送語音，不能傳送資料，需求成長的緣故已經引起種類 1 和種類 2 的纜線被種類 3 的纜線所替代。
- 種類 2 (Category 2)：由四對雙絞線所組成，可以傳送資料，頻寬只有 4Mbps，因爲速度低於目前大部份的網路技術，所以很少人使用。
- 種類 3 (Category 3)：屬於資料等級中最低等級，由四對雙絞線所組成，每對線每公尺互絞 10 次，頻寬有 10Mbps，訊號頻率可達 16MHz。涵括了大部份的網路技術，例如：10BaseT、100BaseT、100VG-AnyLAN、4M bps Token Ring 網路和 ARCnet 網路等。
- 種類 4 (Category 4)：屬於資料等級，由四對雙絞線所組成，頻寬有 16Mbps，訊號頻率可達 20MHz，主要涵括的網路技術包含 10BaseT、16M bps Token Ring 網路，但是沒有廣泛被使用。
- 種類 5 (Category 5)：屬於資料等級，也由四對雙絞線所組成，頻寬有 100Mbps，訊號頻率可達 100MHz，涵括的網路技術包含 100BaseX、ATM、FDDI、Giga Ethernet 網路。

種類 6 (Category 6)：屬於資料等級，也由四對雙絞線所組成，訊號頻率可達 250MHz，適合用於 10BaseT、100BaseT 及 1000BaseT 等各種乙太網標準；種類 6E (Category 6 Enhanced) 可達 500Mbps，有較高的抗干擾能力，如表 2-6 所示。

表 2-6 UTP 纜線種類比較表

種類	傳輸頻率	最大傳輸速度	備註
種類 1	2 MHz		
種類 2	4 MHz	4 Mbps	
種類 3	16 MHz	10 Mbps	10 BaseT
種類 4	20 MHz	16 Mbps	
種類 5	100 MHz	100 Mbps	100 BaseT
種類 5E	1 GHz	1000 Mbps	
種類 6	250 MHz	1 Gbps	1000BaseT
種類 6E	500 MHz	10 Gbps	1000BaseT
種類 7	600 MHz	2.4 Gbps	發展中

UTP 纜線提供成本和效能特性的絕佳平衡：

- 成本：UTP 纜線是任何纜線類型中成本最低的。在某些狀況，建築物裡已存在的纜線能爲區域網路使用，但是你需要確認纜線的種類且知道牆壁裡的纜線長度。聲音纜線的距離限度較資料等級纜線不那麼嚴苛。
- 安裝：安裝 UTP 纜線是容易的只要稍微練習即可精通。適當地設計 UTP 接纜系統，能容易地被重新配置或適宜的變更需求。
- 容量：UTP 資料傳送速率已經從過去的 100Mbps 向上提高到 10Gbps。
- 衰減：UTP 與其他的銅纜線有相似的衰減特性。UTP 電纜的長度被限制在百公尺。
- EMI 特性：就 EMI 而言，因爲 UTP 纜線缺乏遮蔽比 Coaxial Cable 或 STP 纜線敏感。例如：大型馬達、高電力的工具、放射 EMI 設備及工廠電力複雜的環境，UTP 通常是不適用的。

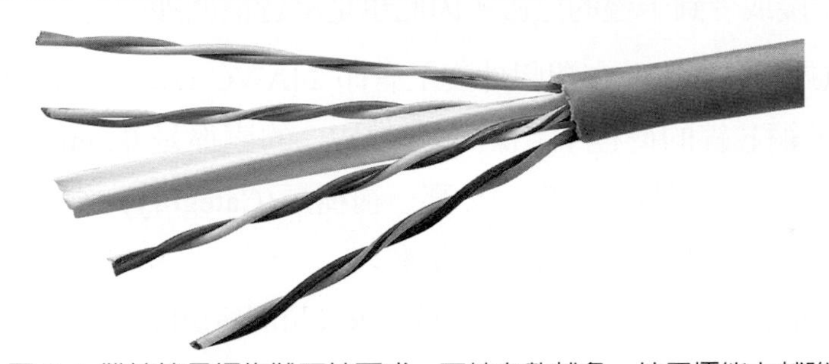

圖 2-4 雙絞線是螺旋狀互絞而成，互紋次數越多，抗干擾能力越強

爲什麼雙絞線要對絞呢？電話線的原理是一樣，爲了減少干擾，廠商將它對絞，因爲電流通過銅芯線產生磁場，電磁場會干擾另一條銅芯線，所以將它對絞抵消磁場干擾，對絞次數多的傳送效率愈好。

◆近端串音

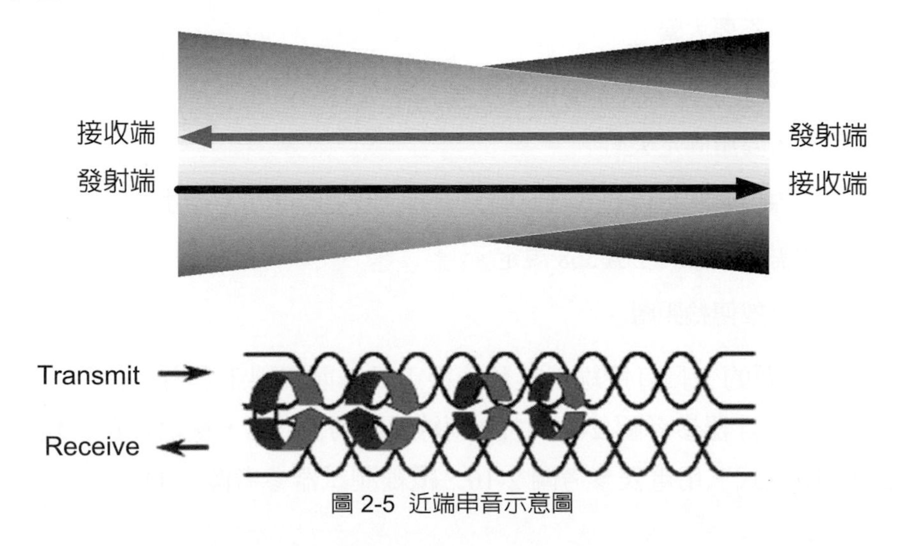

圖 2-5 近端串音示意圖

近端串音 (Near-End-Cross-Talk，NEXT) 是由於雙絞線銅芯線傳輸時，從集線器 Hub 出去信號強，到了接收的 PC 這邊因爲衰減，信號變弱了，信號強的會去干擾信號弱的，NEXT 就是傳送跟接收的銅芯線因爲信號強弱不同所引起的，NEXT 的公式如 (2.8-1)，以 dB 爲單位

$$NEXT=10*\log(Pi/Pc) \quad (2.8\text{-}1)$$

Pi= 傳送端信號強度 (干擾端)

Pc= 接收端信號強度 (被干擾端)

NEXT 値愈大，傳輸效率愈好，衰減 (Attenuation) 也是以 dB 爲單位，數字愈大表示傳輸愈不好。近端串音是專指平行纜線端點的干擾現象，因爲訊號的起點或終點，也就是最容易產生干擾或受到干擾的位置，因此也是串音最明顯的地方，如圖 2-5 所示。

一般常用的 UTP 雙絞線，在塑膠外皮上有印 24AWG (American Wire Guage，指的是雙絞線裡面的細銅芯線的直徑) 字樣的，24AWG 的直徑是 0.5mm，數字愈大表示銅芯線愈細。線材上有下列幾種的字樣：屬於那一種種類(Category)、符合那一個國際標準、最高耐溫、製造廠商。而線材型式有下列幾種：

- CM(Communication)：用於樓層間水平佈線，就像房間與房間。
- CMR(Communication Riser)：樓層與樓層間，用來佈垂直佈線的。
- CMP(Communication Plenum)：垂直跟水平通用的。

這些規格遵循 NEC(National Electric Codes) 的 Article 800 這份文件中建築物通訊用線材標準，具有耐火的線，不會自燃的。佈線注意事項如下：

- 不得超過 90 度彎曲，會接觸不良連不上。
- 束線寬鬆適中，不要太緊。
- 拉力 11 公斤內，不然會發生銅芯線斷掉喔。
- 不可以用壓釘，要用固定夾釘。
- 集線器間的連線以樹狀拓撲方式爲原則，不允許有迴圈的情形產生。
- 接頭佈線方式需按照 EIA/TIA 568 規定。
- 需注意雙絞線有效傳輸距離。

製作網路線需要的工具有接線工具及檢線工具，而接線工具有斜口鉗、壓線鉗參考圖 2-6、同軸電纜剝線器參考圖 2-7、UTP 剝線器參考圖 2-8，檢線工具有類比式三用電表參考圖 2-9、數位式三用電表參考圖 2-10、纜線測試器參考圖 2-11。

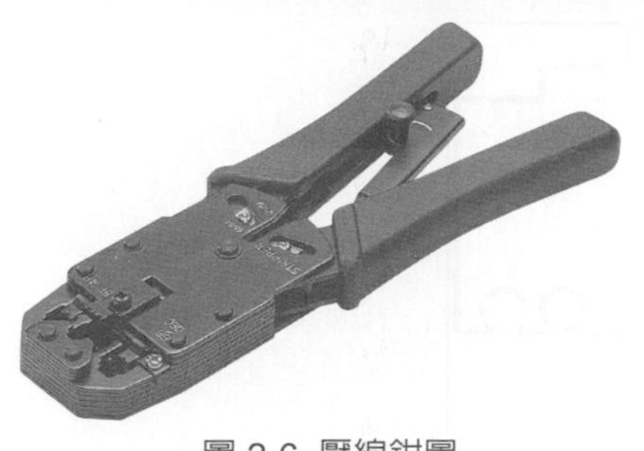

圖 2-6 壓線鉗圖

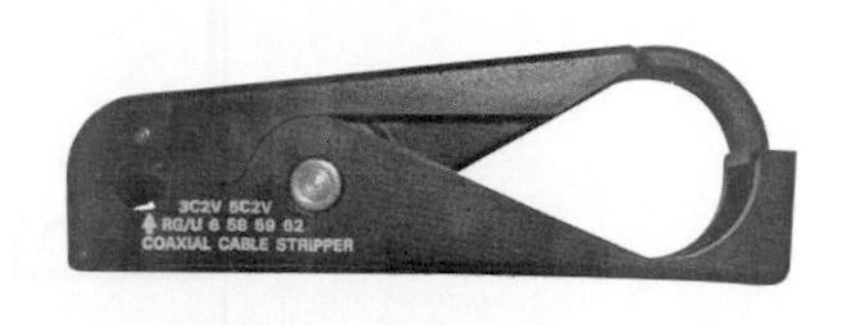

2-7 RG58/59 剝線器

圖 2-8 UTP 剝線器圖

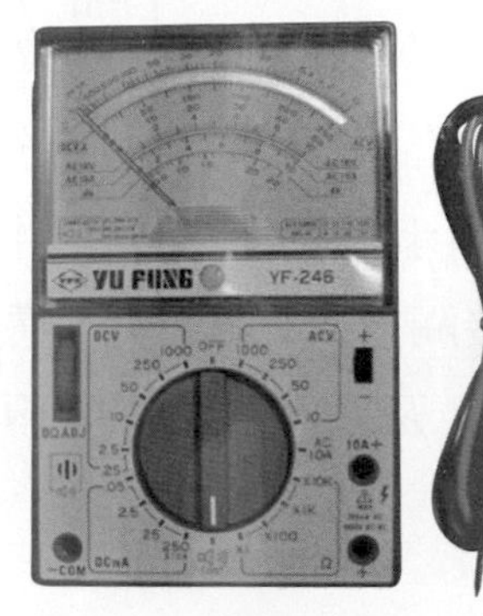

2-9 類比式三用電表

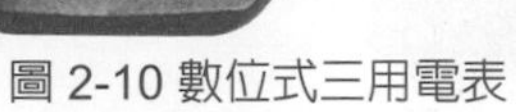

圖 2-10 數位式三用電表

圖 2-11 纜線測試器

UTP 纜線的兩頭所使用的接頭就是 RJ-45 接頭有 8 個接腳 (Pins)，8 個位置 P(Position，P)，8 個接觸點 (Contact，C)，和電話線的 RJ-11 接頭 (4 Pins，6P4C or 6P2C) 相似，RJ-45 接頭較 RJ-11 接頭大，RJ-45 接頭有銅導片那面朝下，勾勾那面朝上，由左邊開始第一個銅導片的腳位是第一接腳，如圖 2-12 所示，RJ-45 接頭坊間稱水晶頭。

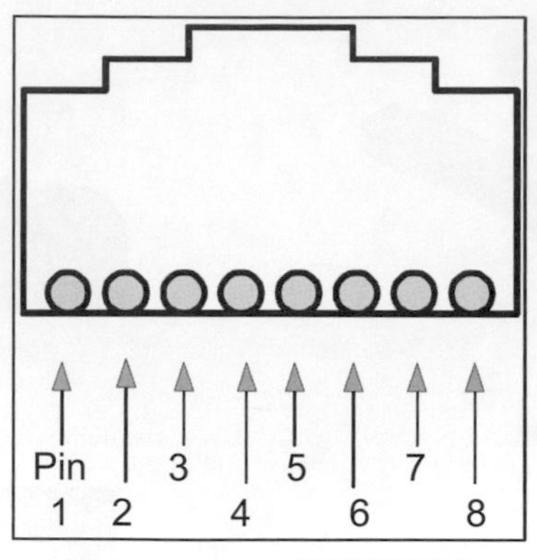

圖 2-12 RJ-45 接腳示意圖

如圖 2-13 所示，依 RJ-45 接頭中的金屬插片來分，又可分爲雙叉式及三叉式 RJ-45 接頭，三叉式接觸方式較好較貴，購買應以三叉式 RJ-45 接頭爲優先考量，而接線方式有 EIA/TIA 568A 及 EIA/TIA 568B 兩種，依連結設備來決定，而在接頭外還套上護套，如圖 2-14 所示。

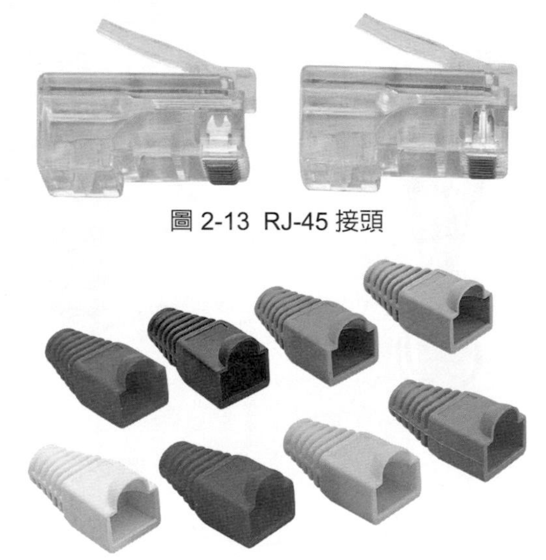

圖 2-13 RJ-45 接頭

圖 2-14 RJ-45 接頭護套

如圖 2-15 所示可知相同設備插座腳位相同，不能使用平行線，要使用跳線 / 交叉線 (Crossover)，若 UTP 纜線一頭使用 EIA/TIA 568A，而另一頭使用 EIA/TIA 568B，這種接線方式稱之爲跳線 / 交叉線 (Crossover)，用在兩台相同設備，反之像是電腦連接集線器 (Hub)，兩端都是使用 EIA/TIA 568B 的接線標準，這種接線方式稱之爲平行線 (Straight-Through) 用在連結上下階層的設備，像是電腦連接交換器 / 集線器等，觀察圖 2-15 到圖 2-20，筆者整理於表 2-7 方便讀者了解設備間正確使用網路線接線形式。

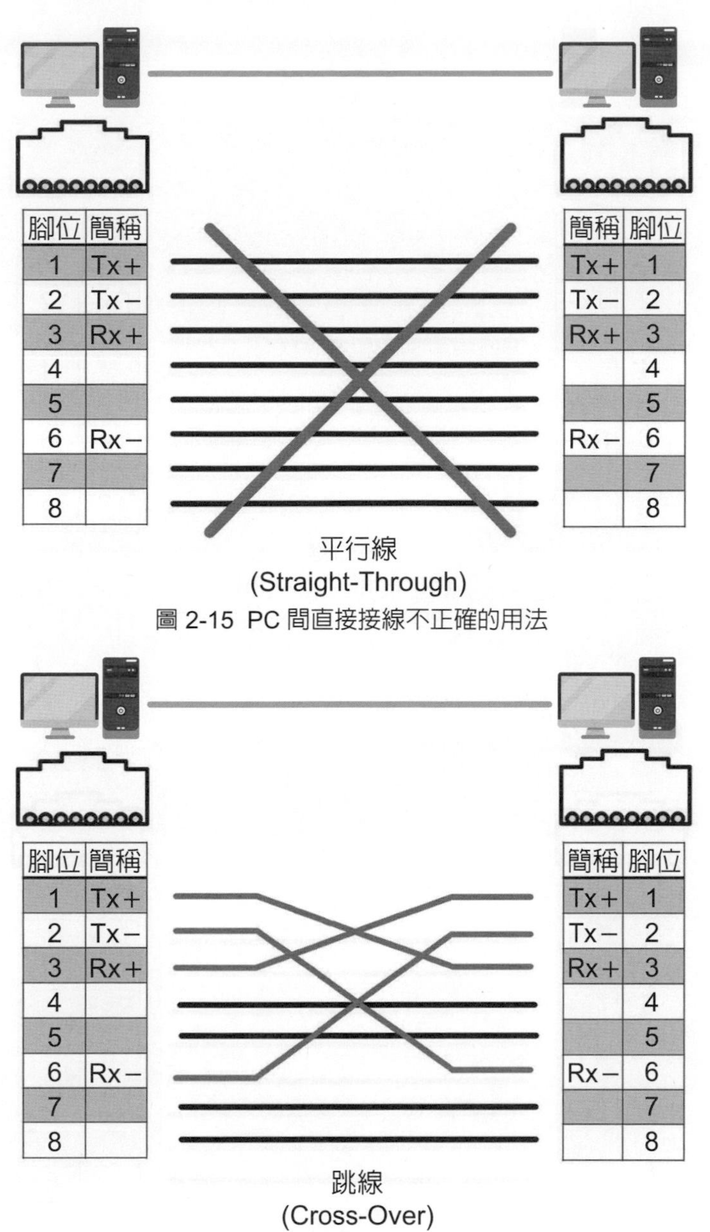

圖 2-15 PC 間直接接線不正確的用法

圖 2-16 PC 間直接接線正確的用法

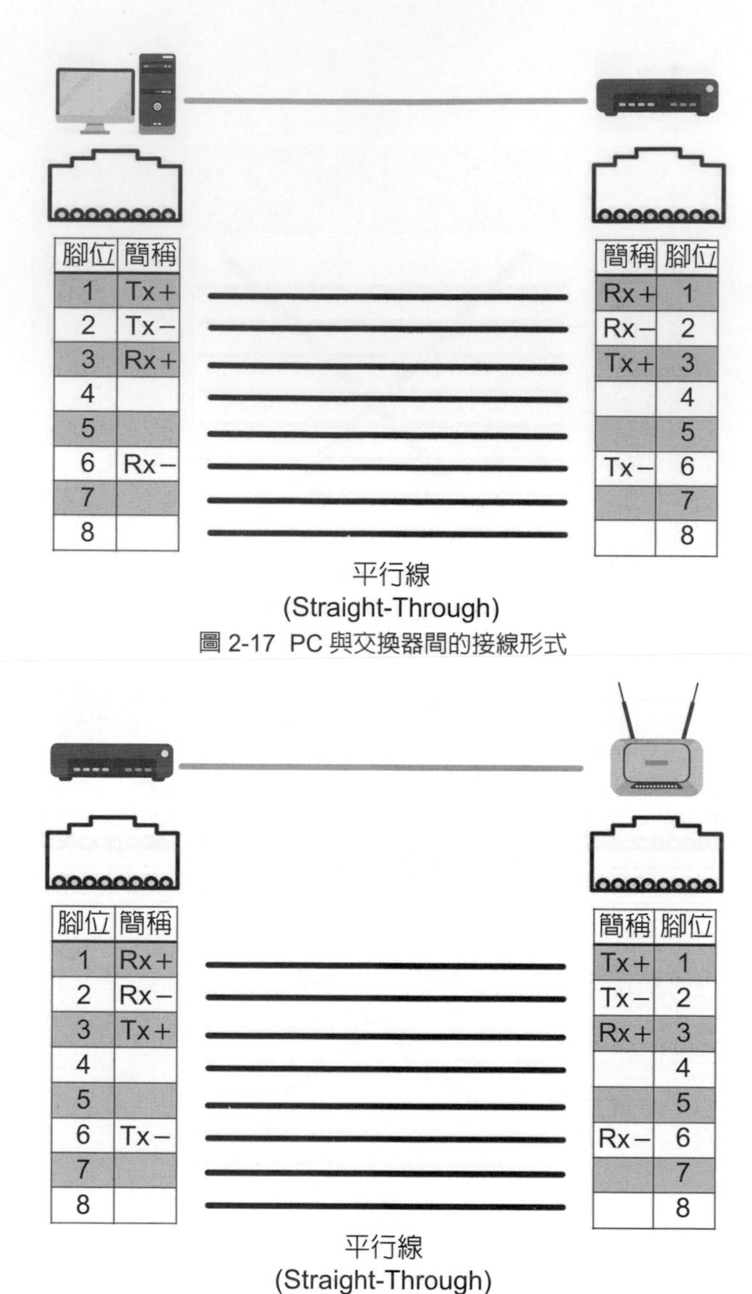

圖 2-17 PC 與交換器間的接線形式

圖 2-18 交換器與路由器間的接線形式

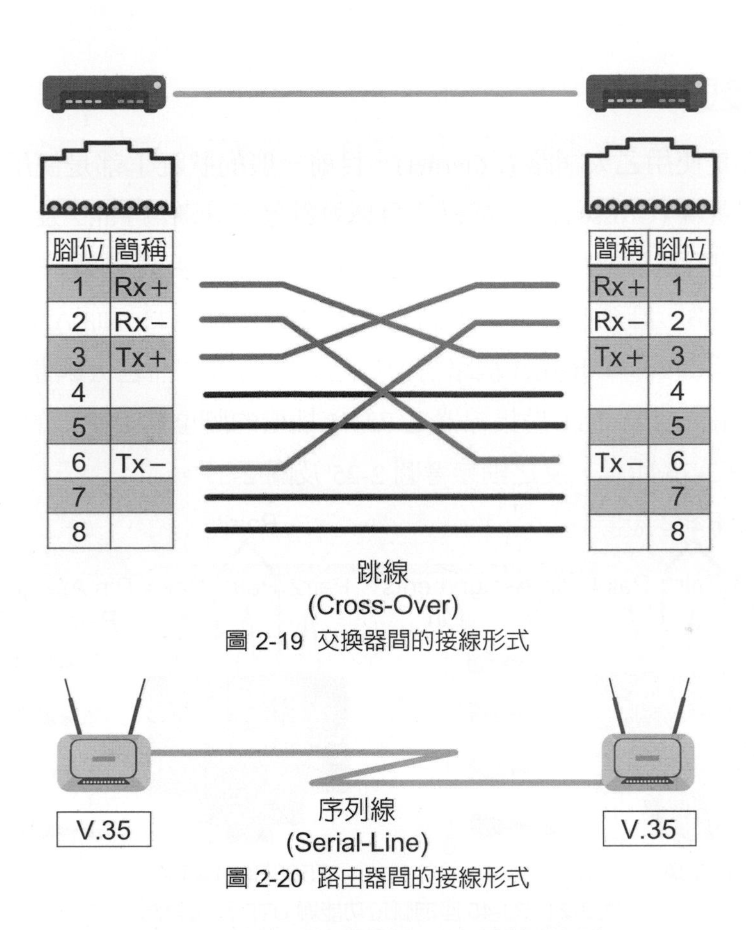

圖 2-19 交換器間的接線形式

圖 2-20 路由器間的接線形式

表 2-7 網路設備間連線 UTP 纜線選擇表

	路由器 (Router)	交換器 (Switch)	電腦 (PC)
路由器 (Router)	序列線 (Serial-Line)	平行線 (Straight-Through)	序列線 (Serial-Line)
交換器 (Switch)/ 集線器 (Hub)	平行線 (Straight-Through)	跳線 (Cross-Over)	平行線 (Straight-Through)
電腦 (PC)	跳線 (Cross-Over)	平行線 (Straight-Through)	跳線 (Cross-Over)

TIA/EIA 568A 標準的全名是商業電信通訊佈線標準 (Commercial Telecommunications Cabling Standard)， 由 TIA (Telecommunication Industry Association) 與 EIA(Electronic Industry Alliance) 這兩個機構所協同制定，目前以收錄在 ANSI 協會中，成為世界通用的雙絞線配線標準規格，所以也稱為 ANSI/TIA/EIA 568A。ANSI/EIA/TIA 568 有四對八芯，橘綠二對的互絞次數較多，通常橘綠這兩對線每英吋互絞四次，而藍棕是互絞三次。所以一般 10Base-T 用橙綠來做傳送跟接收資料。

2-8-3 纜線接頭

一般人大都是使用乙太網路 (Ethernet)，目前一般的狀況下都是使用 UTP 網路線，不管是不是使用跳線 (Crossover)，都只使用到兩對線，分別爲 Pair2 及 Pair3，請參考圖 2-21，而一般狀況不需要跳線 (Crossover)，則 UTP 的兩端使用 RJ-45 接線方式就是使用 ANSI/EIA/TIA 568B，詳細接腳方式，請參考表 2-9 及圖 2-23，而 ANSI/EIA/TIA 568A 請參考表 2-8 及圖 2-22。Ethernet 網路需使用乙太網路卡，而乙太網路卡使用雙絞線搭配 RJ-45 接頭使用，而表 2-11 是集線器之 RJ-45 插槽的腳位表。跳線的網路線接線對應圖如圖 2-24 及圖 2-26 所示，反之則參考圖 2-25 及圖 2-27。

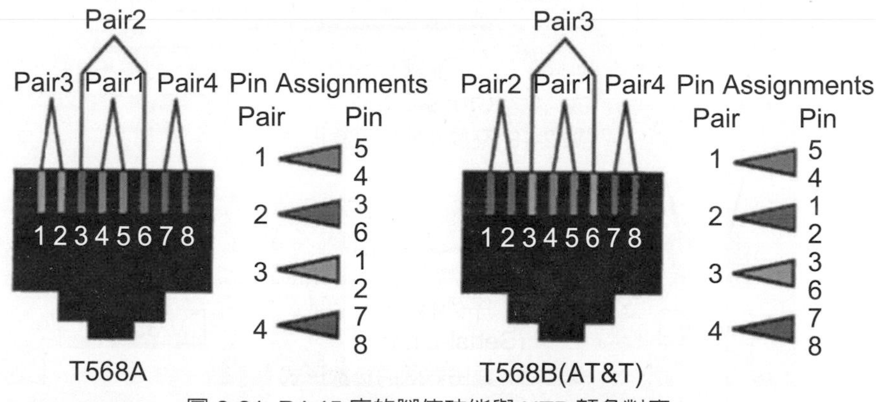

圖 2-21 RJ-45 座的腳位功能與 UTP 顏色對應

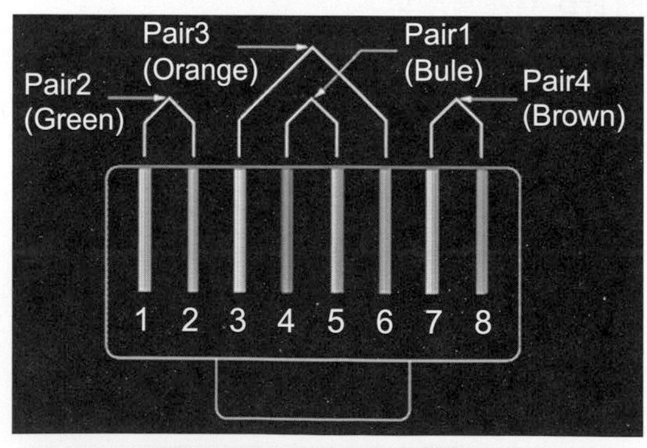

圖 2-22 T568A 接頭標準

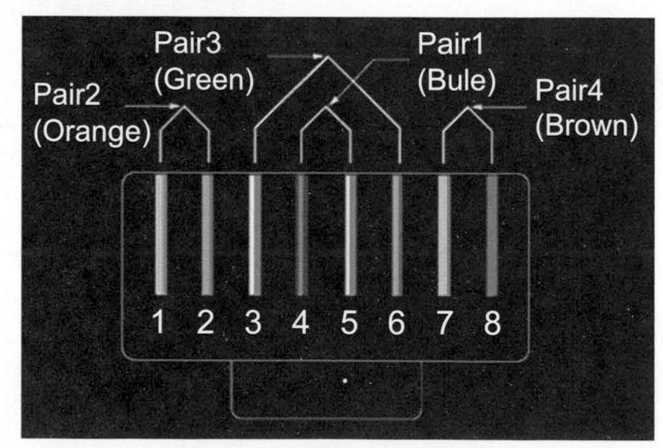

圖 2-23 T568B 接頭標準

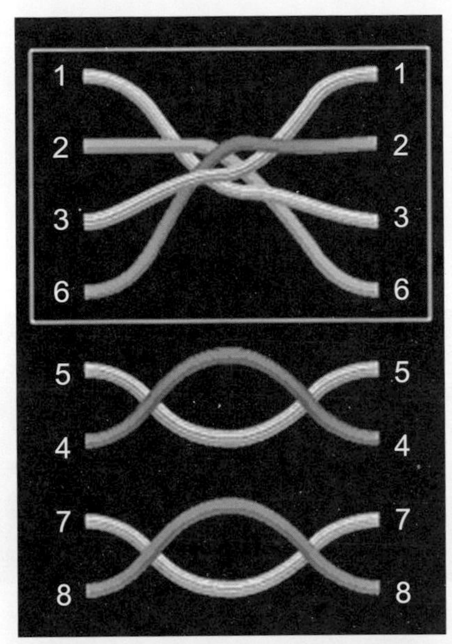

圖 2-24 Crossed Pairs(交叉配對)

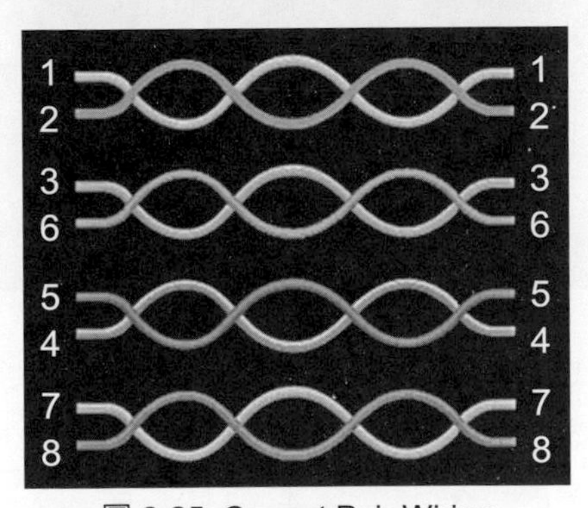

圖 2-25 Correct Pair Wiring

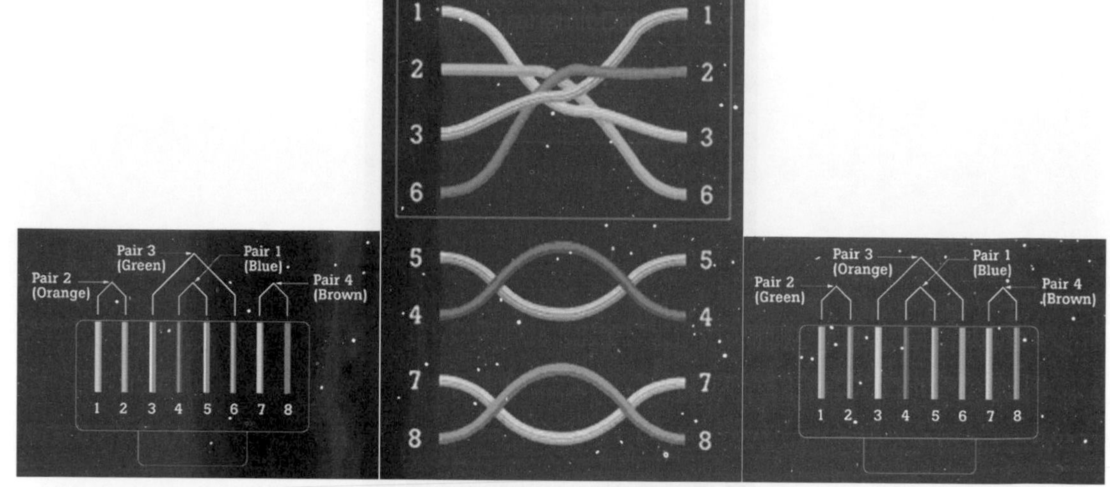

圖 2-26 Crossover(交叉配對)

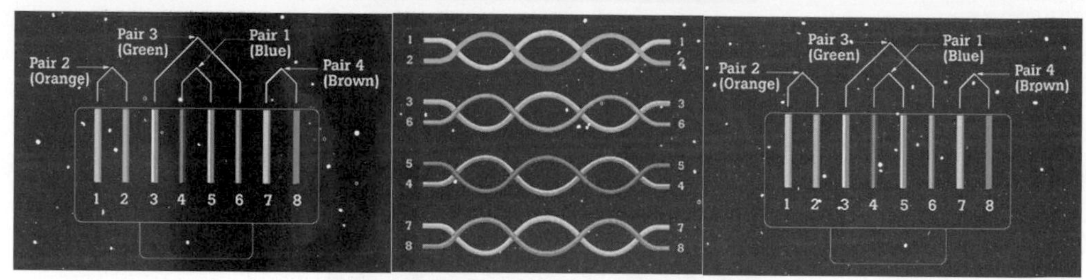

圖 2-27 Straight thr0ugh(平行配對)

表 2-8 ANSI/EIA/TIA 568A 之規格

Pin	1	2	3	4	5	6	7	8
顏色	白綠	綠	白橙	藍	白藍	橙	白棕	棕

表 2-9 ANSI/EIA/TIA 568B 之規格

Pin	1	2	3	4	5	6	7	8
顏色	白橙	橙	白綠	藍	白藍	綠	白棕	棕

表 2-10 10 BaseT/100 BaseTX 腳位表

腳位	功用	簡稱
1	傳輸資料正極 (Transmit Data+)	Tx+
2	傳輸資料負極 (Transmit Data -)	Tx-
3	接收資料正極 (Receive Data+)	Rx+
4	未使用	

腳位	功用	簡稱
5	未使用	
6	接收資料負極 (Receive Data -)	Rx-
7	未使用	
8	未使用	

表 2-11 集線器之 RJ-45 插槽的腳位表

腳位	功用	簡稱
1	接收資料正極 (Receive Data+)	Rx+
2	接收資料負極 (Receive Data -)	Rx-
3	傳輸資料正極 (Transmit Data+)	Tx+
4	未使用	
5	未使用	
6	傳輸資料負極 (Transmit Data -)	Tx-
7	未使用	
8	未使用	

◆乙太網路卡上的 RJ-45 的插座腳位說明

圖 2-28 及表 2-12 爲乙太 10Base/100Base 網路卡上的 RJ-45 的插座腳位說明，再與圖 2-12 交互參照較容易理解

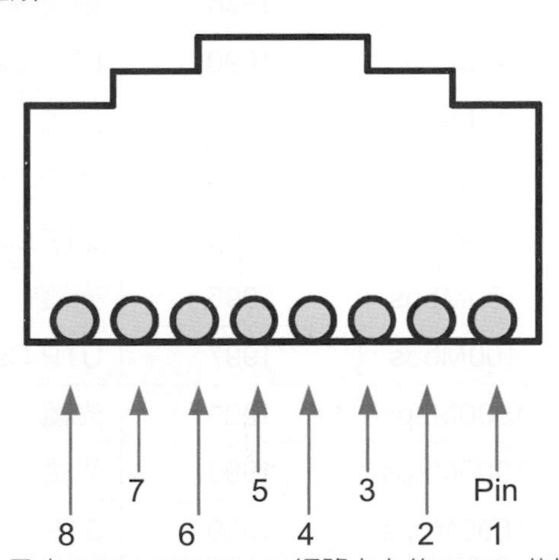

圖 2-28 乙太 10Base/100Base 網路卡上的 RJ-45 的插座腳位

表 2-12 乙太網路卡上 RJ-45 插槽的腳位功能表

腳位	功 用	簡稱
1	傳輸資料正極 (Transmit Data+)	Tx+
2	傳輸資料負極 (Transmit Data -)	Tx-
3	接收資料正極 (Receive Data+)	Rx+
4	未使用	
5	未使用	
6	接收資料負極 (Receive Data -)	Rx-
7	未使用	
8	未使用	

目前網路線若是一般用戶 3C 賣場都能買到，公司行號或有資安特殊需求需要自行規劃能有較好建置，舉筆者裝潢自家為例，像是選擇 UTP Category 6e 的網路線，將無線網路 AP 設置家中中間高處，規劃好所有有線網路線的佈線路徑，可以連有線電視及電話線一併考慮，UTP 線一箱用不完，可作為電話線使用。乙太網路網路線請參考表 2-13。

表 2-13 乙太網路家族一覽表

代碼	規格標準	頻寬	標準通過年分	使用線材
10Base5	802.3	10Mbps	1983	粗同軸電纜
10Base2	802.3a	10Mbps	1988	細同軸電纜
10BaseT	802.3i	10Mbps	1990	UTP Category 3 等級以上的線
10BaseF	802.3j	10Mbps	1992	光纖
100BaseTX	802.3u	100Mbps	1995	UTP Category 5 等級以上的線
100BaseT4	802.3u	100Mbps	1995	UTP Category 3 等級以上的線
100BaseFX	802.3u	100Mbps	1995	光纖
100BaseT2	802.3y	100Mbps	1997	UTP Category 3 等級以上的線
1000BaseSX	802.3z	1000Mbps	1999	光纖
1000BaseLX	802.3z	1000Mbps	1999	光纖
1000BaseCX	802.3z	1000Mbps	1999	STP 線
1000BaseT	802.3ab	1000Mbps	1999	UTP Category 5 等級以上的線

2-9 光纖

光纖 (Fiber Optics) 纜線是理想資料傳輸纜線，非常適用於高頻寬，不會出現 EMI 的問題，耐久性好，傳送距離遠可長達數公里，但有二個缺點：一是成本高，二是安裝不易。光纖通信是七十年代發展起來的一門新興技術。光纖是光導纖維的簡稱，是由玻璃材料二氧化矽 (SiO2) 抽絲而成的一種光傳輸媒體。以光波傳送資訊，以光纖為傳輸介質的通信方式稱為光纖通信。利用光進行資訊傳遞的歷史至少可以追溯到中國古代的峰火台，至今已有七百多年的歷史。隨後出現的海軍旗語、信號彈，乃至現在在大城市仍然使用的紅綠燈都是利用光進行通信的。

光纖通信系統可以依系統所採用的傳輸信號形式、傳輸光的波長、光纖類型和光接收與發送方式進行分類。無論那一類光纖通信系統，基本上都是由光發送機、光傳輸線和光接收機三部分組成，如圖 2-29 所示。

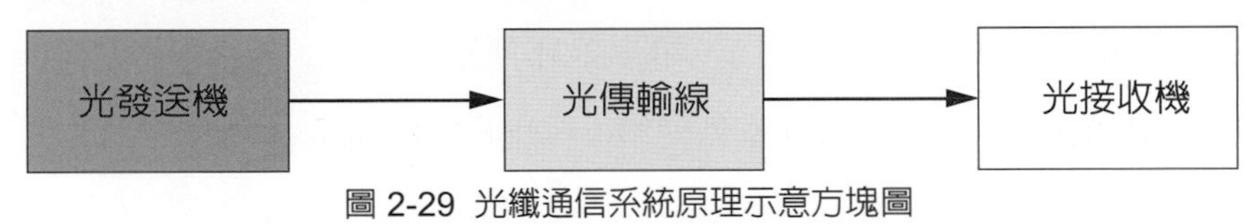

圖 2-29 光纖通信系統原理示意方塊圖

上述的光纖系統，加上適當的介面設備，就可作為一個單獨的光元件插入現有的數位和類比通信、有線和無線通信系統中。光纖的結構包含三個，主要部份：纖覆 (Cladding：125um) 及外保護層 (Jacket/Coating：250um) 纖核 (Core：62.5um,50um,8.3um)，如圖 2-30 所示，光波僅在纖核內移動前進，光纖通信系統中，僅可容納光脈波，若要傳送類比式訊號先經適當調變，即可利用光纖傳送數位與類比資料。

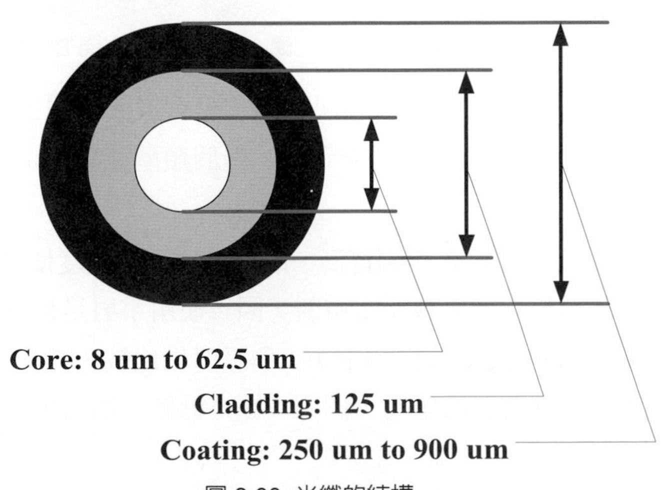

圖 2-30 光纖的結構

基本上，光訊號以 ON/OFF 的光脈波形式表示數位資料流，傳送於光纖纜線之中，光纖纜線的中央導體是由高精煉玻璃或塑膠的纖維所組成，直徑約爲 125 微米，和頭髮的直徑相似，設計用來傳送光訊號，纖維被塗上一層的薄衣，把訊號反射回纖維內，減少訊號損失，塑膠的護套目的是保護纖維，內層纖核的折射率 (Refractive Ratio) 比中層纖覆大，當光波進入纖核後，在纖核 / 纖覆介面處被反射回來，因此光波沿著光纖軸線一直反射 (全反射)，隨著光纖媒體通往接收端。

光纖纜線可分爲二種，詳述如下：

1. Loose (鬆的)：合併纖維護套和外部的塑膠包裝間的空間；這個空間充滿乳膠體或其他的材料。
2. Tight (緊的)：內含硬質線於導體和外部的塑膠包裝之間。

在這兩種情況下，塑膠包裝也必須提供支持纜線的力量，當乳膠體層或硬質線保護微弱纖維免於受材質損傷。

- Tight Buffer Fiber (一般爲室內運用)，如圖 2-31 所示。
- Loose Tube Buffered Fiber (一般爲室外使用)，如圖 2-32 所示。

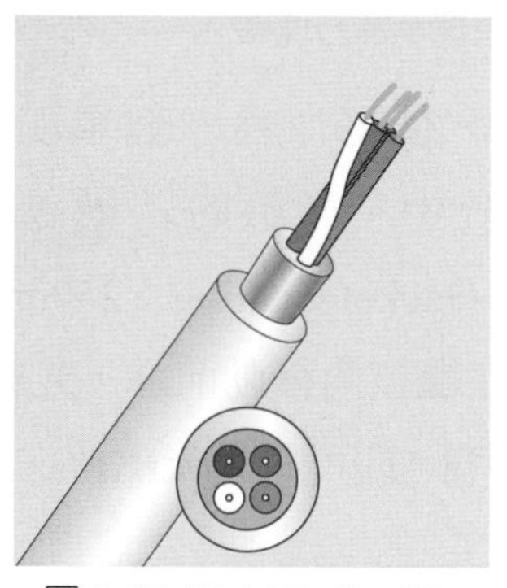

圖 2-31 Tight Buffer Fiber

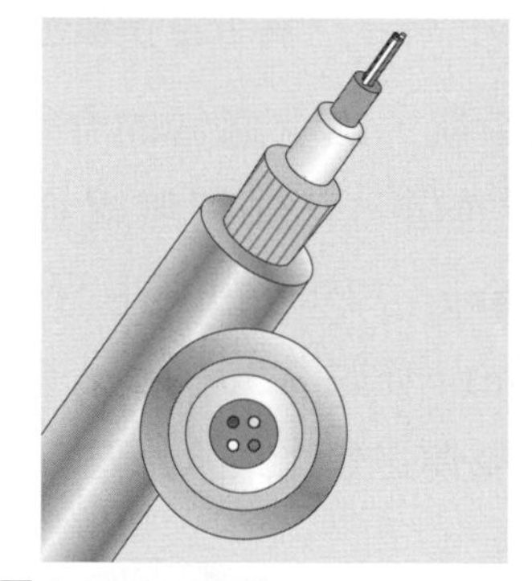

圖 2-32 Loose Tube Buffered Fiber

光纖纜線不傳送電子訊號，而是資料訊號必須被轉換光的訊號，終端纜線收到光的訊號，必須把光訊號轉回電子訊號。固態元件的幾個類型能執行這個服務，其光源包括下列兩種：

1. 雷射 (Laser)：雷射傳輸距離長和頻寬高，所以雷射光的純度使得雷射適用於資料傳輸。當有需它們的特性時，才會使用雷射，因爲使用雷射是昂貴的。
2. 發光二極體 (Light-Emitting Diode，LED)：與雷射相比較，發光二極體是較便宜的，發光二極體適合於低緊密度的應用，例如：擴充低於二個公里的 100MBps 或較慢的區域網路連接。

光纖的連接方式主要有兩種：熔接與研磨。熔接的方式大多用在塑膠製的光纖，但在熔接機本身的高價位，以及操作機器所需的技術都是早期架設光纖網路的主要門檻之一。而研磨的方式則是適合玻璃製的光纖，它的方法是先將光纖的終端磨平了之後，再利用專用的連接頭模組固定，如此一來不僅大大地簡化了連接光纖的工作，而且在價格上也便宜許多。目前比較常見的光纖連接頭有四種：ST(Straight Tip)、SC(Subscribe Connector) 、新型的 MT 與 VF-45 連接頭。

ST 連接頭，如圖 2-33 及圖 2-34 所示，它是由 AT&T 所註冊的專有商標。早期它主要是用在 10BASE-FL 的網路設備上，而目前則逐漸被 SC 連接頭給取代了。

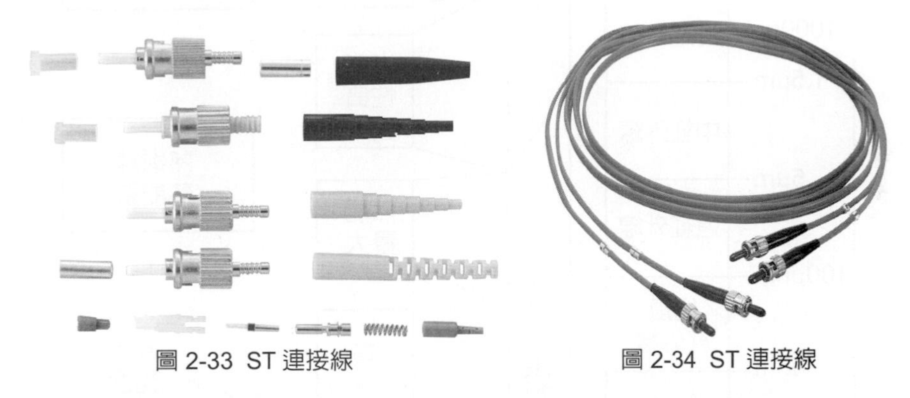

圖 2-33 ST 連接線　　圖 2-34 ST 連接線

SC 連接頭，如圖 2-35 及圖 2-36 所示，它是由 NTT 先進科技公司所註冊的專有商標。在 100BASE-FX 與 1000BASE-X 的標準中都建議採用這種光纖連接頭。

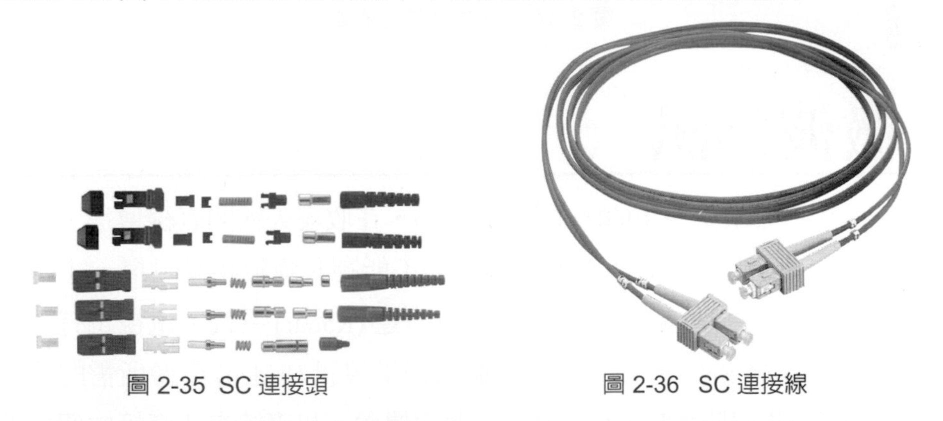

圖 2-35 SC 連接頭　　圖 2-36 SC 連接線

MT-RJ 連接頭是一種新型的光纖連接頭，由 HP、AMP、SIECOR、Fujikura 與 US CONEC 這幾家公司所領導發展的，它保有傳統 ST、SC 連接頭安裝方便的優點。

西元 1800 年，德國科學家赫歇爾利用三稜鏡的分光作用探討光譜的熱效應時，無意間發現了太陽光中紅光的外側，有一種無法用肉眼看見，但物理性質與光相似的電磁波，於是便將之命名爲紅外線 (Infrared Rays)，紅外線波長分佈情形如圖 2-37 所示，幾年前常用在筆記型電腦間，目前常用於遙控器及短距離無線通訊上。

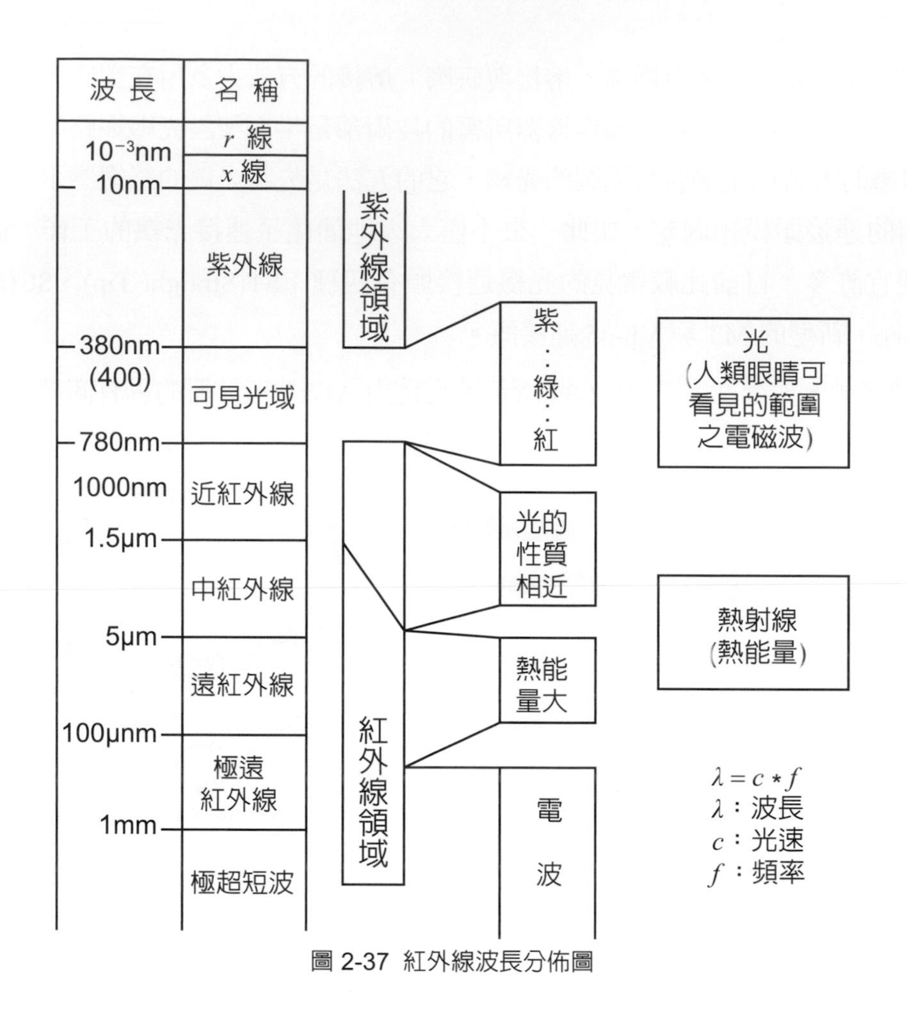

圖 2-37 紅外線波長分佈圖

2-10 微波通訊

在微波系統中，2GHz ～ 40GHz 間 ($1G=10^9$)，在收發天線間直線傳送，微屬於一種有向性 (Line-of-sight) 方式，即傳送與接收端間不能存有障礙物體阻擋，才能有良好的通訊品質，通常微波用於寬頻帶 (Wideband) 及雷達 (Radar) 系統，電視也有使用微波傳輸，例如 : 現在常見的 SNG 轉播車，因爲微波提供視訊 (Video) 影像所需的傳送容量。微波系統使用直線波，即微波並不沿著地球曲面傳送，以直線方式直接由傳送端送達接收端，因此兩端的距離與彼此天線高度間有重要的關係，而微波傳輸的衰減必須考慮兩端間的氣候、風速、雨量以及實際所使用的頻帶，天線兩端的距離是主因。

2-11 網路的拓樸

在電腦網路裡，電腦與電腦之間必須透過傳輸媒介連接起來，才能分享資源，達到使用網路的目的。整個網路的連接形式，就叫做拓樸 (Topology)，簡言之，就是指這網路長得什麼樣子，常見的拓樸總共有六種，分別為匯流排 (Bus)、星狀 (Star)、環狀 (Ring)、樹狀 (Tree)、網狀 (Meshed) 及混合式 (Hybrid) 網路結構，決定整個網路使用那一種拓樸是一件很重要的事，當決定使用那一種拓樸的同時，通常也已經跟著決定了這個網路的一些相關使用情形，例如：要使用那一種傳輸媒介，以及電腦與電腦之間的通訊方法，而通訊方法對整個網路更有很深遠的影響。

2-11-1 匯流排式網路結構

匯流排拓樸或線的匯流排是最簡單的型式的網路，在建置上也是花費較少的網路，使用單一同軸電纜纜線，連接起所有的電腦，每段同軸電纜的兩端則使用 BNC 接頭，如圖 2-2 所示，而 T 形接頭則用來將電腦與兩段同軸電纜相連接，最後在匯流排的兩端都需接上一個 BNC 接頭形式的 50 歐姆終端電阻。

在匯流排架構中，就像是所有的河流通通都匯流在一條主幹上，應用在電腦網路的連接形式，就是把所有網路裡的電腦都連接到同一條傳輸媒介上，又稱為巴士型 (Bus) 架構，所有電腦都經由一條主幹線 (通常是同軸電纜) 連結起來。由於其拓樸形狀就像是公車上乘客都拉著鐵杆上的吊環站立一樣，所以就被稱為巴士架構，具有廣播 (Broadcast) 的特性，也就是說任何一台連接到這條傳輸媒介上的電腦將資料傳送上這條傳輸媒介後，資料會往左右兩邊傳送出去到每一部電腦上，達成資料傳輸目標。

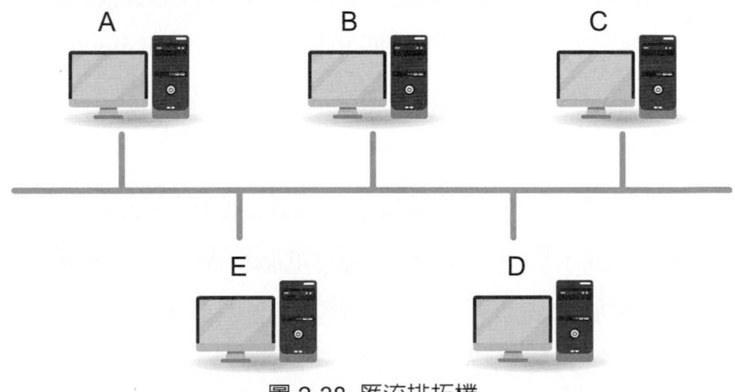

圖 2-38 匯流排拓樸

當匯流排網路上有任何一部電腦壞掉了，都不會影響到其他電腦間的通訊，所以匯流排架構是目前使用較少的區域網路架構，最主要缺點是網路可靠性問題，匯流排架構最脆弱之處就是主幹線，由於只有一條同軸電纜電纜線，所以當匯流排故障，電纜線發生損壞、斷線或是網路連接器與接頭鬆脫或損壞時，會造成整個網路運作失靈。

最常見的匯流排拓樸是 10 BASE 2，10 BASE 2 也被稱爲細型的網路，使用 RG 58 纜線，纜線有 50 歐姆阻抗，纜線的終點接上 50 歐姆的終端電阻，最大 10 BASE 2 網路區段的距離是 185 公尺 (607 呎)，另外的匯流排拓樸是 10 BASE 5 或粗型的網路。10 BASE 5 網路使用 RG 11 纜線，RG 11 纜線比 RG 58 厚且硬。當在這些訊號之間的距離增加的時候訊號會減弱，稱爲訊號衰減，有一個方式可以增長傳輸距離就是加裝一訊號增強器或稱爲中繼器 (Repeater)，中繼器是個可以使訊號再生的裝置，當它們通過中繼器時，訊號會被增強。

使用匯流排形式的電腦網路怎樣把資料正確地從甲電腦傳送給乙電腦呢？有下列幾個步驟：

1. 每一台電腦都有一個單獨且不重複的硬體位址 (Hardware Address)，甲電腦把要傳送的資料和乙電腦的硬體位址一起傳送上這條傳輸媒介，也就是把想要傳送的資料連同接收端的位址一起傳送出去。
2. 這個資料 (含接收端的位址) 會往左右兩邊傳送出去到每一部電腦上。
3. 每一台電腦接收到這個資料後會比對自己的硬體位址是不是跟資料上的位址一樣，如果一樣則把資料接收下來，如果不一樣則不接收這個資料。

根據以上的三個步驟可以把資料正確地從甲電腦傳送給乙電腦，由於所傳送的訊號是往左右兩邊傳送出去到每一部電腦上，因此訊號最後會送達到匯流排的兩端，如果不把這兩端的訊號給吸收消除掉，則這些訊號又會反射 (Refection) 回去而造成碰撞 (Collision)，因此在使用匯流排 Topology 時得特別注意在匯流排的兩端都需接上一個能吸收訊號的元件 50 歐姆終端電阻。

在匯流排形式的電腦網路裡通常使用競爭 / 搶線式 (Contention) 的資料傳輸方式，所謂競爭式的資料傳輸方式，即是在 Bus 形式的電腦網路裡，所有的電腦都擁有相同的資料傳輸權力，所有的電腦都可以隨意地將資料傳送出去，在競爭式 (Contention) 的電腦網路裡，電腦在傳送資料到傳輸媒介之前會先監聽傳輸媒介上是否有其他訊號，如果沒有則電腦就會將資料送出，這種資料傳輸的方式可以降低資料在傳輸媒介上碰撞的機率，這就是最常聽到的載波偵測多重存取方式 CSMA (Carrier Sense Multiple Access)。

載波偵測多重存取方式 (CSMA) 可分為兩種，第一種為載波偵測多重存取 / 碰撞偵測 (Carrier Sense Multiple Access/Collision Detection，CSMA/CD)，第二種為載波偵測多重存取 / 碰撞避免 (Carrier Sense Multiple Access/Collision Avoidance，CSMA/CA)。

2-11-2 星狀網路結構

第一個星形網路是 ArcNET，於 1977 年由 Datapoint 公司發明。這個權杖傳遞 (Token passing) 網路用 RG 62 纜線，RG62 纜線如同 RG-58 一般大小，但使用較高的阻抗。目前最常用的星狀拓樸是 100BASE-T，100BASE-T 使用的線材是高於 Category 5 材質非遮蔽型雙絞線 (UTP)，資料傳送速率是每秒 100Mbits。新的星狀拓樸是 1000BASE-T，有每秒 1000Mbits 的資料傳送速率。1000Base-T 使用的線材 Category 5 材質 UTP。

星狀網路架構最簡易、可靠度最高架構，電腦集中連接於集線器 (HUB) / 中央控制主機，如圖 2-39 所示，任何一台主機出了問題會自動隔離，不會影響網路其他電腦的運作，由於架構簡單，易於維護與管理，是目前使用最多的網路架構。市面上常見的集線器 / 交換器廠牌眾多，有提供 4 個埠、8 個埠、12 個埠、16 個埠、24 個埠，甚至高達 48 個埠。所謂埠 (Port) 即為訊號進入或發出點，類似網路協定層中所談的資料存取點 (Access Point)。目前技術已進步到能提供 1G-10Gbps 速度之交換器 (Switching Hub)。

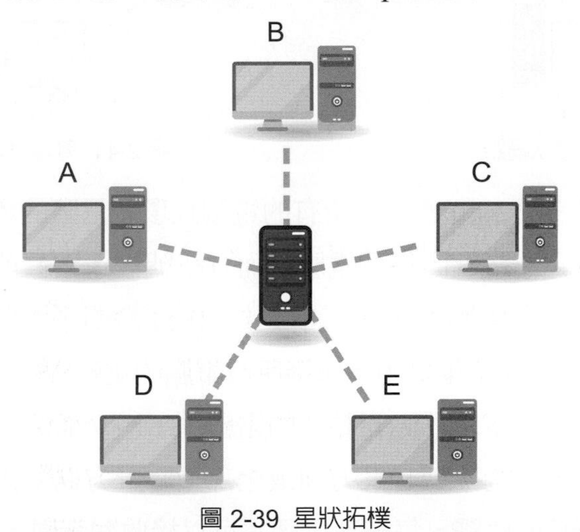

圖 2-39 星狀拓樸

在星狀網路中，所有的電腦都透過傳輸媒介直接連接到中央控制裝置，而電腦與電腦之間並沒有直接連接在一起，也就是說任何兩部電腦之間的通訊都必須經過集線器 / 交換器 / 中央控制裝置，因此只要監控管理中央控制裝置，也就可以得到整個電腦網路的運作情形了，例如 : 無線 AP。

在星狀網路中，要新增一台電腦到電腦網路上是非常容易的，只要將新增的電腦透過傳輸媒介直接連接到集線器 / 中央控制裝置即可 (參考圖 2-39 所示)，並不需要動到其他的電腦或網路裝置。在星狀拓樸中，網路上所有的裝置直接被連接到集線器 / 中央控制主機，因此星狀架構具有較佳的管理特性。因爲每個裝置能獨立從集線器 / 交換器被拔開，所以這類型網路的故障排除通常是較容易的，也比較容易擴充，不過一旦集線器 / 交換器 / 中央控制主機發生故障，整個網路就癱瘓了。若其中有一台電腦故障或一條傳輸線斷裂，只會影響該台電腦，而不會影響其他台電腦的運作。

2-11-3 環狀網路結構

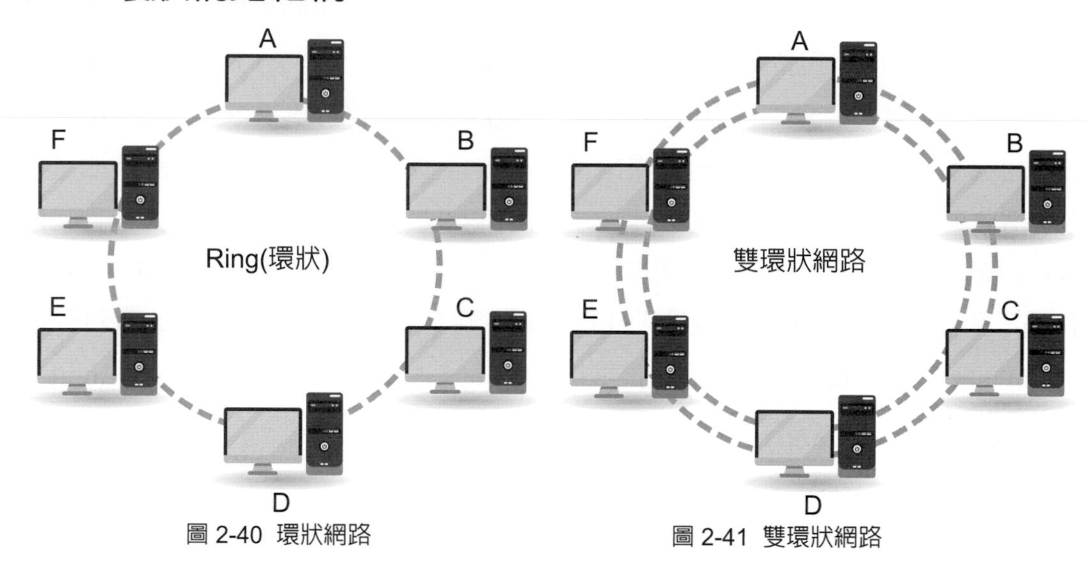

圖 2-40 環狀網路　　圖 2-41 雙環狀網路

在環狀網路中請參考圖 2-40 所示，所有的電腦以環狀信號的纜線區段連結，而且網路沒有終端點。訊號通過網路上的每個電腦，而且訊號被送出去前將被重置。如果有任何的網路轉接卡失效，那麼全體的網路都將失效。IBM 發明了這個網路而且稱它爲記號環狀網路 (Token Ring)。在環狀架構中，連接所有電腦的主幹線電纜形成一個環狀迴路。事實上這個環狀迴路是由許多段「點對點」的電纜線所組合而成，資料在環狀架構中傳送，必須依照一定的方向，全部順時針方向或全部逆時針方向，由於迴路的特性，資料在迴路中傳送也具有廣播的性質，每一部電腦都可以接收到資料。

環狀網路最脆弱之處也是主幹線電纜。當電纜線受損斷裂時，會導致整個網路或部份網路的損毀。例如：如果上圖中Ｃ－Ｄ之間的電纜線斷裂，那麼整個網路就變成是一個由Ｃ => Ｂ => Ａ => Ｆ => Ｅ => Ｄ所組成的單向傳輸網路。所以爲了提升環狀網路的容錯能力及增加網路的傳輸效率，高速環狀網路都設計成「雙環狀網路」。二條環狀迴路分別以順時針與逆時針方向傳輸資料。

所有工作站主機連接成環狀 (Ring)，透過所謂網路權杖 (Token) 或稱爲圖騰循環網路，以決定那一台工作站主機擁有網路權利。此種架構爲 IEEE 所訂定的標準，即 IEEE 802.4 的圖騰匯流排 (Token Bus) 或稱爲圖騰匯流排與 IEEE 802.5 圖騰環 (Token Ring) 網路，請參考圖 2-42 中網路拓樸是匯流排而運作方式卻是使用環狀的方式，這是另類的環狀網路。

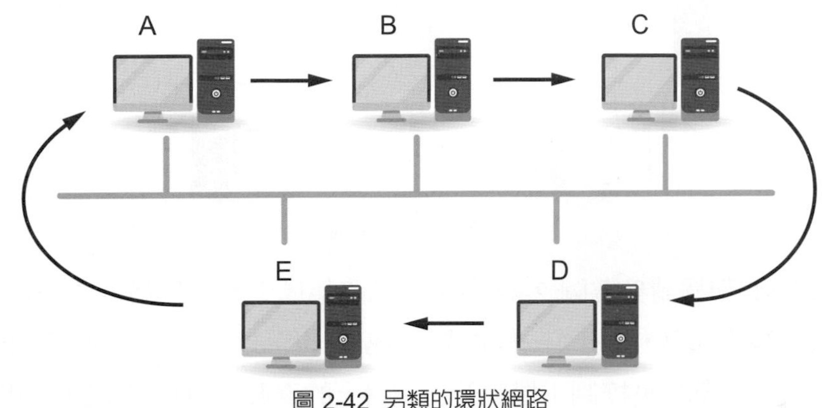

圖 2-42 另類的環狀網路

2-11-4 樹狀網路結構

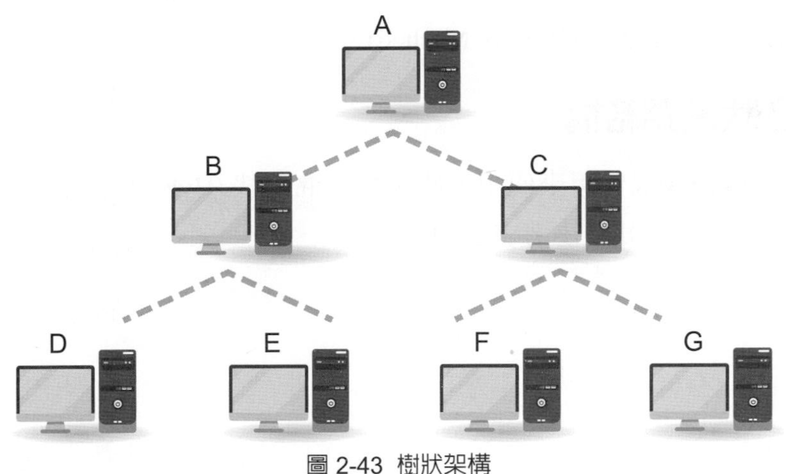

圖 2-43 樹狀架構

在傳輸方式上，樹狀架構請參考圖 2-43 所示，可以說是匯流排架構的另一種形式。樹狀架構中的任何二部電腦之間都只有一條傳輸線連接，當資料進入任何一個節點後，會向所有的分支傳遞 (除了訊號進入的分支) ，因此樹狀架也具有廣播傳送的特性。當樹狀架構某二點間的電纜線故障時，會將此樹狀網路分爲二個較小的樹狀網路，而這二個樹狀網路是無法互通的。另外當某一部電腦發生故障，也會造成網路的損毀。

2-11-5 網狀網路結構

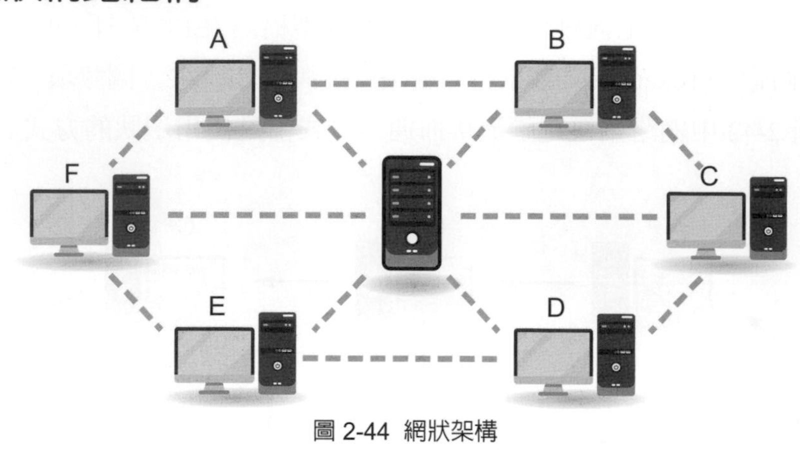

圖 2-44 網狀架構

網狀 (Meshed) 架構請參考圖 2-44 所示是網路架構中安全性最高的一種。二部電腦之間存著不只一條的通路，即使某一條電纜線損毀，也可以利用其他的通路來傳送資料，網狀網構可以設置一部中央控制主機來管理網路上的資源，也可以不設。對於資料量很大，而且傳送作業不可中斷的環境，網狀架構是很好的選擇。不過網狀網路的架設成本要比其他網路架構來的高，而且施工也比較困難，是需要注意的一點。可分部分網狀 (Partially Meshed) 和完全網狀 (Wholly Meshed)。

2-11-6 混合狀網路結構

將上述的幾種拓樸混合起來使用，此法稱之混合狀 (Hybrid) 拓撲，請參考圖 2-45 所示，六種標準拓樸的評比請參考表 2-14。

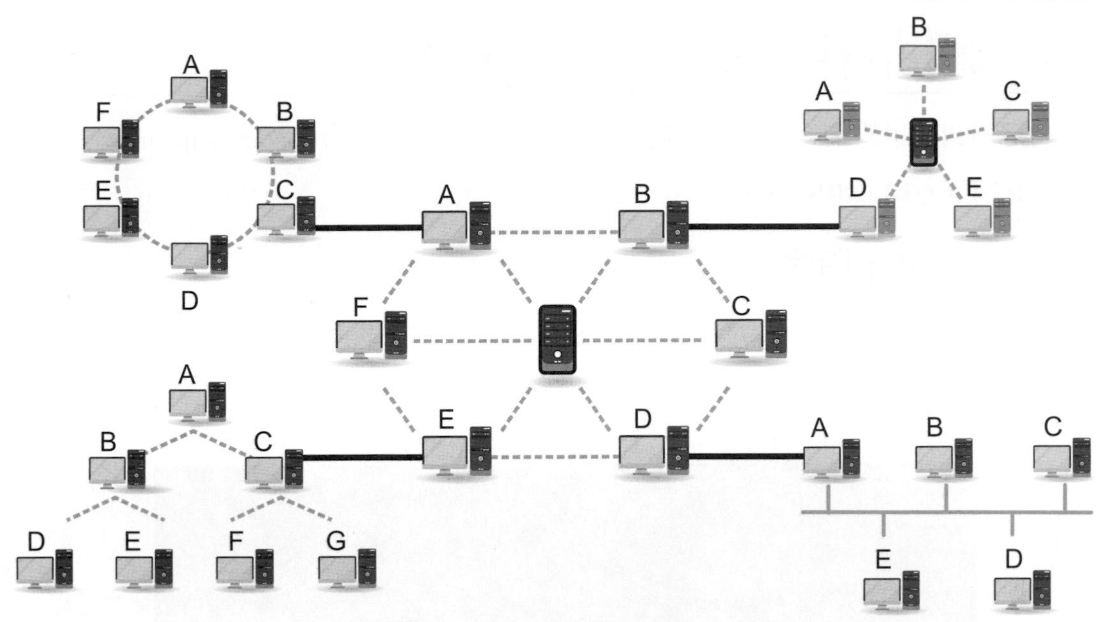

圖 2-45 混合狀 (Hybrid) 拓撲

表 2-14 六種標準拓樸的評比

拓樸	優點	缺點
匯流排 (Bus)	架設方式簡單。 在小型網路中非常穩定。 使用纜線及相關器材少。 架設費用低廉。	網路格模較大時，傳輸效率下降幅度較高。 任何一節點或纜線斷線都會影響該節區所有電腦。
星狀 (Star)	纜線的斷裂僅會影響該連結點。 容易擴充新設備及集中管理器材。	星狀網路以集線器為中心，呈樹狀 (Tree) 的方式分佈，因此當上層的集線器當機後，將導致下層的電腦與集線器都無法工作。
環狀 (Ring)	每個用戶不論是其電腦快慢其存取網路的機會是均等的。	任一節點或纜線斷線都會影響該節區所有電腦。 網路大規模時，即使連線電腦數量眾多仍能維持一定的傳輸速率。
樹狀 (Tree)	可以說是匯流排架構的另一種形式。	某二點間的電纜線故障時，會將此樹狀網路分為二個較小的樹狀網路，而這二個樹狀網路是無法互通的。另外當某一部電腦發生故障，也會造成網路的損毀。
網狀 (Meshed)	網路架構中安全性最高的一種。	架設成本要比其他網路架構來的高。
混合狀 (Hybrid)	可結合各種拓樸。	結構複雜。

2-12 網路相關常用的指令

網路相關常用的指令也不少，將介紹一些比較常用的指令，例如：ipconfig、ping、nslookup、tracert、nbtstat 及 net。

2-12-1ipconfig 指令

網路上的設備需要 IP 位址才能上網，則這些設定要是正確才能順利上網所以可以使用 ipconfig 指令來顯示這些資訊。以下有一些範例。

圖 2-46 ipocnfig 指令

需更詳細的資訊，可以使用 ipconfig/all 來達成目的。可以列出主機名稱、主機 IP 位址、通訊閘 IP 位址、DNS IP 位址等等，如圖 2-46 所示。要釋放目前取得的 IP 可以使用 ipconfig/release 或者要重新取得 IP 可以使用 ipconfig/renew，而在 Unix/Linux OS 中則是使用 ifconfig 指令。

```
Windows IP Configuration

        Host Name . . . . . . . . . : sanmic
        DNS Servers . . . . . . . . : 192.192.77.15
                                      192.192.77.5
                                      168.95.192.1
        Node Type . . . . . . . . . : Broadcast
        NetBIOS Scope ID. . . . . . :
        IP Routing Enabled. . . . . : No
        WINS Proxy Enabled. . . . . : No
        NetBIOS Resolution Uses DNS : Yes

0 Ethernet adapter :

        Description . . . . . . . . : Novell 2000 Adapter.
        Physical Address. . . . . . : 00-80-C8-87-84-10
        DHCP Enabled. . . . . . . . : No
        IP Address. . . . . . . . . : 192.192.76.200
        Subnet Mask . . . . . . . . : 255.255.255.0
        Default Gateway . . . . . . : 192.192.76.254
        Primary WINS Server . . . . :
        Secondary WINS Server . . . :
```

圖 2-47 ipconfig/all 指令

```
        Lease Obtained. . . . . . . :
        Lease Expires . . . . . . . :

1 Ethernet adapter :

        Description . . . . . . . . : PPP Adapter.
        Physical Address. . . . . . : 44-45-53-54-00-00
        DHCP Enabled. . . . . . . . : Yes
        IP Address. . . . . . . . . : 0.0.0.0
        Subnet Mask . . . . . . . . : 0.0.0.0
        Default Gateway . . . . . . :
        DHCP Server . . . . . . . . : 255.255.255.255
        Primary WINS Server . . . . :
        Secondary WINS Server . . . :
        Lease Obtained. . . . . . . :
        Lease Expires . . . . . . . :
```

圖 2-48 ipconfig/all 指令 (續)

2-12-2 ping 指令

ping 是一個 TCP/IP 工具程式，Windows/Unix 作業系統中都內建有此程式，執行 Ping 時需在命令提示模式下或終端下使用此程式，會送出特別的封包 (ICMP 封包) 給目的電腦，而對方就會回應，ping 指令的功能主要是讓大家知道目前網路連線的情況，像是時通時不通、完全不通或完全通，有連線的統計結果 (例如：反應時間) 提供大家做參考，ping 是一個相當好用、相當常用的指令，必學的指令，以下有一般的使用說明，詳細的使用說明請自行利用 ping/ ？或直接用 ping 後空一格再鍵入 / ？或 /h 或是更簡單就是不用打，可以自行試試吧～，請參考圖 2-49 所示，開啓 DOS 模式，鍵入 ping 目的地的 IP，一般會送出四個封包 (Packet)，稍後會傳回統計結果，顯示送出幾個封包，接收幾個封包，遺失了幾個封包，多少遺失率及其最大、最小、平均時間。若出現“Reply From 目的地的 IP：封包長度 =X 回應時間 =X 有效時間 =X”，則表示兩端的連線沒有問題，請參考圖 2-50 所示，否則可能出現“Request Timed Out”這就表示的目的地的主機關機、離線了或兩端間的連線有問題。

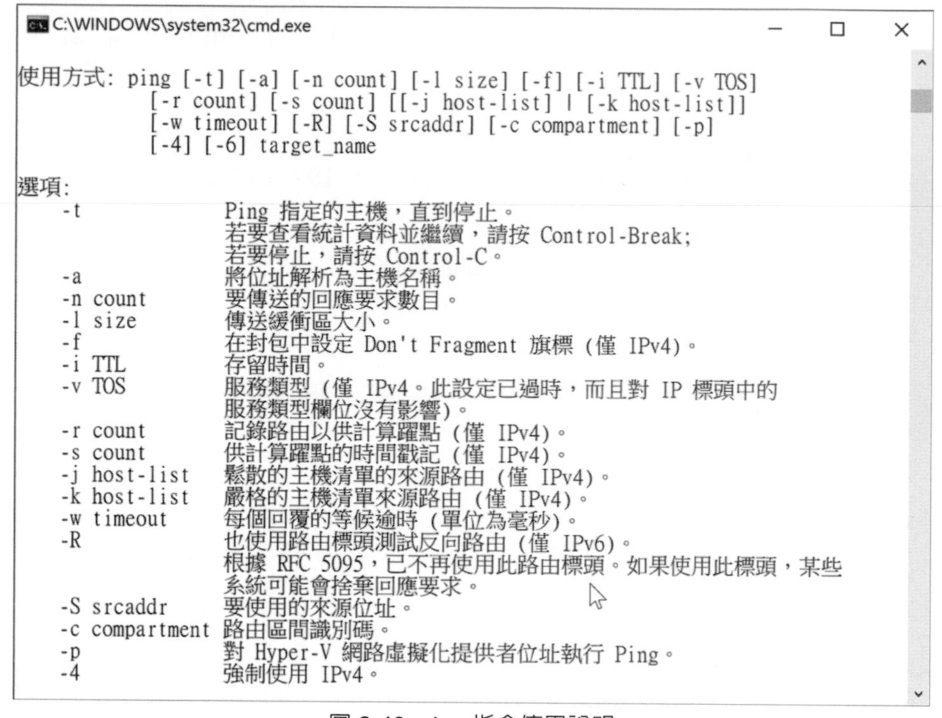

圖 2-49 ping 指令使用說明

懷疑網路有問題時，可以依下列步驟來判定：

- 步驟 1：ping 127.0.0.1
- 步驟 2：ping 本機的 IP 位址
- 步驟 3：ping 閘道器的 IP 位址
- 步驟 4：ping Internet 上電腦的 IP 位址

以上檢查原則是從自身檢查起，再內網，接著外網，反之反向亦可，依直感決定先檢查哪一個，個人建議採用第一個方式。

```
C:\WINDOWS\system32\cmd.exe
C:\Users\sanmi>ping 127.0.0.1

Ping 127.0.0.1 (使用 32 位元組的資料):
回覆自 127.0.0.1: 位元組=32 時間<1ms TTL=128
回覆自 127.0.0.1: 位元組=32 時間<1ms TTL=128
回覆自 127.0.0.1: 位元組=32 時間<1ms TTL=128
回覆自 127.0.0.1: 位元組=32 時間<1ms TTL=128

127.0.0.1 的 Ping 統計資料:
    封包: 已傳送 = 4，已收到 = 4, 已遺失 = 0 (0% 遺失)，
大約的來回時間 (毫秒):
    最小值 = 0ms，最大值 = 0ms，平均 = 0ms

C:\Users\sanmi>
```

圖 2-50 Ping 指令使用示範

ping 127.0.0.1:127.0.0.1 是所謂的 Loopback 位址，若目的位址爲 127.0.0.1 的封包是不會送到網路去的，只會送到本機的 Loopback Driver 上，是用來測試 TCP/IP 協定組是否正常運作。

ping 本機的 IP 位址 : 用來測試網路裝置 (網路卡) 是否正常，不正常則不會有回應。

ping 閘道器的 IP 位址 : 閘道器是子網路對外的出口，若 ping 成功則表示本機與閘道器之間的網路正常。

ping Internet 上電腦的 IP 位址 : 若 ping 成功則表示本機與閘道器外的網路連線正常，失敗試一試其他的 IP，有可能該主機發生故障，筆者喜歡以 ISP 來測試。例如：ISP 的主機 IP 位址，像是 Hinet 的 168.95.192.1，若有回應則表示網路狀況良好。

2-12-3 tracert 指令

tracert(Trace Route) 這個指令的功能是比 ping 指令來得強大，全程追蹤封包從開始到終點經過的路徑，可以知道網路的瓶頸在那裡及是否發生迴路，也可以偵測出目的地的大致的位置或者輸入 DNS，可輸出 IP。

```
C:\>tracert

Usage: tracert [-d] [-h maximum_hops] [-j host-list] [-w timeout] target_name

Options:
    -d                  Do not resolve addresses to hostnames.
    -h maximum_hops     Maximum number of hops to search for target.
    -j host-list        Loose source route along host-list.
    -w timeout          Wait timeout milliseconds for each reply.
```

圖 2-51 Tracert 指令使用說明

此分析公用程式，會根據傳送具有不同 Time-To-Live(TTL) 值的 ICMP 回應封包到目的地的方式，決定到目的地的路由。路徑中的每一路由器在轉送該封包之前，必須將封包上的 TTL 值至少減去 1，如此 TTL 成爲有效的跳躍區段數目。當封包上的 TTL 值

變為 0 時，路由器會傳回一個 ICMP Time Exceeded 訊息至來源系統上。tracert 決定路由的方法，乃是根據傳送第一個 TTL 值為 1 的回應封包，其後每經過一次傳送動作，TTL 值加 1，直到目的回應或 TTL 值，到達最大值為止的方式。決定路由的方法，是根據檢查中途路徑器送回的 ICMP Time Exceeded 訊息的方式。請注意，某些路由器會在 tracert 無法查覺的情況下，自動刪除過時的 TTL 封包。

參數說明：

-d：指定不要將位址解析為電腦名稱。

-h maximum_hops：指定搜尋目的可經過的最大數目跳躍區段。

-j computer-list：依據 computer-list 來指定寬鬆來源路由。

-w timeout：根據每個回應的 timeout 所指定的微秒數，來進行等候時間。

target_name：目標電腦的名稱。

2-12-4 nslookup 指令

有些時候，會想要手動查詢 DNS 上一些資料，或者是要看看 DNS 是否有問題，此時最常用的工具就是 nslookup 了。在 Windows 系統下，開啓 MS-DOS 命令提示字元，輸入 nslookup，按下“Enter”鍵，nslookup 個程式會先抓取預設的 DNS 伺服器服務名稱與 IP 位址，要離開時，輸入 Exit，按下“Enter”鍵，如圖 2-52 所示。

```
C:\WINDOWS\system32\cmd.exe
C:\Users\sanmi>nslookup
預設伺服器:  one.one.one.one
Address:  1.1.1.1

> ?
命令:   (識別元會以大寫字元顯示，[] 表示選用)
NAME            - 列印使用預設伺服器之主機/網域 NAME 的資訊
NAME1 NAME2     - 與上述相同，但使用 NAME2 做為伺服器
help 或 ?       - 列印常用命令的資訊
set OPTION      -  設定選項
    all                 - 列印選項 (目前伺服器及主機)
    [no]debug           - 列印偵錯資訊
    [no]d2              - 列印詳盡的偵錯資訊
    [no]defname         - 將網域名稱附加到每個查詢
    [no]recurse         - 要求遞迴回答查詢
    [no]search          - 使用網域搜尋清單
    [no]vc              - 一律使用虛擬電路
    domain=NAME         - 將預設網域名稱設定為 NAME
    srchlist=N1[/N2/.../N6] - 將網域設定為 N1，而將搜尋清單設定為 N1、N2 等
    root=NAME           -將根伺服器設定為 NAME
    retry=X             -將重試次數設定為 X
    timeout=X           - 將初始逾時間隔設定為 X 秒
    type=X              - 設定查詢類型 (例如 A,AAAA,A+AAAA,ANY,CNAME,MX, NS,PTR,SOA,SRV)
    querytype=X         - 與 type 相同
    class=X             - 設定查詢類別 (例如 IN (Internet), ANY)
    [no]msxfr           - 使用 MS 快速區域傳輸
    ixfrver=X           - 用於 IXFR 傳輸要求的目前版本
server NAME     - 使用目前的預設伺服器，將預設伺服器設定為 NAME
lserver NAME    - 使用初始伺服器，將預設伺服器設定為 NAME
root            - 將目前預設伺服器設定為根伺服器
ls [opt] DOMAIN [> FILE] - 列出 DOMAIN 中的位址 (選用: 輸出至 FILE)
    -a          - 列出正式名稱及別名
    -d          -  列出所有記錄
    -t TYPE     -  列出所給定 RFC 記錄類型的記錄 (例如 A,CNAME,MX,NS,PTR 等)
view FILE           - 排序 'ls' 輸出檔並使用 pg 予以檢視
exit            - 結束程式

> exit

C:\Users\sanmi>
```

圖 2-52 nslookup 指令使用說明

◆ 交談式 / 非交談式 (Interactive/Noninteractive)

執行 nslookup 時可以直接在後面跟著我們要查詢的資料，nslookup 會直接把結果傳回來，如果只打入 nslookup[enter]，則進入交談模式，出現提示符號“＞”，此時 nslookup 會等待使用者輸入命令，如圖 2-53 所示。

```
C:\WINDOWS\system32\cmd.exe
C:\Users\sanmi>nslookup www.google.com.tw
伺服器:  one.one.one.one
Address:  1.1.1.1

未經授權的回答:
名稱:    www.google.com.tw
Addresses:  2404:6800:4008:802::2003
          216.58.200.227


C:\Users\sanmi>_
```

圖 2-53 nslookup 指令中的未經授權的回答

經授權/未經授權 (Authoritative/Non-Authoritative): 在查詢時有時會出現 Non-authoritative answer，代表這個答案是由 Local DNS 的 Cache 中直接讀出來的，而不是 Local DNS 向真正負責這個 Domain 的 Name Server 問來的，如圖 2-54 所示。欲知目前 nslookup 的一些 Default(預設) 設定值，則可下 set all 指令。

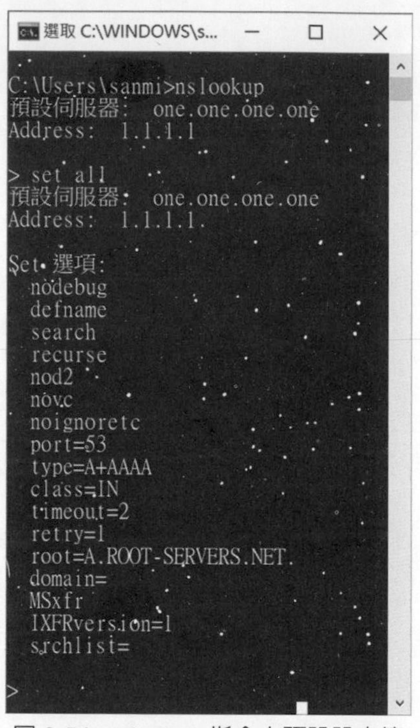

圖 2-54 nslookup 指令中預設設定值

指定查詢 DNS 的伺服器，使用 server dns_server_ip 指令，表示將內定的 local DNS 換成另一部 server。Ex：server 168.95.1.1 或 server 8.8.8.8，如圖 2-55 所示。

圖 2-55 nslookup 指令中指定查詢 DNS 的伺服器

2-12-5 nbtstat 指令

Windows 2000 無法執行 winipcfg 查網路卡卡號，需改用 nbtstat 這個指令，nbtstat 空白 -A 空白 *.*.*.* 後面輸入你現在的 ip，這樣的話會出現你的網域、電腦名稱、以及四個兩碼 **-**-**-** 所組成的網路卡卡號。

```
NBTSTAT [ [-a RemoteName] [-A IP address] [-c] [-n]
        [-r] [-R] [-RR] [-s] [-S] [interval] ]

  -a   (adapter status) Lists the remote machine's name table given its name
  -A   (Adapter status) Lists the remote machine's name table given its
                        IP address.
  -c   (cache)          Lists NBT's cache of remote [machine] names and their IP
 addresses
  -n   (names)          Lists local NetBIOS names.
  -r   (resolved)       Lists names resolved by broadcast and via WINS
  -R   (Reload)         Purges and reloads the remote cache name table
  -S   (Sessions)       Lists sessions table with the destination IP addresses
  -s   (sessions)       Lists sessions table converting destination IP
                        addresses to computer NETBIOS names.
  -RR  (ReleaseRefresh) Sends Name Release packets to WINS and then, starts Refr
esh

  RemoteName   Remote host machine name.
  IP address   Dotted decimal representation of the IP address.
  interval     Redisplays selected statistics, pausing interval seconds
               between each display. Press Ctrl+C to stop redisplaying
               statistics.
```

圖 2-56 Nbtstat 指令說明

2-12-6 netstat 指令

用來顯示各種 TCP/IP 協定的網路流量統計資料，大部份的 Unix 也都有提供 Netstat 指令，Netstat 指令其最基本的參數之一是 -s，用來顯示每一種主要 TCP/IP 協定的統計資料。

```
Displays protocol statistics and current TCP/IP network connections.

NETSTAT [-a] [-e] [-n] [-o] [-s] [-p proto] [-r] [interval]

  -a            Displays all connections and listening ports.
  -e            Displays Ethernet statistics. This may be combined with the -s
                option.
  -n            Displays addresses and port numbers in numerical form.
  -o            Displays the owning process ID associated with each connection.
  -p proto      Shows connections for the protocol specified by proto; proto
                may be any of: TCP, UDP, TCPv6, or UDPv6.  If used with the -s
                option to display per-protocol statistics, proto may be any of:
                IP, IPv6, ICMP, ICMPv6, TCP, TCPv6, UDP, or UDPv6.
  -r            Displays the routing table.
  -s            Displays per-protocol statistics.  By default, statistics are
                shown for IP, IPv6, ICMP, ICMPv6, TCP, TCPv6, UDP, and UDPv6;
                the -p option may be used to specify a subset of the default.
  interval      Redisplays selected statistics, pausing interval seconds
                between each display.  Press CTRL+C to stop redisplaying
                statistics.  If omitted, netstat will print the current
                configuration information once.
```

圖 2-57 netstat 指令用法說明

```
Displays protocol statistics and current TCP/IP network connections.

NETSTAT [-a] [-e] [-n] [-o] [-s] [-p proto] [-r] [interval]

  -a            Displays all connections and listening ports.
  -e            Displays Ethernet statistics. This may be combined with the -s
                option.
  -n            Displays addresses and port numbers in numerical form.
  -o            Displays the owning process ID associated with each connection.
  -p proto      Shows connections for the protocol specified by proto; proto
                may be any of: TCP, UDP, TCPv6, or UDPv6.  If used with the -s
                option to display per-protocol statistics, proto may be any of:
                IP, IPv6, ICMP, ICMPv6, TCP, TCPv6, UDP, or UDPv6.
  -r            Displays the routing table.
  -s            Displays per-protocol statistics.  By default, statistics are
                shown for IP, IPv6, ICMP, ICMPv6, TCP, TCPv6, UDP, and UDPv6;
                the -p option may be used to specify a subset of the default.
  interval      Redisplays selected statistics, pausing interval seconds
                between each display.  Press CTRL+C to stop redisplaying
                statistics.  If omitted, netstat will print the current
                configuration information once.
```

圖 2-58 netstat 指令用法說明 (續)

```
E:\DOCUME~1\SANMIC>netstat

Active Connections

  Proto  Local Address          Foreign Address        State
  TCP    sanmic-n:1034          msgr-ns66.msgr.hotmail.com:1863  ESTABLISHED
  TCP    sanmic-n:1042          iechannelguide.com:http  ESTABLISHED
  TCP    sanmic-n:1043          iechannelguide.com:http  ESTABLISHED
  TCP    sanmic-n:1047          64.70.15.55:http       ESTABLISHED
```

圖 2-59 netstat 指令用法示範

```
IPv4 Statistics

  Packets Received                   = 275
  Received Header Errors             = 0
  Received Address Errors            = 13
  Datagrams Forwarded                = 0
  Unknown Protocols Received         = 0
  Received Packets Discarded         = 0
  Received Packets Delivered         = 275
  Output Requests                    = 311
  Routing Discards                   = 0
  Discarded Output Packets           = 0
  Output Packet No Route             = 0
  Reassembly Required                = 0
  Reassembly Successful              = 0
  Reassembly Failures                = 0
  Datagrams Successfully Fragmented  = 0
  Datagrams Failing Fragmentation    = 0
  Fragments Created                  = 0
```

圖 2-60 netstat 指令用法示範 (續)

```
ICMPv4 Statistics

                            Received    Sent
  Messages                  2           2
  Errors                    0           0
  Destination Unreachable   2           2
  Time Exceeded             0           0
  Parameter Problems        0           0
  Source Quenches           0           0
  Redirects                 0           0
  Echos                     0           0
  Echo Replies              0           0
  Timestamps                0           0
  Timestamp Replies         0           0
  Address Masks             0           0
  Address Mask Replies      0           0
```

圖 2-61 netstat 指令用法示範 (續)

```
TCP Statistics for IPv4

  Active Opens                        = 9
  Passive Opens                       = 1
  Failed Connection Attempts          = 1
  Reset Connections                   = 1
  Current Connections                 = 4
  Segments Received                   = 117
  Segments Sent                       = 123
  Segments Retransmitted              = 17

UDP Statistics for IPv4

  Datagrams Received    = 148
  No Ports              = 4
  Receive Errors        = 0
  Datagrams Sent        = 161
```

圖 2-62 netstat 指令用法示範 (續)

2-12-7 ARP 指令

ARP 指令可以與第四章的通訊協定中的位址解析協定 (Address Resolution Protocol，ARP) 相互參考，如此可以加強學習效果，大部份的作業系統都有提供 ARP 工具指令，例如：Windows 的 ARP.exe 及 Linus 的 ARPwatcher，ARP 指令的使用可以在命令模式下，執行 ARP / ？，就會出現使用說明，如圖 2-63 所示。

```
E:\Documents and Settings\Sanmic>ARP /?

Displays and modifies the IP-to-Physical address translation tables used by
address resolution protocol (ARP).

ARP -s inet_addr eth_addr [if_addr]
ARP -d inet_addr [if_addr]
ARP -a [inet_addr] [-N if_addr]

  -a            Displays current ARP entries by interrogating the current
                protocol data.  If inet_addr is specified, the IP and Physical
                addresses for only the specified computer are displayed.  If
                more than one network interface uses ARP, entries for each ARP
                table are displayed.
  -g            Same as -a.
  inet_addr     Specifies an internet address.
  -N if_addr    Displays the ARP entries for the network interface specified
                by if_addr.
  -d            Deletes the host specified by inet_addr. inet_addr may be
                wildcarded with * to delete all hosts.
  -s            Adds the host and associates the Internet address inet_addr
                with the Physical address eth_addr.  The Physical address is
                given as 6 hexadecimal bytes separated by hyphens. The entry
                is permanent.
  eth_addr      Specifies a physical address.
  if_addr       If present, this specifies the Internet address of the
                interface whose address translation table should be modified.
                If not present, the first applicable interface will be used.
Example:
  > arp -s 157.55.85.212   00-aa-00-62-c6-09  .... Adds a static entry.
  > arp -a                                    .... Displays the arp table.
```

圖 2-63 ARP 指令說明

由圖 2-63 中可知，主要的參數有三個，分別爲檢視 ARP 快取的記錄 (-a，如圖 2-64 所示)、刪除 ARP 快取的記錄 (-d，如圖 2-65 所示) 及增加一筆靜態 ARP 快取記錄 (-s，如圖 2-66 所示)。

```
E:\Documents and Settings\Sanmic>arp -a

Interface: 192.168.1.53 --- 0x10003
  Internet Address      Physical Address      Type
  192.168.1.1           00-40-01-44-42-34     dynamic
```

圖 2-64 ARP –a：顯示目前的 ARP 快取

```
E:\Documents and Settings\Sanmic>arp -a

Interface: 192.168.1.53 --- 0x10003
  Internet Address      Physical Address      Type
  192.168.1.1           00-40-01-44-42-34     dynamic

E:\Documents and Settings\Sanmic>arp -d

E:\Documents and Settings\Sanmic>arp -a
No ARP Entries Found
```

圖 2-65 ARP –d：清除目前的 ARP 快取

```
E:\Documents and Settings\Sanmic>ARP -A
No ARP Entries Found

E:\Documents and Settings\Sanmic>ARP -S 192.168.1.1 00-40-01-44-42-34

E:\Documents and Settings\Sanmic>ARP -A

Interface: 192.168.1.53 --- 0x10003
  Internet Address      Physical Address      Type
  192.168.1.1           00-40-01-44-42-34     static
```

圖 2-66 ARP –s：增加一筆靜態 ARP 快取記錄

P.S. 可以配合 4-6 節位址解析協定來學習此指定及協定

2-12-8 NET 指令

Windows 作業系統內附許多網路連接管理和疑難排解的工具。這些工具大部分皆內含於 Windows 7/10 和 NT/2000 包裝，只不過形式略有差異。

NET 指令是 Windows 網路用戶端主要的命令模式 (Command Mode) 控制工具，以網管人員必學的指令之一，屬於命令模式的指令，可用來登入和登出網路、對應磁碟機代號與特定的網路共用、啓動和停止服務，以及找出網路上的共用資源，也可以執行圖形化公用程式及許多網路功能，像是 Windows 檔案總管等等。

NET 指令是以 net.exe 這個檔案來執行，其安裝目錄爲系統目錄 (C：\Windows 或 C：\Winnt)。若要使用此程式，請透過 DOS 模式來執行檔案並加上參數。雖然 Windows 7/10 共用某些參數，但有些參數只能用在對應的作業系統，將其參數功能說明列於表 2-15 及表 2-16。

NET 指令的使用可以在命令模式下，執行 NET / ？，就會出現使用說明，如圖 2-67，若需要某一個參數詳細的說明，則在 NET 指令之後指定參數再加上 / ？，就會出現使用說明，如圖 2-68。

```
Microsoft(R) Windows DOS
(C)Copyright Microsoft Corp 1990-2001.

E:\DOCUME~1\SANMIC>NET /?
The syntax of this command is:


NET [ ACCOUNTS | COMPUTER | CONFIG | CONTINUE | FILE | GROUP | HELP |
      HELPMSG | LOCALGROUP | NAME | PAUSE | PRINT | SEND | SESSION |
      SHARE | START | STATISTICS | STOP | TIME | USE | USER | VIEW ]
```

圖 2-67 NET 指令說明

```
E:\Documents and Settings\Sanmic>NET ACCOUNTS /?
這個命令的語法是:


NET ACCOUNTS
[/FORCELOGOFF:{minutes | NO}] [/MINPWLEN:length]
              [/MAXPWAGE:{days | UNLIMITED}] [/MINPWAGE:days]
              [/UNIQUEPW:number] [/DOMAIN]
```

圖 2-68 NET 指令參數說明

表 2-15 Windows NET 指令參數功能說明表

NET 參數	支援的作業系統	功能
NET ACCOUNT	Win 2016/10	設定特定電腦或網域上所有帳戶的設定值和原則
NET COMPUTER	Win 2016/10	新增或移除目前網域內的電腦
NET CONFIG	Win 7/10	顯示網路用戶端資訊
NET CONFIG SERVER	Win 2016	設定伺服器服務參數
NET CONFIG WORKSTATION	Win 2016	設定工作站服務參數
NET CONTINUE	Win 2016	重新執行暫停的服務
NET DIAG	Win 2016	和另一系統交換診斷訊息以測試網路連線
NET FILE	Win 2016	顯示網路使用者共用的檔案後予以關閉並移除檔案鎖定

表 2-16 Windows NET 指令參數功能說明表 (續)

NET 參數	支援的作業系統	功能
NET GROUP	Win NT/2000	建立或刪除全域群組並在這些群組中新增或刪除使用者

NET 參數	支援的作業系統	功能
NET HELP	Win 7/10/NT/2000	顯示特定 NET 副指令的說明資訊
NET HELPMSG	Win NT/2000	顯示特定四位數字錯誤代碼的其他相關資訊
NET INIT	Win 7/10	載入網路配接卡與協定驅動驅動程式，但不把這些驅動程式連接到協定管理員
NET LOCALGROUP	Win NT/2000	建立或刪除區域群組並在這些群組中新增或刪除使用者
NET LOGOFF	Win 7/10	將使用者登出網路並中斷包含所有網路共用資源的伺服器連接
NET LOGON	Win 7/10	將使用者登入工作群組或網域
NET NAME	Win NT/2000	管理 Messenger 服務所使用的名稱清單以使傳送訊息
NET PASSWORD	Win 7/10	變更目前使用者的登入密碼
NET PAUSE	Win NT/2000	暫停特定的服務但並未將之卸載，直到 NET CONTINUE 指令重新執行
NET PRINT	Win 7/10/NT/2000	管理列印佇列及其中的列印工作
NET SEND	Win NT/2000	利用 Message 服務將文字訊息傳送給另一使用者或電腦
NET SESSION	Win NT/2000	顯示其他網路使用者的相關資訊，並中斷目前作用中的工作階段與這些使用者之間的連線
NET SHARE	Win NT/2000	顯示、建立及刪除目前系統中的共用
NET START	Win 7/10/NT/2000	啓動特定網路服務
NET STATISTICS	Win NT/2000	顯示伺服器和工作站服務的統計資料
NET STOP	Win 7/10/NT/2000	停止特定網路服務
NET TIME	Win 7/10/NT/2000	顯示目前系統的時間或與另一系統進行時間同步
NET USE	Win 7/10/NT/2000	顯示共同網路資源的相關資訊以及管理這些資源的連線
NET USER	Win NT/2000	建立、修改及刪除使用者帳戶
NET VER	Win 7/10	顯示目前使用中工作群組重導器的類型和版本號碼
NET VIEW	Win 7/10/NT/2000	顯示網路上的可用資源

◆NET START 與 NET STOP

NET START 與 NET STOP 用來啓動和停止目前系統的網路服務。在預設情況下載入完整的工作站重導器，因此可以使用最少的系統資源來執行基本的網路連接，基本重導器可用來連接工作群組系統並存取共用資源，但無法用來登入 Windows NT 或 2016 網域。當重導器完整載入後，系統會讓您登入預設工作群組或網域並提示您輸入的密碼。然後您就可以使用 NET USE 指令，將磁碟機代號對應到共用網路磁碟並存取這些磁碟，或是執行提供其他網路功能的指令，例如：顯示網路上可用資源的 NET VIEW 或測試網路通訊的 NET STOP 指令予以停止，例如：NET STOP WORKSTATION，但是只能在 Windows GUI 外部執行。您無法經 Windows 內部的 DOS 工作階段來執行 NET STOP 指令。

◆NET SESSION

您可以在 Windows NT 和 2016 中透過使用者管理員或使用者物件的內容對話方塊來停用特定的使用者帳戶，而讓使用者無法登入網路。

執行不含參數的 NET SESSION 將顯示系統中目前的作用工作階段清單，若要立即中斷工作階段連線，可使用下述語法的 NET SESSION：

NET SESSION [\\computername] /delete

如果省略電腦名稱，NET SESSION 將終止所有電腦的所有工作階段。

2-12-9 ROUTE 指令

學習認識路由器及路由協定不可少的指令，Windows 7/10 都有支援，詳細的使用方法就不再贅述，請自行在 DOS 模式下，執行 route / ？，有詳細的使用說明，如圖 2-69 所示，在此只介紹一個常用的指令參數，route print 用來顯示 ROUTE Table 內容，如圖 2-71 及圖 2-72 所示。

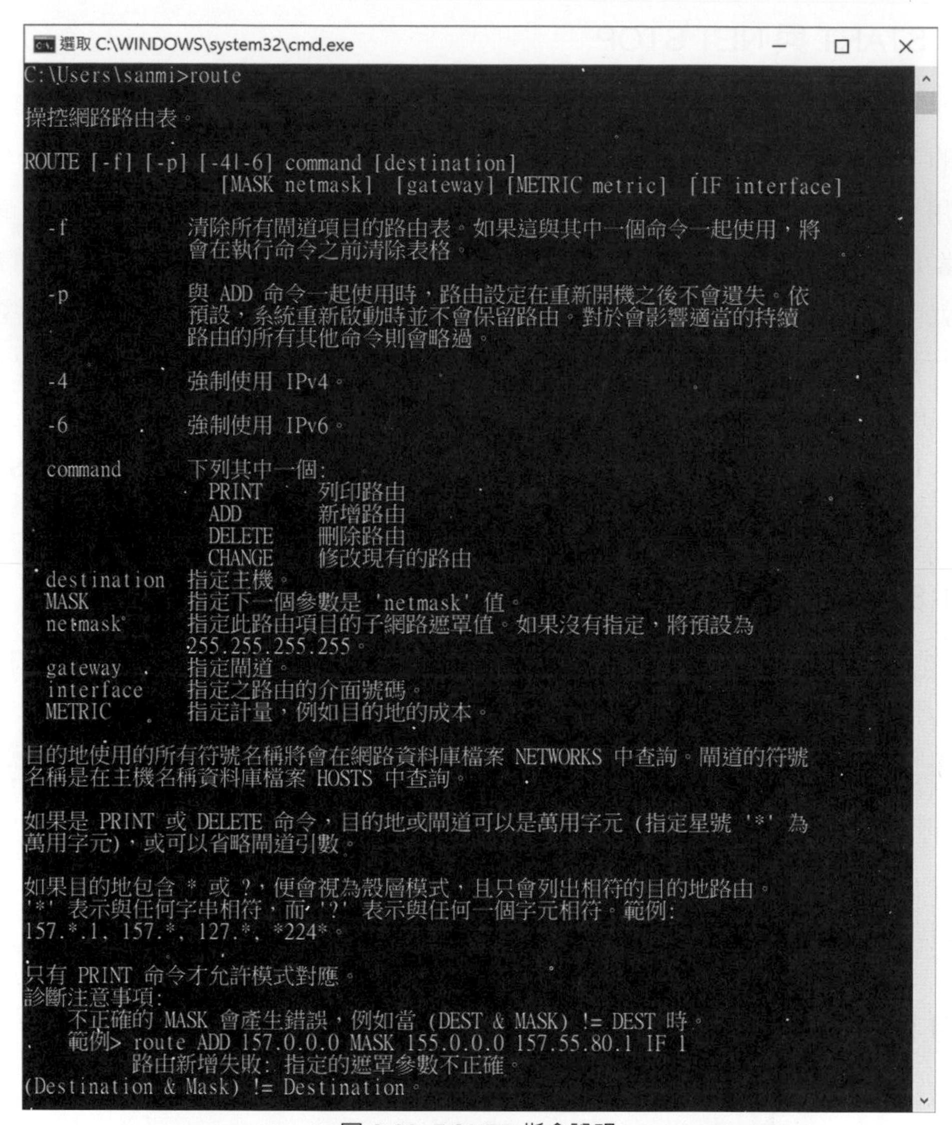

圖 2-69 ROUTE 指令說明

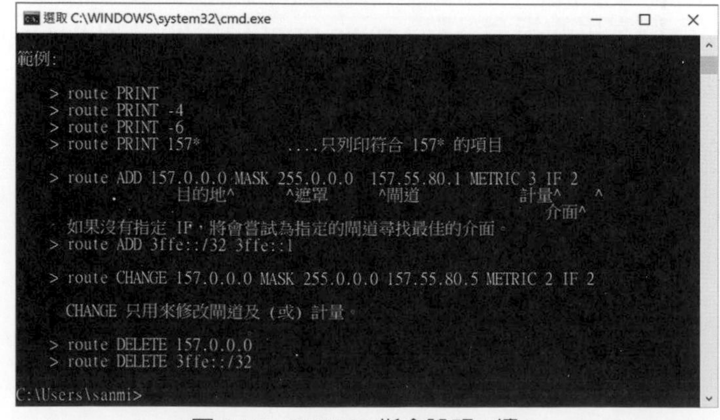

圖 2-70 ROUTE 指令說明 (續)

C:\WINDOWS\system32\cmd.exe

```
C:\Users\sanmi>route print
===========================================================================
介面清單
 13...be 83 85 e3 3d 53 ......Microsoft Wi-Fi Direct Virtual Adapter
 15...be 83 85 e3 38 53 ......Microsoft Wi-Fi Direct Virtual Adapter #2
 11...bc 83 85 e3 3c 52 ......Marvell AVASTAR Wireless-AC Network Controller
  8...bc 83 85 e3 3c 53 ......Bluetooth Device (Personal Area Network)
  1...........................Software Loopback Interface 1
===========================================================================

IPv4 路由表
===========================================================================
使用中的路由:
網路目的地            網路遮罩           閘道            介面       計量
          0.0.0.0          0.0.0.0      192.168.0.1    192.168.0.111     35
        127.0.0.0        255.0.0.0           在連結上         127.0.0.1    331
        127.0.0.1  255.255.255.255           在連結上         127.0.0.1    331
  127.255.255.255  255.255.255.255           在連結上         127.0.0.1    331
      192.168.0.0    255.255.255.0           在連結上     192.168.0.111    291
    192.168.0.111  255.255.255.255           在連結上     192.168.0.111    291
    192.168.0.255  255.255.255.255           在連結上     192.168.0.111    291
    192.168.137.0    255.255.255.0           在連結上     192.168.137.1    281
    192.168.137.1  255.255.255.255           在連結上     192.168.137.1    281
  192.168.137.255  255.255.255.255           在連結上     192.168.137.1    281
        224.0.0.0        240.0.0.0           在連結上         127.0.0.1    331
        224.0.0.0        240.0.0.0           在連結上     192.168.0.111    291
        224.0.0.0        240.0.0.0           在連結上     192.168.137.1    281
  255.255.255.255  255.255.255.255           在連結上         127.0.0.1    331
  255.255.255.255  255.255.255.255           在連結上     192.168.0.111    291
  255.255.255.255  255.255.255.255           在連結上     192.168.137.1    281
===========================================================================
持續路由:
  無
```

圖 2-71 ROUTE PRINT：顯示 ROUTE Table 內容

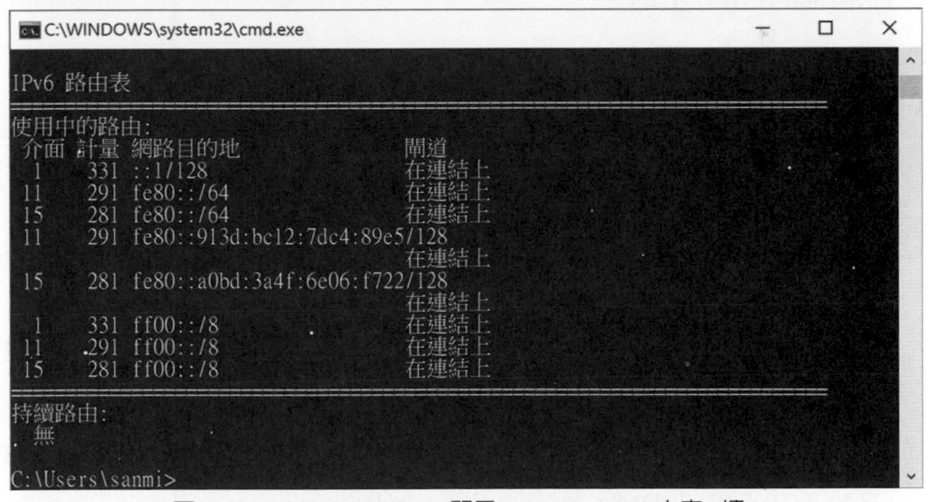

C:\WINDOWS\system32\cmd.exe

```
IPv6 路由表
===========================================================================
使用中的路由:
 介面 計量 網路目的地                 閘道
  1    331 ::1/128                  在連結上
 11    291 fe80::/64                在連結上
 15    281 fe80::/64                在連結上
 11    291 fe80::913d:bc12:7dc4:89e5/128
                                    在連結上
 15    281 fe80::a0bd:3a4f:6e06:f722/128
                                    在連結上
  1    331 ff00::/8                 在連結上
 11    291 ff00::/8                 在連結上
 15    281 ff00::/8                 在連結上
===========================================================================
持續路由:
  無

C:\Users\sanmi>
```

圖 2-72 ROUTE PRINT：顯示 ROUTE Table 內容 (續)

本章習題

填充題

1. 常見的網路拓樸有：（　　　　）、（　　　　）、（　　　　）、（　　　　）、（　　　　）、（　　　　）。
2. 乙太網路中 10BaseT，使用（　　　　）連接頭，線材為 Cat 5 或 Cat 3 的 UTP（　　　　）線，網路拓樸為（　　　　），傳輸速率為（　　　　）Mbps，傳輸距離為 100 公尺。
3. （　　　　）器的主要用途在於提昇訊號的振幅；（　　　　）器主要作為星型網路的連結中心。
4. （　　　　）線是由包裹絕緣外皮的銅纜線，兩條構成一對，互相以螺旋狀對絞而成的傳輸媒體。
5. PC 對 PC 使用 UTP 的（　　　　線）。
6. PC 對 Switch 使用 UTP 的（　　　　線）。
7. Switch 對 Switch 使用 UTP 的（　　　　線）。
8. Switch 對 Router 使用 UTP 的（　　　　線）。
9. PC 對 Router 使用 UTP 的（　　　　線）。
10. 光纖的結構包含三個，主要部份（　　　　）、（　　　　）、（　　　　）。

選擇題

1. （　　）哪一個不屬於光纖的結構 (A) 纖覆 (B) 外保護層 (C) 纖核 (D) 纖維。
2. （　　）UTP 眞正有用來傳收網路訊號的是哪幾支接腳，以下哪一個選項屬於其中之一 (A) 1 (B) 5 (C) 7 (D) 8。
3. （　　）UTP 眞正有用來傳收網路訊號的是哪幾支接腳，以下哪一個選項屬於其中之一 (A) 3 (B) 5 (C) 7 (D) 8。
4. （　　）UTP 眞正有用來傳收網路訊號的是哪幾支接腳，以下哪一個選項屬於其中之一 (A) 4 (B) 6 (C) 7 (D) 8。
5. （　　）UTP 眞正有用來傳收網路訊號的是哪幾支接腳，以下哪一個選項屬於其中之一 (A) 4 (B) 5 (C) 2 (D) 8。

6. (　　) UTP 眞正有用來傳收網路訊號的是哪幾支接腳，以下哪一個選項屬於其中之一 (A)8 (B)7 (C)6 (D) 5。
7. (　　) 目前網路線使用的接頭稱之爲 (A) RJ-11 (B) RJ-12 (C) RJ-45 (D) RJ-47。
8. (　　) 以下哪一個選項是用於位址解析協定 (A) ipconfig (B) ARP (C)tracert (D)netstat。
9. (　　) 以下哪一個選項是用於全程追蹤封包從開始到終點經過的路徑 (A) ipconfig (B) ARP (C)tracert (D)netstat。
10. (　　) 以下哪一個選項是用於查看網卡設定值 (A) ipconfig (B) ARP (C)tracert (D) netstat。

問答題

1. 電腦網路主要的目的爲何？
2. 何謂對等式及主從式網路？各有什麼優缺點。
3. 何謂封閉式及開放式網路？各有什麼優缺點。
4. 何謂集中式及分散式網路？各有什麼優缺點。
5. 何謂拓撲？簡述常見的幾種網路拓撲。
6. 第三類 UTP 與第五類 UTP 有何差異？運用的場合有何不同？
7. 請說明 Daisy Chain 連接埠的腳位定義？其主要的目的爲何？
8. 試列出五種網路常用的指令並說明其功能及使用方法。
9. 說明如何使用 ping 指令功來檢查網路狀況。
10. 說明 tracert 指令功能及使用方法。
11. 說明 ipconfig 指令功能及使用方法。
12. 說明 ROUTE 指令功能及使用方法。
13. 雙絞線 (Twisted Pair) 互絞的目的爲何？

NOTE

Chapter 03

網際網路

學習目標

3-1	上網的方式	3-12	全球資訊網
3-2	Internet 組織與標準	3-13	台灣三大網路
3-3	上網	3-14	台灣學術網路
3-4	WWW 發展歷程	3-15	種子網路
3-5	超連結	3-16	網際資訊網路
3-6	WWW 主從架構	3-17	企業網路
3-7	Web 伺服器	3-18	搜尋引擎
3-8	Web 瀏覽器	3-19	電子佈告欄
3-9	Web 代理伺服器	3-20	遠端登入
3-10	ARPAnet	3-21	網頁設計
3-11	網路服務業者	3-22	網站伺服器

網際網路 (Internet) 爲人類帶來便利，像是可以在家上網，就可以購物、找資料、訂票 (飛機票、火車票、電影票、音樂會門票等等)、繳費、學習新知識，結交朋友及增加商機，但是也爲人類帶一些問題，像是網路犯罪等等，最重要要有良好的觀念，網路是個虛擬的世界，有一些未知的陷阱，自己要學會如何保護自己，不要任意在網路上公佈自己的一些私人的相關資料，像是身分證號碼、信用卡號等等，以下的章節將介紹網際網路常用及相關的服務與技術。

3-1 上網的方式

上網的方式可簡單分二種，分別爲撥接 (Dialing) 及專線 (Leased Line)，對於少量、不定時、或不定點的資料傳輸，採用數據機 (Modem) 撥接的方式通常是較經濟的選擇，但對於大量、定時、定點的資料傳輸，就需要比撥接方式更穩定、更快速的傳輸品質，就得向中華電信、台灣固網及遠傳 FET 等公司租用專線 (Leased Line 或 Dedicated Line) 用於點對點 (PPP) 的連線，但需要更高的費用。

專線可以只連接自己公司或機構網路的點，也可接上廣域網路，若是前者只須繳交專線租費，若是後者除了得繳交設備租費外，還得付費給提供連線服務的網路公司，在臺灣線路須向電信局申請，連線服務則向 Seed Net、HiNet、或 TANet 等等的 ISP 申請，SeedNet、HiNet 接受公司行號或個人的申請，TANet 只接受教育單位的申請。

早期的電話網線是採語音級類比線路，不太適合傳輸數位資料，且做爲長途通訊時，品質尤其差，爲獲得高品質的長途通訊且希望在同一條物理通道內劃分出更多的通話頻道，AT&T 發展出傳輸率 64Kbps 的 DS-0(Digital Service-0) 專線，其中 56Kbps 用於傳輸實際的資料，8Kbps 傳輸控制資料，DS-0 是數位專線的積木，可用它建構傳輸率更高的線路，在北美人們可租到 56K 的 DS-0 專線，在歐洲或其他區域通常可租到 64K 的 DS-0 專線，8Kbps 控制資料頻寬由出租公司自行吸收。

若 DS-0 的傳輸率尙不能滿足傳輸需求，則可租用再高一級的 T1 (又名 DS-1 或 E-1) 專線，在北美其傳輸率可達 1.544 MBps，在歐洲則高達 2.048 MBps，T1 的租費相當昂貴，非普通公司能負擔，另一折衷方式是承租 Fractional T1 專線，其傳輸率爲 56K 或 64K 的整數倍，約在 112K 至 768 Kbps 間，此線路較 T1 便宜許多。

比 T1 更高的級別是 T3，其傳輸率高達 45MBps，T3 的租費更加昂貴，同樣的，其折衷的選擇是 Fractional T3，在北美其傳輸率介於 3M 至 45 MBps，在歐洲則爲 4M 至

45 Mbps。近年來有了新的選擇，就是可以改由 ADSL 或 Cable Modem 來上網，希望費用還能再下降到較合理的價位。

表 3-1 各式專線

專線名稱	北美傳輸率 (Bps)	歐洲傳輸率 (Bps)	附註
DS-0	56K*	64K	* 少掉的 8KBPS 已用於 Overhead
T1(DS-1or E1)	1.544M**	2.048M	由 24(北美) 或 32(歐洲) 個 DS-0 通道組成，(** 其中的 8KBPS 用於 Overhead)
Fractional T1	112K － 768K	128K	由 T1 的部份 DS-0 通道組成
T3(DS-3)	45M	45M	由 672 個 DS-0 通道組成
Fractional T3	3M － 45M	4M － 45M	由 T3 的部份 DS-0 通道組成

3-2 Internet 組織與標準

Internet 是個開放性網路，和私人企業相較下，其組織架構並不算嚴密，早期負責監督整個 Internet 網路技術之發展的組織是 1983 年成立的 Internet 活動部會 (IAB)，當時 Internet 仍屬研發性網路，由 IAB 負責監督整個 Internet 網路技術的發展與規劃，其下設有兩個指導團體－ IESG 與 IRSG，這兩個指導團體各領導自己附屬的特別小組，由 IETF 負責短期工程，IRTF 負責長期研發。

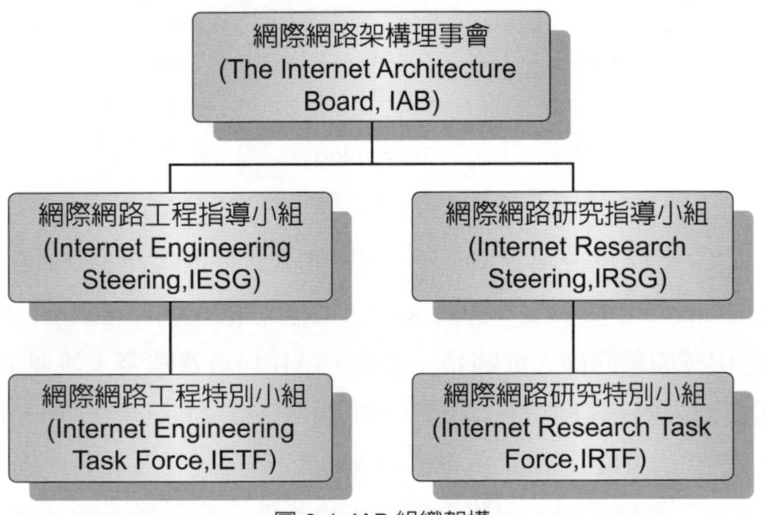

圖 3-1 IAB 組織架構

而隨著 Internet 的國際化與網路社會的日益複雜，人們逐漸意識到需要一更具代表性、非官方的組織以整合當時現有的網路資源，包括相關機構及各式標準，以利 Internet 加速進化，並推廣其應用層面，爲此在 1991 年 6 月於哥本哈根 (Copenhagen) 舉行的一國際性網路會議中即公佈籌組一 Internet 的國際性組織－網際網路協會 (ISOC)，並於 1992 年 1 月正式成立，成員包括來自全球各地與 Internet 有關的企業、非營利機構、官方部門乃至個人。

ISOC 的功能是多方面的，包括發展並推廣 Internet 的技術及應用，搜集並傳播與 Internet 相關資訊，強化整個 Internet 的結構，推廣和 Internet 有關的教育及研發，扮演整個 Internet 社會的各式活動、集會的仲裁、協調者，輔助開發中國家、地域發展 Internet 基礎建設，最後 ISOC 也與其他相關國際機構、官方部門接觸，以利上述目的的推展。

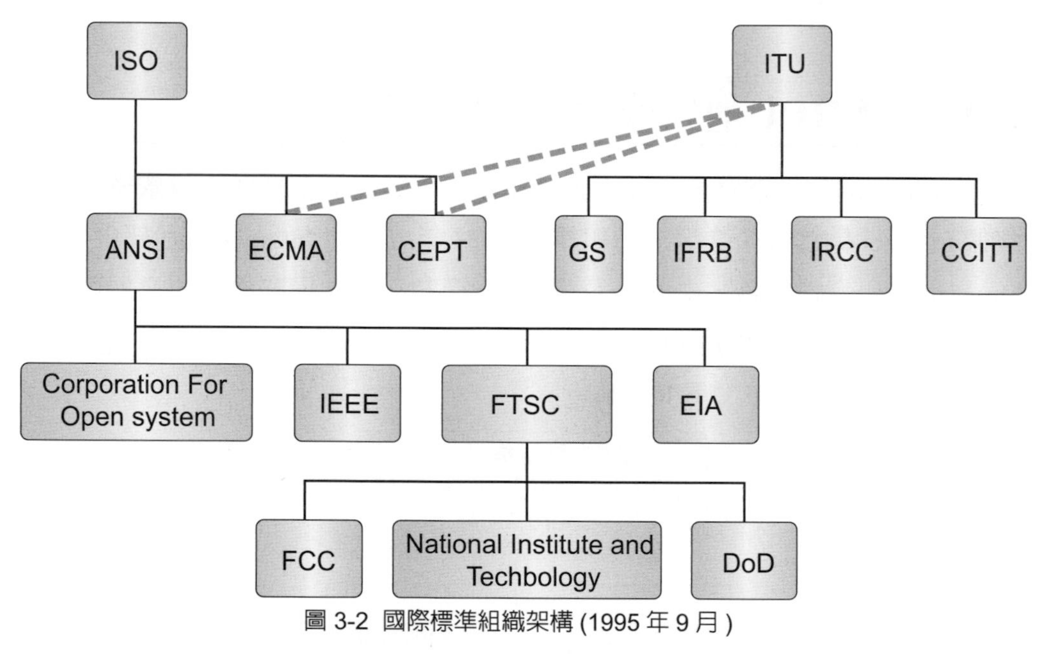

圖 3-2 國際標準組織架構 (1995 年 9 月)

有關 Internet 的文件可分爲三種，分別爲建議文件 RFC(Request for Comm ent)、FYI(For Your Information) 及 STD，先對 RFC 來做詳細的說明。Internet 大部份的文件、程式或測試都是由感興趣的個人或團體完成的，IAB 只負責監督，並要求這些文件依照 Internet 的系列編號，RFC 自 1969 年 ARPANET 成立以來即不斷增加，每份 RFC 皆有個唯一的號碼。IAB 的 RFC Editor 負責每份 RFC 的最後編校及發行，若某份 RFC 的內容被校定過，則爲了避免混淆，須將之編爲新的號碼，若有新版的 RFC 取代某些舊的 RFC，則在新的 RFC 的封面會註明此事。可由 http：//www.rfc-editor.org /index.thml 下載 RFC 文件。RFC 的風格及內容較不嚴謹，所涵蓋的資訊範圍極廣，與 Internet 基礎協定有關的規格則多由 IETF 及 IESG 所定義，所有 RFC 皆可於全球各大網路免費取得，對 RFC 的產生方式感興趣的讀者可參考 RFC-1310，其分類方式可參考 RFC-1000。

Internet 的通訊協定存在各種號碼，如 IP 位址、協定號碼、網域名稱等，為統一管理，Internet 亦設有一專責的號碼配置機構－ IANA，IANA 由 ISOC 及美國聯邦網路議會 (FNC) 授權，專職負責 Internet 號碼的配置、登錄，並定期以 RFC 型式公佈。

再來介紹第二種文件，RFC-1150 開始，又分支出另一名為 FYI(For Your Information) 的文件系列，FYI 實際上是整個 RFC 的一個子集，每份 FYI 即是另一份 RFC，例如：FYI 1 對等於 RFC-1150，FYI 不涉及標準或規格的制定，其內容多是各地各階層的 Internet 參與者的資訊報導，或是一些與 Internet 有關的使用經驗、常問問題 (FAQ) 等文獻，FYI 也有自己的編號，並且自成一系列。可參考此 http：//www.rfc-editor.org/fyi-index.html 網頁。

還有一群由 IETF 所發表的 Internet 草案 (Internet Draft) 系列文件，這些文件僅有關工作進度，並未明確定義任何標準，不過若某份 Internet 草案的發展在經多次改版已趨於成熟，就有可能被考慮成為標準，Internet 草案並不像一般標準文件被永久保存著，它通常僅存在某段短暫的時間，之後經常就被刪除了，因此廠商或著述者最好不要引用 Internet 草案的資料，而改採 RFC 的，可參考此 http：//www.ietf. org/ID.html 網頁。

最後介紹第三種 STD，目前已發表的 RFC 數量已相當多了，但這些文件皆被 IAB 標示為資訊的 (Informational)，也就是說僅供參考、討論，不是官方的標準，為了避免混淆，RFC Editor 引進另一系列的文件－ STD，凡由 IAB 標示為已標準化狀態 (Standardization State) 的 RFC 即被歸類為 STD 系列。

3-3 上網

上網一般而指的是連上 Internet，那何謂 Internet？中文翻譯是什麼呢？ Internet 中文翻成網際網路，先身是 APRANET，1960 年代末期到 1970 年代初期，美國國防部要將各軍事基地的電腦主機連接起來，後來美國的學術單位、研究機構也與 APRANET 連接在一起，漸漸地就流行起來，在 1980 年形成現在的，Internet 提供了很多的服務像是電子郵件 (E-mail)、檔案傳輸協定 (FTP)、遠端登入 (Telnet)、資料查詢系統 (Gopher 又稱為小地鼠)、電子佈告欄 (BBS)、資訊檢索系統 (Archie)、新聞討論群 (News)、全球資訊網 (WWW)。

3-4 WWW 發展歷程

全球資訊網 (WWW) 誕生於瑞士日內瓦的歐洲粒子物理實驗室 (CERN)，WWW 的原始草案於 1989 年 3 月由 CERN 的 Tim Berners-Lee 先生提出，其原型於 1989 至 1991 年間逐漸凝結，於 1993 年開始普及，並在後續的數年高速發展以臻今日的局面。

CERN 濱臨歐洲的政經及學術樞紐，在 1984 年 8 月 CERN 即開始引入 TCP/IP 作爲 CERN 內部異質網路平台間的連線協定，在 1989 年初 CERN 正式成爲國際 Internet 的一員，當時整個 Internet 處於重要的成型階段，歐洲的許多網路已逐漸改採 TCP/IP 互連 (internet)，而介於美國及歐洲之間的一條最主要的 Internet 連線的一端即位在 CERN。

在 1990 年 CERN 已是歐洲最大的 Internet 重鎮，而今日 CERN 的網路主導人員也仍是 Internet 官方組織 (例如：IAB) 的重要成員，可以說 CERN 是歐洲 TCP/IP 網路的發展及推廣的主要功臣。有著這樣的背景，WWW 在 CERN 誕生就較容易理解了，於 1989 年間 CERN 在 TCP/IP 的分散式計算方面已有相當的經驗，而 WWW 之父 Tim Berners-Lee 當初在 CERN 致力的，也正是遠端程序呼叫 (RPC)，Tim 在 TCP/IP 方面已掌握了許多工具及經驗，因此 WWW 的原始構想由 Tim 率先提出。

Tim 在 1989 年 3 月的原始提案解決 CERN 的資訊管理問題，CERN 是一個歷史悠久的學術組織，其中已累積了難以數計的各式文獻，舊的、新的交相參雜，且分散於 CERN 的各單位，其中的問題是資料的遺失及成長，隨著人員的流動及時間的推移，許多資料即逐漸流失，或雖還存在但難以找到，並且因爲是學術研發單位，故資料的更新率極高、變動極快，這使得資訊的管理更加困難。

傳統的資訊管理通常是採階層式的樹狀儲存，或配置文件予特定關鍵字的方式以便於查詢，但這些技巧皆無法完整地反應現實世界的資訊，爲突破傳統資訊管理方式所遭遇的瓶頸，Tim 建議 CERN 改採分散式的超文字 (Hypertext)。

3-5 超連結

超文字的文件內含普通內容及參考至其他文件的指標－超連結 (Hyperlink)，任一單位只須負責維護它本身的文件內容及相關指標 (超連結)，分散於各處的文件彼此即可透過超連結相關聯在一起，這些文件的內容及其超連結的效果，超文字提供更接近眞實世界、更人性化的資訊描述及管理方式。

超文字 (Hypertext) 據說是 1965 年由 Ted Nelson 創的字彙，有兩種含意，其一是透過連結相關聯的文件，Tim 的原始提案僅取此意，另一意是內含多媒體物件 (如影像、聲音) 的文件，後者一般可採更明確的字彙－超媒體 (Hypermedia) －表示，目前 WWW 的超文字文件則兼具上述的兩種意義，WWW 的超文字滿足超文字標記語言 (HTML) 規格，而 HTML 則是 ISO 於 1986 年公佈的標準一般化標記語言 (SGML)(ISO 8879) 所定義。

在 Tim 提出 WWW 之前，許多學術單位及商業機構對於超文字已有相當的研究，且也已有許多類似超文字的商業或學術性產品，例如：內含可點選圖示或高亮度詞彙的說明文件，用滑鼠點它們即可彈出相關的內容或視窗，其中的可點選物件即如同超文字文件內的超連結，換言之，超連結的觀念在當初已不新鮮，Tim 之所以創新之處在於他將這觀念延伸至分散式廣域網路環境，並利用現成的 TCP/IP 解決了異質網路平台之間的互連問題，而其簡單與開放性使得 WWW 快速崛起，並成爲 Internet 的標準。

在 Tim 發表了原始提案之後，於 1990 年 10 月決定了 WWW 此名稱，之後陸續發展出各種作業平台的 Web 瀏覽器 (Browser) 及伺服器 (Server)。WWW 眞正蔚爲風潮的時機，應是在美國伊利諾 (Illinois) 大學的國家超級電腦應用中心 (NCSA) 於 1993 年 9 月推出各式作業平台的魔賽克 (Mosaic) 瀏覽器開始，包括 X、PC/Windows、及 Macintosh 版本，Mosaic 整合了傳統網路服務及多媒體文件瀏覽服務於一身，用戶透過其直覺的圖形操作介面即可便利地取得各式網路服務，不須學習一堆冗雜的程式及指令，而其多媒體文件即如同一幅高品味的馬賽克 (Mosaic) 鑲嵌畫，相當能吸引用戶目光，因此 Mosaic 快速崛起，連帶的 WWW 的應用也隨即在 Internet 上如火如荼地蔓延開來，而首當其衝的，就是服務性質與 WWW 相似的 Gopher(地鼠)。

Mosaic 的成功開創了 WWW 及 Internet 的無限的商機，Mosaic 的原班人馬隨即於 1994 年 3 月離開 NCSA，於 4 月成立 Mosaic 通訊公司 (即 Netscape)，同年以 CERN、NCSA、及 MIT 主導的 WWW 會議及組織紛紛開辦及成立，目前則以 WWW 國際協會 (W3C) 爲首，它負責 WWW 標準的制定及維護，由 WWW 之父 Tim Berners-Lee 主導。

隨著 WWW 應用的普及，許多跨國企業亦把握良機紛紛投入 WWW 及企業內部網路 (Intranet) 市場，目前各種 WWW 及 Intranet 商業產品、標準多如牛毛，凡此種種皆意味著商用 Internet 的戰國時代才剛開始。經細緻品味 WWW 的歷史之後即會發現，在 WWW 之前早已存在超連結、多媒體通訊的需求及產品，但皆未成爲普及全球的標準，而在 CERN －一個網路技術先進、資訊複雜、開放的地方，很自然地就成爲誕生 WWW 的溫床。

3-6 WWW 主從架構

WWW 包含本身提供的超文字多媒體文件瀏覽服務及數項傳統的 TCP/IP 服務，主要傳輸協定包括用於傳送多媒體文件的 HTTP、傳檔的 FTP、地鼠文件服務的 Gopher、瀏覽網路新聞信件的 NNTP 等等，HTTP 是 WWW 的協定，WWW 用它傳送各式多媒體物件，其他則是傳統的 TCP/IP 服務。

WWW 採標準的 TCP/IP 的主從架構 (Client-Server Architecture)，WWW 新引入 HTTP 伺服器，它專門提供超文字多媒體文件瀏覽服務，HTTP 客戶端通常是個瀏覽器 (Browser)，瀏覽器除了採 HTTP 協定取得 HTTP 伺服器的多媒體文件外，還支援諸如 FTP、NNTP、Gopher 等不同的協定以方便用戶以同一套瀏覽器介面取得各式網路服務。

瀏覽器的功能遠較 HTTP 伺服器的多，HTTP 伺服器通常只是將客戶端要求的文件傳至對方，而瀏覽器須能同時連接不同協定的伺服器，並取得的服務結果以便利的圖型操作介面 (Graphical User Interface，GUI) 展現，因此大部份的計算便落在瀏覽器上，而這也反應了目前分散式運算的趨勢，將負擔分散至客戶端，以降低伺服器的負擔及成本。

3-7 Web 伺服器

廣義的 WWW 伺服端係指在 Internet 的各類伺服器，包括 WWW 的 HTTP 伺服器、傳統的 FTP、Gopher、NNTP、Telnet 伺服器，甚至新發展或未來可能的伺服器，WWW 並未變更傳統 TCP/IP 伺服器的行為，只是在其瀏覽端整合了存取這些伺服器的方式，WWW 新引入的是 HTTP 伺服器。

HTTP 伺服器是指利用 HTTP 協定提供超文字 (Hypertext) 多媒體文件瀏覽服務的伺服器，但在實際應用上，HTTP 伺服器的功能通常遠比單純的以 HTTP 交談還來的複雜，HTTP 伺服器可能提供物件存取權限控制、安全管理、存取日誌、連接資料庫、文件搜尋，甚至即時的廣播等多媒體服務，並且為滿足網路安全需求，廠商也不斷推出較 HTTP 更安全的協定，如 HTTPS、SET、PCT 等等，換句話說，將 HTTP 伺服器名為 WWW 或 Web 多媒體資訊伺服器，可能會較 HTTP 伺服器來的貼切。

3-8 Web 瀏覽器

WWW 並未定義標準的瀏覽器 (Browser)，只要是方便用戶瀏覽全球資訊網的各式資訊的瀏覽器都算是種 Web 瀏覽器，Web 瀏覽器通常整合了傳統網路服務及多媒體文件瀏覽服務，用戶透過直覺的圖形操作介面 (Graphical User Interface，GUI) 即可輕易取得各式服務，不須學習一堆冗雜的指令，簡單及多用途是成功的瀏覽器的首要因素。

Web 瀏覽器的主要功能是透過 HTTP 協定向 Web 伺服器取得多媒體文件，並將以最佳方式展現於用戶的視窗上，其他功能則視瀏覽器廠牌而定，常見的有收發電子信件 (E-mail)、瀏覽新聞信件 (News) 等。

Web 瀏覽器通常給予人的印象是具質感的圖形操作介面，但並非所有瀏覽器皆如此，例如：在傳統 Unix 終端機模式下亦有文字模式的瀏覽器 (例如：Lynx)，瀏覽器也並非個人電腦或工作站的專利，也有專門爲瀏覽網路而開發的網路電腦。

目前主宰 Web 瀏覽器市場的兩大公司是 Google 及 Microsoft，Mosaic 雖掀起了 Internet 的一陣狂風暴雨，但因爲是學術機構，無法與具強力行銷能力的商業組織匹敵，成爲第三大瀏覽器，因此網景 (Netscape) 在 1997 年 1 月 17 日推出其最後一版的 Windows Mosaic 之後即已宣佈不再發展 Mosaic，目前已是 Google 與 Microsoft 雙方的競賽。

3-9 Web 代理伺服器

代理伺服器 (Proxy Server) 設置的兩個主要目的：加強網路安全及提升網路使用效率。在加強網路安全方面，早期代理伺服器是作爲內部網路與外部網路之間的一個通道，所有要連到外面的網路流量皆要經過代理伺服器，因而可以利用此特性，在代理伺服器加上管制的機制，控制可連出去的點及所使用的通訊協定及管制由外部來的連線，進而加強內部網路安全，但也形成了流量的瓶頸，而有時代理伺服器也可扮演防火牆 (Firewall)。

由於 Internet 的快速發展，全球資訊網 (World Wide Web, WWW) 風靡全球，成長速度太快，對於原本對外網路頻寬不是很大的單位來說是非常大的負荷，而大部份的網路流量當中，許多都是重複的資料，在國際線路的租用上，更需要減少這一類的浪費，利用代理 (Proxy) 的觀念，來發展出一套提升網路使用效率的運作機制，其主要的構想就是將前一個人所抓取的資料，儲存在自己的區域網路伺服器上，當下一位使用者要抓相同的資料時，就由這一個區域網路伺服器提供資料，達到此次對外頻寬之節省；而這一個區域網路伺服器所扮演的角色類似所謂的快取伺服器 (Cache Server)，將所有經過的資料都儲存一份備份 (Copy)，當有使用者提出需求時，它會先檢查自己的備份當中是否有該資料，如果有，直接傳給使用者，如果沒有，向外查詢，取到資料後，存一份備份並傳給使用者。代理伺服器除了可以有備份資料外，還有一項附加功能，就是資料過濾的能力，可以經由管理者的設定，來決定有哪些資訊必須被排除過濾，或是可以重新導向使用者的需求到內部網路已有的資訊站，進而節省對外頻寬。

Proxy 的基本運作情形如上所述，使用者端發出一個 HTTP 的網頁請求 (Request) 給代理伺服器，代理伺服器收到請求後，先檢查自己的快取區是否有使用者所要的資料，如果有找到，則直接將資料傳給使用者，結束此次的請求，如果查沒有使用者要的資訊時，則由代理伺服器發出 HTTP 的網頁請求給原來的網頁伺服器，要到資料後，代理伺服器先存一份資料在自己的快取區，再送這份資料給使用者，然後就結束此次的請求。如圖 3-3 所示。

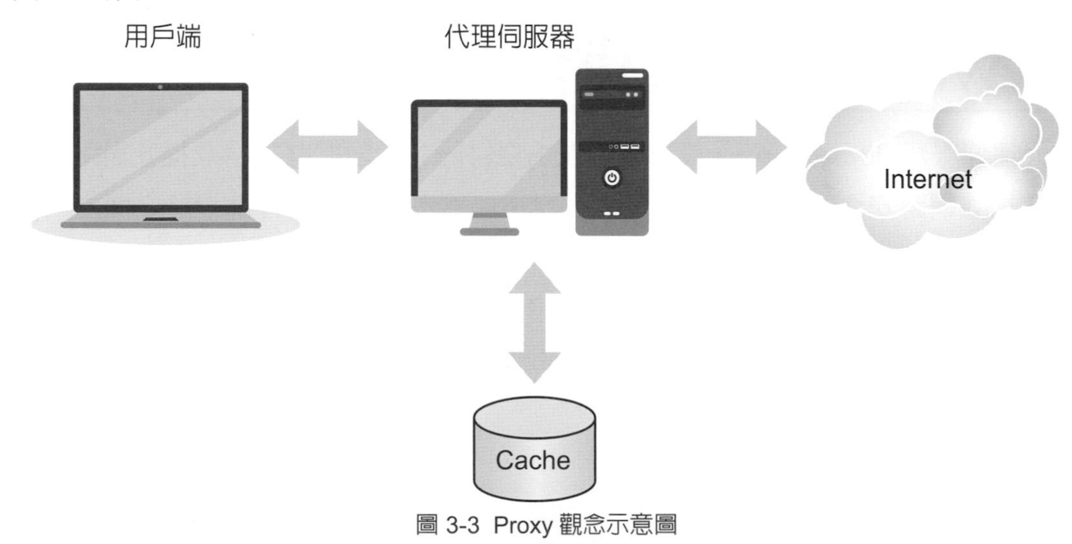

圖 3-3 Proxy 觀念示意圖

使用 Proxy 的好處：

1. 提高網頁下載速度，減少連線時間花費：

   Proxy Server 提供的快取服務，可以快速讀取瀏覽頁面，也不用到遠處去讀取資料。

2. 設定容易：

   輕輕鬆鬆就可完成 Proxy 設定，享受快取服務。

3. 提昇網路效率，減少網路塞車：

   避免資料重複傳輸，浪費頻寬。

上述所提的一台代理伺服器的基本架構對於小型的區域網路而言，是足夠，但是對於區網中心或是整體主幹而言，就不夠了，所以接下來介紹階層式的 Proxy 架構。

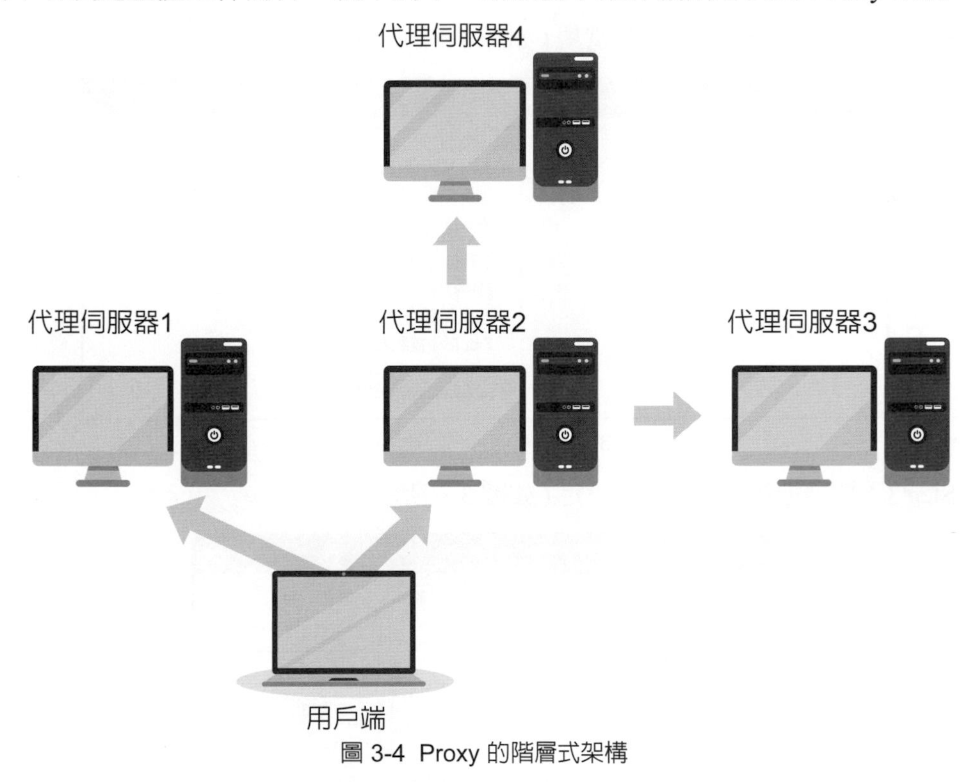

圖 3-4 Proxy 的階層式架構

舉例說明，如圖 3-4 所示，用戶端 (Client) 使用 WWW 瀏覽器透過代理伺服器 (指代理伺服器 1 及代理伺服器 2) 連上 Internet，以代理伺服器 2 來說，當代理伺服器 2 在自己的 Cache 區找不到使用者要的資料時，會先向代理伺服器 3 詢問是否有該資料，如果有，就由代理伺服器 3 送給代理伺服器 2，再由代理伺服器 2 轉送給使用者；如果代理伺服器 3 並無該資料，代理伺服器 2 就會向代理伺服器 4 要資料，而代理伺服器 4 就負責找到該資料，如代理伺服器 4 本身並沒有該資料，則它會連到原來的伺服器要資料，然後再傳給代理伺服器 2，再由代理伺服器 2 傳給用戶端，如此結束此次的查詢。

在此例子中，代理伺服器 4 位於代理伺服器 2 的上層，是父子關係，所有子 (在此是代理伺服器 2) 沒有的資料，找父親 (在此是代理伺服器 4) 要就對了，而代理伺服器 2 與代理伺服器 3 是兄弟關係 (Sibling)，代理伺服器 2 要的資料，會先去問其兄弟 (在此是代理伺服器 3) 是否已有該資料，如有的話，再傳給自己，如果代理伺服器 3 沒有該資料，代理伺服器 2 會自己想辦法去取。這只是舉個簡單的例子，實際運作上，可能上層 (Parent) 有好幾台，兄弟 (Sibling) 也有好幾個，要視網路架構及流量而定。

使用者要使用時，要做什麼事呢？只要在瀏覽器做一些簡單的設定，筆者就以設定 IE 6.0 做為例子，而其他的瀏覽器也都是大同小異。

- Step 1：啓動瀏覽器 (IE)
- Step 2：選擇工具 / 網際網路選項 (如圖 3-5 所示)

圖 3-5 瀏覽器的網際網路選項

- Step 3：選擇連線 / 區域網路設定 (如圖 3-6 所示)

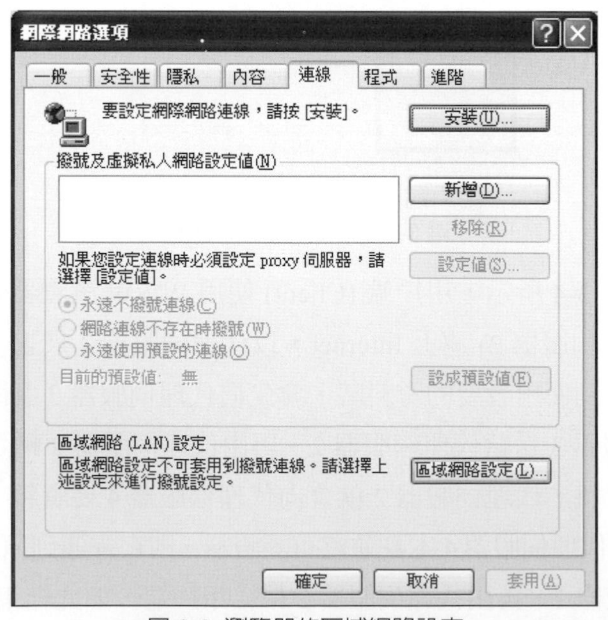

圖 3-6 瀏覽器的區域網路設定

◆ Step 4：勾選 Proxy 伺服器的選項，且輸入 Proxy Server 的網址及連結埠，參考圖 3-7，使用自動組態，在網址中填入 http://www.twnic.net.tw/proxy.pac，如此就可以使用中文網址；而自動偵設定的功途，要求電腦自行設定；某些網站無法瀏覽時，可更改 3-7 中的設定，有時 Proxy Server 有可能發生一些問題。

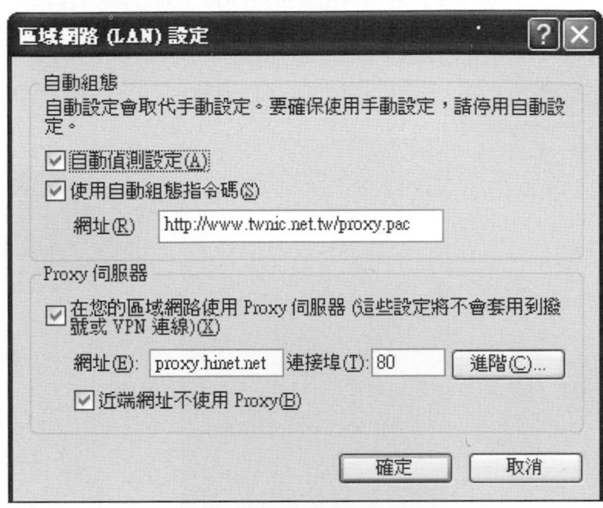

圖 3-7 區域網路設定範例

◆ Step 5：進階使用，允許不同的協定使用不同的 Proxy Server，在例外選項中，可以輸入不想使用 Proxy Server 的網段 IP 位址。參考圖 3-8，有兩個以上時，中間以分號隔開。

Proxy 設定

伺服器

類型	Proxy 位址	連接埠
HTTP(H):	proxy.hinet.net	80
Secure(S):	proxy.hinet.net	80
FTP(F):	proxy.hinet.net	80
Gopher(G):	proxy.hinet.net	80
Socks(C):		

所有通訊協定使用相同的 Proxy (U)

例外

含有下列起始文字的位址不使用 Proxy 伺服器(N):

192.192.;140.112;

使用分號 (;) 隔開各項。

確定 取消

圖 3-8 進階設定範例

筆者建議如果要使用 Proxy 的話，Client 端最好選擇靠自己最近的一個，如此不但每次要求都可以節省很多時間，也較不會發生想取得自己 LAN 上的 Homepage 竟要到遠方的 Proxy Server 取得它的 Cache Data 的糗事了。

代理伺服器是應用閘道器 (Application Gateway) 的一種，它同時以兩個網路介面連接兩段網路，故又名雙窟閘道器 (Dual-Homed Gateway)，它能在應用層提供封包過濾的功能及較細緻、智慧的安全管制，屬於防火牆的一種。

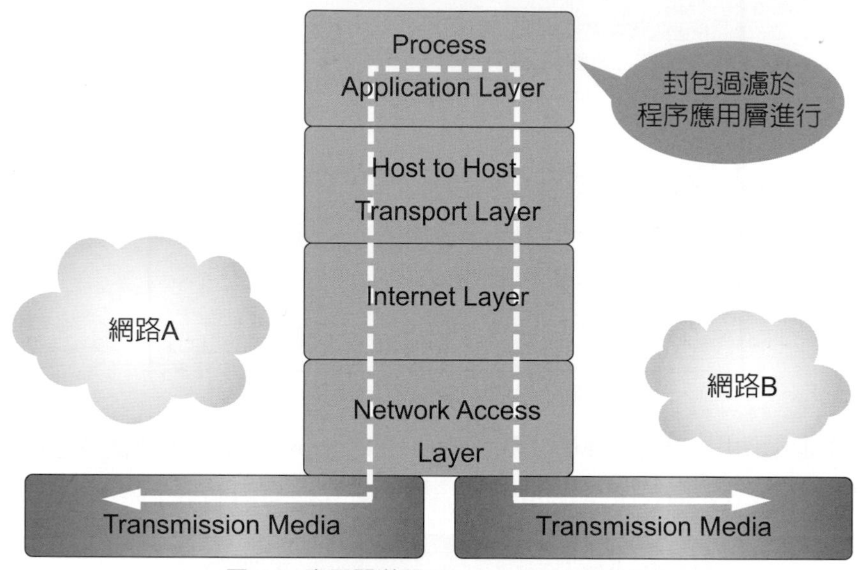

圖 3-9 應用閘道器 (Application Gateway)

代理伺服器可視爲代其他伺服器提供轉接服務的伺服器，當客戶端向代理伺服器發出要求時，代理伺服器將要求轉至眞正的伺服器，再將對方回應的結果轉至客戶端，這種情形如同製造商與代理商的關係，工廠製造的產品交由代理商行銷，代理伺服器本身無法獨立提供服務，因爲它沒有自己的產品，其服務來自可獨立提供產品的伺服器。在 Internet 許多 TCP/IP 協定皆存在對應的代理服務，例如：檔案傳輸協定 (FTP)、地鼠文件瀏覽 (Gopher)、終端機模擬 (Telnet)、超文字傳輸協定 (HTTP)。

代理伺服器可以有許多應用，其一它可位在正式及非正式 IP 位址的網路區段之間，並代非正式位址的主機向 Internet 發出服務要求，如此持非正式 IP 位址的主機也可藉代理伺服器的幫助取得 Internet 的服務，使用非正式 IP 位址可提昇企業內部網路的安全性，並挪出更多的正式 IP 位址。這就是所謂的網路位址轉換 (Network Address Translation，NAT)，簡稱轉址。

代理伺服器的另一項應用是快取 (Caching)，代理伺服器可暫存用戶曾傳來的要求以及伺服器所作的回應，當它再度收到相同的要求時，便直接回應上次伺服器的回應，以節省再次向遠端伺服器要求的時間及傳輸成本，通常 Web 伺服器並不提供代理服務，而有些 Web 伺服器或專職的代理伺服器則可同時提供 HTTP、FTP、Gopher、WAIS 等多項協定的代理服務。

以 HTTP 的代理及快取服務爲例，HTTP 代理 / 快取伺服器可視爲一大型的文件快取中心，用戶可將其瀏覽器之 HTTP Proxy 位址指向一代理伺服器之後，該用戶於瀏覽時的所有文件皆會透過它取得，而非文件的來源伺服器，代理 / 快取伺服器會將它曾下載過的物件儲存於其快取緩衝區 (通常是顆大容量的硬碟機)，被快取的物件可供連接它的所有用戶重複瀏覽，而不須再由來源伺服器重複下載。

目前各種常見的 Proxy Server：

- Squid：適用於一般安裝 UNIX 系統的伺服器，目前最多人使用。
- CERN-HTTPD
- Netscape Proxy
- Harvest
- IBM-Secure-Export-ICS
- MSProxy
- Apache
- Commerce-Builder

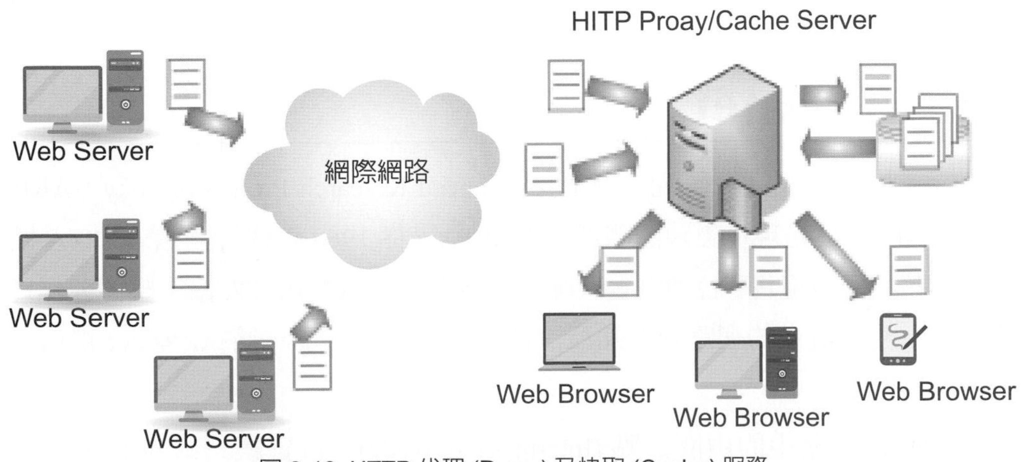

圖 3-10 HTTP 代理 (Proxy) 及快取 (Cache) 服務

代理 / 快取伺服器對於以較慢線路連接 Internet 的區域網路用戶相當有用，可在當地網路設置一部代理 / 快取伺服器，所有對外物件的取得皆統一透過該伺服器進行，並快取在該伺服器的磁碟機內，所有快取的物件除了供第一次下載的用戶使用外，該網路內的其他用戶也可分享其中的物件，不須重複透過對外線路下載，大幅降低該線路的負擔，由於代理伺服器的快取是由許多用戶共用的，所以其空間可設大些，以儲存較多的物件。

網路的另一特色是其上充斥著以各國語言組成的資訊，人們雖不住在國外，透過網路也可即時獲得許多國家、地區的日常生活資訊，不過每個國家皆有自己語言的電腦字碼，例如：在網路成長率快速攀升的亞洲區域，較普遍的字碼有臺灣的 BIG5、大陸的 GB、日本的 S-JIS、韓國的 KSC 等等，這些國家也透過網路散播該國的資訊，國際上雖定義了統一碼 (Unicode)，但仍需要一些時間之後才能普及，目前成長最快的全球資訊網上頭即存在著各種語言的字碼構成的網頁，使用同一套語文的作業系統是無法同時遍覽它們，不過拜現在的多國語言介面之賜，用戶已可在自己的電腦系統上安裝多國語文的字型、閱讀許多語言的網頁，透過網路，就能『秀才不出門，能知天下事』。

Internet 潛在無窮的商機，吸引了專門作網路生意的新興企業，網路商機是環環相扣的，隨著網路上的電子交易的需求漸趨熱絡，就有許多國際性的資訊業者的參與，制定各種商業標準，許多銀行也開始提供網路查帳、轉帳的功能。

近年來 Internet 上陸續發生多起嚴重的安全事件，這些事件則引發全球網路安全意識的高漲，因此又產生了網路安全產品的市場，像是網路防毒軟體、防火牆 (Firewall) 等產品大行其道，許多企業也裝起了一部部昂貴的防火牆。

3-10 ARPAnet

ARPAnet 是由美國高級研究計劃署 (Advanced Research Project Agency，ARPA) 贊助發展的，ARPA 就是現在美國國防部的 DARPA。從 1960 年代初開始，ARPA 模擬電腦網路，使各大學能夠共享各項電腦資源。1975 年起邁入實用性階段，整個運作責任也交給國防部。現今許多的網路管理知識沿自 ARPAnet 的經驗，將 ARPAnet 視爲公共網路的始祖並不爲過。

在 ARPAnet 網路中的中間節點 (Intermediate Node)，負責繞送封包的工作，稱爲介面訊息處理 (Interface Message Processor，IMP)，而早期的 IMP 是以惠普 (HP) 的

DDP-516 迷你電腦為主，這類電腦稱為分封交換節點 (Packet Switching Node，PSN)。ARPAnet 已於 90 年夏季功成身退，網路的資料由其他網路系統取代，而 ARPAnet 就是 Internet 的前身，1960 年代，當時正處於冷戰時期，ARPANET 主要在研發一不受戰事 (包括核戰) 破壞的分散式強韌網路系統，未料此網路漸漸受歡迎，最後就形成現在的 Internet。

在 1983 年為顧及國防安全，ARPANET 正式分裂成兩個網路，其一是 MILNET，此為美國防禦資料網 (DDN) 的非機密部份，僅供美國國防部使用，另一個是新的且較小的 ARPANET，僅供有和政府簽約合作的研究單位使用，而 ARPANET 原本採用的 NCP 協定亦改由當時日趨普遍的 TCP/IP 所取代，同一時期，Internet 這名詞也開始被廣泛引用，那時它代表由 MILNET 與 ARPANET 所構成的整個網路。

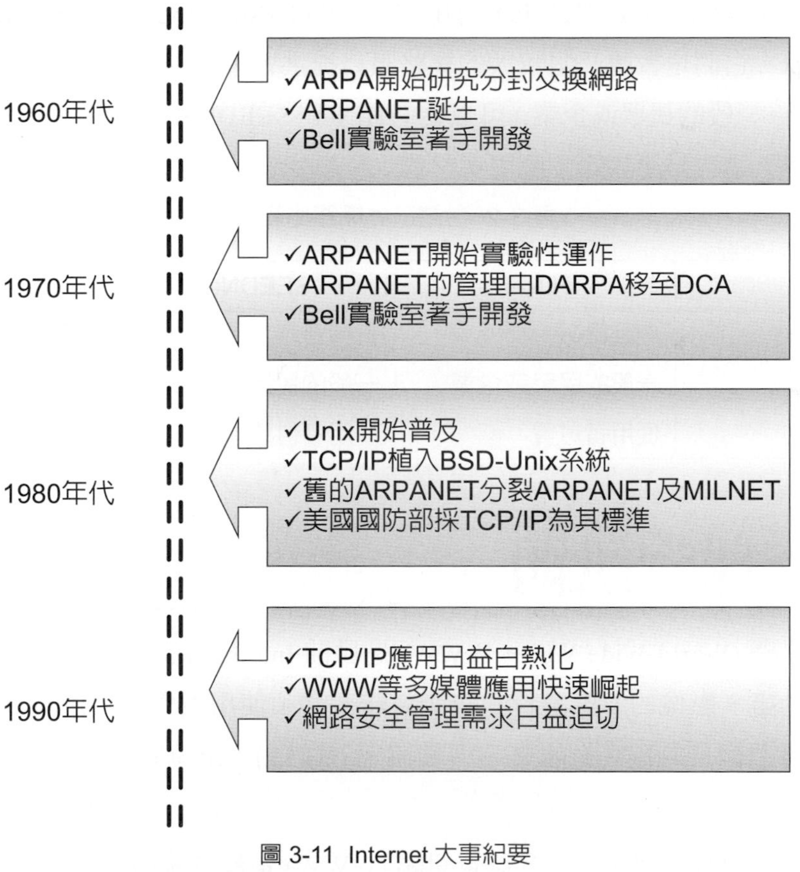

圖 3-11 Internet 大事紀要

因為 ARPANET 隸屬美國國防部，未和美國政府簽約的機構即無法用它，為此美國國家科學基金會 (NSF) 即輔助電腦技術、工程界的教學研究機構建立採 TCP/IP 規格的網路－ CSNET，1984 年 NSF 開始規劃超級電腦中心與高速網路，在 1987 年獲得聯邦政府撥款補助，並在全美各地架設七個超級電腦中心。

1980 年代末期，美國國防部開始刪減 ARPANET 的預算，當時 NSF 已開始建立一採用 TCP/IP 協定的網路 -NSFNET，並使用較 ARPANET 快三倍的 T1 (1.544Mbps) 傳輸線路，NSFNET 屬於一般性的研究網路，該網除了提供學術界免費的服務外，也服務業界，並酌收些許使用費，由於 NSFNET 廣泛的被使用，1990 年，NSFNET 正式取代 ARPANET 成爲 Internet 的骨幹 (Backbone)，之後又由美國國家研究教育網路 (NREN) 取以代之成爲骨幹，這段歷史反映了 Internet 與工程及教育界的結合。

3-11 網路服務業者

想要上網路，必須向網際網路服務提供公司 (Internet Service Provider，ISP) 申請帳號、密碼。最常聽到的 ISP 的公司，有中華電信的 HiNet，資策會的 SEEDNet，還有教育部的 TANet。它們是台灣三個較大的網路服務提供者，其中 TANet 是純粹做爲學術用途，不需付費。一般的民眾或企業，可以透過 HiNet、SEEDNet 或其他的 ISP 廠商來上網，但是需要付費，這也是應該的，使用者付費！

表 3-2 台灣三大網路比較表

	HiNet	SEEDNet	TANet
主管單位	中華電信	資策會	教育部
適用對象	一般的民衆或企業	一般的民衆或企業	學術界
付費情形	使用者付費	使用者付費	免費

3-12 全球資訊網

全球資訊網 (World Wide Web，WWW) 是目前 Internet 最熱門的服務，也是一個結合了聲音、動畫、影像的多媒體資訊查詢系統，必須使用瀏覽器 (Browser) 才能觀看。全球資訊網傳遞網頁的協定是超文字傳輸協定 (HTTP)，這協定已經在最近幾年變得非常流行。

在網際網路的服務種類中，全球資訊網 (WWW) 是最具傳播威力、最具商業價值的應用系統，對於一般的使用者來講，只需要利用全球資訊網瀏覽器 (Browser)，例如：IE、Google Chrome 或是 Edge 等的軟體，便可以瀏覽在全世界難以計算的 WWW 網站，擷取各種的資訊，網路不再有國界，世界成了地球村，正所謂:秀才不出門，能知天下事，WWW 便是最佳的寫照。

WWW 除了可以傳送傳統的文字外，它還整合了互動式的圖形、聲音、影片於一身。並可以整合企業內部的資料庫及交易作業系統也就是現在正流行的電子商務 (E-commerce)，消費者又多一種更方便消費方式。

瀏覽器 (Browser 是 Web Browser 的簡稱)，是一個可以讓您暢遊全球資訊的工具軟體。目前世界上最熱門、功能也最齊全的二大瀏覽器是谷歌公司的 Chrome 及微軟公司的探險家 (Microsoft Internet Explorer)。

超文字傳輸協定 (Hypertext Transfer Protocol，HTTP)，幾乎所有 WWW 網頁都是以〝http：//〞當開頭，一種可以讓電腦與電腦之間知道如何溝通的協定。

標準資源定位器 (Uniform Resource Locator，URL)，是一套描述網路上各種不同資源 (如 WWW、FTP、Gopher、Telnet 等) 的方式。例如：http：//www.lit.edu.tw 就是代表 www.lit.edu.tw 這部主機上的 WWW 瀏覽服務，前面的 http 是通訊協定的名稱，後面則是要連上的主機，這就是一個完整的 URL。如果要透過瀏覽器連上 FTP 站，則輸入 ftp：// 主機名稱，如圖 3-12 所示。

圖 3-12 FTP

還有及時通訊協定 (Real Time Protocol)，不過這些大部份都不是標準的通訊協定，及時通訊協定 (Real Time Protocol) 可分爲下列三類：

1. mms://; (.wmv 或 .wma)
2. rtst://
3. pnm://

首頁 (Home Page)，也有人稱爲烘培機，是指各網站的第一個畫面 (主頁)；而首頁之外，都稱之爲網頁 (Web Page)，許多人都分不清楚首頁和網頁。

超文字標記語言 (Hypertext Mark-up Language，HTML)，大部份的網頁都是用 HTML 語法編寫製作的。嚴格來說，HTML 並不是一種程式語言，只是一種標記文字格式的方法而已。

超連結 (Hyperlink) 在瀏覽 WWW 時，文字下方畫有底線，或圖形有框線時，將滑鼠移到該區域，滑鼠形狀會變成手指，按下滑鼠後，便會連到另一個網頁。這樣的動作就是超連結。

超媒體 (Hypermedia) 網頁上所連結的多媒體，通常爲照片、影像、聲音等。超文字 (Hypertext) 網頁中可以連結到另一個網頁的文字，稱爲超文字。通常在網頁上的超文字，其顏色會與網頁上的其他非超連結文字顏色不一樣，且通常超文字下方會有底線。

3-13 台灣三大網路

台灣三大網路分別爲台灣學術網路 (TANet) 由教育部負責、種子網路 (Seednet) 由資訊策進會) 負責、網際資訊網路 (Hinet) 由交通部負責。

3-14 台灣學術網路

教育部所主管的台灣學術網路 (Taiwan Academic Network，TANet)，是教育部爲了協助各大專院校電算中心在資訊學術服務上之努力，於民國七十六年間推動一項名爲全國學術電腦資訊服務及大學電腦網路計畫，希望能推廣學術研究與電腦網路之綜合應用。

民國八十年的十二月，TANet 以 64K 的專線，透過美國名校普林斯敦大學的 JvNCnet 與美國國家科學基金會的 NSFNET 連線，並經其網路骨幹 (Backbone) 與其他國際性的網路相互連接。從此 TANet 正式成爲 Internet 網路社會的一員了。

由於 TANet 早期帶有實驗色彩，經費由國家教育部支付，再加上主要的使用都爲各級學校的學生，所以 TANet 的規模在台灣算是首屈一指。目前各大學都連上了 TANet，也有不少的專校、高中、國中和國小與其連線；在研究機構的方面，則有中央研究院、高速電腦中心等機構與 TANet 保持連繫。

台灣學術網路將全台灣共分爲數個區域，每個區域分別成立一個以國立大學計算機中心爲主要成員的區域網路中心，負責該區所有相關事宜，如表 3-3 所示。

表 3-3 區域網路中心分佈表

區域	區域網路中心
台北地區	教育部電算中心，台灣大學與政治大學
桃園地區	中央大學
新竹地區	交通大學
台中地區	中興大學
雲嘉地區	中正大學
台南地區	成功大學
高雄地區	中山大學
花蓮地區	花蓮師範學院
台東地區	台東師範學院

TANet 網路架構分爲三個階層：分別爲國家骨幹網路、地區性網路及校園網路，2005 年 TANet 國家骨幹網路全面提昇至 10GE 的網路環境。2016 年中後，主節點 (中央研究院、臺北、新竹、臺中、臺南) 主節點及各縣市區網中心間 (臺東區網除外) 交換骨幹都提升到 100Gbps。各區網中心分別以兩條 100Gbps 線路接往主節點，都達到有備援線路。

3-15 種子網路

資策會的軟體工程發展環境網路 (Software Engineering Environment Development Network，SEEDNet)，被大眾俗稱爲種子網路，其實是經濟部委託資策會所辦理的一個網路。目標是希望藉由網路的四通八達與便利性，全面提昇國內資訊、電腦產業在軟體製作上的品質與生產力，並且讓使用者得以自由的取用網際網路上之豐富資源，或透過此網路與其相關產業使用者交談並交換心得。SEEDNet 的使用者包括了政府機關、公民營事業單位以及一些法人機構，同時它也受理團體或個人的申請上線使用，經過幾次市場波動，目前爲遠傳電信的一部份。SEEDNet 的網址爲 http：//www.seed.net.tw/。

圖 3-13 種子網路首頁

3-16 網際資訊網路

中華電信（HiNet），原為國營事業，現令為民營公司提供三大業務，分別為固網電信、行動通訊、數據通訊。是台灣三大電信之一，HiNet 的網址為 http：//www.hinet.net，目前主力產品為光世代。

圖 3-14 Hinet 首頁

3-17 企業網路

企業網路又可以再分企業內部網路 (Intranet) 及企業外部網路 (Extranet)，謂 Intranet 是一個使用 Internet 技術，且應用在企業內網路系統上者，其與網際網路 (Internet) 最大的差異在於：Intranet 的使用者爲組織或企業集團內的人士，有其侷限，而 Internet 則可供全球人士透過 TCP/IP 通訊協定進行網網相連，使用範圍則無限制。

Extranet 則是由 Intranet 所延伸出來的一種網路，透過 TCP/IP 通訊協定，提供企業供應商與客戶能夠進行通訊。Extranet 給予企業供應商與客戶適當的存取權，可以存取 Intranet 上的資訊，有效提高企業競爭力及辦事效率。

企業有意建置網路所需硬體配備大略包括以下九項：

1. 伺服器 (Sever)，可爲 PC-Server 或工作站，在其上使用 Unix 或 WindowsNT 作業系統。
2. 終端員工使用的個人電腦。
3. 通信線路，目前企業界以同軸電纜與雙絞線爲主。
4. 集線器 (Hub)，主要功能爲連接企業內各區域電腦，且如果終端的使用者數量過於龐大，則可考慮建置區域網路 (LAN)。
5. 區域網路伺服器，可採用 PC，作業系統以 WindowsNT 或 Netware 爲主。
6. 路由器 (Router)。
7. 數據機 (Modem)，用以傳輸資料。
8. 防火牆 (Firewall)，此爲最重要的一部份，主要功能爲保障各單位的資料安全與防護。
9. 申請線路。

Internet 雖有著如此大的魔力，但隨著企業的加入，其衍生的問題也不少，尤其是安全方面的問題，在公眾網路普及之前，企業內部的區域網路早已行之有年，這些網路一般是封閉的、不與外界聯繫，他們在自己的網路內做自己的事，因爲網路就在自家內，所以根本不考慮遭入侵之類的問題，但公眾網路的普及吸引了企業的投入，因爲公眾網路本身就是個龐大的資料庫，其中埋藏了無限的資源，所以這些企業開始將自家的區域網路掛上廣域網路，但不掛則已，一掛則問題重重。

連上 Internet 即是將自家大門對著全球而開，故若貿然行動，則可能承受的風險可能是內部網路遭駭客 (Cracker) 入侵、檔案遭竊、連線遭竊聽、電子信件被攔截、公開的資料 (例如：網頁) 被竄改、帳戶被冒用、資金被盜領等等，最可怕的是企業網路被怎樣了還不自知。因此企業網路在連接 Internet 之前，有必要對其全體員工先來個通盤教育。Internet 與 Intranet 最大的不同，Internet 是開放式網路，Intranet 是屬於封閉式網路，是提供給企業內部的人使用，通常還設置防火牆。

3-18 搜尋引擎

網際網路的盛行，使用者及資料量都不斷地大幅增加，使用者要在這麼龐大的資料中，找到所要的資料宛如大海撈針，如果沒有工具協助，幾乎是不可能的。這類的協助工具一般稱之爲搜尋引擎 (Search Engine)。

因此網路上的使用者如果學會使用搜尋工具，將使網路上的各類資料庫成爲個人事業、學業或休閒生活的最佳利器。各類的搜尋工具現在大概都已經有 WWW 介面的版本，網路使用者只要有心，上手並不難，而且通常都有線上說明。

搜尋引擎是資訊檢索 (Information Retrieval) 技術成功的應用之一，主要目的在於提供使用者一個檢索相關資料的有效途徑。評估資訊檢索系統效能的指標眾多，常見的評估準則有回現率 (Recall)、精確率 (Precision)、失敗率 (Fallout)、一般性 (Generality) 等。

搜尋引擎大概可分爲關鍵字檢索與全文檢索兩大類，須依自己的需求來運用。之前全球性的搜尋引擎當中以 AltaVista 搜尋的廣度最廣，但搜尋結果滿意度最高的則是 InfoSeek，以上兩者均爲全文檢索的引擎，另外 Yahoo、Magellan 入口網站 (Portal) 都有不錯的搜尋引擎，Altavista 在 2003 年被 Yahoo 收購，成爲 Yahoo 的子公司。雖然連結是全球性的，不過網上的資料卻大多都是具有區域特性的，因此許多地區都全力發展區域搜尋引擎。目前以台灣地區而言，谷歌（http：//www.google.com）、Yahoo 奇摩 (https://tw.yahoo.com/)、蕃薯藤 (https://www.yam.com/) 是使用者最常用的區域搜尋引擎。

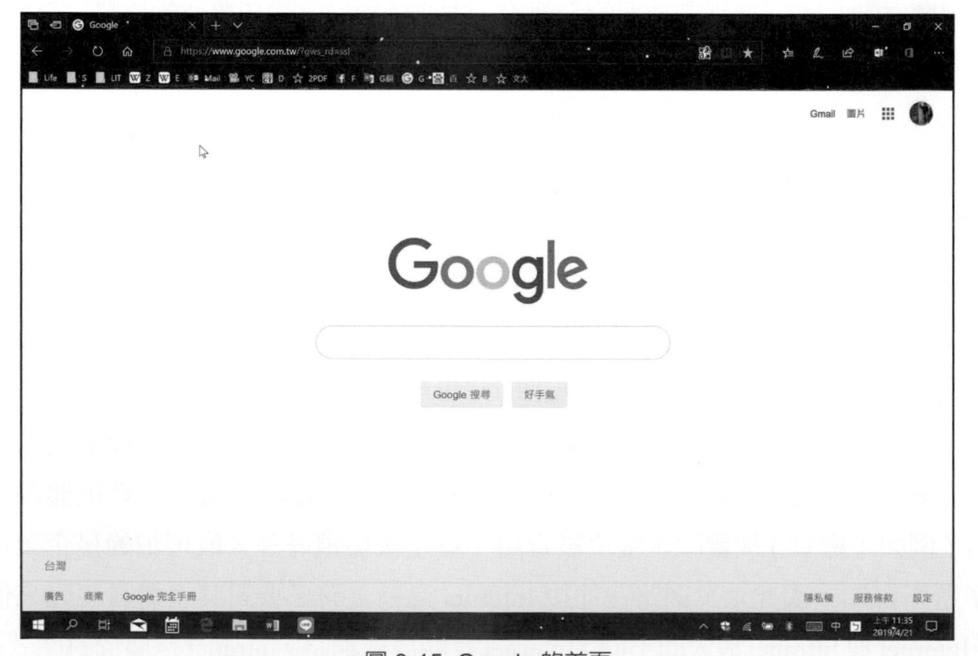

圖 3-15 Google 的首頁

一般人公認不錯的通用搜尋引擎如下：

- Altavista http://www.altavista.digital.com
- Excite http://www.excite.com
- HotBot http://www.hobot.com
- Infoseek http://www.infoseek.com
- Lycos http://www.lycos.com

3-19 電子佈告欄

電子佈告欄系統 (Bulletin Board System，簡稱 BBS) 是網際網路未盛行之前就有的系統，一般使用者可以利用此系統透過電話和網路溝通 (不是使用撥接上網則不需要)，存取該系統上的檔案、發送電子郵件或和不同地方的使用者對談。從前的 BBS 使用者都是使用家中的數據機和專用軟體，經過電話線路而上站；現在大部分都是透過網際網路和 BBS 連線，進行線上交談、意見討論或線上遊戲等。要利用這項服務，必須使用 telnet 這個指令或是使用 telnet 終端機模擬程式，例如：NetTerm 或 SimpTerm，也可以使用免費的 KKman 或者是 PCman，如圖 3-16 所示，下載網址：http：//www.kkman.com.tw，瀏覽器結合登入 BBS 的功能，筆者從前作報告、找資料及學習都是從 BBS。有大部份的網友喜歡到批踢踢實業坊上，如圖 3-17 所示，各大板找有興趣的文章。

圖 3-16 KKman 的瀏覽器及首頁

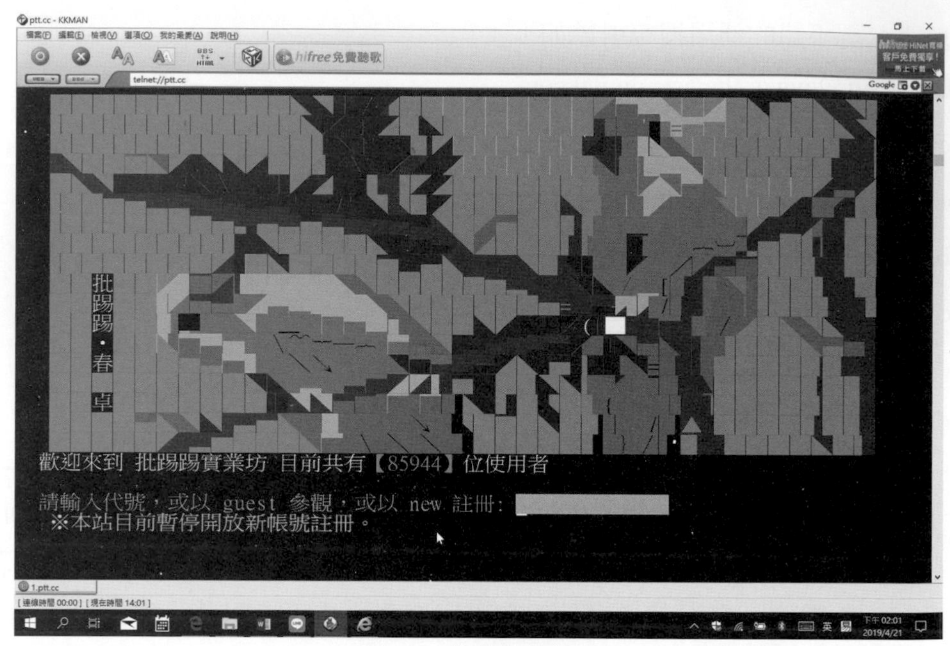

圖 3-17 批踢踢實業坊

◆ 佈告欄

佈告欄是電子佈告欄最基本的功能，提供各類最新的資訊，例如：校園資訊服務、圖書館服務、休閒娛樂旅遊、股市行情、鐵公路車次時刻表等等；目前政府機關還透過 BBS 做政令的宣導，學習新知的好地方。有各式各樣的版，而每個版會有個版主，主要工作為管理該版，是該版權力最高的人，可以刪除發表的文章。

◆ 信件交流

BBS 的使用者有自己的帳號，可以發信給其他的使用者，並接受他人發信給你，就如同前面提過的電子郵件功能。

◆ 檔案交流

廣受使用者歡迎的另一個重要項目，一般在 BBS 站上的檔案交流區中，會有軟體的試用版、公益軟體、共享軟體或使用者自行開發的一些工具程式；在交流區裡可以讓使用者先評估軟體是否適合自己的需求，再去購買，而工具程式有時還能提供工作上不小的便利呢！

◆線上意見討論

在 BBS 上，如果遇到大家感興趣的題目，使用者便可以在線上舉行討論會。這種討論除了雙方對談之外，也可以多方交談，線上允許有興趣的使用者隨時加入討論的戰局，如果同學們的文字輸入速度快速，線上討論的激烈可是不遜於面對面的辯論哦！

◆線上遊戲

在較具規模的 BBS 站台上，會提供一些線上遊戲；而不同於一般遊戲的是：這些遊戲的參與者經常不只一人，此舉大大提高遊戲的變化與趣味性，使遊戲者如同處在一個模擬的小世界之中。

◆使用 BBS

看了上述許多的功能之後，是不是對 BBS 的使用有些心動了呢？試一試吧！使用時，可能需要一些小常識，請參考以下的整理：

1. 設定主機連線

目前可使用 BBS 的軟體很多，其操作方法幾乎都大同小異，建議使用書籤記錄 BBS 站址，如此一來只要點選要去的 BBS 站就好，不用找也不用記。

2. 註冊

第一次進入一個新的 BBS 站台時，站台會先要求使用者輸入基本資料與密碼，這個動作就稱為註冊。其操作如下：進入 BBS 站台後，輸入 new，按 Enter。填寫註冊資料。在 BBS 上每個使用者都有一個獨一無二的代號，請仔細閱讀站上的相關說明，並輸入您的個人資料，輸入完成後便註冊成功了。

3. 等級與使用限制

通常 BBS 站台會依據使用者對站台的貢獻，為使用者區分等級，這會關係到使用者上線的時間與檔案傳輸量的限制，想要提高自己的等級，就得在站上多寫寫信，多發表意見了。

現在 BBS 站也有所不同，改成網站型式直接用瀏覽器即可，不需使用 telnet，很多站台以 WWW 方式來呈現 BBS 的風貌，讓傳統的純文字畫面增添了美麗生動的圖片和動畫，人性化的操作方式，更是引人入勝。

3-20 遠端登入

遠端登入 (Telnet) 是一種應用層的通訊協定，全名為 Terminal Emulation，原本是 Unix 當中的指令，一般使用 23 作為通訊埠號，目的是讓電腦遠端登入 (Remote Login) 連線到伺服器終端機上，所以稱為終端機模擬程式，詳細可查閱 RFC 15 及 RFC 854。一般常用的 Telnet 程式則是 Putty、Netterm 或 SimpTerm 等軟體來登入 BBS 主機或 Unix 主機。目前使用內建終端機 (Hyper Terminal) 較不安全，已不建議使用，都改使用 SSH，筆者推薦 PuTTY，PuTTY 執行畫面如圖 3-18 所示，可從 https://www.putty.org/ 免費下載。

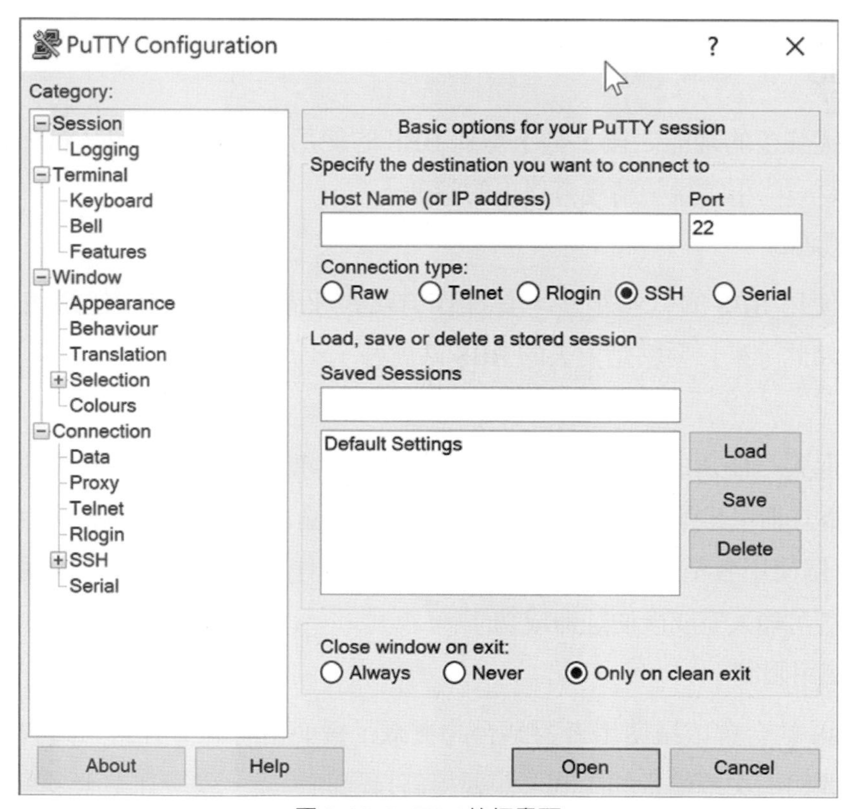

圖 3-18 PuTTY 執行畫面

有了遠程登入，電腦軟硬體資源的分享變得很有效率，舉例來說，可以連線載入位於某處的超級電腦 (假設您有存取權)，使用超級電腦來為您服務，效率能大大提升

3-21 網頁設計

網頁設計可分為兩大類，分別為靜態網頁及動態網頁，一般來說動態網頁能提供較多功能，並增加互動性及與存取資料庫 (Database)，設計好的網頁要放置在網站上，而網站是一天二十四小時連上 Internet，所以 Internet 上的任何使用者就可以連到設計好的網頁，有許多入口網站 (Portal) 提供免費網站空間，使用者只要通過申請後，就可以將網頁上傳至該網站上，但是有些限制，像是網頁空間大小，是否可以使用 ASP(Active Page Service)、JSP(JavaPage Service)、CGI(Common Gateway Interface) 等等，而架站軟體也有許多種，以下做常見的組合：

- Windows 10 + IIS (International Information Server) + Access + ASP
- Windows Server 2016 + IIS (International Information Server) + SQL+ ASP
- FreeBSD + Apache +MySQL+ PHP (Preprocessor Hypertext Pages)
- Linux + Apache +MySQL+ PHP （LAMP）
- 內容管理系統（Content Management System，CMS）

在結合一些繪圖軟體像是 Photoshop、Photoimpact、Paint Shop Pro 及動畫製作軟體像是 Flash 等等，而編寫 HTML 的軟體有 FrontPage、Dreamweave，還可以使用 Script，ASP 及 CGI 的網頁都必需在 Server 上執行，將結果傳回給 Client 的瀏覽器，而瀏覽器只負責顯示，也就是因為需在 Server 上執行，若網頁寫得不好，可能造成 Server 當機，另一個情形若是同時多人瀏覽可能造成無法即時服務，所以提供免費網站空間的入口網站都不支援使用 ASP、JSP、CGI，而 Script 可以解決這個問題，Script 是改由瀏覽器來執行，目前較著名的有二個，分別為 VB Script 和 Java Script，Script 的程式是內嵌在 HTML 的文件之中，是由 <Script language=” Java Script” > 及 </Script> 將 Script 的程式框起來。

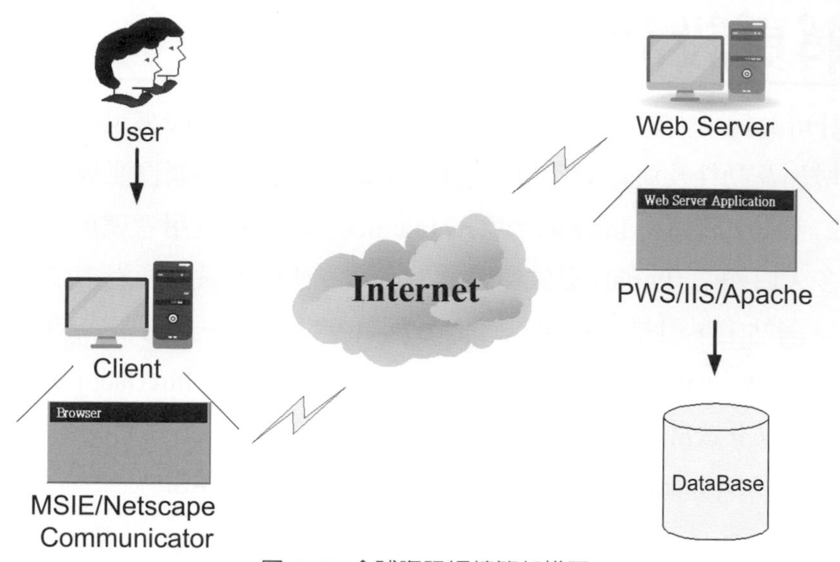

圖 3-19 全球資訊網精簡架構圖

◆超文件標籤語言 (HTML)

超文件標籤語言 (HyperText Markup Language，HTML) 是目前全球資訊網的標準編寫網頁的語言，HTML 的指令是由標籤 (Tag) 組合而成的，大多以 < 標籤名 > 開始，而以 </ 標籤名 > 結束，標籤的文字不分大小寫，編寫完就可用瀏覽器 (IE 或 Netscape 等等) 來看。

基本上 HTML 是純文字的檔案，可利用成對的標籤表現文字、聲音、圖片等多媒體物件，但不是存成 .txt 而是存成為 ".htm"，倘若你是在 unix 環境的話，則副檔名為 ".html"。

HTML 語法介紹：

大家將要為您介紹一些基本的 HTML 語法與標籤 (Tag) 之運用。首先，讓大家來看一下 HTML 語法的結構。

< 標籤的名稱 > 本文 </ 標籤的名稱 >

例如：<center>HTML 的語法介紹 </center>

結構：

HTML 是以頁為單位，每頁由三個必要部份組成，其成員如下：

- 第一：<HTML> 宣告頁的開始，</HTML> 宣告頁的結束
- 第二：<HEAD> 宣告標題欄開始，</HEAD> 宣告標題欄結束

◆ 第三：<BODY> 宣告超文件主體的開始，</BODY> 宣告超文件主體的結束

每一網頁的結構如下：

```
<HTML>
      <HEAD>  標題欄中的文字在此鍵入 </HEAD>

      <BODY>
                   超文件的內容由此鍵入
      </BODY>
</HTML>
```

標題字體大小：

```
設定字體大小，從一開始到六，一字體最大，而六字體最小。
<H1> 字體大小一 </H1>
<H2> 字體大小二 </H2>
<H3> 字體大小三 </H3>
<H4> 字體大小四 </H4>
<H5> 字體大小五 </H5>
<H6> 字體大小六 </H6>
```

文字樣式：

```
<B> 粗體 </B>                        粗體字
<I> 斜體 </I>                        斜體字
<U> 加底線 </U>                      加底線
<hr> 分隔線 </hr>                    分隔線
<ADDRESS> 地址 </ADDRESS>
```

段落：

```
換行、換段落等 . 如：
<br> 強制跳列 </br>                  強制跳列
<p> 分段斷行 </p>                    分段斷行
<center> 這是將文字放在中央 </center>
```

表格：

列印成報表形式。
<TABLE> 表格的開始與結束 </TABLE>
<TR> 一列的開始與結束 </TR>
<TD> 一格資料的開始與結束 </TD>

清單：

<UL></UL>	分項的開始與結束
<OL></OL>	編號的開始與結束
<DL></DL>	定義的開始與結束
<DD>	定義
<LI>	清單項目

水平線：

<HT>

表單：

<FORM></FORM>

文本鏈結部分：

<ahref-"http：//網址"></a>	鏈結到 URL
<ahref="mailto："> </a>	寄電子郵件
<IMGSRC="圖片">	顯示圖片
<SCRIPTLANGUAGE>SCRIPT 程式碼	</SCRIPT>

提醒一下，如果試著寫一份自己的 HTML 文件，光是用看是很容易就忘了，又忘了是在那看過，書就白看。以上所爲您介紹的，就是經常用到 HTML 的語法及標籤說明。接下來，會運用以上所介紹的語法，試著寫一個 HTML 文本給大家看看。

```
<!—This HTML File was written by Sanmic 2000/2/27-->
<HTML>
      <HEAD> <TITLE>這裡是標題欄的文字</TITLE> </HEAD>

<BODY>
      <H1>
                  <B>   <CENTER>HTML語法介紹實例</CENTER>   </B>
      </H1><P></PRE>

      <H2>
                  <CENTER> THEHOMEPAGEOFHTML </CENTER>
      </H2> <P>
                  <HR>
                  <H1>這是 HTML 的第一級字體。</H1><P>
                  <H2>這是 HTML 的第二級字體。</H2><P>
                  <H3>這是 HTML 的第三級字體。</H3><P>
                  <H4>這是 HTML 的第四級字體。</H4><P>
                  <H5>這是 HTML 的第五級字體。</H5><P>
                  <H6>這是 HTML 的第六級字體。</H6><P>
                  <HR>
      </BODY>
</HTML>
```

◆CGI

利用 HTML 所設計出的網頁是屬於靜態網頁，且資料傳遞方向是單一方向，都是由伺服器傳送給用戶端互動性較差，爲了增加互動性便有了共同閘介面 (Common Getway Interface，CGI) 的誕生，可以達到雙向交流的效果，而是定義一套網頁伺服器 (Web Server) 與描述程式 (Script) 之間互動的介面標準，而所謂的描述程式就是在伺服器上執行的程式，用來接收及處理資料，常用的描述程式的語言有：

- Windows 系統：Visual Basic、C、C++
- Unix/Linux 系統：shell、Perl、C、C++
- 麥金塔系統 (Mac)：Apple Script

描述程式經由瀏覽器透過伺服器啓動，執行後的結果透過伺服器回傳用戶端瀏覽器顯示，伺服器與描述程式之間的交談就是透過 CGI 來完成。

◆ASP

ASP(Active Server Page) 是微軟相對於 CGI 所做的產品，主要也是要建構一套伺服器與使用者之間雙向互動式的網頁，這項技術最早是當然是 CGI，在 Unix 系統上使用相當普遍，但是在微軟的 Windows 系統下卻不太好用，所以微軟才會推出 ASP 方案，ASP 是由描述語言 (Script) 所構成的，ASP 常用的兩種描述語言分別是 Java Script 及 VB Script，都是在服伺服器執行的程式 (Server-end Script)，且 ASP 應用了物件導向程式設計理念，利用內建的 Session(用來儲存連線者的資訊)、Requset(可用來讀取客戶端的資訊)、Response(用來傳輸資料到瀏覽器 (客戶端))、Server(提供一些 Web Server 端的相關資訊)、Application(用來儲存共用的資訊) 等物件來運作，使得程式的撰寫變得容易得多且執行效能變高，又可再利用 ADO 物件，可以存取各式的資料庫，再外掛各式各樣的 ActiveX，ASP 與瀏覽器的功能就可不斷增加，而 ASP 最大的缺點就是只適合微軟 Windows 系統的網路伺服器 (Web Server)，因爲這是微軟爲自己的 Windows 系統而定作的。

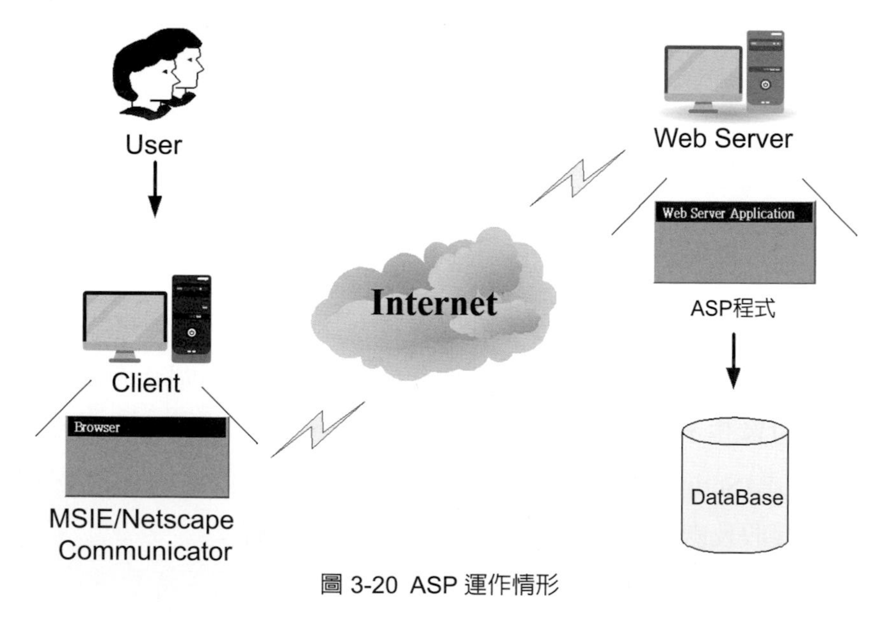

圖 3-20 ASP 運作情形

◆Java

由昇陽電腦 (Sun Microsystem) 所研發出來的 Java 是在應用網路上的新一代程式語言，目前昇陽已於 2009 年被甲骨文公司收購。從 Java 推出後，Java 的前身本來是用來設計消費性電子產品用的，設計小組本來是以 C++ 語言作爲設計軟體的程式語言，但是隨後發現 C 或 C++ 語言是不適合。在經過存菁去蕪之後，一種新語言就產生了。

JAVA 的特性：Java 是一種簡單 (Simple)、物件導向 (Object Oriented)、分散式 (Distributed)、直譯 (Interpreted)、強韌 (Robust)、安全 (Secure)、架構中立 (Architecture Neutral)、可移植 (Portable)、高效能 (High Performance)、多重引線 (Multithreaded) 且動態 (Dynamic) 的語言。大多數系統程式設計師都採用 C 語言，而物件導向程式設計師則大多使用 C++。因此，在 Java 的設計上是儘可能讓它與 C++ 相近，以確保系統更容易被理解。Java 之所以受到歡迎，最主要就是它提供一個跨平台 (Crossplatform) 的運算環境。同樣的程式寫一次，就可以在任何電腦上執行，這是長久以來在電腦科學研究領域上的夢想，在 Java 上就可以得到完美的解決。Java 在得到 IBM、Novell、Oracle、Sybase 等大廠的支持，所以近幾年來在各應用領域都有很不錯的發展。Java 應用的網頁上，就是 Java Applet(小程式)，可以讓用戶在自己的電腦上執行遠端程式，減少伺服器的負載，與 ASP 及 CGI 程式的運作模式是不同的。

◆Java Script

Java Script 的前身是網景公司 (Nescapt) 所發展的 LifeScript，後來受昇陽公司 (Sun) 的支持，當時昇陽公司正在推廣 Java，因而將 LifeScript 改名爲 Java Script，但事實上 Java Script 與 Java 是兩個不同的語言，Java Script 是一種描述語言，不需要編譯而 Java 是一種物件導向的程式語言，需要編譯。

◆VB Script

VB Script 是由微軟公司所推出與 Java Script 相抗衡的描述語言，VB Script 的語法是由 VB 演化而來，事實上 VB Script 與 VB 是兩個不同的語言，VB Script 是一種描述語言，不需要編譯，但是必需與 Html 結合在一起使用，無法獨立使用，且必須使用微軟的瀏覽器，其餘的瀏覽器就必須外掛程式 (Plug-in) 才可以使用，這一點 Java Script 就比 VB Script 優秀，而 VB 是一種一般用途徑的程式語言。

◆ DHTML

動態超文件標示語言 (Dynamic HTML，DHTML) 目前還不是一個具有明確定義的技術，某些瀏覽器廠商使用 DHTML 來強調結合 HTML、樣式表 (Cascading Style Sheet，CSS)、描述語言及文件物件模型 (DOM)，使得網頁能展現各種動能效果，且引入了物作導向的念與技術，使得網頁設計者有更大的發展空間，DHTML 並不是一項獨立的技術，只是使網頁能達到動態效果的一個總稱。

◆ Shockware 和 Flash

Shockware 和 Flash 都是由 Macromedia 公司所開發出來在 Web 上展現互動式或動態網頁的技術，Macromedia 公司開發的動態多媒體網頁工具有 Director、Flash…等都大受歡迎，Shockware 和 Flash 兩者最大的不同點在於 Flash 主要用於較簡潔的展示用途，例如：互動式廣告、動畫…等，而 Shockware 則是用較完整或高效能的多媒體網頁之中，例如：線上遊戲…等。

◆ VRML

虛擬實境 (Virtual Reality，VR) 可以在 Web 上展現 3D 特效，近年來常被在電影之中，在 1994 年在第一屆全球資訊網國際會議上，由 Mark Peace 和 Tony Parisis 提出結合 Wed 和 VR 的 3D 介面 Labyrinth，成了 VRML 的前身，而 VAG (VRML Architecture Group) 於 1995 年公佈了 VRML 1.0 版的規格書，而 VRML2.0 於 1997 年正式成爲了 ISO/IEC 認證的國際標準，詳細可參閱 http：//www.vrml.org。

◆ XML

XML(Extensible Markup Language) 是一種標籤語言 (Meta-markup Language)，1998 年 W3C(World Wide Web Consortium) 通過 XML 1.0 建議規格，從此 XML 就成爲各家軟體廠商共同採用的核心技術，像是 Microsoft 的 .Net，XML 就扮演了重要的角色，XML 目仍然在繼續制定發展中，接著介紹有關 XML 的發展趨勢，XML 是由 SGML(Standard Generalized Markup Language) 發展而來的，XML 是 SGML 的精華版，在 1986 年由 ISO 採用成爲一個資訊管理標準，做爲具平台和應用程式獨立性之文件標準，可以保留文件格式、索引和連結資訊、具有擴展性、結構性、自我描述性，採用資料和樣式分離的原則，使資料的管理、交換上有良好的性能。HTML 和 XML 都由是 SGML 演變而來，HTML 是 SGML 的一個應用語言，XML 是 SGML 的精華版，網路發展快速，使得 HTML 的應用發生了瓶頸，因而有了 XML 的誕生，但是 XML 並不是要來取代 HTML，而是來補足不足之處，XML 與 Html 主要的相異有下列的幾項：

- XML 可以自定標籤和屬性 (Attribute)，而 HTML 則否。
- XML 是一般用途 (General Purpose) 的標示語言，一種 Meta Language 可以生成其他語言，HTML 是特殊用途 (Special Purpose) 的標示語言，而 HTML 則無法生成其他語言。
- XML 著重文件的結合，而 HTML 著重文件的表現。
- XML 可以利用 DTD 或 XML 綱要 (Schema) 來確認文件的有效性，而 HTML 則否。

3-22 網站伺服器

網站伺服器 (Web Sever) 的架站軟體，一般會選擇 Microsoft 的 IIS (Internet Information Services) 適用於 Windows Sever 2012 / Windows Sever 2016 / Windows Sever 2019 或 Apache / Tomcat 適用於 Linux。

通常要設定的選項有下列幾項：

1. 主目錄：網站的網頁存放目錄。
2. 首頁的檔名 : 名稱及副檔名，例如：index.html、index.htm、default.html、default.htm、index.asp 等等的格式及優先權。

常發生的問題解決的方法：

1. 網站服務停止了，記得要將網站服務設成自動啓動。
3. 服務不正常時，重新啓動網站服務，甚至重新開機。
4. 是否中毒？若是，進行解毒，查詢防毒軟體網站，取得解毒方法。
5. 增加安全性可使用虛擬目錄及驗證機制。
6. 網站伺服機時常任意安裝 / 移除軟體，容易造成系統不穩，要避免，最好時常備份網站，更好則是製作還原檔。已停止更新服務的作業系統就不要再使用了，安全問題別自找麻煩。

本章習題

填充題

1. T1 的傳速率爲（　　　　　　　　　　）。
2. T3 的傳速率爲（　　　　　　　　　　）。
3. FTP 的種類大致可分爲（　　　　　　　　　　）和（　　　　　　　　　　）兩種。
4. 在網際網路上提供檔案搜尋服務的系統爲（　　　　　　　　　　）。
5. 網域名稱中的國家代碼，台灣爲（　　　　　　）；日本爲（　　　　　　）。
6. WWW 的中文翻譯是（　　　　　　），Internet 的中文翻譯是（　　　　　　）。
7. （　　　　　　　　）是目前 Internet 最熱門的服務，是使用（　　　　　　　　）協定，必須使用（　　　　　　　　　　）才能觀看。
8. 教育部的（　　　　　　　　　　）、中華電信的（　　　　　　　　　　）和資策會的（　　　　　　　　　　）並稱台灣三大網路。
9. ISP 的中文翻譯是（　　　　　　　　　　）。
10. E-Mail 的中文翻譯是（　　　　　　　　　　）。
11. FTP 的中文翻譯是（　　　　　　　　　　）。
12. Telnet 的中文翻譯是（　　　　　　　　　　）。
13. 網頁設計中常聽到 LAMP，L 是（　　　　　　　　　　），A 是（　　　　　　　　　　），M 是（　　　　　　　　　　），P 是（　　　　　　　　　　）。

選擇題

1. （　　）請問下列哪一個並不是社交程式？ (A)LINE　(B)QQ　(C)FB　(D)KKbox。
2. （　　）請問下列哪一種行爲是在執行程式？ (A) 打卡　(B) 按讚　(C) 寄送電子郵件　(D) 以上皆是。
3. （　　）台灣三大網路分別爲 (A) 台灣學術網路 (TANet)　(B) 種子網路 (Seednet)　(C) 網際資訊網路 (Hinet) D) 以上皆是。
4. （　　）T1 的傳速率爲 (A)1.544 Mbps　(B) 3.14 Mbps　(C)45 Mbps　(D)54 Mbps。
5. （　　）T3 的傳速率爲 (A)1.544 Mbps　(B) 3.14 Mbps　(C)45 Mbps　(D)54 Mbps。

6. (　　) 下列哪一個網頁程式是在瀏覽器上執行 (A)ASP (B) CGI (C)JavaScript (D) 以上皆是。
7. (　　) 下列哪一個網頁程式是在瀏覽器上執行 (A)ASP (B) CGI (C)VB Script (D) 以上皆是。
8. (　　) Java 現在是下列哪一個家公司產品 (A)Microsoft (B) Intel (C)Oracle (D) IBM。
9. (　　) 下列哪一個不是搜尋引擎 (Search Engine) (A) Altavista (B) Google (C) Excite (D)IBM。
10. (　　) 下列哪一個不是網站伺服器 (A) Apache (B) Tomcat (C) IIS (D)JJS。

問答題

1. 上網的方式可分哪幾種，請分析其優缺點？
2. 何謂主從架構？
3. 何謂對等架構？
4. 何謂 WWW ？請寫全名及中文譯名。
5. WWW 提供哪些功能？
6. 何者是 WWW 的前身？
7. 何謂 ISP ？
8. 台灣三大網路爲何？
9. 何謂搜尋引擎？有何功能？以兩功能可分爲兩類，哪兩大類？
10. 何謂企業網路及網際網路，兩者之間有何不同？
11. 何謂 BBS ？請寫全名及中文譯名。
12. 何謂 FTP ？請寫全名及中文譯名。
13. 何謂 HTML ？請寫全名及中文譯名。
14. 何謂 DNS ？請寫全名及中文譯名。
15. 何謂 Proxy ？請寫全名及中文譯名。
16. Proxy 的運作流程爲何？
17. 說明 WWW 上瀏覽網頁的基本架構，請圖解說明之。
18. 試簡述何謂超文件 (Hypertext) ？何謂超媒體 (Hypermedia) ？

NOTE

Chapter 04

通信協定

學習目標

4-1 標準組織

4-2 OSI 模型

4-3 一致化資源識別碼

4-4 HTTP

4-5 網際控制訊息協定

4-6 位址解析協定

4-7 點對點連線協定

4-9 區別使用 SLIP 或 PPP 的通信協定

4-10 簡易郵件傳遞協定

4-11 網路檔案系統

4-12 網路模擬軟體

4-13 網路程式設計

通信網路的主要目的在於傳送資料與分享各項資源。在通信兩端之間，從最簡單的形式，即兩部電腦直接連結互通訊息，到經由不同型態網路達到交換資料的目的，整個通信過程所函蓋的範圍非常廣泛。例如：訊號編碼 (Coding)、同步化 (Synchronization)、分段與重組、封裝、邊界控制、依序傳送、錯誤偵測 (Error Detection)、錯誤控制 (Error Control)、定址能力 (Addressing)、多工處理 (Multi-plexing)、傳輸服務 (Transmission Service)、流量控制 (Flow Control)、選徑控制 (Routing Control)、資料格式 (Data Format) 與網路管理 (Network Management) 等均應順利完成，兩端才能正確傳送資料。上述這些處理程序可能包含不同的系統，每一系統所使用的軟體與硬體廠牌、型式可能有所不同，通信軟體必須處理的工作是十分重要的，網路上的兩台電腦能夠順利的互相通訊，收發兩端一定是使用相同的通訊規則，這樣的規則至少包含如何解釋信號、如何識別自己和網路上的其他電腦、如何開始和結束網路通訊、如何透過網路媒體管理資訊的交流，而彼此都同意的規則集合 (Rule Set)，就成為網路通信協定或簡稱為協定 (Protocol)。

網路通訊協定 (Protocol)，讓電腦們可以彼此互相溝通，須定義一套雙方都瞭解的語言 / 規則 / 約定，像是做什麼通訊、如何通訊、以及何時通訊都必須遵從電腦間相互可接受的約定，這約定稱作協定，它可定義作為管理兩電腦間數據交換的規定。協定的關鍵要素：

- 語法 (Syntax)：包括資料格式、編碼和訊號準位。
- 語義 (Semantic)：包括對等資訊控制和錯誤處理。
- 時序 (Timing)：包括速度的匹配和順序處理。

兩實體間的通訊可以是直接 (Direct) 或間接 (Indirect)，協定可以對稱或非對稱的。大多數協定是對稱的，即它們包括對等實體間的通訊，協定可以是標準 (Standard) 或非標準的。而使用結構化協定設計時，稱製作通訊功能的軟體與硬體為通訊架構 (Communication Architecture)。

介紹一些常見及著名的通訊協定，在區域網路中最著名最常見的是乙太網路 (Ethernet) 又可分為乙太網路 (10Mbps)、高速乙太網路 (100Mbps)、超高速乙太網路 (1Gbps)，還有 IBM 公司所開發記號環網路或稱為權杖環網路 (Token Ring Network)。

學習本章最好搭配網路封包分析工具，一般常見的網路封包分析工具 (Network Packet Analyzer) 像是 Tcpdump、Sniffer（如圖 4-1 所示）、NetXRay、Wireshark 等，如圖 4-2 所示，Wireshark 的前身叫 Ethereal，Wireshark 是 Open Source 軟體，但功能足可與商業軟體相提並論。使用 Wireshark 再加上本章所提供各協定封包格式，可以達到較好的學習效果。

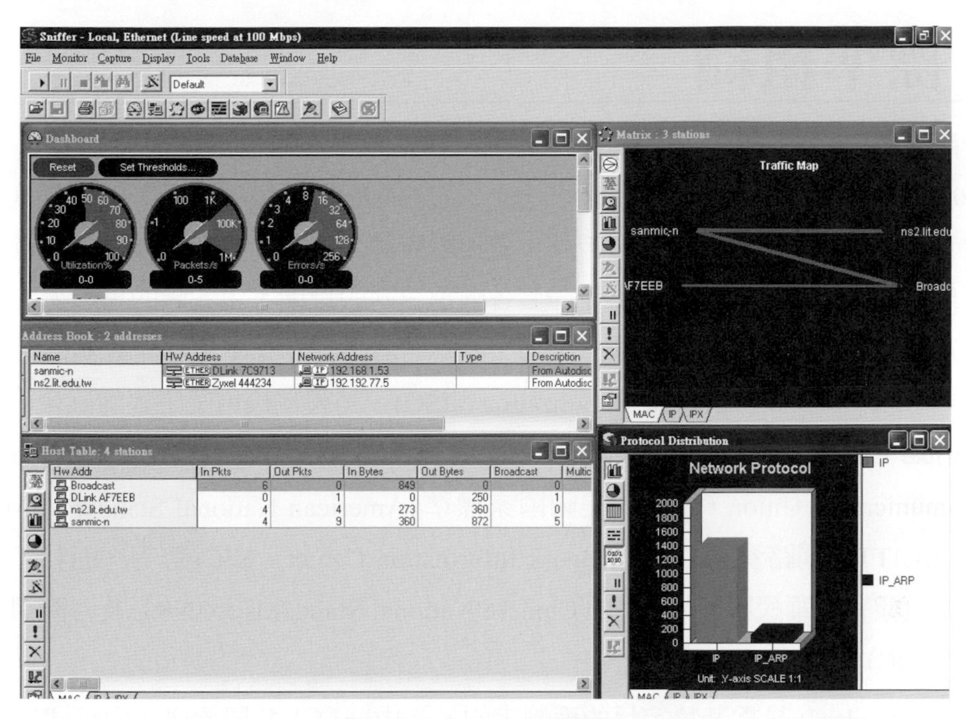

圖 4-1 Sniffer 軟體畫面

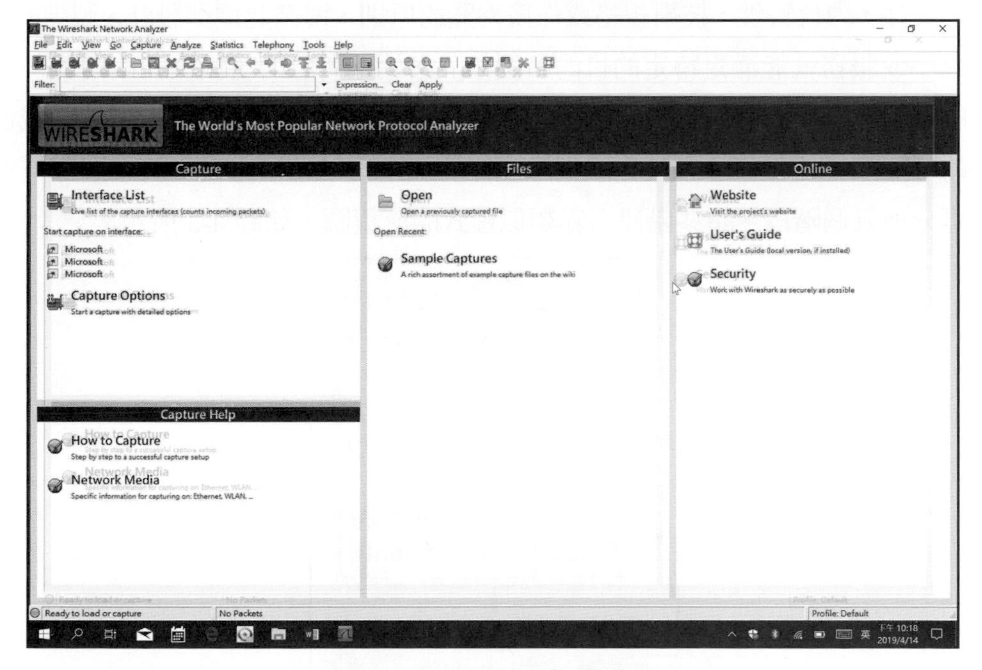

圖 4-2 Wireshark 軟體畫面

4-1 標準組織

台灣電器工作電壓是 110V，工作頻率是 60Hz 而日本電器工作電壓 100V，工作頻率是 50Hz，所以在電源的規格上是不一樣，需經過轉換才可正常使用，中文與法文在用法上也是不一樣，使用起來不太方便，避免國與國之間對於相似的技術各自有一套方法，但規格不符的問題，就需要制定一套各國都認同的規則，由各國的專業人士所組成一個制定標準的機構稱之爲國際標準組織，全球有許多國際標準組織常聽到的像是國際標準組織 (International Standard Organization，ISO)、美國電機電子工程師協會 (Institute of Electrical Electronic Engineers，IEEE，唸作 I triple E)、國際電信聯盟 (International Telecommunication Union，ITU)、美國國家標準 (American National Standard Institute，ANSI)、CCITT、網路資訊中心 (Network Information Center，NIC) 等等，而我國有名的國家標準組織有中華民國國家標準（Chinese National Standards，CNS）及台灣網路資訊中心 (TWNIC)。

標準 (Standard) 是爲某特定目的而制定的，經由一群人共同協商，由正式文字定義及規範的文件，內含特性、技術規格或作爲實踐的原則，遵循此標準設計、製造的產品、材料、程序或服務就能滿足特定的目的。例如：秦始皇所訂的書同文、車同軌，或像是金融卡的相同規格也確保各家金融卡可互通、增加便利性，這些標準可分爲區域性的、國家性的、國際性的標準。誰決定規則，就等於決定使用哪個產品。傳統國際標準的制定大抵可分爲五個階段，這些階段有點類似程式的流程圖，如圖 4-3 所示。

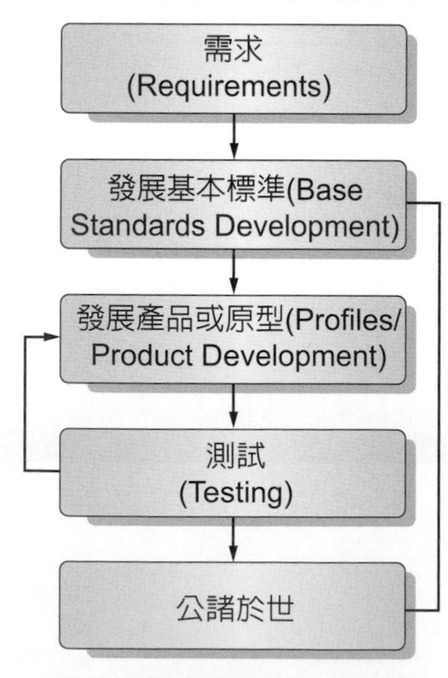

圖 4-3 國際標準制定流程圖

4-2 OSI 模型

開放式系統互連 (Open Systems Interconnection，OSI) 是在 1974 年由國際標準組織 (ISO) 這個標準團體所發展出來的，將區域網路分成七個運作層，其中的每一層都執行某特定的功能，使不同系統的應用程式，能夠如同在同一個系統上操作，OSI 模式的優點是分工合作各司其職、對等交談及逐層處理。OSI 模組是一個根據模組化而發展的架構模式，該模組並不特定針對任何軟體或硬體，OSI 定義每一層的功能，但並不提供和軟體或設計相關硬體，最終目標是讓不同廠商的通訊產品彼此能夠相互作用，任何通訊設備都可遵循此模組來設計。本書所介紹的所有區域網路軟硬體都能夠參考這個模組。

OSI 模式共有七個運作層，OSI 模型上各分層機能上的不同協定便統稱爲協定堆疊 (Protocol Stack)，如圖 4-4 所示，這些模組由底層到頂層依次爲：實體層 (Physical Layer)、資料鏈結層 (Data Link Layer)、網路層 (Network Layer)、傳輸層 (Transport Layer)、會議層 (Session Layer)、展現層 (Presentation Layer)，以及應用層 (Application Layer)。每一層都具有其特定的目的，以及與其他層互相獨立的功能。然而每一層都知道其緊鄰的上層與下層，資料由來源裝置向下傳入 OSI 模型時，每個運作層都會附加上自己的表頭 (Header，也有人稱爲標頭)。

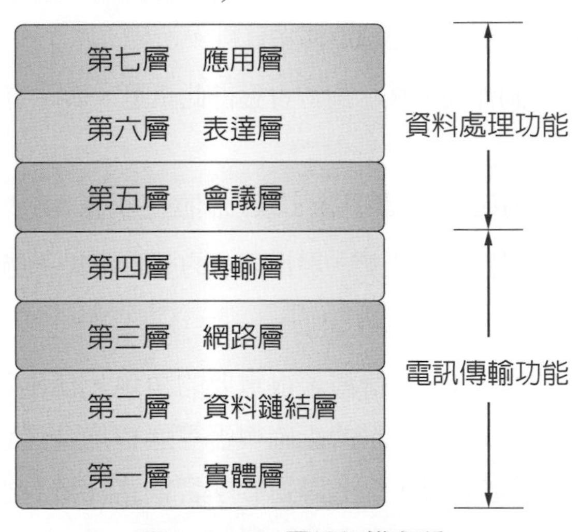

圖 4-4 OSI 層級架構名稱

ISO 所公佈的 OSI 七層模式，各個層級負責一些功能，編號順序由下往上分別表示第一層至第七層，在七層架構中，各層均是獨立的，都可自行發展，整個七層架構可以分爲兩部份；下面四層 (即第一到第四層) 提供電信傳輸功能，以節點到節點 (Node to Node) 爲基礎。上面三層 (即第五至第七層) 係以使用者與應用程式間完成資料處理功能，以及產生有意義的對話爲主。下四層屬於通信導向功能，上三層則屬處理導向功能。

表 4-1 OSI 層級架構名稱

第七層	應用層	Application Layer	特別的網路功能，例如：檔案傳輸、虛擬終端機、電子郵件及檔案伺服器。
第六層	表達層	Presentation Layer	資料格式化、字元碼轉換及資料加密。
第五層	會議層	Session Layer	協調以及與另一個節點建立連接。
第四層	傳輸層	Transport Layer	提供可靠的終端對終端 (end-to-end) 資料傳送。
第三層	網路層	Network Layer	在多個網路上為資訊封包安排路徑。
第二層	資料鏈結層	Data-link Layer	傳送可定址的資訊單位，資料框，及錯誤檢查。
第一層	實體層	Physical Layer	在通訊媒體上傳輸二位元資料。

服務標準包含於各層級內的功能，本身提供服務給上一層。協定標準指定兩系統通信時，某一層所使用的特別協定，即協定規格 (Specification)。層級中所提供的服務分別由一些類似於程式中的副程式 (Subroutine) 所產成的，稱爲服務原式 (Service Primitive)。

OSI 模式中，服務原式可分爲四類：

- 請求 (Request)：向對方請求建立連線或傳送資料。
- 指示 (Indicate)：在請求動作完成後，對方會獲得此訊息，表示有人要來建立如連線等工作。
- 回應 (Response)：對方在接到指示訊息後，以一個回應訊息表示接受或拒絕此請求。
- 確認 (Confirmed)：不論是接受或拒絕，發出請求的一方可以透過確認服務原式知道實際發生的狀況。

上述這四種服務原式在通信協定扮演著很重要的角色，任兩通信端間從最初的連線建立或資料傳輸起，到回覆所收到資料的正確與否等過程均透過這些基本的服務原式。將在以下七個小節分別介紹這七層，這七層對於學習網路知識有很大很深遠的意義，要努力盡可能將它克服。

4-2-1 實體層

實體層 (Physical Layer) 是 OSI 模式中第一層，此層定義了在網路上傳輸及接收資料的方法。包含了接頭的規格、佈線、用來連接某一點的網路介面控制器與佈線間的設備、傳輸或接收資料有關的訊號傳遞，以及偵測網路媒體 (網路) 上之錯誤訊號的能力。

實體層作用便是將位元訊號傳入網路媒體 (例如：電纜線、同軸電纜、光纖)，它為網路裝置之間的資料傳輸提供了實體的連線。實體層指定建立 (與維護) 實際連線的機制、電器特性與機能特性。

4-2-2 資料鏈結層

資料鏈結層 (Data Link Layer) 是 OSI 模式中第二層，主要的工作有三個：同步、偵錯及媒體存取控制方法。主要作用便是在網路媒體上提供一個可靠的傳輸資料方法，鏈結層將輸入的資料分割成訊框 (Frame)，讓傳送端持續將訊框傳遞出去，並負責處理由接收端在收到這些訊框後所傳回的確認訊框。鏈結層可再細分為兩個子層，分別是邏輯連結控制 (Logical Link Control，LLC) 子層與媒體存取控制 (Media Access Control，MAC) 子層，如圖 4-5 所示。

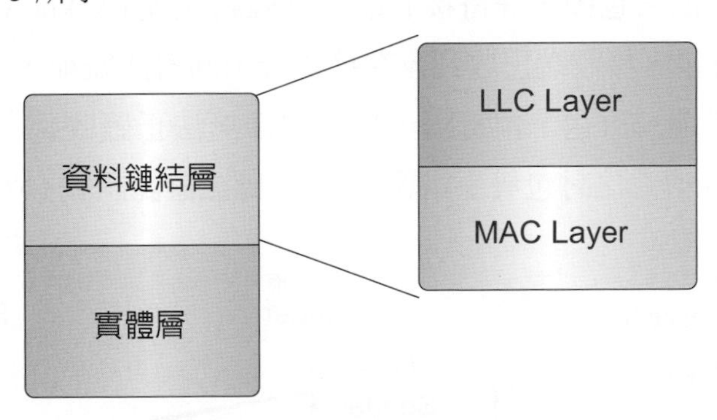

圖 4-5 資料鏈結層兩個子層

邏輯連結控制此層負責錯誤修正 (Error Correction) 與流量控制 (Flow Control)，控制鏈結通訊，定義服務存取點 (Service Access Point，SAP) 的邏輯介面的使用方式。其他電腦可使用它從 LLC 子層傳送資訊到上一層的運作層。

媒體存取控制 (MAC) 子層負責實際的定址與網路媒體存取動作，MAC 可以直接與電腦網路卡通訊，負責確保網路上兩台電腦資料傳輸正常無誤。

在競爭 / 搶線型 (Contention-Based) 網路上，所有的裝置都可以隨意將資料傳送出去，優點是它讓所有裝置都擁有相同的網路媒體存取能力，但卻有可能因此發生傳輸碰撞 (Collision)，當同時有兩個以上的裝置試圖傳輸資料，訊號便會互相干擾。

資料鏈結層此層將傳輸調整為同步，並處理資料框階層的錯誤控制及復原，以使資訊能夠透過實體層傳輸。檢查資料框格式及循環冗餘檢查 (Cyclic Redun- dancy Check，CRC) 都是在此層中完成的，此層中執行的存取方法有乙太網路 (Ethernet) 及記號環 (Token Ring)，同時也為傳輸層提供實體層的定址。

◆自動重複要求

當接收端發現封包發生錯誤 (第一章已介紹過錯誤偵出的方法)，要如何告訴傳送端？而傳送端又該如何處理？傳送端最簡單的方法就是重傳 (Retransmit)，而傳送端又如何知道接收端正確地接收了？ ARQ(Automatic Repeat Request) 就是解決方法的一種，而 ARQ 有下列三種：停止與等待 ARQ (Stop and Wait Automatic Repeat Request)、退後 N ARQ (Go Back N Automatic Repeat Request) 及選擇性重複 ARQ (Select Repeat Automatic Repeat Request)。

◆停止和等待自動重複要求

停止和等待 ARQ(Stop and Wait ARQ) 是用在停止和等待的流量控制技術上。如圖 4-6 所示，傳送端送出一個封包後，等待接收端回應確認訊號 (Acknowledge，ACK)，用來確定告知傳送端該封包，接收端已收到，在接收端未回答訊號前，傳送端不會再傳送封包，以免傳送端盲目地一直送，但實際上接收端卻無法正確收到。停止和等待之 ARQ 有兩種錯誤情況：(1) 傳送之封包發生錯誤；(2) 回應之確認訊號 (ACK) 發生錯誤。

1. 傳送的封包發生錯誤

接收端 (Receiver) 發現封包發生錯誤時 (受損或遺失)，會放棄該封包，並且回應一個負確認訊號 (Nonacknowledge，NAK) 給傳送端 (Sender)，目的在告知傳送端該封包接收端卻無法正確收到，而傳送端要有能力再重傳 (Retransmission) 該封包。為了克服這個問題，傳送端必須有一個暫存器 (Buffer) 保留封包複本 (Copy)，封包傳送出去後一直到收到確認訊號 (ACK) 才可將複本拋棄 (Drop)，否則複本將有可能會被重傳。

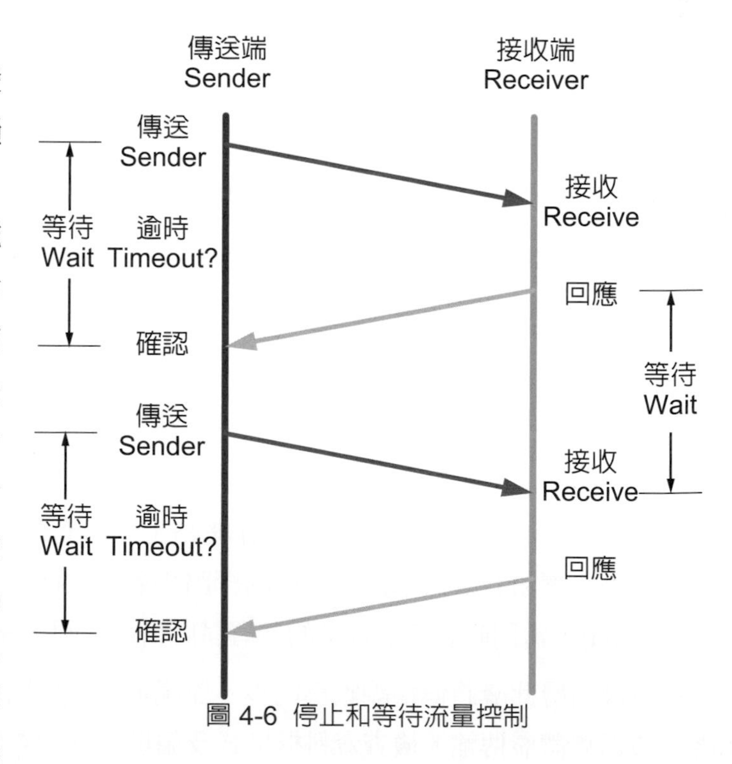

圖 4-6 停止和等待流量控制

2. 回應的確認訊號 (ACK) 發生錯誤

接收端正確收到封包後，回覆確認訊號 (Acknowledge，ACK)，但確認訊號在傳送途中受損或遺失，會造成傳送端一直再等待接收端送來的確認訊號，如何解決呢？最簡單的方法就是，傳送端在封包傳送出去後便開始計時，例如：計時器的時間已逾時 (Timeout) 未收到確認 (ACK) 或收到負確認訊號 (NAK)，就會認定該封包已經遺失 (Lost)，而重送該封包。回覆訊號也可能只是受損，但是同樣地，該封包也會被重傳。在這種情況下，又會造成接收端會收到兩份相同的封包 (Duplicate)，接收端必須有能力去判斷是否重複接收封包。為了解決這個問題的方法是，將封包編號以 0 及 1 循環使用，第一次為封包 0、第二次是封包 1、再下一個是封包 0。接收端回覆確認訊號也以 ACK0、ACK1 循環使用。和滑動視窗控制相同，ACK0 作為編號為 1 之封包的接收確認訊息，表示接收端已準備接收編號為 0 的封包。

由圖 4-6 可知停止和等待 ARQ，對於較遠的通訊就比較不適合，因為傳輸延遲時間愈久，等待的時間愈久，在停止和等待 ARQ 的通訊中，通訊的雙方大部分時間都花在等待對方回應或傳送資料，反應時間過長，通訊效率不好，但是因為這個方法操作簡單且只需一個暫存器，卻是其他方法所不及的，尤其用在近距離傳輸，還是時常被採用的方法。

◆ 後退 N 自動重複要求

後退 N ARQ(Go Back N ARQ) 是針對滑動視窗 (Sliding Window) 中發生封包錯誤時所設計。在滑動視窗中傳送端可以連續傳送多個封包，依滑動視窗的大小來決定，每個封包上都有編號，而接收端會回應 ACK 或者 NACK。Go Back N 的設計是當傳送端收到 NACK 或者沒有收到 ACK 也沒有收到 NACK 時，傳送端要重傳該封包之後的封包，表示退後到後一個正確的地方，從它之後的封包重傳，不管其中封包是否傳送正常。接收端只要在偵出封包錯誤後，就會將以後的封包丟棄，等待對方再重傳。

如圖 4-7 所示，舉例來說明，此例滑動視窗的大小為 5，傳送端連續送出 5 個封包 (編號 0、1、2、3、4) 之後，在接收端陸續回傳 ACK0、ACK1、NASK2 給傳送端，這時候接收端就將編號 2 以後的封包全部丟棄 (3、4)。傳送端也退後到封包 2 以後的封包都全部重新傳送。所以後退 N ARQ 不需要大量的暫存器，傳送端只需儲存未收到 ACK 的封包，而接收端只需儲存連續的正確封包就可以。

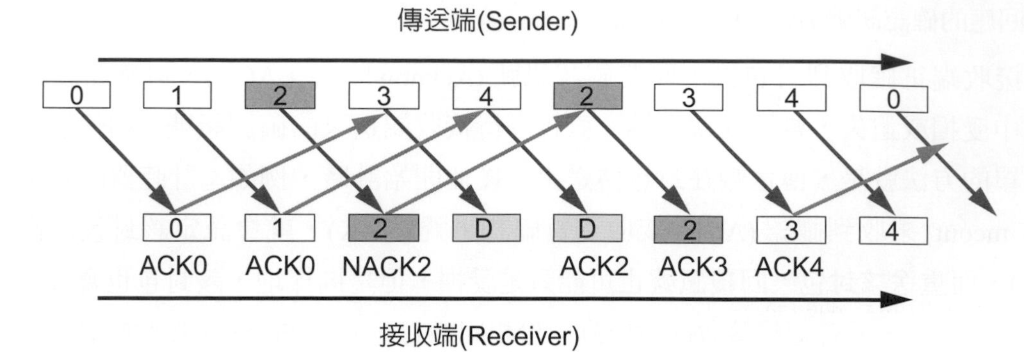

圖 4-7 Go Back N ARQ 運作程序

有三個思考性的問題，提出來思考一下：(1)Window size 如何決定？(2) Sequence Number 是否會發生重複？(3)Window size 與 Sequence Number 有何關係？

◆選擇重傳自動重複要求

後退 N ARQ 有一個缺點，在傳送大量的連續封包中，若某一封包發生錯誤，就丟掉該封包以及之後數個正確的封包，對傳輸效率來說影響很大。選擇重傳 ARQ(Select Repeat ARQ) 就是為了改善此缺點而設計的，在連續封包中有某些封包發生錯誤，只要重傳錯誤的封包就好，不需要全部重傳，就可以維持一定的傳輸效率，如圖 4-8 所示，封包 2 發生錯誤，只要重傳封包 2 就可以了。這樣的方式，使得選擇重傳方法，在傳送端必須保留更多的封包複本，一直到接收端回覆連續封包都正常接收，傳送端才可清除封包複本。接收端方面的處理也變得較複雜，接收到的封包也許會不按照封包編號順序，必須將封包依照順序排列 (Sort) 後，再傳送給上層。接收端方面也需要有大量暫存器，而且暫存器溢位 (Overflow) 的情況也非常容易發生，若要採用選擇重傳的滑動視窗法必須有能力處理這個問題，最簡單的方法還是加大暫存器，改良得到的好處及產生的壞處，需要使用者或設計者自行去評估做一些取捨 (Tradeoff)。

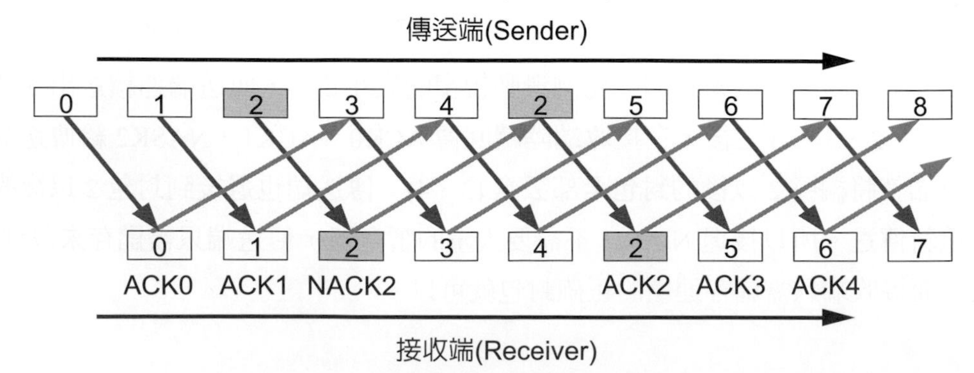

圖 4-8 Select Repeat ARQ 運作程序

4-2-3 網路層

網路層 (Network Layer) 是 OSI 模式中第三層，請參考圖 4-4，主要的工作有二個：定址、選擇路徑，此層控制了點與點之間的訊息傳送，根據某些特定的資訊，此層將允許資料依邏輯上及實體上最恰當的路徑，在兩點之間循序傳送。此層透過路由器 (Router) 這種特殊的設備，將資料單位傳輸給其他的網路，有關於路由器的說明，留到網路的通訊設備該章再做詳細的說明。

◆ 漏水水桶之演算法介紹

漏水水桶之演算法 (Leaky Bucket Algorithm)，如圖 4-9 所示，以不定量的水注水到一底部漏水的水桶，此水桶漏水的情形是以定速定量的方式直漏到沒水爲止，若注水太快太多，超過水桶所能裝載時，則發生溢出。此法用在擁塞控制 (Congestion Control)，其實這就是單一服務有固定服務時間的排隊系統 (Queuing System)。

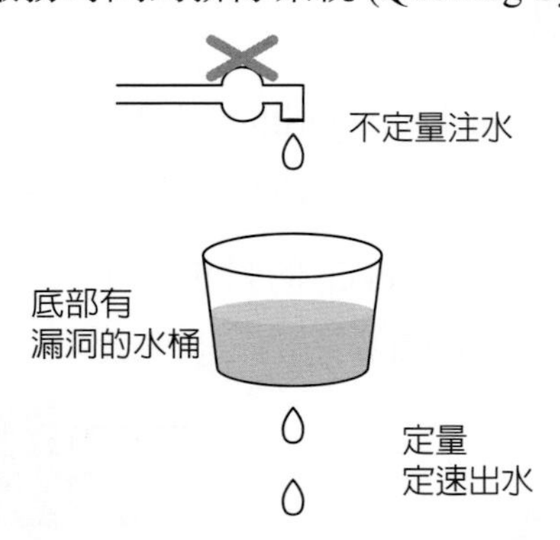

圖 4-9 漏水水桶之演算法的示意圖

如圖 4-10 中之 Figure B 所示，一般情形封包的流量是不均勻，利用圖 4-10 中之 Figure A 的方法，經過一個介面 (例如：佇列 Queue) 後，可以得到流量均勻的情形。當容量超過佇列時則將該封包丟掉。

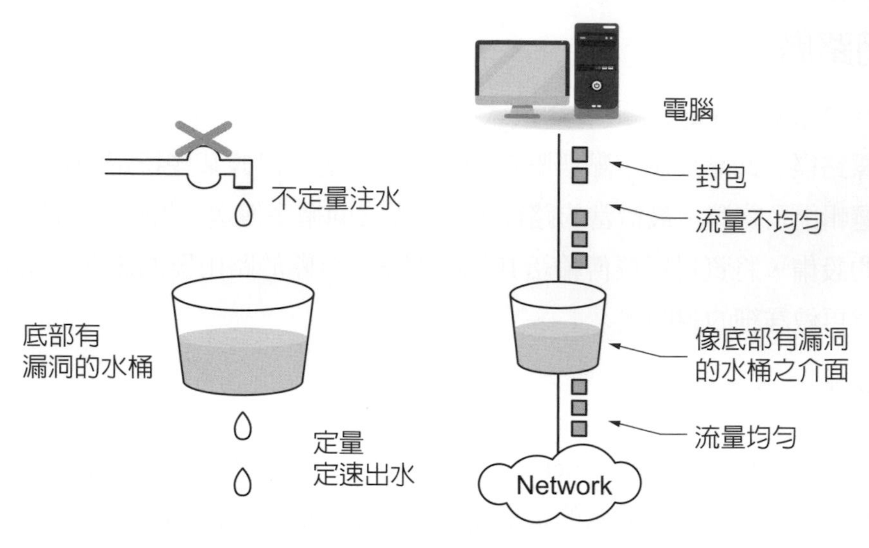

圖 4-10 漏水水桶之演算法的示意圖

◆權杖水桶之演算法介紹

權杖水桶之演算法 (Token Bucket Algorithm) 是用來解決漏水水桶之演算法的一些缺點，像是無法支援大的交通量 (Traffic)，無論如何都以定速定量的方式送出，缺乏彈性。

權杖水桶之演算法是採用擁有 Token 的封包則可通過，否則就需等待取得，如圖 4-11 所示；Token 是經固定時間間隔就會產生一個，太多用不完，則可保留給未來使用。

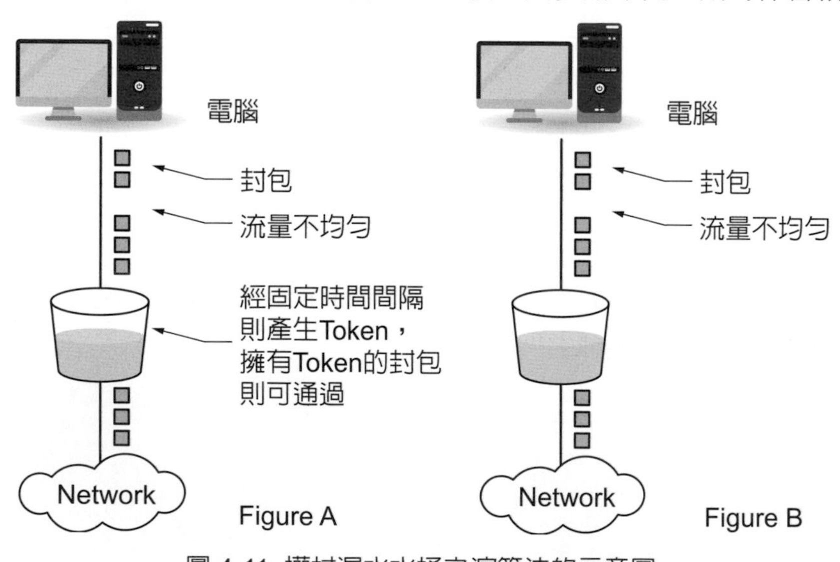

圖 4-11 權杖漏水水桶之演算法的示意圖

權杖水桶之演算法允許瞬間的大量資料傳送，但是必須在一個最大的範圍內，並不是無限制的。舉例來說明，如圖 4-11 所示，水桶的容量 (C) 為 250Kb，Token 的產生率 (ρ) 為 2Mb/sec，目前水桶是滿的，且水桶的最大的流出速度 (M) 為 25Mb/sec，問需要多少時間，恢復到原本的速度 2Mb/sec ？

水桶的容量 + 以正常速度流入的量 = 最高速度流出的量

$$C+\rho S=MS \tag{4.1-1}$$

C= 水桶的容量

ρ = Token 的產生率

M= 水桶的最大的流出速度

S= 最大流出速度的時間

代入數值計算可得 S 約為 11ms

兩個演算法的差異處：漏水水桶演算法，在當水桶滿了，封包則遭到丟棄，而權杖水桶演算法，則不會。

4-2-4 傳輸層

傳輸層 (Transport Layer) 是 OSI 模式中第四層，請參考圖 4-4，主要的工作有三個：為封包編序號、流量控制及偵錯，此層提供終端對終端 (來源端到目的端) 的資料傳輸，管理是一種策略，不管理也是一種策略，有兩種選擇，各有適用時機。若採用管理策略，它讓資料能夠可靠地傳送 (保證資料會以與送出時相同的順序傳遞)。它保證資料能夠無誤地傳送或接收，也就是說，以正確的順序 (與傳送時相同的順序接收到)，並且及時傳送到目的地。反之採用不管理策略，就不處理上述的工作，好處速度較快，但沒保障。

4-2-5 會議層

會議層 (Session Layer) 是 OSI 模式中第五層，請參考圖 4-4，此層建立、維護、並切斷網路上兩個點之間的通訊連結。同時此層也負責由名稱對應到網路節點的位址轉換，這與打電話給某人，卻只知道其姓名的情形一樣，如果想建立連線，首先必須知道對方的電話號碼，第一步先播電話號碼，即連線起始化，建立好連線，即電話鈴響且拿起話筒，接著就是第二步進行通話，最後第三　，撤銷連線，就掛上話筒，釋放資源。

4-2-6 表達層

表達 / 展現層 (Presentation Layer) 是 OSI 模式中第六層，請參考圖 4-4，主要的工作有三個：內碼轉換、壓縮與解壓縮及加密與解密。此層負責資料轉換 (資料的格式) 及資料加密 (在資料傳送時予以攪亂 (Scrambling) 及接收時予以恢復 (Descrambling))，網路協定中並不一定提供。

4-2-7 應用層

應用層 (Application Layer) 是 OSI 模式中第七層，請參考圖 4-4，此層是給專門在網路上執行的應用程式所使用的。常見的例子有：檔案傳輸 (File Transfer)、終端機模擬 (Terminal Emulator) 、電子郵件 (E-mail) 及使用瀏覽器 (Browser) 等等的應用程式。

4-2-8 IEEE 802 標準

IEEE 802 是由 IEEE 所制定，用於定義存取與控制區域網路之方法的一組標準，與 ISO 開放式系統互連模式之實體層及資料鏈結層互相對應。名稱的由來是因標準是由 IEEE 所制定且始於 1980 年 2 月，所取名為 IEEE 802，目標是因應不同的區域網路需求建立標準，所以目前著名的有 13 個，列於下表，仍再繼續制定當中，以滿足時代的需求，IEEE 802.1 到 802.14 一共有 13 個工作小組 (Working Group，WG)，而 WG 之上就是 IEEE 總部，若是細心點應該有發現沒有 IEEE 802.13，由於 IEEE 802.13 被是不吉利的數字，所以跳過 13。

表 4-2 IEEE 802 標準

802.1	InterNetworking	網路通訊
802.2	LLC	邏輯鏈路控制
802.3	CSMA/CD Ethernet	有線乙太網路
802.4	Token Bus Network	權杖匯流排網路
802.5	Token Ring Network	權杖環網路
802.6	MAN	大都會網路
802.7	Broadband Technical Advisory Group	寬頻技術諮詢群組
802.8	Fiber-optic Technical Advisory Group	光纖技術諮詢群組
802.9	Integrated Voice/Data Network	整合語音 / 數據網路
802.10	Network Security	網路安全

802.11	Wireless Network	無線網路
802.12	100VG-Any LAN (Demand Priority Access Network)	要求優先權存取網路
802.14	Cable TV Protocol	有線電視

4-3 一致化資源識別碼

在網際網路中資源散置各地，資源可能透過 HTTP、FTP、網路新聞傳輸協定（Network News Transport Protocol, NNTP）、Gopher 等不同的伺服器提供，全球資訊網 (WWW) 有一項貢獻就是資源定址的一致化，爲達到資源定址的一致化，WWW 提出一致化資源識別碼 (Uniform Resource Identification，URI) 的概念及一致化資源定位 (Uniform Resource Locator，URL) 的語法定位網路上所有的資源，URI 是種抽象的語法，命名法則可精確定位網路上的任一抽象的物件，URL 則是 URI 的特殊形式，只要涉及利用協定存取物件的 URI 表達即算是種 URL，這兩種概念自 1990 年即廣爲沿用至今。URI 的設計理念在於彈性及一般性，並採用標準 7 位元的 ASCII 字元集表達以方便到處通用，URI 的一般形式如下：

Scheme：Path

其中 Scheme 是種抽象的機制或方法的名稱，在 URL 就是通訊協定的名稱，Path 是物件的抽象路徑，其語法與 Scheme 有關，URI 的表示中保留了數個特殊用途的字元，可參考表 4-3。

表 4-3 URI 及 URL 保留字元

ASCII 碼	字元	描述
33(21)	!	URI 保留作為其他用途
35(23)	#	分隔一物件之 URI 內的片斷識別碼
37(25)	%	編碼 URI 內的特殊字元
42(2A)	*	URI 保留作為其他用途
47(2F)	/	分隔路徑內的階層
58(3A)	:	分隔 URI 的機制 (scheme) 及路徑 (path)
63(3F)	?	分隔一可詢問物件之 URI 內的詢問字串
38(26)	&	URL 保留字元
59(3B)	;	URL 保留字元

ASCII 碼	字元	描述
61(3D)	=	URL 用於設置名稱的值
64(40)	@	URL 保留字元

(ASCII 碼分別以 10 進位及括號內的 16 進位表示)

URI 內含有 / 字元，則表示為抽象的階層式命名路徑，具有左邊高右邊低的階層性，不一定要解釋成網域名稱或則是樹狀檔案目錄的路徑名，不過在 URL 的應用上經常是如此，由 / 分隔的每一段代表一階層，. 字元及空白字元此兩字元則保留於 URI 表示相對路徑。

4-3-1 各協定之 URL 格式

URL 是 URI 的特殊形式，只要涉及利用協定存取物件的 URI 表達就算是一種 URL，不過一般都通稱為 URL，WWW 支援多種 URL 包括 WWW 本身的 HTTP、HTTPS、Mailto、傳統普遍的 TCP/IP 服務、甚至未來新的服務，現有的 URL 協定如表 4-4 所示。

表 4-4 目前標準及實驗性 URL 協定

協定名稱	描述
Ftp	檔案傳輸協定
Http	超文字傳輸協定
Https	HTTP/SSL(HTTP over SSL)
Gopher	地鼠協定
Mailto	電子信箱位址
News	USENET 新聞信件服務
Nntp	新聞信件傳輸協定
Telnet	終端機模擬服務
Wais	廣域資訊伺服器
File	特定主機的檔名
Prospero	Prospero 名錄服務

URL 的一般格式與 URI 的相似，其各協定的 URL 格式皆不相同，細節定義於 RFC-1738，若格式中涉及主機的定址，則其一般格式為：

Protocol：//[user[：password]@]Host[：Port][/url-path]

其中：

- [] 可省略的項目。
- Protocol 協定名稱，例如：http、ftp、gopher 等等，參考表 4-5。
- User 用戶帳號。
- *Password* 用戶密碼，必須指定用戶識別碼。
- *Host* 目標主機的網域名稱或 IP 位址。
- *Port* 該協定於該主機用以提供服務的埠號碼 (十進位)。
- *url-path* 目標資源相對於該主機的路徑，其格式視協定而異。

可省略的項目都有其預設值，例如：對於 FTP 協定，若未指定用戶名稱，則通常預設為 anonymous(匿名)，若未指定密碼，則採用用戶預設的電子信箱地址，若未指定埠號碼，則預設為 21。

表 4-5 各協定之 URL 格式

協定名稱	描述
ftp	ftp：//credential_host[/fseg/fseg/./fseg][;type=ftptype]
File	file：//[host]/[fseg/fseg/./fseg]
http	http：//credential_host[/hpath[#fragment][？ query_string]]
gopher	gopher：//host[：port][/gophertypeselector] gopher：//host[：port][/gophertypeselector%09search] gopher：//host[：port][/gophertypeselector%09search%09gopher+_string]
mailto	mailto：rfc822-addr-spec
news	news：newsGroup-name news：message-id
nntp	nntp：//credential_host/newsGroup-name[/article-number]
Telnet	telnet：//credential_host[/]
wais	wais：//host[：port][/database] wais：//host[：port][/database ？ search] wais：//host[：port][/database/wtype/wpath]
prospero	prospero：//host[：port][/path[[;field=value].]]

(表中的 credential_Host=[user[：password]@]Host[：Port])

下列是一些 URL 範例：

ftp：//bill：1234@host.com/

file：//localhost/doc/homework/network/homework1.html

http：//www.w3.org：8000/wwwroot/intro.html#url

http：//bill：1234@www.homework.net/homework.html

gopher：//gopher.nctu.edu/software/gopherinfo/aboutgopher

mailto：wjsheen@eagles.net

news：tw.bbs.comp.car

news：123456789%abcdef@info.cern.ch

telnet：//bill：1234@192.168.95.8/

wais：//quake.think.com.tw/wais-discussion-archives ？ lynch

prospero：//host.dom.tw/pros/name

一般在描述上，若有必要區別 URL 及其他格式的 URI，則在 URL 之前可附加一關鍵字 "URL："，例如：URL：http：//domain/index.html。URL 表示式也可能用在其他場合，例如：電子信件、書面報告，於此情況，RFC-1738 建議使用 < > 括起來，例如：<URL：http：//www.lit.edu.tw/index.html>。

4-4 HTTP

超文件傳輸協定 (Hypertext Transfer protocol，HTTP)，在全球資訊網上所使用的通訊協定之一。超文件傳輸協定屬於應用層、主從模式 (Client-Server Mode)、無態 (Stateless)、以傳送物件爲主的協定，與其他 TCP/IP 的應用層協定，與 SMTP、FTP 相似，無態 (Stateless) 意味著主從間的交談僅是一來一往、隨即結束的單步會談，無複雜、明顯的多步狀態，傳送物件係指 HTTP 的功能只是傳送多媒體物件 (聲音、影像、圖片及文件等)。

HTTP 客戶端又名用戶代理器 (User Agent)，例如：Web 瀏覽器代替用戶向伺服器發出 HTTP 要求 (Request)，HTTP 伺服器通常透過 TCP 埠 80 提供服務，也可以透過其他埠，其客戶端須主動向伺服器要求建立連線。傳統的 HTTP 連線模式是客戶端先向伺服器發出 HTTP 要求，伺服器隨即傳回一份回應 (Response)，其中可能包含物件，就結束連線，

或支援持續連線 (Keep-alive) 延伸的主、從雙方則可在保持連線的情況下重複上述的要求、回應步驟。

HTTP 提供數種要求方法，客戶端可視需求發出不同的要求命令，例如：GET 可取得物件或服務，POST 可上載 (Upload) 物件，其細節於後續小節說明。

HTTP 主從之間可直接互連，或者其間尚可存在某些仲介，可能的連線模式如圖 4-12 所示，其中上方是主從雙方直接以 HTTP 連接的模型，下方是主從間存在中介器 (Intermediary) 的模型，仲介器可以是閘道器 (Gateway)、代理器 (Proxy)、或隧道器 (Tunnel)。

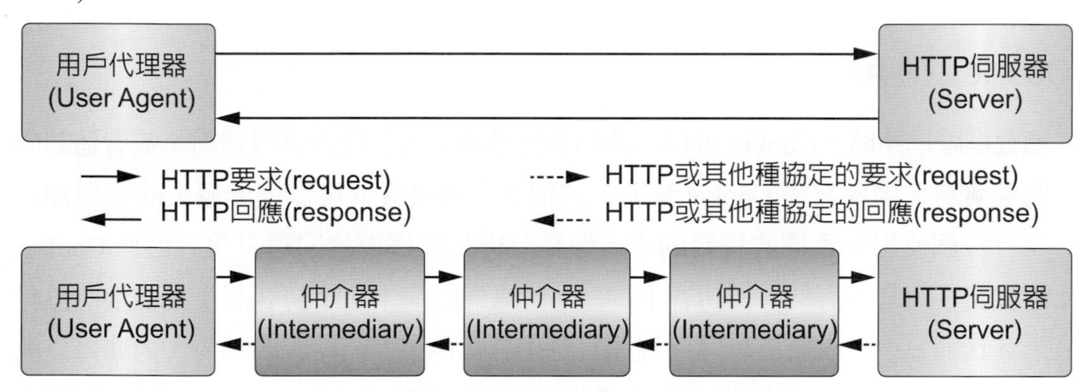

圖 4-12 HTTP 通訊鏈

閘道器 (Gateway) 可視為一翻譯官，它提供異質協定間的服務轉譯工作，於 HTTP 環境，其一端可接受 HTTP 要求，並於另一端向非 HTTP、甚至非 TCP/IP 協定的伺服器取得服務，之後再回應予原要求者，屬於應用層的服務，透過閘道器的幫助，WWW 資訊系統涵蓋的範圍將較 HTTP 能抵達的更廣，閘道器並不特指一部專職的機器，它可能是個程式，例如：CGI 程式。

代理器 (Proxy) 可以看成是一個轉接插座，一端接受客戶端的要求，並對要求訊息進行必要的轉譯工作之後由另一端轉至伺服器，再將伺服器的回應轉回客戶端，亦屬於應用層的服務，代理器尚可提供文件快取 (Cache) 的服務。隧道器 (Tunnel) 的行為類似代理器，但是只具有簡單的接駁功能，隧道器不辨識或轉譯客戶端的要求，而是直接轉至伺服器，屬於傳輸層的服務，某些防火牆 (Firewall) 產品就是具備這樣的能力。HTTP 是用戶代理器及伺服器使用的協定，但介於兩仲介器之間的協定種類則視該仲介器的服務性質而定，另外圖 4-12 的通訊鏈僅表現了一主從間的連線，實際上，一仲介器或伺服器可同時接受許多客戶端的要求。

4-4-1 Cookie

客戶端組態 / 庫記 (Cookie) 是由 Netscape 提出，是一種幫助網頁伺服器 (Web Server) 能夠辨識使用者於網頁上的資料記憶程式。電腦世界裡的 Cookie，並不是餅乾，有人把它翻譯成庫記，表示它是可以儲存使用者瀏覽器紀錄，就像是瀏覽器的庫存記號，因此稱作庫記。當使用者拜訪設有 Cookie 庫記功能的網站時，伺服器會將 Cookie 庫記發送回使用者電腦，經由瀏覽器寫入一些簡短資訊到使用者硬碟中，使用者電腦將 Cookie 庫記儲存，當使用者再度造訪該站時，Cookie 庫記就會回傳伺服器，讓該網站能讀取使用者上次的瀏覽記錄。

◆ Cookie 的使用

瀏覽網際網路時，Cookie 可以幫助伺服器辨識使用者是否曾經造訪，或者造訪的時間次數等資料。因此有了 Cookie 幫助，該網站的伺服器就可以根據過去的資料加以判斷，執行每個使用者不同的特定動作，像是分析其喜好而傳回網頁等。因此 Cookie 能儲存瀏覽訪客的基本資料，使訪客下次造訪時更爲迅速，也讓訪客有受到歡迎的感覺，在電子商務網站中，由於具有儲存敘述資料和辯認再次上門顧客的功能，因此可以減低交易的步驟，讓流程更爲快速，像是網路書店 (如亞馬遜 Amazom.com) 的一次點選購物就是運用 Cookie。除此之外 Cookie 也被利用來追蹤使用者在網站中的遊走路線，並且統計操作習慣，以追蹤使用者對該網站的反應和點擊率，找出歡迎與冷門的項目，幫助網站掌握瀏覽者的喜好。

4-4-2 Cookie 的安全性

在保密上一般人多認定 Cookie 仍然有令人擔憂的地方。像是利用 Cookie 來作登錄辨識的網站，在回傳時有洩漏的可能。而且 Cookie 也不是不可變更的，所以有被複製、冒用的可能。不過在 Cookie 的使用上，所紀錄的資料都是個人資料，包含所訪問過的網頁、使用者 ID 的個人資料等等，因此使用者所輸入的資料中只有未加保密的部分才會被看見，而所輸入的密碼多數網站會再加密，因此即使 Cookie 庫記內容被得知，多半都不會對使用者造成嚴重的損害。當然 Cookie 更不會讀取硬碟中資料，也無法讀取其他網站寫入的 Cookie 檔案，所以 Cookie 其實不會對使用者造成危險、不會損毀硬碟資料、不會將資料傳給網站、更不會對使用者寄發電子報。只要網站伺服器對 Cookie 加上防止資料外洩的安全措施，Cookie 可以保留使用者資訊，也有助於提供更個人化的瀏覽經驗給網站使用者。

4-4-3 第二代超文字傳輸協定 (HTTP-NG)

HTTP-NG 是全球資訊網國際協會 (W3C) 主導的下一代 HTTP 協定，目前正處於研討階段，草案、規格皆尚未問世。HTTP-NG 的目的在擴展 HTTP 的應用範疇，並解決現有的 HTTP 所遭遇的問題或瓶頸，例如：適用範疇、頻寬 (Bandwidth)、潛在性延遲 (Latency) 及離線操作等議題。

Web 服務由於是多媒體性質，所以很耗費網路傳輸頻寬，解決之道除了消極地提升線路的傳輸率之外，尚存在其他技巧，例如：採用多點投射 (Multicast) 的廣播技巧、於 Web 協定引入流量控制等等皆算是開源節流的積極方式。

潛在性延遲係指由客戶端發出要求到獲得回應之間一段必然的延遲，這種延遲除了機械操作的延遲之外，尚有物理現象的延遲，目前傳輸訊號皆以光速進行，光每秒行進約 30 萬公里，地球赤道周長約 4 萬公里，若由地球的一端向另一端的 Web 伺服器發出要求時，訊號來回至少得跑 4 萬公里，實際上因傳輸線路通常繞來繞去，所以會更遠，再加上機械操作的延遲，則其間總的延遲必然超過 0.5 秒，這樣的延遲似乎無法避免。

HTTP-NG 尚涵蓋文件變更的通知、快取 (caching)、伺服器之間的資源複製、大量用戶突發性瀏覽某熱門 URL 所造成的壅塞，及其他能延展 Web 在各方面應用的議題，可參考下列的 URL：http：//www.w3.org/pub/WWW/Protocols/HTTP-NG/ Overview.html

4-5 網際控制訊息協定

網際控制訊息協定 (Internet Control Message Protocol，ICMP) 是與 IP 模組整合在一起的控制訊息協定，它透過 IP 收發 ICMP 訊息，ICMP 被用於報告在傳輸資料片 (Datagram) 的過程中發生的各種狀況，包括資料片的目標不存在、遞送路徑不正確等訊息，也可透過 ICMP 測試主機之間的連接是否中斷，甚至利用 ICMP 控制特定主機的資料片流出量。

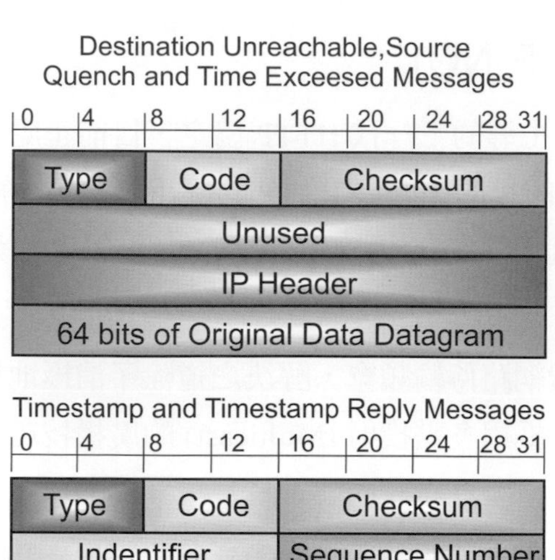

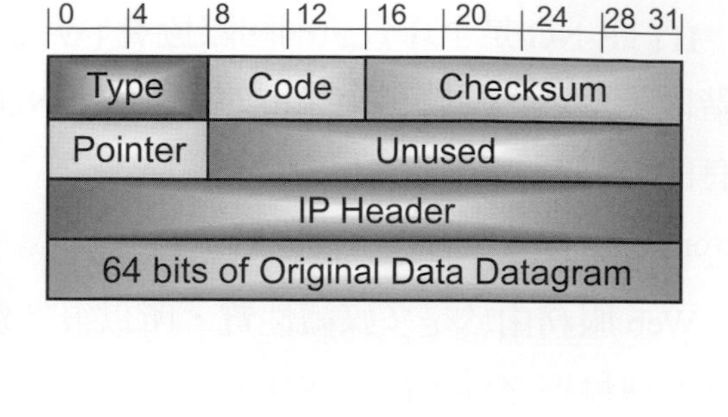

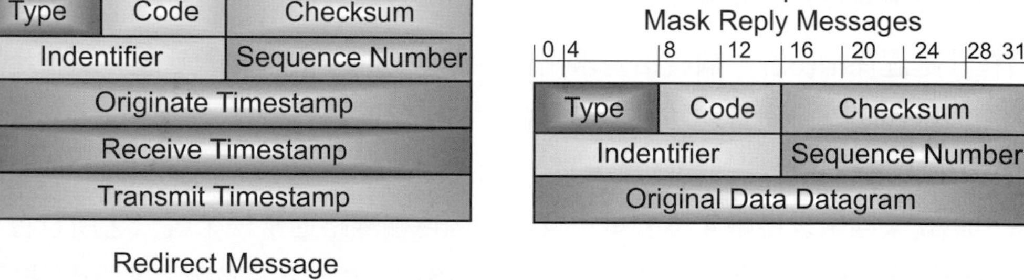

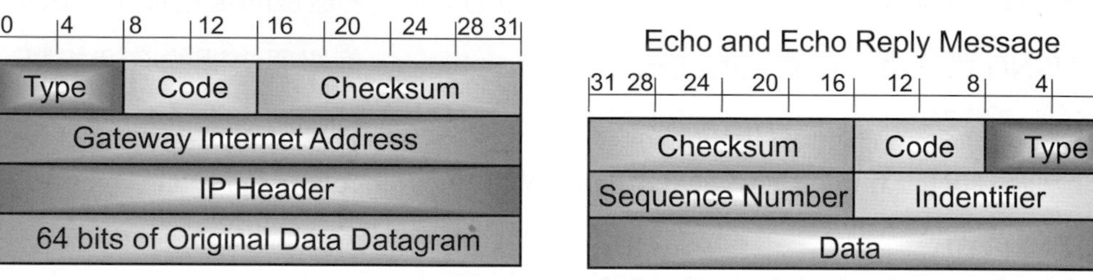

圖 4-13 ICMP 主要 6 種控制訊息之格式

與 IP 的上層協定相似，ICMP 既然透過 IP 收發控制訊息，其訊息在經 IP 傳送前，自然也被裹上一層 IP 表頭，ICMP 不做錯誤偵測，因此它與 IP 同樣不可完全被信賴，ICMP 訊息內含錯誤報告或回應，其訊息種類有許多，每種訊息的結構不盡相同，主要結構有 6 種，共同的部份爲其前導的三個欄位－訊息型別 (Type)、訊息代碼 (Code) 及核對 (Checksum)，後續部份則視訊息型別而有不同。

訊息型別 (Type) 記錄了該訊息的種類，主要種類可參考表 4-6，例如：目標不可觸及 (Type3)，訊息代碼 (Code) 則記錄了更進一步的細節，以目標不可觸及爲例，訊息代碼則進一步指出是網路、主機、協定、或是目標埠不可觸及，有數個訊息型別是成對出現的，一個訊息由一方主動發出，屬於要求 (Request) 訊息，另一個訊息由被要求端被動回覆，屬回應 (reply) 訊息，Type 8 和 0、13 和 14、15 和 16、17 和 18 即屬於這樣的配對，底下即針對幾個主要的訊息進一步說明：

表 4-6 ICMP 訊息型別一覽

型別	描述
0	Echo Reply
3	Destination unreachable
4	Source Quench
5	Redirect
8	Echo
11	Time Exceeded
12	Parameter Problem
13	Timestamp
14	Timestamp Reply
15	Information Request(已停用)
16	Information Reply(已停用)
17	Addressmask Request
18	Addressmask Reply

4-5-1 要求 / 回覆訊息

ICMP Echo Request/Reply 封包格式如圖 4-14 所示，作用是用來做爲簡單的網路偵錯使用，當發送端送出一個 ICMP Request 封包給網路上某一台主機，該主機收到時，需回覆一個 ICMP Reply 封包給發送端，表示已收到所發的封包，而常使用的 Ping 這個指令實際上就是送出 ICMP Echo 封包來測試網路是否發生狀態。建議搭配網路封包分析工具像是 Wireshark 來學習，先擷取封包，分析封包，並且了解設計原理。

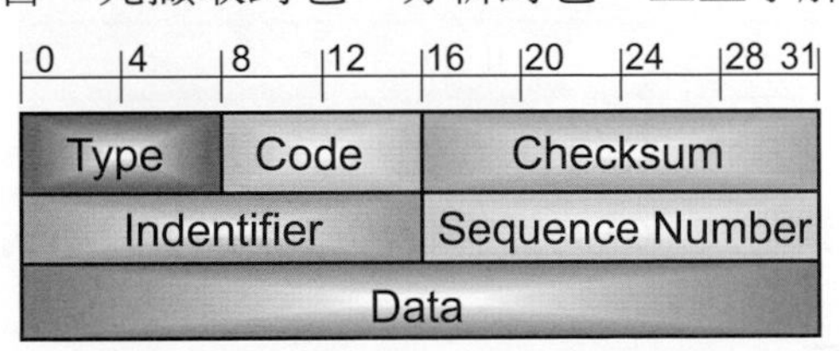

圖 4-14 ICMP Echo Request/Reply 格式

4-5-2 目標不可觸及訊息

傳送 IP 資料片 (Datagram) 的過程中，若任一主機發現無法繼續將資料片遞送至下個目標，該主機會利用 ICMP 向資料片的發源主機發出這樣的訊息，此訊息的型別 (Type) 爲 3，其訊息代碼 (Code) 欄則內含不可觸及的目標種類 (表 4-7)，而資料片格式請參考圖 4-15。

表 4-7 ICMP 目標不可觸及之訊息碼

代碼	描述
0	Net Unreachable
1	Host Unreachable
2	Protocol Unreachable
3	Port Unreachable
4	Fragmentation Needed and DF Set
5	Source Route Failed

路由器 (Router) 在遞送 IP 資料片時會取資料片的目標位址與它的選徑表 (Routing Table) 做一查照，若發現目標位址不在它的遞送範圍或因其他理由無法遞送時，則較可能發出代碼爲 0、1、4、或 5 的訊息。若資料片已抵達目標主機的 IP，甚至更上層協定，但無法送至對應的協定 (經由 Protocol) 或服務 (經由 Port)，則該主機即可能發出代碼爲 2 或 3 的訊息。

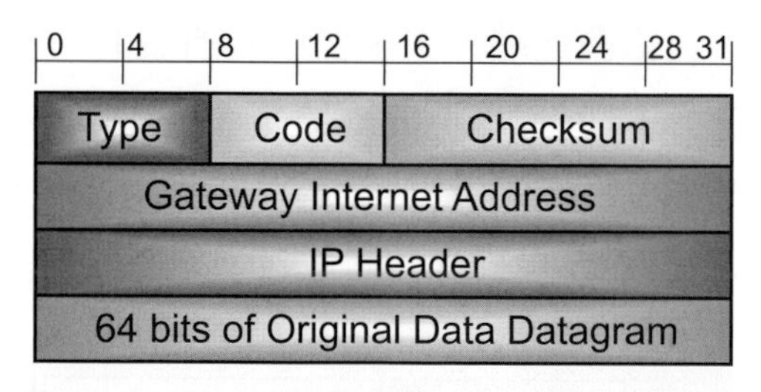

圖 4-15 ICMP 目的地無法到達的訊息格式

4-5-3 重導遞送路徑

一般用戶對於路由器的概念及設置可能不如網路管理人員來的敏感，若同一段區域網路上存在兩部或更多部路由器，則可能發生與網外的某部主機連線時，經由路由器 A 遞送資料片的效率會較由用戶預先指定的路由器 B 的效率爲優，此時，當主機的 IP 將資料片交由路由器 B 遞送時，此路由器即可能發出重導遞送路徑訊息 (Type5:Redirect)

告知來源主機將資料片轉交由另一部路由器遞送，也就是說，將資料片的遞送路徑重新導向較佳的路徑，而資料片格式請參考圖 4-16。

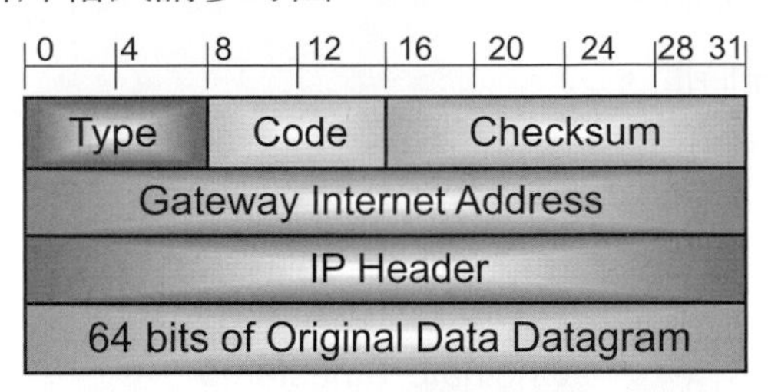

圖 4-16 ICMP 重導遞送路徑格式

4-5-4 主機輸出量控制

此訊息用在抑制特定主機的資料片輸出流量，當任一主機 (可能是路由器或普通主機) 感覺來源主機送出資料片的速度過快時，會利用 ICMP 送出此訊息 (Type4:Source Quench) 要求來源主機降緩送出資料片的速率，其資料片格式請參考圖 4-17。

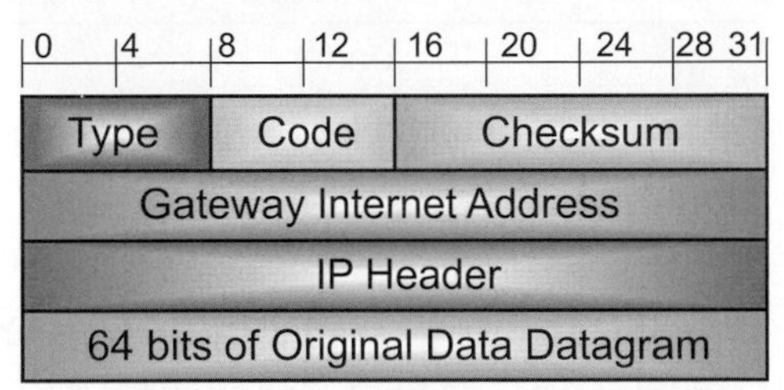

圖 4-17 ICMP 主機輸出量控制訊息格式

4-5-5 探索遠端主機

在網際網中與遠方主機的連接隨時都有可能中止，一般是利用 Ping 或 Traceroute 之類的工具來檢查點與點之間的導通狀況，以 Ping 爲例，它即利用了 ICMP 的回音訊息 (Type 8) 向目標主機發出回音要求，若目標主機確有收到，即會發出回音回應訊息 (Type 0)，要求主方若到回應，即知道雙方之間的連接是正常的，順便也可計算這些訊息一來一返之際所花的時間，多進行數次這樣的偵測、並將所得的時間值加以平均之後的數值也可做爲雙方之間傳輸效率的評估。以上是 ICMP 主要訊息的說明，其他訊息在網管上可能不若前者來得重要，有興趣的讀者可查閱進階書籍及 RFC 文件。

4-5-6 時戳請求與時戳回覆

時戳請求 (Timestamp Request) 與時戳回覆 (Timestamp Reply) 分別是 ICMP 類型 13(Type 13) 與類型 14(Type 14) 訊息，爲 ICMP 的查詢訊息，其資料片格式請參考圖 4-18。兩者搭配使用，主要功能在於進行下列幾項工作：

- 在網路主機間進行系統時間同 的調整工作。
- 測量訊號在主機間的傳輸延遲。
- 查詢網路某主機的系統時間。

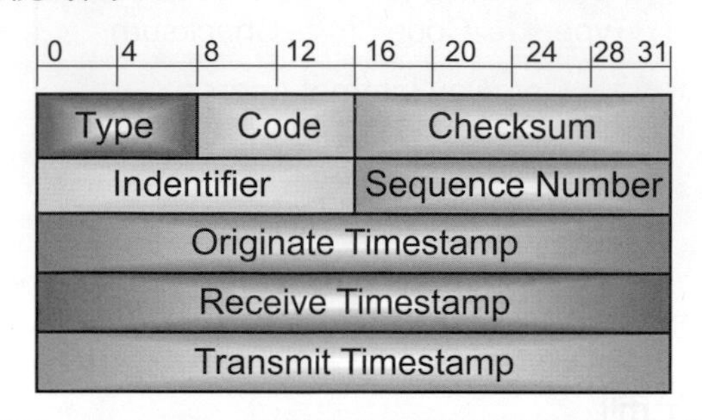

圖 4-18 ICMP 時戳請求與時戳回覆訊息格式

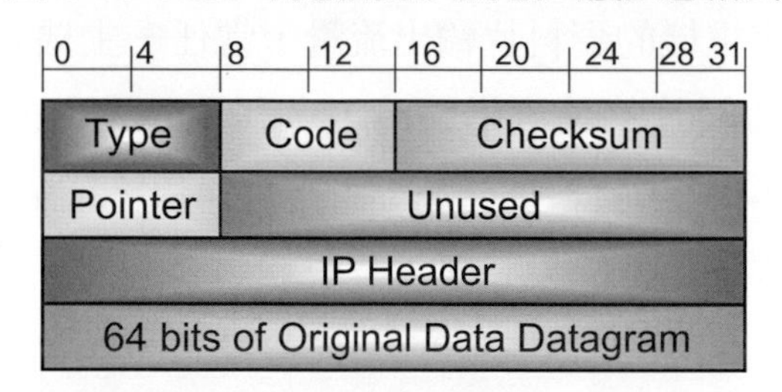

圖 4-19 ICMP 參數問題訊息格式

參數問題 (Parameter Problem) 訊息歸爲 ICMP 的類型 12(Type 12)，屬於 ICMP 的錯誤訊息，其資料片格式請參考圖 4-19。在封包資料的傳輸過程中，路徑器若發現所傳輸封包的 IP 標頭內的某欄位值發生錯誤或缺乏某資料選項，使其無法正常處理此封包時，路徑器便會將此封包丟棄，並送出 Parameter Problem 訊息給來源端主機。

4-5-7 位置遮罩請求與位置遮罩回覆

網路遮罩請求 (Address Mask Request) 與回覆 (Address Mask Reply) 分別是 ICMP 類型 17 (Type 17) 與類型 18 (Type 18) 的訊息，同樣屬於 ICMP 的查詢訊息圖 4-20，用於向閘通道查詢網路主機的子網路遮罩位址 (Subnet Mask Address)。當某主機想知道某網路主機的子網路遮罩位址時，可向此網路的路徑器送出 ICMP 網路遮罩請求訊息，如果該路徑器知道其網路子網路遮罩位址，便會以網路遮罩回覆訊息傳回子網路的遮罩位址給傳送主機。但是如果路徑器也不知道此訊息，那麼路徑器便可以利用廣播的方式將此查明訊息送出，等待其他知道此訊息路徑器的回應。

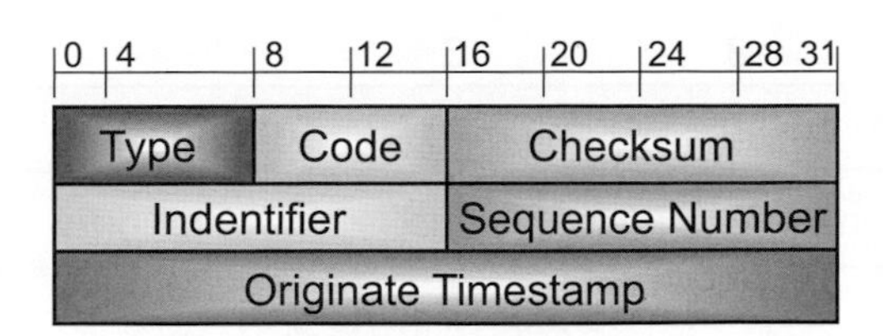

圖 4-20 ICMP 位置遮罩請求與位置遮罩回覆訊息格式

4-5-8 傳輸逾時

傳輸逾時 (Time Exceeded) 為 ICMP 類型 11 (Type 11) 訊息，其資料片格式請參考圖 4-21，是 ICMP 機制的錯誤訊息之一。當封包在網路傳輸的時程太久時，路徑器便會將此封包丟棄，並對封包的傳送端發出一個 Time Exceeded 的訊息，告知封包已被捨棄，有兩種情況：一種是因為路徑器內的尋徑表發生了錯誤，造成路徑循環，使得傳輸路徑形成永無止盡的迴圈 (Loop)，而無法將資料訊號送抵目的地；另一種則可能因為目的端主機進行封包重組時的處理時間超過設定的 timeout 時間值。

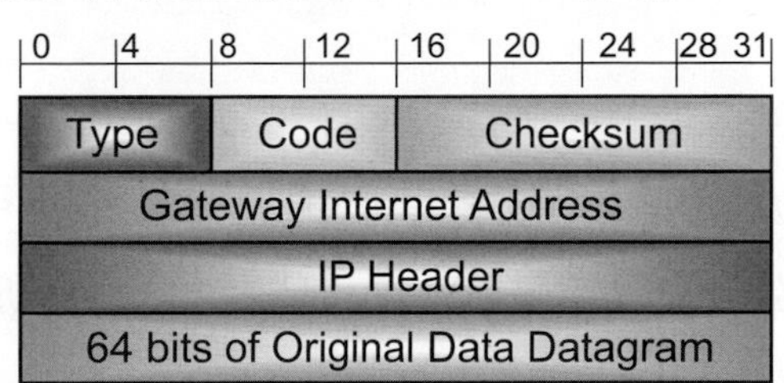

圖 4-21 ICMP 傳輸逾時訊息格式

4-6 位址解析協定

TCP/IP 利用 IP 位址定址 (Layer 3)，其下層的通訊介面也有自己的定址方式 (Layer 2)，其位址稱作物理 / 實體位址 (Physical Address)、硬體位址 (Hardware Address) 或 MAC Address，例如：Ethernet 的 hh.hh.hh.hh.hh.hh，通訊介面並不認得 IP 位址，須將它映射成當地網路的硬體位址，所以，在通訊介面及 IP 之間須存在一機制進行位址的映射，即為位址解析協定與反向位址解析協定 (Address Resolution Protocol，ARP / Reverse Address Resolution Protocol，RARP) 其封包格式請參考圖 4-22。

0	8	16	31
Hardware Type		Protocol Type	
Hlen	Plen	Operation	
Sender HA(byte 0-3)			
Sender HA(byte 4-5)		Sender IP(byte 0-1)	
Sender IP(byte 2-3)		Target HA(byte 0-1)	
Target HA (byte 2-5)			
Target IP(byte 0-3)			

圖 4-22 APR/RARP 封包的格式欄位

- Operation：此封包的類別共有四種：

  1.APR request

  2.APR reply

  3.RARP request

  4.RARP reply

- Hlen：發送端的硬體位址長度。若是 Ethernet 網路則其值爲 6。
- Plen：發送端的網路協定位置長度。因爲 IP 位址佔 4 個 byte 所以此欄位填 4。

Sender HW：發送端的硬體位址。如果是 Ethernet 網路的話，是一個 6 個 bytes 長度的 Ethernet 位址。

Target HW：目的端的硬體位址，在 Ethernet 網路下爲 6 個 bytes 的位址。

Sender IP：發送端的 IP 位址，4 個 bytes 長度。

Target IP：目的端的 IP 位址，4 個 bytes 長度。

負責將 IP 位址映射爲硬體位址 (Hardware Address) 的是位址解析協定 (Address Resolution Protocol，ARP)，ARP 會在系統內動態維護一份 IP 位址與硬體位址的對照表，當 ARP 被要求進行映射時，它先檢查其對照表，若於其中發現要求的 IP 位址，則傳回對應的硬體位址，否則 ARP 會在當地區域網路廣播內含欲映射的 IP 位址封包，當地網路的所有主機皆會收到該封包，若其中的一部發現該封包上的 IP 位址和自己吻合，則會回應 (Reply) 一個內含它的硬體位址的封包，發問的 ARP 收到後，除了將對應的硬體位址傳回要求者外，也將它擺在自己的動態對照表。

系統有時也須將硬體位址 (Hardware Address) 映射成 IP 位址，這時反向位址解析協定 (Reverse Address resolution Protocol，RARP) 即派上用場，常見的情形是在未裝設磁碟機的工作站，這類系統僅安裝網路介面，在初開機時，它們得透過網路介面發出 RARP 廣播封包，向網路上伺服主機詢問自己的 IP 位址。

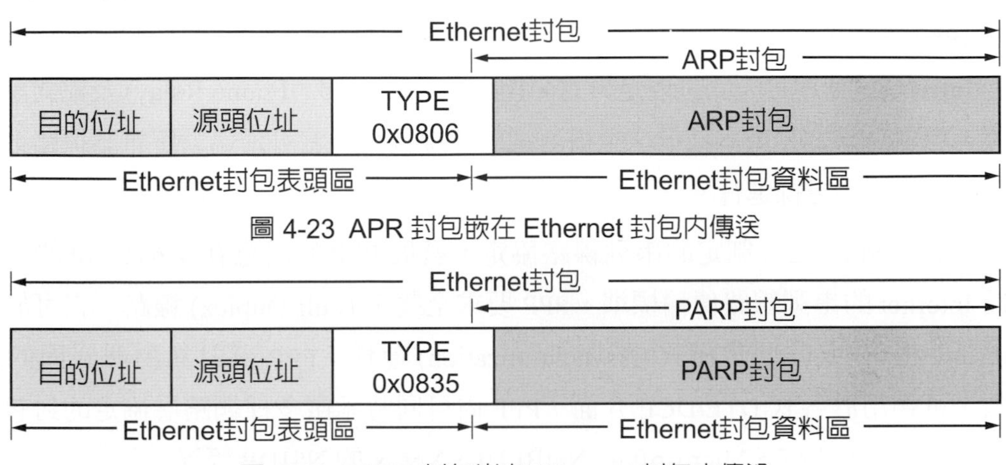

圖 4-23 APR 封包嵌在 Ethernet 封包內傳送

圖 4-24 RAPR 封包嵌在 Ethernet 封包內傳送

- ARP：由 IP Address 詢問 MAC Address
- RARP：由 MAC Address 詢問 IP Address
- P.S. 可以配合 3.10.8 節 ARP 指令來學習此協定

4-7 點對點連線協定

點對點通訊協定 (Point To Point Protocol，PPP) 是一種序列通訊協定用在撥接線路或專線上，提供與 IP 網路的連線。此協定可以將電腦的序列埠轉變爲網路配接器 (Adapter)，表示能和網路卡一樣的傳送資料封包。PPP 具有自動設定 IP 地址的功能，遠端的電腦可以在任何一點連上網路。它也可以用來連接遠端區域網路，以形成網際網路。通常只在資料量較少時才會使用此協定，進化型爲 PPPoE(PPP over Ethernet)，是將序列通訊協定封裝在乙太網路框架中的一種網路隧道協定。

分封交換網路 (PSN) 或電路交換網路 (CSN) 各有其一套方式將數據由一處傳送至另一處，例如：X.25、Frame Relay、ATM、ISDN，它們定義了自己的網路架構及協定規格，對於點對點的線路，例如：數據機撥接的臨時性連線，或是向電話公司租用的 DSS、T1、T3 等專線，亦存在有點對點的專屬協定用以將數據由一點傳送至另一點，這類協定統稱點對點連線協定。

廣域網路的點對點連線協定以 SLIP(Serial Line Internet Protocol) 及 PPP 較爲普遍，它們皆適用於採 DTE/DCE 介面模式的串列線路，例如：RS-232C、RS-422、RS-423、V.35 介面間的連線或各式專線，SLIP 專門傳輸 TCP/IP 的 IP 封包，PPP 的應用則較廣泛，它可承載許多網路層協定的封包，例如：TCP/IP、IPX、NetBEUI、DECnet 等等。

在 1980 年代，Internet 開始以指數型成長，各機構的區域網路開始透過廣域網路連線接上 Internet，其連接方式主要是分封交換網路 (如 X.25、Frame Relay) 及點對點的串列連線，點對點方式是成本較低、且最普遍的連線技巧，它可透過公眾電話網路或向電話公司申請固接的專線進行。

PPP 是繼 SLIP 之後制定的串列線路協定，發展 PPP 的用意在彌補 SLIP 的不足，並成爲 Internet 的串列線路傳輸標準，PPP 要求全雙工 (Full Duplex) 線路，它可於同步 (Synchronization) 或非同步模式 (Asynchronization) 運作，PPP 未對其物理介面的傳輸率設限，可適用於各式 DTE/DCE 介面，PPP 尚可同時承載多種網路層協定的封包，如 TCP/IP、Novell 的 IPX、Microsoft 的 NetBEUI、Xerox 的 NSIDP 等等。

PPP 定義於資料連結層，其中構成 PPP 的三層要件分別是 HDLC 格式的封裝、一組連結控制協定 (LCP) 及一群網路控制協定 (NCP)，LCP 封包用於初始化通訊裝置的資料連結層，NCP 封包用在連線兩端之網路層間的協商 (Negotiation)，例如：動態爲客戶端配置其位址，每種網路層協定皆有對應的 NCP，例如：IP 的 NCP、IPX 的 NCP。

一旦 LCP 組態設置了及雙方的 NCP 協商完成了，資料即可經由 HDLC 封裝、於串列線路上傳送。HDLC 的封裝格式即是 PPP 的框架 (Frame)，PPP 的框架結構源自 ISO 的高層次資料連結控制 (High-Level Data Link Control，HDLC) 協定，此種框架除了用在 PPP 外，也用在其他協定，像是 X.25、Frame Relay 及 ISDN。

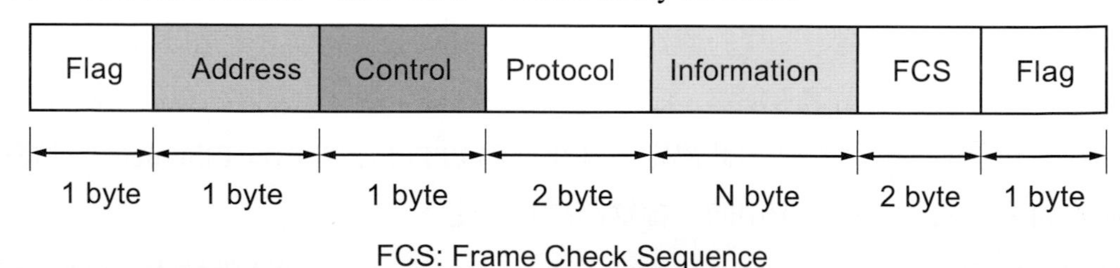

圖 4-25 PPP 框架結構

點對點的協定 (Point-to Point Protocol，PPP) 的設計目標，可以參考的在 RFC 1171 文件，有三主要的元件：一個裝入資料片 (Datagram) 的方法、可展開的連結控制協定 (Link Control Protocol，LCP) 及建立而且配置不同的網路層協定的網路控制協定 (NCPs)

PPP 的一個目標是改善 SLIP 定址的缺點。要達成這個目標包括：動態地商議 IP 位址的能力、為每個架框作核對和錯誤檢查的能力、在單一連續的連接點之上支援多重協定的能力、附加商議的 NCPs 網路層協定、建立連結選擇項的 LCP、PPP 是位元導向協定用位元 (如同旗標) 來識別封包的開始和結束及 PPP 的這個特性起源於高的資料環控制 (HDLC) 協定。包括開始和結束旗標，PPP 封包有 1508 位元組 (最大的資料位元組是 1500 位元組)。

4-8 串列線路網際協定

串列線路網際協定 (Serial Line Internet Protocol，SLIP) 並不被視為 Internet 的標準，細節描述於 RFC-1055，此文件並不是在制定 SLIP 規格，而是在描述一個現有的非標準協定的狀況，SLIP 之所以普遍的原因在於 BSD Unix 將 SLIP 當作基本配備附在系統中，因此其他系統在發展 SLIP 協定時也經常以 BSD 的 SLIP 組態為準。

SLIP 是個非常單純的協定，位於資料連結層，其功能只在傳送 IP 資料片 (Datagram)，SLIP 定義了兩個特殊字元－ END(ASCII 192) 與 ESC(ASCII 219)，END 被安插在每個資料片之後，以此作為資料片間的區隔，ESC 則用於標示資料片中的 END 字元，以此與 SLIP 安插於資料片末尾的 END 相區別。

SLIP 每送出一個 IP 資料片時，會將資料中的 END 改以 "ESC ESC ASCII 220" 三字元取代，並將其中的 ESC 改以 "ESC ESC ASCII 221" 取代，在送完一資料片之後即緊接送出一個 END，如此資料片中的 END 即不會與資料片末尾的 END 相混淆。

SLIP 未定義任何連結控制資訊，因此雙方在建立 SLIP 連線之前必須先得知對方的 IP 位址，否則雙方無法正確收到封包，另外 SLIP 未提供錯誤偵測及資料壓縮服務，在目前的應用上，這些都不會造成困擾，原因是錯誤偵測可選擇性在它的上層協定 (例如：TCP) 進行，而目前的數據機也大多具有壓縮能力，故簡單的 SLIP 其必要開支 (Overhead) 較低，反而展現較高的效率。

傳統的 SLIP 未具壓縮能力，另一非正式規格，但廣為採用的具壓縮能力的版本是 CSLIP(Compressed Serial Line Internet Protocol，CSLIP)，它採用 Van Jacobson(VJ) 之 TCP/IP 表頭壓縮技巧壓縮資料片中的 TCP 及 IP 的表頭，這兩個表頭各佔 20 位元組，極具可壓縮性，壓縮它們可令整體的 SLIP 連線獲得較高傳輸率，PPP 也採用此技巧，但由於 VJ 壓縮非普遍的標準，所以須確定伺服端也支援 VJ 壓縮能力。

4-9 區別使用 SLIP 或 PPP 的通信協定

運作在 OSI 實體層和資料連結層有三個協定能被用來撥接存取網際網路：序向線網際網路協定或翻成串聯線路網際網路協定 (Serial Line Internet Protocol，SLIP)、點對點通訊協定論 (Point-to Point Protocol，PPP)，和壓縮式序向線網際網路協定 (Compressed Serial Line Internet Protocol，CSLIP)。CSLIP 是被壓縮的 SLIP。因爲 PPP 比 SLIP 或 CSLIP 更快和更可靠，所以 PPP 正在成爲主要的協定。SLIP 仍然在較舊的系統上被用來支援主機。

◆ 序向線網際網路協定 (Serial Line Internet Protocol，SLIP)

當使用 SLIP 連接到網際網路的時候，使用者必須知道 IP 位址 (由網際網路服務提供者 (ISP) 分配)。SLIP 不提供任何的 IP 紀錄位址。如果 IP 位址經由動態的主機配置協定 (DHCP) 被分配，使用者必須用手動分配位址或執行簽入。

SLIP 的單純導致下列各項缺點：不能夠自動地記錄 IP 位址，需在連接期間手動建立、只支援一個協定、不執行任何的錯誤檢查及 Windows 支援 SLIP 的客戶；然而遠端的存取服務 (RAS) 的伺服器元件不提供 SLIP 支援。

4-10 簡易郵件傳遞協定

簡易郵件傳遞協定 (Simple Mail Transfer Protocol，SMTP) 是網際網路上的郵件伺服器的通訊協定，一般使用 25 作爲通訊埠號，可以將電子郵件發送給網路上任何一部主機或者接收別人傳給你的電子郵件，時常和郵局協定（Post Office Protocol，POP) 一起被討論，POP 也是網際網路上的郵件伺服器的通訊協定，一般使用 110 作爲通訊埠號，可以將電子郵件發送給網路上任何一部主機或者接收別人傳給你的電子郵件，較著名的是第三版，所以稱之爲 POP3，而 POP3 和 SMTP 都是網際網路上的郵件伺服器的通訊協定，一般的組合方式是使用 POP3 是用來接收及儲存電子郵件，而 SMTP 用來發送電子郵件，例如：Microsoft Outlook 2016 等等都是。另外還有 IMAP (Internet Message Access Protocol) 也是用來存取電子郵件或佈告欄所使用的通訊協定，一般使用 143 作爲通訊埠號，該通訊協定允許 E-Mail 郵件軟體能夠輕易存取遠方的訊息，它與 POP3 最大的不同之處是 POP3 是將郵件下載到本地處理，而 IMAP 則不是，它連結到郵件伺服上操作，即時較好，但各有適用時機，像是在無法連網的情形，事先下載郵件再處理郵件也是不錯的方式。

4-11 網路檔案系統

網路檔案系統 (Network File System，NFS) 是昇陽公司 (Sun) 在西元 1985 年附於 Sun 作業系統的網路檔案系統，規格完全公開，因此在許多支援 TCP/IP 的平台上皆可見到 NFS 的蹤跡，NFS 採用 TCP/IP，所以其主、從連線可涵蓋整個 Internet，換句話說遠在地球另一端的 NFS 客戶主機也可透過 Internet 分享於另一端 NFS 伺服器的檔案。

NFS 利用 UDP 作爲傳輸協定，UDP 屬於非連線導向式協定，就是說無需建立連線所須的握手程序，也不保證資料於傳輸過程的完整性，因此 NFS 主從架構採用一無態 (Stateless) 操作，無態是指沒有明顯的主從互動狀態，在無態互動中，每當客戶端發出一檔案要求時，須一直等待直到收到伺服器回應之後才能再發出下一個要求，若逾時未收到伺服器的回應，客戶端須再發出同一個要求，一個檔案的接收完畢即代表一次主從互動程序的完成。

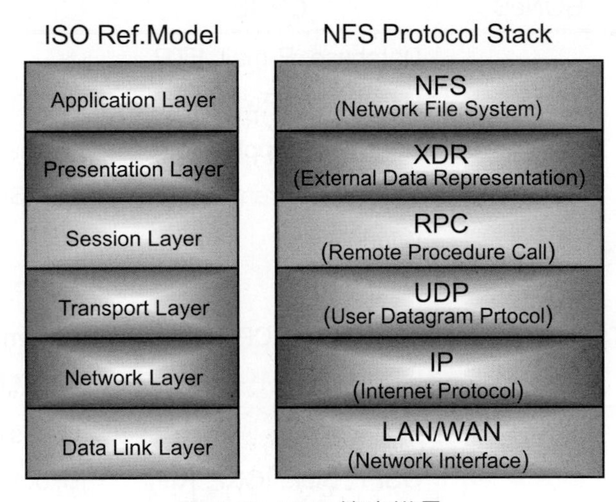

圖 4-26 NFS 協定堆疊

Sun 的 NFS 協定亦爲堆疊形式 (圖 4-26)，於此架構中，RPC 負責於伺服端及客戶端之間建立一邏輯連線，RPC 客戶端向 RPC 伺服端發出要求，由伺服端呼叫相關的 NFS 程序，然後將回應連同程序的執行結果回應予客戶端，XDR(RFC-1014) 負責描述、編碼或解碼於伺服端及客戶端之間傳送的資料，最頂層的 NFS(RFC-1094) 定義了檔案、目錄結構及客戶端與伺服端的應用程序。

4-12 網路模擬軟體

通訊協定使用了一段時日之後，大都會發生漸漸不符合需求及想要自行設定一個新的通訊協定時，考慮到不太可能花大錢去建置心中的協定的基礎建設，所以只能使用網路模擬軟體來解決。大多數人所使用的網路模擬軟體有 BONeS (BONeS 的網址：http://www.cadence.com/)、OPNET (OPNET 的網址：http://www.opnet.com/) 及 NS (NS 的網址：http://www.isi.edu/nsnam/ns/index.html) 等等，下表是這三種網路模擬軟體的簡單比較表，幾年前大多數人都使用 BONeS，而近幾年來他們都改使用 OPNET 及 NS(Networks Simulation)，但 OPNET 需要大筆經費來購買，不過其支援算是十分完整，NS 的好處則是免費且 Open Source Code，所以以下將介紹 NS2，NS2 則是 NS 的第二個版本。

表 4-8 網路模擬軟體比較表

Layer	BONeS	OPNET	NS
應用層 (Application Layer)		Database, E-mail, FTP, HTTP,MTA, Remote login, Print,Voice Application, Video Conferencing, X Window	HTTP, FTP, Telnet, Constant- Bit-Rate, On/ Off Source
傳輸層 (Transport Layer)	TCP, UDP	TCP, UDP, NCP	UDP, TCP, Fack and Asym TCP, RTP, SRM,_ RLM,PLM
路由通訊協定 (Routing Protocols)		OSPF, BGP, IGRP, RIP, EIGRP, PIM-SM	Session Routing, DV Routing, Centralized, dense mode, (bi-direction) shared tree mode
網路層 (Network Layer)	IP	IP, IPX	IP
資料鏈結層 (Data Linker Layer)	ATM,Ethernet, TR, FDDI	ATM, (Fast,Gigabit) Ethernet, EtherChannel, FDDI, FR, LANE, LAPB, STB, SNA, TR, X.25,802.11	CSMA/CD, CSMA/CA, Multihop, 802.11, TDMA
實體層 (Physical Layer)		ISDN, SONET, xDSL	

使用 NS2 來模擬網路通訊協定需要撰寫程式，而 NS2 使用二種程式語言分別是 C++ 及 OTcl，各司其職詳細請參考 http://www.isi.edu/nsnam/ns/index.html 網站上的 NS by Example。

建議學習流程：

1. 建立好 NS 的使用環境
    - Step 1：選擇作業系統平台來安裝 NS2 (支援的作業系統平台有 FreeBSD、Linux、SunOS、Solaris、Windows)
    - Step 2：下載對應作業平台的 NS2 (建議選擇 All-in-one)
    - Step 3：安裝 NS2
    - Step 4：安裝 nam (network animator)
    - Step 5：安裝 xgraph (win32 不需要)
2. 閱讀 NS by Example 及 NS Manual (可從 NS 網站下載)
3. 使用 example 操作一次
4. 寫一個小程式試用看看

可使用 VMware 或 Virtual PC 等軟體，在原有的 OS 上模擬出 Virtual Machine，再該 Virtual Machine 上安裝所需要的 OS，而 Virtual Machine 上的 OS 稱爲 Client OS，而原 OS 則稱爲 Host OS，Client OS 是 Host OS 的檔案系統中的檔案，所以只要安裝一次 Host OS 可重複使用在其他電腦，且較無相容性之問題。

使用 VMware 時，請注意安裝 VMware tools，爲了可以正常使用滑鼠及 X window。另外 Cygwin 這軟體也不錯，可在其上執行 Unix 軟體而不需要眞正安裝 Unix OSCygwin，Cygwin 網站：http://www.cygwin.com/

◆ 模擬步驟 (Simulation Steps)：

1. 環境設定 (Environment Setting)
2. 建立網路拓撲 (Creating the network (topology))
3. 計算路由 (Computing routes)
4. 建立連線 (Creating connection)
5. 產生封包 (Creating traffic)
6. 追蹤 (Tracing)

4-13 網路程式設計

想要自行設定網際網路的應用服務，就需要使用 Socket (即 IP Address 加上 Port Number)，在 UNIX 系統叫 Socket (BSD) 而在 Microsoft Windows 上叫 WinSock，目前有兩個版本，分別爲 WinSock 1.1 及 WinSock 2.0，是一種 Client-Server 架構，如圖 4.21 所示，所以撰寫程式分成 Client 及 Server 程式，而 Client 與 Server 之間所使用的通訊協定又可分爲 TCP 及 UDP 兩種，若要再細分還可分成 Blocking and Nonblocking 的方式，不同協定程式撰寫方式就不同，通訊程序主要有以下幾個步驟：

Server 端：

- Step 1：開啓 Socket
- Step 2：連結 (Binding)
- Step 3：監聽是否有 Client 在呼叫
- Step 4：若有則接受
- Step 5：開始傳送及接收
- Step 6：關閉 Socket

Client 端：

- Step 1：開啓 Socket
- Step 2：呼叫 Server 要求連線，等待 Server 接收
- Step 3：開始傳送及接收
- Step 4：關閉 Socket

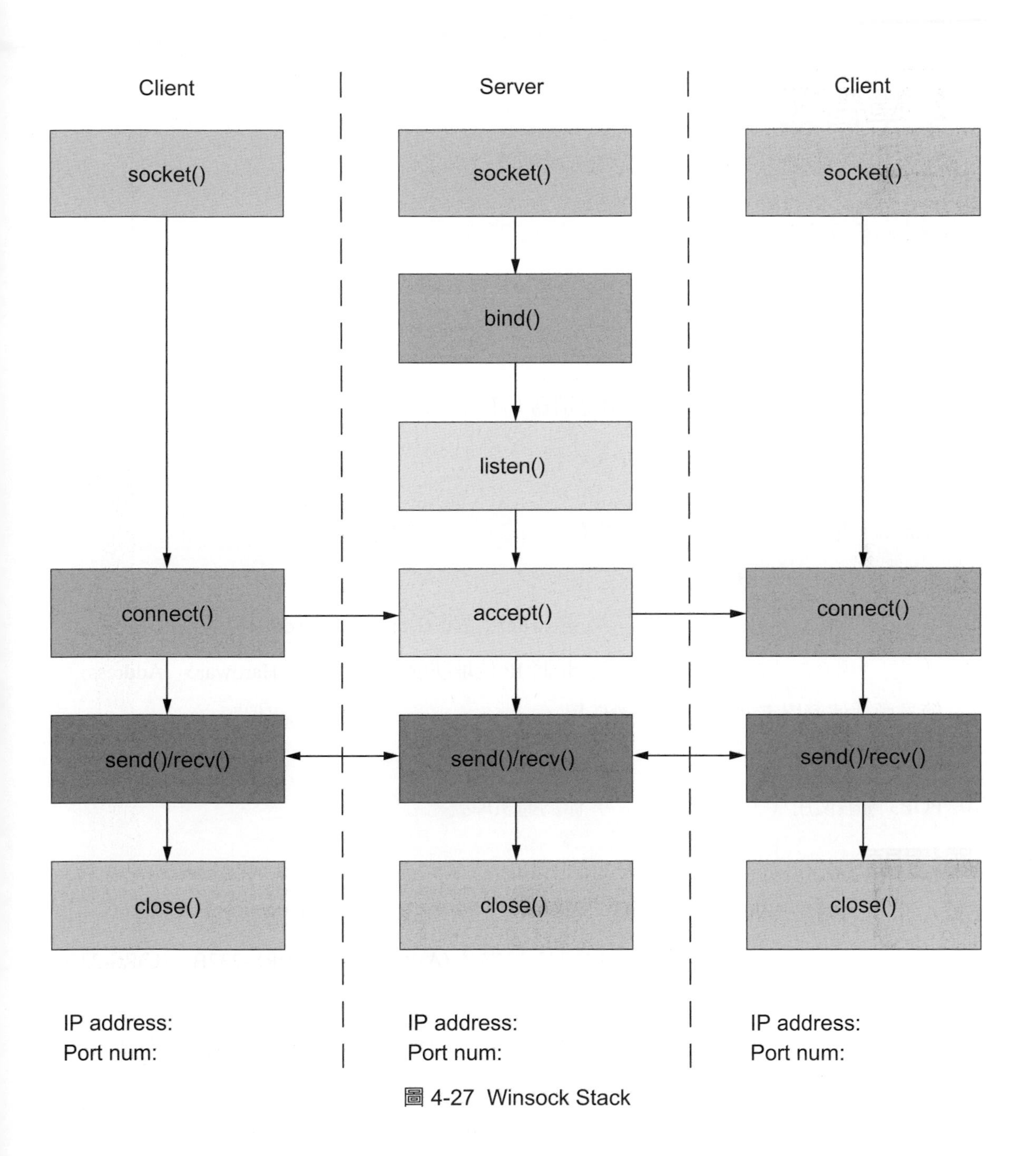

圖 4-27 Winsock Stack

本章習題

填充題

1. 傳統國際標準的制定大抵可分爲五個階段，分別爲（　　　　　）、（　　　　　）、（　　　　　）、（　　　　　）及（　　　　　）。
2. 最著名的 ASCII 碼是的由（　　　　　）標準組織制定。
3. ISO　OSI　7 層架構，由一至七層分別爲：（　　　　　）、（　　　　　）、（　　　　　）、（　　　　　）、（　　　　　）、（　　　　　）和應用層。
4. WinSock 是（　　　　　）和（　　　　　）的結合。
5. 一般 FTP 使用的通訊埠是（　　　　　）。
6. （　　　　　）是將硬體位址 (Hardware　Address) 映射成 IP 位址。
7. （　　　　　）是將 IP 位址映射成硬體位址 (Hardware　Address)。
8. 簡易郵件傳遞協定 (SMTP)，一般使用（　　　　　）作爲通訊埠號。
9. IMAP 一般使用（　　　　　）作爲通訊埠號。
10. POP3 一般使用（　　　　　）作爲通訊埠號。

選擇題

1. （　）請問下列哪一個不是國際標準組織？ (A)OSI　(B)ANSI　(C)ITU　(D)ISO。
2. （　）請問下列哪一個不是 RS-232 標準？ (A)RS-232A　(B)RS-232B　(C)RS-232C　(D)RS-232D。
3. （　）World Wide Web 的發明人是 (A) 馬克·扎克伯格 (B) 貝爾 (C) 比爾·蓋茲 (D) 提姆·柏內茲 - 李。
4. （　）台灣電器工作電壓是 (A)100V　(B)110V　(C)　120V　(D)130V。
5. （　）台灣電器工作頻率 (A)50Hz　(B)60Hz　(C)70Hz　(D)80Hz。
6. （　）制定無線網路標準是 IEEE　(A)802.10　(B)　802.11　(C)　802.12　(D)　802.13 標準委員會。
7. （　）中華民國國家標準的縮寫爲何？　(A)OSI　(B)ANSI　(C)ITU　(D)CNS
8. （　）點對點通訊協定 (Point To Point Protocol，PPP) 是一種 (A) 序列　(B) 並列　(C) 序列及並列　(D) 以上皆非　通訊協定。

問答題

1. 請說明 OSI 參考模式的基本架構，並針對各層協定舉例說明。
2. 請說明 OSI 模式實體層的主要功能爲何？爲何中繼器與集線器爲實體層配備？
3. 當接收端發現封包發生錯誤，該如何處理？
4. 何謂網域位址？其功用爲何？如何設定？各類型位址如何進行網域位址設定？
5. 何謂 URL?
6. 請解釋下列的英文專有名詞並進行說明：(1)ARP　(2)RARP　(3)MAC　(4)ICMP
7. 何謂邏輯位址？何謂實體位址？兩者有何區別？
8. 爲何需要 ARP 協定？何謂 ARP Table ？請說明 ARP 機制的運作方式。
9. 爲何需要 RARP 協定？ RARP 與 ARP 機制有何不同？ RARP 一般運用在什麼樣的場合？何謂 RARP 伺服器？請說明 RARP 的運作方式。
10. 何謂 Protocol ？其重要性爲何？
11. 何謂碰撞 (Collision) ？
12. 何謂 ARQ ？
13. 何謂 Go back N ARQ ？
14. 何謂 Select Repeat ARQ ？
15. 何謂 WinSock ？

NOTE

Chapter 05

IP 及 DHCP 協定

學習目標

- 5-1 IP 位址
- 5-2 網際協定
- 5-3 IP 選徑機制
- 5-4 IPv6
- 5-5 動態主機組態協定
- 5-6 取得 DHCP 伺服器派送 IP 設定過程
- 5-7 DHCP 的分配方式
- 5-8 DHCP 的工作原理
- 5-9 DHCP 封包格式

裝置要上網要先有定位定址，常聽到上網要先得 IP，IP 是什麼呢？不能自動設定嗎？又有 IPv6，又是什麼呢？本章一一介紹上述的常聽到名詞。

5-1 IP 位址

現實生活中信件可以順利送到收件人手上，是利用全世界唯一郵件地址來完成，而在網際網路中也有相同的需求，不過使用的方法是利用網際網路通訊協定 IP(Internet Protocol，IP)，制定了一種定位方式，就是 IP Address (IP 位址)。其表示法用了 4 組數字，如公式 5.1-1 所示，而每個數都是八位元 (2^8=256，即 0~255)，可以從 0.0.0.0 到 255.255.255.255，其間以小數點“.”隔開，例如：192.192.76.212 代表 LIT (黎明技術學院) 的某台主機 (Host)。IP Address 是不可以隨便亂用的，是有規則的，大部份都是需要申請後才能使用，且有些 IP Address 是保留作爲特殊用途的，稍後再作詳細地介紹。

$$dec3.dec2.dec1.dec0 \qquad (5.1\text{-}1)$$

其中，dec0 至 dec3 爲 10 進位數值，此種 P 位址表示法以點隔開數字，故又稱作點標記法 (Dotted Notation) ，IP 位址長 32 位元，但實際上僅內含兩項資訊，即網路號碼 (Network Number) 與主機號碼 (Host Number)，IP 位址也可表達成圖 5-1。

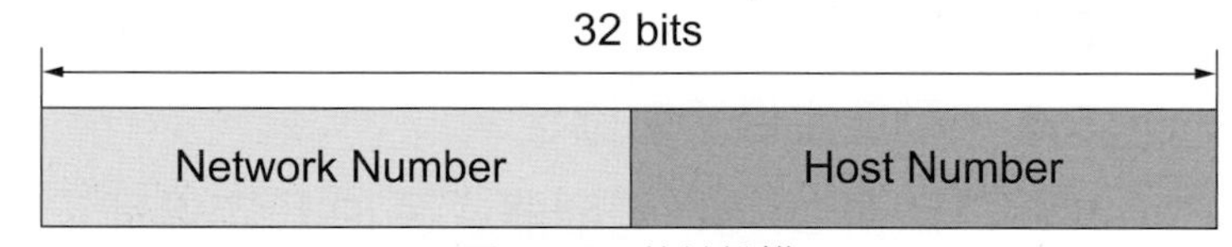

圖 5-1 IP 位址結構

TCP/IP 是網路導向的，相同網段中主機的 IP 位址之網路號碼是相同的，而主機號碼則是該主機在該網內唯一的編號，同網路的主機間可直接互通，不須藉助第三者，不同網路主機則需要路由器 (Router) 於網路間遞送封包，而路由器是依賴 IP 位址中的網路號碼來做爲選徑的判斷。

IP 位址又名主機位址 (Host Address)，一部主機並非只能有一個 IP 位址，但實際上主機的每個網路介面皆可擁有數個 IP 位址，若無特殊需求，一般還是一個介面一個位址。

◆ IP 位址分級

如圖 5-2 所示，IP 位址分級分成五級，分別爲 Class A、Class B、Class C 、Class D、Class E。TCP/IP 網路依其中所能容納的主機數量多寡分成 A、B、C 三級，D 級目前爲實驗性多點投射 / 群播 (Multicast) 位址，可參圖 1-29，E 級則保留作爲未來發展之用，分級的技巧是配置不同的位元數目予網路號碼部份，網路號碼的位元數多，該級的網路數目就多，但相對的其主機號碼的位元數就變少，而該網能容納的主機數目也少。網路等級的區別方式是由其 IP 位址的最高特定位元的值判定，圖 5-2 中，A 級網路的最高位元值爲 0，B 級網路的爲 10，C 級網路爲 110，最高三個位元值爲 111 的位址則保留做爲其他特殊用途。

網路分級的原因是考慮到不同規模的網路，因爲 Internet 是網路導向的，當申請一個網路時，申請者須考慮其網路內可能有的主機數目，並申請適當等級的網路，申請超過實際所須的網路將使得大部份 IP 位址被閒置，在目前 IP 位址短缺的情況下是不被允許的。但是 Class A 擁有約 16777216 個 IP Address，實在太大，而 Class C 卻只有 256 個 IP Address 又小，Class B 有 65536 個 IP Address 差不多，這就是 Internet 中有名的三個熊的問題 (The Three Bears Probelm)。

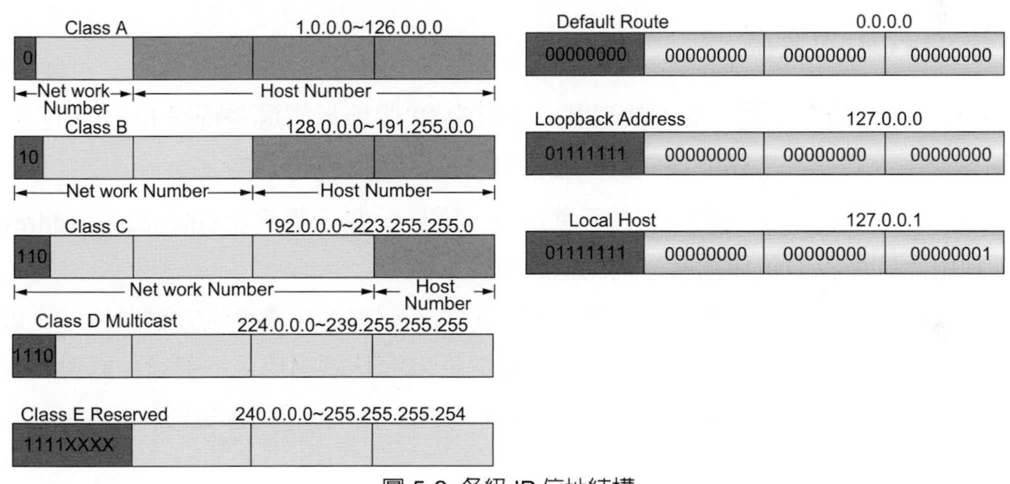

圖 5-2 各級 IP 位址結構

解決 The Three Bears Problem 的方法有轉址 (Network Address Translation，NAT) 及 CIDR(Classless InterDomain Routing) 或稱爲超網路定址 (Supernetting)。舉例來說 CIDR，某公司需要 2000 個 IP Address，若申請 Class B 則太大，若申請 Class C 則太小，解決的方法是申請八個連續的 Class C 之 IP Address(254*8=2032)。

網路 0 與 127 已保留於特別用途，網路 0 代表預設選徑 (Default Route) 位址，供應用程式將之做爲預設選徑的位址表示方式，網路 127 代表回繞 (Loopback) 位址，方便主機自己定位自己。在各等級的 IP 位址中，有兩種特別的位址已保留它用，主機號碼的位元值皆爲 0 的位址代表該網路本身，主機號碼的位元值皆爲 1 的位址爲該網路的廣播位址 (Broadcast Address)，此位址可同時定址當地網路的所有主機，例如：7.0.0.0 代表網路 7，其廣播位址爲 7.255.255.255，192.192.76.0 代表網路 192.192.76.X，其廣播位址爲 192.192.76.255。

◆快速判定網路類別

快速判定網路類別的方法是檢查 IP 位址的第一組數值是屬於那一個範圍，可以查閱表 5-1。(此表是根據上節所說明之規則整理所來，最好熟知規則就推算出此表)。

表 5-1 網路類別範圍表

類別 (Class)	範圍 (Range)	數量
Class A	0~127	128
Class B	128~191	64
Class C	192~223	32
Class D	224~239	16
Class E	240~255	16

◆特殊 IP 代表的意義

特殊 IP 代表特殊意義，並不代表某一主機的 IP 位址，而這些特殊 IP 位址有：

1. IP 位址中主機位址部份的所有位元都爲零，代表這個網路本身。
2. IP 位址中主機位址部份的所有位元都爲壹，這是一個廣播位址 (Broadcast Address)，可利用此位址將封包傳給某一網路上的所有主機。
3. 255.255.255.255 是網路廣播位址和 2 不同的是，它不必明確地指定網路位址，就可以做到廣播的功能。不過此一位址僅適用於區域網路廣播用，一般路由器會將其過濾掉。在網路位址反解析 (RARP) 協定上常用此一位址來對網路廣播向別人詢問以求得自己本身的 IP 位址。
4. 127.X.X.X(X 爲任意值) 定爲 Loopback 位址，是用來做內部測試用，當使用此一位址來傳送封包時，網路介面卡不會將封包送到網路上而是返回本身的解通訊協定程式。因此可用它來檢測網路介面卡和 TCP/IP 協定程式是否安裝正確。使用 Loopback 接頭裝在網路卡上有相同功能 (即 Pin1 接 Pin3，Pin2 接 Pin6)，如圖 5-3 所示。

圖 5-3 Loopback 接頭

5. InterNIC 保留予以下 IP 位址供私人使用，稱私有 IP（Private IP），不需要申請。

   Class A：10.0.0.0~10.255.255.255　　(1 個連續的 Class A 網路)

   Class B：172.16.0.0~172.31.255.255　　(16 個連續的 Class B 網路)

   Class C：192.168.0.0~192.168.255.255　　(256 個連續的 Class C 網路)

雖然 IP 位址的容量是 32 位元，但 Internet 目前遭遇的瓶頸卻是 IPv4 位址將在短期內耗盡，解決之道會採用 IPv6 (或稱爲 IPng)，造成此問題的主因即是網路分級的設計，它使得實際可用的 IP 位址較理論上的 47 億個還少，以一個 C 級網路爲例，此種網路最多可有約 254 部主機 (254=256-2)，但申請此級網路的機構可能沒有那麼多部主機，因此該網中未分配到的 IP 位址就被閒置了，無論如何此問題並不能怪罪設計者無先見之明，在 TCP/IP 誕生的年代，網路作業僅限制在大型機構，當時尚無 Unix 系統，一個 32 位元的定址方式在當時的環境而言實在夠大了，誰知道網路會發展成今天的規模。

爲了解決 IP 日漸不足的問題，RFC1918 定義了一段 Private IP address，這段 IP 可作爲企業或個人自行運用的 IP Address 而無須向上游申請的手續。這些電腦只能和單位內的電腦連線，外面的網路看不見單位內這些 Private IP Address 的電腦，因此這段 Private IP Address 可重複地被不同單位內部所使用，進而達到節省 IP 的目的。

Private IP Range 在 RFC 1918 共定義了三個範圍的 Private IP address，即上述第 5 點所列的 IP Address，Private IP 優點有節省 IP 的使用、讓網路設計時能有較大的彈性，而 Private IP 缺點有使用 Private IP 的電腦無法連上 Internet，需經轉址 (NAT)。

◆ 網路遮罩

IP 位址的網路號碼決定了主機所屬網路，因此主機在傳遞封包之前，會先由其中過濾出網路號碼，以決定封包的歸宿。爲由 IP 位址濾出網路號碼，人們引進網路遮罩 (Netmask) 概念，該遮罩同樣是 32 位元數值，根據 IP 位址的分級，網路遮罩中與網路號碼對應的位元保留爲 1，主機號碼的位元皆爲 0，將這樣的遮罩與 IP 位址進行 AND 運算的結果即是網路號碼 (圖 5-4)。

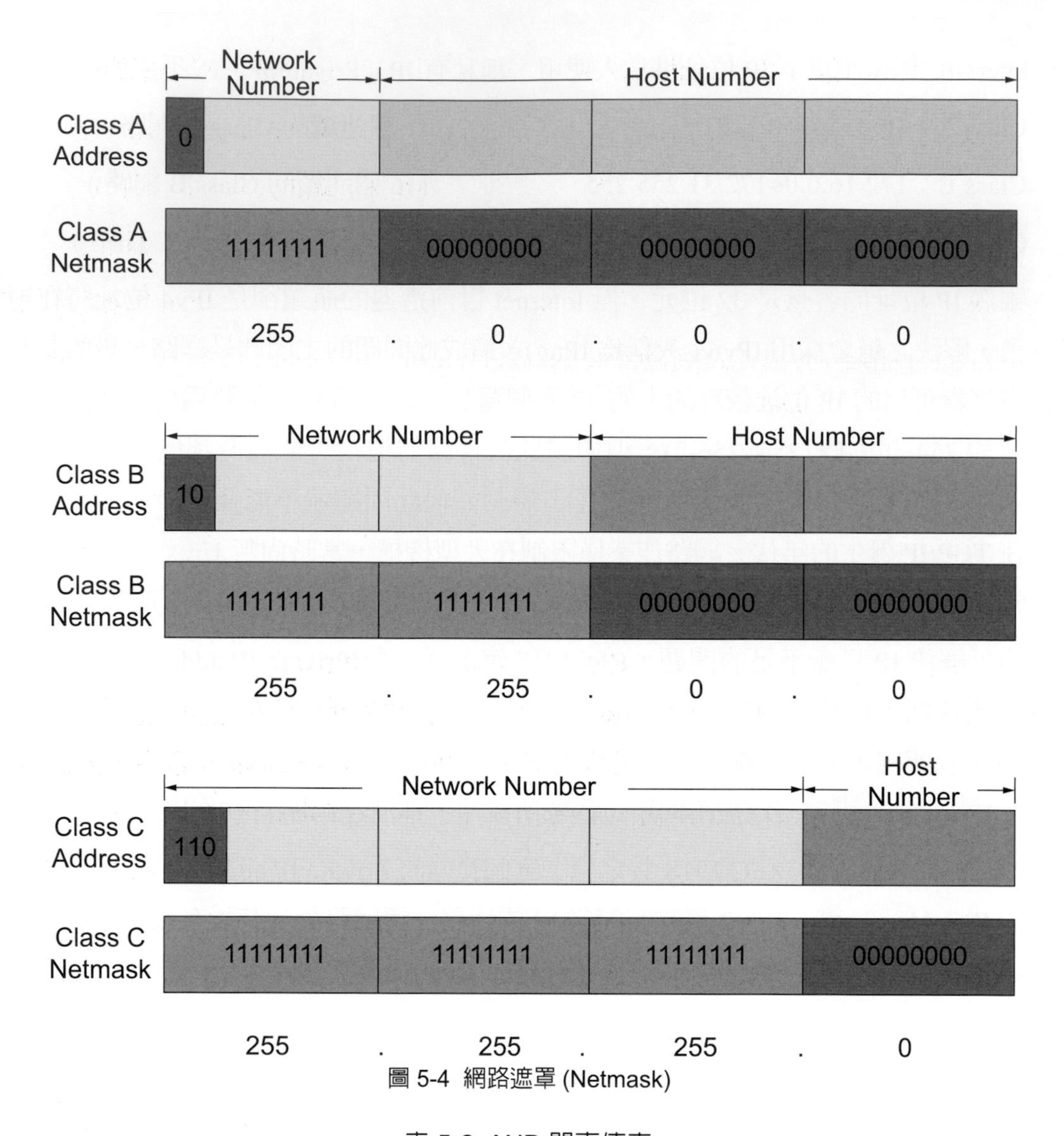

圖 5-4 網路遮罩 (Netmask)

表 5-2 AND 閘真值表

AND 閘		
輸入		輸出
0	0	0
1	0	0
0	1	0
1	1	1

```
    0110 0110
AND 1111 0000
-------------
    0110 0000
```

圖 5-5 AND 閘運算效果示意圖

例如 A 級網路的網路號碼為其 IP 位址中的最高 8 位元，故其網路遮罩為 255.0.0.0，依此類推，B 級網路的遮罩為 255.255.0.0，C 級為 255.255.255.0。

◆ 子網路遮罩 (Subnet Mask)

將 IP 位址規劃成網路號碼及主機號碼兩部份已可應付大部份需求，但網路分級所衍生的問題是有些大型機構、組織、或企業內部實際上是由數個區域網路所組成，在技術上每個區域網路皆得擁有自己的網路號碼，否則網路之間無法遞送封包，解決方式可以是為每區域申請一組網路號碼，但這通常會造成 IP 位址的浪費，而實際上也沒有一個區域網路可在不使用路由器或閘道器裝置的情況下含滿 A 級或 B 級網路所能容納的主機數目，所以網路有必要再劃分成次網路 (Subnet)。

欲設置次網路就必須有次網路的編號，換言之原本 IP 位址所表達的 [Network，Host] 資訊即須變換成 [Network，Subnet，Host] 形式，而為了在原本的網路號碼之下要再獲得次網路號碼，就必須犧牲主機號碼的些許位元作為次網路號碼的位元，至於犧牲的位元數量須由次網路數量決定，挪做次網路號碼的位元越多，剩餘主機號碼的位元就越少，則每個次網路所能容納的主機數量即相對減少。

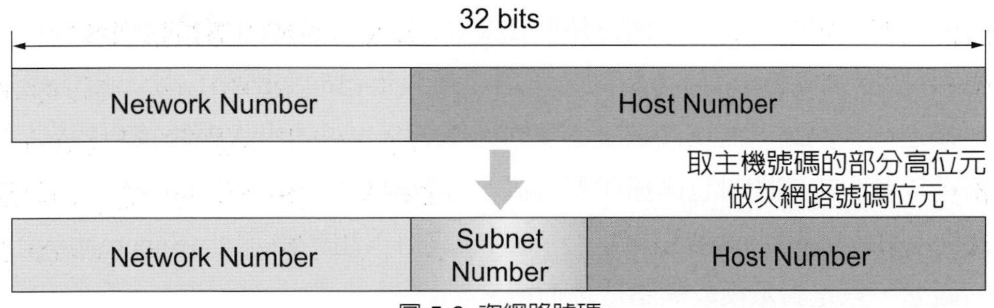

圖 5-6 次網路號碼

至於如何由主機號碼位元挪出次網路號碼位元？實際的作法是將網路遮罩的 1 的範圍由網路號碼位元延伸至主機號碼的高位元，例如：若欲將一個 B 級網路劃分成 8 個次網路，則須由主機號碼位元挪出 3 個位元作為次網路號碼位元，由 IP 的運算習慣，大家可將預設的 B 級網路遮罩 255.255.0.0 延伸成 255.255.224.0，以二進位表示即為

11111111.11111111.11111111.11100000

其中，第四個位元組左側的 3 個位元即對應至次網路號碼位元，此網路遮罩可將任一 C 級網路位址劃分成八個次網路位址，即

表 5-3 一 C 級網路位址劃分成八個次網路位址

IP 位址範圍	Subnetwork ID	Host ID	子網路遮罩
192.192.76.0-31	192.192.76.0	0-31	255.255.255.224
192.192.76.32-63	192.192.76.32	32-63	255.255.255.224
192.192.76.64-95	192.192.76.64	64-95	255.255.255.224
192.192.76.96-127	192.192.76.96	96-127	255.255.255.224
192.192.76.128-159	192.192.76.128	128-159	255.255.255.224
192.192.76.160-191	192.192.76.160	160-191	255.255.255.224
192.192.76.192-223	192.192.76.192	192-223	255.255.255.224
192.192.76.224-255	192.192.76.224	224-255	255.255.255.224

其中的 192.192.76 為原本的網路號碼部份，每個次網路可提供 2^5 個主機號碼，其中 0 已保留，31 為該次網路的廣播位址，所以實際上有 2^5-2 個主機號碼可用，所以每個子網路都有二個 IP Address 被保留起來，就是子網路中的第一及最後一個 IP Address。

變動網路遮罩對於 IP 的影響只在於由 IP 位址計算得的網路號碼，當大家將網路遮罩延伸至主機號碼位元時，對於 IP 只是網路號碼的位元數目增加而已，只要同一個網路內的所有主機皆使用相同的網路遮罩，即不會影響 IP 對於資料片的遞送，換言之網路遮罩的引入令 IP 位址的使用變得更有彈性。

次網路的設置尚可解決不同網路類型之並存以及長距離或主機數量過多的問題，例如：透過次網路的設置，不同種類的網路即可擁有自己的次網路位址，再透過 IP 路由器即可連接這些次網路，而主機數量過多的區域網路也可使用次網路技巧將之打散成數個小網路，以減少主機間封包碰撞頻率過高、導致網路傳輸率下降的問題。而無級別跨域繞送 (Classless InterDomain Routing，CIDR) 或稱為超網路定址 (Supernetting) 也是使用相同的觀念，只是對象換成網路位址而已。

◆ NAT

轉址 (Network Address Translation，NAT) 定義於 RFC 1631，基本上它是在路由器（Router）/ 防火牆（Firewall）/IP 分享器中進行一個轉換 IP header 中私有 IP（Private IP）與公有 IP（Public IP）轉換的動作，以便讓多台電腦能使用較少的 IP 連上 Internet

的技術。NAT 可分為三種，分別為靜態轉址（Static NAT）、動態轉址（Dynamic NAT）及換埠轉址（Port Address Translation, PAT），詳細說明如下：

靜態轉址（Static NAT）：私有 IP（Private IP）與公有 IP（Public IP）之間的對應關係是採用一對一對應，一般是手動指定，所以並沒有減少使用 Public IP 數量，只是往內網傳送時，公有 IP 轉換成私有 IP，或往外網傳送時，私有 IP 轉換成公有 IP。

動態轉址（Dynamic NAT）：一群私有 IP（Private IP）與一群公有 IP（Public IP）之間的對應關係是採用多對多對應，一般是系統自動指定，且一般是 Private IP 的數量大於 Public IP 的數量，所以在此情形之下，可節省到 Public IP 的使用數量，不過相反情形也是可能發生。

換埠轉址（PAT）：也被稱為通訊埠轉址 (Network Address Port Translation, NAPT) 或過載（Overloading），一群私有 IP（Private IP）與一個公有 IP（Public IP）之間的對應關係是採用多對一對應，一般是系統自動指定使用不同的通訊埠來對應，所以在此情形之下，可節省到很多 Public IP 的使用數量，是上述三種方法中，節省 IP 數量最有成效的，如表 5-4 所示。

表 5-4 NAT 各法比較表

種類	私有 IP	公有 IP
靜態轉址（Static NAT）	One	One
動態轉址（Dynamic NAT）	Group	Group
換埠轉址（PAT）	Group	One

◆NAT 的優點

- 由於對外只使用一個 Public IP address，因此內部使用的 Private IP Address 可重複地在不同單位使用。
- 只要少數 Public IP Address 就能讓單位內所有電腦都連上 Internet。
- 使用 Public IP Address 的電腦會被單位外部網路所存取，使用 Private IP Address 的電腦不會直接被存取，安全性較佳。

◆NAT 的缺點

- 通訊協定資料中如含有其 IP Address 者將無法使用 (例如：FTP)。
- 以 IP address 作為安全檢查的方式將不可行。

5-2 網際協定

網際網路協定 (Internet Protocol，IP) 是網際網路協定層最主要的協定，它也是整個 TCP/IP 協定堆疊的靈魂之一，其他協定都得靠 IP 傳輸資料，無論資料的最終目的為何，所有流進流出的資料皆會經過 IP 層，而資料片 (Datagram) 是 TCP/IP 協定中網際網路協定層的資料傳輸單位，其功能包括：

- 於網路存取層及端對端傳輸層之間搬移資料。
- 進行資料片 (Datagram) 的封裝與解封裝。
- 將資料片傳送至目標主機。

在連線技術上，IP 具有下列特性：

- IP 是非連線導向 (Connectionless) 的，意即 IP 是直接將封包傳至目標，並無事前的握手 (Handshake) 程序。
- IP 無錯誤偵測動作，IP 不驗證目標主機是否確實收到正確的資料，透過 IP 傳送資料的協定可視需要自行偵測傳輸時可能發生的錯誤。
- 資料片彼此間的次序經傳送至對方時有可能和原來的不同，例如：若資料片通過動態選徑區段時，不同的資料片可能流經不同的路徑，此時即可能發生先出發後到達的情形。
- 相同資料片可能被重複發送，而 IP 不做此類偵測，重複發送的情形可能發生在發送端的上層協定在逾時未收到接收端的認可回應 (中途遺失？)，再次透過 IP 發送同一個資料片，而實際上，接收端在收到第一個資料片時已回應過 (對方沒收到？)，結果又再次收到同樣的資料片。

以上幾點似乎意味著 IP 不可被信賴，實際上也並非如此，特別是在目前通訊品質普遍良好的網路環境，且若真正需要做到零錯誤的資料傳輸，也可在其上層協定進行，TCP 就是個例子。

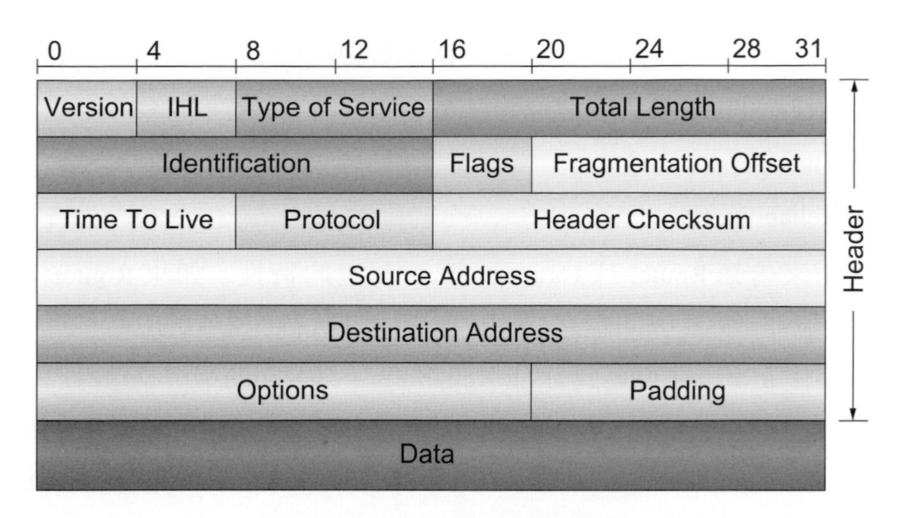

圖 5-7 資料片 (Datagram) 結構

以下的部份建議與封包擷取軟體搭配來學習，效果較好，例如採用免費的 Wireshake。

- Vers：IP 協定的版本號碼。VERS 可讓解 IP 協定的軟體區分爲該 IP 封包使用的表頭格式是否爲舊的版本格式。如果版本號碼不對，處理 IP 協定的軟體可拒絕接受該資料封包。目前的 IP 協定的版本號碼爲 4 或 6。
- Hlen：IP 封包表頭的長度，以 32 位元爲單位。IP 表頭中除了 Options 和 Padding 兩個欄位外，其餘欄位皆是固定長度，因此若是無 Options 和 Padding 兩個欄位，Hlen 應該填 5。
- Type of Service：定義了 IP 封包在網路上傳送時的處理方式，它的長度是一個位元組，該位元又可分爲：

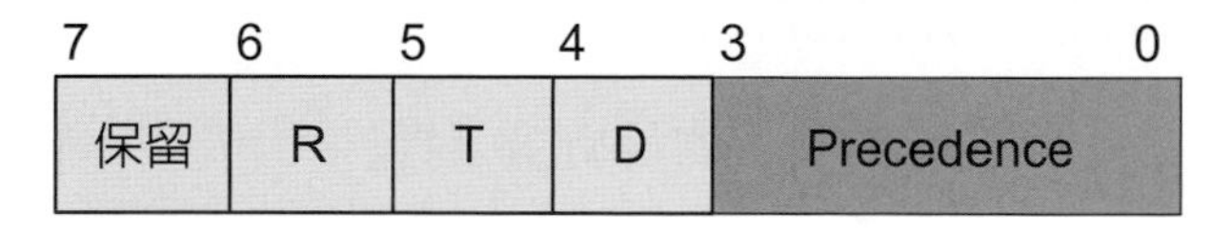

圖 5-8 Service Type 欄位示意圖

- Precedence：該封包在網路上傳送時的優先次序等級。可分爲 0-7 共 8 個等級，數字愈高等級愈高。它也代表了該封包的重要性。例如：該封包如果帶著使用者在遠端終端機模擬時所按下的鍵的 ASCII 碼，則其重要性與傳送的急迫性當然比帶著 E-mail 的 UDP 封包爲大，所以其優先次序等級應該較高。Precedence 一般用來給 Gateway 或 Router 決定那一個 IP 封包必須優先加以處理。

- D.T.R：用來描述該 IP 封包要以哪種最佳的方式被傳送：

  D：No Delay (沒有延遲)

  H：High Throughput (高產能)

  R：High Reliability (高可靠度)

  D.T.R 是用來告知 Router 或 Gateway 該 IP 封包的特性。如果 Router 有能力知道該 IP 封包下一個要走的所有可能路徑的硬體特性的話 (例如：經由衛星可能達到 High Throughput，經由光纖網路可達到 High Reliability，則 Router 便可經由 D.T.R 來決定傳送該 IP 封包所應採取的最佳路徑。有時這三種特性會互相抵觸，如選擇了 No Delay 可能會造成 Low Throughput，選擇了 Reliability 可能會造成 Delay，因此到底要以那一項特性來傳送 IP 封包就必須靠 Router 去取捨了。

- Total Length：包含表頭區和資料區的 IP 封包其總長度，以位元組 byte 為單位。
- Identification：IP 封包的編號。發送端必須對每一傳送出去封包給定一個唯一的 Identification 值。有些封包在傳送時會被切割成數個片斷，接收者可用 Identification 和 Flags，Fragment Offset 等欄位配合，將被切割後再傳送的封包在接收端重新組合起來。
- Time To Live：該 IP 封包在網路上存留的時間，以秒為單位。
- Protocol：IP 封包資料區所帶的是那一種更高階協定 (如 UDP、TCP…..) 的封包。其功用和 Ethernet 封包表頭中的 Type 欄位一樣。因為比 IP 更高階的協定的其封包是嵌在 IP 封包資料區內 (就如同 IP 封包嵌在比它更低階的 Ethernet 封包內一樣)。解 TCP/IP 協定程式就是根據此一值來決定應該將封包 pass 給 UDP 或 TCP 協定程式模組來處理。Protocol 值和其代表更高階協定名稱對應如下：

Protocol=17	IP 封包帶的是 UDP 封包
Protocol=6	IP 封包帶的是 TCP 封包
Protocol=1	IP 封包帶的是 ICMP 封包

- Header Checksum：IP 表頭的 Checksum 值 (不包含 DATA 部份)。當要計算 Checksum 值時，必須先將 Checksum 欄位值設定為 0 再做計算。
- Source IP：發送端的 IP 位址。
- Destination IP：目的端的 IP 位址。
- Padding：將 Options 所留下的未滿 32 位元長度的部份補足，使 IP 表頭的長度剛好為 32 位元的整數倍。

在資料片 (圖 5-7) 的目標辨識上，IP 使用 IP 位址及協定號碼，資料片是 Internet Layer 最基本的傳輸單位，它包含一組 IP 附加的表頭及資料本身，表頭中內含該資料片的來源位址、目標位址、及目標協定號碼，若該資料片是往外的，則 IP 會根據目標主機的 IP 位址，配合選徑機制將該資料片送至路由器 (Router) 或目標主機，若該資料片由外往內的，IP 會根據其表頭登記的協定號碼將已剝去 IP 表頭的資料區塊轉交指定協定 (如 TCP 或 UDP) 處理。

端對端傳輸層的每個協定皆有個協定號碼 (Protocol Number)，方便 IP 傳遞資料時辨識，有許多號碼已配置予著名 (Well-Known) 協定，也就是被廣泛使用、已成爲標準的協定，例如：TCP 的協定號碼是 6、UDP 的是 17，其他著名協定的號碼可參考表 5-5。

表 5-5 著名協定號碼 (節錄)

協定名稱	協定號碼	協定全名
IP	0	Internet Protocol
ICMP	1	Internet Control Message Protocol
IGMP	2	Internet Group Multicast Protocol
GGP	3	Gateway Gateway Protocol
TCP	6	Transmission Control Protocol
PUP	12	Parcuniversal Packet Protocol
UDP	17	User Datagram Protocol

由於 IP 底下的網路存取層協定可批次承載的資料塊長度視下層協定而定 (如 Ethernet、SLIP、PPP)，IP 須將上層協定遞交給它的過大的資料塊切割成其下層協定所能接受的大小，之後再一塊塊傳送出，而在接收端的 IP 則負責將被切割的資料片收集成原先的完整一塊之後再遞交其上層協定處理。

5-3 IP 選徑機制

在 TCP/IP 協定堆疊模型中，由最上層網路應用程式發出的資料經過其間許多協定的處理，其中一定會由 IP 經手、傳送至目標主機，當資料抵達 IP 層時已成爲資料片 (Datagram) 形式，其表頭含有來源及目標的 IP 位址，目標主機可能就在同一段網路上，也可能遠在天邊，IP 如何將資料片送抵目標主機？

在同一段網路中，主機與主機間不需要借助選徑 / 路由 (Routing) 即可通訊，一般以廣播 (Broadcast) 方式通訊，傳送主機將封包丟上網路，同一段網路上的所有主機在收到該封包時會先檢查封包表頭的目標位址是否與自己的位址相符，若是就收下該封包，否則忽略它。

廣域網路間則無法靠廣播的方式傳送封包，若每部主機都廣播，則整個網路將被廣播的封包所佔滿，因此網路間須設置一至數部對外的閘道器 (Gateway) 或路由器 (Router)，負責區域網路對外的所有通訊，它們介於網路之間，只讓必要的封包通過它們，擋住其他不須跨網的封包。

對 IP 而言，目標主機的 IP 位址確定了，則選徑的工作幾乎是件極容易的事情，由於 Internet 是網路導向的，因此當 IP 發現

- 若目標位址的網路號碼與來源的網路號碼相同，此表示通訊在當地網路進行，不須選徑直接將封包送出，例如：採廣播方式。
- 若目標位址的網路號碼與來源的網路號碼不同，此表示通訊須跨網進行，這時須將封包交由當地路由器代送。

當來源主機的 IP 將資料片託予當地路由器時，該路由器將根據目標位址的網路號碼選擇與該網連接且選定最恰當的另一網的路由器，將資料片交由該路由器再代爲遞送，如此資料將在由不同網路間的路由器連成的路線上旅行，直到抵達目標網路時，目標網的路由器即直接將資料片送至該網的目標主機。

另外路由器所連接的各個網路可能採不同的傳輸介質，因此當資料片由一網遞送至另一網之前，若其長度超過傳輸介質能負荷的最大量時，IP 尚得負責將資料片拆解成較小的資料片，至於接收主機的 IP 則負責將這些小的資料片重組成原來的大小。

IP 看似無遠弗屆可即時通達 Internet 的每個角落，但對於不採 TCP/IP 的網路，IP 的觸角就到不了了，這時必須透過閘道器 (Gateway) 遞送，IP 可將資料交給適當的閘道器，再由閘道器將資料轉換爲另一網可接受的格式之後，送進目標網路。

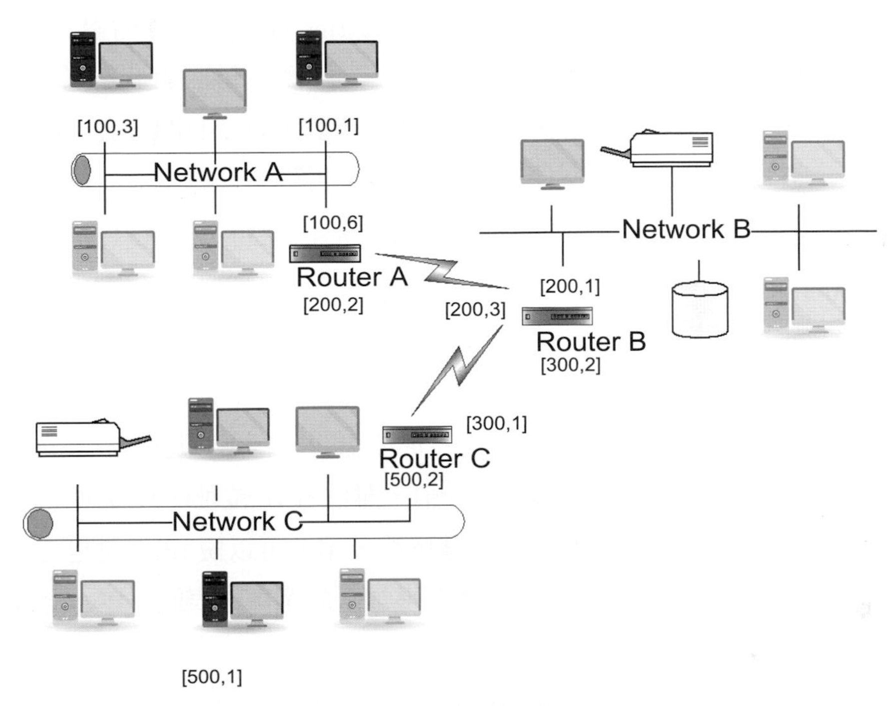

圖 5-9 IP 選徑機制範例

舉個 IP 選徑實例，圖 5-9 中有三個網路，分別是網路 A、網路 B 及網路 C，以 [Network，Host] 表達主機的位址，在網路 A，假設其中的 [100，3] 送出封包給 [100，1]，來源與目標的網路號碼都是 100，所以 [100，3] 的 IP 在網路 A 廣播封包，[100，1] 立即收到該封包，這是不需路由器的情形。

若 [100，3] 送出封包給 [500，1]，來源與目標的網路號碼不同，所以 [100，3] 的 IP 在網路上廣播、將封包交給當地的路由器 A 代爲遞送，A 的唯一出口的 [200，2] 介面，所以它直接將封包送至網路 B 的路由器 B，路由器 B 發現，封包的目標網路號碼非當地網路 B 的，它還發現，由 [300，2] 介面可將封包送至目標網路，所以它由此介面將封包送至網路 C 的路由器 C，路由器 C 發現收到的封包的目標網路是自己的，路由器 C 即以廣播方式由其 [500，2] 介面將封包交給當地的目標主機。

5-4 IPv6

隨著網路爆炸性的成長，IP Address 的數量明顯短缺，IPv4 無法滿足需求，同時也帶來許多技術性及非技術性的問題，像因 Internet 所衍生的各種經濟性、法律性及社會性的問題。許多專家學者在努力研究，企圖將目前所使用的通訊協定 IPv4 以一新版本的 IPng(Internet Protocol Next Generation) 或稱爲 IPv6(Internet Protocol Version 6) 來取代。爲什麼跳過 IPv5 呢？IPv5 是提供給 Stream Protocol 實驗協定使用。

在 1994 年十一月 IESG(Internet Engineering Steering Group) 在評估過一些提案之後，終於決定選擇 IPng 作爲下一代的 Internet 通訊協定的標準，除了對此新通訊協定作了整個架構性的考量之外，也顧慮到網路過渡與升級的步驟，以及有關分發、授權、租用 IP 地址的政策。有許多有關 IPv6 的文件都可以從 IETF 得到，首頁爲 www.ietf.org。

推動 Internet 演進成 IPv6 最主要的力量就是 Internet 的急遽成長，這種成長不僅反映在網路電腦的數量上，同時也反映在 Internet 市場上，在不久的將來全世界像是音響設備、電視等家庭電器、安全系統、冷暖氣空調以及電話、傳眞及物聯網設備等通訊設備都將連接在網路上，而目前 IPv4 只能供 32 位元的定址空間，無法提供足夠的位址供上述設備使用，而 IPv6 擁有長達 128 位元的定址空間，將足以應付未來的成長，經簡化後的封包表頭長度只比 IPv4 封包表頭大一倍，雖然 IPv6 位址的長度就已經是 IPv4 的四倍了，IPv6 將部份表頭資訊改進成一種選擇性表頭，可以使 IPv6 封包更有效率地在網路上傳遞，且未來產生新的需求時，還能夠增加新的選擇性表頭，IPv6 還能夠支援自動的地址分配。

IPv6 與 IPv4 都是一種盡可能傳遞 (Best Effort Delivery) 資料的工具，IPv6 也不提供任何傳輸成功的保證，這些工作將留給其上層的通訊協定去執行。IPv6 還新增加了一種叢集地址 (Cluster Address)，叢集位址表示一群具有相同地址前端 (Address Prefix) 的網路節點，但是送往任一叢集位址的封包，最後都只會送到其中的某一個節點。IPv6 有一項目設計的就是希望具階層性的路徑架構來簡化路由器中的路徑表格 (Routing Table)，但是很不幸地 IPv6 依舊無法在世界上的任何一個角落隨手將筆記型電腦直接連上網路，還是得從當地的 ISP 獲得一個 IP 地址。

◆ 新舊版本之間的轉換

IPv6 對網路管理人員來說有一項天大的好消息，那就是在 IPv6 規格設計中已考慮到如何與 IPv4 同時併存以及轉換過渡的步驟。在 IPv6 發展過程當中的一項關鍵性要求就是要平穩地轉換過渡，所有 IPv4 系統與路由器就可以漸進的方式逐步升級，且新增加的 IPv6 系統與路由器也可以逐步安裝，也就是沒有必要在每部電腦上都同時執行兩種通訊協定。欲將系統升級至 IPv6 的唯一先決條件就是 DNS 伺服器必須先升級至能夠處理 IPv6 位址的版本，但路由器升級是沒有任何先決條件，現有的 IPv4 系統與路由器在升級至 IPv6 之後仍然可以使用其原有的地址。

上述同時併存與逐步轉換的理想之所以能夠達成，是有賴於電腦與路由器廠商能夠設計出一種新式的 IPv6/IPv4 節點，此系統能同時送出與接收 IPv4 與 IPv6 的封包，也就是能以 IPv4 封包直接與 IPv4 系統溝通，再以 IPv6 封包與 IPv6 系統溝通。這種溝通方式必須依靠另一種特殊的位址，與 IPv4 相容的 IPv6 位址，其中位址前端的 96 位元爲 0：0：0：0：0：0，而其餘後端的 32 位元即爲原來的 IPv4 地址。IETF 提供三種轉換的技術，分別爲雙堆疊 (Dual Stack)、隧道 (Tunneling) 及協定轉換轉址（Network Address Translation - Protocol Translation，NAT-PT）。

◆ IPv6 的安全性

未來幾年 Internet 無疑地仍將持續迅速的成長，而商業界人士的需求就變得愈來愈重要，其中最主要的一項需求就是網路安全性，雖然網路的安全性是軍方安全體系中重要的一環，但是安全防護所使用到的技術卻依然不普遍，甚至尚未開放給商業界及使用者使用。所以 IPv6 提供給需要安全性的使用者非常強固的安全防護措施，在設計中就有一項重要的特性，就是不需要安全防護的使用者就不會受到它的影響，也不需要使用到它，感覺不到它的存在，還有一項重要的特性就是安全防護措施與所使用的加密演算法是獨立，也就是說未來發展出新的演算法，就可以立刻在既有的 IPv6 安全防護架構中使用。

就現階段來說，在 IPv6 中提供的安全防護措施有認證標頭 (Authentication Header) 與資料安全封裝 (Encapsulating Security Payload)。認證標頭提供了兩種防護通訊安全的方法，一種是保障資料的完整性以防止他人未經允許竄改，另一種是提供認證的功能來證實宣稱的資料送出者確實就是眞正的送出者。而資料安全封裝功能設計的目的就是提供資料本身的保密性，只有接收者才能明瞭資料的意義，而其他人則無法瞭解。除此之外若選擇適當的運作模式與演算法，則資料的安全封裝也可用來提供資料的完整性以及認證功能。

網路的安全性並非只要利用上述任何一種安全措施就能輕易達到，事實上安全防護尙涵蓋其他許多的課題及事先必須衡量及定義好網路安全政策，而在這些安全防護課題中可能包括防火牆的使用、加密鑰匙的管理及個別系統的安全性等等。許多受歡迎且廣泛使用的應用軟體 (例如：電子郵件) 也必須在其原始的設計中添加特別的安全防護措施。令人興奮的是 IPv6 通訊協定所建立的新架構已爲發展安全性應用軟體建立良好的基礎，因此可以預見目前備受歡迎的軟體未來必將推出安全性較高的版本。

◆ IPv6 主要特色

IPv6 主要特色，如下：

- 位址大小：以 128 位元取代原本的 32 位元，位址空間大的足夠容納現在網際網路的成長。
- 表頭格式：IPv6 與 IPv4 的表頭格式不同，大部分的表頭的欄位不是改變的就是被取代的。
- 延伸的表頭：不像 IPv4 將所有的資料片 (Datagram) 都使用單一的表頭格式；IPv6 將訊息編碼當個別表頭上，他的資料封包由基本的 IPv6 表頭組成，然後是零個或多個延伸表頭，再來就是資料。
- 即時傳輸：IPv6 爲了提供即時影音傳輸，利用資源預留協定 (Resource Reservation Protocol，RSVP)，IPv6 包含一個結構應許送出者及接收者建立一條高品質的路徑與下層網路中，讓資料封包經由那條路徑傳遞。縱使應用程式需要高度的執行保證，但是該結構能使用資料封包不需要使用高成本的路徑。
- 安全性考量：IPv6 的安全性功能是改進的一大重點，像是上節所提的。認證及加密。
- 可擴展的協定：不像 IPv4，IPv6 並不描述所有可能的協定特徵，取代的是設計者以提供一個架構，來允許送出者加入額外的訊息到資料封包中，這延伸的架構使得 IPv6 比 IPv4 更圓融，這也是代表新的特徵能夠被加入到所需要的設計之中。

▲ 註： RSVP 是一通信協定用來預留網路資源，在 TCP/IP 中並沒有提供服務品質 (Quality of Service，QoS) 保證，使用 RSVP 可得到所需的服務品質，像是即時影音傳輸。

◆ IPv6 資料封包格式

如圖 5-10 所示，IPv6 的格式先是基本表頭，然後是一個或多個延伸的表頭，再來則是資料區。雖然擁有一般資料封包的結構，但是圖中欄位並沒有給予規格。尤其是在其餘欄位較小時，一些延伸的表頭可以大於基本的表頭，更進一步在許多資料封包中，資料區的大小是比其他表頭大的。

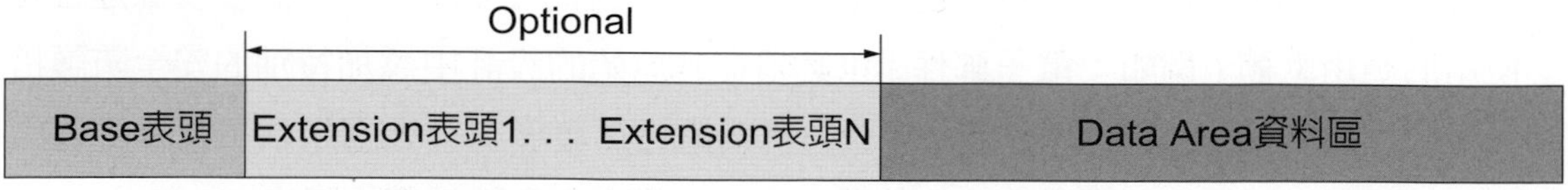

	Optional	
Base表頭	Extension表頭1. . . Extension表頭N	Data Area資料區

圖 5-10 IPv6 的一般格式

◆ IPv6 基本表頭格式

IPv6 的表頭比 IPv4 大了兩倍，但 IPv6 的基本表頭卻包含很少的資訊。表頭大部份的空間，是屬於送出者與接收者認證的兩個欄位，而 IPv4 的來源位址是屬於送出者，目的地址是屬於接收者。IPv6 之來源、目的地址的大小爲 IPv4 的 4 倍。

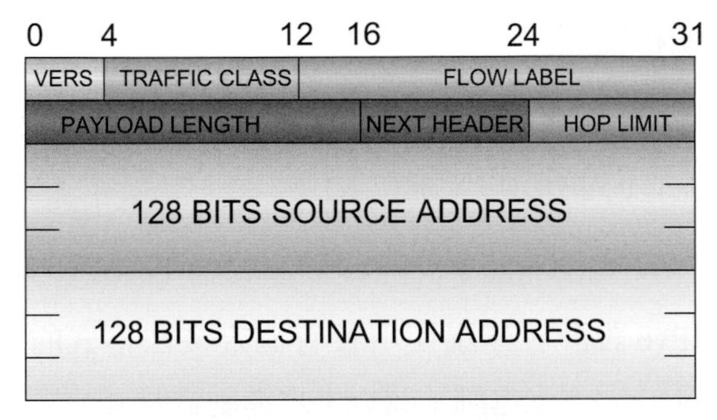

圖 5-11 IPv6 的基本表頭格式

- VERS：說明遵循的版本。
- FLOW LABEL：記錄資料封包服務的等級。
- PAYLOAD LENGH：描述所攜帶資料的大小，但不含表頭。
- NEXT HEADER：用來描述跟隨在現在表頭訊息的形態。
- HOP LIMIT：與 IPv4 Time-To-Live 功能相同，計數到零未到達就將資料封包丟掉。
- SOURCE ADDRESS：封包的來源位址。
- DESTINATION ADDRESS：封包的目的地址。

◆ IPv6 定址

IPv6 與 IPv4 不同處在定義的方法上，第一：所有位址的細節都不同，第二：IPv6 定義得特別位址集合是與 IPv4 不同的特別的是 IPv6 沒有廣播，取而代之的是三種基本的形態：

- 單播 (Unicast)：位址與單一電腦有關，資料片 (Datagram) 會沿著最短路徑被繞到該電腦。
- 群播 (Multicast)：位址與一群電腦有關，可能在許多的區域，該區域內的成員能夠隨時被改變，當資料封包被送到電腦上去，IPv6 會傳遞該資料封包的拷貝到集合中的每一個成員。
- 叢集 (Anycast/Cluster)：接收者有多個或一群，但資料封包只傳送至最短路徑的 node，再遞送給其他接收者。

叢集位址的動機是想要允許複製的服務。例如在網路提供服務的合作，指定叢集位址給許多電腦提供該服務的電腦，當使用者送出資料封包到了叢集，IPv6 會將資料封包繞到叢集中其中的一部電腦，若使用者從其他區域送資料封包，IPv6 能夠選擇要繞的路徑到叢集中不同的會員，允許兩部電腦在同一時間處理需求。

◆ IPv6 16 進制冒號標記法

128bits 位址能容納網際網路的成長，但是將這些數字完全寫出來是不方便的 (128bits，太長了)，例如下列所示以十進位表示：

192.192.76.100.255.255.255.255.0.0.0.0.192.192.76.200

爲了方便表示，IPv6 設計者建議使用較有協定文法格式的十六進制冒號表示法 (Colon Hexadecimal Notation)，上述例子改以十六進制冒號表示法表示，如下列所示：

COCO：4C64：FFFF：FFFF：0：0： COCO：4CC8

十六進制冒號表示法需要較少的字元來表示位址，而其他較佳的表示法如零表示法，大大地減少了位址的大小，零表示法以兩個冒號取代一串的零，例如：FFCC：0：0：0：0：0：0：AABB 則可簡化表示爲 FFCC：：AABB，設計者預計許多 IPv6 的位址是由零字串所組成的，則零表示法就變得特別有用，位址中有多處可使用時，只可選擇其中一處使用。

5-5 動態主機組態協定

Windows 作業系統的使用者對於圖 5-12 及圖 5-13，應該都不陌生，相對地 Mac 使用者則是對於圖 5-14 也應該不陌生，因爲對電腦使用者而言，上網是一項很重要的功能，偶爾也會遇到不能上網，需要排除不能連網的問題，若是硬體的問題，這裡所指硬體一般是網卡，原則上網卡損壞的機率很低很低，眞的壞了也只能買新的來更換，若不是硬體的問題，再來最有可能就是驅動程式，可以裝置管理員中來查看裝置的狀況，有問題時會在裝置的圖示看到紅色叉叉或黃色的驚嘆號，一般重新安裝驅動程式就能解決，若重新安裝驅動程式還是有問題，再來就是本章要談的重點就網卡的設定，電腦要上網就需爲每台電腦設定網卡，一開始只有手動設定 IP address、mask、Gateway IP address、DNS Server IP address，手動設定對於網路管理員是災難，不易管理、沒效率且很辛苦，若您是網管，就會好想電腦可以自動設定，而 DHCP 就因此而生。

網際網路通訊協定第 4 版 (TCP/IPv4) - 內容

一般 | 其他設定

如果您的網路支援這項功能，您可以取得自動指派的 IP 設定。否則，您必須詢問網路系統管理員正確的 IP 設定。

◉ 自動取得 IP 位址(O)
○ 使用下列的 IP 位址(S):
IP 位址(I):
子網路遮罩(U):
預設閘道(D):

◉ 自動取得 DNS 伺服器位址(B)
○ 使用下列的 DNS 伺服器位址(E):
慣用 DNS 伺服器(P):
其他 DNS 伺服器(A):

☐ 結束時確認設定(L)　進階(V)...

確定　取消

圖 5-12 Windows 網路卡 IPv4 設定畫面

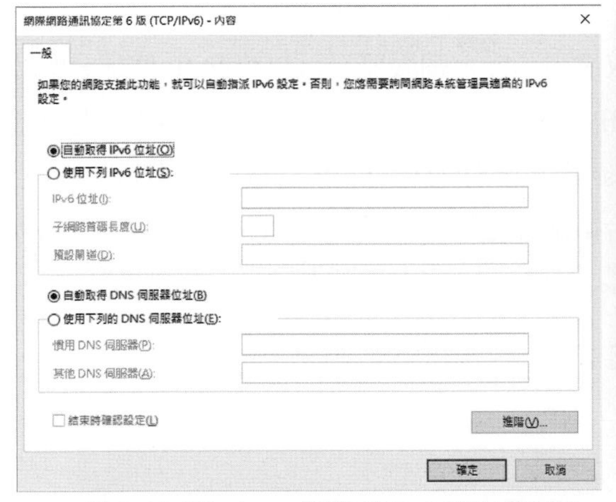

圖 5-13 Windows 網路卡 IPv6 設定畫面圖

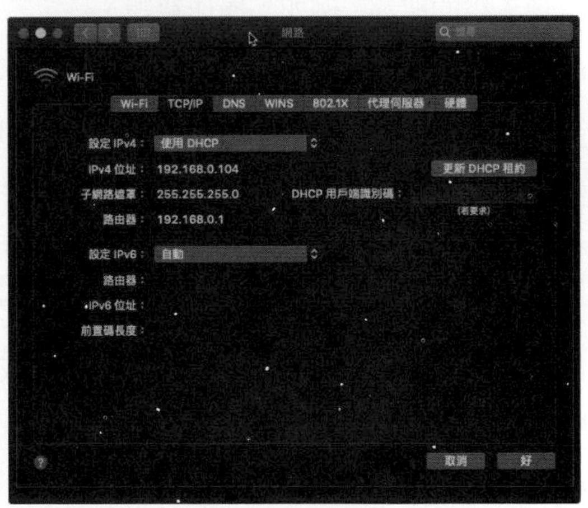

5-14 Mac 網路卡 IPv4 設定畫面

對於網路管理員而言，如何確保每台電腦 IP 位址的唯一性實在不容易，如果要變更 TCP/IP 的相關設定時，也必須到每台電腦去修改設定，沒效率且很辛苦，所以就有動態主機組態協定 (Dynamic Host Configuration Protocol，DHCP)，它的前身是 BOOTP，BOOTP 原是用於無磁碟主機連接的網路，BOOTP 會自動地為主機設定 TCP/IP 環境，但 BOOTP 有個缺點：在設定前須事得知用戶端的硬體位址（MAC Address），而且與 IP 的對應是靜態的，DHCP 可以說是 BOOTP 的增強版本，DHCP 伺服器可以動態的分配 IP 位址給每台網路上的電腦，而且也能指定 TCP/IP 的其他參數，大幅減少網路管理員的負擔。

DHCP 架構是由三個部分組成的，分別是 DHCP 用戶端 (Client)、DHCP 伺服器 (Server) 及領域 (Scope)，每台 DHCP 伺服器都至少管理一群 IP 位址，這群 IP 位址稱爲領域，當 DHCP 用戶端向 DHCP 伺服器要求提供 IP 位址時，便會由領域中取出一個尚未租用出去的 IP 位址，分配給 DHCP 用戶端，當 DHCP 用戶端開機時，會透過廣播方式向 DHCP 伺服器要求指派 IP 位址，這時伺服器就會傳回一個尚未被租用的 IP 位址，同時也可以將相關參數一併傳送給用戶端。

當 DHCP 用戶端獲得一個 IP 位址時，並不是永久使用 (除非 DHCP 伺服器有特別設定)。在正常的情況下，每個分配給 DHCP 用戶端的 IP 位址都有使用期限，這個期限就是 IP 位址的租約期限 (Lease Time)。租約期限長短是依各家的 DHCP 伺服器而異。

使用 DHCP 的優點如下：

- 方便管理：網管人員只需管理好 DHCP 伺服器上的設定，就不會發生派送重複 IP Address，IP Address 重複則無法上網。
- 不易出錯：DHCP 伺服器每出租一個 IP 位址時，都會在資料庫中建立一筆相對應的租用資料，因此不會發生 IP 重複租用的狀況。而出租、登記作業不需要人力介入，更可以避免人爲的錯誤 (例如：操作錯誤)。
- IP 位址使用率高：當用戶端租約到期或取消租約後，伺服器又可以將此 IP 位址分配給其他的 DHCP 用戶端使用，能有效的節省 IP 位址的數量，例如：甲公司有 1500 台電腦，若使用固定 IP Address 方式分配 IP Address 則需要有 1500 個 IP Address，但是 1500 台電腦並不是同時使用，一般同時只有 100 台電腦在使用，若使用 DHCP 只需要使用 100 個 IP Address，而不是 500 個 IP Address。

DHCP 運作流程由下列四個階段所組成：

- 要求租用 IP 位址
- 提供可租用的 IP 位址
- 要求 IP 租約
- 同意 IP 租約

接著來介紹有關 IP 位址租約的更新和撤銷：

- 租約更新（Renew）：必須定期更新租約，以單播 / 單點傳送 (Unicast) 方式發出 DHCP Request 封包，會指名那一台 DHCP 伺服器應該要處理此封包。在 Windows 的命令提示模式下，執行 ipconfig/renew 命令。

■ 租約撤銷 (Release)：在 Windows 的命令提示字模式下，執行 ipconfig/release 命令，即可撤消租約。安裝多張網路卡時，執行 ipconfig/release 命令後，是會撤消所有網路卡的 IP 租約。

實驗方式先執行 ipconfig/all，可知網卡目前使用的 IP Address，接著再執行 ipconfig/release，再執行 ipconfig/all 來查目前的 IP Address，正常情況應該是沒有顯示，因為已釋放，再來可執行 ipconfig/renew 命令，來更新取得 IP Address，同樣地再執行 ipconfig/all 來查目前的 IP Address，又可以查看到 IP Address。不知如何使用 ipconfig 命令可以在在 Windows 的命令提示模式下，執行 ipconfig/? 命令，請參閱圖 5-15。

首先，必須至少有一台 DHCP 伺服器工作在網路上面，它會監聽網路的 DHCP 請求，來提供用戶端 DHCP 服務。所有的 IP 網路設定資料都由 DHCP 伺服器集中管理，並負責處理用戶端的 DHCP 要求；而用戶端則會使用從伺服器分配下來的 IP 環境資料。比較起 BOOTP，DHCP 透過 " 租約 " 的概念，有效且動態的分配用戶端的 TCP/IP 設定，而且作為兼容考量，DHCP 也完全照顧了 BOOTP Client 的需求。DHCP 的細項非常多，最好是查閱 RFC 或相關文獻與 DHCP 協定相關的 RFC 文件有 RFC-951 、RFC-1084 、RFC-1123 、RFC-1533 、RFC-1534 、RFC-1497 及 RFC-1541 等等。

```
命令提示字元
C:\Users\sanmi>ipconfig/?

使用方式:
    ipconfig [/allcompartments] [/? | /all |
                                 /renew [adapter] | /release [adapter] |
                                 /renew6 [adapter] | /release6 [adapter] |
                                 /flushdns | /displaydns | /registerdns |
                                 /showclassid adapter |
                                 /setclassid adapter [classid] |
                                 /showclassid6 adapter |
                                 /setclassid6 adapter [classid] ]

其中
    adapter             連線名稱
                       (允許使用萬用字元 * 與 ?,請見範例)

    選項:
       /?               顯示此說明訊息
       /all             顯示完整設定資訊。
       /release         釋放指定介面卡的 IPv4 位址。
       /release6        釋放指定介面卡的 IPv6 位址。
       /renew           更新指定介面卡的 IPv4 位址。
       /renew6          更新指定介面卡的 IPv6 位址。
       /flushdns        清除 DNS 解析快取。
       /registerdns     重新整理所有 DHCP 租用並重新登錄 DNS 名稱。
       /displaydns      顯示 DNS 解析快取的內容。
       /showclassid     顯示介面卡所有允許的 DHCP 類別識別碼。
       /setclassid      修改 DHCP 類別識別碼。
       /showclassid6    顯示介面卡允許的所有 IPv6 DHCP 類別識別碼。
       /setclassid6     修改 IPv6 DHCP 類別識別碼。

預設是僅顯示每個繫結到 TCP/IP 之介面卡的 IP 位址、子網路遮罩及預設閘道。

對於 Release 與 Renew,如果沒有指定介面卡名稱,則會釋放或更新所有繫結到
TCP/IP 介面卡的 IP 位址租用。

對於 Setclassid 與 Setclassid6,如果沒有指定 ClassId,則將移除 ClassId。

範例:
    > ipconfig                          ... 顯示資訊
    > ipconfig /all                     ... 顯示詳細資訊
    > ipconfig /renew                   ... 更新所有介面卡
    > ipconfig /renew EL*               ... 更新所有名稱開頭為 EL 的連線
    > ipconfig /release *Con*           ... 釋放所有符合的連線,
                                            例如 "Wired Ethernet Connection 1" 或
                                                 "Wired Ethernet Connection 2"
    > ipconfig /allcompartments         ... 顯示所有區間的相關資訊
    > ipconfig /allcompartments /all    ... 顯示所有區間的詳細資訊

C:\Users\sanmi>
```

圖 5-15 ipconfig/? 命令的執行畫面

5-6 取得 DHCP 伺服器派送 IP 設定過程

DHCP 所使用的通訊埠（Port）在 DHCP 伺服器端是使用 UDP 封包且通訊埠爲 67，而用戶端也是 UDP 封包，但通訊埠則是 68。DHCP 用戶端從 DHCP 伺服器端取得 IP 位址以及相關網路設定的過程，可以說分爲四個主要的步驟：

1. DHCP Discovery（DHCP 探尋）
2. DHCP Offer（DHCP 提供）
3. DHCP Request（DHCP 請求）
4. DHCP Acknowledge（DHCP 確認）

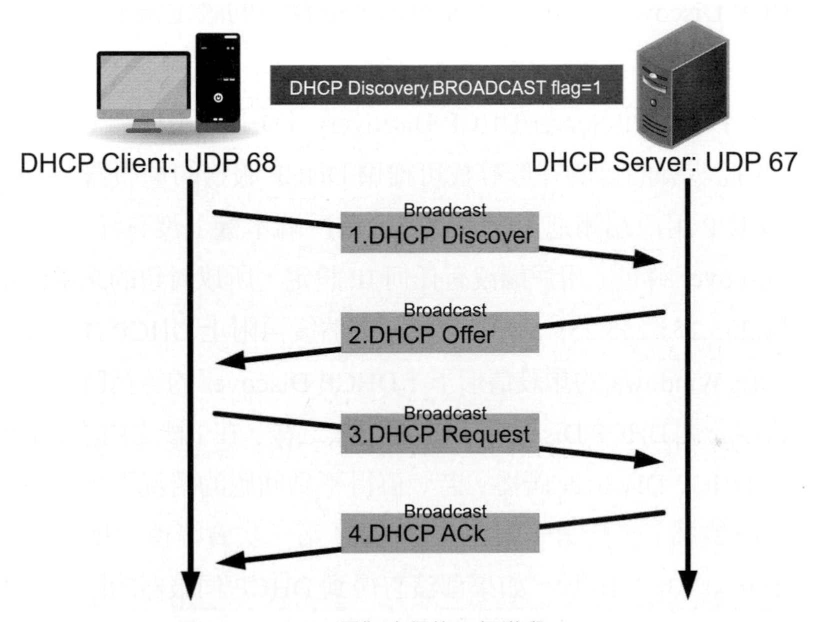

圖 5-16 DHCP 運作流程的四個階段 (flag=1)

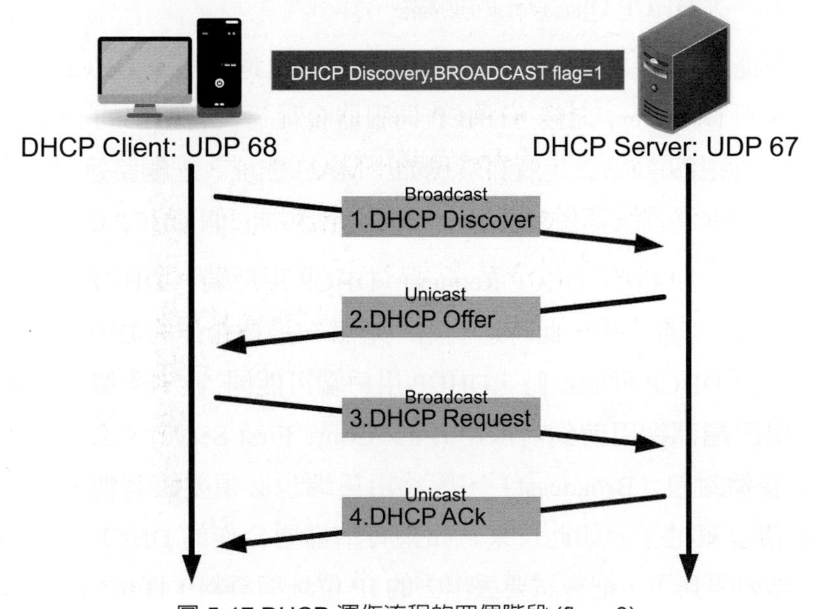

圖 5-17 DHCP 運作流程的四個階段 (flag=0)

如圖 5-16 及圖 5-17 所示，都是四個步驟，且有先後順序的，第一步驟和第三步驟都是由用戶端發送到 DHCP 伺服端，第二步驟以及第四步驟則是由 DHCP 伺服器端發送到用戶端。第一步驟以及第三步驟為廣播封包（Broadcast），而圖 5-17，差異在第二步驟以及第四步驟則為單播封包（Unicast）但是圖 5-16 是廣播封包，其實差異的起因在於第一步驟 DHCP Discovery 封包中 Broadcast flag 欄位的設定值，所以選擇權在 DHCP 用戶端。

第一步驟：尋找 DHCP Server/DHCP Discovery（DHCP 用戶端 UDP 68 → DHCP 伺服器 UDP 67），此步驟的目的在於尋找可提供 DHCP 服務的伺服器，利用廣播封包來完成動作。當 DHCP 用戶端剛進入網路的時，用戶端本機上沒有任何 IP 設定，則會送出一個 DHCP Discover 封包。用戶端沒有任何 IP 設定，所以封包的來源位址為 0.0.0.0，而目的位址則為 255.255.255.255（廣播封包），然後再附上 DHCP Discover 的訊息，向網路進行廣播。在 Windows 的預設情形下，DHCP Discover 的等待時間預設為 1 秒，也就是當用戶端將第一個 DHCP Discover 封包送出去之後，在 1 秒之內沒有得到回應的話，就會進行第二次 DHCP Discover 廣播，若一直得不到回應的情況下，用戶端一共會有四次 DHCP Discover 廣播 (包括第一次在內)，除了第一次會等待 1 秒之外，其餘三次的等待時間分別是 9 、13 、16 秒，如果都沒有得到 DHCP 伺服器的回應，用戶端則會顯示錯誤訊息，宣告 DHCP Discover 的失敗。之後，基於使用者的選擇，系統會在 5 分鐘之後繼續再重複一次 DHCP Discover 的過程。

第二步驟：提供 IP 租用位址 /DHCP Offer（DHCP 伺服器→ DHCP 用戶端），一旦 DHCP 伺服器收到 Discovery 之後，DHCP 伺服器會從還沒有租出的 IP 位址中，選擇一個閒置的 IP 及其他相關網路設定資料（例如：MAC 位址、子網路遮罩、租約期限、預設閘道位址以及 DHCP 伺服器位址等等）回應給用戶端一個 DHCP Offer 封包。

第三步驟：接受 IP 租約 /DHCP Request（DHCP 用戶端→ DHCP 伺服器），當用戶端取得 Offer 的網路封包之後，此時這個用戶端就知道要合作的 DHCP 伺服器在哪裡。若同網段中有多台 DHCP 伺服器時，DHCP 用戶端可能同 收到多個 DHCP Offer，一般來說，DHCP 用戶端都採用前到前採用 (First Come First Serve)，之前有提到接下來這個步驟依然是廣播封包（Broadcast），因為用戶端也必須要讓其他 DHCP 伺服器知道有 DHCP 伺服器已幫忙了。如此一來，如果有準備要合作的 DHCP 伺服器收到這個封包，就知道不需要服務了，把嘗試要丟出去的 IP 位址與資料，保留給其他用戶端使用。DHCP 伺服器傳送過來的設定，用戶端未必全都接受，用戶端可以保留自己的一些 TCP/IP 設定，主動權永遠在用戶端。

第四步驟：租約確認 /Acknowledge（DHCP 伺服器→ DHCP 用戶端），當 DHCP 伺服器接收到用戶端的 DHCP Request 之後，會向用戶端發出一個 DHCP ACK 回應，以確認 IP 租約的正式生效，也就結束了一個完整的 DHCP 工作過程，最後這個步驟就是確認時效以及所有其他設定資料，到此，DHCP 協定的運作就大功告成了！。

5-7 DHCP 的分配方式

依照環境或是實作方式的不同，DHCP 伺服器可能會用以下幾種不同的方式來分配（Allocate）IP 位址等資訊：

1. 動態分配方式 (Dynamic Allocation)
2. 靜態分配方式 (Static Allocation)
3. 自動分配方式 (Automatic Allocation)

以下就來介紹一下這三種不同的分配方式：

◆ 動態分配方式 (Dynamic Allocation)

在動態分配方式的情況下，網路管理人員會在 DHCP 伺服器上設定好一個 IP 位址範圍以及 IP 位址的租用期限，以便於讓 DHCP 伺服器來分配 IP 位址。而 DHCP 伺服器可以將沒有使用的 IP 位址收回，以便於給其他用戶端使用。

動態分配，當 DHCP 用戶端 第一次從 HDCP 伺服器端租用到 IP 位址之後，並非永久的使用該位址，只要租約到期，用戶端就得釋放 (release) 這個 IP 位址，以給其他 DHCP 用戶端使用。當然，用戶端可以比其他主機更優先的延續 (renew) 租約，或是租用其他的 IP 位址。

動態分配顯然比自動分配更加靈活，尤其是當您的實際 IP 位址不足的時候。

◆ 靜態分配方式 (Static Allocation)

在靜態分配方式的情況下，DHCP 伺服器會根據已經定義好的 MAC 位址與 IP 位址的對應表來分配，而這個對應表格是手動輸入的。只有擁有 MAC 位址備對應到的用戶端才可以取得相對應的 IP 位址。必須注意的是，部分 DHCP 伺服器並不支援靜態分配方式。

◆ 自動分配方式 (Automatic Allocation)

在自動分配方式的情況下，DHCP 伺服器一樣可以針對事先已經定義好的 IP 位址範圍來分配 IP 位址給用戶端。但是差別在於 IP 位址的使用是沒有期限，而且在這種方式之下，DHCP 伺服器會另外存在一個表格，用來記錄每個用戶端曾經使用過哪些 IP 位址，自動分配其情形是：一旦 DHCP 用戶端第一次成功的從 DHCP 伺服器端租用到 IP 位址之後，就永遠使用這個位址。

5-8 DHCP 的工作原理

一旦 DHCP 用戶端成功地從伺服器取得 DHCP 租約後，除非租約已失效且 IP 位址也重設回 0.0.0.0，否則就無需再送 DHCP Discover 訊息了，而會直接使用已經租用到的 IP 位址，並向 DHCP 伺服器發出 DHCP Request 訊息，DHCP 伺服器會儘量讓用戶端沿用原來的 IP 位址，若沒問題的話，直接回應 DHCP Ack 確認即可。若該位址已失效或已被使用了，伺服器則會回應 DHCP NACK 封包給用戶端，要求重新執行 DHCP Discover。IP 的租約期限的管理一般情形由 DHCP 伺服器管理員於 DHCP 伺服器上設定好最長的租約期限，於租約期限到期前都可以開始重新申請租約期限，而租約期限用戶端可以隨時終止及更新租約期限。

5-9 DHCP 封包格式

了解封包格式，透過查表的方式來實作分析了一個通訊協定是最務實的作法，如圖 5-18 所示，DHCP 封包格式，想了解各欄位的功能則以查表方式查看表 5-6，再使用 Wireshake 擷取 DHCP 封包來實作分析了解。想更深入學習，可自行查閱 RFC 文件，再搭配上述的學習方式。

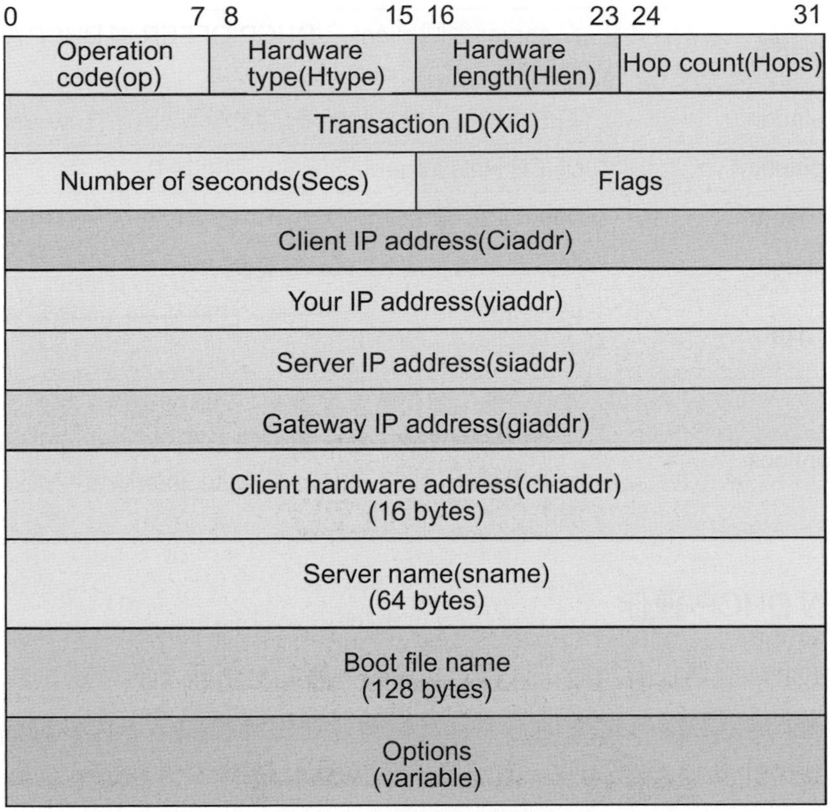

0 7 8 15 16 23 24 31

Operation code(op)	Hardware type(Htype)	Hardware length(Hlen)	Hop count(Hops)
Transaction ID(Xid)			
Number of seconds(Secs)		Flags	
Client IP address(Ciaddr)			
Your IP address(yiaddr)			
Server IP address(siaddr)			
Gateway IP address(giaddr)			
Client hardware address(chiaddr) (16 bytes)			
Server name(sname) (64 bytes)			
Boot file name (128 bytes)			
Options (variable)			

圖 5-18 DHCP 封包格式

表 5-6 DHCP 封包欄位的簡要說明

Operation Code	OP=1：DHCP Request，client 送給 Server 的封包。反向，OP=2：DHCP Response
Hardware Type	硬體類別，Ethernet 為 1。
Hardware Length	硬體位址長度，Ethernet 為 6。
HOP Count	若封包需經過 router 傳送，每經一站，則 hop 加 1，若在同一網內，為 0。
TRANSACTION ID	DHCPREQUEST 時產生的數值，以作 DHCP REPLY 時的依據。
Number of Seconds	Client 端啓動後經過的時間 (秒)。
FLAGS	16bits，MSB= 1 時，server 以廣播方式傳送封包給 client，其餘尚未使用。
ciaddr	之前取得之 IP 位址，方便繼續使用。

yiaddr	從 server 送回 client 之 DHCP OFFER 與 DHCP ACK 封包中，此欄填寫分配給 client 的 IP 位址。
siaddr	若透過網路開機，此欄填寫開機程式碼所在 server 之位址。
giaddr	DHCP Relay agent 的位址，無則填 0。
chaddr	Client 之硬體位址。
sname	伺服器主機名稱，以 0x00 結尾。
file	若 client 需要透過網路開機，此欄將指出開機程式名稱，稍後以 TFTP 傳送。
options	非必要項，即有需求再加入，有此欄位時，其長度可變，同時可攜帶多個選項，每一選項之都是 Tag/Lengh/Value，第一個 byte 為資訊代碼，後續一個 byte 為該項資料長度，最後為該項內容。

◆跨網路的 DHCP 運作

如果 DHCP 伺服器安裝設置不在相同網段時，該怎麼辨呢？參考圖 5-19 的環境下，DHCP Discover 是以廣播方式進行的，有效範圍只在相同網段下，因爲路由器 router 不會將廣播封包，往其他網段轉傳。由於 DHCP 廣播封包到不了 DHCP 伺服器，當然不會發生 OFFER 及其他動作了。要解決這個問題，可以用 DHCP Agent (或 DHCP Proxy) 主機來接管客戶的 DHCP 請求，如圖 5-20 所示，然後將此請求傳遞給眞正的 DHCP 伺服器，然後將伺服器的回覆傳給客戶。DHCP Agent 必須自己具有路由能力，且能將雙方的封包互傳對方。

若不使用 DHCP Agent，您也可以在每一個網路之中安裝 DHCP 伺服器，如圖 5-21 所示，此方式架構較單純，但設備成本會增加，屬於分散式管理。

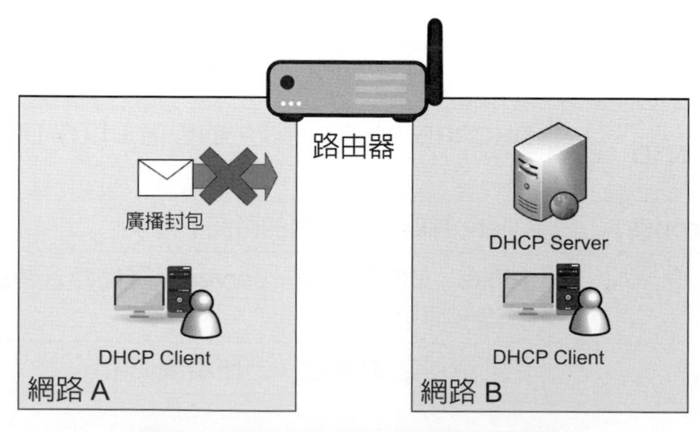

圖 5-19 廣播封包無法跨網傳送示意圖

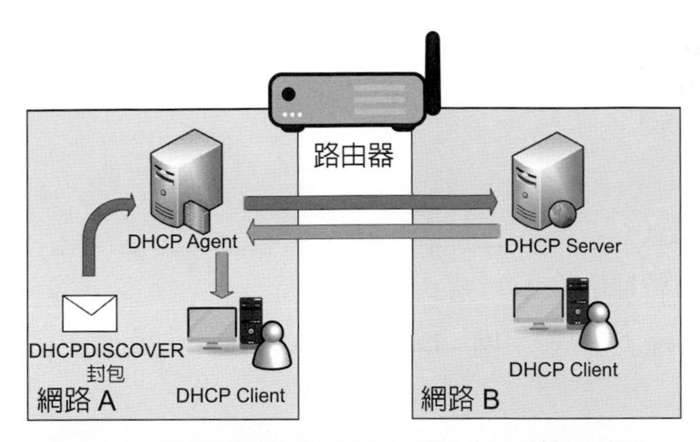

圖 5-20 DHCP Agent 處理跨網路的 DHCP 運作示意圖

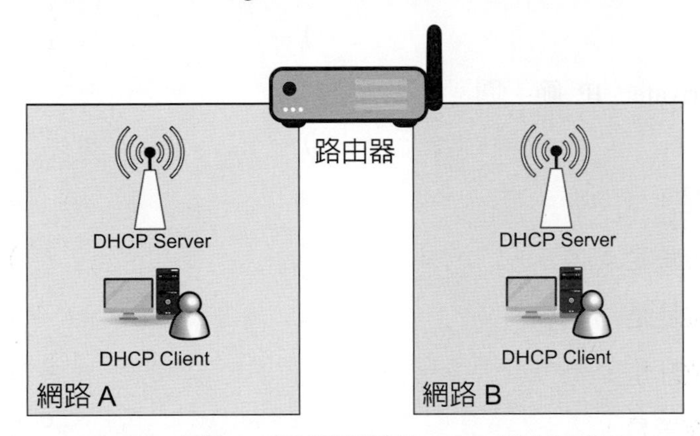

圖 5-21 無線 AP 解決跨網路的 DHCP 運作示意圖

本章習題

填充題

1. IPv4 的 IP 位址是（　　　　　）位元的。
2. 常用的 Loopback 位址是（　　.　　.　　.　　）。
3. Class A 的 Private IP 範圍是：（　　.　　.　　.　　）~（　　.　　.　　.　　）。
4. Class B 的 Private IP 範圍是：（　　.　　.　　.　　）~（　　.　　.　　.　　）。
5. Class C 的 Private IP 範圍是：（　　.　　.　　.　　）~（　　.　　.　　.　　）。
6. Loopback 位址是：（　　.　　.　　.　　）。
7. Class A 廣播位址是：（　　.　　.　　.　　）。
8. Class B 廣播位址是：（　　.　　.　　.　　）。
9. Class C 廣播位址是：（　　.　　.　　.　　）。
10. Class A 網路遮罩是：（　　.　　.　　.　　）。
11. Class B 網路遮罩是：（　　.　　.　　.　　）。
12. Class C 網路遮罩是：（　　.　　.　　.　　）。

選擇題

1. （　　）IPv6 的 IP 位址是 (A)16　(B)32　(C)64　(D)128 位元的。
2. （　　）IPv4 的 IP 位址分幾類 (A)3　(B)4　(C)5　(D)6 類。
3. （　　）5.6.7.8 是屬於 IP 分類中（A)Class A　(B)Class B　(C) Class C　(D)Class D。
4. （　　）200.200.200.200 是屬於 IP 分類中（A)Class A　(B)Class B　(C)Class C　(D) Class D。
5. （　　）150. 150. 150. 150. 屬於 IP 分類中（A)Class E　(B)Class B　(C)Class C　(D) Class D。
6. （　　）請問 DHCP 有 (A)1 種　(B)2 種　(C)3 種　(D)4 種機制分配 IP 位址。
7. （　　）請問下列哪一個是 DHCP 架構組成部分？ (A) DHCP 用戶端　(B) DHCP 伺服器　(C) 領域　(D) 以上皆是。

8. （　　）請問下列哪一個不是 DHCP 架構中三個組成部分？(A) DHCP 用戶端　(B) DHCP 伺服器　(C) 領域　(D) 以上皆是。

9. （　　）請問下列哪一個是 DHCP 正確的分配流程？(A)1.DHCP Discover>2DHCP Offer >3 DHCP Request>4DHCP Ack　(B) 1.DHCP Discover>2DHCP Request>3 DHCP Offer>4DHCP Ack　(C) 1.DHCP Ack >2DHCP Request>3 DHCP Offer>4DHCP Discover　(D) 以上皆非。

10. （　　）請問 DHCP Discover 最多會送幾次？(A)1 次　(B)2 次　(C)3 次　(D)4 次。

問答題

1. 網路遮罩主要的功能為何？
2. 什麼是 CIDR ？
3. 什麼是 NAT ？
4. 什麼是靜能 NAT ？
5. 什麼是動態 NAT ？
6. 什麼是 PAT ？
7. 什麼是超網路定址 (Supernetting) ？
8. 什麼是 IPv4?
9. 什麼是 IPv6?
10. IPv4 與 IPv6 有何不同？
11. Class A 及 Class B 以及 Class C 的 Private IP 範圍是多少？
12. IPv4 與 IPv6 三種轉換的技術為何？
13. IPv6 主要特色為何？

實作題

1. 請使用 wireshake 實作 DHCP 運作過程分析。
2. 請使用 wireshake 實作 DHCP 租約更新過程分析。
3. 請使用 wireshake 實作 DHCP 租約撤銷過程分析。

NOTE

Chapter 06

網域名稱系統

學習目標

6-1 網域名稱系統

網際網路上的電腦是透過各自唯一的 IP 位址 (IP Address) 互相識別，但是 IP 位址是由四組數字所組成，不容易記憶所以使用的網域名稱 (Domain Name) 或稱爲域名、網域來代替，網際網路上的電腦也無法直接辨識網域名稱，需要網域名稱系統來服務，網域名稱系統 (Domain Name System，DNS) 主要的功能是用來解析上的電腦“網域名稱”並對應到“IP 位址”進而讓電腦資料能夠正確地透過網際網路及使用通訊埠 53 傳送對應到 IP 位址給查詢者。而 Domain Name Server 和 Domain Name Service 的縮寫都是 DNS，Domain Name Server 是一個伺服器用來提供 Domain Name Service (網域名稱服務)，網域名稱服務顧名思義是一種服務用來提供將網域名稱轉換成 IP 位址，此功能會多項網路服務結合使用，例如 : 網際網路 (Internet)、電子郵件（email）、檔案傳輸協定（FTP）。

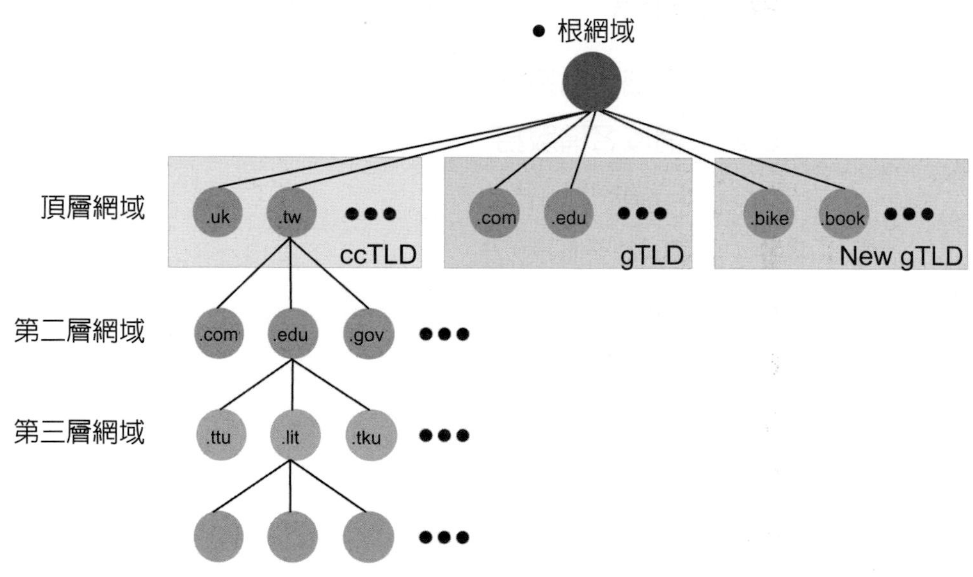

圖 6-1 網域名稱系統的樹狀階層式示意圖

網域名稱系統 (Domain Name System) 使用樹狀階層式的域名方法，與電話系統的觀念是相同，分成區碼 (Area Code)、用戶碼（Subscriber Number）。其最主要的觀念是：每個階層命名代表其對該層的管理權，分層管理各司其職，能很有效率映射到 IP 位址。典型 Internet 階層主機命名語法爲：

Server_type.Subdomain_Name.Domain_name.Group.Country

主機提供服務類型 . 所屬副網域名稱 . 所屬組識類型 . 國名

其中，

- Server_type：表示主機提供服務類型
- Subdomain_Name：表示所屬副網域名稱
- Domain_Name：表示所屬網域名稱
- Group：表示所屬組織類型
- Country：表示國名

網域名稱以 "." 分開，此法稱爲點標記法 (Dotted Notation)。例如黎明技術學院其 Internet 網域名稱系統表示法爲：

www.lit.edu.tw

上面最高階 tw 爲 Taiwan (美國不需要使用國碼)，第二階爲 edu.tw (代表學術界)，最低一階爲 lit.edu.tw (代表黎明技術學院)。再以大同大學資訊工程系爲例 (Tatung)，其域名爲：

www.cse.ttu.edu.tw

大同大學 (ttu.edu.tw) 若需要 Subdomain(可有可無)，可以再細分爲 Subdomain，例如大同大學中有許多系，則可以 Subdomain 來表示，例如：資訊工程系 (Computer Science and Engineering)，其網域名稱即爲 cse.ttu.edu.tw。如果在大同大學資訊工程系有一部提供網頁服務的電腦，其域名應如何表示？，其實很簡單，只要按照域名系統命名法則，表示法爲：

www.csie.ttu.edu.tw

如果在淡江大學電機工程系有一部提供網頁服務的電腦，其域名應如何表示， 也很簡單，按照域名系統命名法則爲：

www.ee.tku.edu.tw

6-2 網域名稱服務

網域名稱服務 (Domain Naming Service，DNS) 顧名思義是一種服務用來提供將網域名稱 (Fully Qualified Domain Name，FQDN) 轉換成 IP 位址及由 IP 位址反查 FQDN，FQDN 是由主機名稱、網域名稱及國名簡稱所組成，例如：www.lit.edu.tw.，www 是主機名稱，lit 是網域名稱，edu 是組織類型，tw 是國名簡稱，而最後的一點是代表 DNS

架構中的根網域 (Root Domain)，平常都將此一點省略，而網路應用程式會自動補上一點，DNS 的命名有一些規則，主機名稱及網域名稱都不超過 63 個字元，越短越好記憶，且整個 FQDN 不超過 255 個字元，且不可重複。

在 DNS 出現之前，就有另一種機制 Host file(主機檔案) 來負責電腦名稱和 IP 位址的查詢機制，在 Windows 的作業系統中也還有這個機制存在，可以在 c：\windows\lmhosts.sam，使用的方法 lmhosts.sam 該檔案中有說明如何使用這個機制，在此只做簡單的說明，先將副檔名去掉，再逐筆將電腦名稱和 IP 位址的對應關係建立在檔案的最後，存檔然後重新開機，再搜尋該電腦名稱即可，適合在小型的區域網路中使用，但是一旦有電腦名稱更動所有的電腦就需要手動更新 Host file，這是最大的缺點，維護 Host file 工作困難。

網域名稱及 IP 位址之間的對應關係，一般稱爲名稱解析 (Name Resolution)，可分爲正向名稱解析 (Forward Name Query) 簡稱爲正向名稱解析，及反向名稱解析 (Reverse Name Query) 簡稱爲反向解析。正向名稱解析就是由網域名稱 (Fully Qualified Domain Name，FQDN) 轉換成 IP 位址，而反向名稱解析就是由 IP 位址反查 FQDN。

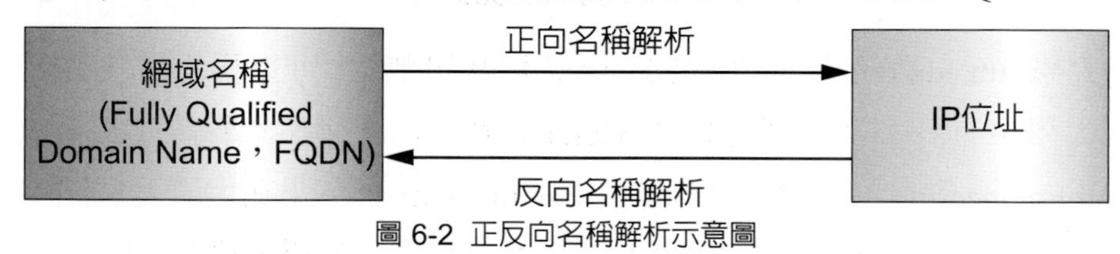

圖 6-2 正反向名稱解析示意圖

DNS 系統是採用階層式 (Hierarchy) 架構或稱爲樹狀 (Tree) 架構，整個 DNS 系統是由許多網域所組成，網域之下還可以繼續細分更多的網域，每個網域至少有一台網域伺服器，該網域伺服器需向其上層網域伺服器註冊，例如：lit.edu.tw. 則需向 edu.tw. 網域伺服器註冊，同理層層向上註冊直到根網域 (Root Domain) 爲止。

DNS 階層式架構設計成四層，分別爲主機 (Host)、第二層網域 (Second Level Domain)、頂層網域 (Top Level Domain) 和根網域 (Root Domain) 格式如下：

主機 . 第二層網域 . 頂層網域 . 根網域

主機 (Host) 是由各網域管理員自行建立，一般都以該主機所負責的工作來命名，像是 WWW、FTP、Gopher 及 DNS 等爲主機名稱或別名 (Alias)，方便識別是第二層網域中的那一台主機，每台主機只能有一個主機名稱，但是可以有很多別名，不同的主機可以使用相同的別名，舉例說明，在 lit.edu.tw 這個第二層網域中有二台 WWW Server，這二台主機名稱分別稱爲 ns1 及 ns2，但這二台主機的別名是都是 WWW，爲什麼要有二台相同功能的主機，而且有不同的主機名稱及相同的別名，當然有目的，就是其中一台發生問題，另外一台可以立即接手，不至於連不到網頁伺服器，而中斷網頁服務，那爲什麼主機名稱不能重複，若重複如何識別是那一台主機，爲什麼別名就可以，別名是在 DNS Server 上設定，相同的別名而不同的主機名稱，如何知道是那一台主機，運作的方式是，事先在 DNS Server 上設定主機的主機名稱及別名，並且指定其優先順序，當使用者瀏覽 www.lit.edu.tw 時，DNS Server 就會依設定找到正確的主機名稱回傳正確的 IP 位址。

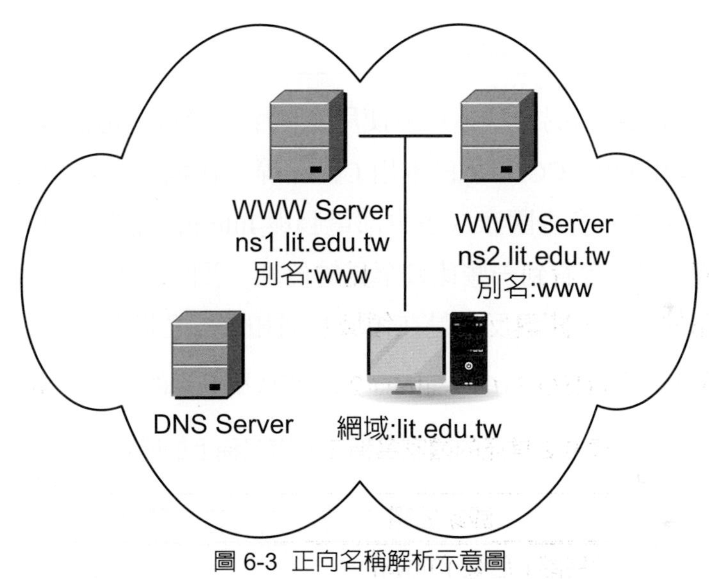

圖 6-3 正向名稱解析示意圖

第二層網域 (Second Level Domain)，在 ccTLD (Country Code Top-level Domain Name) 的命名方式中，第二層網域常見的分類有：.com(商業用途)、.net(原爲 ISP 所用，但目前用途極廣)、.org、gov(政府機構)、.mil(軍用)、.edu(教育機構)、以及 .int(國際條約或資料庫，不過並不常見)，請參考表 6-1。此外，國家頂級域名由各國家的域名管理機構進行管理，請參考表 6-2，如：台灣 (.tw) 的域名就統一由財團法人台灣網路資訊中心 (Taiwan Network Information Center，TWNIC) 管理。而我們中華民國就是採用這種方式，而有些國家並不一定採用，也有些特例，像是日本這個國家就是喜歡跟大家不同，所以不用 org，而用 or，所以不用 com，而用 co 等等。

Internet 當局將組織類型命名領域劃分爲如下：COM(商業機構)、EDU(教育機構)、GOV(政府機構)、MIL(軍事單位)、NET(主要網路支援中心)、IDV（個人網站）、ORG(上面以外的其他組織)，再加上國碼 (Country Code，在美國不需要，因爲一開始只有美國，所以美國以外其他國家要加上國碼)。

表 6-1 網域名稱主要的組織類型

COM	舊限商業機構，現無此限制
EDU	限教育機構
GOV	限政府機構
MIL	限軍事單位
NET	舊限網路中心，現無此限制
ORG	上面以外的其他組織
IDV	個人網站

組織類型命名方式還有另一種，只有使用二個字，像日本這個國家就是如此，舉例來說，ORG 在日本用 OR，COM 在日本用 CO 等等，在網路上看到奇怪的網址，其實一點也不奇怪，全世界有多少國家、多少部電腦與 Internet 連線，每一部電腦的位址又不能與其他的重複，自然會看到一些比較罕見的位址。事實上眞正令大家看不懂的地方，並不在機器或網路的名稱，關鍵反而是在領域名稱和國家名稱上。

國家名稱在電腦網路 (ISO 3166-1 alpha-2 國家代碼) 上的簡寫，如表 6-2 所示。

表 6-2 常見的國家名稱在網域名稱上的簡寫

國家名稱	簡寫
中華民國 (台灣) Taiwn	tw
日本 Japan	jp
香港 Hong Kong	hk
中國大陸 Mainland China	cn
澳洲 Australia	au
德國 Germany	de
紐西蘭 New Zealand	nz
馬來西亞 Malaysia	my
墨西哥 Mexico	mx
新加坡 Singapore	sg
法國 France	fr
英國 England	Uk
加拿大 Canada	Ca

頂層網域 (Top Level Domain)，命名的方式有三種分別爲 gTLD (Generic Top-level Domain Name) 、ccTLD (Country Code Top-level Domain Name) 及 New gTLD，gTLD 爲網際網路位址的最高階名稱，其常見的分類有：.com(商業用途)、.net、.org、gov、.mil、.edu 以及 .int。舉例來說，在 intel.com 的網域名稱中，.com 代表的便是 gTLD，請參考圖 6-4。

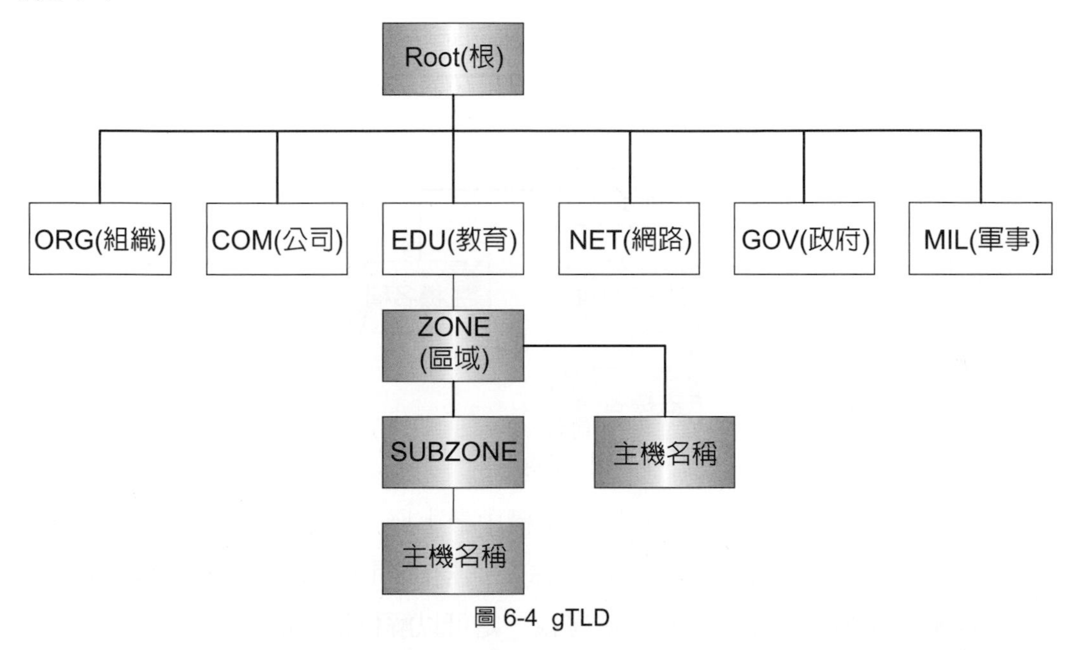

圖 6-4 gTLD

而除了 gTLD 外，另外也使用 ccTLD (Country Code Top-level Domain Name) 來辨識該網域名稱的國家區域 (如：.tw 代表台灣)，請參考圖 6-5。

New gTLD (New Generic Top Level Domain)：新頂層域名是 ICANN 在 2012 年增加的第三種網域名稱，開放企業或組織可自行送件申請，沒有分語言，所以也可以使用中文做爲網域名稱，都可提出申請，方便大家創立屬於自己的網域名稱，像是 .bike、.car、.drink、.book 等等，更直接聯想所屬的產業。此法增加了自主性及獨特性，但個人覺得失去了流通性及普及性，例如 : 使用某種語文做爲網域名稱，而不懂該語言就無法使用，進而無法瀏覽該網頁，反之使用通用的方法則無此問題。

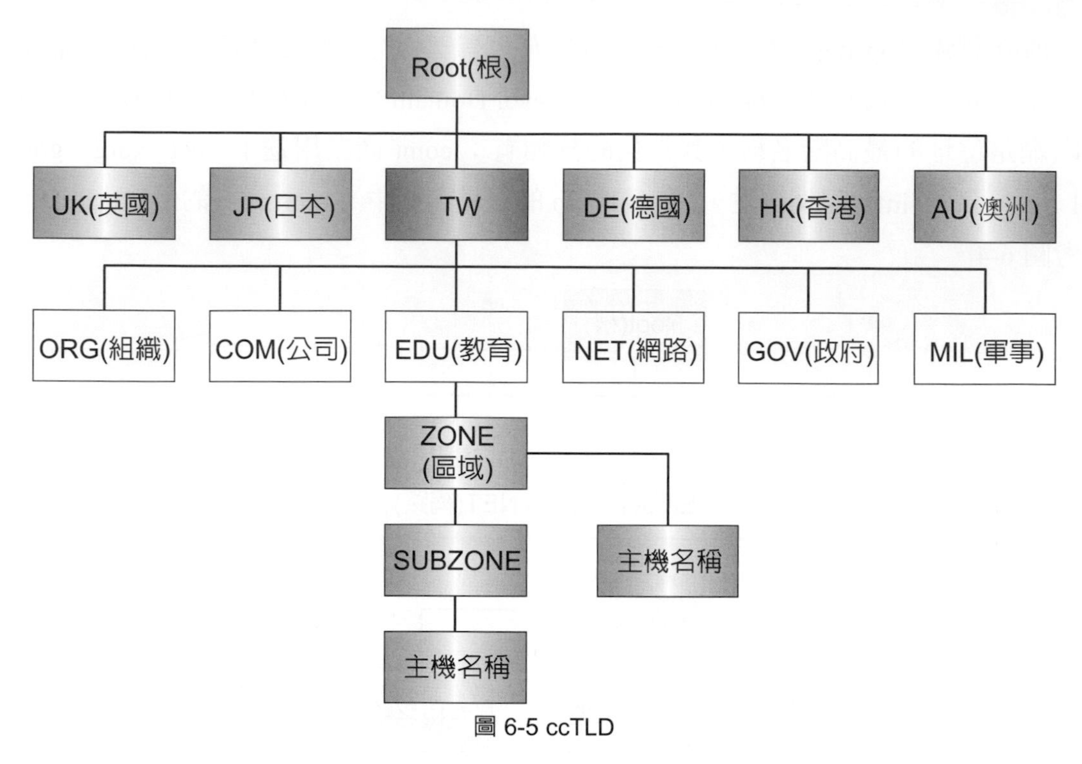

圖 6-5 ccTLD

根網域 (Root Domain) 是 DNS 階層式架構中最上層，在下層的任何一台 DNS 伺服器無法解析出位址時，即轉向根網域中 DNS 伺服器詢問，只要尋找的主機有依規定註冊，從根網域中 DNS 伺服器一直往下層尋找一定可以解析出位址。

6-3 申請網域名稱

先決定要申請國內的或國外的申請單位 / 網域註冊商 (Registrar) 申請，若選國內則向 TWNIC (網址：http：//www. twnic.net/)，而國外則是向 InterNIC，若該組織是國際性申請 InterNIC 較通用，而向 TWNIC 申請較方便。在 DNS 結構中，各組織的 DNS 經過申請後由該組織或其委託主機管理，例如學校向教育部申請，該學校的網域名稱就歸教育部管理，如此教育部即為授權及管理該網域的單位，通常當您申請註冊一個 domain 網域名稱的時候，要指定兩台 DNS 主機負責該域名的 DNS 管理，而也可以再進一步往下授權，例如 : 各系科可以有自己的 DNS Server，自己也成了該網域的授權管理單位，每一台 DNS Server 至少要知道一台根網域名稱伺服器的 IP Address，也要知自己的父網域名稱伺服器的 IP Address，建議學習者可自行架設 DNS Server 這是最好的學習方式。

6-4 DNS 查詢方法

DNS 有兩種查詢方法，分別爲遞迴式 (Recursive) 和反覆式 (Iterative) 兩種。遞迴式與反覆式 DNS 解析相同處是若 DNS Server 可以解析時，直接回傳解析結果給查詢者，不同處在 DNS Server 無法解析時，遞迴式與反覆式 DNS 解析處理方法不相同，遞迴式解析處理方法是由 DNS Server 代理去詢間，最後再回傳最後的結果，交談式是由 DNS Server 告訴查詢者，可以向哪一台 DNS Server 查詢，如此反覆下去到得到或放棄查詢，請參考圖 6-6。

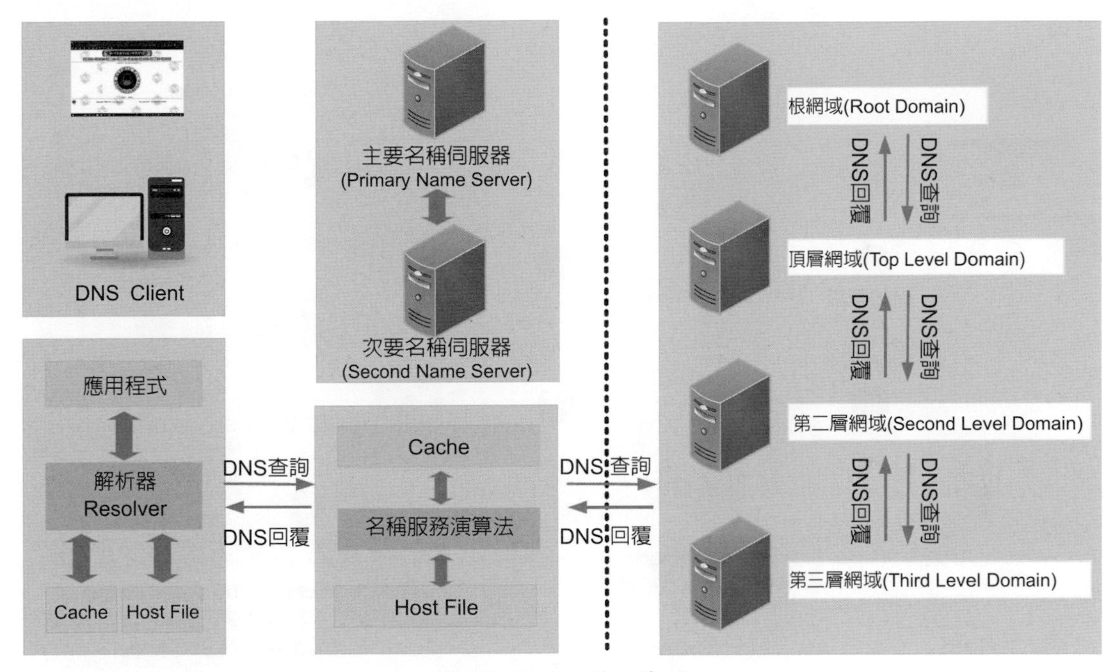

圖 6-6 DNS 查詢示意圖

◆DNS 解析器

DNS 的用戶端稱爲 DNS 解析器（Resolver）。解析程式負責啓動查詢並排序，等待收到請求資源的完整解析（轉換），例如 : 將 FQDN 名稱轉換爲 IP 位址。DNS 解析器由多種查詢方法分類，如遞迴及反覆演算法。解析過程可能使用這些方法的組合。

◆DNS 快取

DNS 伺服器能保留已解析過的 DNS 名稱空間相關資訊，並儲存於本機磁碟快取中，比較先進的 DNS 伺服器也提供負向快取，即保留已解析過已知不存在的 DNS 名稱空間相關資訊並儲存於本機磁碟快取中，可直接回應給用戶端，可以加速名稱解析速度。

6-4-1 遞迴式查詢

DNS 用戶端向 DNS 伺服器提出查詢，再由 DNS Server 負責查詢，直到查詢結束，請參考圖 6-7，而 DNS 伺服器需按照遞迴式方向由根 DNS 伺服器逐層查詢下去，直到查詢到或查詢結束，再依相反順序答覆回來，最後再由 DNS 伺服器將最後結果回覆 DNS 用戶端。而遞迴式查詢每次都會經過根 DNS 伺服器及需經過逐層查詢才能獲得查詢結果，效率很低，而且還會增加根 DNS 伺服器的負擔。為了解決這個問題，實際上採用遞迴與疊代相結合的查詢方式，即為混合式查詢。

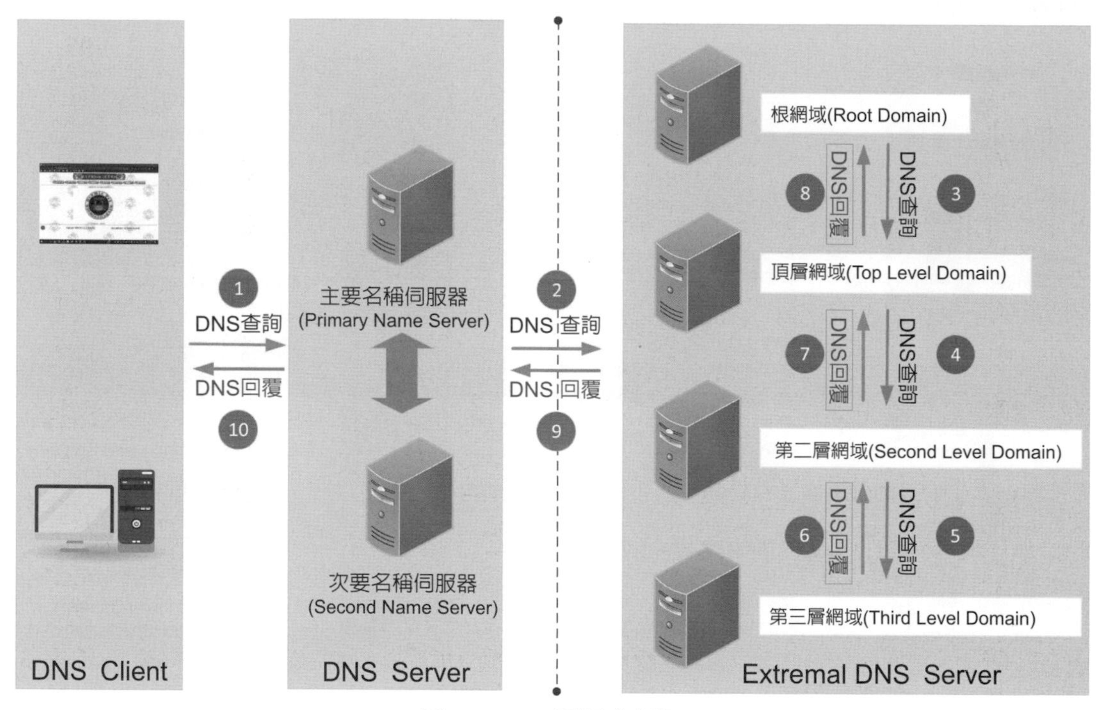

圖 6-7 DNS 遞迴式查詢

6-4-2 反覆式查詢

反覆式查詢也稱為疊代查詢（Iterative Query），請參考圖 6-8，由 DNS Client 端或是 DNS Server 上所發出去問，這種方式送封包出去問，所回應回來的資料不一定是最後的查詢結果，有時只是中間的過程，也就是另外一台 DNS Server 的位址，即當該台 DNS 沒有答案時，會傳回一台 " 權威授權者 "DNS 的位址，想像問路，問某一路人路，問不到時，就是找下一個可能知道的路人問路；接著再由 DNS Client 或 DNS 自己向權威授權者 DNS 詢問。一般說來，Name resolver 對本地 DNS Server 都是遞迴式查詢，而 DNS Server 之間的查詢多是反覆式查詢。大部份的 DNS server 都可以接受遞迴式查詢和反覆式查詢兩種查詢方式，但是考量負載問題，root name server 只接受反覆式查詢。

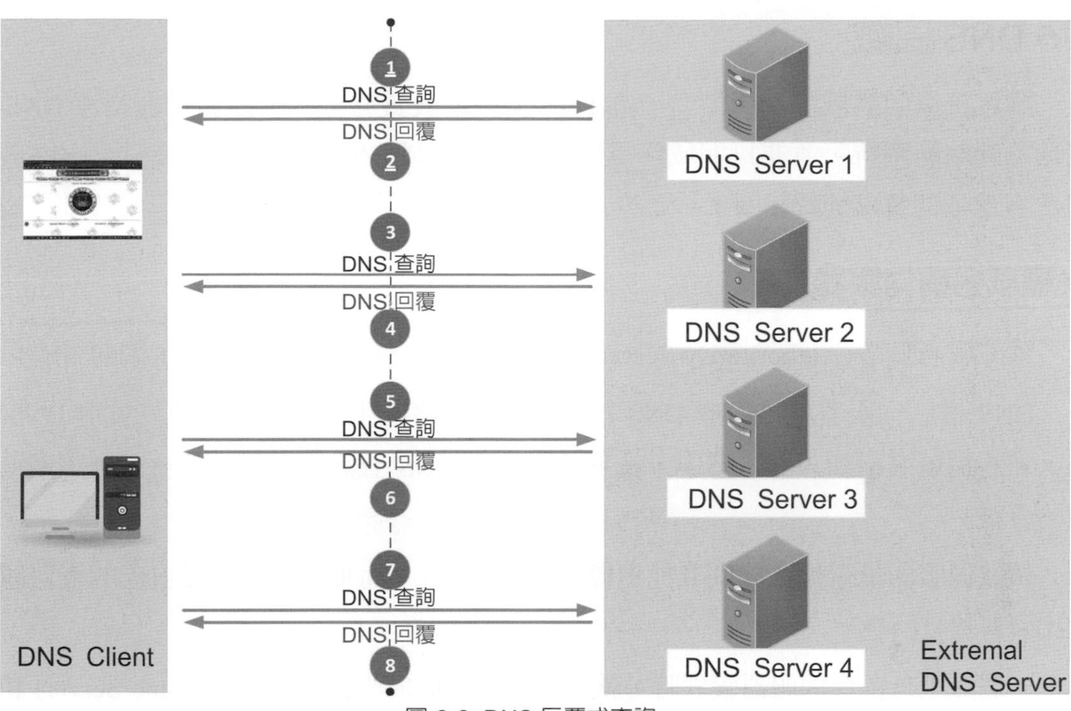

圖 6-8 DNS 反覆式查詢

6-4-3 混合式查詢

混合式查詢即將遞迴式查詢及反覆式查詢混合在一起使用，其目的爲提高效率及根 DNS 伺服器的負擔過重，請參考圖 6-9，DNS Client 端與是本地 DNS Server 之間使用遞迴式查詢，而本地 DNS Server 與外部 DNS Server 之間使用反覆式查詢。

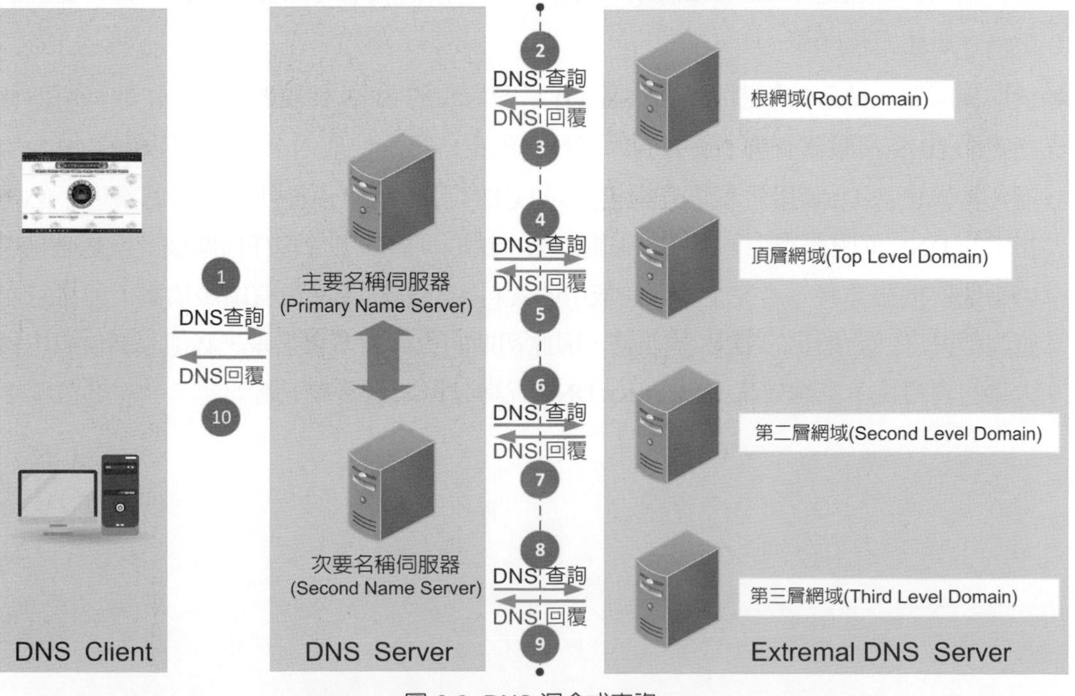

圖 6-9 DNS 混合式查詢

6-5 DNS 區域

雖然說每個網域都至少要有一部 DNS 伺服器負責管理，但是我們在指派 DNS 伺服器的管轄範圍時，並非以網域爲單位，而是以區域 (Zone) 爲單位。換言之，區域是 DNS 伺服器的實際管轄範圍。

◆ 權威名稱伺服器

權威域伺服器 (Authoritative Server) 提供主機名 (host name) 到 IP 位址間的對映。

DNS 權威伺服器就是管理 DNS 紀錄的主機，實際上是由系統管理員設定 DNS 服務，並將網域名稱加入到主機中，當主機接收到 DNS 查詢的時候，就會回應該網域名稱的資料。

快取伺服器是幫忙去詢問其他主機的 DNS 資料，而權威主機是從自己的資料庫中取出資料並且回應。

一個區域有多台伺服器管理時，就會有主要名稱伺服器 (Primary Name Server) 和次要名稱伺服器 (Second Name Server) 及快取伺服器 (Cache Server)，以下將分別說明這三種 DNS 伺服器的特性。

- 主要名稱伺服器：記錄區域內各台電腦的資料，這資料就稱爲區域檔案 (Zone File)，每個區域必定有一台主要名稱伺服器，而且也只能有一台主要名稱伺服器。
- 次要名稱伺服器：次要名稱伺服器會定期向另一部名稱伺服器拷貝區域檔案，這個拷貝動作稱爲區域傳送 (Zone Transfer)。有了次要名稱伺服器可以提高容錯能力，並且數量越高容錯能力越好。
- 快取伺服器：快取伺服器 (Cache Server) 是很特殊的 DNS 伺服器類型，快取伺服器會向指定的 DNS 伺服器查詢，將查到的資料在放在自己的快取內，同時也回覆給 DNS 用戶端，當下一次 DNS 用戶端再查詢相同的 FQDN 時，就可以從快取查出答案，不必再請指定的 DNS 伺服器查詢，節省了查詢時間，快取伺服器不管理任何區域，但是一旦重新啓動快取伺服器時，會完全清除快取中的資料，而它本身又沒有區域檔案，所以每次的查詢都得求助於指定的 DNS 伺服器，因此初期的查詢效率會很差，必須等到快取中累積大量的資料後，查詢效率才會提升。DNS 查詢流程，請參考下圖：

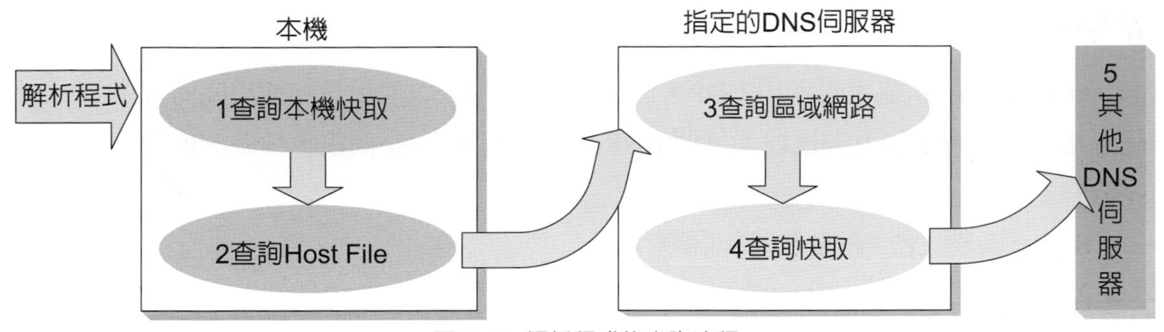

圖 6-10 解析程式的查詢流程

6-5-1 DNS 資源記載

建立好區域之後，就必須在區域檔案內新增資料，而這些資料就是所謂的資源記錄 (Resource Record，RR)。資源記錄的種類多達數十種，但是常用、常見的大概不出下列幾種。

- 起始授權 (Start of Authority，SQA) 用來記錄此區域的授權資料，包含主要名稱伺服器與管理此區域的負責人之電子郵件帳號，每個區域都必須有一份 SQA 記綠，而且只能有一份 SQA 記綠。
- 名稱伺服器 (Name Server，NS) 用來記錄管轄此區域的名稱伺服器，包含了主要名稱伺服器和次要名稱伺服器。
- A(Address，位址) 此記錄表示 FQDN 所對應的 IP 位址，也就是在正向名稱解說析時會對照的資料。
- AAAA(IPv6 Address，IPv6 位址) 此記錄表示 FQDN 所對應的 IPv6 IP 位址，也就是在正向名稱解說析時會對照的資料。
- 別名 (Canonical Name，CNAME) 一台主機設定多個別名，Web 伺服器和 FTP 伺服器同在一部主機時，用 CNAME 讓使用者可以用不同的 FQDN 連結同一台主機 (IP Address)。
- 郵件交換器 (Mail Exchanger，MX) 用來設定此一網域所使用的郵件伺服器，每一個網域並不限定只能有一部郵件伺服器，有多部郵件伺服器時，就必須設定一個代表優先順序的數字，數字愈小者，優先順序愈高，就是 0 爲最高優先順序。
- 反向查詢指標 (Pointer，PTR) 在做反向查詢 (由 IP 位址查 FQDN) 時，便會利用此種記錄類型。
- 主機資訊 (Host Information，HINFO) 如 CPU 的類型、作業系統的類型等。當有人查詢時，DNS 會將我們定義的資料回應給查詢者。

◆DNS 訊息

DNS 名稱解析協定是使用 UDP，伺服器使用埠號 53 而用戶端使用臨時埠號，DNS 訊息格式，包含下列五個區段：每個 DNS 訊息都有 Header 區段，其餘的區段有用到時才會有。

- Header 區段：包含訊息本質的相關資訊。
- Question 區段：包含向目的伺服器請求的相關資訊。
- Answer 區段：包含資源記錄 (RR)，提供 Question 區段內的請求資訊。
- Authority 區段：包含資源記錄，指向 Question 區段內的請求資訊的授權。
- Additional 區段：包含資源記錄，含有回應 Question 區段內的額外請求資訊。

◆DNS 的封包格式

DNS 的封包格式請參考圖 6-11，表 6-3 說明了 DNS 的封包格式各欄位的功能，使用封包擷取軟體來擷取 DNS 相關封包來進行分析，較容易真正了解 DNS 運作及功能。若有不足或想進一步了解 DNS 可以參考 RFC-822 、RFC-883 、RFC-920 、RFC-973 、RFC-974 、RFC-1032 、RFC-1033 、RFC-1034 、RFC-1035 、RFC-1101 、RFC-1296 等 DNS 協定相關的 RFC 文件。

0 15	16				31
Query ID(16)	QR	OP Codes	Flags	RSV	RCode
Question Count(16)	Answer RR Count(16)				
Authority Count(16)	Addition Records Count(16)				
Question Section(32)					
Answer Section(32)					
Authority Section(32)					
Additional Records Section(32)					

圖 6-11 DNS 封包格式

表 6-3 DNS 封包欄位說明

欄位	說明
Query ID	DNS 查詢封包編號。
QR (Query /Response)	長度為 1 bit 。 0: 查詢封包 (Query) 1: 回應封包 (Response)。
OP Codes（Operation Code）	長度為 4 bits。 封包類別： 0: 正向查詢 (Query) 1: 反向查詢 (Reverse) 2: 狀態查詢 (Status Query) 3: 保留 (Reserved)
Flags	長度為 4 bits。 AA(Authoritative Answer) TC(Truncation) RD(Recursion Desired) RA(Recursion Available)
Reserved (RSV)	長度為 3 bits 保留沒使用。
Return Codes	回應訊息，長度為 4 bits 除 0 及 6-15 保留未用外 1-5 分別為：Format Error、Server Failure、Name Error、Not Implemented、Refused。
Question Count	問題計數： 長度為 16 bits 後面緊接著問題區段的數量
Answer RR Count	答覆 RR 計數： 長度為 16 bits 答覆區段中資源紀錄（Resource Record, RR）的數量
Authority Count	權威計數： 長度為 16 bits 權威區段的紀錄數量
Addition Records Count	增加紀錄計數： 長度為 16 bits 增加權威區段中紀錄的數量。
Question Section	問題區段： 分為 NAME(長度不固定)、TYPE（16bits）、CLASS（16bits）三個子欄位 分別作為查詢、應答、授權、額外記錄等封包之資訊，及各自長度。

欄位	說明
Answer Section	答覆區段： 分為 NAME(長度不固定)、TYPE、CLASS 三個子欄位，分別作為查詢、應答、授權、額外記錄等封包之資訊，及各自長度。
Authority Section	授權區段：遞迴查詢的資訊可以儲存於授權區段內。
Additional Records Section	附加記錄區段：當授權區段有存放資料時才會加入，會存放授權區段中所紀錄的 DNS 伺服器名稱及其 IP 位址。

◆常用的 DNS Server IP Addres

之前的章節提過，網卡有幾項重要設定，其中有一項就是 DNS Server IP Address，一般常用電信公司所提供的，例如：中華電信的 DNS Server 的 IP Address 是 168.95.1.1 及 168.95.192.1 或是谷歌的 DNS Server IP Address：8.8.8.8 與 8.8.4.4，請參考圖 6-12，若是 IPv6 版本則 DNS Server IP Address 更改成 2001:4860:4860::8888 與 2001:4860:4860::8844 請參考圖 6-13，詳細可參考表 6-4 及表 6-5，若是 WiFi AP 上的 DNS 設定，則請參考圖 6-14。

表 6-4 國外常用的 DNS Server IP Address

提供者	DNS 伺服器（IPv4）	DNS 伺服器（IPv6）
Google	8.8.8.8 8.8.4.4	2001:4860:4860::8888 2001:4860:4860::8844
CISCO	208.67.222.222 208.67.220.220	620:0:ccc::2 2620:0:ccd::2
Cloudflare	1.1.1.1 1.0.0.1	2606:4700:4700::1111 2606:4700:4700::1001

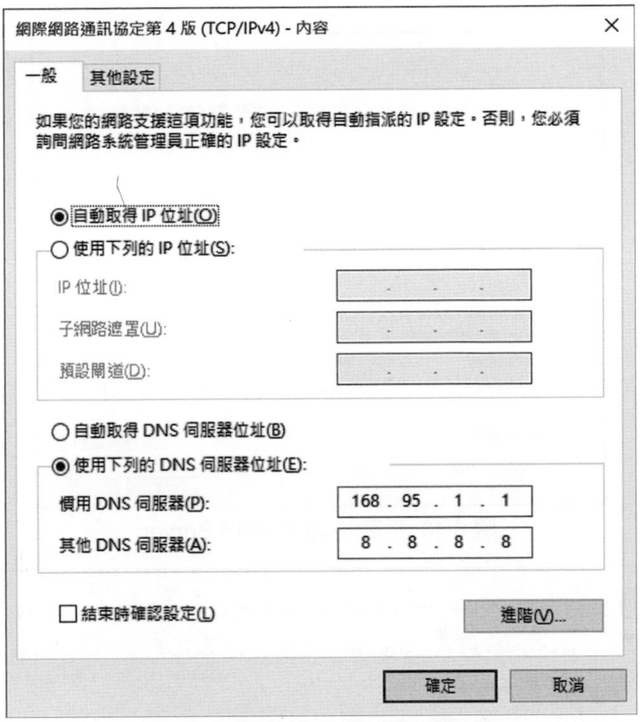

網際網路通訊協定第 4 版 (TCP/IPv4) - 內容

一般 其他設定

如果您的網路支援這項功能，您可以取得自動指派的 IP 設定。否則，您必須詢問網路系統管理員正確的 IP 設定。

自動取得 IP 位址(O)
使用下列的 IP 位址(S):
IP 位址(I):
子網路遮罩(U):
預設閘道(D):

自動取得 DNS 伺服器位址(B)
使用下列的 DNS 伺服器位址(E):
慣用 DNS 伺服器(P): 168 . 95 . 1 . 1
其他 DNS 伺服器(A): 8 . 8 . 8 . 8

結束時確認設定(L) 進階(V)...

確定 取消

圖 6-12 指定 IPv4 的 DNS Server

表 6-5 國內常用的 DNS Server IP Address

提供者	DNS 伺服器（IPv4）	DNS 伺服器（IPv6）
TWNIC	101.101.101.101 101.102.103.104	2001:de4::101 2001:de4::102
中華電信 Hinet	168.95.1.1 168.95.192.1	2001:b000:168::1 2001:b000:168::2
遠傳電信 SeedNet	139.175.1.1	
台灣碩網 So-net	61.64.127.1 61.64.127.2	
台灣固網 TFN	211.78.215.137 211.78.215.200	

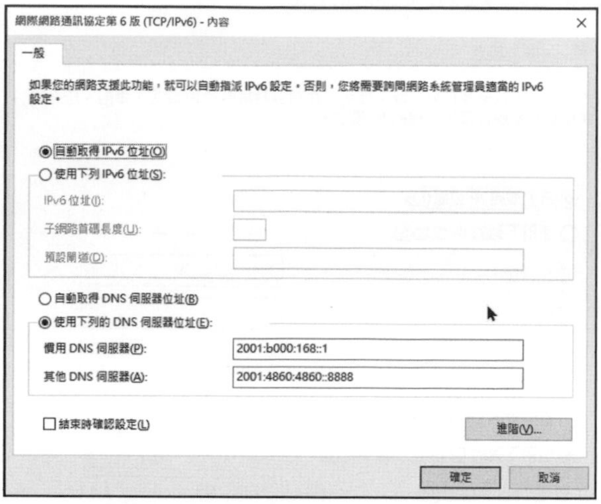

圖 6-13 指定 IPv6 的 DNS Server

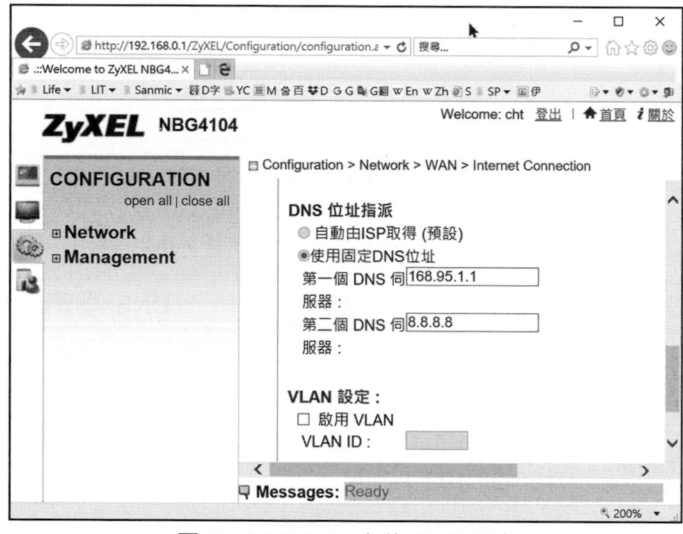

圖 6-14 WiFi AP 上的 DNS 設定

◆ DNS 測試工具

網路速度要快，除了設備速度要快網路頻寬要大之外，而不用花錢，更改一下 DNS 設定，有可能會使速度變快，變快的原因是使用較快的 DNS Server。除了可以使用網際網路服務商（ISP）所提供的 DNS，也可以使用更新速度頗快的 Google Public DNS，還能使用距離比較近、反應比較快的 DNS，或許就能得到比較快的回應。使用 DNS 測試工具可以測試哪個 DNS 反應比較快，有興趣可以試試 DNSBench 及 namebench 這兩個 DNS 測試工具。Windows 的使用者可以了解 nslookup 的功能，同樣地若是 Mac/Linux/Unix 的使用者可以試試了解 dig 的功能。

6-6 動態 DNS

用戶端使用浮動 IP Address 而不是固定 IP Address，所以 DNS Server 上的記錄就不正確，衍生出了動態 DNS(DDNS)，DDNS 讓用戶端在 IP Address 發生變動時，即立即動態通知 DNS 伺服器更新記錄，使得 DNS 伺服器上的記錄維持即時的正確。

6-7 網域名稱轉址

網域名稱轉址或稱網址重新導向或 URL 重定向（URL redirection），當使用者瀏覽某個網址時，將重新導向到另一個網址的技術。常用在把一長串的網址，轉成很短的網址。因當要傳播某網址時，因爲網址太長，不好記憶容易打字錯誤；或網站網址變更了，不知情者可能會認爲網站關閉了，這時是使用網址轉址服務的好時機。

6-8 短網址

短網址（URL Shortener）是一種縮短位址的技術與服務。此服務可以提供一個非常短的 URL 以代替原來的可能較長的 URL，將長的 URL 位址縮短。有專門且免費的網址提供此項服務像是 gg.gg（http://gg.gg/ ）、ppt.cc、bit.ly 等，之前都用 goo.gl，但目前已不提供此項服務。短網址的好處：能獲得簡單又好記的網址，不再是冗長難以記憶的 URL；短網址的壞處：可能導向有問題的網頁，無法事先看到完整的網址。

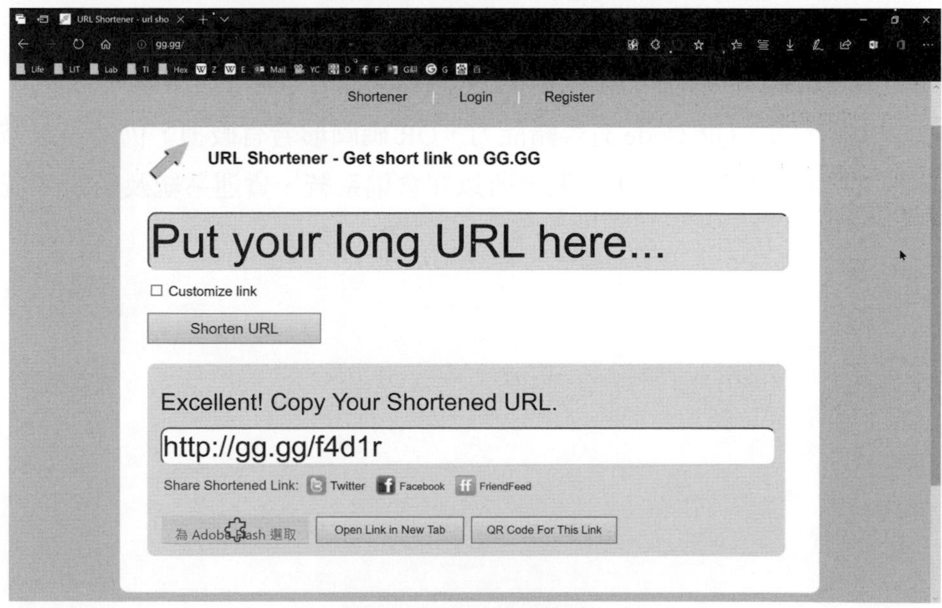

圖 6-15 短網址範例畫面

6-9 QR Code 網址

QR Code(Quick Response Code）是一種二維條碼，將文字數字轉化爲二維圖形的技術，是由日本 DENSO WAVE 公司發明，是目前最通用的二維空間條碼，廣泛運用於手機讀碼操作，其中有一項應用與本章節有很大關聯，就是將網頁的網址轉化爲 QR Code，如此一來只要使用能掃 QR Code 的設備，像是手機或平板等，即可免輸入直接連到該網頁，眞是十分便利。QR Code 網址的好處：不用記或不用打字，用需掃 QR Code; 而 QR Code 網址的壞處：可能導向有問題的網頁，無法事先看到完整的網址。

圖 6-16 QR Code 網址範例畫面

而 QR Code 二維條碼上有三個回字的黑白間同心方形圖案是用來定位的，方便辨識，失去會影響辨識，QR Code 有容錯能力，QR 碼圖形若有破損，仍然可以被讀取，最高可以到 30% 面積破損仍可被讀取，所以在倉儲系統、貨運系統及結帳系統等等十分常見。

本章習題

填充題

1. DNS 所使用通訊埠號是（　　　）
2. DNS 全名是（　　　　　　　　　　　　　　　　　）
3. FQDN 全名是（　　　　　　　　　　　　　　　　）
4. 中華電信的 DNS　Server 的 IP Addres(IPv4) 是（　　.　　.　　.　　）及（　　.　　.　　.　　）
5. 中華電信的 DNS Server 的 IP Addres(IPv6) 是（　　:　　.　　.　　）及（　　.　　.　　.　　）
6. 谷 歌 的 DNS Server 的 IP Addres(IPv4) 是（　　.　　.　　.　　）及（　　.　　.　　.　　）
7. 谷 歌 的 DNS Server 的 IP Addres(IPv4) 是（　　.　　.　　.　　）及（　　.　　.　　.　　）
8. DNS 有（　　　）種查詢方法
9. DNS 查詢方法 : 有（　　　　　　）式查詢方法、（　　　　　　）式查詢方法及（　　　　　）式查詢方法
10. DNS 系統是採用 (　　　　　　　　　　　　　　　　　　) 架構

選擇題

1. （　　）可將電腦的 IP 位址轉換成人類所了解的網域名稱的系統簡稱　(A) DNS　(B) PPP　(C)HTTP　(D)Gopher。
2. （　　）網域名稱中的類別通稱，何者代表政府機關？　(A) com　(B) gov　(C) org　(D) net　(E) mil　(F) edu。
3. （　　）網域名稱中的類別通稱，何者代表軍方單位？　(A) com　(B) gov　(C) org　(D) net　(E) mil　(F) edu。
4. （　　）網域名稱中的類別通稱，何者代表商業機關？　(A) com　(B) gov　(C) org　(D) net　(E) mil　(F) edu。
5. （　　）網域名稱中的類別通稱，何者代表組織機關？　(A) com　(B) gov　(C) org　(D) net　(E) mil　(F) edu。

6. (　　) 網域名稱中的類別通稱，何者代表學術單位？ (A) com (B) gov (C) org (D) net (E) mil (F) edu。
7. (　　) DNS 是下面哪一個的縮寫？ (A)Domain Name Server (B)Domain Name Service (C) Domain Name System (D) 以上皆是。
8. (　　) 下面哪一個是 DNS 的查詢方法？ (A) 遞迴式查詢 (B) 反覆式查詢 (C) 混合式查詢 (D) 以上皆是。
9. (　　) 下面哪一個不是 DNS 資源記載中的欄位？ (A)SQA (B)NS (C)A (D) 以上皆非。
10. (　　) 下面哪一個是 DNS 資源記載中的欄位？ (A)A (B)B (C)QR (D) 以上皆非。

問答題

1. 何謂 DNS？如何運作？
2. 何謂 FQDN？何謂正向名稱解析？何謂反向名稱解析？
3. 何謂 gTLD？何謂 ccTLD？
4. 如何知道目前使用哪一台 DNS 伺服器？
5. 何謂 DNS 區域？
6. 何謂遞迴查詢（Recursive Query）？
7. 何謂反覆查詢（Iterative Query）？
8. 遞迴查詢與反覆查詢之間有何關聯？
9. 請用範例來說明 DNS 系統的搜尋順序？
10. 何謂快取伺服器（Cache Server）？有何功能？
11. DNS 資源記載中記載哪些資訊？
12. 為何要有次要名稱伺服器 (Second Name Server)？
13. 為何要有次要名稱伺服器 (Second Name Server)？
14. 為何要有快取伺服器 (Cache Server)？

實作題

1. 為自己網站 / 班網申請一個網域名稱
2. 為自己網站 / 班網申請一個短網址
3. 為自己網站 / 班網申請一個 QR Code 網址
4. 使用 Wireshake 來記錄分析用 nslookup 指定某一台 DNS Server 進行 DNS 查詢。

Chapter 07

TCP/UDP 協定

學習目標

7-1 TCP/IP

7-2 TCP

7-3 UDP

7-1 TCP/IP

網際網路（Internet）所使用的通訊協定是 TCP/IP(Transmission Control Protocol/ Internet protocol)，使得 TCP/IP 紅了起來，大家開始爭相研究。TCP/IP 則由下列幾個主要通訊協定組成的，它是一組通訊協定而不是一個，也不是只有 TCP 及 IP 二個，不要弄錯了，主要通訊協定列於下表。

表 7-1 TCP/IP 的主要通訊協定

SMTP	電子郵件傳遞協定
FTP	檔案傳輸協定
TELNET	網路終端機模擬
TCP	傳送層之同步傳輸協定
UDP	傳送層之非同步傳輸協定
IP	網路層之基本傳輸協定
ICMP	網路錯誤及控制訊息之傳遞協定
ARP/RARP	IP 地址與介面地址之轉換
DNS	網域名稱伺服器

參考表 7-1TCP/IP 協定組合主要是 TCP 與 IP，加上許多通訊協定所組成。由於 TCP/IP 的發展遠早於 OSI 模型，因此僅大致符合 OSI 模型，各協定相對與 OSI 模型的對應關係如圖 7-1 所示：

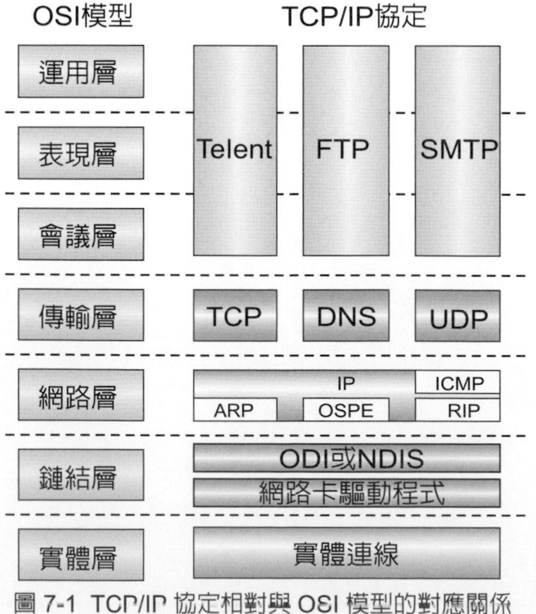

圖 7-1 TCP/IP 協定相對與 OSI 模型的對應關係

7-1-1 TCP/IP 協定堆疊

TCP/IP 是一組通訊協定的名稱，而不是一個，也不是二個，有人說是 TCP 及 IP 這兩個組成所以是兩個，這樣的說法是錯誤的，正確的說法是 TCP/IP 是一組通訊協定，由多個協定所組合而成的，協定中最重要、最出名的兩個協定是 TCP 與 IP，所以就以這兩個協定來命名，通訊協定是套定義完善的溝通規則，不同種類的機器只要遵循相同的協定即可互通，而 TCP/IP 正是 Internet 網路世界的共通語言，主機間須利用 TCP/IP 互通訊息。

TCP/IP 也是多層的協定堆疊架構，共有四層分別為 Network Access Layer、 Internet Layer、Host to Host Transport Layer、Application Layer 等由下而上四層，又被稱為 DoD 模型 (Department Of Defense)，不過經常被引用的 ISO/OSI 參考模型並不很適合直接描述 TCP/IP 協定堆疊，較恰當的模型是如圖 7-2 所示的四層模型，展示與 OSI 模型的關聯性，TCP/IP 未定義網路存取層，換言之它可架構於多種網路存取介面之上，例如：Ethernet、FDDI、Token Ring 或串列線路，只須提供這些介面的驅動器即可。

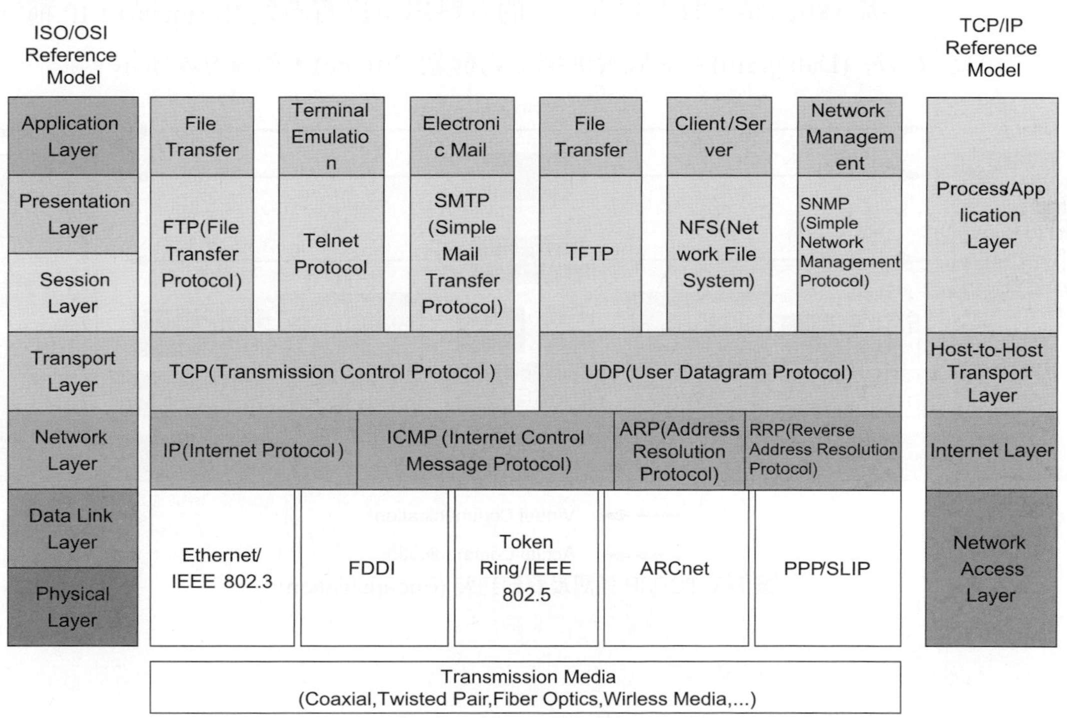

圖 7-2 TCP/IP 協定堆疊

在 TCP/IP 協定堆疊（Protocol Stack）中，協定間的對談只發生在同一層的相同協定之間，這稱作虛擬連線 (Virtual Connection)，實際的資料流動則是由發源層依序傳至最底層，之後透過傳輸介質送抵對方的最底層，再依序傳至目標層，每一層將資料傳至下一層之前會先於其資料區塊的前端附加一稱作表頭 (Header) 的控制資訊，此表頭記錄了該資料塊相對於該層的特性及資訊，每一層會將上一層傳來的資料連同其表頭一同視為上層的資料，並附加該層的表頭之後再送至下一層，這種資料封裝 (Encapsulation) 過程大抵上與 OSI 描述的相同，當資料送抵對方時也會發生解封裝 (Decapsulation) 動作，意即每一層由下一層收到資料之後，會先剝去該層的表頭之後，再將剩餘的部份送至上一層，如圖 7-3 所示。

TCP/IP 協定堆疊的每一層資料皆有固定的結構與名稱，理論上每一層皆可忽略其他層的資料結構，但實際上由於考量了傳輸效率等因素，每一層的資料結構皆被設計成相容於該層相鄰的上、下兩層的資料結構，僅管如此每一層仍保有描述該層資料結構的專門術語，TCP/IP 每一層的資料單位名稱皆不相同，例如：使用 TCP 的應用程式稱呼它的資料單位為串流 (Stream)，TCP 本身稱它的資料單位為資料段 (Segment)，IP 稱它的資料單位為資料片 (Datagram)，最底層則稱之為框架 (Frame)，如圖 7-4 所示。

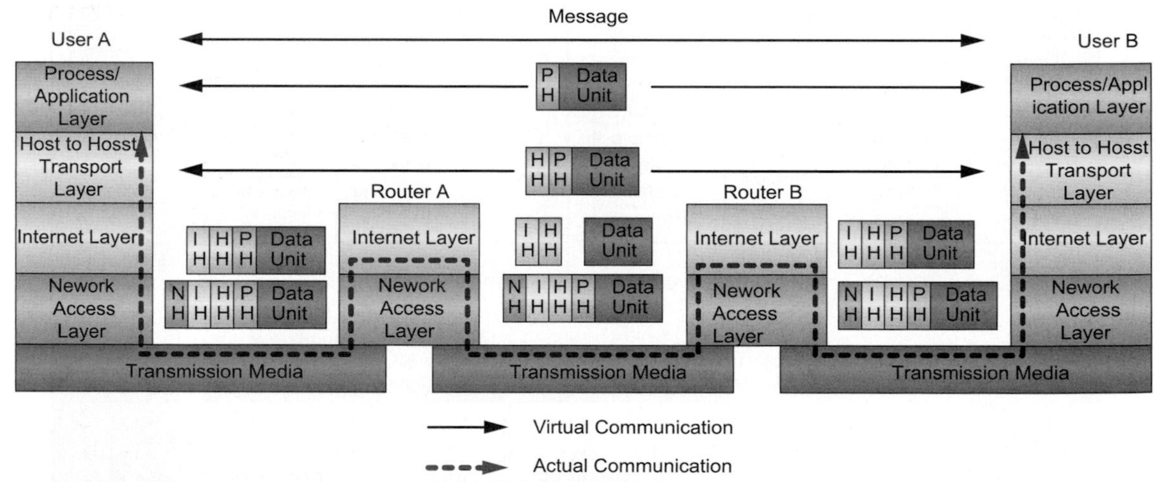

圖 7-3 TCP/IP 通訊及資料封裝 (Encapsulation)

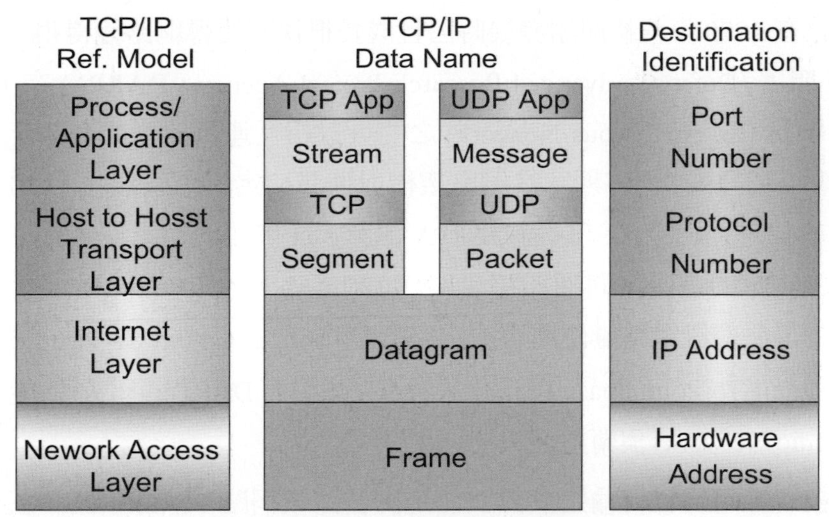

圖 7-4 TCP/IP 協定堆疊各層的資料名稱

7-2 TCP

Internet 在傳輸層有二種傳輸協定：

- 一種爲 TCP(Transmission Control Protocol)，主要提供可靠性，連接導向 (Connection Oriented) 傳輸協定；
- 另一種是 UDP(User Datagram Protocol)，是一種非可靠與非連接導向 (Connectionless Oriented) 傳輸協定。TCP 屬 Internet 通訊協定的一部份，它主要特徵爲一種獨立，主要目的能與其他傳輸系統配合使用的傳輸協定。

Internet 在網際網路層 (IP) 主要提供電腦與電腦之間通訊，資訊傳送與接收，並沒有處理資料是否正確，而將處置措施交由 ICMP(Internet Control Message Protocol) 來負責。

傳輸層協定 TCP 與網際層協定 IP 合稱有名的 TCP/IP 通訊協定，它可以說是 Internet 的骨幹精髓。TCP/IP 是 Internet 網路共同的語言，雖然各個電腦的軟硬體可能不同，它們之間還是可以互相通訊。

由於網路在 1970 年代初期剛發展時因且成長很快而使得網路變得很大，美國國防尖端專案研究署 (Defense Advanced Research Project Agency，DARPA) 在 1970 年代為了實現異質網路 (Heterogeneous Network) 之間可以相互連接與互相通訊，投入網際網路的研究發展。在 1970 代末期，其網路架構與通訊協定日漸成形，DARPA 主要採用封包交換技術於網路研究，這只是 DARPA 雛形，後來並使用這些新觀念於 ARPAnet 上。ARPAnet 使用的電腦之間通訊協定叫作 IP(Internet Protocol)。美國國防部在發展 ARPAnet 之初，是假設網路層使用虛擬電路服務 (Virtual Circuit Service) 同時使用傳統點對點專線 (Point-To-Point Leased Line) 網路連接法；而 DARPA 卻使用封包交換技術於無線網路 (Radio Network) 與衛星通訊。

點對點技術在可靠性傳輸逐漸無法滿足許多區域網路、無線網路，甚至衛星通訊網路應用，所以這套協定被加以修正以符合更高品質傳輸需求，修正後的協定稱為 TCP(Transmission Control Protocol)，同時在 1980 年被使用於 DARPA 作為網路研究。後來 DARPA 要求所有連接至 ARPAnet 網路的電腦須採用 TCP/IP。隨著網路設備逐漸進步成熟，以 TCP/IP 為標準的網路如雨後春筍般誕生，例如美國國科會的 NSFNET。NSFNET 並連接了許多大學與研究機構的網路。至今日 TCP/IP 已廣泛應用於網際網路、區域網路與廣域網路上。

TCP(Transmission Control Protocol) 是端對端傳輸層內最重要的協定之一，另一個同級協定是 UDP，這兩個協定負責在程序應用層及網際網路層之間搬移資料，TCP 的功能包括提供連線導向式及可信賴的端對端資料傳輸服務及滑動窗式流量控制 (Sliding Window)。

連線導向 (Connection-Oriented) 係指 TCP 首先利用控制資訊和對方建立連線 (Call Setup)，也就是連線前的握手 (Handshake) 動作，之後再傳送資料，最後還有終止連線的動作。TCP 採三向式握手 (Three-Way Handshake) 建立連線，首先由客戶端 (Client) 向伺服端 (Server) 發出 SYN 訊息，表示要求建立 TCP 連線，若伺服端接受連線，則回應 SYN/ACK 訊息，客戶端收到之後再回應 ACK 訊息，然後即可開始傳送資料。

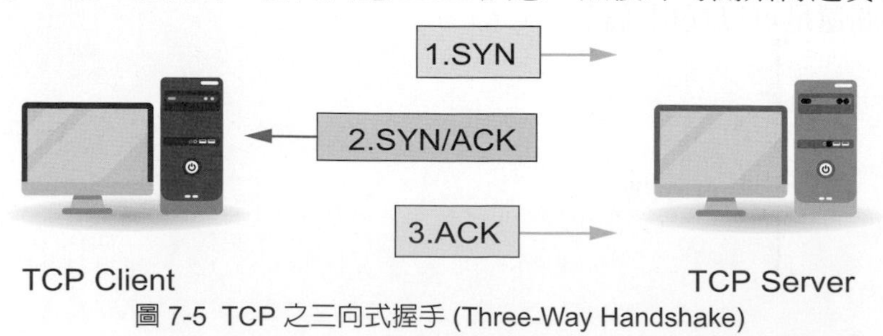

圖 7-5 TCP 之三向式握手 (Three-Way Handshake)

TCP 稱呼它的資料塊爲資料段 (Segment)，每個資料段由一 TCP 添加的表頭與實際資料所組成 (圖 7-6)，爲使傳送的資料是可信賴的，TCP 運用數種技巧，爲使接收端收到的資料段之間不至於失去原有的次序，TCP 在其資料段表頭內設置了序號 (Sequence Number) 欄位，接收端可依照序號將之重組回原始資料的順序。(圖 7-7)

圖 7-6 TCP 資料段 (Segment) 結構

TCP 資料段可承載的最大資料段長度 (Maximum Segment Size，MSS) 一般預設爲 1460 位元組，所以不一定要採用此值，此值的由來是因爲目前最普遍的區域網路是 Ethernet，其最大傳輸單元 (Maximum Transmission Unit，MTU) 爲 1500 位元組，將此值減去標準的 IP 表頭 (20 位元組) 及 TCP 表頭 (20 位元組) 的長度即得到 1460，較正確的計算方式是將當地的傳輸介質的 MTU 值減 40 可獲得正確的 MSS 值，MSS 的值若過大，在 IP 時段就會被分解成數個更小的封包，增加更多額外的 IP 表頭，MSS 的值若過小，同樣的資料量也會分成更多批傳送，同樣也會增加 TCP 的表頭數量，增加了額外的負擔 (Overhead)，應該避免以增加效率。

表 7-2 常見的 MTU

技術	MTU
Ethernet	1500 Bytes
FDDI	4352 Bytes
X.25	1600 Bytes
ATM	9180 Bytes

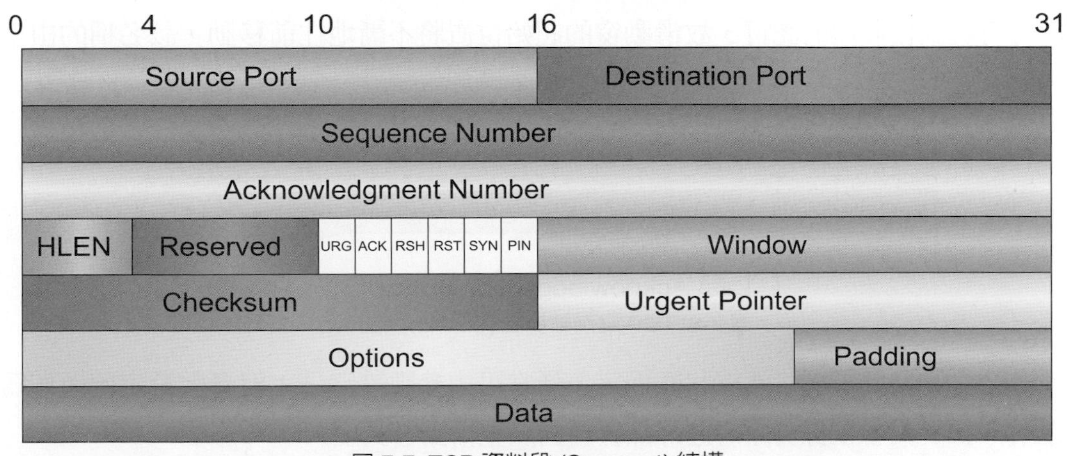

圖 7-7 TCP 資料段 (Segment) 結構

當接收端收到一段資料即會回應一個認可 (ACK) 訊息，其中包含一個所收到資料段之序號 +1 的認可號碼 (Acknowledgement Number)，TCP 在回應認可訊息時還使用一挾帶 (Piggyback) 技巧將認可訊息附帶在可能有的資料段中一起傳給對方，如此可降低單網路頻寬的耗費。

TCP 另一個確保資料正確傳輸的技巧是正向認可與重傳 (Positive Acknowledgement with Retransmission，PAR) 機制或 ARQ(Automatic Repeat reQuest)，發送端若於指定時段內未收到另一端對於已送出資料段的認可訊息時，會重新送出相同的資料段，TCP 將重複嘗試數次，直到對方回應認可訊息之後再送出下個資料段，若重複嘗試失敗，則 TCP 將通知應用層失去連線這類的訊息。

TCP 也採 Checksum 計算資料段的正確性，該 Checksum 位於資料段的表頭，當 TCP 收到資料段時，會將它所計算的和與表頭的 Checksum 相比對，若相同則送出認可訊息，表示接收無誤，否則忽略該資料段，在一小段等待之後，對方會再次送來同一個資料段。

接下來介紹流量控制方法之一滑動視窗 (Sliding Window)，TCP 的考量是由於每個資料段在被送出之後不會立即抵達目標，而是會有一段時間的旅行，爲避免因等待接收端的認可訊息所造成的閒置，發送端可在未收到前一個資料段的認可訊息的情況下持續發送數個資料段，此處的數個即是所謂的滑動窗長度。

以圖 7-8 爲例，其中的號碼爲資料段的序號，由圖可看出發送端已收到資料段 3、4 的認可訊息，換言之接收端已確實收到這些資料段，發送端雖尚未收到 5、6、7 等資料段的認可訊息，但由於尚未超出滑動視窗的範圍 (5 ～ 9)，故可繼續送出資料段，直到送出第 9 個資料段之後，即得停下來等待接收端的認可訊息，由於在傳送過程中，發送端隨時可收到接收端的認可，故滑動窗的起始位置將不斷地往前移動，該名稱的由來即緣於此。

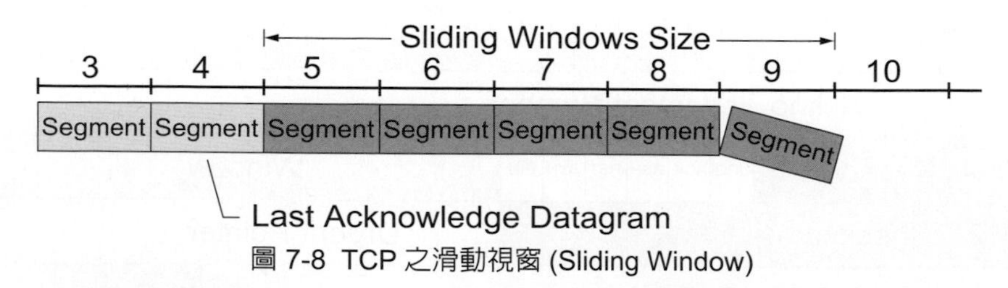

圖 7-8 TCP 之滑動視窗 (Sliding Window)

滑動窗的長度視網路連線狀態而定，通常可由參數設定之，但參數設定值僅作爲參考之用，TCP 尚會依據實際的連線品質自動調整滑動窗長度。

TCP 的功能在於提供上層各種應用程式一組無錯誤的連線管道，UDP 雖與 TCP 同等級，但各有各的使用時機，對於資料量較小，且資料的正確性不是很重要的情況可考慮使用 UDP(如 RIP、DNS)，而在資料的正確性要求較嚴格的狀況下 (如 TELNET、FTP)，TCP 即是較佳的選擇。

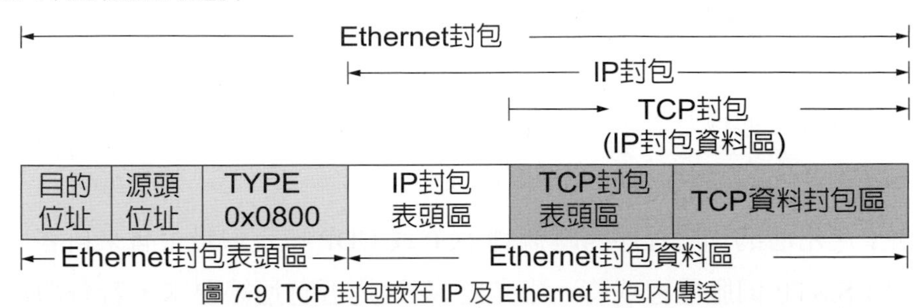

圖 7-9 TCP 封包嵌在 IP 及 Ethernet 封包內傳送

7-3 UDP

使用者資料片通訊協定 (User Datagram Protocol，UDP)，屬於 ISO/OSI 參考模式第四層的通訊協定，和 TCP 屬於同等級的協定，功能也相仿，只是和 TCP 相較下，UDP 提供較高速、不可靠性 (Unreliable)、非連線導向 (Connectionless) 的資料傳輸服務，也就是不事先與對方建立連線 (交握式)，也不偵測傳輸過程可能引入的錯誤。UDP 藉由應用程式將資料訊息轉換成封包，再經由 IP 傳送出去，UDP 搭配著 IP 通訊協定，增加傳輸的可靠度並且能將 IP 封包做多工處理的功能。UDP 稱呼它的資料爲訊息 (Message)，參考圖 7-10，訊息表頭較 TCP 的小，且 UDP 無繁瑣的交握式、認可、重傳等動作，不做驗證是否已正確傳遞，所以在同一網路環境下，其效率較 TCP 爲高，所以它被用含 SNMP 在的許多地方，其可靠性完全取決於應用程式。

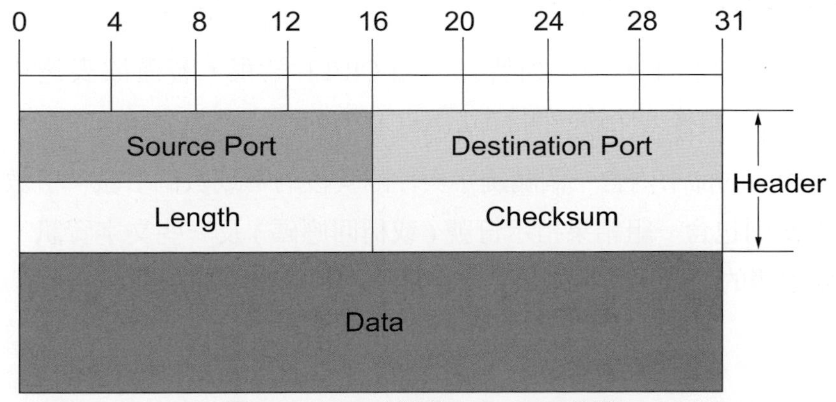

圖 7-10 UDP 之訊息 (Message) 結構

由於 UDP 不可信賴的特性，對於資料量較小、且資料的正確性不是很重要，或是其上層應用程序可自行驗證資料正確性的情況下可考慮使用 UDP(例如：RIP、DNS)，其他情況則須使用 TCP。

7-3-1 應用層服務

應用層的程序通常扮演著人機介面的角色，也是整個 TCP/IP 協定堆疊中，最接近人類用戶端的一層，常見的 Telnet、FTP 及電子信件 (E-mail) 等服務都是屬於此層。

TCP/IP 的大部份應用皆是主從模式 (Client-Server)，意即一種分散式服務架構，位在網路的一端扮演客戶，專門取得服務，另一端扮演主人，專門提供服務，且客戶扮演主動角色，主動提出連線要求、主動發出命令及主動結束連線，這也是伺服器之所以取名伺服的主因，而伺的字義，就是等待的意思。

在技術上應用層的伺服程序隨時監聽 TCP 或 UDP 特定埠是否有來自客戶端的要求送達，例如：SMTP 伺服器程式將一直監聽埠 25 是否有連線要求，若有即建立連線，然後根據客戶端的要求提供對應的服務。

客戶程序可透過 TCP 或 UDP 與伺服程序建立連線，在佔多數的連線導向式應用上，TCP 的三向式連線建立完成，服務端即會回應一個初始化訊息，然後等待客戶端送來命令，當服務結束時，客戶端會送出一個終止命令，並等待服務端的回應，之後關閉 TCP 連線，通常在雙方之間傳達的命令與回應皆是文字列型態 (以 CR/LF 結束)，其中的字元則採 NVT ASCII 字元集。

NVT ASCII 是 ASCII 的美國版變體，是種每個字元長 7 個位元的字元集，當傳送時，發送端會先清除字元的最高位元，接收端則忽略該位元，這也是為何 8 位元的中文信件無法順利於 Internet 傳送的主因，NVT ASCII 字元集將所有字元分成三類：

- 控制碼其值介於 0 至 31
- 圖形碼其值介於 32 至 126
- 未定義的碼其值介於 127 至 255

NVT ASCII 的規格中，每一列皆以一組 CR/LF 結束，若僅欲表達單一的 CR 或 LF，則在 CR 或 LF 之後須伴隨一個 NUL(ASCII 0)。

應用程序使用的命令內含一個關鍵字與伴隨其後的零或數個引數，引數之間以空白字元隔開，回應則包含一組結果指示符號 (或稱回應碼) 及一些文字資訊，這些文字在人類看來非常直覺的，可由這樣的訊息清楚觀察到整個對談的流程。

7-3-2 埠號碼

在應用層的每種服務都有個唯一的埠號碼 (Port Number)，例如：Telnet 的埠號碼是 23，FTP 的是 21，當 TCP 或 UDP 由 IP 收到資料後，會根據表頭的埠號碼將資料轉交對應的程序處理，須注意的是 TCP 及 UDP 的應用程序可分配到相同的埠號碼，必須配合埠號碼及傳輸協定種類才可決定資料所對應的程序。

許多埠號碼已保留予一些著名 (Well-Known) 的網路服務之用，如 Telnet、FTP、SMTP、DNS 此類服務皆是網路上經常用到且已成爲標準的服務，所有著名服務的埠號碼皆記錄在一份名爲已配置號碼 (Assigned Numbers) 的 RFC，目前是 RFC-1700，此份文件由 IANA 負責維護。

埠號碼 0 至 255 已保留給著名服務，256 至 1023 則分配給 Unix 特有的服務，儘管當初的分配方式是這樣的，但其中大部份的服務已不再是 Unix 特有的，後來，IANA 也已將著名服務的埠號碼擴展爲 0 至 1023，介於 1024 至 65535 的號碼則未定義，IANA 並未限定這些埠的用途，主機可自行決定如何配置，一般是用在動態配置埠，稍侯說明。

著名埠 (Well-Known Port) 的號碼已標準化，所以任何兩部主機在建立某個著名服務的連線之前就已知道須使用的埠號碼，如此可簡化雙方的連線程序，例如：所有 Internet 的主機皆統一透過埠 23 提供 Telnet 服務，當使用者欲以客戶端 Telnet 程式登入遠端主機時，即不須特別指定埠號碼。

表 7-3 公認的 port 號碼表

Port	協定名稱	描述
7	ECHO	Echo
11	USERS	Active Users
13	DAYTIME	Daytime
15	無	Network status program
20	FTP-DATA	FTP(data)
21	FTP	FTP(command)
22	SSH	Secure Shell (SSH)
23	TELNET	Terminal Connection
25	SMTP	SMTP
37	TIME	Time
53	DOMAIN	Domain Name Server

Port	協定名稱	描述
80	HTTP	Web Server
101	HOSTNAME	NIC host name server
110	POP3	Post Office Protocol Version 3
443	TLS	HTTP Secure (HTTPS) HTTP over TLS
443	SSL	HTTP Secure (HTTPS) HTTP over SSL

TCP 資料段 (Segment) 或 UDP 訊息 (Message) 的表頭內含兩個埠號碼，其一是來源埠 (Source Port)，其二是目標埠 (Destination Port)，理論上當 TCP 或 UDP 收到資料後，只須根據表頭的埠號碼將資料轉交對應的應用程序即可，並且來源程序的埠號碼應與目標程序的相同，所以雙方應只須使用協商過的埠號碼，但實際上可能遇到的狀況是，同一個應用程序執行數份的情形，例如：當用戶同時執行兩份 Telnet 程式登入兩部主機，此時光憑一個埠號碼無法辨識資料是屬於哪一份 Telnet 程序的，解決方式是巧妙利用來源埠、目標埠及動態配置埠。

7-3-3 動態配置埠

動態配置埠 (Dynamically Allocated Port) 是當應用程序須要時才由系統動態地配置，埠號碼範圍是 1024 至 65535，目的在令同一個 TCP/IP 應用程序能同時存在許多份，運作邏輯是客戶端採動態方式配置埠號碼，伺服端則直接使用著名埠號碼。

以 Telnet 爲例，假設一名位於 192.192.76.2 的客戶端先執行第一份 Telnet 程式登入主機 192.192.76.1，此時 192.192.76.2 爲此 Telnet 程序動態配置一個埠編號 1025，接著該用戶又執行另一份 TELNET 登入同一部主機，這時客戶端該 TELNET 被系統動態分配到的埠號碼是 1026。

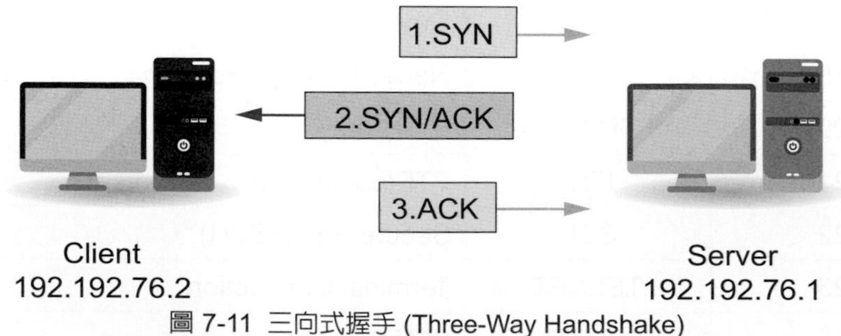

圖 7-11 三向式握手 (Three-Way Handshake)

在第一份連線建立之初，雙方進行三向式握手程序，192.192.76.1 的 TCP 收到來自 192.192.76.2 的 SYN 訊息，其中資料段表頭的來源埠爲 1025 且目標埠爲 23，由目標埠 192.192.76.1 知道對方要求 Telnet 服務。

在第二份連線建立之初，同樣的 192.192.76.1 的 TCP 由目標埠知道對方要求 TELNET 服務，但該 TCP 也發現此次連線有別於上次的，因爲來源埠不同，於此例，該用戶建立的兩組連線可分別表示成：

192.192.76.2： 1025 → 192.192.76.1： 23

192.192.76.2： 1026 → 192.192.76.1： 23

由此可觀察出 IP 位址與埠號碼相結合後的唯一性，就是說一個 IP 位址與一個埠號碼組成一個插槽 (Socket)，一個插槽即表達在整個 Internet 中唯一的一個網路程序，通訊兩端的兩個插槽即構成在整個 Internet 中唯一的一組連線，也有人將著名服務一詞稱作著名插槽。

7-3-4 TCP/IP 協定應用實例

雙方通訊時，資料來源通常是用戶透過應用程式發出的，例如：遠端登入、收發電子信件、傳檔等等，目標是另一端的應用層，以 SMTP 的應用爲例，假設主機 A 的用戶正利用程式發信至主機 B。

先就發送部份來介紹，A 的 SMTP 客戶端透過 TCP 與 B 的 SMTP 伺服器連線，TCP 將應用層送來的資料串流 (Stream) 封裝成資料段 (Segment)，在這資料段表頭登錄上層協定的埠號碼 25(代表 SMTP) 之後，TCP 再將這些資料段交由 IP 傳送，IP 將這些資料段封裝成資料片 (Datagram)，並將其上層協定的協定號碼 6(代表 TCP) 及來源與目標主機的 IP 位址登錄於資料片表頭，接著 IP 根據目標的 IP 位址透過網路存取層的協定將資料片送達目標主機。

接下來介紹接收部份，當目標主機的網路存取層協定收到資料封包時，先判別該封包是否爲 IP 資料片，若是則交由 IP 協定處理，IP 先確定該資料片上登錄的目標位址的確是該主機的，接著根據資料片表頭的協定號碼 6，將剝去 IP 表頭的資料段交由 TCP 處理，同樣的 TCP 由該資料段的表頭發現目標埠號碼爲 25，所以將資料交由 SMTP 伺服程序處理。

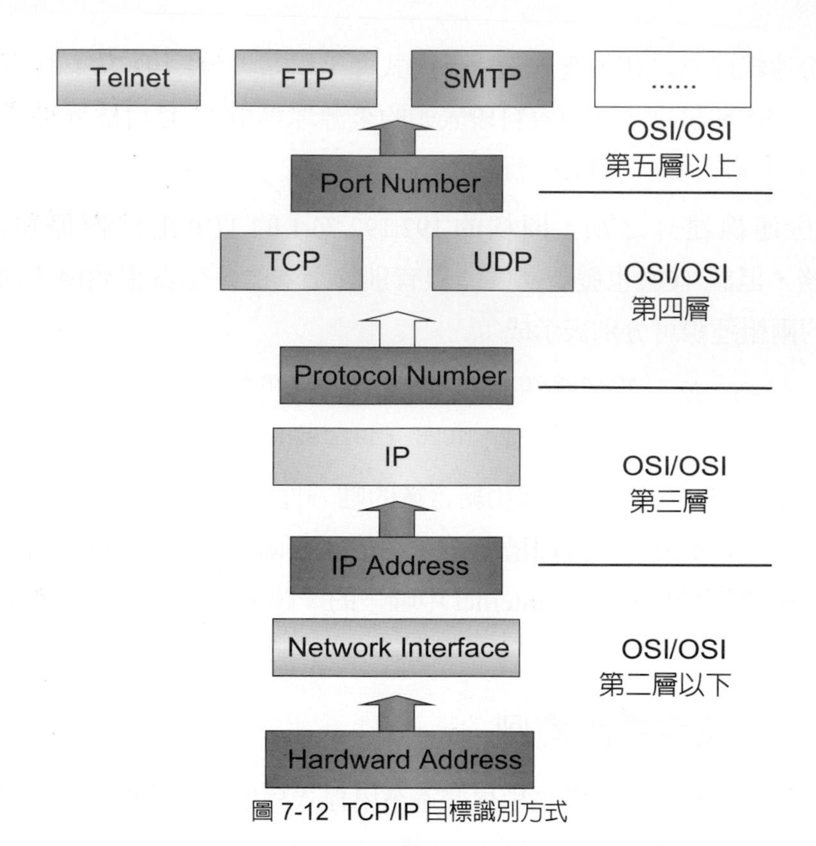

圖 7-12 TCP/IP 目標識別方式

主機間的資料大部份都是以此種形式流傳著，每當資料流經某協定時，該協定即須藉由表頭中的資訊判別資料的下個目標協定爲何，在接收資料 (由下而上) 的過程中，IP 利用協定號碼識別傳輸層的協定，傳輸層協定利用埠號碼識別應用層的程序，在送出資料 (由下而上) 的過程中，應用層的程序透過傳輸層協定送出資料，傳輸層協定將資料轉交 IP 送出，IP 根據目標位址決定遞送路線，若在目標位址位在同一網路，則直接將資料送交對方，否則將資料轉交路由器繼續遞送。

本章習題

填充題

1. 依序寫出三向式握手 (Three-Way Handshake) 的封包代稱是（　　　　　　　　）（　　　　　　　　）及（　　　　　　　　）。
2. TCP 全名是（　　　　　　　　　　　　）。
3. UDP 全名是（　　　　　　　　　　　　）。
4. IP 全名是（　　　　　　　　　　　　）。
5. ICMP 全名是（　　　　　　　　　　　　）。
6. ARP 全名是（　　　　　　　　　　　　）。
7. MTU 全名是（　　　　　　　　　　　　）。
8. MSS 全名是（　　　　　　　　　　　　）。
9. TCP 的應用程式稱呼它的資料單位爲（　　　　　　），TCP 本身稱它的資料單位爲資料段（　　　　　　），IP 稱它的資料單位爲（　　　　　　），最底層則稱之爲（　　　　　　）。
10. 插槽 (Socket) 是由（　　　　　　　　）及（　　　　　　　　）所組成的。

選擇題

1. (　　) TCP/IP 則由有幾個通訊協定組成的？ (A) 一個　(B) 二個　(C) 三個　(D) 四個。
2. (　　) 請問下列哪一是屬於連線導向 (Connection-Oriented) 協定？ (A)UDP　(B)TCP　(C)IP　(D) 以上皆是。
3. (　　) 請問下列哪一是屬於非連線導向 (Connectionless) 協定？ (A)UDP　(B)TCP　(C)IP　(D) 以上皆是。
4. (　　) 乙太網路 (Ethernet) 的最大傳輸單元是　(A)1200　(B)1300　(C)1400　(D)1500 位元組。
5. (　　) IP 表頭大小爲　(A)10　(B)20　(C)30　(D)40 位元組。
6. (　　) TCP 表頭大小爲　(A)40　(B)30　(C)20　(D)10 位元組。
7. (　　) 乙太網路 (Ethernet) 的最大傳輸單元是　(A)1200　(B)1300　(C)1400　(D)1500 位元組。

8. (　　) Telnet 的著名埠 (Well-Known Port) 是　(A)21　(B)22　(C)23　(D)24。
9. (　　) SSH 的著名埠 (Well-Known Port) 是　(A)21　(B)22　(C)23　(D)24。
10. (　　) FTP 的著名埠 (Well-Known Port) 是　(A)21　(B)22　(C)23　(D)24。
11. (　　) SMTP 的著名埠 (Well-Known Port) 是　(A)20　(B)25　(C)30　(D)35。
12. (　　) DNS 的著名埠 (Well-Known Port) 是　(A)50　(B)51　(C)52　(D)53。
13. (　　) POP3 的著名埠 (Well-Known Port) 是　(A)100　(B)110　(C)130　(D)130。
14. (　　) HTTP 的著名埠 (Well-Known Port) 是　(A)100　(B)90　(C)80　(D)70。
15. (　　) HTTPS 的著名埠 (Well-Known Port) 是　(A)442　(B)443　(C)444　(D)445。
16. (　　) SSL 的著名埠 (Well-Known Port) 是　(A)442　(B)443　(C)444　(D)445。
17. (　　) TLS 的著名埠 (Well-Known Port) 是　(A)442　(B)443　(C)444　(D)445。

問答題

1. 請問何謂挾帶 (Piggyback) 技巧？
2. 請問何謂虛擬連線 (Virtual Connection) ？
3. 請問何謂 DoD 模型 (Department Of Defense) ？
4. 請問 DoD 模型與 ISO 7 Layer 的對應關係爲何？
5. 請問何謂連線導向 (Connection-Oriented) 協定？請舉例。
6. 請問何謂非連線導向 (Connectionless) 協定？請舉例。
7. 請問何謂三向式握手 (Three-Way Handshake) ？
8. 請問 MSS 的值若過大或過小，有何優缺點？
9. 請說明乙太網路是 Ethernet 的最大傳輸單元 1500 位元組是哪些部份？
10. 請問何謂資料封裝 (Encapsulation) 動作及解封裝 (Decapsulation) 動作？
11. 請分析 TCP 與 UDP 兩個協定的特性。
12. 請問何謂 TCP 之滑動視窗 (Sliding Window) ？
13. 請問何謂插槽 (Socket)?
14. 請說明封包之表頭內序號 (Sequence Number) 欄位的功能爲何？
15. 圖解 Ethernet 封包內容（需有 TCP 封包及 IP 封包）。

Chapter 08

區域網路

學習目標

8-1 乙太網路

8-2 乙太網路的特質

8-3 乙太網路的訊框

8-4 乙太網路線材

8-5 媒體存取控制

8-6 Polling

8-7 高速乙太網路

8-8 100VG-AnyLAN

8-9 超高速乙太網路

依網路涵蓋面積的範圍來區分可分為區域網路 (Local Area Network，LAN)、都會網路 (Metropolitan Area Network，MAN)、廣域網路 (Wide Area Network，WAN)，區域網路泛指小型網路，像是一個辦公室、一個樓層、一幢大樓等等，另一種說法在 10 公里以內，筆者認為涵蓋面積的大小認定上是一種象徵型，大致上大家認為是小型網路就可以說是區域網路，而中型網路則是都會網路，大型網路則是廣域網路，廣域網路是由多個區域網路及都會網路組合而成的。

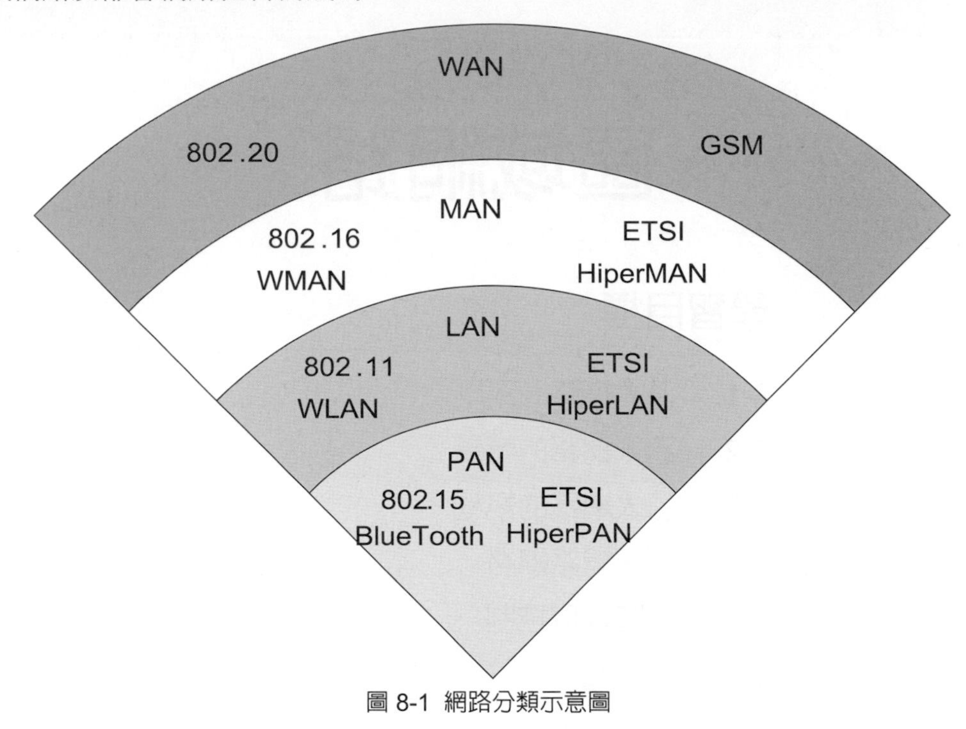

圖 8-1 網路分類示意圖

在區域網路上有三種主要的存取方法 (Access Method)，分別是：載波偵測多重存取 / 碰撞偵測（Carrier-Sense Multiple Access with Collision Detection，CSMA/CD）、權杖傳遞 / 記號傳送 (Token Passing) 及需求優先權（Demand Priority），CSMA/CD：是乙太網路 (Ethernet、IEEE 802.3) 所使用的存取方法。Token Passing：記號傳送是 IEEE 802.4 與 802.5 所採用的存取方法。Demand Priority：是 IEEE 802.12(即 100VG AnyLan) 所採用的存取方法。

8-1 乙太網路

在 1960 年代，乙太網路 (Ethernet) 的觀念開始萌芽，當時美國夏威夷大學的研究人員 Norman Abramson 開發出了一種無線網路，叫做 ALOHA (夏威夷問候語) 設計 ALOHA 系統的目的，就是要協助收集各小島和海上船隻的資料，ALOHA 協定本身十分簡單，傳送者有資料要傳，就直接傳送，接收者若順利接收則回傳確認（ACK），反之則回負確認（NACK）。Robert Metcalfe 是參與 ALOHA 系統的學生，在 1970 年代初期，在任職於加州的帕羅奧托研究中心 (Palo Alto Research Center，PARC) 的全錄 (Xerox) 公司時，對 ALOHA 系統加以改善（在無線網路章節再來介紹 ALOHA），改善的系統採用載波偵測多重存取 / 碰撞偵測 (CSMA/CD)，全錄公司於 1975 年研製成功，當時乙太網路的頻寬僅有 2.94 百萬位元 (Mbps)，以在歷史上研究電磁波的乙太 (Ether) 來命名爲乙太網路，後來迪吉多 (Digital) 公司以及英特爾 (Intel) 公司與全錄公司合作，DEC-Intel-Xerox 簡稱爲 DIX 提出了乙太網路藍皮書 (DIX 80)，此時乙太網路的頻寬已提升爲 10Mbps，而推薦給 IEEE 802.2 委員會，請參照表 8-1，在 1983 年 IEEE 正式批准第一份乙太網路工業標準 (IEEE 802.3) 時，即是以 10Mbps 爲標準的頻寬，成爲世界上第一個區域網產品的規範。

區域網路有許多不同網路架構，例如：ARPAnet、乙太網路 (Ethernet/IEEE 802.3)、權杖 (記號 / 令符) 環網路 (Token Ring 802.4 和 802.5)、光纖網路等，其中乙太網路是市面上最爲廣泛使用，乙太網路是廣播式 (Broadcast) 的網路，也就是每一次傳輸時，乙太網路上每個節點 (Node) 都會收到訊息，它使用載波偵測多重存取 / 碰撞偵測 (CSMA/CD) 基頻技術傳送資訊框 (Frame)。

現在有不少人喜歡用乙太網路這一名詞來表示所有的 CSMA/CD 協定，但這是不精確的，因爲乙太網路 (Ethernet) 只是一個具體的區域網路的名稱，雖然乙太網路所使用的協定是 CSMA/CD。然而術語 IEEE 802.3（規範）和 CSMA/CD（協定）卻是時常誤用。

標準乙太網路傳輸速率爲 10MBps，但是前面提到乙太網路是採用 CSMA/CD 運作原理，當連接到同一個乙太網路的電腦數量越多，網路碰撞機率越大，相對地網路的效率就越低，根據經驗乙太網路一般平均傳輸速率在 5~6Mbps，在同一個乙太網路上若只使用 Hub，電腦數量維持在 30 台左右 (此數只是參考值)，網路碰撞機率在一般人能忍受範圍內，若再增加的話，碰撞機率增加，將漸漸惡化網路效率，因此改善的方法就是透過橋接器 (Bridge) 或是交換器 (Switch) 連接來改善碰撞領域（Collision Domain），這是一個原則，實際如何來分割網路以及如何連接比較有效率與低成本端視網路資料流量與應用環境而定。

乙太網路（Ethernet）到現在有數十年的歷史，網路變成每家企業必備的工具，目前全球約有一億兩千萬個乙太網路節點，以前的乙太網路（10Base）到目前使用較多的 IEEE 802.3u 的高速乙太網路（100Base），及較快速的 Giga 乙太網路 (1000BaseT)，甚至是 10G 乙太網路。究竟什麼樣的網路架構及網路通訊協定是符合企業需求？當中有許多考量點，以下提供一些思考方向：

1. 客戶有哪些需求：規劃的區域網路要配合使用者的需求，例如：多少使用者採用 Unix ？ MS Windows ？ Mac ？設備的放置地點、佈線的施工方式、架設好之後的管理跟未來的擴充等等。
2. 要投入多少經費：這決定了網路設備的好壞跟品質，如何在有限預算下達到要求的水準？最好是整體一起規劃，大部分的經費通常都會是不足的情況，所以採用逐步汰換時，如果初期規劃不當，就會需要拆掉與重新佈線，非常浪費經費與時間。

如表 8-1 所示，隨時代科技進 ，乙太網路家族對於頻寬線材及標準同樣都是與時俱進，規劃時一定要參考如下。

表 8-1 乙太網路家族一覽表

代碼	規格標準	頻寬	標準通過年分	使用線材
10Base5	802.3	10Mbps	1983	粗同軸電纜
10Base2	802.3a	10Mbps	1988	細同軸電纜
10BaseT	802.3i	10Mbps	1990	UTP Category 3 等級以上的線
10BaseF	802.3j	10Mbps	1992	光纖
100BaseTX	802.3u	100Mbps	1995	UTP Category 5 等級以上的線
100BaseT4	802.3u	100Mbps	1995	UTP Category 3 等級以上的線
100BaseFX	802.3u	100Mbps	1995	光纖
100BaseT2	802.3y	100Mbps	1997	UTP Category 3 等級以上的線
1000BaseSX	802.3z	1000Mbps	1999	光纖
1000BaseLX	802.3z	1000Mbps	1999	光纖
1000BaseCX	802.3z	1000Mbps	1999	STP 線
1000BaseT	802.3ab	1000Mbps	1999	UTP Category 5 等級以上的線
10GBaseSR	802.3ae	10Gbps	2002	光纖
10GBaseLR	802.3ae	10Gbps	2002	光纖
10GBaseT	802.3an	10Gbps	2002	UTP Category 6 等級以上的線
100GBaseSR10	802.3ba	100Gbps	2010	光纖
100GBaseLR4	802.3ba	100G bps	2010	光纖

8-2 乙太網路的特質

筆者將乙太網路分成標準乙太網路 (Standard Ethernet)、高速乙太網路 (Fast Ethernet) 及超高速乙太網路 (Gigabit Ethernet) 三大部份來說明。標準乙太網路可以分爲四種，請參照表 8-2，分別爲 10 Base5、10 Base2、10 BaseT、10 BaseF，詳細描述如下：

1. 10Base5：最早的乙太網路採用直徑 1 公分的同軸電纜相連，電纜的阻抗爲 50Ω，區段最大長度爲 500 公尺，每段能線上可連接，傳輸頻寬 10Mbps。802.3 標準將此規格定爲 10Base5 乙太網路，因使用 100 個節點粗的同軸電纜爲傳輸介質所以也稱爲粗型網路 (Thicknet)，也是最早實作的乙太網路，也是 802.3 標準所定義的乙太網路，故有人稱爲標準乙太網路。
2. 10Base2：採用直徑 0.64 公分的同軸電纜相連，電纜的阻抗爲 50Ω，區段最大長度爲 185 公尺，每段能線上可連接 30 個節點，傳輸頻寬 10Mbps，使用細的同軸電纜爲傳輸介質所以也稱爲細型網路 (Thinnet)，價格較便宜，故有人稱爲廉價網路 (Cheapernet)。
3. 10BaseT：採用 Category 3 以上的雙絞電纜相連，電纜的阻抗爲 50Ω，區段最大長度爲 500 公尺，每段能線上可連接 100 個節點，傳輸頻寬 10Mbps。
4. 10BaseF：1992 年時以光纖線路爲傳輸介質 10BaseF 乙太網路標準 802.3j 隨即誕生，在該標準裡，定義了三類光纖乙太網路的規格。

- 10BaseFL：直接連接區域網路內的電腦。
- 10BaseFP：透過被動式集線器連接區域網路內的電腦。
- 10BaseFB：充當集線器間的骨幹網骨幹線路。

表 8-2 標準乙太網路特質

頻寬	拓撲	線材	速率	協定	網路型態
基頻頻寬 (Baseband)	匯流排 (Line bus) 星狀 (star)	10BaseT 10Base2 10Base5 10BaseF	10 MBps	CSMA/CD	廣播式 (broadcast)

8-3 乙太網路的訊框

乙太網路的訊框大小是可變的 (Variable)，如圖 8-2 及圖 8-3 所示，最小的乙太網路訊框是 64 個位元組 (Byte)，而最大的是 1518 個位元組。

Preamble	目的位址	源頭位址	TYPE	資料區(46-1500位元)	CRC

圖 8-2 DEC-Intel-Xerox 的 Ethernet 訊框 (Ethernet II)

Preamble	目的位址	源頭位址	LEN	資料區(46-1500位元)	CRC

圖 8-3 802.3 Ethernet 訊框格式

- Preamble(8 個 bytes)：用來做為訊框收取同步的起始認定 (Start of frame) 用。這是實體層以網路卡在收送訊框時使用到的資料，對上層通訊協定的設計者而言，並不需要去注意此一欄位。
- 目的位址 (6 個 bytes)：訊框目的地位址，它是六個 bytes 的 Ethernet 網路卡硬體位址，此一欄位就好比一封信中的收信人地址，沒有此一欄位訊框將無法送達目的地，如果此一欄位值為 0xffffffffffff 的話表示是一 Broadcast 訊框。
- 源頭位址 (6 個 bytes)：訊框的源頭位址，此一欄位就好比寄信人的地址，有了此一位址，收取訊框者才知道該訊框是誰寄來的，才有辦法回覆訊框。
- TYPE(2 個 bytes)：此一訊框上層協定識別碼。對 TCP/IP 協定而言若：

  TYPE=0*0800 資料區內布的是一 IP 封包

  TYPE=0*0806 資料區內布的是一 APR 封包

  TYPE=0*0835 資料區內布的是一 RARP 封包
- 資料區 (46-1500 個 bytes)：到 TYPE 欄位為止是 Ethernet 訊框的表頭區，TYPE 欄位以後則是 Ethernet 的資料區，其長度最多不可超過 1500 位元組，最少則為 46 個位元組。
- CRC(8 個 bytes)：CRC(Cyclic Redundancy Check) 是實體層用來幫助傳送錯誤之偵測用。

8-4 乙太網路線材

在乙太網路中所使用的線材有三種，所使用的連接方式不盡相同，請參考表 8-3，而其接頭也不一樣，這三種線材分別是 RG-11 Coaxial Cable、RG-58 Coaxial Cable、非遮蔽雙絞線 (Unshielded Twisted Pair，UTP)、光纖 (Fibber)，乙太網路的線材使用不是一開始便有這三種線材，而是在乙太網路的發展使用中根據需求陸續訂定的標準。首先是使用 RG-11 的線材，RG-11 的線材較粗，施工較困難，且成本較高，此規格稱之為

10 Base 5，因為成本太高所以便以 RG-58 的線材來代替，RG-58 的線材較細且便宜，所以以 RG-58 所連結的網路也被稱為廉價乙太網路 (Cheap Ethernet) 及細型乙太網路 (Thin Ethernet)，相對的 RG-11 所連接的乙太網路被稱為粗型乙太網路 (Thick Ethernet)。使用 RG-58 連線的規格訂定為 10Base-2，但是 10Base-2 的連接採匯流排 (Bus) 的方式，容易因為某一點故障而導致整個網路無法運作，所以才訂定 10Base-T 的規格，採用星型 (Star) 的連接的方式，使用 UTP 的線材，以 10Base-T 的方式連線還需要額外的設備，那就是集線器 (Hub)，在後面的章節再詳細說明。

接著光纖的廣泛的使用，因為光纖的不受干擾，且傳輸距離遠，也訂定了使用光纖的線材來連線，訂定的規格為 10Base-FL，雖然是使用光纖作線材，但還是乙太網路，所以其傳輸的速度還是 10Mbps，這點要和 FDDI 分清楚，不是使用光纖皆是使用 100Mbps 的速度，以上三種線材的連接方式不同，所用的接頭也不同，而且連接距離也不同，表 8-3 列了三種線材 (同軸、雙絞線及光纖) 的比較：

表 8-3 乙太網路線材規格比較表

規格	使用線材	使用接頭	區段最長距離
10Base5	RG-11 Coaxial	BNC	500 公尺
10Base2	RG-58 Coaxial	BNC	185 公尺
10BaseT	UTP Cat3 以上	RJ-45	100 公尺
10BaseFL	光纖	ST 接頭	2-4 公里
100BaseTX	UTP Cat5 以上	RJ-45	100 公尺
1000BaseT	UTP Cat5 以上	RJ-45	100 公尺
10GBaseT	UTP Cat6 以上	RJ-45	100 公尺
10GBaseSR/LR	光纖	ST 接頭	0.4-10 公里

混合拓撲中雖然可能使用到同軸電纜、非遮蔽雙絞線及光纖這三種線材，但是本質還是乙太網路 (Ethernet)，在一個網路中這三種線材可以根據需求混合使用。

◆ Transceiver

Transceiver 是一個硬體介面轉換的小設備，雖然小但是有時少了它卻很麻煩，Transceiver 主要的功能是作 10Base-5、10Base-2、10Base-T、10Base-FL 間介面的轉換，若有一個 Hub 提供 UTP Port 外還提供一個 AUI Port，但是所要接的 PC 只有 BNC Port，這時就需要 AUI 轉 BNC 的 Transceiver 來轉換，使 PC 也能上網路，一般市面上的 Transceiver 的種類有 AUI 轉 BNC、AUI 轉 UTP、BNC 轉 UTP、AUI 轉 ST 接頭等。

BNC 和 UTP 轉換的 Transceiver 需要額外的電源，但是其他的不用，這是有原因的，其他不用電源的 Transceiver 皆是有一個 AUI 的介面，Transceiver 的 AUI 接頭連接至設備 Hub 或 Router 的 AUI Port 時設備的 AUI Port 會提供電源讓 Transceiver 使用，所以不用額外的電源，但是 BNC 轉換 UTP 的 Transceiver 無法從 BNC Port 或 UTP Port 處取得電源，所以必須額外電源 Transceiver 才能動作。

8-5 媒體存取控制

在 ISO 7 Layer 中第二層資料連結層 (Data Link Layer) 中的子層媒體存取控制規範了存取網路的標準，如何存取、該誰使用（使用優先權）、使用多久。而存取網路的方法稱之仲裁 (Arbitration)，現今媒體存取仲裁方式 (Arbitration) 流行的三種方式。

- 載波多重存取 / 碰撞避免 (CSMA/CA)
- 載波多重存取 / 碰撞偵測 (CSMA/CD)
- 權杖傳遞 (Token Passing)

◆ CSMA/CD

乙太網路使用載波偵測多重存取 / 碰撞偵測 (CSMA/CD) 也就是 IEEE 802.3 所規範的方式，是現今最流行的存取方法，如圖 8-4 所示。乙太網路所使用的通訊協定，運用方式如下：

- Step1：當網路上有傳送端要傳送資料時，會先偵測是否有其他傳送端正在傳送資料 (載波偵測，Carrier Sense)，若有則需等待並繼續偵測直到沒有在傳送了，即可立即傳送資料。
- Step2：同網段的每個傳送端，能共同使用傳輸通道 (線路) 或傳輸媒介，而彼此不互相干擾 (多重存取，Multiple Access)。
- Step3：當資料傳送時，會持續偵測是否發生偵測碰撞 (Collision Detection)，因爲可能有其他傳送端和自己做了相同的動作（即同一時間內傳送了資料）。
- Step4：若發生碰撞 (Collision)，碰撞的資料無法被確認，所以丟棄，而傳送端廣播壅塞 (Jamming) 訊號給同網段上每端點，同網段上傳送端暫停傳送資料，執行退讓演算法（Backoff Algorithm）來等待一個隨機延遲時間 (Random Delay Time) 後，再重新從步驟 1 開始執行。
- Step5：若再次碰撞，則這台電腦會重複步驟 4 與步驟 5，但等待的隨機延遲時間會加倍，嘗試 15 次都失敗，則告知上層逾時（Timeout）。

◆ Step6：直到資料傳送完畢後，其他傳送端才能接著傳送資料。

在 CSMA/CD 網路中，連線通訊的數量增加，碰撞次數也會相對增加，可使用交換式集線器、橋接器 (Bridge) 或交換器（Switch）分隔碰撞領域，建議採用交換器。

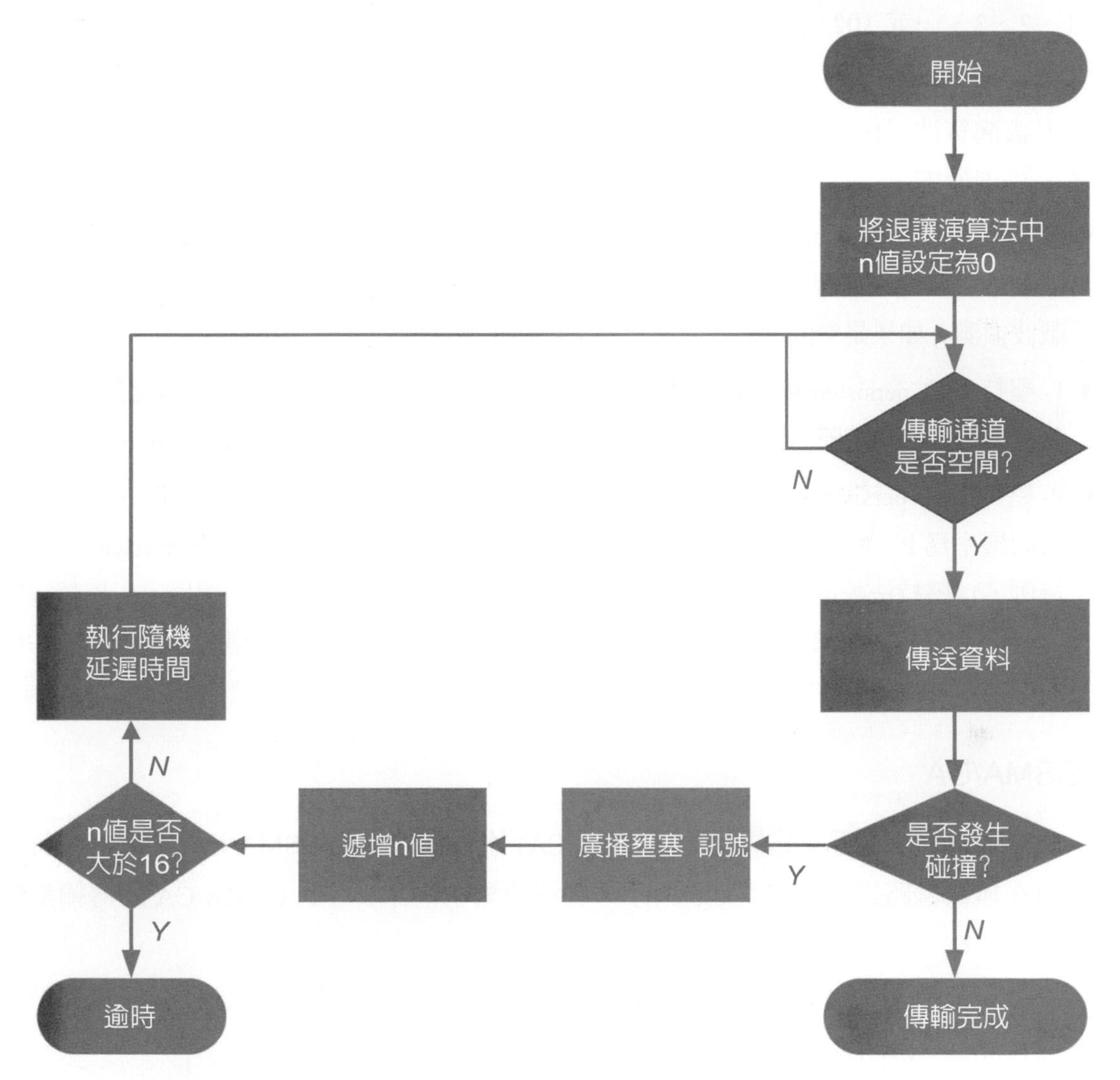

圖 8-4 乙太網路使用載波偵測多重存取 / 碰撞偵測流程圖

延遲時間都不相同，則可以避免因為延遲時間相同造成的再次碰撞，著名的方法稱為二元指數退讓演算法 (Binary Exponential Backoff Algorithm)，此法用到幾個參數，分別為 n: 連續發生衝撞的次數 (n ≦ 16)，k：MIN(n,10)，即 n 值和 10 兩數的最小值，r：隨機延遲時間，單位是時槽時 (Slot Time)，而時槽為最遠的二端來回傳遞一次所需的時間 (Round-Trip Propagation Delay)，最終要的就是 r 值，0 ≦ r ＜ 2k，也就是說 r {0,1,2....,2k-2,2k-1}。舉例來說明，第一次發生碰撞時，n ＝ 1，k ＝ min(n,10) ＝ 1，所以 r{0,1}，即 r 值可能為 0 或 1 個時槽，是隨機選出，再次發生碰撞時，n ＝ 2，k ＝ MIN(n,10) ＝ 2，所以 r{0,1,2,3}，即 r 值可能為 0、1、2 或 3 個時槽，是隨機選出，再理以此類推，到 n>10 且 n<16 時，k 值都是 10，所以 r{0,1,2,3,⋯,1023}，即 r 值可能為 0、1、2、3、⋯或 1023 個時槽，是隨機選出，而最長延遲時間為 1023 個時槽時間，太長延遲時間很沒效率。

退讓演算法（Backoff Algorithm）就是針對避免碰撞而發展出來的，主要可以分成三種，分別如下：

- 0- 堅持法 (0-persistent) ：傳送端要傳送資料時，先做載波偵測 (Carrier Sense)，若偵聽到線路忙或發生碰撞時，則立刻退出，不再繼續載波偵測。等待一段隨機延遲之後再回來載波偵測，如果是空閒就開始傳送資料；否則立刻退出。
- 1- 堅持法 (1-persistent) ：傳送端要傳送資料時，先做載波偵測，若偵聽到線路忙或發生碰撞時，會持續偵聽；若發現不忙則立即送出資料。CSMA/CD 協定就是採用 1- 堅持法。
- P- 堅持法 (P-persistent) ：傳送端要傳送資料時，先做載波偵測，若為空閒時，將資料送出的機率為 P，P 值介於 0 跟 1 之間，而 0-persistent 及 1-persistent 是 P-persistent 的兩個特例，1- 堅持法較適合負載輕的環境，而 0- 堅持法則較適合負載重的環境，p- 堅持法則介於兩者之間，由於 P 值可以調整，具有較佳的效率，但實作上較複雜，Ethernet 採用的是 1- 堅持法。

◆ CSMA/CA

載波偵測多重存取 / 碰撞避免 (CSMA/CA) 比權杖傳遞和 CSMA/CD 更慢；目前普遍使用在無線網路之中。如圖 8-5 所示，載波偵測多重存取方式 CSMA/CA 的傳輸步驟如下：

- Step1：傳送端要傳送資料前先檢查傳輸媒介上是否已有其他的訊號，即為載波偵測 (Carrier Sense)。
- Step2：如果傳輸媒介上已沒有任何訊號，則想要傳送資料的傳送者便會送出一個“要求傳送 (Request to Send, RTS)”的訊號，即為多重存取 (Multiple Access)。
- Step3：網路上的接收端會傳回一個“允許傳送 (Clear to Send, CTS)”的訊號。
- Step4：想要傳送資料的傳送端收到了“允許傳送 (CTS)”的訊號後，便開始傳送資料。當嘗試 32 次都失敗，則告知上層逾時（Timeout）。
- Step5：當資料傳送完畢後，傳送資料的傳送端會送出一個結束訊號 (ASK)，表示已傳送完畢。

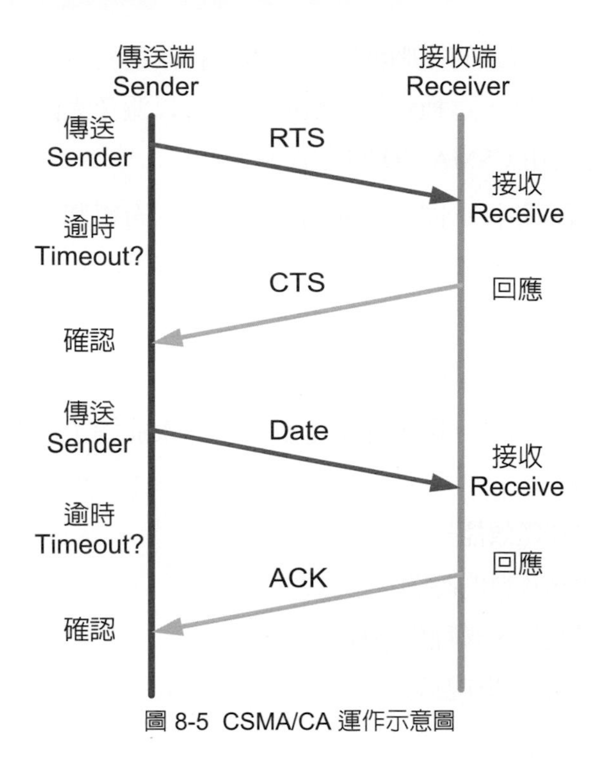

圖 8-5 CSMA/CA 運作示意圖

來比較一下 CSMA/CD 與 CSMA/CA 的相同點及相異點，相同點 : 都用執行 CS (Carrier Sense) 及 MA (Multiple Access)，都是採用廣播方式來通訊 ; 相異點 : CSMA/CD 採用碰撞偵測 (Collision Detection, CD) 且失敗嘗試次數是 15 次，超過後通知上層逾時。CSMA/CD 會讓重送時間變長，增加重送成本，不建議用在 Wireless 與 CSMA/CA 採用避免碰撞 (Collision Avoidance, CA) 且失敗嘗試次數是 32 次，超過後通知上層逾時，適用於無線網路，因為在無線網路要做碰撞偵測不容易，狀態判定的結果不具效力只能參考。

◆ 權杖傳遞

權杖傳遞 (Token Pass)，是另外一種有別於乙太網路，而使用在區域網路上的一種方法，其作法是在網路中傳遞一權杖 (Token) 信號，此一信號傳遞到那一終端機該終端機即可傳輸資料。該終端機於傳遞完畢後，立即將權仗信號設為閒置 (idle) 狀態，交出權利。使用於匯流排、樹狀、或環狀網路。

Datapoint 在 1977 年研發第一個權杖傳遞網路。直到電腦擁有權杖，ArcNet 電腦才傳送資料於媒介上。權杖順利的傳遞到網路上，每台電腦是基於網路配接卡的 ID 號碼，ArcNet 網路需要系統管理人設定在 1~255 之間的網路配接卡的 ID 號碼。相同的 ID 號碼，是 ArcNet 網路裡的實際問題。如果電腦沒有資料傳送，那電腦僅傳遞權杖。ArcNet 支援主動及被動的集線器。

在載波偵測多重存取方式的電腦網路裡，電腦在傳送資料到傳輸媒介之前會先監聽傳輸媒介上是否有其他訊號，這種資料傳輸的方式可以避免大部分的碰撞，最常見的乙太網路 (Ethernet) 就是使用 CSMA/CD 的方式。

在 Bus 形式的電腦網路裡，同一時間內只能夠有一台電腦可以傳送資料，也因爲同一時間內只能夠有一台電腦可以傳送資料，所以當連接上 Bus 形式的電腦網路的電腦數量愈來愈多時，也意味著愈來愈多的電腦等著傳送資料，所以每一台電腦等待傳送資料的時間也愈來愈長，進而影響整個網路的效能。

在 Bus 形式的電腦網路裡，影響整個電腦網路的效能除了連接上網路的電腦數量以外，還有下列幾個原因：

1. 連接上網路的電腦硬體效能。
2. 整個網路上電腦傳輸資料的時間。
3. 整個網路上執行了幾個、幾種應用程式。
4. 所使用的傳輸媒介的種類與品質。
5. 電腦連接到網路的距離。

Bus 是一種被動式的拓撲 (Topology)，在 Bus 形式的電腦網路裡，電腦只能接收從網路上所傳送過來的資料，並不能把別台電腦傳送來的資料再轉送給下一台電腦。所以如果有一台電腦不能工作時，並不會影響到其他台電腦在網路上的運作。後面大家會提到另一種主動式的拓撲 (Topology)，在主動式的拓撲上的每一台電腦不僅能接收從網路上所傳送來的資料，並還會把資料訊號加強再轉送給下一台電腦，所以只要其中有一台電腦不能工作時，則整個網路將會癱瘓。

8-6 Polling

輪詢式 (Polling) 則又是另一種方式，由主控電腦逐一詢問各終端電腦是否要傳送資料，經確認後即可進行傳送。適用於星形連接的網路。而上述的 CSMA/CA、CSMA/CD、Token Passing 及 Polling 四種爲常見避免資料碰撞的方法。輪詢式方法在大部份情形都不需要傳送資料的環境下使用此法是很沒有效率的，大多數時間都是在做虛功；而 Token Passing 也有其優缺點，優點是不會發生碰撞。

以設計的角度來看，分成二種設計方式，第一種設計方式是不會發生碰撞，像是 Token Passing 及 Polling 這二種，另一種設計方式是不發生碰撞最好，若發生碰撞再來處理就好，像是 CSMA/CA、CSMA/CD 這二種。另外以方法論的角度來看，就是分成輪流 (Round-Robin)、競爭 (Contention) 及預約 (Reservation) 等三種設計方式。

8-7 高速乙太網路

目前最普遍使用的區域網路規格是高速乙太網路 (Fast Ethernet)，其傳輸速率為 100 Mbps，使用類別三等級以上的 UTP 線材如圖 8-6 所示或光纖線纜做為傳輸線材。

- 100BaseTX：使用兩對種類五 (Category 5) 雙絞線，與 10Base-T 相同的傳送接收腳位 (1，2，3，6)，支援全雙工。
- 100BaseT4：使用四對種類三、四、五 (Category 3、4、5) 的雙絞線，其中三對做傳送，也用三對來接收，所以傳送與接收無法同時進行 (因為 UTP 總共四對線)，是屬於半雙工，腳位：4、5 及 7、8 是傳送接收共用，所以傳送時不能接收，接收時不能傳送，需使用三對雙絞線來完成傳送或接收資料，叫做半雙工 (Half-duplex)。

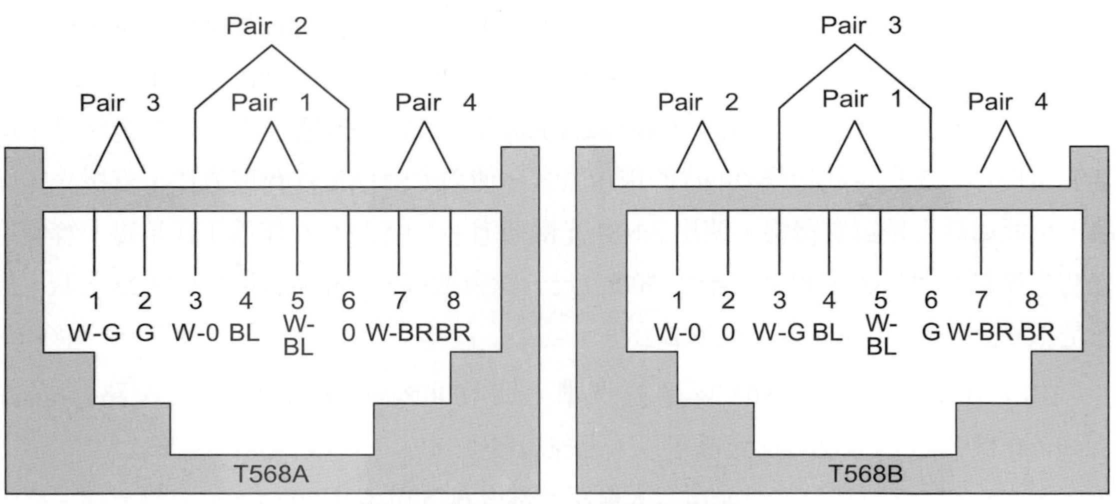

圖 8-6 雙絞線 UTP 接頭接線示意圖

- 100BaseT2：使用內含兩對雙絞線的類別三等級以上的 UTP 線材傳輸 (802.3y)。
- 100BaseFX：使用內含兩束光纖的線纜傳輸。

8-8 100VG-AnyLAN

100VG-AnyLAN 與 100BaseT 同爲 100M 乙太網路的一員。在 IEEE 802.12 就是採用 100VG-AnyLAN。100VG-AnyLAN 中 100 代表通訊速度爲 100Mbps，而 VG 則是 Voice Grade 的縮寫，即可使用於聲音等級的 Category 3 以上的線材，支援多個資料訊框，所以命名爲 Any。100VG-AnyLAN 有一個特色就是需求優先權存取 (Demand Priority Access)，就是在傳送時較高優先權的資料有優先傳送的權限，如此一來就可以用來做即時視訊及多媒體應用等等。

8-9 超高速乙太網路

在西元 1995 年 10 月舉辦了一場有關 1GBps 的 Ethernet 工業會議，同年 11 月成立了 IEEE 802 研究小組，超高速乙太網路 (Gigabit Ethernet) 聯盟成立於 1996 年五月。業界將制定 1GBps Ethernet 標準的工作，看做是 IEEE 802.3 Ethernet 標準的延伸，而命名爲 802.3z，IEEE 802.3z 標準的目標爲提供 1GBps 的速度，使用 802.3 的 Ethernet 資料訊框，然後可以輕易地在 10Base/100Base/1000Base 之間做轉遞，也完全支援半雙工與全雙工操作，支援星狀拓樸 (Star) 的佈線方式，使用 CSMA/CD 存取方法，支援光纖媒體，可能的話支援銅質纜線，使用 ANSI 光纖通道 FC-1 和 FC-0 作爲工作基礎。實體層裡初步規劃光纖最大佈線長度至少 500 公尺，銅質纜線 (Copper Wire) 至少 25 公尺 (最好是 100 公尺)，單模光纖上至少 2 公里。

IEEE 在 1998 年通過 802.3z 這個標準，即 1000BaseX 超高速乙太網路 (Gigabit Ethernet) 標準，IEEE 802.3z 定義了以下三種規格：

- 1000BaseSX：短波長雷射光纖乙太網路，適用 62.5 微米和 50 微米的多模光纖。搭配 62.5 微米多模光纖時，最大區段距離爲 260 公尺，搭配 50 微米多模光纖者時，最大區段距離提高爲 525 公尺。
- 1000BaseLX：長波長雷射光纖乙太網路，可使用 62.5 微米、50 微米和 10 微米的單 / 多模光纖。搭配 62.5 微米或 50 微米多模光纖時，最大區段距離爲 550 公尺，搭配 10 微米的單模光纖時，最大區段距離提高爲 3000 公尺。
- 1000BaseCX：採 2 對 150Ω 遮蔽式雙絞線 (STP) 爲主要介質。

本章習題

填充題

1. 乙太網路所採用的通訊協定為（　　　　　　），工業標準編號是（　　　　　　　　）。
2. 乙太網路是（　　　　　　　　　）為傳送方式的網路。
3. 標準乙太網路原文為（　　　　　　），其傳輸速率可高達（　　　　　　）Mbps，平均傳輸速率在（　　　　　　）Mbps
4. 高速乙太網路原文為（　　　　　　），其傳輸速率可高達（　　　　　　）Mbps。
5. 超高速乙太網路原文為（　　　　　　），其傳輸速率可高達（　　　　　　）Gbps，亦即（　　　　　　）Mbps。
6. 乙太網路的資料封包大小是（　　　　　　），最小的乙太網路封包是（　　　　　　）個位元組，而最大的是（　　　　　　）個位元組。
7. 在同一個乙太網路上如果若只使用 Hub，電腦數量維持在（　　　　　　）台左右，網路碰撞機率在一般人能忍受範圍內，使用（　　　　　　　　）及（　　　　　　　　）來改善。
8. AppleTalk 的前身叫做（　　　　　　）。
9. 媒體存取控制以設計的角度來看，分成（　　　　　　　　）及（　　　　　　　　）二種設計方式。
10. 媒體存取控制以方法論的角度來看，就是分成（　　　　　　　　）、（　　　　　　　　）及（　　　　　　　　）等三種設計方式。
11. 退讓演算法就是針對避免碰撞而發展出來的，主要可以分成（　　　　　　　　）、（　　　　　　　　　）及（　　　　　　　　　）等三種設計方式。

選擇題

1. （　　）乙太網路工業標準編號是 (A)IEEE 802.1 (B)IEEE 802.2 (C)IEEE 802.3 (D)IEEE 802.4。
2. （　　）乙太網路是以 (A)Unicasting (B)Multicasting (C)Broadcasting (D)Flooding 傳送方式的網路
3. （　　）有線區域網路是使用下列哪一個通訊協定？ (A)Ethernet (B) CSMA/CA (C) CSMA (D) CSMA/CD。
4. （　　）無線區域網路是使用下列哪一個通訊協定？ (A)Ethernet (B) CSMA/CD (C) CSMA (D) CSMA/CA。

5. ( ) 下列哪一個不是 Backoff 演算法的設計方式 (A) 0-persistent (B) 1-persistent (C) p-persistent (D) x-persistent。
6. ( ) 乙太網路採用的 Backoff 演算法 (A) 0-persistent (B) 1-persistent (C) p-persistent (D) x-persistent。
7. ( ) 標準乙太網路傳輸速率可高達 (A)1 Mbps (B)10 Mbps (C)100 Mbps (D)1000 Mbps。
8. ( ) 高速乙太網路傳輸速率可高達 (A)1 Mbps (B)10 Mbps (C)100 Mbps (D)1000 Mbps。
9. ( ) 超高速乙太網路傳輸速率可高達 (A)1 Mbps (B)10 Mbps (C)100 Mbps (D)1000 Mbps。
10. ( ) AppleTalk 的前身叫做 (A)AppleNet (B)AppleMac (C)AppleBus (D) AppleRing。

問答題

1. 何謂 CSMA/CD，請詳細說明其運作機制。
2. 何謂 CSMA/CA，請詳細說明其運作機制。
3. 請比較 CSMA/CD 及 CSMA/CA 的同異之處。
4. Collision？請討論如何判定。
5. 請繪圖描述 DIX Ethernet 訊框包格式（包含欄位名稱及大小）。
6. 請繪圖描述 Ethernet II 訊框格式（包含欄位名稱及大小）。
7. 請繪圖描述 802.3 Ethernet 訊框格式（包含欄位名稱及大小）。
8. 請繪製流程圖描述 CSMA/CD。
9. 描述一下乙太網路家族？
10. 何謂退讓演算法？
11. Backoff 演算法有哪幾種？主要的目的爲何？比較分析一下。
12. 依速度乙太網路可分爲哪三大網路？
13. 何謂壅塞訊號 (Jamming Signal)？其功能爲何？如何運作？
14. 何謂時槽 (Time Slot)？
15. 請使用封包擷取軟體來分析 Ethernet II 訊框格式。
16. 請使用封包擷取軟體來分析 802.3 Ethernet 訊框格式。

Chapter

網路交換技術

學習目標

9-1 網路實體的基本分類

9-2 交換概念

9-3 交換網路

9-4 電路交換

9-5 訊息交換

9-6 分封交換

9-7 三種交換技術比較

電腦網路的規模通常分成三類：區域網路 (Local Area Network，LAN)、都會網路 (Metropolitan Area Network，MAN) 及廣域網路 (Wide Area Network，WAN)，而在三者之間的區別是以地理上覆蓋的範圍來決定，舉例來說像是一個辦公室、一幢大樓，則是屬於區域網路，通常指涵蓋範圍在 5 公里以內的網路，另一種說法在 10 公里以內，筆者認為涵蓋面積的大小認定上是一種象徵型，常見的區域網路協定如 IEEE 802.3 Ethernet、IEEE 802.4 Token-Bus、IEEE 802.5 Token-Ring 等等。

若是一個大都市，像是台北、高雄、台中等，可以說是都會網路，通常指涵蓋範圍在 50 公里以內的網路，例如：一個都市可以鋪設一個或多個都會網路，常見的都會網路協定如：IEEE 802.6 DQDB (Distributed Queue Dual Bus) 網路。若是台灣、日本、韓國等，則是屬於廣域網路，通常指涵蓋範圍在 50 公里以上的網路，常是跨國越洋甚至到全世界各處，所以連線速度通常比都會網路及區域網路慢，傳輸過程中發生傳輸錯誤的機會也大得多，且需要用到一大堆特殊的裝備，成本較高，也因為涵蓋範圍較大，多是由網際網路服務提供者（Internet Service Provider, ISP）(如：國內之交通部電信總局) 來提供，常見的廣域網路協定有分封交換數據網路 (Packet Switched Data Network)、整合服務數位網路 (Integrated Services Digital Networks，ISDN)，寬頻整合服務數位網路 (Broadband Integrated Services Digital Networks，B-ISDN) 等等。

而網際網路 (Internet) 將全球大部分的區域網路、都會網路、廣域網路整合起來，是最大的廣域網路，本章所要討論的就是廣域網路其網路傳輸分為專線電路和交換網路兩種，都要向 ISP 業者承租線路，所要討論的項目主要包含了電路交換 (Circuit Switching)、分封交換 (Packet Switching)、訊框傳送 (Frame Relay)、非同步傳輸模式 (Asynchronous Transfer mode，ATM)，這也是歷史、科技、民生需要的演進，以這個角度切入，較容易了解其中的眞諦，學習起來較有趣。

自從電話的發明，電路交換 (Circuit Switching) 對於聲音通訊 (Voice Communication) 來說是比較佔優勢的技術，在整體數位服務網路的時代仍是如此，將介紹交換通訊網路的觀念，且著重於電路交換網路的重要特性上。

9-1 網路實體的基本分類

傳輸網路：由纜線 (Cable)、光纖 (Fiber)、無線頻道 (Channel) 等與傳輸設備所構成，在第二章中有詳細的介紹。下列先簡介三種網路：電路交換網路 (Circuit Switching Network)：公眾電話交換網路 (PS)，私有電路交換網路及 ISDN 網路等，由 Circuit

Switch 與線路所構成。分封交換網路 (Packet Switching Network)：傳輸 IP 封包、ATM 封包等之交換網路。由 IP Router/Switch，ATM Switch 及線路所構成。廣播網路 (Broadcast Network)：無線電視、廣播電台、直播衛星、有線電視等，以單向廣播爲主。

9-2 交換概念

一個交換機包含三個部份：網路介面、數位交換、控制單元，網路介面連接各個要交換的設備，數位交換是整個交換機的心臟，主要是提供交換兩端一條明確的路徑，一般來說都是全雙工（Full duplex），控制單元負責協調控制。

電腦網路是經由通信媒體將許多電腦與裝置結合在一起的通信系統，所有使用者可以共享 (Share) 網路上的資源、運算能力並相互交換資訊。爲了提高通道的效益，可使用多工技術讓多人來使用通道，這些技術已在第一章討論，TDM 與 FDM 技術大部份應用在電話系統，當通話者透過電信網路彼此交談時，對話中繼達數分鐘是常有的事，但對電腦通信而言，這也是常有的現象，電腦可能突發式送出一筆資料，然後又恢復靜止狀態，簡單來說電話系統持續性地使用低頻寬通道，電腦網路通信以間歇方式使用高頻通道。

舉例來說明多工的好處，如果希望將三個節點 (或電腦) 結合成一個網路，可以直接把它們連接起來，設節點數爲 N，連接數目等於 N(N − 1)/2，如果 N 爲 4，總連接數將增加到 6 條，如圖 9-1 所示，如果 N 爲 8，總連接數將增加到 28 條之多，這種點對點 (Point to Point) 方式沒有使用多工技術，系統的安裝與維護必須付出很高的費用，尤其在長程通信方面，也是難以實行的，若改爲多工方式就可以共用通道，大大減少連接線路，成本也相對降低，而線路的使用率也提高，整體上來說使用多工方式是經濟實惠的方式，而應用的範圍就很廣。

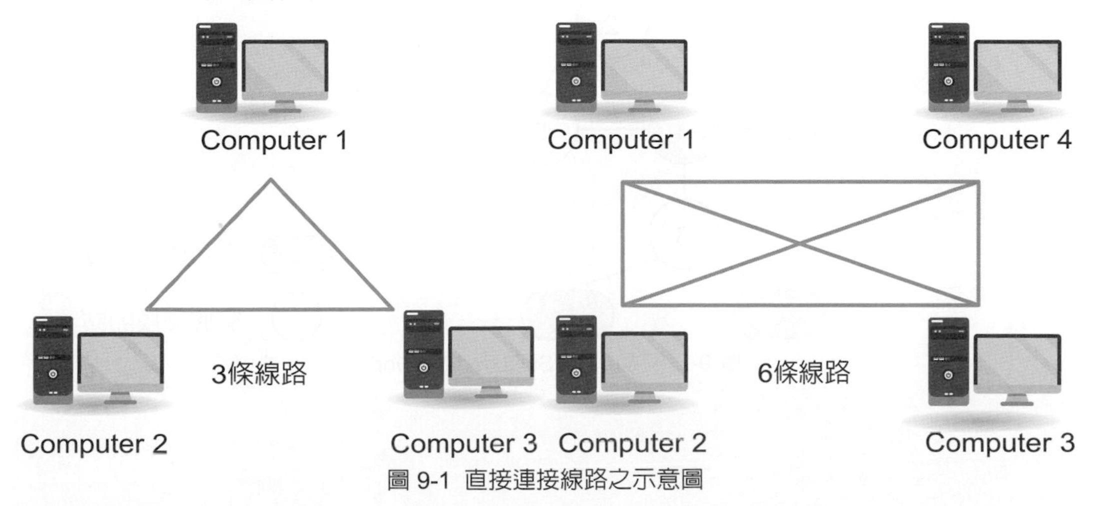

圖 9-1 直接連接線路之示意圖

網路上的多工方式，除了 TDM 與 FDM(在 1-14 節有詳細的介紹) 之外，另一種共享通道的方式是本章的主題，交換技術 (Switching Technology) ，目前所使用的交換方式包括：

1. 電路交換 (Circuit Switching)
2. 訊息交換 (Message Switching)
3. 分封交換 (Packet Switching)

9-3 交換網路

典型的通訊方式如圖 9-2 所示，主要分成三個部分，分別爲來源系統、傳送系統、目的系統，而來源系統又可分爲來源端、傳送器，目的系統又可分爲目的端、接收器，若是採雙工 (Full Duplex) 或半雙工 (Half Duplex) 時 (請參考 1-14 節)，兩端都有來源系統及目的系統，而雙工與半雙工的差異在於，雙工使用兩個頻道，一個傳送，另一個接送，且兩端的頻道用途互爲相反 (而只有其中一個則爲單工 (Simplex)，即傳輸方向爲單一方向)，半雙工則只使用一個頻道，同一時間內只有一個方向的傳輸。而傳送系統通常會透過一個網路，需要用到許多中間交換點 (Intermediate Switching Nodes)，這個方式時常用於區域、都會或廣域網路，其中交換點則與資料的競爭 (Content) 無關，交換點的主要目的是提供資料做交換的場所，從一點移到另一點去，最後到達其目的地，圖 9-2 中的端點設備一般稱爲工作站 (Station) 可能是電腦、終端機、電話或者是其他通訊設備，而交換設備其目的像是網路中的點 (Node)，提供通訊，根據其拓撲 (Topology) 方式在點間建立連線。

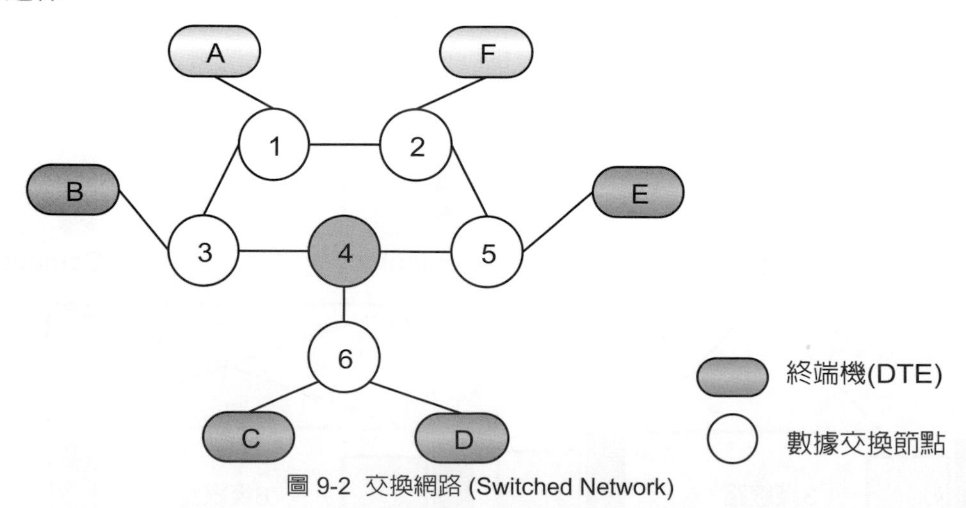

圖 9-2 交換網路 (Switched Network)

而資料進入到網路，一個點 (Node) 傳送到另一個點，直到目的地，中間所走的稱爲路徑 (Route)，而點與點間需要做交換，舉例來說，在圖 9-2 中，資料從工作站 A 想傳送到工作站 F，資料先被送到 Node1，接下來有二個路徑可選擇，選擇一，經 Node 3、4、5、2 到 Station F，或選擇二，經 Node 1、2 到 Station F。可觀察出三個要點如下：

1. 有些點只有連接其他點，像是 Node 4，唯一工作是網路內資料交換。其他點有連到工作站，這些點除了交換資料的功能之外，還可以傳送、接收資料到工作站，像是 Node 1、2、3、5、6。
2. 點與點之間的鏈結經常是多重的 (Multiplexed)，使用分頻多工 (Frequency-Division Multiplexing，FDM)、分時多工 (Time-Division Multiplexing，TDM)。
3. 通常網路都不是完全連線 (Full Connection，即網路中任意兩點皆有直接連線)，中間可以透過其他點，再到達終點，如此便有許多路徑可選擇，可靠度便提高了。

在廣域交換網路中有二個相當不同的交換技術：電路交換 (Circuit Switching) 及分封交換 (Packet Switching)，兩個方法不同在於來源端與目的端間，鏈結間交換的方式不同，在本章節著重於電路交換，下一章節再詳細介紹分封交換。

公眾數據網路 (Public Digital Network，PDN) 都是由複雜的網線及節點所構成，在其節點間傳播著來自各用戶端的訊息，交換網路須以其有限的節點及線路傳輸來自各方的數據，故節點間必存在一共通的數據交換方式，以便在複雜的網線中建立許多井然有序的邏輯連線，用戶的資料在傳輸過程中由所經的每一節點 (Node) 決定下一站，由於數據的交換 (Switching) 動作於節點進行，所以有交換網路之名。

網路依其數據交換方式分類計有電路交換網路 (Circuit Switching Network，CSN)、分封交換網路 (Packet Switching Network，PSN)、訊息交換網路 (Message Switching Network，MSN)，點對點 (Point-to-Point) 的物理線路雖不算是正統的交換網路，也可被視爲僅兩個節點的交換網路特例。

9-4 電路交換

所謂電路交換 (Circuit Switching)，即在兩通信端之間建立一條專用的 (Dedicated) 實際路徑。路徑由發送端開始，一站一站往目的端串聯起來，一旦建立兩端之間的連線後，它一直維持專用狀態 (他人無法使用)，直到通信結束之後，這條專用路徑才停止使用，並讓出供他人繼續使用，目前的電話與電報交換系統就是使用這種技術。

通訊透過電路交換則在兩端間會建立一條專用路徑，有三個階段，參考圖 6.4 來說明。電路交換的過程可分爲三個階段：

1. 建立電路 (Establish Circuit)：在傳送之前，需先建立連線。例如工作站 A 要傳資料給工作站 E，工作站 A 向 Node4 發出要求，要連到工作站 E，而鏈結工作站 A 到 Node4 是專線。
2. 傳輸資料 (Transfer Data)：資訊現在可以傳送，從工作站 A 經過網路傳送到工作站 E，資料可以是類比也可以數位，取決於網路的種類，當傳送的媒體發展成完全整體數位網路，以數位來傳送資料及聲音，這個方法較具優勢。路徑由工作站 A 到 Node 4，Node 4 經內部交換選擇路徑到 Node 5，Node 5 經內部交換選擇路徑到 Node 6，Node 6 經內部交換選擇路徑到工作站 A，一般來說，連線是全雙工。
3. 釋放電路 (Terminate Circuit)：在資料傳遞了一段時間後，連線可以終止時，終止這個動作通常由兩端其中一端來執行，其控制信號需傳遞給 Node4、5、6，通訊結束之後，此專用線路歸還給系統，可重新分配其資源，讓出來給他人使用。

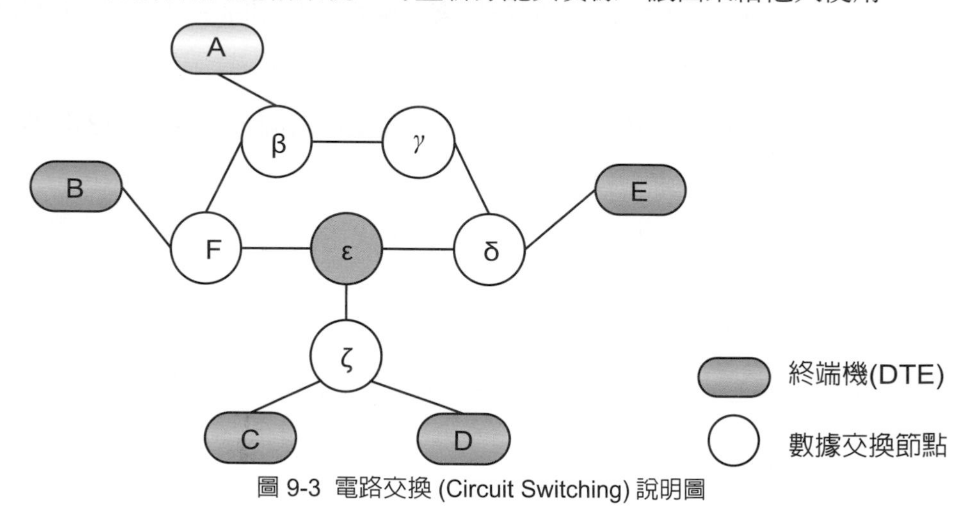

圖 9-3 電路交換 (Circuit Switching) 說明圖

CSN 的交換過程有類似撥號、接通、通話、掛斷的程序，公眾電話系統就是生活中最好的實例。

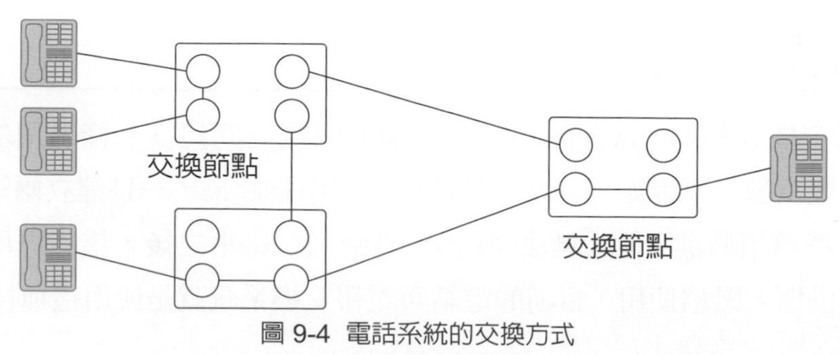

圖 9-4 電話系統的交換方式

當你由甲地拿起話筒並撥出對方號碼，電信局的交換中心立即從此處往收話端建立一條專用線路，其中可能要經過多個交換中心，甚至經由衛星轉接 (例如：國際線路)。待建立完成後，於兩端通信期間，此路線維持專用與有效，直到某一端掛掉電話，專用線路亦告終止參考圖 9-4。

CSN 的優點是連線雙方獨佔通道，所以其頻寬固定，不會發生與其他用戶相互競的情形，CSN 的缺點是節點之間的通道數量有限，一旦分配予某連線，該通道就被佔用，就算沒有在傳送資料，在這時候也不能分享給其他用戶使用，當某節點間的通道都已配置完畢時，就無法再接受其他的連線。

注意連線建立是在資料傳送之前，而且在這路徑上的所有點間通道容量都必須保留，且這些都必須有交換的能力可處理連線的要求，要有較聰明的交換，可以做適當的分配，選擇一個好路徑。

電路交換是相當沒效率的，這句話怎麼說呢？因爲當兩端短暫沒有資料要傳送，而這條路徑的頻寬都依舊保留，無法提供給別人使用，所以相當沒有效率，但是若是用來做爲語音傳送，則有很高的利用率，不過仍然無法達到百分之百。

針對終端機對電腦的延遲 (Delay) 來討論，主要的延遲不是在資料的傳遞而是在之前的建立連線，當建立好連線，資料的傳遞幾乎是固定的速度，因爲頻寬在前一步驟已保留好了，不需要與別人競爭，當然速度幾乎是固定，也因爲如此，所以建立連線需要花較多時間，形成主要延遲的部份，在每個點上的延遲相對就顯得微不足道。

電路交換不但被發展來處理語音，而且也可以做資料傳遞，最知名的例子就是大眾電話網路，它是國家級的服務也是國際級的服務，雖然原始的設計及執行是服務類比用戶，但透過數據器可以將眞實資料逐漸轉換成數位資料轉送到數位網路，另外一個熟知的例子就是私人交換機 (Private Branch Exchange，PBX)，它可以將大樓、辨公室、私人電話網路，互相連接起來，最後的常見的例子是資料交換 (Data Switch)，資料交換和 PBX 很相似，但是它是將數位資料處理設備互連起來，像是終端機或是電腦。

公用電信網路由下列四個結構成員來描述：電信用戶、區域迴路、交換機、線路幹線 (簡稱爲幹線)，電信用戶正在逐年增加中，區域迴路指的是介於電信用戶與網路之間的鏈結，也稱爲用戶迴路，幾乎所有用戶迴路都是使用雙絞線，而用戶迴路的一般長度範圍爲幾公里到數十公里，交換機即網路中的交換中心直接支援電信用戶，像是電話的當地交換所 (End Office，EO)，通常當地交換所在區域內服務數以千計的電信用戶，幹線是交換機間的支線，幹線有複頻電路，一般使用分頻多工或同步分時多工。

電路交換分佈得很廣，居於優勢的地位，因為非常適合於類比語音的傳送，在今天數位的世界，電路交換的沒效率是更顯而易見，然而不管沒有效率，電路交換對於區域及廣域網路仍然有相當的吸引力，其中一個明顯的原因是一旦連線建立後，就像是兩端直接連線一樣，在路徑上點不需要其他特殊的網路邏輯。

如果傳送的資料屬於連續性 (如語音、偵測訊號等)，電話交換是一種易於使用的技術。不過，它仍有下列兩點限制：

(1) 兩通信端必須同時能夠交換資料 (如處於閒置狀態)。

(2) 線路維持專用。

9-5 訊息交換

訊息交換 (Message Switching) 用於數位資料傳輸的交換方式，電報、電子郵遞 (Electronic Mail，E-mail)、電腦檔案與交易 (Transaction) 的查詢與回應均是應用實例。對訊息交換而言，兩通信端並不需建立一條專用路徑，傳送端送出訊息時，必須將目的地 (Destination) 的地址附加在訊息之上，由網路節點扮演著交換中心的角色，依序一站一站送往目的地。

訊息交換網路 (MSN) 通常建立在現有的 CSN 或 PSN 之上，並多用於傳送電子信件，例如：Internet 的 e-mail、USENET 的 news、或 Fidonet 的 Echo mail 等，MSN 的優點是彈性佳，當線路流量大時，MSN 系統可稍候再傳，由於是建立在應用層的非即時性服務，故每一節點皆可提供除了轉遞之外的更多服務，例如：若目標無法連通，或訊息於途中遇到障礙、無法前進，可向來源回報錯誤狀況。

在電路交換系統上，每個節點是個電子式的交換裝置，接到訊息後儘可能快速地把資料傳送出去，訊息交換中的節點一般是一部迷你電腦 (Minicomputer) 或工作站 (Workstation)，通常具備足夠的記憶空間儲存他端送來的資料。節點必須接收到完整的訊息後才送給下一個節點，使得訊息流經節點時造成一些延遲 (Delay)。這是因為節點在接到整個訊息後，才能開始傳送訊息，已經抵達節點的資料仍得等後其他尚未轉來的資料，此延遲亦稱為等候延遲 (Queuing Delay)。因此訊息交換系統也可以稱為儲存－傳送 (Store and Forward) 網路系統。

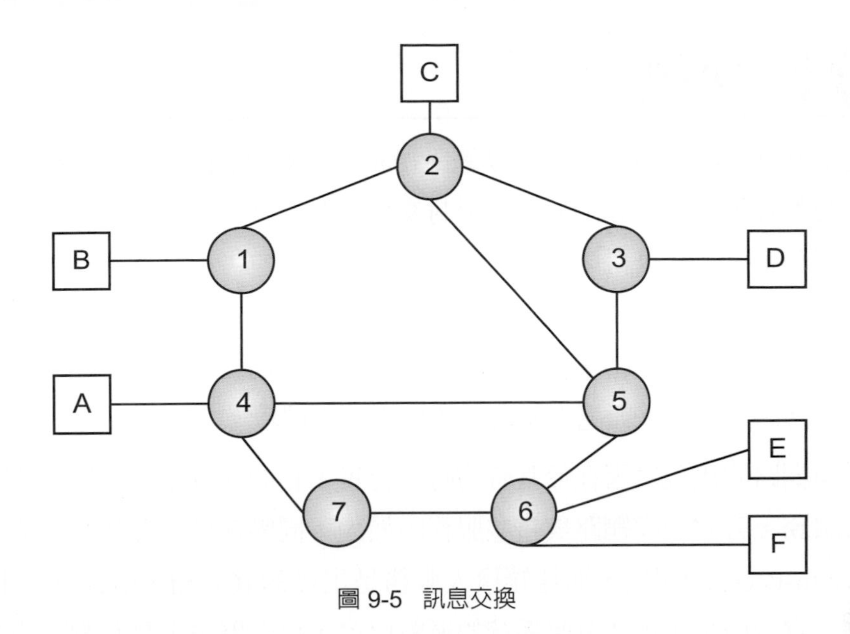

圖 9-5 訊息交換

參考圖 9-5，如果 A 端想送資料給 E 端，它必須把 E 端的地址附著在訊息內 (如寄信時在封面上寫明對方的地址與名稱)，然後送給節點 4，節點 4 儲存 A 端送來的整個資料，並得決定送出的下一個路徑 (設決定走 4-5)，訊息延 4-5 路線抵達節點 5，節點 5 同樣需決定下一個路線(設決定5-6)，以相同方式到達節點6，資料最後抵達目的地E端。

訊息交換優於電路交換的特點，包括：

(1) 路徑的使用並非專用，對相同資料量而言，效益較高。

(2) 每一訊息可以作多地址式 (Multi–Address) 廣播給許多使用者。

(3) 傳送與接收不必同時可以接收或可用，訊息在節點上整批儲存著，等候送給下一站 (節點)。對節點而言，線路擁擠或堵塞時，仍可接收他它端送來的訊息 (先把它存起來)。

不過訊息交換也有一些缺點；無法使用在即時 (Real-Time) 或高交談性的資訊業務中，如語音或終端機與主機 (Host) 間的訊息傳輸。此外節點必須具備大的記憶容量以及路徑繞送技術。

◆儲存後傳送

儲存後傳送 (Store-and-Forward) 是屬於訊息交換技術，將資料彙集之後再做傳輸的一種方法。訊息交換網路 (MSN) 種儲存再傳送 (Store-and-Forward) 的機制，其資料的傳送單位爲訊息 (Message)，其中內含目標位址，與 PSN 相似而主要差異在於 MSN 爲非即時性，訊息由來源節點出發，每至一節點即被儲存，經過一段時間的等候之後再往下一節點遞送，等候的原因可能是連線非固接的，或連線不是百分之百穩定，或優先性不若其他服務高，故不須立即傳送至下一點。

9-6 分封交換

網路是由1960年代後期的分封交換網路(Packet Switching Network，PSN)揭開序幕，當時在歐、美都在進行著相關的研究，分封交換網路的技術在於將待傳送的資料塊切割成小單位的封包 (Packet) 以利傳輸，並且不同連線的封包可排隊共享同一條傳輸介質，製造多工的效果，當時的通訊品質不如今日，所以設計者希望若有封包受雜訊干擾而失效時，能在不影響其他封包的情況下再重傳直到成功，將資料切成小塊傳送的技巧能降低因干擾而重傳的資料量，頗適合當時低頻寬的通訊環境。

分封交換網路的出現導因在於當時的時代背景，它的前身包含早期的分時多工系統及遠端撥入服務，分封交換網路與這些服務的最大不同點在於，分時多工系統基本上是對等式 (Peer-to-Peer) 的架構，而遠端撥入服務是主從的 (Client/Server)，分封交換網路的出現似乎在宣告中央主控式分時系統的氣數已盡，這在歷史上是有劃時代革命性意義的。

從七〇年代起，一種結合電路交換與訊息交換系統優點的交換方式，稱為分封交換 (Packet Switching)。這種技術可以降低前兩種交換方式的缺點，因此大部份電腦通信網路均採用這種方式 (圖 9-6)。分封交換之所以得名，是因為使用者的資料將被分割成多個較小的資料段，在這些資料段的前後各附加一些控制用訊息以利交換，整個資料與控制訊息稱為資料框 (Frame) 或封包。

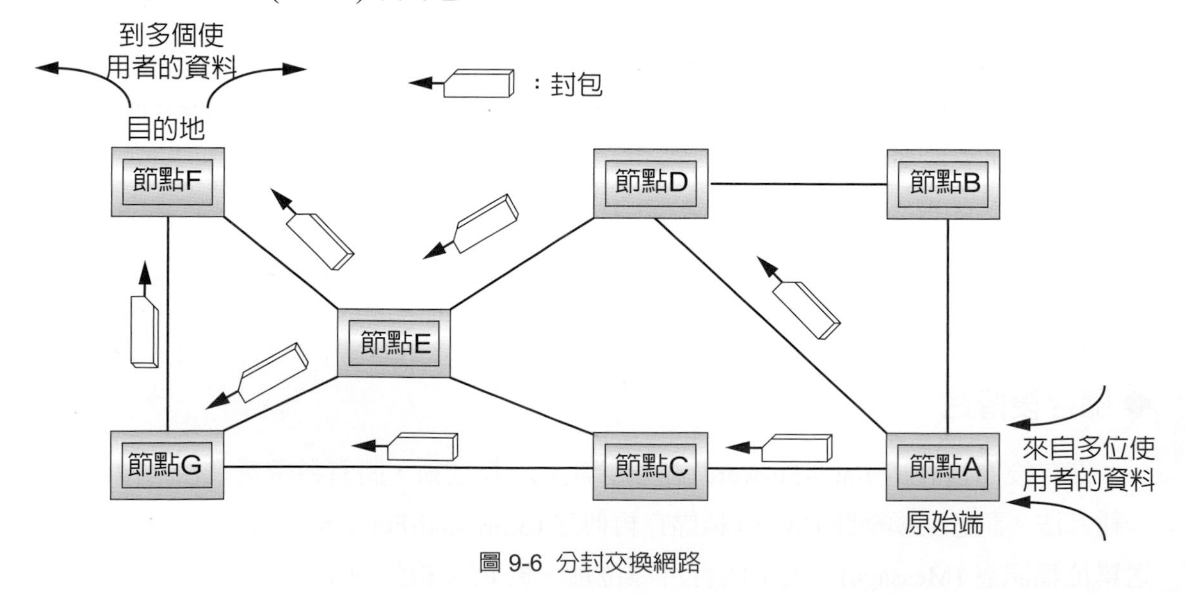

圖 9-6 分封交換網路

CCITT 對封包的定義如下：封包是一組二進位訊號，包括使用者的資料以及控制用訊號，如傳送端與接收端地址，可能還包括一些控制錯誤 (Error) 訊息，這些資料以某種格式組成。因此封包可以想像為一個包含有發信與收信地址、名稱的信件。網路上的電腦 (節點) 依信封上的郵遞區號 (Zap Code) 及地址傳送資料，在傳輸過程中，不會干擾到封包中的內容。封包的長度有其上下限，原始資料被細分成較小的資料段傳送出去，抵達目的地後，接收端必須依正確順序整合成原始資料型式，通常最大長度為 1024 位元，資料段前端附加一個前序訊息，後端又附加一個後序訊息，前序頭標中，包含有：

- 目的地地址：即接收端的地址。
- 來源地地址：即傳送端的地址。
- 封包序號：封包編號用以確保資料的順序，遺失或錯誤時可重傳的該封包。
- 線路號碼。
- 訊息編號：表示是否仍有其他訊息跟在此封包後面。
- 特殊用訊息。

上述所列出的頭標內容在不同通信協定中亦有所不同，並非完全一致，但出入不大。不同通信協定所規定的封包長度也都不一樣。

在分封網路系統中，由原始資料分割而成的封包並不一定沿相同路徑傳送，因此抵達目的端的順序也就有些差異。事實上這正是分封系統的一大特色，如果某一路徑發生擁擠現象，隨後而來的封包即可改由其他路線傳送，同一批封包可能沿不同路徑抵達目的地，因此抵達的時間也就不同了。為了達到上述的交換方式，網路上的節點或電腦必須具備儲存及重組他人所送來封包的能力，並依當時資料流量與系統的運作狀況決定傳送資料的路徑。

公眾數據網路 (PDN) 皆由複雜的網線及節點所構成，不像電話系統的電路交換網路 (CSN) 是先建立物理通道之後再傳送資料，分封交換網路 (PSN) 的特性是，所有於網路傳輸的資料皆被分割為較小單位的封包 (Packet)，其中內含目標位址，封包由來源節點出發，期間每經過一節點，該節點即根據其目標位址自動選擇合適的下一點遞送，也就是說封包選擇路徑 (交換) 的步驟是在每一節點即時進行的。

分封交換的優點是，節點間的通道不由連線雙方獨佔的，而是由許多連線共享的，故可發揮物理通道的最高效率；其缺點是，過多連線佔用同一物理通道時，將發生傳輸率降低，甚至阻塞的情形。介紹幾個較有名的分封交換技術的通訊協定，分別有 TCP/IP、X.25、Frame Relay 及 ATM。

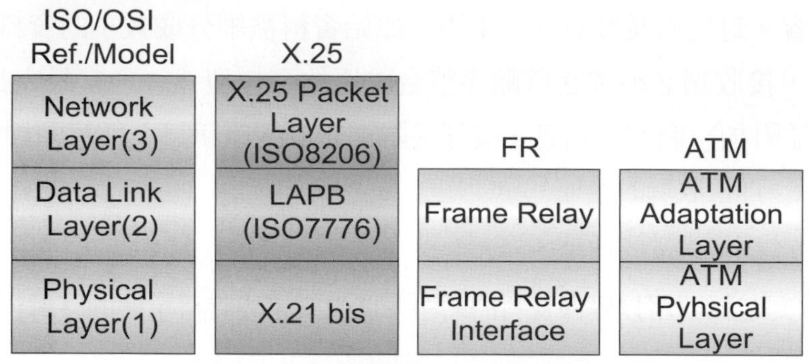

圖 9-7 分封交換網路 (PSN) 技術層級

在形式上，TCP/IP 也是種分封交換網路，不過一般所謂的分封交換網路通常是指在實體層及資料連結層面的介面、介質及傳輸協定所構成的網路系統，也就是說網路介面層次本身即存在封包交換的機制 (協定)，不須依賴其上層的軟體協定。

當代傳輸線路的品質普遍良好，尤其是日漸普及的光纖傳輸線路，因此沒有必要在每個節點偵測封包錯誤，所以產生另一種分封交換網路訊框傳遞 (Frame Relay，FR)，FR 的制定即是建立在傳輸品質良好的假設上，同樣是分封交換，它的錯誤偵測只在目標節點進行，中間節點只負責將封包遞送至下個節點，所以其效率較佳。

非同步傳輸模式 (ATM) 是近代頗熱門的高速分封交換網路，ATM 號稱是二十一世紀的傳輸媒體，它可被當作區域網路或廣域網路連線使用，目前其產品尚未普及，且價格昂貴。

表 9-1 分封交換網路 (PSN) 比較

協定名稱	作為區域網路連線	傳輸率 (BPS)	相對費用
X.25	不太適合	9.6K ～ 56K	平價
Frame Relay	適合	9.6K ～ 1.544K	中等
ATM	適合	1.544M ～ 155M	昂貴

PSN 節點間的物理連線皆已固定，封包的交換並不會獨佔一通道，任何節點間的通道皆允許不同連線的封包先後流經，PSN 的連線有兩類，其一是雙方在連線之前先通知其間經過的所有節點建立一虛擬電路 (Virtual Circuit)，ATM 網路即屬於此類，另一方式

是資料片 (Datagram) 技巧，此方式由各節點即時判別封包的流向，選擇最佳路徑，由於事先不須通知各節點，所以效率較佳，TCP/IP 網路即屬於此類。

PSN 的優點是，通道不由連線雙方獨佔的，而是由許多連線共享的，故可發揮物理通道的最高效率，其缺點是過多連線佔用同一物理通道時，將發生傳輸率降低，甚至阻塞的情形。

9-7 三種交換技術比較

電路交換、訊息交換及分封交換此三種交換技術各有其優缺點及適用時機，表 9-2 將它們做一些比較，從表中可知電路交換傳輸延遲變異（Jitter）最小，但需要專用線路，分封交換需要較好的設備通訊方式較複雜但有其他兩者的好處。而圖 9-8 呈現三種交換技術程序比較。

表 9-2 三種交換技術比較

項目	電路交換	訊息交換	分封交換
線路使用方式	專用線路	頻寬共享	頻寬共享
傳輸雙方是否需接通	需要	不需要	不需要
傳輸延遲變異 (Jitter)	小	大	大
訊息損失	較少	–	較多
網路傳輸速度	快	慢	慢
通訊方式	簡單	–	複雜
網路節點設備	交換設備	交換設備	路由設備
資訊到達後處理分式	資訊立即可使用	–	資訊需重組方可使用
範例	電話	電報、E-mail	TCP/IP

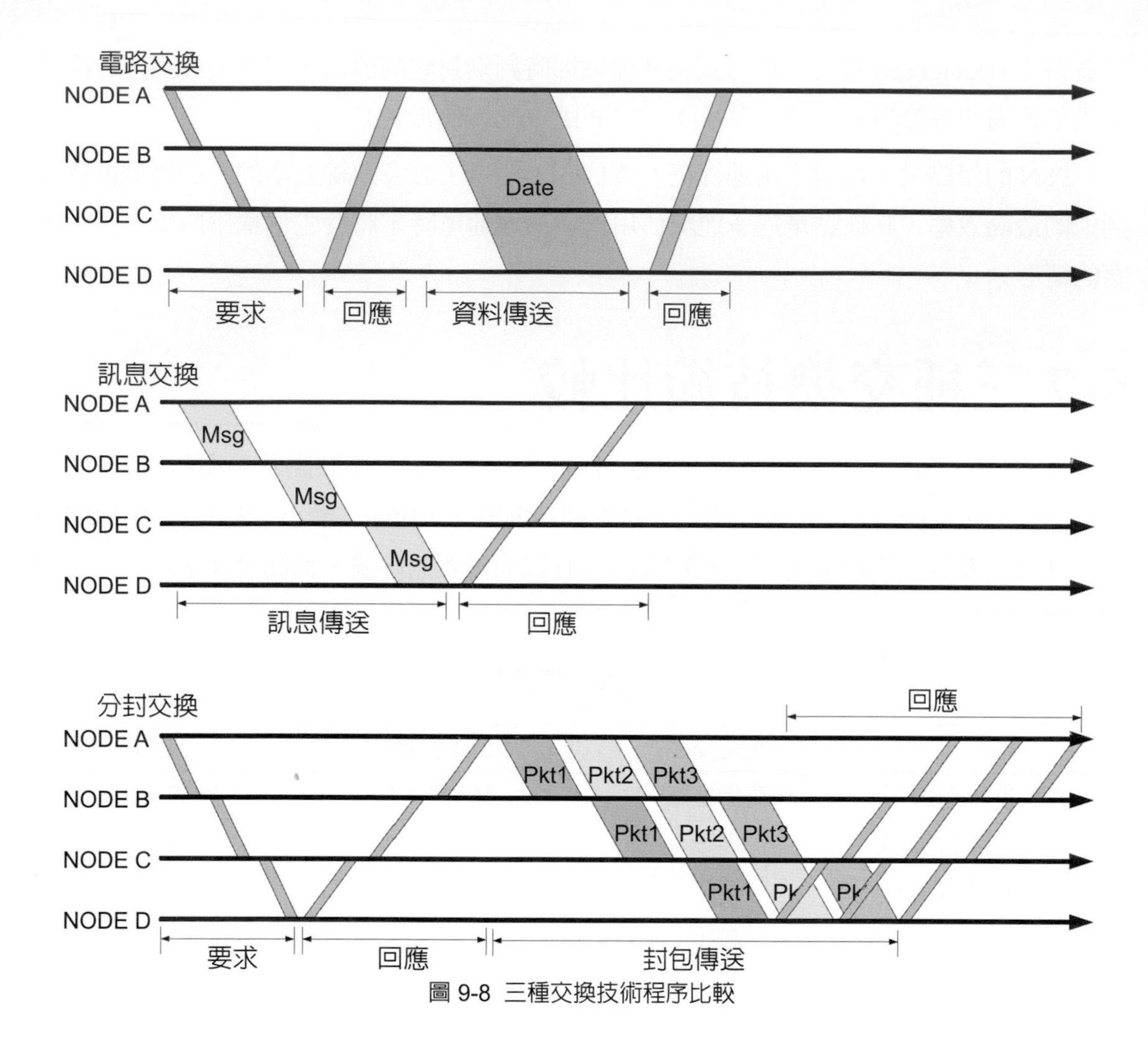

圖 9-8 三種交換技術程序比較

本章習題

填充題

1. 常見交換技術有哪三個，分爲（　　　　　　　）交換技術、（　　　　　　　）交換技術及（　　　　　　　）交換技術。
2. 電路交換的三個階段順序爲（　　　　　　　　）、（　　　　　　　　）及（　　　　　　　　　　　）。
3. 電話是使用（　　　　　　　）交換技術。
4. 非同步傳輸協定 (ATM) 是使用（　　　　　　　　）交換技術
5. TCP/IP 是使用（　　　　　　　　　　）交換技術。
6. Frame　Relay 是使用（　　　　　　　　　　）交換技術。

選擇題

1. （　　）請問下列哪一個交換技術需要專屬頻寬？ (A) 電路交換　(B) 訊息交換　(C) 分封交換　(D) 以上皆是。
2. （　　）請問下列哪一個交換技術需要傳輸延遲最小？ (A) 電路交換　(B) 訊息交換　(C) 分封交換　(D) 以上皆是。
3. （　　）請問下列哪一個交換技術的通道使用效率最高？ (A) 電路交換　(B) 訊息交換　(C) 分封交換　(D) 以上皆是。
4. （　　）請問 TCP/IP 是屬於哪一種交換技術？ (A) 電路交換　(B) 訊息交換　(C) 分封交換　(D) 以上皆非。
5. （　　）請問非同步傳輸協定 (ATM) 是屬於哪一種交換技術？ (A) 電路交換　(B) 訊息交換　(C) 分封交換　(D) 以上皆非。
6. （　　）請問電話是屬於哪一種交換技術？ (A) 電路交換　(B) 訊息交換　(C) 分封交換　(D) 以上皆非。
7. （　　）請問 Frame Relay 是屬於哪一種交換技術？ (A) 電路交換　(B) 訊息交換　(C) 分封交換　(D) 以上皆非。
8. （　　）電路交換的三個階段順序爲 (A)Establish Circuit>>Transfer Data>>Terminate Circuit　(B)Terminate Circuit>>Establish Circuit>>Transfer Data　(C)Transfer Data>>Establish Circuit>>Terminate Circuit　(D) 以上皆非。

問答題

1. 何謂電路交換？
2. 何謂訊息交換？
3. 何謂分封交換？
4. 何謂儲存後傳送 (Store-and-Forward)？
5. 電話是屬於哪一種交換技術？
6. 非同步傳輸協定 (ATM) 是屬於哪一種交換技術？
7. 何謂虛擬電路 (Virtual Circuit)？
8. TCP/IP 是屬於哪一種交換技術？
9. Frame Relay 是屬於哪一種交換技術？
10. 試比較電路、訊息、分封交換之間的優缺點？

Chapter 10

網路通訊設備

學習目標

10-1 中繼器

10-2 集線器

10-3 橋接器

10-4 交換器

10-5 路由器

連接網路段的裝置一般來說有六種：

- 中繼器 (Repeater)
- 集線器 (Hub)
- 交換器 (Switch)
- 橋接器 (Bridge)
- 路由器 (Router)
- 閘道器 (Gateway)

10-1 中繼器

中繼器 (Repeater) 有許多翻譯，像是中繼器、增益器、增強器、訊號增益器等等，而中繼器是大部份人較能接受的翻譯，Repeater 是一個簡單的網路設備，不需任何的設定便可使用，其主要的功能是延長連線的長度，Repeater 是一個訊號放大器，對網路上所傳輸的資料一點都不關心，Repeater 只管網路的電氣部份，只要線上傳輸的訊號皆會放大訊號後往另一個區段送出，Repeater 主要作爲連接相同網路區段以形成更大的延伸網路，訊號隨著傳送距離的增長使得訊號變弱，需要將訊號放大，Repeater 就是負責放大訊號至原來大小。

在 10Base2 一個區段 (Segment，二個 Terminator 間) 的距離最長不超過 185 公尺，但在實際運用中 185 公尺若不夠時，便需要 Repeater，Repeater 是可延長其連線距離，但是還是有限制的，使用 Repeater 時數量不可超過 4 個，也就是有 5 個區段，所以在一些網路資料中可以看到最長距離，以 10Base2 而言，一個區段 185 公尺，但加了 4 個 Repeater 後，其總長度是 185*5=925 公尺，相同的 10Base-5 的最長距離 2500 公尺。在 10BaseT 的環境中網路集線器 (Hub) 的功能是和 Repeater 一樣的，所以 Hub 也要遵循 4 個 Repeater 的限制，所以在 10BaseT 的最長距離是 500 公尺。

中繼器 (Repeater) 不能連接異質網路 (即不同型的網路)，任何二個網路區段使用中繼器必須是這二個網路是相同的網路類型，而且使用相同通訊協定、傳輸線材、網路存取控制方法，並只能用於匯流排網路拓樸，但是對於環型拓樸架構的網路，不需要中繼器，每個工作站其實就是扮演訊號再生的功能，工作站接收訊息後將訊號再放大至原來傳送的訊號水平，然後再將訊號傳送出去。

▲ 註 1：Repeater 對應到 ISO 所製定的 OSI Seven Layer 中的第一層。

▲ 註 2：10 BASE 2 有效傳輸距離爲 185 公尺，10 BASE 5 有效傳輸距離爲 500 公尺。

10-2 集線器

集線器 (Hub) 可分爲主動式及被動式集線器：

- 主動式集線器：會重新產生信號。
- 被動式集線器：不會重新產生信號，信號強度會越來越弱。

集線器 (10/100BASET Hub 傳輸速度爲 10/100Mbps)，遵循 IEEE 802.3 中繼器 (Repeater) 的規定，提供多個 RJ-45 埠標準插座及 1 個 BNC 埠之標準接頭，每個埠都具有自動隔離障礙之功能，可使用雙絞線將 Hub 與 Hub 串接以堆疊方式擴充，Hub 在網路連接使用上算是簡單的，比安裝網路卡還容易，只要接上電源及 UTP Cable 連到 PC 或主機上即可使用，相當方便。

若是需要具有網管的能力，就購買具有 SNMP (Simple Network Management Protocol Agent) 的 Hub，可在一台網管工作站中執行網管程式，便可在網路工作站上查詢遠端整個 Hub 或某一個 UTP Port 的資料流量，也可開啓或關閉某一個 UTP Port，更可在網管工作站中看到整個 Hub 的面板、燈號等，在此不詳述 SNMP 的動作原理，SNMP Hub 會有一個 RS-232Port 來作設定用，可使用 Telix 或其他通訊軟體連接至 SNMP Hub 的 RS-232Port 上，在 SNMP Hub 最主要設定一個 IP Address，所以還算是非常容易。主要使用於 10/100BaseT 的網路，10/100Base-T 網路是使用 Star 的連接方式，而 Hub 就是這個 Star 的中心，所使用的接頭是 RJ-45，也就是 8Pin 的 Phone Jack，所使用的是 UTP Cable，無遮蔽雙絞線 (Unshielded Twisted Pair，UTP)，其規格有分 CAT1 到 CAT5，主要是依線材的特性來分，也就是所能傳輸的速度，其特性如下表所示：

表 10-1 各類無遮蔽雙絞線之特性

EIA 規格	特性
CAT1	適用於傳輸聲音
CAT2	適用於傳輸 4Mbps 的資料
CAT3	適用於傳輸 10Mbps 的資料，距離短可傳輸 16Mbps 資料
CAT4	適用於傳輸 16Mbps 資料
CAT5	適用於傳輸 100Mbps 資料
CAT6	適用於傳輸 1Gbps 資料

目前所使用的線材都是採用 CAT5，為了未來昇級到 1Gbps 時不需重新佈線，建議改採用 CAT6e。所使用的 8pin UTP 線中，Ethernet 只使用了二對線，Hub 除了提供多個 UTP Port 供工作站或 PC 連接外，還提供一個 AUI 或 BNC Port 供不同的網路連接方式。

100 Base 的 Hub，分為 Class I 與 Class II 的，Class I 的只能單獨使用，無法在接續其他的 Hub，但是支援 100Base-Tx 跟 100Base-T4 或是混合這兩種。Class II 的只能是全為 100Base-Tx 或是全為 100 Base-T4 的，沒有 BNC 接頭，目前是市場上已不容易買到 Hub 產品，已被交換器取代了。兩部 100Base 的 Hub 跳接線最大長度不得超過五公尺長，所以若有兩部 100Base 的 Hub 各接一部電腦，那最大距離就是 205 公尺，不可以超過。多台集線器的連接方式可分為串接式和堆疊式，在下兩節介紹。

10-2-1 串接集線器

Hub 是可以串接的，串接是指將 Hub 的一個 UTP Port 連接到另一個 Hub 的 UTP Port，串接是有其限制的，Hub 的功能類似於訊號增益器 (Repeater)，串接的 Hub 數不可超過 4 個，而且串接的 UTP 線和平常接到 PC 的 UTP 線不同，需要 Crossover，Crossover UTP 線的接線如下：

表 10-2 Crossover UTP 接線對應表

左端 Pin NO	Singal	Singal	右端 Pin NO
1	TD+	RD+	3
2	TD-	RD-	6
3	RD+	TD+	1
6	RD-	TD-	2

兩個 Hub 串接一定要使用 Crossover 的 UTP Cable 才能連線，目前各家的 Hub 皆有保留一個 UTP Port 作串接時使用，而且有開關切換來設定這個 UTP Port 是一般的 UTP Port 或是串接的 Port，當設定成串接 Port 時其內部就已作 Crossover 的動作，所以可使用一般的 UTP Cable 來串接，串接的兩台 Hub 中只要一邊設定串接 Port 即可，兩邊皆設成串接 Port 的話那也無法連線，要特別注意。

10-2-2 堆疊式集線器

市面上的 Hub 還有所謂的可堆疊 (Stackable)，Stackable 是指 Hub 使用 Cable 將多個 Hub 連接起來，所使用的線材和接頭各家不同，不是使用 UTP Port 來連接，那這樣的方式和串接有什麼不同？串接起來的每一個 Hub 皆是獨立的 Hub，所以要考慮串接不可超過 4 個的限制，但是多個 Hub Stack 起來後是成為一個 Hub，這是 Stackable Hub 和 Hub 串接最大的差異點。

10-2-3 多工作站存取單元

多工作站存取單元 (Multistation Access Unit，MSAU/MAU) 是在權杖環 (Token Ring) 網路所使用的集線器。外觀與集線器看起來很像，但使用的拓樸完全不同，MASU 的內部連結方式為環型，具有中繼器的功能，可以再生及重傳信號；每台 MASU 都有一個環進 (Ring In，RI) 及環出 (Ring Out，RO)。

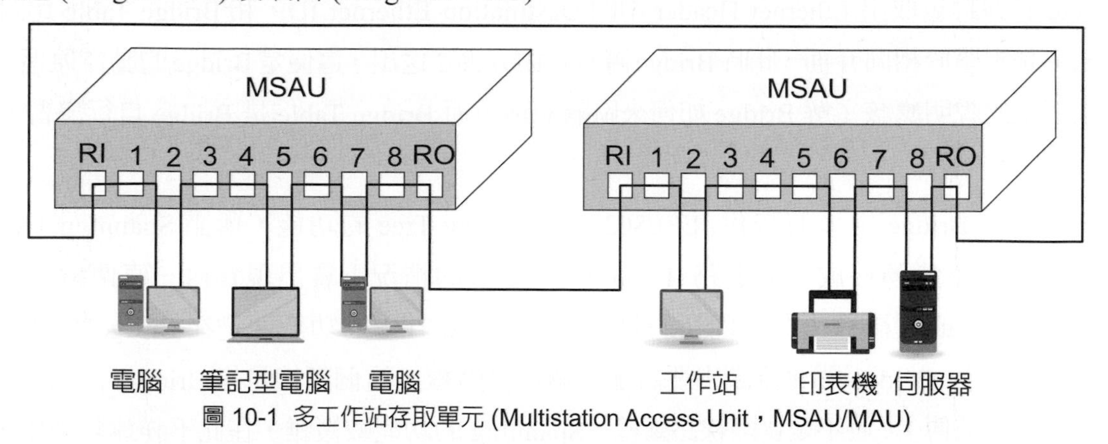

圖 10-1 多工作站存取單元 (Multistation Access Unit，MSAU/MAU)

10-3 橋接器

網路橋接器 (Bridge) 也是一個隨插即用 (PnP) 的產品，不需經過任何設定即可使用，Bridge 屬於 ISO 7 Layers 中第二層之資料鏈結層的設備，用來區隔網路區段、區隔資料封包的設備，可以用在區域網路或廣域網路之上。在 Bridge 中有一個 Bridge Table，這個 Table 記錄了網路兩邊 PC 或主機的 Ethernet ID。舉例來說明請參考圖 10-2。

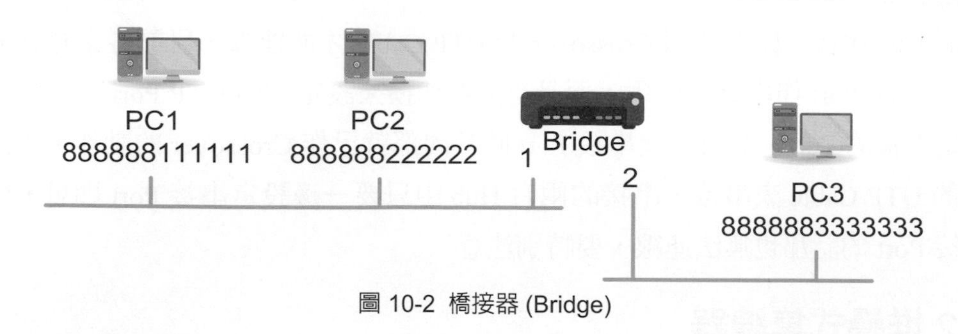

圖 10-2 橋接器 (Bridge)

當 PC1 送資料到 PC2 時，Ethernet 是使用廣播 (Broadcast) 的方式來傳輸，所以 Bridge 也可以收到封包，Bridge 收到封包後會將封包中 Ethernet Header 中的 Destination Ethernet ID 取出 888888222222 和 Bridge Table 的資料作比對，圖 10-2 的 Bridge Table 如表 10-3 所示。

表 10-3 Bridge Table

序號	Ethernet ID	介面	Aging Time
1	888888111111	1	180
2	888888222222	1	180
3	888888333333	2	180

若是屬於相同介面，不需 Bridge 傳送，則將封包拋棄；若是當 PC1 送資料到 PC3 時，Bridge 收到封包取出 Ethernet Header 中的 Destination Ethernet ID，和 Bridge Table 比對的結果是不屬於相同介面，此時 Bridge 將封包由介面 2 送出，這便是 Bridge 的動作原理。經由以上的說明應該了解 Bridge 如何來區隔網路，而 Bridge Table 是 Bridge 自行學習，不需人工建立。

另外在 Bridge 中還有提供 IEEE802.1d Spanning Tree 的功能，所謂 Spanning Tree 是指 Bridge 不能連接成一個迴路 (Loop)，在 Loop 的情況下會出現資料一直傳輸，而目的地的 PC 或主機一直收到同樣的封包，Spanning Tree 的功能便是在 Bridge 連接成一個 Loop 時，Bridge 間會協調出要將那一個路徑斷線，這個斷線是指 Bridge 不將封包 Forward(向前傳)，並不是實際線路斷線，Spanning 的功能較複雜，在此不詳述其動作，只要了解 Spanning Tree 是解決 Bridge 連接成 Loop 的問題即可。

Repeater 屬於 OSI 第一層的設備，主要用來連接網路區間的電子訊號加強、擴大連線長度的功能。第二種用於連接網路區段的裝置就是橋接器，橋接器在 ISO 所製定的 OSI Seven Layer 參模式之第二層運作，可連接同型或不同型的區域網路，連結的網路之資料連結層以上使用相同或是相容的通訊協定，主要用作連接實體層不同的網路，它收到封包會檢測發送端地址與接收端地址，來決定這個封包應該濾除或轉送，提昇網路效率，具網管之功能。如 Ethernet 與 Token-Ring 間使用或 Ethernet 與 Ethernet 間使用。

橋接器可以同時連接二個以上網路，當橋接器接收到訊息時，它會判斷此訊息是要傳送到此網路其他的工作站還是要傳送至其他網路的工作站。如果是要傳送到別的網路，橋接器接收到訊息後先儲存再傳送 (Store-and-Forward)。橋接器連接實體可以不同，但資料鏈路層 (ISO 所製定的 OSI Seven Layer 中的第二層) 需是相同的網路。

橋接器除了連接二個以上網路以形成更大的網路外，可以隔離網路交通，例如：乙太網路當同一個網路工作站數量太多且傳輸資料量大時，可以將同一個網路分開成二個網路再使用橋接器將二個網路連接以達隔離資料傳輸交通以及網路碰撞頻繁的問題。

橋接器具備的三個功能是學習、封包過濾與轉送，當橋接器收到封包，橋接器會先根據它的橋接路由表，在這網路上的主機記錄其位址，就不需要透過特殊的封包教導橋接器記錄位址。然後收到封包後，橋接器會檢查封包的目的位址，若發現在同一個區段的位址，那麼橋接器不做轉送，這是封包過濾。橋接器找不到符合的目的位址呢？

橋接器會把封包全傳送至每個區段去，並在此時記錄至橋接路由表中，無法確認這位址就把這位址送到每個使用中的 Port，叫做氾送 (Flooding)。目的位址主機有了回應，橋接器立刻將該位址記錄到橋接路由表，這是橋接器在轉送一個未知的位址所要處理、學習的過程。有些協定利用 Broadcast 位址送出封包來確定網路上其他主機的存在，橋接器對於這種封包一律轉送至每一個網路區段上；不過也可以設定橋接器不傳送。

10-4 交換器

交換器 (Switch) 運作在 OSI 模式中第二層的資料連結層，交換器如同橋接器一般，但是有較多的埠和較高的輸出量，交換器並不能阻擋廣播封包，主要使用交換器的原因是改善網路績效，交換器會過濾封包再給需要的埠，可減少工作站的網路流量，提高網路績效，所以越來越多使用交換器來代替集線器而不需要更改網路上其他的事物。Switch 又可分爲 Layer 2 Switch 及 Layer 3 Switch。

10-4-1 Layer 2 交換器

Layer 2 Switch 是屬於 ISO OSI 中第二層的資料鏈結層的設備，Layer 2 Switch 又稱爲交換式集線器 (Switch Hub) 或多埠橋接器 (Multiport Bridge)，因爲同時具有集線器及橋接器的功能。

Layer 2 Switch 會記憶哪個位址接在哪個埠上，來決定封包的傳送，而都不是以廣播方式，有效提升傳輸效率，也改善了集線器只能一對埠在工作的限制，理論上只要傳輸雙方沒有重複，有幾對埠就能提升幾倍的效能，例如：是 8 埠，就可提升四倍頻寬。

10-4-2 Layer 3 交換器

Layer 3 Switch 和路由器同屬於 ISO OSI 中第三層的網路層的設備，Layer 3 Switch 除了具有 Layer 2 Switch 的功能外，尚可進行路由的工作，但是是簡易性，所以無法取代路由器，但可以協助路由器，Layer 3 Switch 是以硬體來執行路由功能，所以速度較快，路由器一般是使用軟體執行路由功能，所以速度較慢，但是軟體路由器功能較強大，可以執行安全管理、優先權控制、與 WAN 連結、支援多種協定封包。

10-4-3 Switch Hub

一般的 Hub 是所謂的分享式頻寬，有多少個 Ports 就共同分享 10/100Mbps 的網路頻寬，所以雖然網路宣稱有 10/100Mbps，可是當上線的工作站一多，頻寬連一半都沒有，那這個樣子的情況下，才會有專屬式頻寬的 Switch Hub 出現了，什麼是 Switch Hub 呢？

它像是多個 Ports 的橋接器，集線器跟橋接器的不同是 Hub 會把資料送到每一個 Ports，而橋接器送到已知位址的地方，具有過濾信號的功能，所以橋接器是專屬式的頻寬，而集線器會把頻寬平均分給每一個 Ports，Switch Hub 功能很類似橋接器，有多個 Ports，所以也被叫做 MultiPort Bridge(多埠橋接器) 區分開不同 Segment 的小網路，可以同時讓多個 Ports 同時傳輸，而不會互相干擾，當第一個 Port 跟第二 Port 傳輸，第三與第四。各自傳送自己的資料，但如果有兩個不同的 Port 送資料到同一個 Port 就會產生競爭。

10-4-4 Switch Hub 傳送資料的方法

Switch Hub 傳送資料的方法，技術資料整理後如下：

- 直接穿透式 (Cut-through)：就是當 Switch Hub 知道了封包資料要送到哪個目的地，就直接將封包資料傳送到目的地，花最少時間，但是無法過濾檢查出壞的封包資料，目前市面上的 Switch Hub 都具有這種功能。
- 儲存再轉送 (Store-and-Forward)：會等整個封包到達交換式集線器之後，才開始轉送到目的位址去，資料會先儲存在那個交換式集線器的內部暫存器（Buffer）裡面，等到整個封包到達再傳送，所以可以有效的檢查出壞的資料封包，再要求重傳！

- 改良式直接穿透 (Modified Cut-through)：不是直接穿透，也不等整個封包到達再傳，而是只要封包前 64bytes 到達，會先去 check 這封包，正確無錯誤後在傳送出去。

10-5 路由器

首先先定義幾個專有名詞：

- 路由器 (Router)：Router 用來連接不同的網路系統，利用封包中的網路位址，將封包由某個網路傳送到另外一個網路上的 Router。不斷轉遞下去，直到封包到達目的網路爲止。
- 路由表 (Routing Table)：內含網路間的連結資訊，Router 依據此資訊來做 Routing 的動作。
- 路徑 (Route)：由發出資料的來源端 (Soruce) 一直到接收資料的目的地 (Destination) 所形成的一條路徑。
- 選擇路徑 / 選徑 / 尋徑 / 路由 (Routing)：從眾多可能的路徑中，選擇出一條最佳的路徑來傳送封包，此選擇路徑的動作稱爲 Routing。
- 路由 / 遶送 / 尋徑協定 (Routing Protocol)：定義如何做 Routing 動作的通訊協定。

Router 是連接不同網路之間的設備，在 OSI 模式中第三層 Network Layer 決定傳送方式，比橋接器 / 交換器更具智慧，適合使用於複雜的大型網路與廣域網路中。

前幾節所介紹的網路設備皆和 Protocol 沒有關係，但是 Router 和 Protocol 之間是息息相關的，Router 是由 Internet 中發展而來的網路設備，而 Internet 是個全球網路，Router 在其中扮演的角色是將網路上的封包送到正確的位址所在，爲了達到此一功能光使用網路卡上的 Ethernet ID 是無法達到，必須由 Protocol 中的 Routing 資料來完成，TCP/IP Protocol 中的 IP 便是使用來作 Routing 用的。

Router 有多個的網路介面，不管 LAN 或 WAN，3LAN 3WAN 表示這個 Router 有 3 個 LAN 及 3 個 WAN 的介面，總共是 6 個介面，資料封包在 Router 的介面中會選擇最佳的路徑來傳送。Router 和 Protocol 間的關係非比尋常，但是並不是所有的 Protocol 皆可作 Routing 的動作，例如：NetBeui 無法作 Routing，一般在使用上 IP 及 IPX 的 Routing 是最常用的，所以不管哪一家廠商的 Router 皆會支援 IP 及 IPX 的 Routing 功能。

在 Router 的規格上還會看到 Routing Protocol 的字眼，所謂 Routing Protocol 是指 Router 和 Router 之間所使用的 Protocol，IP、IPX 是能作 Routing 的 Protocol，兩者之間要分清楚，Routing Protocol 有路徑資訊協定 (Routing Information Protocol，RIP)、開放

式最短路徑優先協定 (Open Shorted Path First，OSPF)、邊界閘道協定 (Border Gateway Protocol，BGP) 等等的 Protocol，這些的 Routing Protocol 主要的功能是要藉著 Router 之間的對談來學習彼此間的 Routing Table，使 Routing Table 能動態地自行修改，不需人爲的修改，這便是動態 Routing Protocol 的功能。

Router 的使用首先要說明的是其連接方式，通常是在有 WAN Link 的情況使用，但不是一定，若公司網路很大而且主機分散也可使用 Router 來區隔網路，Router 是一個非常複雜的產品，其中支援的功能非常多，但是一般使用的功能不算多，就如同目前的錄影機有許多的功能，但是一般只使用放影、前進、退帶等功能而已，若是要設定上 Internet 的話那更簡單，只要三個指令，即，一是對 LAN 介面設定 IP Address，二是對 WAN 的介面設定 IP Address，三是設定 Default Route 即可使用，所以 Router 在使用上並沒有想像中的困難。

路由器 (Router) 屬於 ISO 所製定的 OSI Seven Layer 參考模式之第三層網路層運作，連結的網路之網路層以上使用相同或是相容的通訊協定，負責在可能不同的網路之間作封包 (Packet) 的路徑選擇，路由器稱爲網路媒介系統，主要功用在於根據一些最佳化的考慮因素，將資料在網路間傳輸。當路由器接收到傳送進來的資訊，根據資訊框中之目的地位址以選擇路徑將資訊框傳送出去。

資訊經由路由器中介媒介包含目的地位址以及傳送路徑的下一個節點位址。目的地位址是固定的，而下一個節點位址隨所選擇的路徑而改變。如圖 10-3 所示，路由器連接二個區域網路，路由器可使用於複雜的網路連結中，可用程式加以規劃，依不同的標準選擇路徑，路由器定址軟體比橋接器更複雜，路由器可依網路與使用者的需要，選擇成本最低、速度最快的最佳路徑。

路由器主要作爲二個網路間實體層、資料鏈路層與網路層協定間的轉換。只要 IEEE 802.5 與 X.25 在網路層以上使用相同或是相容的通訊協定，路由器也可以連接使用權杖環 (Token Ring) 存取協定，以及 IEEE 802.2 LLC 協定之 802.5 權杖環網路與使用封包交換技術之 X.25 網路。

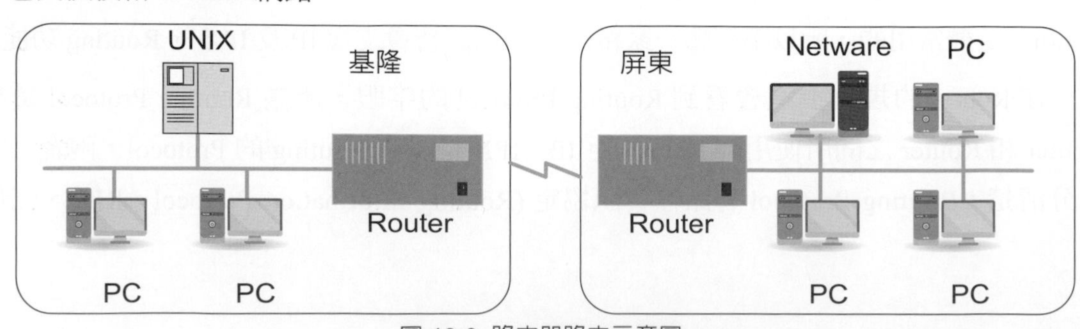

圖 10-3 路由器路由示意圖

Router 路由器除了具有不同區域網路之間封包傳遞的功能外，更可以根據某種規則決定封包要如何在這些區域網路之間流動。Router 可以連接兩個以上的區域網路，路由器最重要的核心是 Routing Table (路由表)，路由表是記錄路徑的表格，路由器利用它來傳送封包。

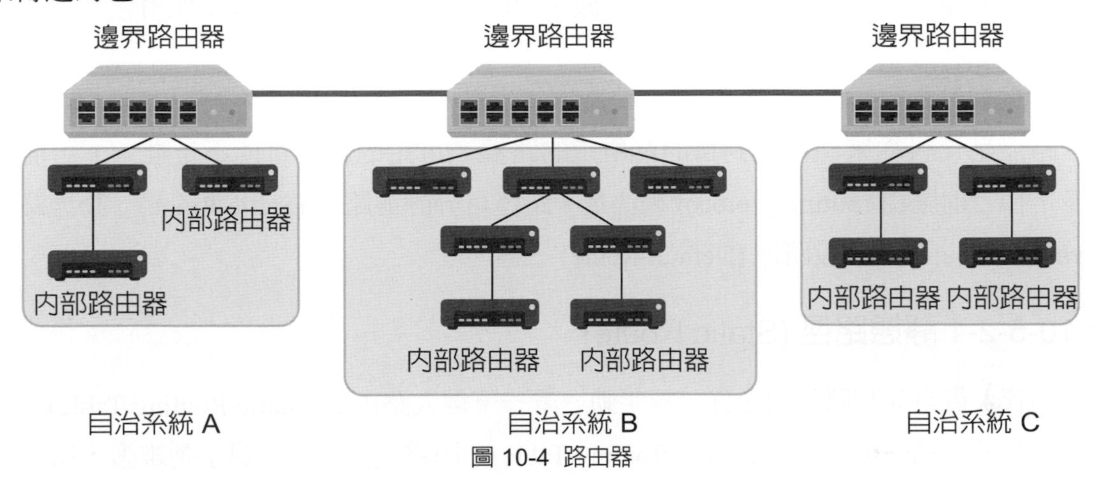

圖 10-4 路由器

路由器可以分成下列三大類：

- 內部路由器 (Interior Router)：協助相同一個自治系統 (Autonomous System，AS) 內電腦間的資料傳送，不會直接連接到外的電腦去，如圖 10-4 所示。
- 邊界路由器 (Border Router)：連結自治系統到其他的網段，這也是兩者間的進出點，如圖 10-4 所示。
- 外部路由器 (Exterior Router)：所有位於邊界路由器之外的路由器都稱爲外部路由器，如圖 10-4 所示。

路由器設置的位置在邊界上或者自治系統內，會決定路由表需要記錄那些資料，以及使用何種路由協定來發佈路由資訊，歸納成兩類，以自治系統內外來做爲分類，可分爲自治系統內的選徑及自治系統間的選徑。

- 網域內 (Intradomain) 選徑：爲自治系統 (Autonomous System，AS) 內的選徑，由內部路由器來完成。
- 跨網域 (Interdomain) 選徑：爲自治系統間的選徑，由外部路由器來完成。

10-5-1 路由表

路徑的可分靜態路徑 (Static Route)、動態路徑 (Dynamic Route) 及預設路徑 (Default Route) 三種，動態路由協定的路由表 (Routing Table) 需要比較複雜的程序與演算法，在網路的不斷運作來做維護，而靜態 Routing Table 是由網管人員手動設定使用。

10-5-2 路徑

路徑是資料從來源端送到目的端所走的路線，可走的路徑可能不是唯一，可能有許多選擇，而就由 routing protocol 來決定。路徑可分靜態路徑 (Static Route)、動態路徑 (Dynamic Route) 及預設路徑 (Default Route) 三種。

◆ 10-5-2-1 靜態路徑 (Static Route)

網管人員事先將路徑決定好，再手動一筆一筆鍵入路由表 (Static Routing Table)，這個表格就稱之爲靜態路由表 (Static Routing Table)，因爲是由網管人員手動維護，所以路由器不需要自動去發掘路徑，路由器間不需要互相溝通，所有的頻寬可全部用來傳送封包，有很高的效率，此方式的網路也比較安全，而缺點是當某一線路發生問題時，路由器不會自動去發掘路徑，而造成斷線，需要網管人員手動維護；如圖 10-5 中，路由器 4 就十分適合使用靜態路由。

優點：效率高、簡單、額外負擔 (Overhead) 低、安全性高。

缺點：網管人員維護管理負擔高。

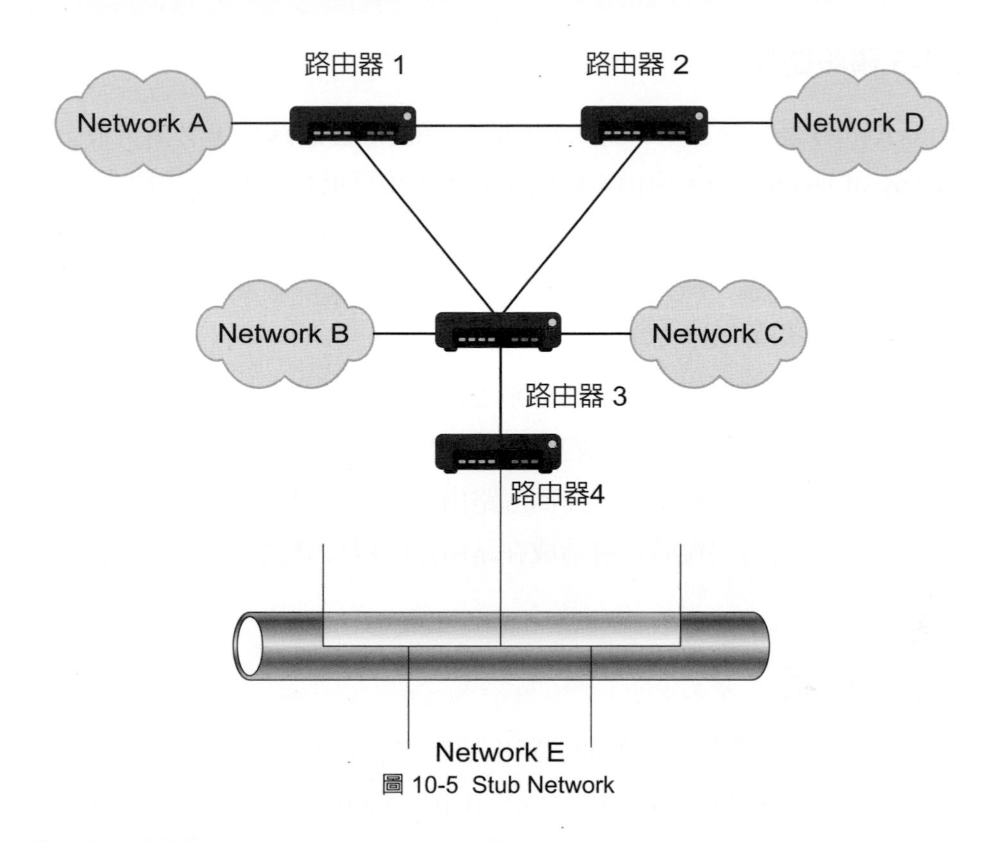

圖 10-5 Stub Network

◆ 10-5-2-2 動態路徑 (Dynamic Route)

由路由器依據尋徑協定 (Routing Protocol) 自動維護 (增加、刪除) 路徑，此路徑稱之動態路徑，而加入表格或刪除，這表格就稱之爲動態路由表 (Dynamic Routing Table)。

優點：網管人員維護管理負擔低。

缺點：額外負擔 (Overhead) 高。

表 10-4 動態靜態路徑比較表

靜態路徑 (Static Route)	動態路徑 (Dynmic Route)
簡單	複雜
不會自動更新路徑訊息	會週期性交換路徑訊息
彈性度較差	需要一些 Overhead 用來交換路徑訊息
適用於穩定的小型網路	適用於常變動的大型網路

◆10-5-2-3 預設路徑

(Default Route) 是一條通到所有未知網路的預設的靜態路徑，又稱爲最後依靠的通訊閘 (Gateway of last resort)，原因是路由器的預設路徑很類似 PC 的預設的通訊閘，PC 的預設的通訊閘通常都是一台路由器，用來連結區域的網段到其他網段。預設路徑還有一個使用時機就是在有唯一路徑時，只有一條路徑時，使用動態路由是沒有意義，浪費頻寬及效能，一般採用靜態路由或預設路徑。

一般的路由器常用階層式架構，此時預設路徑就很好用，在低層的路由器只記錄區域中的網段，新的或未知就會發生問題，一般該封包會被丟掉則封包無法到達，使用預設路徑就可以傳至高層，一直下去，而高層路由器會整個網路的網段資訊就可以解決，但是萬一錯誤地址的封包出現時則會造成在路由器間轉來轉去，浪費路由器的處理能力及網路頻寬。

10-5-3 路由協定

在 TCP/IP 中，有兩種較重要的開放路由協定 (Open Routing Protocol)，它們分別是 RIP (Routing Information Protocol) 以及 OSPF (Open Shortest Path First)。RIP 適用於較小型的網路，每條路徑經過的 Router 數目不能超過 15 個 (因其定義 16 爲無法到達的距離)。OSPF 則具較大彈性，可適用於大型的網路，相對的其計算也較複雜。

路由協定的分類，歸納如下：

- 單一路徑與多重路徑
- 對等式與階層式
- 主機智能型與路由器智能型
- 網域內與跨網域
- 距離向量與線路狀態

分別介紹如下：

- 單一路徑與多重路徑

在網路中通訊兩端常會有多條路徑可到達，某些的選徑協定只會試圖找出一條路徑，並加入路徑表；某些選徑協定會試圖找出所有路徑，並加入路徑表，多重路徑的演算法，也可以支援透過多重路徑做多工傳輸，可將封包或動態分散到所有可用的路徑，可提高吞吐量 (Throughput)。

■ 對等式與階層式

對等式指的是所有路由器所扮演的角色是相同的，沒有分內部、邊界或外部的路由器，每一台路由器收到相同的路徑更新記錄。

階層式 (Hierarchical) 則採用相反的方式，依階層架構來區分路由器，分成內部與邊界路由器，由邊界路由器構成選徑的骨幹。例如：一個封包從內部的主機送出，會先經過內部路由器、邊界路由器、再到骨幹網路，再到下一個邊界路由器，進入目的網路的內部路由器，最後到目的地。

■ 主機智能型與路由器智能型

誰來決定到達目的地的路徑？若是由終端設備決定路徑，路由協定就是屬於主機智能型 (Host Intelligent)；路由器就成了儲存與轉送的設備而已，不需查詢路徑，終端設備就必須知道網路上所有的路徑。一般討論都不是主機智能型，而是路由器智能型 (Router Intelligent)，在這種環境之下，終端設備只需要知道封包的目的地是否與目前所在同一個網段，若不同，就交給路由器，具有智能設備是路由器，需決定路徑。

■ 網域內與跨網域

網域內 (Intradomain) 選徑：爲自治系統 (Autonomous System，AS) 內的選徑，由內部路由器來完成。

跨網域 (Interdomain) 選徑：爲自治系統間的選徑，由外部路由器來完成。

■ 距離向量與線路狀態

決定是否變更路由表，路由協定會依據路徑演算法來作決定，而 IGP (Interior Gateway Protocol) 使用演算法有三種：

◆ 距離向量 (Distance Vector)
◆ 連線狀態 (Link State Routing)
◆ 混合尋徑 (Hybrid Routing)

路由協定是用來幫 IP 正確傳送封包的通訊協定 (Protocol)。可分爲二大類：

1. 內部閘道協定 (Interior Gateway Protocol，IGP)
   ◆ 路徑資訊協定 (Routing Information Protocl，RIP)
   ◆ 內部閘路由協定 (Interior Gateway Routing Protocol，IGRP)
   ◆ 開放式最短路徑優先協定 (Open Shortest Path First，OSPF)
   ◆ 增強式內部閘路由協定 (Enhanced Interior Gateway Routing Protocol，EIGRP)

2. 外部閘道協定 (Exterior Gateway Protocol，EGP)
   - 邊界閘道協定 (Border Gateway Protocol，BGP)
   - 外部閘道協定 (Exterior Gateway Protocol，EGP)

◆ 10-5-3-1 內部路由協定

內部路由指的是自治系統 / 自主系統中的路由器，內部路由協定 (Interior Gateway Protocol，IGP) 使用在自治系統 / 自主系統中的路由器上，使用的演算法三種：距離向量法 (Distance Vector)、連線狀態 (Link State) 及混合尋徑 (Hybrid Routing)。

◆ 10-5-3-2 距離向量法

距離向量法 (Distance Vector；又稱爲 Bellman-Ford 演算法)，每部路由器記錄所有可能抵達目的網路的距離及方向 (向量是由距離及方向所組成的)，路由器開機後，會先偵測所有直接連接的網路，並加入路由表中，且距離設定爲 0，再將路由表傳給隔壁直接相鄰的路由器，計算後再加到自己的路由表。

距離向量路由協定有一個很重要的特點：只跟其他直接相連的路由器溝通，這些路由器稱爲鄰接路由器，距離向量路由協定並不知道整個網路，只知道下一個中繼站 / 路程 (Hop) 的資訊，這也是和連線狀態協定之間很重要的不同點。連線狀態協定會記錄整個網路的拓樸 (Topology)。

距離向量路由協定在固定間隔時間會傳送路徑更新記錄，一般是 30 到 90 秒，更新記錄包含路由器的整個路由表。

每一種距離向量路由協定可能以不同的方式來計算距離，也是不同的距離向量路由協定間主要的差異點，無論如何計算，最後都有一個數值，稱之爲衡量指標 (Metric)。

路徑距離計量考慮的項目包含有時間延遲 (Propagation Delay)、頻寬 (Bandwidth)、可靠度 (Reliability)、負載 (Loading)、時脈計數 (Tic Count)、路程計數 (Hop Count) 等，分別描述如下：

- 傳遞延遲 (Propagation Delay)

因爲距離的遠近的關係，傳遞時間就不同，越遠就延遲越大，傳遞性就越不理想，計數的單位是 us。

■ 頻寬 (Bandwidth)

頻寬的大小對傳輸是有相當的影響，一般而言是越大越快，計數的單位是 Kbps。

■ 可靠度 (Reliability)

也是考量的一個指標，一般是由網管人員手動來設定。

■ 負載 (Loading)

負載是指網路資源的使用率，而 CPU 的使用率是主要計算負載的主要因素。

■ 時脈計數 (Tic Count)

時間長度以 Tic(時鐘的滴答聲) 為單位，一個 Tic 的長度由系統由系統定義。在 Cisco 路由器的 Tic 定義是設為早期 IBM 個人電腦時脈時間 1/18 Sec。

■ 路程計數 (Hop Count)

某些距離向量路由協定是以使用中繼站 / 路程數目來做為衡量指標的唯一變數，例如：RIP。

距離向量路由協定的網路可能會發生一些問題。最有名的就是路徑迴圈 (Routing Loop)，所謂的路徑迴圈就是封包在兩個或兩個以上的路由器間來回不斷地轉送，形成一個迴圈，封包到達不了目的地，浪費資源。

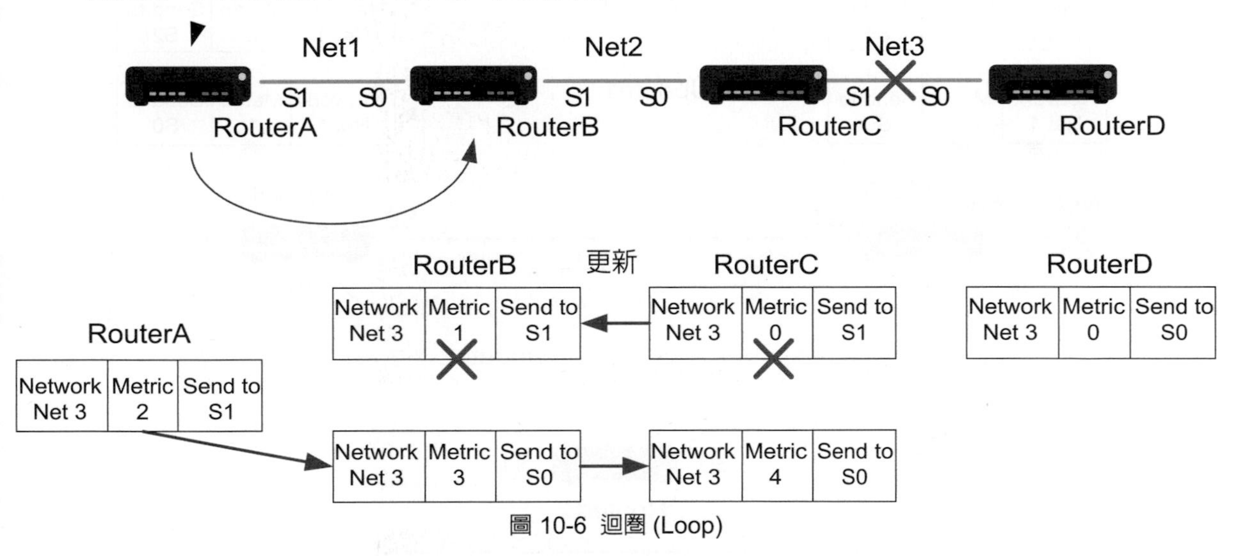

圖 10-6 迴圈 (Loop)

如圖 10-6 所示，即是迴圈 (Loop) 的例子，Router C 所連接的 Net3 斷線了，Router C 更新自己的路由表，且在下一次路徑更新時，將自己的路由表傳給 Router B，則 Router B 也更新自己的路由表，剛更新後，Router A 傳來的路由表通知說它可以到達 Net 3(其實是 Router A 的路由資訊是舊的，未即時更新所造成的)，而 Router B 就更新自己的路由表，且在下一次路徑更新時，將自己的路由表傳給 Router C，Router C 就更新自己的路由表，如此一來問題便產生了，Router A 及 Router B 都認為對方可到達 Net 3 而將封包傳給對方，使得封包便在二者之間傳來傳去形成迴圈。

解決的方法可分為最大的中繼站計數 (Maximal Hop Counter)、水平切分法 (Split Horizon)、波瓦松反轉 (Poison Reverse)、抑制法 (Hold Down)、觸發式的路徑更新 (Triggered) 等等。

■ 最大中繼站計數 (Hop Count)

設定封包所能經過的中繼站的最大數，超過時則將封包丟掉，就不會有無窮盡的迴圈，這是一個消極的方法，並不是解決的方法，因為封包還是無法到達目的地，只是不會有無窮盡的迴圈。RIP 就是採用此法，一般 Hop Count 設為 15。

■ 水平切分法 (Split Horizon)

設定路由資訊傳送的方向不可以往回送，隱藏在這句話背後的觀念是由鄰近的路由器得知的一個網路，則鄰近的路由器一定比自己更接近，所以不需要自己的該筆路由資訊。但是此法無法完全解決迴圈問題，例如：圖 10-7，主要的原因為無法即時對所有的鄰居路由器更新路由資訊。

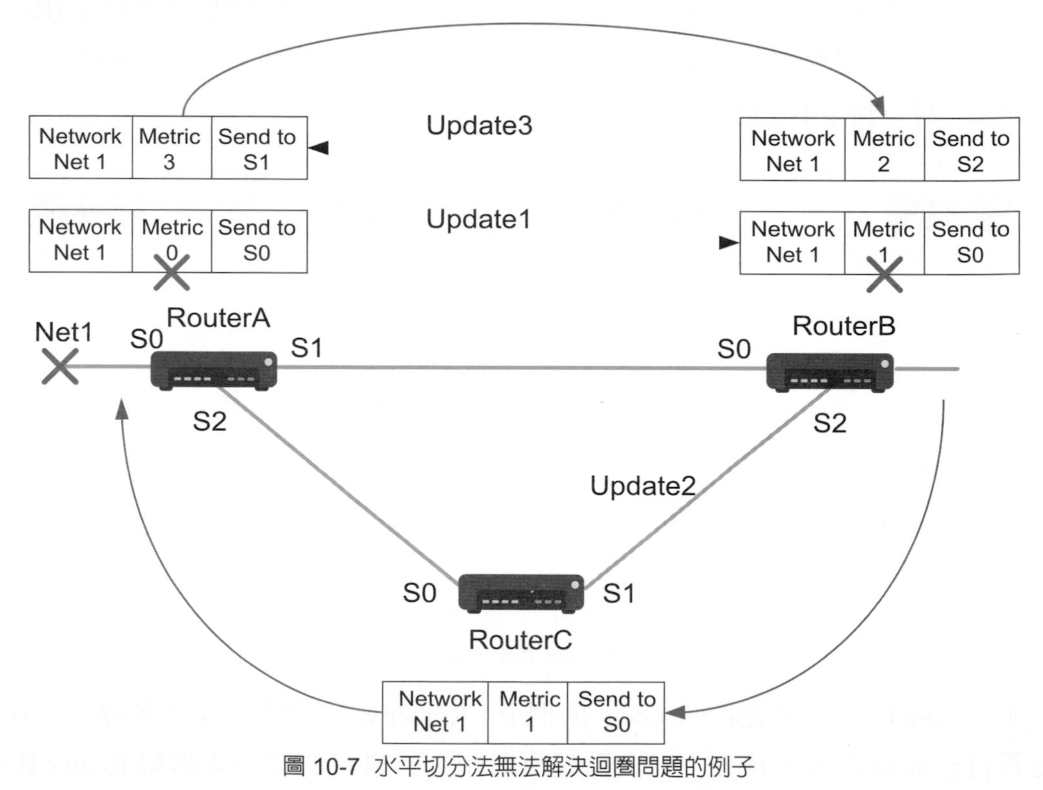

圖 10-7 水平切分法無法解決迴圈問題的例子

■ 波瓦松反轉 (Poison Reverse)

此法可以說是水平切分法的改良版，所以也有人稱之為波瓦松反轉的水平切分法，此法不禁止路由資訊往回送，而是將其 Metric 設為無窮大，路由器會將此路徑視為無法到達，但是此法無法完全解決迴圈問題，例如：圖 10-7，主要的原因為無法即時對所有的鄰居路由器更新路由資訊。

■ 抑制法 (Hold Down)

抑制法的目的是為了避免中斷線路的路由資訊太早被更新，避免只有部份路由器發覺此路由資訊，而造成更新路由資訊形成迴圈問題，規則是中斷線路的路由資訊必須經過一段夠長的時間才能更新，這時間的長度滿足整個網路都知道這條斷線。

■ 觸發式的路徑更新

觸發式 (Triggered) 的目的是為了縮短路由器更新路由資訊的反應時間。

◆ 10-5-3-3 連線狀態法

連線狀態尋徑協定 (Link State Routing Protocol) 會記錄整個網路的拓樸 (Topology)。又稱為最短路徑優先演算法 (Shortest Path First，SPF)。

連線狀態尋徑協定建立網路拓樸的過程：

- Step 1：路由器偵測直接相連的網段。
- Step 2：每部路由器送出連線狀態廣播 (Link State Advertisement，LSA)，與其他路由器交換資訊。
- Step 3：LSA 被轉送互連網路的每一台路由器。
- Step 4：每台路由器利用收到的 LSA，建立拓樸資料庫。
- Step 5：分析拓樸資料庫，找出到每個目的地的最佳路徑後，將其加入路由表，路由器可以利用 Dijkstra’s Algorithm 來完成其工作，這是一種最短路徑優先 (Shortest Path First) 的演算法，每台路由器以自己為樹根來建立 SPF Tree，稍後有詳細地的介紹。

LSA 可分成五個類別，如表 10-5 所示：Router LSA 與 Network LSA 是用來描述區域中的路由器如何與網路連結，而 Summary LSA 則是用來描述跨區域的路徑，AS external LSA 是用來描述注入自治系統的外部路徑。

表 10-5 LSA 類別

LSA 類別	LSA 名稱
類別 1 (Type 1)	Router LSA
類別 2 (Type 2)	Network LSA
類別 3 (Type 3)	Summary LSA
類別 4 (Type 4)	Summary LSA
類別 5 (Type 5)	AS external LSA

連線狀態尋徑協定收斂方式與距離向量法不同，網路拓樸一有變動時，受影響的路由器就會立即送出 LSA。

◆10-5-3-4 混合尋徑 (Hybrid Routing)

混合尋徑 (Hybrid Routing) 就是結合了距離向量法 (Distance Vector) 及連線狀態尋徑協定 (Link State Routing Protocol) 的優點。

表 10-6 距離向量法與連線狀態法之比較

距離向量法	連線狀態尋徑協定
由相鄰的 Router 所提供的資訊可知網路拓撲	由共通的方式可知網路拓撲計算到其他相鄰路由器的最短距離
周期性的更新：收斂速度慢	事件發生時才更新：收斂速度快
傳送整個路由表	只傳送更新的部份路由表

10-5-4 RIP 協定概述

路徑資訊協定 (Routing Information Protocol，RIP) 是運用距離向量法 (Distance Vector；又稱爲 Bellman-Ford 演算法) 進行尋徑，有二個版本，分別爲 1.0 與 2.0 二個版本，兩個版本比較請參考表 10-7，屬於內部閘道協定 (Interior Gateway Protocol，IGP)，RIP 每 30 秒會對相鄰的路由器進行動態路由器資訊交換，路由表中的距離最大設爲 15，以 Hop Count 爲單位，資料超過 180 秒以上未更新，則將此資料刪除；在網路拓樸發生更動時，例如：鄰近某一台 Router 當機，RIP 會將新的更新訊息告知相鄰支援 RIP 的 Router。

表 10-7 RIPv1 及 RIPv2 比較表

協定名稱	RIPv1	RIPv2
向量距離法	是	是
最大 hop count	15	15
classful	classful	classless
VLSM	不支援	支援
連續網段	不支援	支援

10-5-5 OSPF 協定

Routing 是將封包經由許多個 Router 以接力的方式來傳送，最後到達目的地。所以每個 Router 都需要知道相鄰 Router 的相關資訊，才能決定要將封包送到哪一個 Router。在開放式最短路徑優先協定 (Open Shorted Path First，OSPF) 中，Router 互相傳送資訊給對方，Router 收集足夠資訊後，就可以建路由表 (Routing Table)，之後查表就可以知道往哪送，可到達目的地。OSPF 協定是所謂的連結狀態協定 (Link State Protocol)，也就是說，協定本身是相鄰 Router 連結狀態有關，其中最重要的，就是 Router 間的 Metric(距離或稱衡量指標、成本)。Router 間的距離是用衡量指標 (Metric) 來度量，衡量指標也有人稱爲成本 (Cost)，Metric 的定義如下：

$$Metric = \frac{10^8}{Bandwidth} \qquad (\,bit\ per\ second, bps\,)$$

頻寬越大的線路，則 Metric 越小，就是說距離越近。例如：對於 10 Mbps 的乙太網路 (Ethernet) 而言，Metric 爲 ，而 100 Mbps 的乙太網路 (Ethernet) 之 Metric 則爲 。

舉例來說明 Link State Protocol 中，Router 建立 Routing Table 的步驟。如圖 10-8 所示，有六個Router，分別爲Router A、Router B、Router C、Router D、Router E及Router F，線上的數字爲之間連結的 Metric。

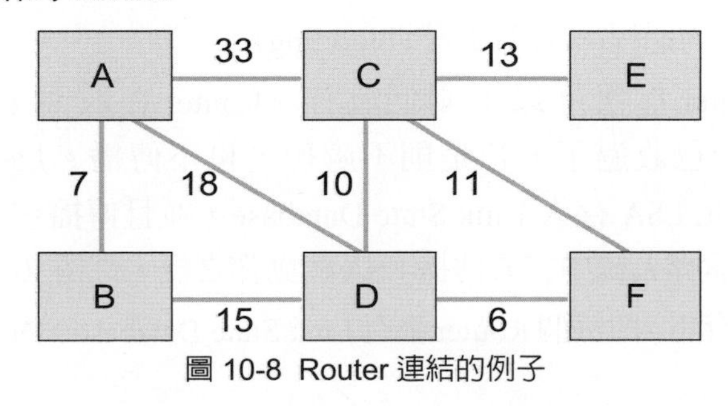

圖 10-8 Router 連結的例子

◆ Step 1：每個 Router 送一個 Hello 封包 (Hello Packet)，給相鄰的 Router，用來告知自己的存在。例如：Router A 送 Hello Packet 給 Router B、C 及 D，同時 Router A 也會接收到 Router B、C 及 D 傳來的 Hello Packet；Router B、C 及 D 也與 Router A 有相同的情形，因為執行相同的協定。

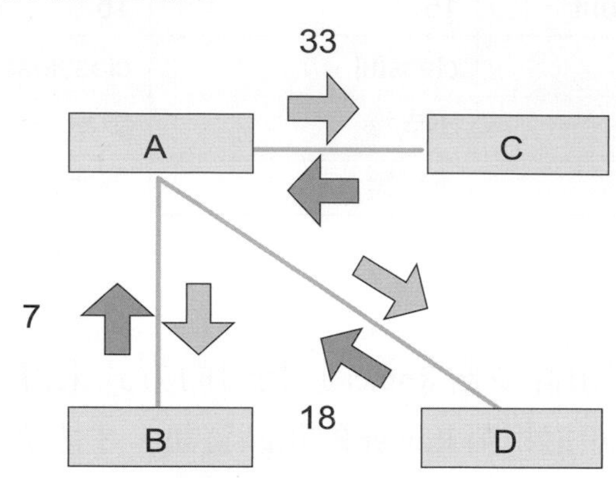

圖 10-9 Router 間互傳 Hello 封包 (Hello Packet)

◆ Step 2：在每個 Router 收集相鄰 Router 相關訊息後，開始傳播所收集到資訊給其他的 Router。例如：

(1) Router A 收集 Router B、C 及 D 的 Link State 資訊，再將它們組合成連結狀態宣傳 (Link State Advertisement，LSA)，內容如表 10-8 所示。

表 10-8 Router A 的 LSA 資訊

鄰居 (Neighbor)	衡量指標 (Metric)
B	7
C	33
D	18

(2) Router A 將自己的 LSA 傳送到相鄰的 Router B、C 及 D 去。每個 Router 接收到 Router A 的 LSA 後，必須再轉送給其他相鄰的 Router，但不用傳給 Router A。此傳播 LSA 的過程，稱為泛送 (Flooding)。

(3) 所有的 Router 都執行以上兩個動作。Router 在收到 LSA 資訊時，會判斷此 LSA 是否已收過了，若是則不處理，也不傳播。反之，是第一次收到此 LSA，則將此 LSA 存入 Link State Database，並且傳播它。

◆ Step 3：當整個網路系統中完成傳播 LSA 的動作之後，每個 Router 都有與其他 Router 間 Link State 的資訊，即每個 Router 都有 Link State Database，內容都將如表 10-9 所示。

表 10-9 每個 Router 的 Link State Database 內容

A	B	C	D	E	F
B 7	A 7	A 33	A 18	C 13	C 11
C 33	D 15	D 10	B 15		D 6
D 18		E 13	C 10		
		F 11	F 6		

有了以上資訊後，就可以找出每個 Router 到其他 Router 的最短路徑。有一個知名的演算法，Dijkstra's Algorithm 是用來計算最短路徑中最有效的演算法，可以在資料結構、演算法、圖論等書中見到蹤影。

以 Router A 來做說明，可以找出 Router A 到其他各 Routes 的最短路徑，如圖 10-10 所示，Router A 為此樹的樹根 (Root)，英文字母下的數字為其間最短的衡量指標 / 距離 / 成本 (Metric)。

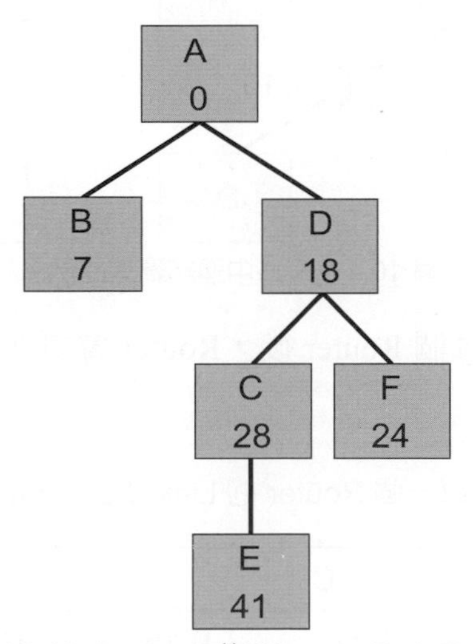

圖 10-10 Router A 的 Shortest Path Tree

此樹稱為 Router A 的最短路徑樹 (Shortest Path Tree，SPT)，可以由此 SPT 建立 Router A 的 Routing Table，如表 10-10 所示：

表 10-10 Router A 的 Routing Table

Destination	Metric	Next Hop
B	7	B
C	28	D
D	18	D
E	41	D
F	24	D

在 Routing Table 中，有三個欄位，分別代表：

(1) 目的地 (Destination)：路徑的目的地。

(2) 衡量指標 (Metric)：路徑到達目的地所需要的距離。

(3) Next Hop：下一個要經過的 Router。

Router A 依據封包的目的地，經查尋 Routing Table，將欲傳送封包送到 Next Hop 所指定的 Router 去，接收到此封包的 Router 再相同的程序執行，直到封包到達目的地，可以確保封包經過的路徑是最短路徑。

當 Router 發生錯誤，像是當機、網路連結失敗或其他問題時，OSPF 必須使整個網路還能正常運作。例如：Router A 與 Router D 間的連結斷線時，圖 10-11 所示，若 Router A 和 D 在一段時間內，收不到對方的 Hello Packet，就認定到達不了對方，此時 Router A 和 D 都會更新的 LSA 資訊，並且向外傳播。

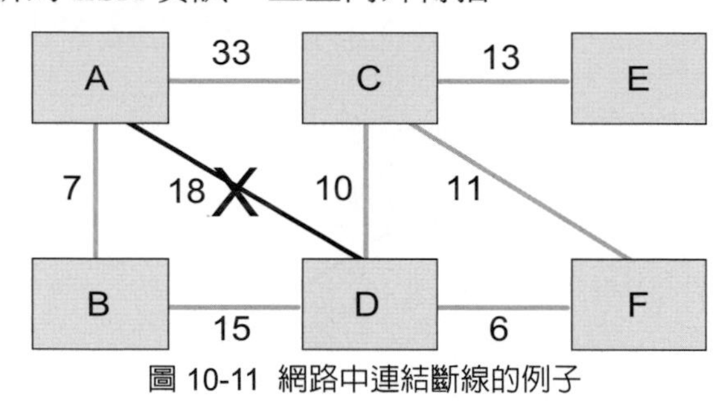

圖 10-11 網路中連結斷線的例子

當更新資訊成功傳送到每個 Router 後，Router 會更新 Link State Database 內容，如表 10-11 所示。

表 10-11 每一個 Router 的 Link State Database 內容

A	B	C	D	E	F
B 7	A 7	A 32	B 15	C 13	C 11
C 32	D 15	D 10	C 10		D 6

因爲 Router A，D 間的連結已不存在，所有經過 A 到 D 或經過 D 到 A 的路徑都不能再使用了，需用 Dijkstra's Algorithm 重新再建立 Shortest Path Tree，如圖 10-12 所示。

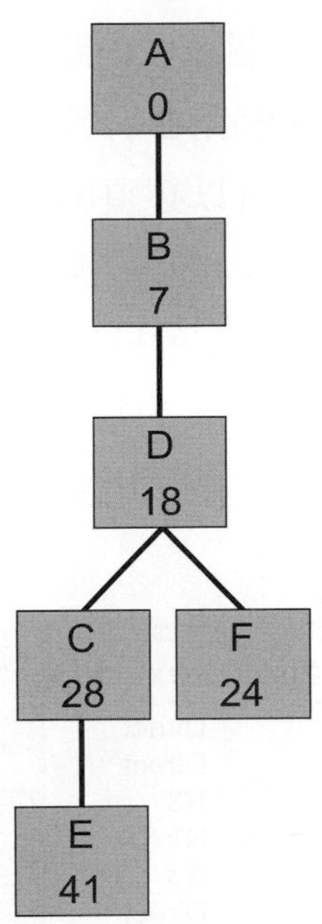

圖 10-12 Router A 的 Shortest Path Tree

10-5-6 OSPF 和網路組織架構

本節將分成下列幾點來介紹：

- 階層式架構及摘要
- 自治 / 自主系統
- 骨幹和區域
- Dijkstra's Algorithm

◆ 階層式架構和摘要

OSPF 協定用在較大型的網路上，例如：Internet，可能無法動作，因爲每個 Router 需要很大空間來儲存交換資訊，並且在連結有變動時，Dijkstra's algorithm 計算可能要花上很久的時間。另外還有更嚴重的情形，會傳播大量的 LSA 封包，大部份的頻寬將會被佔住，甚至整個網路癱瘓。

爲了解決上述的問題，OSPF 採用所謂階層式 (Hierarchical) 的網路架構。所謂階層式架構就是依照網路本身的區域性，來劃分爲幾個較小的區域網路，在區域網路內都採用 OSPF，區域網路間則採用摘要 (Summarization) 的方式來交換資訊。

舉例來說，在圖 10-13 中，有兩個區域網路，分別為區域網路 A 和區域網路 B，區域網路 A 分別有 A1~A5，及區域網路 B 分別有 B1~B3 等八個小一級網路。Router R1 連接區域網路 A 和區域網路 B，所以必須儲存所有的 Router 的資訊，才能當作兩個網路間溝通的橋樑。當 Router R1 在和區域網路 A 中的各 Router 交換資訊時，不會將區域網路 B 中 Router 的資訊傳播過去，只會建立一個摘要資訊，告知網路 A 中的各個 Router，要到區域網路 B 去的封包，先都送到 Router R1，Router R1 再依 Routing Table，繼續將封包往區域網路 B 送，在圖 10-13 中列有三張 Routing Table，詳細觀察就可察覺此特性。

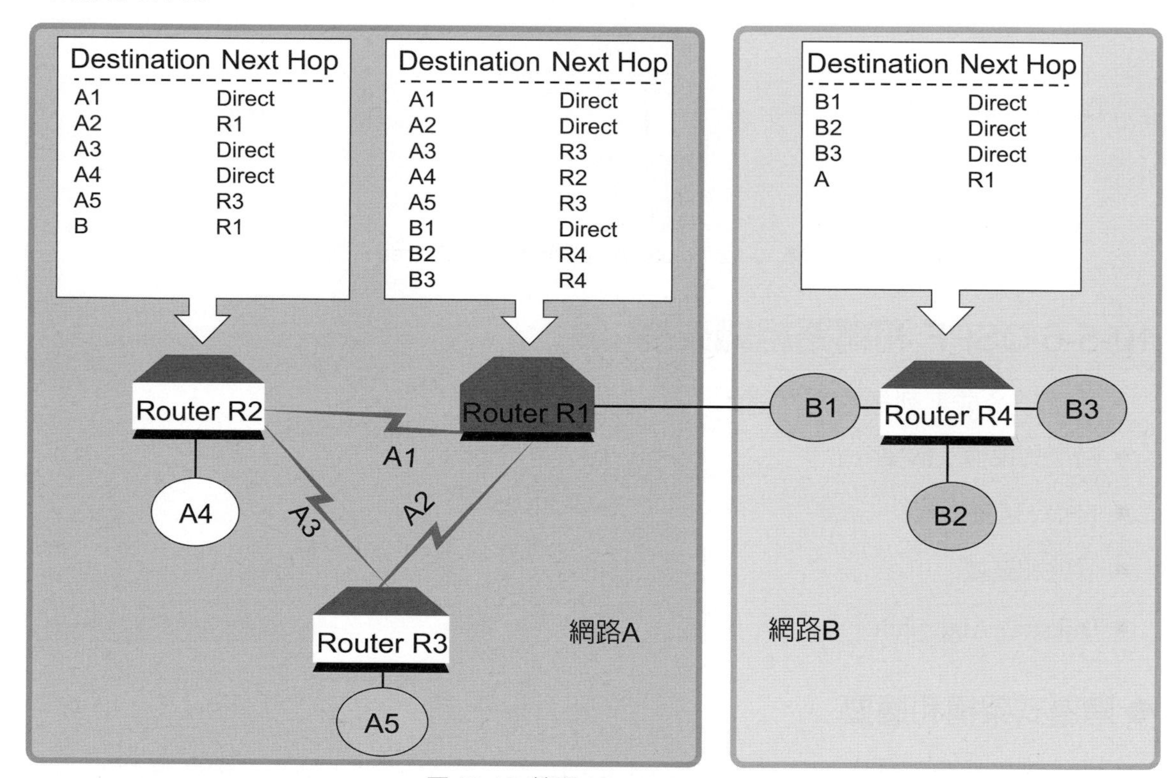

圖 10-13 摘要 (Summarization)

◆ 10-5-6-1 自治系統

可將 Internet 視為許多的自治系統 (Autonomous System，AS) 所組成；Autonomous System 也有人翻成自主系統。每個 AS 可以是一個單位、一個學校、一個組織、一間工廠等等所建構出的網路系統；在一個 AS 中，所有的各式各樣的網路裝置，都是屬於同一個管理或行政組織，例如：台北市是屬於台北市政府的行政區域，可將它視為管理或行政的運作單位。

在同一個 AS 內的 Router，可使用 OSPF 協定來交換資訊，但是連接二個不同 AS 的邊界的 Router，則可以使用其他的 Routing Protocol 或人工設定，避免 OSPF 運作時，造成大量的 LSA (Link State Advertisemetnt，LSA) 資訊傳播及 Dijkstra Algorithm 沉重的計算負擔。

◆ 10-5-6-2 骨幹和區域

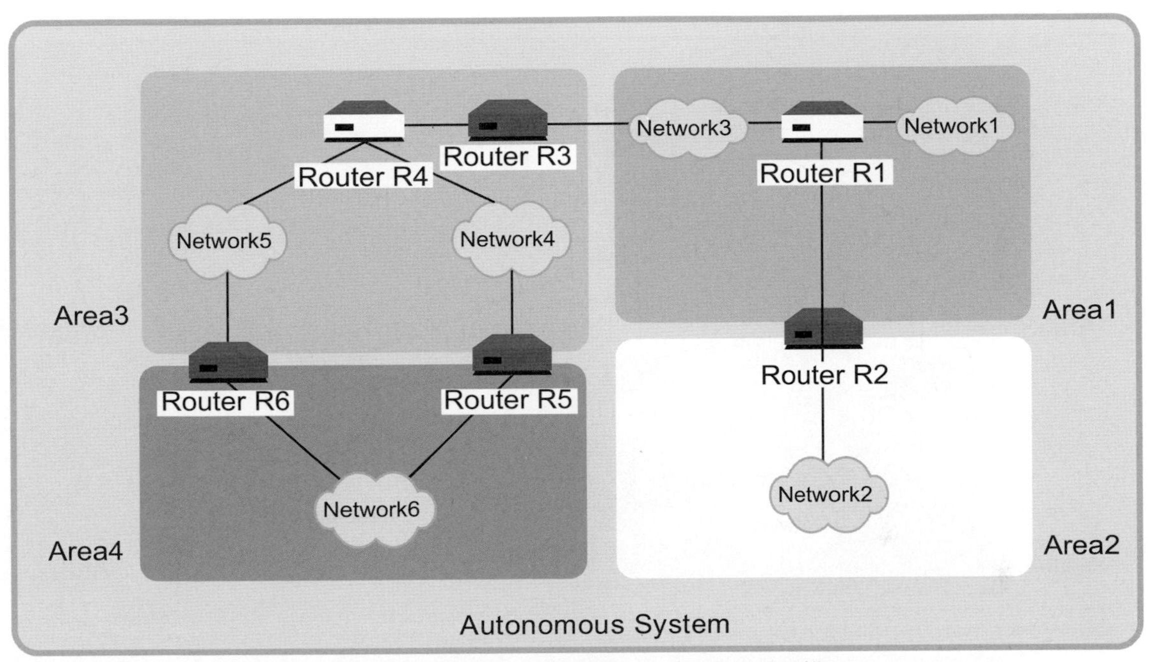

圖 10-14 Autonomous System(AS) 的組織架構

OSPF 使用於大範圍時，AS 可以解決 OSPF Routing 過程負擔過重的問題，但是單一 AS 的架構非常大、非常複雜時，同樣的問題還是會發生。在這種情況下，OSPF 定義更進一 的階層架構，就是所謂的區域 (Area)；將 AS 再分成數個 Area，每個 Area 可以有任意數個主機、Router 及網路等設備。如圖圖 10-14 所示，將一個 AS 成四個 Area，分別爲 Area 1、Area 2、Area 3 及 Area 4，在每個 Area 內部的 Router 採用 OSPF，而在 Area 邊界負責連接二個 Area 的 Router，稱爲區域邊界路由器 (Area Border Router)，則互相交換摘要 (Summarization) 訊息封包。例如：Router R3 與 Area 1 和 Area 3 連接，所以 Router R3 將 Area 3 中的 Routing 資訊作成摘要，將此摘要傳播給 Area 1 中的每一個 Router。同時也會將 Area 1 中的 Routing 資訊作成摘要，傳播給 Area 3 中的每個 Router。

圖 10-14 中，若 AS 中某兩個 Router 間斷線了，例如：Router R3 及 Router R4 間斷線，則整個 AS 會被分成兩個獨立的部份，這樣的網路架構並不穩定。

爲了增加穩定性及效率，OSPF 又定義了一種特別的區域 (Area)，稱爲骨幹 (Backbone)。AS 在分成 Area 時，同時也應建立 Backbone，Backbone 視爲一個特殊的 Area，稱爲 Area 0。AS 中的每個 Area 都必須與 Backbone 互相連接，而最好選擇地理位置具於中央的 Area 爲 Backbone。

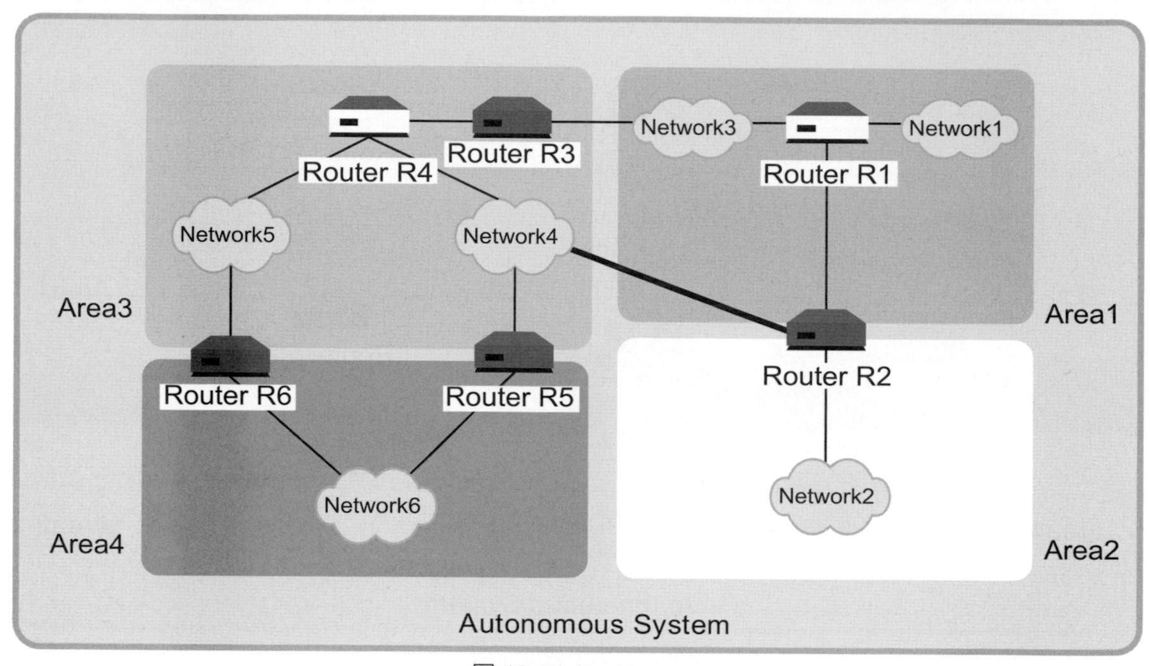

圖 10-15 Backbone

在圖 10-15 中，假設指定 Area 3 爲 Backbone，每個 Area 都須與 Backbone 連接，所以需要增加 Router R2 和 Router R4 間的硬體連結線路。如此一來，若有一條線路發生斷線，都有替代線路可使用，就可以使通訊不中斷。

所有 Area 的 Routing 資訊都會傳到 Backbone 中，再由 Backbone 傳播到其他 Area，Backbone 的規劃不要太複雜，不要有太多 Router，也不要太少，例如：只有一個，工作量太大易造成瓶頸 (Bottleneck)，最好選擇地理位置具於中央的 Area 爲 Backbone，才能達到最佳的傳送效率。

◆ 10-5-6-3 Dijkstra's Algorithm

OSPF 用 Dijkstra’s Algorithm 演算法來找出 Router 間的最短路徑。也就是說

Dijkstra's Algorithm 是用來找出圖中，某點到其他各點間最短路徑 (一對多)。另外也有演算法是用來找出圖中各點到各點間最短路徑 (多對多)，此部份請自行參閱演算法書籍。

Dijkstra's Algorithm 的說明如下：

- Step 1：以出發點為此最短路徑樹 (Shortest Path Tree，SPT) 的根 (Root)，根的衡量指標 / 距離 / 成本 (Metric) 為 0，以根為目前的處理點，來建立最短路徑樹。
- Step 2：加入目前處理點相鄰的所有點，並算出由 Root 到新加入點的衡量指標 / 距離 / 成本 (Metric)。
- Step 3：在目前路徑樹中，找出最短的路徑。刪除路徑樹中，其他到達相同終點的路徑，因為只要最短路徑。
- Step 4：以上一 驟的終點為目前的處理點，重複步驟 2、3、4。若遇到已找過的最短路徑的點就不必加入，重複上述步驟直到所有處理點無法再加相鄰點，即完成。

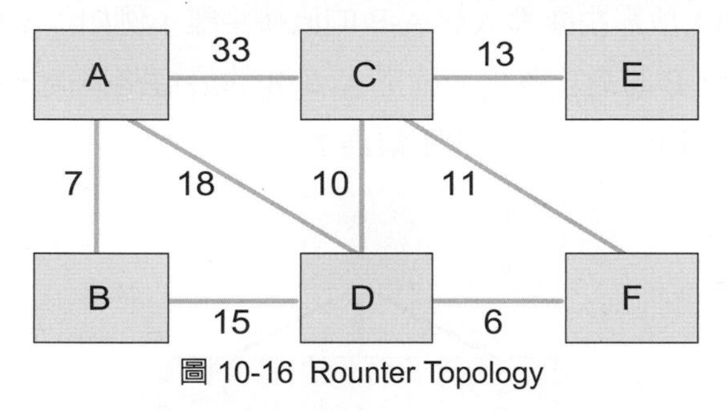

圖 10-16 Rounter Topology

圖 10-16 為 Router A 的 Rounter Topology ， 而 表 10-12 為 Router A 的 Link State Database的資訊，含有每個Router到相鄰Router的衡量指標/距離/成本(Metric)的資訊。

表 10-12 Router A 的 Link State Database 內容

A	B	C	D	E	F
B 7	A 7	A 33	A18	C 13	C 11
C 33	D 15	D 10	B 15		D 6
D 18		E 13	C 10		
		F 11	F 6		

以下將以上例來說明如何以 Dijkstra’s Algorithm 來找出 Router A 到其他各 Router 間的最短路徑，其步驟如下：請參考圖 10-16 及表 10-12。

- Step 1：以 Router A 為 Root(根)，來建立最短路徑樹 (Shortest Path Tree，SPT)，且根的衡量指標 / 距離 / 成本 (Metric) 為 0。

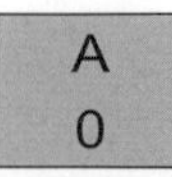

- Step 2：加入 Router A 的所有鄰居 (Neighbor) 加入樹中，Router B、C 及 D，使用 Link State Database 中的 Metric 算出，由 Router A 到這些新加入點的距離，分別為 7，33 及 18。

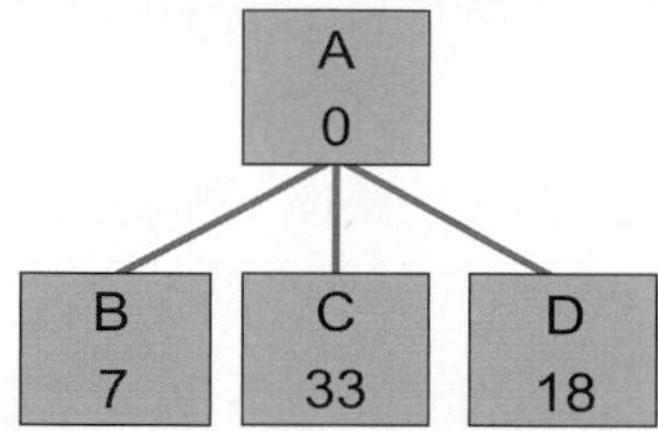

- Step 3：目前三條路徑中最小的是 A-B，以不同的顏色來表示，若 Router A 透過其他點到達 Router B，所需距離都大於 A-B 的直接距離，例如：A-D-B，需要 18+15=33，所以 A-B 是 A 到 B 的最短路徑。確定 A 到 B 的最短路徑後，將 B 的所有鄰居 (此例鄰居只有 D) 加入樹中，A-B-D 的距離為 7+15=22。

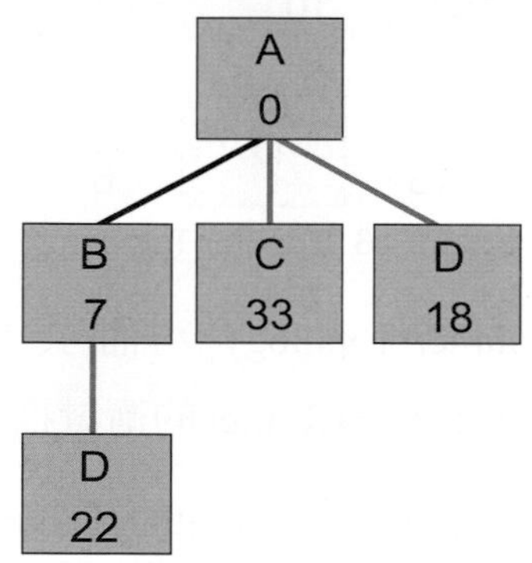

- Step 4：與步驟 2 相同的方法，繼續執行於目前的狀況，目前有路徑中，以 A-D 路徑為最短，可確定 A 到 D 之最短路徑為 18，所以經其他路徑到 D 的路徑都不要。確定到 D 的最短路徑後，並刪去樹中另一為 D(22) 的端點，以不同的顏色來表示，將 D 的所有鄰居加入樹中，只需加入 C 和 F，A 和 B 就不用了，已做過。

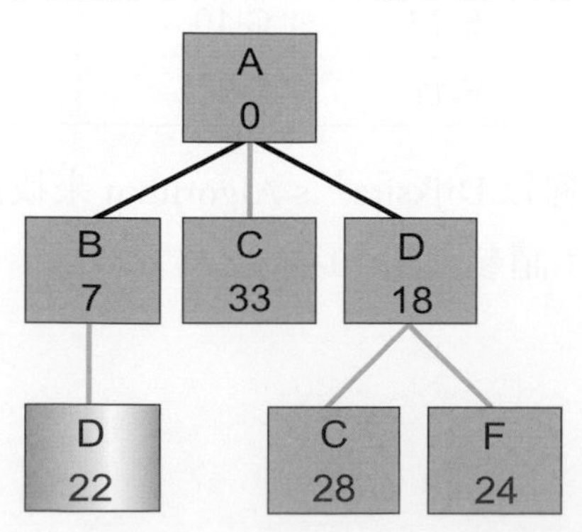

◆ Step 5：與步驟 2 相同的方法，繼續執行於目前的狀況，目前的所有路徑中，A-D-C 為最短，所以 A 到 C 之最短路徑為 28，確定到 C 的最短路徑後，並刪去樹中另一為 C(33) 的端點，將 C 的所有鄰居加入樹中。

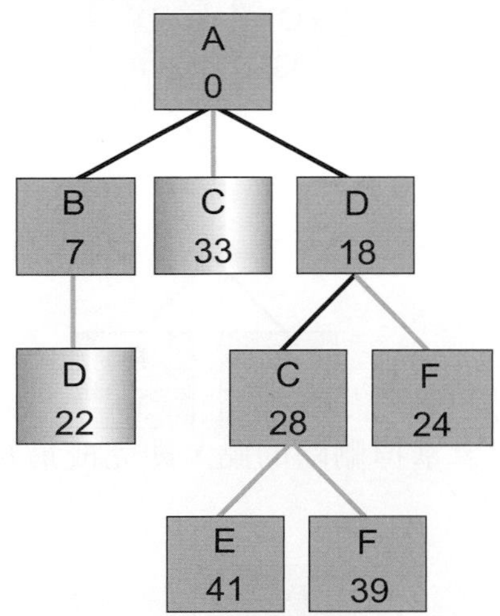

◆ Step 6：與步驟 2 相同的方法，繼續執行於目前的狀況，目前的所有路徑中，以 A-D-F 為最短，A 到 F 之最短路徑為 24。確定到 F 的最短路徑後，將樹中另一為 F(39) 的端點刪除，因為 F 沒有找到最短路徑的鄰居，所以不加入其他端點。

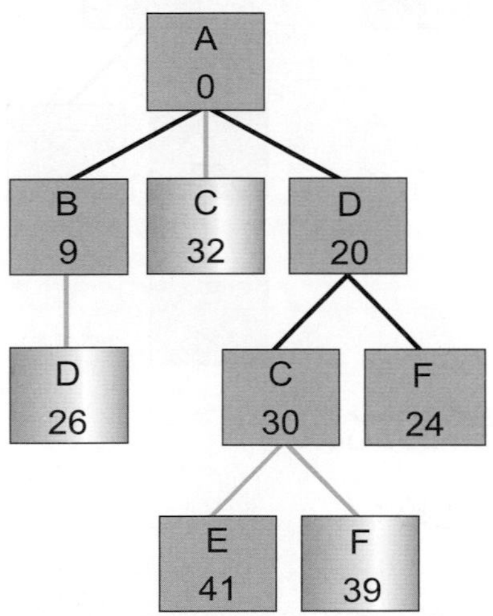

◆ Step 7：與步驟 2 相同的方法，繼續執行於目前的狀況，只剩 A-D-C-E 路徑，也是 A 到 E 的最短路徑，E 沒有最短路徑的鄰居，所以不用加入其他端點，程序到此為止。

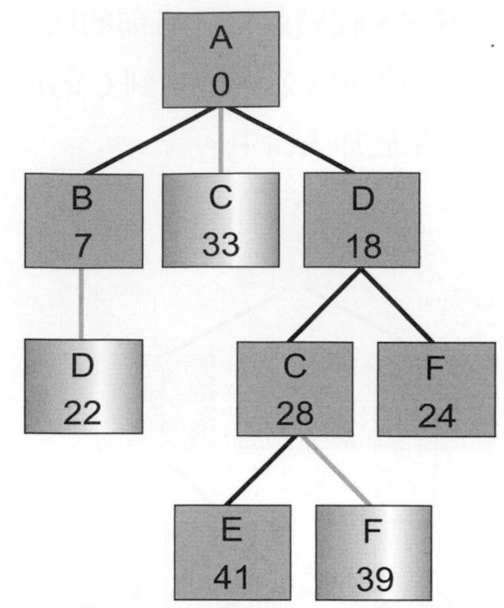

◆ Step 8：將圖整理一下，拿掉刪除的點，即完成最短路徑樹 (Shortest Path Tree，SPT)，如下圖所示。

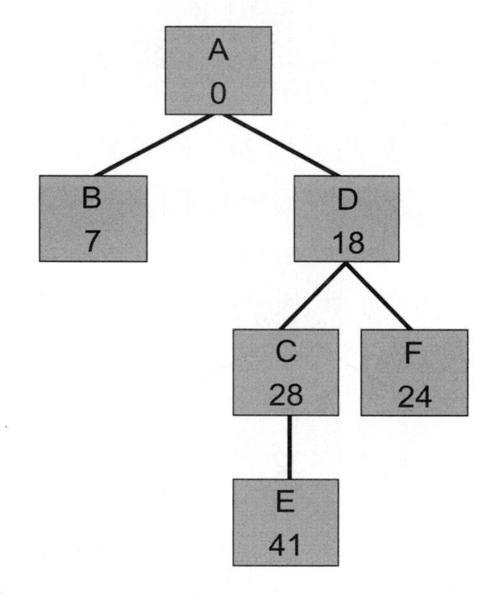

10-5-7 路由器與橋接器的比較

以下是路由器與橋接器的比較：

■ 路由器優於橋接器的項目：

1. Router 可以去設定使用環境，透過路由表可以交換路由路徑。
2. Router 如果找不到目的主機會回應讓使用者知道。
3. Router 可以對相同的目的主機有兩個以上可到達的路徑，可以選擇不同的路徑到達。
4. Router 將網路在邏輯上分成許多段 (切割 Subnet)，分別給予不同的 ID 識別號碼。
5. Router 是對應 OSI 模式中 Network Layer 網路層。

- 橋接器優於路由器的項目：

1. 橋接器對於封包轉送比路由器速度快，價格也比 Router 便宜構造較簡單。
2. 網路上不需要知道橋接器的存在。
3. 橋接器以實體層 MAC 位址爲依據傳送封包。

還有一種設備叫做 BRouter，不過大都被稱做多重協定路由器 (Multi-Protocol Router)，不僅是橋接器，也能做到爲不同型態的網路系統做路由 (Routing)。

◆路由設定專題

親自動手做實驗 (hands-on labs) 是最有效的學習方式，十多年前爲了考 CCNA，設計了一系列的實驗給自己的練習，後來也用來訓練自己的學生，成效還不錯，設計的理念是用最簡單最通用的網路拓樸及最少的網路元件來學習必學的路由協定及實作經驗，更重要地要能見到路由協定設定效果及實作的過程，如圖 10-17 所示，使用了路由器 (Router) ：三顆 (本例使用 2620XM)、交換器 (Switch) ：三顆 (本例使用 2950-24) 及個人電腦 (Personal Computer) ：三台 (本例使用 PC-PT)，若眞正實作需要花費鉅額設備，正常情況下，就學習而這是屬於不可行方案，所以可以改採用軟體模擬器做實作練習即可，可自行選擇一套使用，有電腦就可以做實驗很方便，某些軟體模擬器也已支援 IPv6 及動畫驗證。

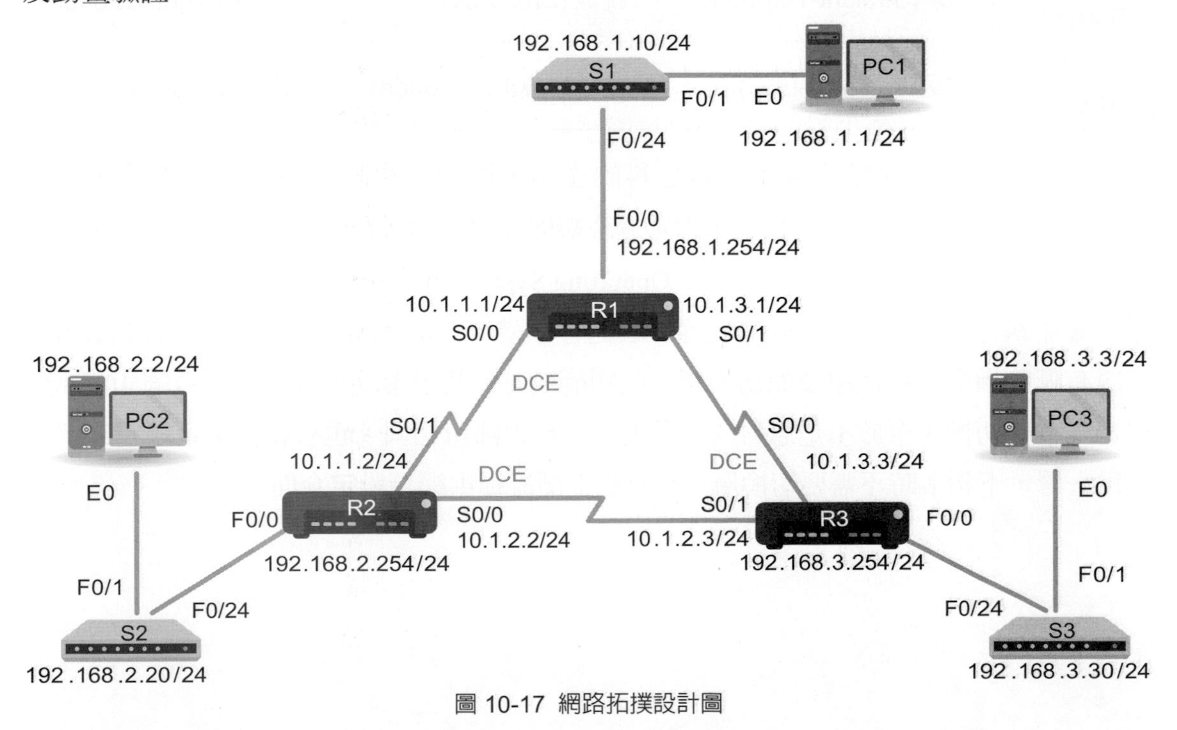

圖 10-17 網路拓撲設計圖

注意事項：

由於路由器與路由器之間的連線，必須有一端必須提供時脈 (Clock)，通常在實際環境中是 ISP 端，而路由器用戶端是不需要時脈設定，所以在此模擬環境中，必須有一端提供時脈 (Clock) 以模擬 ISP 角色 (也就是 DCE 的角色)，所以在連線線材上必須使用 DCE 的線材，需要在同一個 Serial，有一端要設爲 DCE，另一端設爲 DTE 網路設備間連線使用表格，如表 10-13 所示：路由器的 DCE 端的設定，統一皆設定於編號爲零（S0/0）的介面上。

依慣例，路由器與交換機之間的連線皆使用最後的連接埠 (Port)。

依慣例，交換機與個人電腦之間的連線皆使用最前面的連接埠 (Port)。

注意設定完介面，要下 no shutdown。

注意設定完設備，要下 copy running-config startup-config。

表 10-13 網路設備間連線使用表格

	路由器 (Router)	交換器 (Switch)	電腦 (PC)
路由器 (Router)	序列線 (Serial-Line) / V.35	平行線 (Straight-Through)	序列線 (Serial-Line)
交換器 (Switch)	平行線 (Straight-Through)	跳線 (Cross-Over)	平行線 (Straight-Through)
電腦 (PC)	序列線 (Serial-Line)	平行線 (Straight-Through)	跳線 (Cross-Over)

坊間網路路由交換設備大都是思科的產品，而該家產品是採用命令列設定介面（Command Line Interface, CLI），即透過終端機介面下指操作的方式，其設備的作業系統爲網際網路作業系統（Internetwork Operating System, IOS），而它的檔案系統分四層，每一層能執行的指令不同，好處嚴謹，壞處會弄錯層下指令，初學者可用 ? 詢問 IOS，該層有哪些指令可以使用及如何使用，此功能很方便及很友善，詳細可參考圖 10-18 來學習在各層切換。至於不是思科的產品大致上也大部份相同，也有將檔案系統四層平坦化爲一層，下指令時不需要切換層，也有跟上潮流提供網頁設定介面。

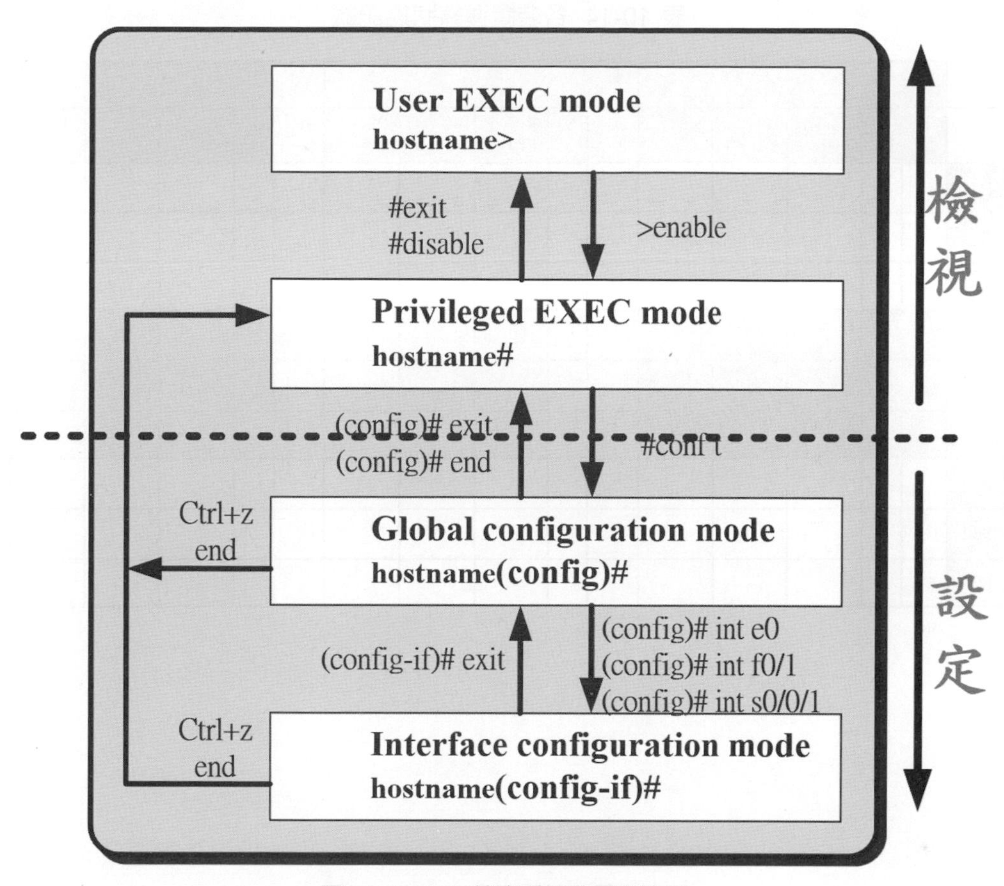

圖 10-18 IOS 檔案系統階層方塊圖

實驗步驟：

- Step 1：設置各裝置連線及設定 IP address
- Step 2：查看結果（利用燈號 / 使用指令）
- Step 3：設置預設路由 / 靜態路由 / 動態路由 (路徑 / 網段)
- Step 4：查看結果
- Step 5：shutdown 某一台 Router 的某一介面
- Step 6：查看結果（利用燈號 / 使用指令）
- Step 7：記錄實驗結果，如表 10-14 所示
- Step 8：討論分析其實驗結果

表 10-14 各裝置連線狀態記錄

	LAN1					LAN2					LAN3				
	PC 1	S 1	R1-f0/0	R1-s0/0	R1-s0/1	PC 2	S 2	R2-f0/0	R2-s0/0	R2-s0/1	PC 3	S 3	R3-f0/0	R3-s0/0	R3-s0/1
PC1															
Sw1															
R1															
PC2															
Sw2															
R2															
PC3															
Sw3															
R3															

本章習題

填充題

1. Repeater 對應到 ISO 所製定的 OSI Seven Layer 中的第（　　　　）層。
2. 橋接器具備的三個功能是（　　　　）、（　　　　）與（　　　　）。
3. 交換器運作在 OSI 模式中第（　　　　）層的（　　　　）層。
4. 路由器運作在 OSI 模式中第（　　　　）層的（　　　　）層。
5. Switch 又可分為 Layer （　　　　） Switch 及 Layer （　　　　） Switch。
6. Switch Hub 傳送資料的方法分為（　　　　）、（　　　　）與（　　　　）。
7. 路徑的可分（　　　　）路徑、（　　　　）路徑與（　　　　）路徑三種路徑。
8. RIP 每（　　　　）秒會對相鄰的路由器進行動態路由器資訊交換。
9. 距離向量法又稱為（　　　　）演算法。
10. OSPF 採用的 Metric 是（　　　　）。

選擇題

1. （　　）請問下列哪一個採用距離向量 (Distance Vector)？ (A)RIP (B)EIGRP (C) OSPF (D) 以上皆是。
2. （　　）請問下列哪一個未採用連線狀態 (Link State Routing)？ (A)RIP (B)EIGRP (C)OSPF (D) 以上皆非。
3. （　　）請問下列哪一個不是解決路由迴圈的方法？ (A) 最大的中繼站計數 (Maximal Hop Counter) (B) 水平切分法 (Split Horizon) (C) 波瓦松反轉 (Poison Reverse) (D) 以上皆是。
4. （　　）請問下列哪一個是解決路由迴圈的資料結構？ (A)Ring (B)Tree (C)Bus (D) 以上皆非。
5. （　　）請問Hub對應到ISO OSI Seven Layer中的第 (A)一 (B)二 (C)三 (D)四層。
6. （　　）請問 Switch 對應到 ISO OSI Seven Layer 中的第 (A) 一 (B) 二 (C) 三 (D) 四層。
7. （　　）請問 Router 對應到 ISO OSI Seven Layer 中的第 (A) 一 (B) 二 (C) 三 (D) 四層。

8. ( ) 請問 RIP 每幾秒會對相鄰的路由器進行動態路由器資訊交換? (A)10 秒 (B)20 秒 (C)30 秒 (D)40 秒。
9. ( ) 請問 RIP 路由表中的距離最大設為多少 Hop Count ? (A) 5 (B)10 (C)15 (D)20。
10. ( ) 請問 OSPF 採用的 Metric ? (A) 傳遞延遲 (Propagation Delay) (B) 頻寬 (Bandwidth) (C) 路程計數 (Hop Count) (D) 負載 (Loading)。

問答題

1. 請運用影響網路傳輸的幾個因素，自己訂定一個網路距離的運算法則，並說明訂定的原則及理由。
2. 何謂備援路徑?此種架構應採用何種尋徑方式?為什麼?
3. 請比較靜態尋徑與動態尋徑的優缺點及其差異。
4. 為何需要中繼器?請說明中繼器的主要功能。
5. 為何需要集線器?請說明集線器的主要用途。
6. 橋接器的主要用途為何?請說明其工作原理。
7. 路由器的主要用途為何?請說明其工作原理。
8. 請說明 Router、Route、Routing 三者的差異。
9. 請說明 Router table 的功能?
10. 請定義下列幾個專有名詞 : 路由表、路徑、路由及路由協定。
11. 何謂預設路徑?
12. 何謂 OSPF ?
13. 舉例說明 OSPF。
14. 何謂 RIP ?
15. 何謂 AS ?
16. 何謂 Dijkstra’s Algorithm ?
17. 何謂距離向量法?
18. 何謂連線狀態尋徑協定 (Link State Routing Protocol) ?
19. 比較路由器與橋接器的優缺點?
20. 請計算出下圖 Router A 的最短路徑樹。

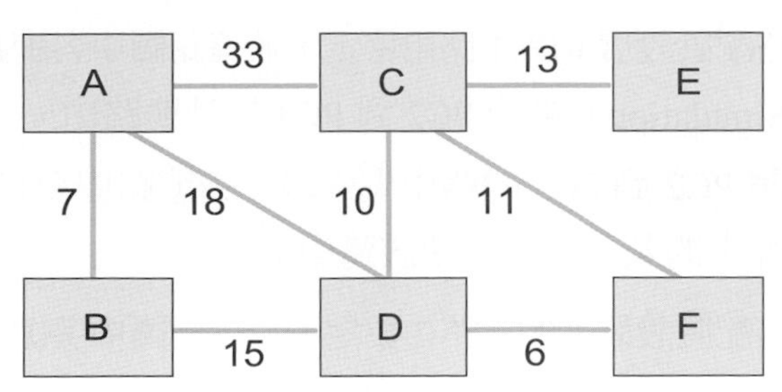

21. 請依下圖的網路配置設定靜態路由，並確認圖中各網路中的設備是網路暢通的。

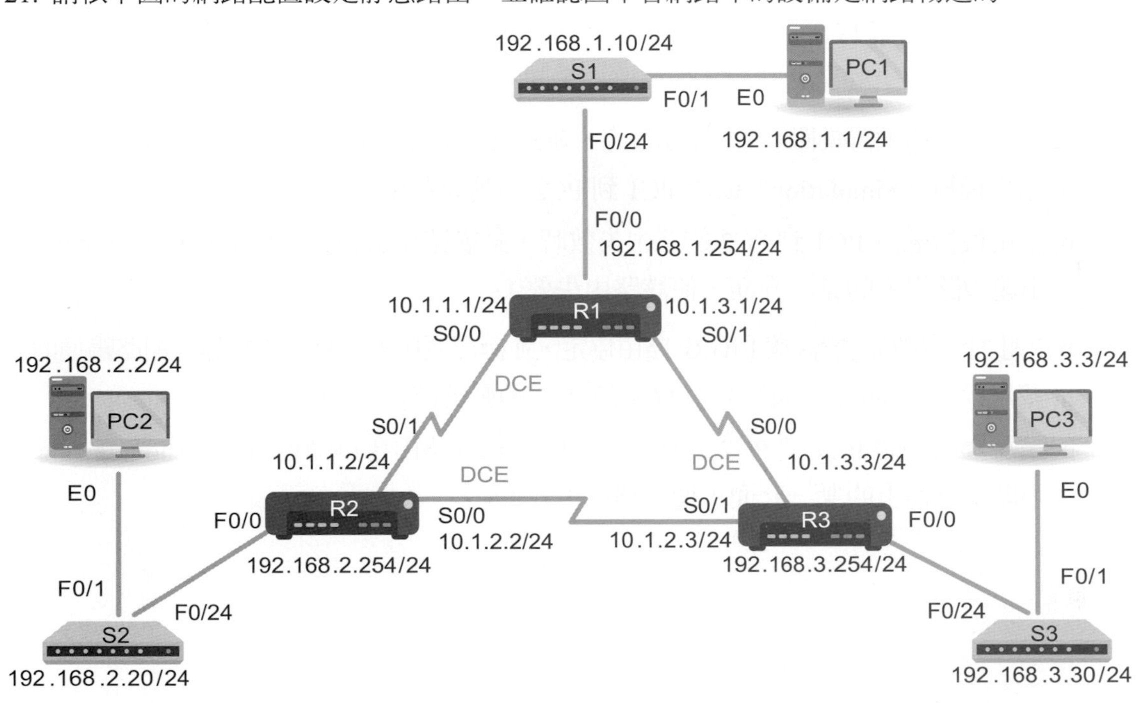

a. 請用模擬（Simulation）驗證 PC1 到 PC2 的靜態路由長去短回（路徑有兩條，一長一短）。

b. 請用模擬驗證 PC2 到 PC3 的靜態路由短去長回。

c. 請用模擬驗證 PC3 到 PC1 的靜態路由長去長回。

22. 請依題 21 之網路配置設定預設路由，並確認圖中各網路中的設備是網路暢通的。

a. 請用模擬（Simulation）驗證 PC1 到 PC2 的動態路由。

b. 請用模擬驗證 PC1 到 PC2 的路由失效時，動態路由會自動更新 (先 showdown a 小題中路徑上的某一介面，使該路由失效)。

23. 請依題 21 之網路配置設置 RIPv1 路由協定，並確認圖中各網路中的設備是網路暢通的。
    a. 請用模擬（Simulation）驗證 PC2 到 PC3 的動態路由。
    b. 請用模擬驗證 PC2 到 PC3 的路由失效時，動態路由會自動更新 (先 showdown a 小題中路徑上的某一介面，使該路由失效)。
24. 請依題 21 之網路配置設置 RIPv2 路由協定，並確認圖中各網路中的設備是網路暢通的。
    a. 請用模擬（Simulation）驗證 PC3 到 PC1 的動態路由。
    b. 請用模擬驗證 PC3 到 PC1 的路由失效時，動態路由會自動更新 (先 showdown a 小題中路徑上的某一介面，使該路由失效)。
25. 依題 21 之網路配置設置 OSPF 路由協定，並確認圖中各網路中的設備是網路暢通的。
    a. 請用模擬（Simulation）驗證 PC1 到 PC2 的動態路由。
    b. 請用模擬驗證 PC1 到 PC2 的路由失效時，動態路由會自動更新 (先 showdown a 小題中路徑上的某一介面，使該路由失效)。
26. 請依題 21 之網路配置設置 EIGRP 路由協定，並確認圖中各網路中的設備是網路暢通的。
    a. 請用模擬（Simulation）驗證 PC1 到 PC2 的動態路由。
    b. 請用模擬驗證 PC1 到 PC2 的路由失效時，動態路由會自動更新 (先 showdown a 小題中路徑上的某一介面，使該路由失效)。

Chapter 11

電子郵件協定

學習目標

11-1 電子郵件簡介
11-2 電子郵件軟體相關專有名詞
11-3 電子郵件通訊協定
11-4 SMTP
11-5 POP3
11-6 I MAP
11-7 DSMP
11-8 Webmail
11-9 垃圾郵件
11-10 新電子郵件協定

11-1 電子郵件簡介

在眞實世界裡，寫信、寄信是人人皆有的經驗，郵件書信往來是一項重要的服務，眞實世界中的郵件是正式且具有法律效力，目前電子郵件（E-mail）尙無法完全取代眞實傳統郵件，不過電子郵件仍有其優勢，像是在時效及便利性上，是傳統郵件無法抗衡。當您寫好一封信之後，您需要作的事情就是貼好足額郵票，然後將信件投入郵筒即可，每天固定時間都會有郵差先生來收取郵件，回到郵局後，分類整理，然後將同一地區的郵件整批送到當地的郵局，接下來就又要麻煩辛苦的綠衣天使將每一封信送達您的手中，電子郵件的傳遞原理與眞實生活的郵件很類似；當您使用電子郵件程式寫好了一封 E-mail，您便可以將 E-mail 透過網路傳送出去，該 E-mail 透過網際網路傳送到該電子郵件位址指定的郵件伺服器，收件者上網連線到郵件伺服器上讀取您所寄出去的 E-mail 了。

電子郵件是目前大家在網路上使用最多的服務功能之一，使用電子郵件傳送信件時，必須指定收信人的電子郵件位址，對方即使遠在地球的另一端，也能在短暫時間內，就收到別人寄給他的電子郵件了，電子郵件 (Electronic Mail，E-mail)，電子信件與傳統信件最大的不同是沒有紙張，也不需要郵差，且不必付任何的郵資。傳送藉由電子郵件，可以在短短的幾秒內，將要傳達的訊息送到 Internet 上的每個角落，比起傳統的郵件，不但快速便捷，而且更符合經濟效益。

使用電子郵件也必須事先必須申請註冊至少一個電子郵件帳號，早期大部份是付費服務，現今大都是免費服務，免費的電子郵件服務提供商有谷歌、微軟、奇摩雅虎等等，若還沒有快申請註冊一個電子郵件吧！有了電子郵件帳號，再來就是要知道收信人的電子郵件帳號，名片上都會放上個人的電子郵件帳號，方便別人跟您聯絡，現今也有使用 QR Code，掃一下，省去開啓電子郵件編輯軟體及省去輸入收信人的電子郵件帳號，自動完成輸入，眞方便！

早期的 E-mail 只能傳送文字資料，不過在制訂 MIME(Multipurpose Internet Mail Extensions) 編碼方式後，目前都是就可以支援圖、文、影、音等多媒體資料。電子郵件也可以利用附加檔案 (Attached File) 的方式來傳送檔案，附加檔案稱爲電子郵件的附件 (Attachment)，盡量不要附加執行檔 (.exe 的檔案)，最好也不要開啓附加執行檔，避免中毒及散佈病毒，且有些電子郵件伺服器（E-mail Server）會直接刪除附加的執行檔及病毒檔，夾檔適合在檔案不大時，檔案較大時一般會使用 FTP，建議將要傳送檔案進行壓縮及加密。試一試使用電子郵件夾檔來傳送作業吧！。

談談電子郵件的傳遞方式，由於 SMTP 與 POP3 都是即時送信與收信的通訊協定，代表寄件人與收件人的電腦必須同時處於開機狀態才能連線使用，但是我們不可能維持自己的電腦一直開機等著別人隨時寄信給我們呀！因此才必須使用郵件伺服器（Mail server）永遠保持開機，隨時可以替我們傳送或接收電子郵件，主要有下列兩種情境：

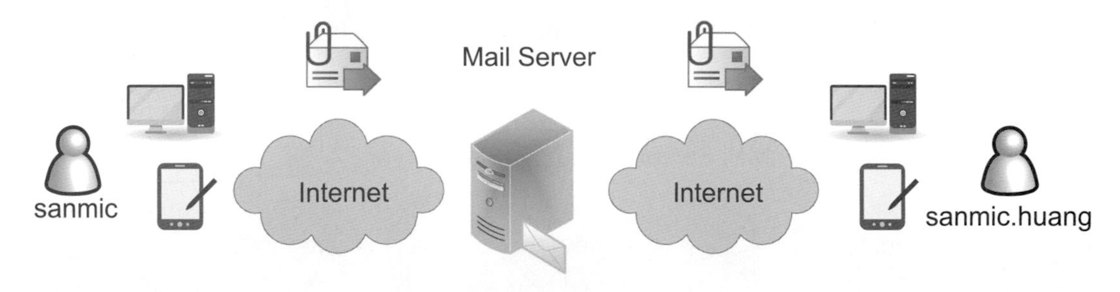

圖 11-1 同一個郵件伺服器收發電子郵件示意圖

第一種情境，寄件人與收件人使用的電子郵件帳號可能是在不同的郵件伺服器上，例如：寄件人與收件人都是使用 LIT 郵件伺服器，如圖 11-1 所示，筆者一人飾二角，二個角色分別為 Sanmic 及 Sanmic Huang 來扮演寄件者及收件者，Sanmic 在 mail.lit.edu.tw 這台郵件伺服器上申請註冊一個電子郵件帳號（sanmic），而郵件伺服器 (Mail Server) 是提供收發電子郵件服務的伺服器，所以 Sanmic 的電子郵件帳號為 sanmic@mail.lit.edu.tw，如此一來 Sanmic 在 mail.lit.edu.tw 郵件伺服器上有了一個信箱（Mailbox），之後要存取此信箱要先經過身份驗證，通過了才能存取；而 Sanmic Huang 也做了相同的事，但帳號不能相同，Sanmic Huang 的電子郵件帳號為 (sanmic.huang)，所以 Sanmic Huang 的電子郵件帳號為 sanmic.huang@mail.lit.edu.tw。

Sanmic 寫了一封電子郵件要寄給 Sanmic Huang，寄信時寄件人的電腦開機並連線到 LIT 郵件伺服器，在電子郵件中寄件者要填上 sanmic@mail.lit.edu.tw ，而收件者則要填上 sanmic.huang@mail.lit.edu.tw，可以使用 SMTP 傳輸協定將電子郵件傳送出去；圖 11-1 中左側 Sanmic 寄出一封 E-mail，經過身份驗證後，此 E-mail 會先到 mail.lit.edu.tw 郵件伺服器的 Sanmic 信箱（Mailbox），再由郵件伺服器將郵件傳送到的 Sanmic Huang 的信箱（Mailbox），等待圖 11-1 中右側的 Sanmic Huang 到 mail.lit.edu.tw 郵件伺服器把 E-mail 收走，收信時收件人（Sanmic Huang）的電腦開機並連線到 LIT 郵件伺服器，可以使用 POP3 或 IMAP 傳輸協定將電子郵件接收進來，Sanmic Huang 收走 E-mail，看完之後，一般會回信，寫完回信內容後寄出，其動作與之前相同，只是方向相反而已，書信常常往來多次，所以上述的動作可能重複多次。

另一種情境，寄件人與收件人使用的電子郵件帳號可能是在不同的郵件伺服器上，例如：寄件人使用 LIT 郵件伺服器，收件人使用 Gmail 郵件伺服器，如圖 11-2 所示，寄信時寄件人的電腦開機並連線到 LIT 郵件伺服器，可以使用 SMTP 傳輸協定將電子郵件傳送出去；LIT 郵件伺服器再使用 SMTP 傳輸協定將電子郵件傳送到 Gmail 郵件伺服器；收信時收件人的電腦開機並連線到 Gmail 郵件伺服器，可以使用 POP3 或 IMAP 傳輸協定將電子郵件接收進來。

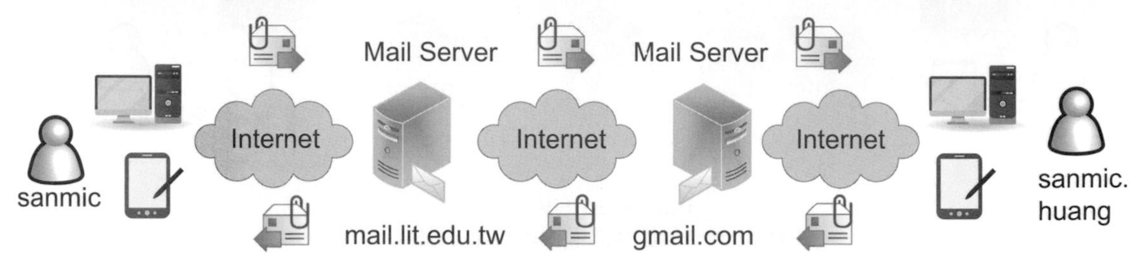

圖 11-2 不同郵件伺服器收發電子郵件示意圖

在現實世界中要寄信，需要收件者的姓名和地址，而使用電子郵件也是一樣，需要對方的姓名和電子郵件帳號。電子郵件帳號的格式是 xxx @ yyy.com.tw，而 xxx 是帳號而 yyy.com.tw 該郵件伺服器的網域名稱，忘記請參考網域名稱伺服器 (DNS) 該章，而網域名稱的部份也可以直接使用該郵件伺服器的 IP 位址，即 xxx @ IP 位址，但 IP 位址較不好記憶，且正確的唸法是「×××at×××」而非「××× 小老鼠 ×××」。

11-2 電子郵件軟體相關專有名詞

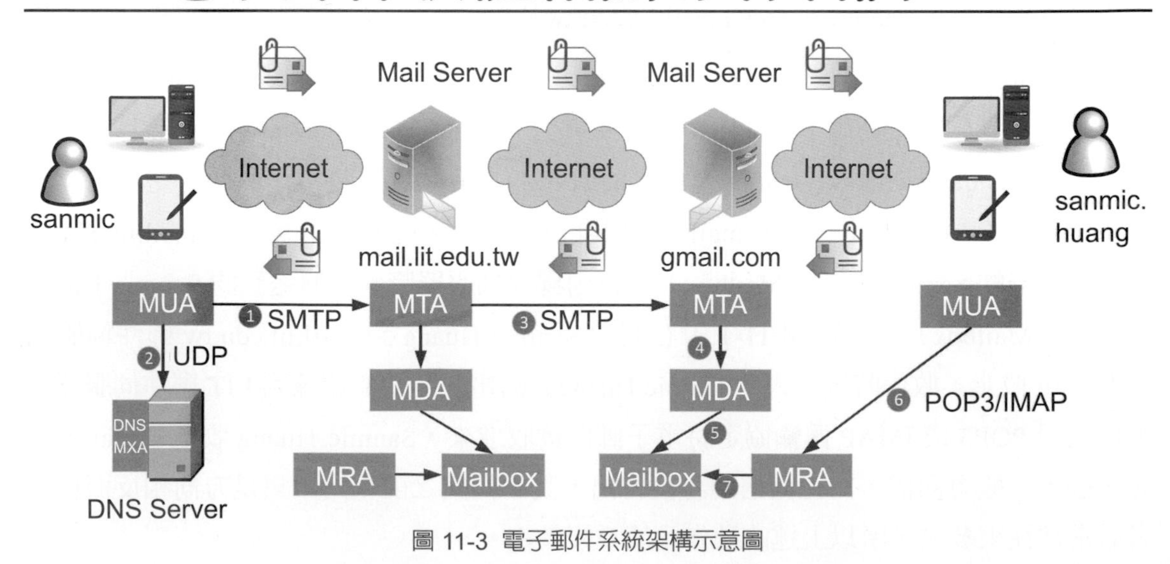

圖 11-3 電子郵件系統架構示意圖

如圖 11-3 所示，常聽到有關電子郵件相關專有名詞有郵件使用者代理人（Mail User Agent, MUA）、郵件傳送代理人 (Mail Transfer Agent, MTA) 及郵件檢索代理人 (Mail Retrieval Agent, MRA)，郵件伺服器基本都由 MTA、MDA、MRA 組成，而常用的 MUA 有：outlook、thunderbird、Mac Mail、mutt；常用的 MTA 服務有：sendmail、postfix；常用的 MDA 有：procmail、dropmail；常用的 MRA 有：dovecot，先來介紹 MUA。

◆MUA

在用戶端安裝電子郵件軟體來收發 Email、編寫、瀏覽及管理郵件，此電子郵件軟體即爲 MUA（郵件使用者代理人（Mail User Agent），如圖 11-4 所示，一般使用 IMAP 或 POP3 協定與郵件伺服器中 MRA 通信。常見的 MUA 有 Mozilla 的雷鳥 (Thunderbird)、Linux 常見的 Kmail、Windows 7 內建的 Outlook Express、Windows 10 內建的郵件（mail）或加裝的 Outlook 等，像 Outlook 還會整合其他功能例如 : 行事曆及連絡人的功能。

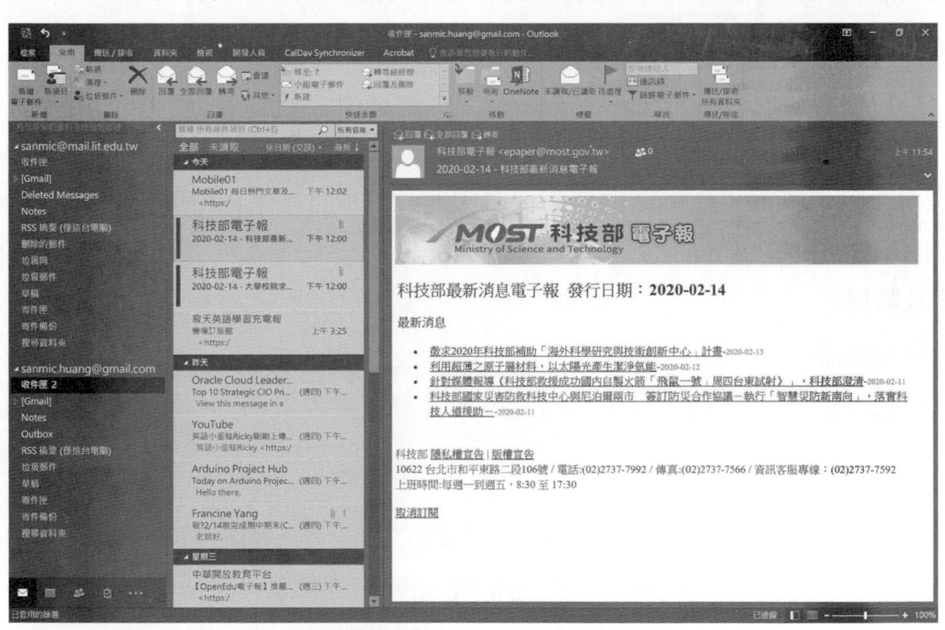

圖 11-4 Outlook 2016 的畫面

幾乎所有的 MUA 都有下列的功能 :

- 回覆信件 (Reply) : 回信時，通常會根據對方的問題作答或是加入一些額外的資料或問題。
- 轉送信件 (Forward)：收到有趣的來信時，如果覺得想要與好朋友分享或共同討論，大家可加些意見後，再轉寄信件給朋友，注意勿任意轉寄信件給他人，以免觸法。
- 儲存信件 (Store)：重要的信件，最好能有條理的存放在同類別的資料夾裡，方便隨時查閱。

- 刪除信件 (Delete)：不重要的信件或是廣告郵件，可以做適當的刪除，以免占用電腦太多的記憶體。
- 列印信件內容(Print):可使用電子郵件軟體，將信件內容印出來閱讀，或整理成報告資料。

◆簽名（Signature）

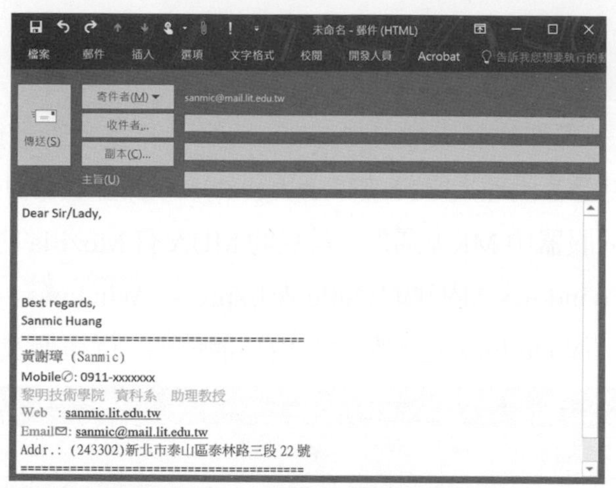

圖 11-5 Email 編輯畫面及簽名檔範例

有些電子郵件軟體可在寄送信件的後面加上簽名，有助業務推動，如圖 11-5 所示，簽名的內容最好不要太多行，一般包含下列的資訊：

- 名字及職稱
- 服務公司名稱
- 電子信箱位址
- 聯絡電話或地址

不要認爲寄信給對方後，對方一定會看到或立刻回信，因爲網際網路上信件來往的數量實在太多太頻繁了，有時郵件伺服器當機、停用或中毒，甚到會被當成垃圾信件而沒有看到，若重要的事，一段時間後對方若沒有回信可以詢問一下。

◆MTA

而相對於 MUA，在伺服器端安裝電子郵件軟體來提供電子郵件服務，則此電子郵件軟體是郵件傳送代理 (Mail Transfer Agent, MTA) 負責發送郵件，中轉郵件，當然也要接收郵件，因電子郵件伺服器負責此工作，有時電子郵件伺服器也等於 MTA，通過 SMTP 協定發送、轉發郵件。收件者與寄件者在相同一台郵件伺服器，使用者收發郵件時 MTA 主要與 MUA 互動，而在收件者與寄件者不在相同一台郵件伺服器時，MTA 及其他 MTA 互動，進行轉發郵件。

◆郵件轉發

郵件伺服器不僅要發信，也常要轉發信件，郵件轉發（Mail Relay）是郵件伺服器重要的服務，兩段式的 Email 收送服務，寄件者將郵件先傳送至電子郵件伺服器，郵件會經由 Relay 機制交由下一個電子郵件伺服器來進行轉發，直到找到收件者所在的正確郵件伺服器爲止。

◆MDA

郵件傳遞代理（Mail Deliver Agent，MDA）會將 MTA 接收到的本機郵件保存到磁盤或指定地方（即爲郵件信箱 mailbox），通常會進行垃圾郵件分析過濾及病毒掃描，並提供自動回覆在旅遊或出差時，有一段時間無法立即回信時，讓郵件主機可以自動發出預先設定好的回覆信件與代理人聯絡，能提供較即時的服務，在開源碼社群中最常見的 MDA 軟體即爲 Procmail。

◆推播式電子郵件

推播式電子郵件 (Push Mail): 電子郵件會在到達郵件傳遞代理（MDA，一般稱爲郵件伺服器）時會主動傳送（Push）到用戶郵件代理（MUA，也被稱爲電子郵件客戶端）。

◆MRA

郵件檢索代理 (Mail Receive Agent, MRA）是一種應用程式，負責實現 IMAP(Internet Message Access Protocol) 與 POP3(Post Office Protocol 3, POP) 協定，與 MUA 進行互動，用於從遠端郵件伺服器檢索或提取電子郵件。

11-3 電子郵件通訊協定

目前常見的郵件伺服器會提供三種郵件通訊協定，一個是簡易郵件傳遞協定 (Simple Mail Transfer Protocol，SMTP)，另二個則是郵件接收協定 (Post Office Protocol Version 3，POP3) 及網際網路郵件存取協定 (Internet Message Access Protocol, IMAP。常見的組合是使用 SMTP 來發信，結合 POP3 來收信或者是使用 SMTP 來發信，結合 IMAP 來收信。

11-4 SMTP

簡單信件傳輸協定 (Simple Mail Transfer Protocol，SMTP) 是一種提供可靠且有效電子郵件傳輸的標準通訊協定，使用通訊埠 25(TCP port 25)，負責發送郵件。一般人認為 SMTP 只能發信，其實 SMTP 也可以收信，只不過是一般用在 Email 上的通訊協定的組合是 POP3(收信) 加上 SMTP(發信)，才會造成一般人認為 SMTP 只能發信。如某台主機支援 SMTP 通訊協定，則稱之為 SMTP 伺服器。通常的情況，如果電子郵件地址為 test@mail.lit.edu.tw，則 SMTP 的伺服器便是 smtp.lit.edu.tw。

由於原始 SMTP 未採用身份驗證，因此 SMTP 郵件伺服器上沒限制，任何人都有可能透過自己的郵件伺服器發送電子郵件，此種郵件伺服器稱為 Open Relay 郵件伺服器。Open Relay 的郵件伺服器經常是垃圾信發送者的最愛，告造成 Open Relay 郵件伺服器常被視為垃圾信的發送站。為解決 SMTP 郵件伺服器身分認證問題，誕生了 ESMTP（Extension SMTP）通訊協定，ESMTP 通訊協定主要就是使用身份驗證機制。用戶在連接郵件伺服器時，會先對用戶進行身份驗證，驗證通過方才可使用郵件伺服器收發電子郵件。

11-5 POP3

郵件伺服器協定（Post Office Protocol Version 3, POP3, RFC 1939/ RFC 1225）接收郵件使用的標準通訊協定之一，使用通訊埠 110 (TCP port 110)，負責郵件伺服器與郵件伺服器用戶間的即時信件遞送 (只有收信)，目前最常用的 POP 通訊協定是第三版，稱為 POP3。如某郵件伺服器支援 POP3 通訊協定，則稱之為 POP3 郵件伺服器。通常的情況，如果電子郵件地址為 test@mail.lit.edu.tw，則 POP3 的伺服器便是 pop3.lit.edu.tw。

從遠端的 POP3 郵件伺服器中將自己信箱中的信 (Email) 收到本地電腦 (Local Host) 的硬碟之中，即可離線處理信件，大部份的 Email Server 都是使用此協定來提供使用者收信用，也是過去大部份使用的方式。POP3 會進行下列三個程序：授權 (Authorization)、處理 (Transaction) 及更新 (Update)。授權由接收端輸入帳號與密碼；處理由接收端發出郵件處理指令，從郵件伺服器下載信件；更新由接收端完成信件下載後，刪除郵件伺服器內標示刪除的信件，屬於離線 讀電子郵件模式。POP3 的缺點是同一個人有多台收信的設備電時，會造成郵件分散四處，不易管理。

11-6 IMAP

網際網路郵件存取協定（Internet Message Access Protocol, IMAP, RFC 2060/ RFC 1064)）接收郵件使用的標準通訊協定之一，使用通訊埠 143 (TCP port 143)，可以同時提供線上和離線的瀏覽模式，也可以提供多位使用者同時瀏覽和管理同一個電子郵件信箱，且有變動會即時生效，也就是閱讀、標示、搜尋、分類、刪除及編輯郵件等等，有許多版本包括 IMAP、IMAP2、IMAP3、IMAP4，目前最新的版本為 IMAP4 rev1，已逐漸成熟且被市場接受。IMAP 的優點是解決 POP3 的缺點而 IMAP 的缺點是只能線上處理信件，適用在有多台通訊設備要存取相同的電子郵件帳號時，每上線時，再同 一下即可。

11-7 DSMP

分散式郵件系統協定 (Distributed Mail System Protocol, DSMP, RFC 1056) 為 POP3 及 IMAP 的折衷方式，先將郵件從遠端的 Email Server 中收到本地電腦 (Local Host) 的硬碟之中，即可離線處理信件，再下次連線時，再進行同步 (Sync，即進行下載及刪除) 及收發信件 (當然要在連線時才能進行)。

11-8 Webmail

用戶端收發信件的形式有二種，一種使用專門的 Email 收發軟體，像是 Outlook Express 等等，即 MUA，另一種是使用瀏覽器 (Browser) 來線上收發、瀏覽及編輯等等管理 Email，使用通訊埠 80 (TCP port 80) 是一種 Web 服務，可以使用標準 Web 瀏覽器進行訪問，此種稱之 Webmail，收發 Email 之前需要先登入 (Login/logon)，請參考圖 11-6，好處是不需要安裝專門的 Email 收發軟體，可上網的電腦就可以處理郵件，但通常都會有廣告。

圖 11-6 Hinet webmail 的登入畫面

11-9 垃圾郵件

垃圾郵件 (Spam Email) 是惡意電子郵件 (Malicious Email) 的一種，大家應該都收過，也都十分厭煩，時常要做刪除的動作，有時還會有電腦病毒 (Virus) 及木馬程式，有幾項原則可以大大減輕上述的問題但是無法徹底解決，徹底解決的方式，正在發展中，有二派，一派要重新設計電子郵件的通訊協定，另一派主張修改，筆者本人較看好重新設計電子郵件的通訊協定，原因是垃圾郵件是通訊協定特性使然，再回來談那幾項原則：

1. 不開啓 .exe 檔等具執行能力的檔案，也隨便開啓不知名人士寄來的夾檔。
2. 不隨便點擊郵件中的超連結，要再三確認該連結是否有異狀。
3. 不隨便在任意網站上註冊、訂閱電子報及輸入個人資料。
4. 使用郵件黑名單 (Black List)，過濾垃圾郵件 (Spam Email)。
5. 使用郵件白名單 (White List)，防上郵件黑名單發生錯誤。
6. 將郵件黑名單過濾垃圾郵件移至特定子目錄，刪除前做最後一次確認，防止誤刪重要郵件。
7. 定期更新防毒軟體之病毒檔。

8. 定期更新作業系統之修正或修補程式。
9. 轉寄郵件將原寄件者之資訊刪除 (例如：簽名)，及郵件寄給多位收件人時，使用密件副本，以免郵件位址 (Email Address) 被有心人士收集加入垃圾郵件的白名單 (White List) 或資料庫。
10. 請郵件伺服器管理人將郵件伺服器的 Relay 功能關閉及發信最好做認證工作 (例如：需要先登入)，防止非該郵件伺服器用戶使用其郵件伺服器來發送垃圾郵件。

垃圾郵件嚴重浪費網路頻寬，也成為散佈電腦病毒 (Virus) 及木馬程式的管道，若知有人在做這件事，要好好規勸，不要當討厭的人。更可惡的使用電子郵件進行黑函及社交工程騙取個資，為避免使用者不小心上當，目前大部分的郵件軟體，包括 Outlook Express、Thunderbird 等，都預設禁止執行附加檔案。甚至連 HTML 信件內的 java script 程式也不允許，以確保安全。總之，外在威脅與日俱增，養成良好的使用習慣，隨時保持高度警覺，可有效降低入侵中毒或個資外洩的機會。

11-10 新電子郵件協定

使用 SMTP、POP3、IMAP 等傳輸協定最大的缺點就是郵件內容以未加密的明文傳送，郵件內容很容易被怪客（Cracker）攔截偷看，因此有了 SMTPs、POP3s、IMAPs 等有加密的傳輸協定，其中 s 代表 Security，是使用安全通訊協定（Secure Socket Layer, SSL）或傳輸層安全（Transport Layer Security，TLS）等加密通訊協定。

因應 IPv6 的普及，現今的電子郵件協定都開始進化，支援 IPv6，加上近年來物聯網興盛及人工智慧（AI）再次流行起來，網路安全的議題更是加劇，資工系學生可以試著將學習重著眼於自行架設電子郵件伺服器，並以 Wireshake 分析封包及運作的過程細節搭配 RFC 文件 ; 而資管系學生可以試著將學習重著眼於管理電子郵件伺服器 ;

以下示範使用 Wireshake 擷取 telnet 到 Hinet 郵件伺服器的封包的流程，請自己的帳號做為測試，Windows 7/10 內建 Telnet 功能預設不啓動，所以要自行啓動或安裝 Telnet 軟體，筆者選擇安裝免費的 Tera Term 軟體 (https://ttssh2.osdn.jp)，如圖 11-7 所示，主機欄位填入目的地的 IP 位址或網域名稱，此範例是要連線郵件伺服器，測試擷取分析 SMTP 封包，所以 TCP 端口，也就是通訊埠填入 25。連線且成功登入後，會看到登入的訊息，如圖 11-8 所示。實驗前事先下載安裝好 wireshark，並啓動 wireshark，選擇好網卡，啓動擷取，再遠端登入郵件伺服器，停止擷取再開始學習分析封包，如圖 11-11 所示。

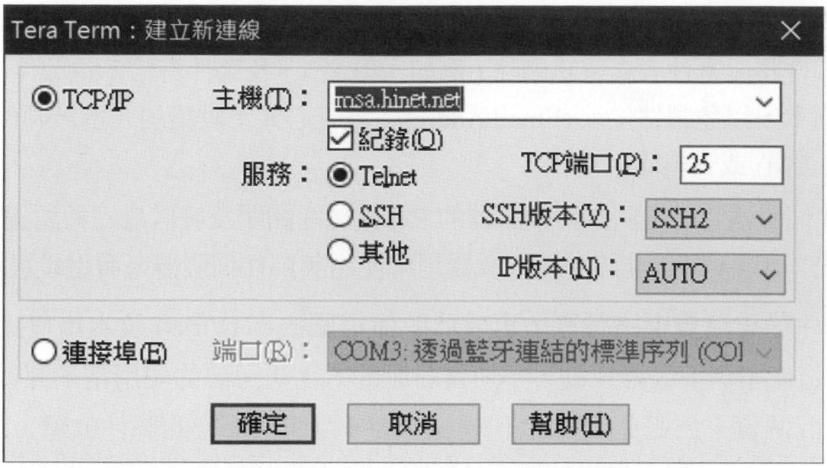

圖 11-7 Tera Term 中 telnet 到 Hinet 郵件伺服器的 Profile

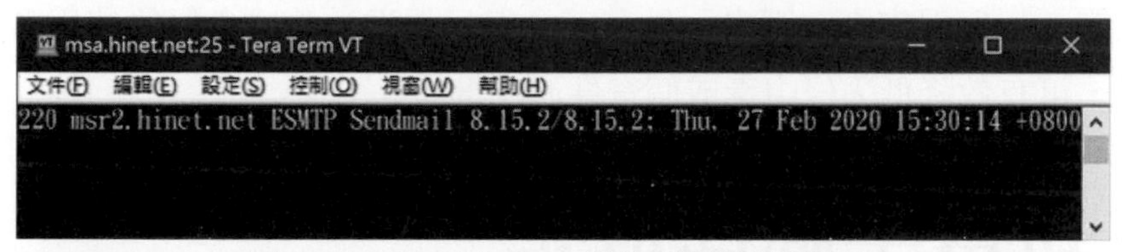

圖 11-8 Telnet 到 Hinet 郵件伺服器的訊畫面

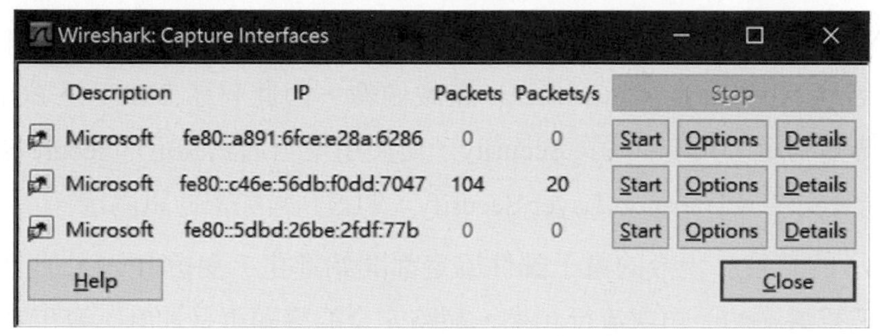

圖 11-9 Wireshake 選擇網卡介面畫面

Wireshake 操作程序如下：

- Step 1：選擇網卡介面
- Step 2： 設定選項
- Step 3：啓動擷取
- Step 4： 執行網路行爲
- Step 5：停止擷取
- Step 6：過濾封包
- Step 7：分析封包

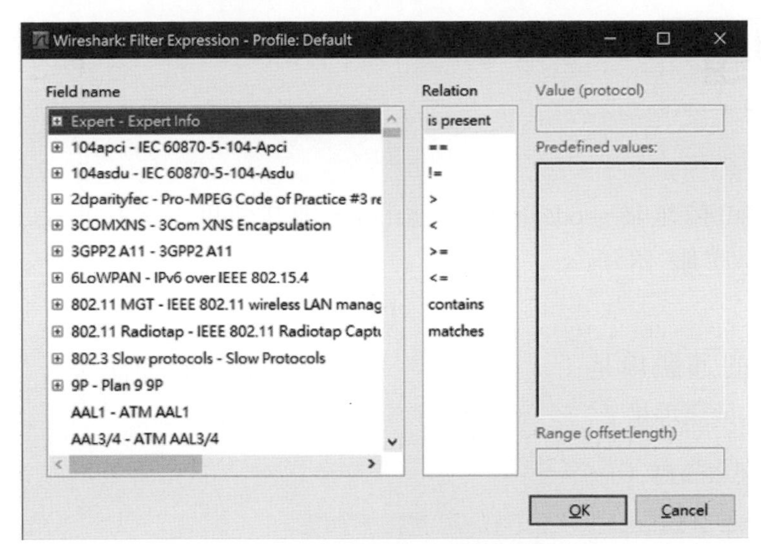

圖 11-10 過濾封包設定選項的畫面

過濾條件設定得好，可過濾掉大部份不要的封包，且只有擷取到封包，擷取時間越短越好，少擷取不要的封包，請參考圖 11-10。成功找到所要的封包如圖 11-11 所示。

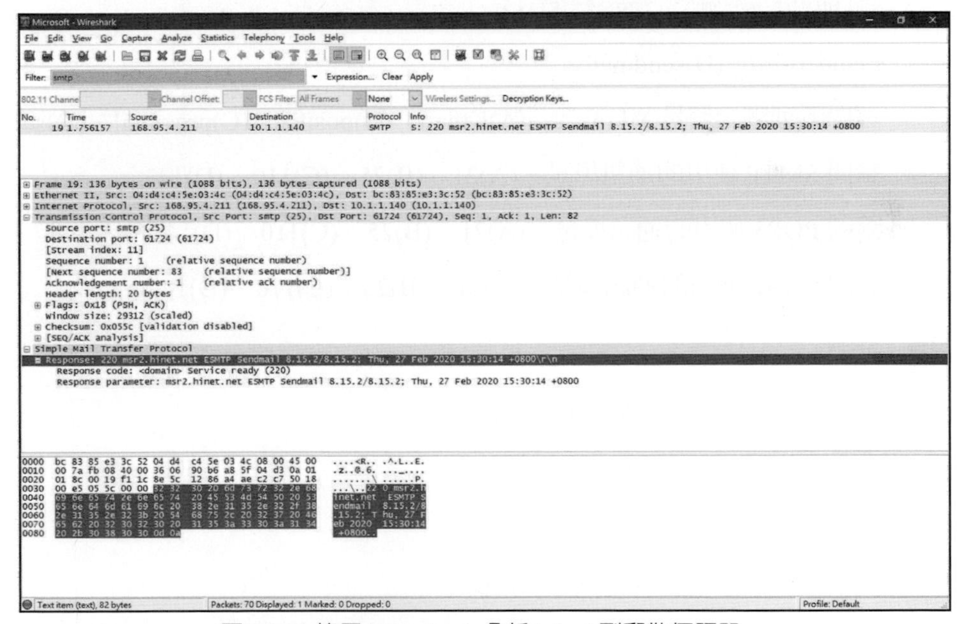

圖 11-11 使用 Wireshark 分析 telnet 到郵件伺服器

本章習題

填充題

1. 某人的 E-Mail 位址為 good@mail.nice.net.tw，則其使用者名稱為（　　　　），而其 POP3 伺服器為（　　　.　　　.　　　.　　　），smtp 伺服器為（　　　.　　　.　　　.　　　）。
2. SMTP 使用的通訊埠是（　　　　），POP3 使用的通訊埠（　　　　），IMAP 使用的通訊埠是（　　　　）。
3. SMTP 的英文全名為（　　　　　　　　　　　　　　　　）
4. POP3 的英文全名為（　　　　　　　　　　　　　　　　）
5. IMAP 的英文全名為（　　　　　　　　　　　　　　　　）

選擇題

1. （　　）請問下列哪一個不是 MUA？　(A)Outlook　(B) Outlook Express　(C) thunderbird　(D)sendmail。
2. （　　）請問下列哪一個是 MUA？　(A)Kmail　(B)postfix　(C)procmail　(D)sendmail。
3. （　　）請問 SMTP 使用的通訊埠是　(A)21　(B)25　(C)110　(D)143。
4. （　　）請問 POP3 使用的通訊埠是　(A)21　(B)25　(C)110　(D)143。
5. （　　）請問 IMAP 使用的通訊埠是　(A)21　(B)25　(C)110　(D)143。

問答題

1. 分析一下使用傳統郵件與電子郵件的優缺點。
2. 請問何謂 MUA、MTA 及 MDA?
3. 請舉出一個你最常用的 MUA 及 MTA?
4. 請問 POP3 的 3 和 IMAP4 的 4 分別代表什麼？
5. 請問 SMTP 使用的通訊埠是多少？
6. 請問 POP3 使用的通訊埠是多少？
7. 請問 IMAP 使用的通訊埠是多少？
8. 請問 Mail Server 能否運作與 DNS (MX 與 A) 的關聯性為何？
9. 請問什麼是 SMTP, POP3 及 IMAP 協定，用途分別是什麼？
10. 請敘述 Wireshake 操作程序。

Chapter 12

檔案傳輸協定

學習目標

12-1 檔案傳遞協定

12-2 主動模式 FTP

12-3 被動模式 FTP

12-4 主動與被動 FTP 優缺點

12-5 其他 FTP 連線工具

12-6 FTP 安全性

12-7 FileZilla

12-8 檔案傳輸協定

12-9 Wireshark

12-1 檔案傳遞協定

檔案傳輸協定（File Transfer Protocol，FTP）是一應用層 Client-Server 架構、用於檔案傳輸的協定，通信協定的一種，詳細可參考 RFC 959: http://www.rfc-editor.org/rfc/rfc959.txt，FTP 的目的是在做檔案交流的服務，檔案包括了各種軟體、文字檔、電子書、圖形檔、聲音檔及影片檔等，大部份 FTP 伺服器為了節省傳輸時間，會將伺服器內檔案壓縮，知名的 FTP 站會有鏡像 (Mirror) 站，來分散流量，FTP 基於 TCP 的服務，不支持 UDP，使用兩個 TCP 連接，一個 TCP 連接用於控制資訊（控制連接，埠 21），一個 TCP 連接用於實際的資料傳輸（資料連接，埠 20）。FTP 主要功能為檔案下載 (Download)、檔案上傳 (Upload)、檔案目錄查詢、更改檔案名稱及刪除檔案等，下載是檔案從伺服器下載到客戶端，而上傳則是檔案從客戶端下載上傳到伺服器。

FTP 支援兩種格式傳輸：美國資訊交換標準碼（American Standard Code for Information Interchange，ASCII）方式和二進位位元（Binary）方式。通常文字檔的傳輸採用 ASCII 格式，而圖像、聲音檔、加密和壓縮檔等非文字檔採用二進位格式傳輸，FTP 以 ASCII 方式作為預設格式的傳輸方式。

傳統的 FTP 軟體是以明碼（未加密）傳送接收，有安全上疑慮，所以發展出安全檔案傳送協定 (Secret File Transfer Protocol，SFTP) 及 FTPS；SFTP 就是 SSH 檔案傳輸協定（SSH File Transfer Protocol，SFTP）是一資料流連線，提供檔案存取、傳輸和管理功能的網路傳輸協定。FTPS 也是一種對常用的檔案傳輸協定（FTP）結合了傳輸層安全（TLS）和安全通訊協定（SSL）加密協定支援的擴充協定。有關 FTP 的參考文件可參考 RFC 114、RFC-265、RFC 765、RFC 959、RFC 959、RFC 1579、RFC 2228 及 RFC 2428 及 RFC-4217。

表 12-1 國內常見免費的大學 FTP 站

臺灣大學	ftp://ftp.ntu.edu.tw	淡江大學	ftp://ftp.tku.edu.tw
義守大學	ftp://ftp.isu.edu.tw	中山大學	ftp://ftp.nsysu.edu.tw
中央大學	ftp://ftp.ncu.edu.tw	臺灣科大	ftp://ftp.ntust.edu.tw
成功大學	ftp://ftp.ncku.edu.tw	輔仁大學	ftp://ftp.fju.edu.tw
中興大學	ftp://ftp.nchu.edu.tw	暨南大學	ftp://ftp.ncnu.edu.tw
臺北科大	ftp://ftp.ntut.edu.tw	屏東科大	ftp://ftp.ntut.edu.t/

FTP 的使用者權限，分為匿名 (Anonymous) 及會員 (Member) 兩種，匿名登入是指使用者不需輸入帳號和密碼就可登入 FTP 站，但權限大多只有查詢目錄，可能並不提供檔案下載的權限，不過如表 12-1 為國內著名學術機構的檔案傳輸伺服器可以匿名登入且開放下載檔案的權限，但不能上傳檔案，除非是已註冊的會員有專用的帳號 (Account) 及密碼 (Password)，有些站還會設定下載檔案的條件，例如：上傳多少容量的檔案才能下載多少容量的檔案，即上下傳比例，各站皆有所不同，而一般 FTP 使用的通訊埠 21，而地下 FTP 通常不使用 21 當通訊埠號。

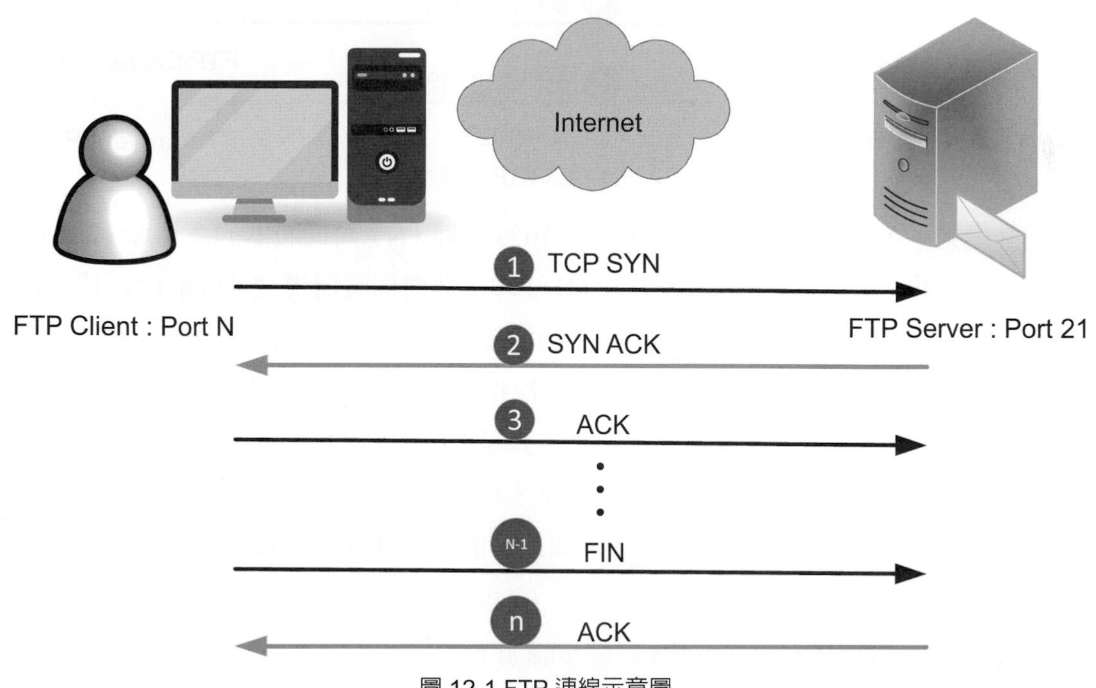

圖 12-1 FTP 連線示意圖

因為 FTP 基於 TCP 的服務，不支持 UDP，所以連線一開始會進行 TCP 三向交握 (Three-way Handshake)，如圖 12-1 所示，連線結束前 FTP 客戶端會送出 FIN 通知連線結束，而 FTP Server 會回覆 ACK，確認連線結束。

12-2 主動模式 FTP

FTP 運作過程需要處理控制連線及資料連線二種連線，先處理控制連線再處理資料連線，對於普通的 FTP 即主動式 FTP，也稱爲 PORT 模式，因爲命令名稱爲 PORT，控制連接由客戶端發動初始化，資料連接由伺服器端發動初始化。還有另一種模式是被動模式 (Passive 模式)，被動模式下控制及資料連接二種連線都由客戶端初始化。

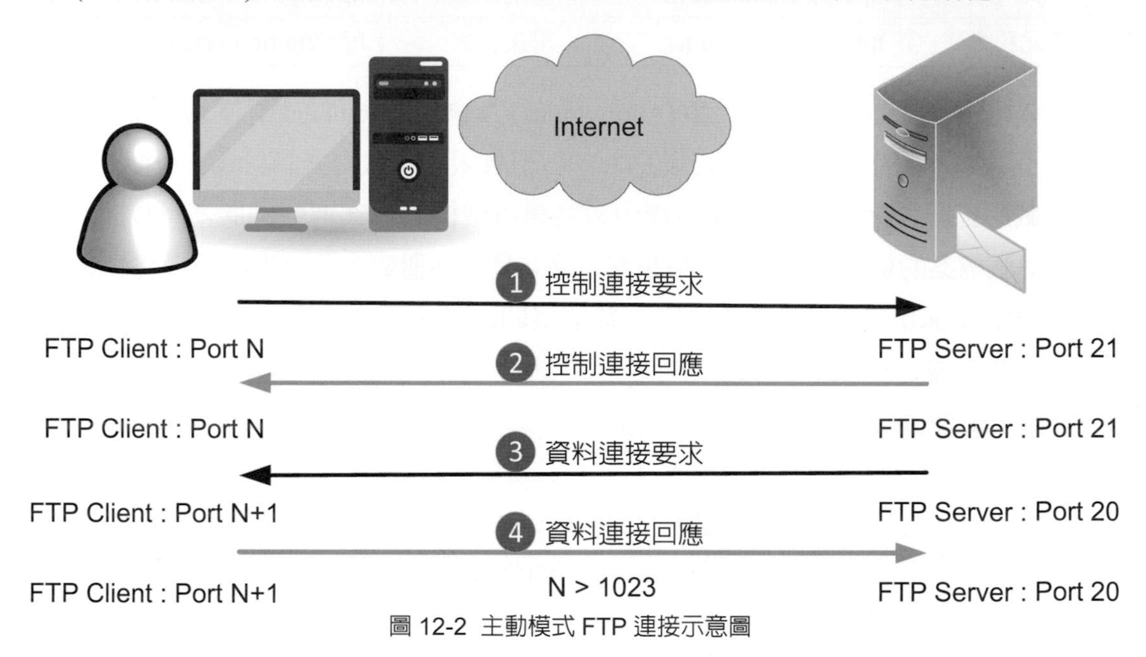

圖 12-2 主動模式 FTP 連接示意圖

主動模式下，客戶端隨機打開一個大於 1023 的埠（N）向伺服器的命令埠（即 21 埠）發起連接初始化，同時客戶端監聽自己的 N+1 埠，並向伺服器提交“PORT N+1”命令，由伺服器從伺服器的資料埠（即 20 埠）主動連接到客戶端指定的資料埠（N+1）。主動模式 FTP 的客戶端指定伺服器需連接到客戶端指定的埠（N+1），對於客戶端的防火牆來說，從外部到內部的連接，通訊埠的對應方式是由防火牆管理，防火牆上 NAT 的設定，一般埠的對應方式是由防火牆隨機選取一個未使用的，而非埠 N+1，且埠 N+1 在防火牆上的設定未必有開放，可能是封鎖的，如此可能會造成連線失敗，解決的方法可改用被動式 FTP。

主動式 FTP(Port 模式 FTP) 連線詳細步驟如下：

1. 客戶端發送一個 TCP 同步封包（TCP SYN）給伺服器端，客戶端 TCP SYN 封包的來源埠（Source Port）是使用一隨機埠（隨機挑選埠號大於 1023，在此稱爲 N），而目的埠號 (Destination Port，目的地埠) 是使用著名的 FTP 控制埠 21，且客戶端開始監聽 Port N+1，此封包提交 PORT 命令到伺服器，告訴伺服器客戶端正在監聽的埠號並且已準備好從此埠（Port N+1）接收資料，此埠就是資料埠。

2. 伺服器端發送同步確認封包（SYN ACK）給客戶端，來源埠爲 21，目的埠爲客戶端上使用的隨機埠（Port N）；伺服器打開 20 號來源埠並且建立和客戶端資料埠 (Port N+1) 的連接。
3. 客戶端發送一個 ACK（確認）封包，客戶端使用這連接來發送 FTP 命令，伺服器端使用這連接來發送 FTP 應答；客戶端通過本地的資料埠建立一個和伺服器的埠 20 連接，然後向伺服器發送一個應答，告訴伺服器已建立好了一個連接。
4. 當客戶請求一個列表 (List) 請求或者發起一個要求發送或接受檔案的請求，客戶端軟體使用 PORT 命令，這個命令包含了一個隨機埠，客戶端希望伺服器在打開一個資料連線時使用這個隨機埠
5. 伺服器端送出來源埠爲 20 的 SYN 封包給客戶端的隨機埠，隨機埠爲客戶端在 PORT 命令中發送給伺服器端的隨機埠號
6. 客戶端送出來源埠爲隨機埠的 SYN ACK 封包給伺服器端的埠 20
7. 伺服器端送出 ACK 封包；發送資料的主機以這個資料連線來發送資料，資料以 TCP Segment 形式發送（一些命令，如 STOR 表示客戶端要發送資料，RETR 表示伺服器段發送資料），這些 TCP 段都需要對方進行 ACK 確認
8. 客戶端能在控制連接上發送更多的命令，如此可以打開和關閉另外的資料連線；客戶端結束後，客戶端以 FIN 命令來關閉一個控制連接，伺服器端以 ACK 包來確認客戶端的 FIN，伺服器同樣也發送它的 FIN，客戶端用 ACK 來確認。

12-3 被動模式 FTP

被動方式（Passive，PASV），控制連接和資料連接都由客戶端發起，如此就解決從伺服器到客戶端的資料埠的連接被客戶端的防火牆阻擋的問題。被動模式下，當開啓一個 FTP 連接時，客戶端選取兩個的本地隨機埠（N > 1023 和 N+1）。第一個埠連接伺服器的埠 21，但與主動方式的 FTP 不同，客戶端不是提交 PORT 命令，而是提交 PASV 命令。然後伺服器會開啓一個隨機埠（P > 1023）並發送 PORT P 命令給客戶端，返回如 227 ENTERING PASSIVE MODE (H1,H2,H3,H4,P1,P2)。返回了 227 開頭的資訊，在括弧中有以逗號隔開的六個數字，前四個指伺服器的 IP 地址，即 H1.H2.H3.H4，最後兩個運算後爲埠號，將倒數第二個乘 256 再加上最後一個數字，即 Port Number=P1*256+P2，就是 FTP 伺服器開啓的用來進行資料傳輸的埠號。然後客戶端發起從本地埠 N+1 到伺服器的埠 P 的連接用來傳送資料。最後伺服器給客戶端的資料埠回應一個 ACK 封包。

被動方式 FTP 解決了客戶端的防火牆問題，但同時給伺服器端的防火牆帶來了問題。問題是伺服器端的防火牆需要開放 FTP 伺服器端資料連線所要使用通訊埠。爲了眞正的了解 FTP 兩種模式，最好實作去觀察學習。

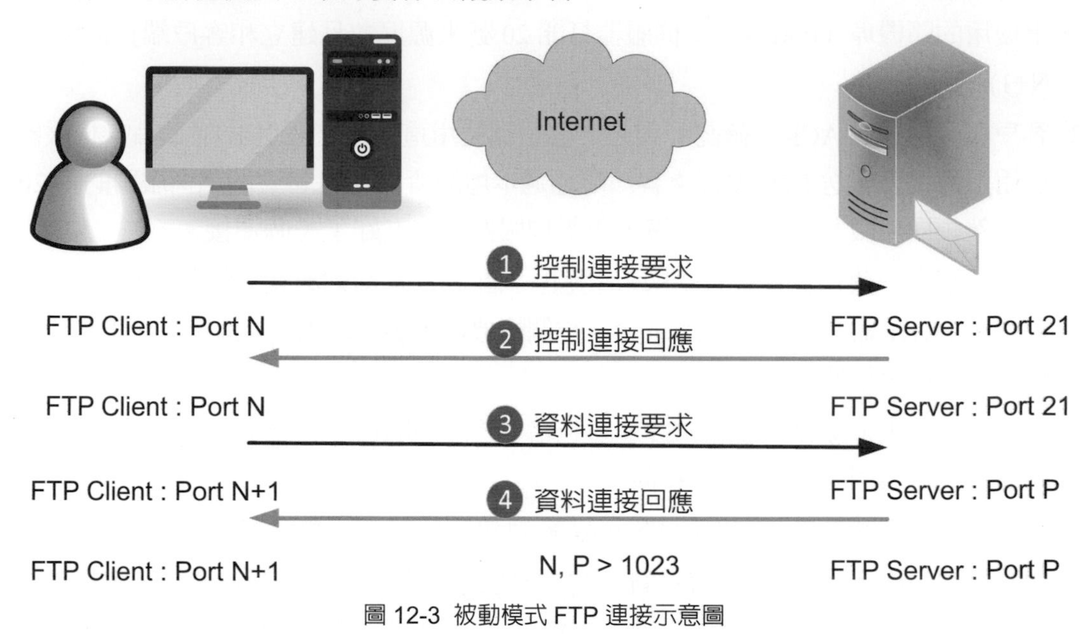

圖 12-3 被動模式 FTP 連接示意圖

12-4 主動與被動 FTP 優缺點

主動式 FTP 的控制連線：客戶端 port N 連線到伺服器 port 21 （FTP 客戶端發動初始化）而資料連線：伺服器 port 20 連線到客戶端 N+1 （資料連接 FTP 伺服器發動初始化）；相對地，被動式 FTP 控制連線：客戶端 Port N 連線到伺服器 port 21（控制連接 FTP 客戶端發動初始化）而資料連線：客戶端 port N+1 連線到伺服器 Port P（資料連接 FTP 客戶端發動初始化），其中 N、P 都必須大於 1023。

兩種模式各有優缺點，客戶端可決定使用哪一種模式，不同模式連線，客戶端發出的命令不同，主動模式發出 PORT 命令而被動模式發出 PASV 命令，但伺服器卻可決定要不要支援這種模式的連線，主動 FTP 對 FTP 伺服器的防火牆管理有利，但對 FTP 客戶端的防火牆管理不利。因爲 FTP 伺服器要與客戶端的隨機埠建立連接，而隨機埠很有可能被客戶端的防火牆阻塞掉。被動 FTP 對 FTP 客戶端的防火牆管理有利，但對伺服器端的防火牆管理不利。因爲客戶端要與伺服器端建立兩個連接，其中一個連到一個隨機埠，而這個埠很有可能被伺服器端的防火牆阻塞掉。若 FTP 伺服器的管理員需要自家 FTP 伺服器有較多的 FTP 客戶連接，必須得支持被動 FTP。可以藉由指定特定範圍的隨機埠來解決問題及有效控管。

12-4-1 FTP 命令

FTP 每個命令都是 3 到 4 個字母組成，命令後接參數，用空格隔開，每個命令都以 "\R\N" 結束。若要下載或上傳一個檔案，首先先登入 FTP 伺服器，再發送命令，最後退出，過程中主要用到的命令有 USER、PASS、SIZE、REST、CWD、RETR、PASV、PORT、QUIT，請參考表 12-2 及表 12-3。

表 12-2 FTP 命令

命令名稱	命令說明
USER	使用者名。通常是控制連接後第一個發出的命令。 如：“USER UserName\R\N”客戶名為 UserName 登錄。
PASS	使用者密碼。緊跟 USER 命令後。 “PASS MyPWD\R\N”：密碼為 MyPWD。
SIZE	從伺服器上返回指定檔的大小。 如：“SIZE FILE.TXT\R\N”FILE.TXT 文件存在，則返回該文件的大小。
CWD	改變工作目錄。如：“CWDBANKAFILE\R\N”。
PASV	讓伺服器在資料埠監聽，進入被動模式。 如：“PASV\R\N”。
PORT	告訴 FTP 伺服器客戶端監聽的埠號，讓 FTP 伺服器採用主動模式連接客戶端。 如：“PORT H1,H2,H3,H4,P1,P2”。
RETR	下載檔案。 如：“RETR LIST test.txt\R\N”
APPE	上傳檔案。 如：“STOR LIST test.txt \R\N” 上傳文件 LIST test.txt，如果檔案存在，那麼就增加上傳。
STOR	上傳檔案。 如：“STOR LIST test.txt\R\N”
REST	該命令並不傳送檔，而是略過指定點後的資料。此命令後應該跟其他要求檔案傳輸的 FTP 命令。 如：“REST 100\R\N”重新指定檔傳送的偏移量為 100 位元組。
QUIT	關閉與伺服器的連接。

表 12-3 FTP 命令

存取控制命令	傳輸參數命令	FTP 服務命令
客戶名：USER	資料埠：PORT	獲得：RETR
密碼：PASS	被動：PASV	保存：STOR
帳戶：ACCT	表示類型：TYPE	唯一保存：STOU
改變工作目錄：CWD	檔結構：STRU	附加：APPE
返回上層目錄：CDUP	F- 文件	分配：ALLO
結構裝備：SMNT	R- 記錄結構	重新開始：REST
重新初始化：REIN	P- 頁結構	重命名開始：RNFR
終止連線：QUIT	傳輸模式：MODE	重命名為：RNTO
	S- 流	放棄：ABOR
	B- 塊	刪除：DELE
	C- 壓縮	刪除目錄：RMD
		新建目錄：MKD
		列印工作目錄：PWD
		列表：LIST
		名字列表：NLST
		網站參數：SITE
		系統：SYST
		狀態：STAT
		幫助：HELP
		空操作：NOOP

12-5 其他 FTP 連線工具

FTP 連線工具不一定要用專用的 FTP Client 軟體，其實檔案總管和大多數的瀏覽器都能與 FTP 伺服器建立連線，只是功能較爲簡易，好處是方便，不需要安裝其他軟體。使用命令提示字元及 Windows Power Shell 來連線 FTP Server，請參考圖 12-4 及圖 12-5，使用檔案總管來連線 FTP Server，請參考圖 12-6，使用瀏覽器來連線 FTP Server，請參考圖 12-7，在瀏覽器網址列輸入 ftp://UserID:password@ftp.domainName.com：PortNumber(可匿名登入則帳密可省略)，如此一來透過上述的工具就可以存取遠端檔案，如同操控本地檔一樣。

圖 12-4 使用命令提示字元來連線 FTP Server

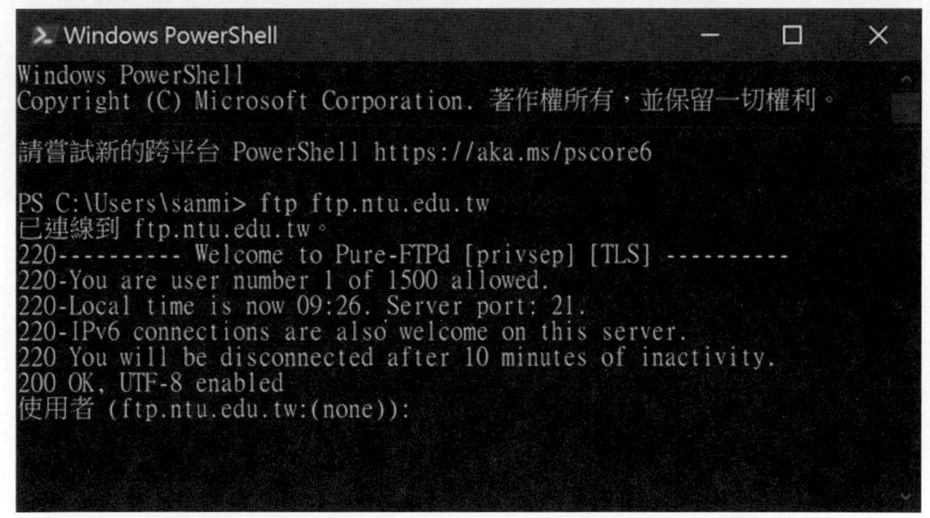

圖 12-5 使用 Windows Power Shell 來連線 FTP Server

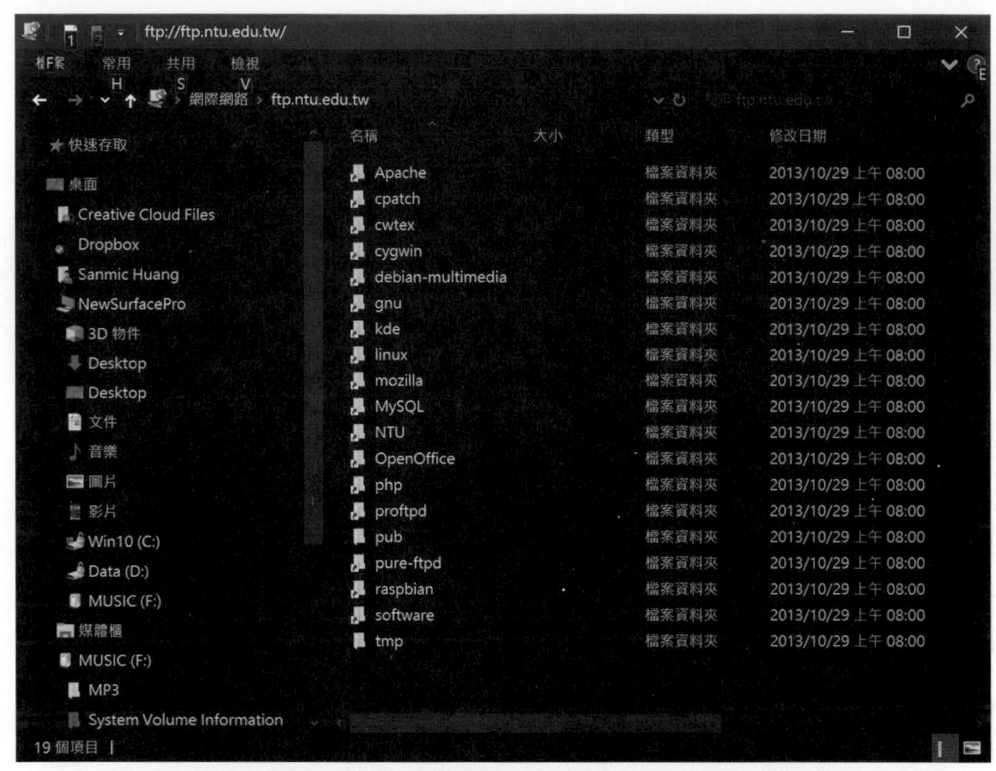

圖 12-6 使用檔案總管來連線 FTP Server

圖 12-7 使用瀏覽器來連線 FTP Server

12-6 FTP 安全性

傳統 FTP 的安全性不好，傳輸的過程帳號及密碼都是明碼，即未加密，很容易透過封包擷取軟體擷取封包，再進行封包分析，即可輕易得知帳密，所以傳統 FTP 目前都是開放式 FTP 伺服器在採用，允許匿名登入就不在意帳密是否是明碼，最主要資料是公開的，就會採用此模式，反之，當資料不是公開的或有商業價值時，安全性就需要重視，解決方式有先將資料加密再傳送，且使用有安全性的 FTP，安全性的 FTP 有兩種，分別爲 FTPS 及 SFTP，FTPS 是一種多傳輸協定組合，即將 FTP 與安全通訊協定（Secure Sockets Layer，SSL）組合在一起，FTPS 也稱作 FTP-SSL 或 FTP over SSL。SSL 是一個在客戶端和具有 SSL 功能的伺服器之間的安全連接中對資料進行加密和解密的協定。有兩種不同模式被開發出來，隱式和顯式，爲 FTP 協定和數據通道增加了 SSL/ TLS 安全功能，相當於加密版的 FTP。傳輸層安全性協定（Transport Layer Security，TLS）是 SSL 的下一代的安全通訊協定。

隱式 FTPS（Implicit FTPS），即默認一律採 FTPS，不採用傳統 FTP，所不需協商是否使用加密，所有的連接資料均爲加密。客戶端須先利用 TLS Client Hello 訊息向 FTPS 伺服器進行握手來建立加密連接。若 FTPS 伺服器未收到此類訊息，則 FTP 伺服器斷開連接。

爲了保有與非 FTPS 客戶端的相容性，隱式 FTPS 預設在 IANA 規定的埠 990 上監聽 FTPS 控制通道，並在埠 989 上監聽 FTPS 資料通道，如此可以保有控制連線的埠 21 與資料連線的埠 20 得以相容原始的 FTP。因 RFC4217 中未定義隱式 FTPS，所以隱式 FTPS 被認爲是 FTP 協商 TLS/SSL 中過時的早期方法。

顯式 FTPS（Explicit FTPS），又稱爲 FTPES，FTPES 客戶端先與伺服器建立明文連接，再從控制通道請求伺服器端升級爲加密連接（Cmd:AUTH TLS）。控制連線與資料連線預設埠與原始 FTP 一樣。控制連線始終加密，而資料連線是否加密則爲選項。

另一種選擇是採用安全檔案傳輸協定（Secure File Transfer Protocol，SFTP）。SFTP 是一種使用 SSH 安全加密及解密的檔案傳輸技術。SFTP（預設通信埠 22）與 FTP（預設通信埠 21）的語法和功能幾乎一樣，只是 SFTP 較 FTP 安全，不是明文傳送，是密文，因經過加解密，所以效率較 FTP 差一點。

SFTP 和 FTPS 的相同處是 SFTP 和 FTPS 都是爲 FTP 連線加密，協定非常相似，只是 FTPS 是以 SSL 協定加密，而 SFTP 是以 SSH 加密，只是加解密技術不同，SSL 是爲 HTTP/SMTP 等加密設計的，SSH 是爲 TELNET/FTP 等加密、建立傳輸通道而設計的。

12-7 FileZilla

使用專屬的 FTP Client 軟體可以發揮下列的好處：檔案續傳、即時壓縮、加密連線 (SSL/TLS)。而著名 FTP 專屬的 FTP Client 軟體有 FileZilla、WS-FTP、LeapFTP 或 CuteFTP。筆者推薦 Filezilla FTP Client（https://filezilla-project.org/），FileZilla 免費、開放原始碼、跨平臺（常用的作業系統都有支援）、有繁體中文介面、功能完整，像是主動、被動模式、顯式和隱式 TLS/SSL 連接都有技援，操作介面簡單，可以使用 FileZilla 傳輸軟體來連接 FTP Server 進行上傳，下載文件，建立，刪除目錄等操作。FileZilla 分爲 Client 端和 Server 端，支援一般的 FTP 協定外，更支援 SSH2、SSH、SSL、TLS 等安全的傳輸協定。

以下是專屬的 FTP Client 軟體使用方法：

1. 先確定已連上網際網路。
2. 填入 FTP Server 的 IP 位址、帳號、密碼及連線方式，進行連線。
3. 連線成功後，選取好上下傳的檔案，按傳送開始上傳下載。

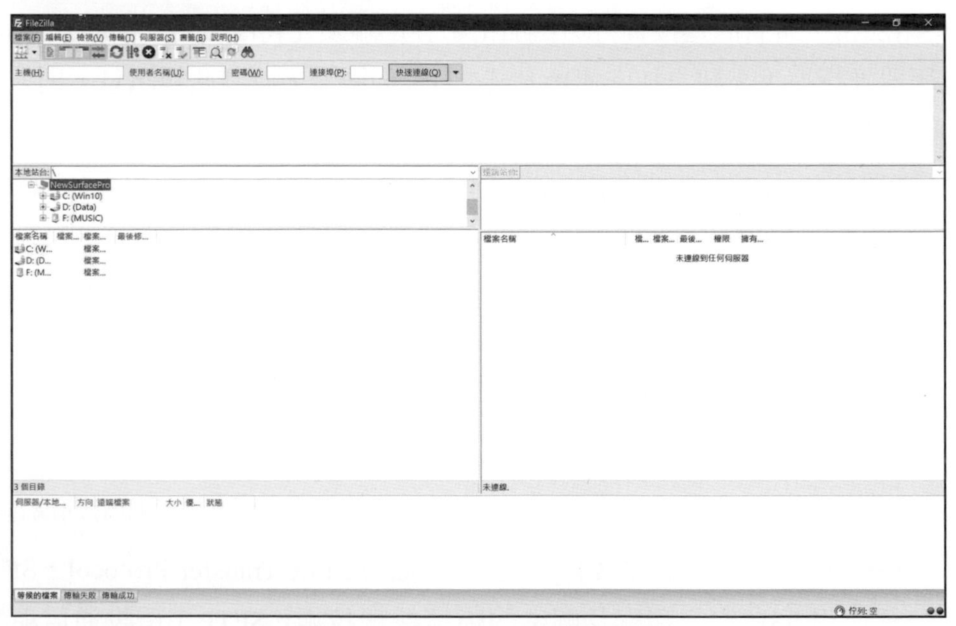

圖 12-8 FileZilla Client 連線前之畫面

關於 FileZilla 的使用說明如下：如圖 12-8 所示，FileZilla 啓動後連線前的畫面，中間分左右兩邊，左半邊爲本地（Local）端的檔案系統，右半邊在連線後爲遠端伺服器的檔案系統，如圖 12-9 所示，FileZilla Client 連線後之畫面，若是上傳，則在中間左半邊的窗格中選取檔案拖曳到中間右半邊的窗格，反之下載則是，則在中間右半邊的窗格中選取檔案拖曳到中間左半邊的窗格，皆可一次傳送多個檔案及多個資料夾。

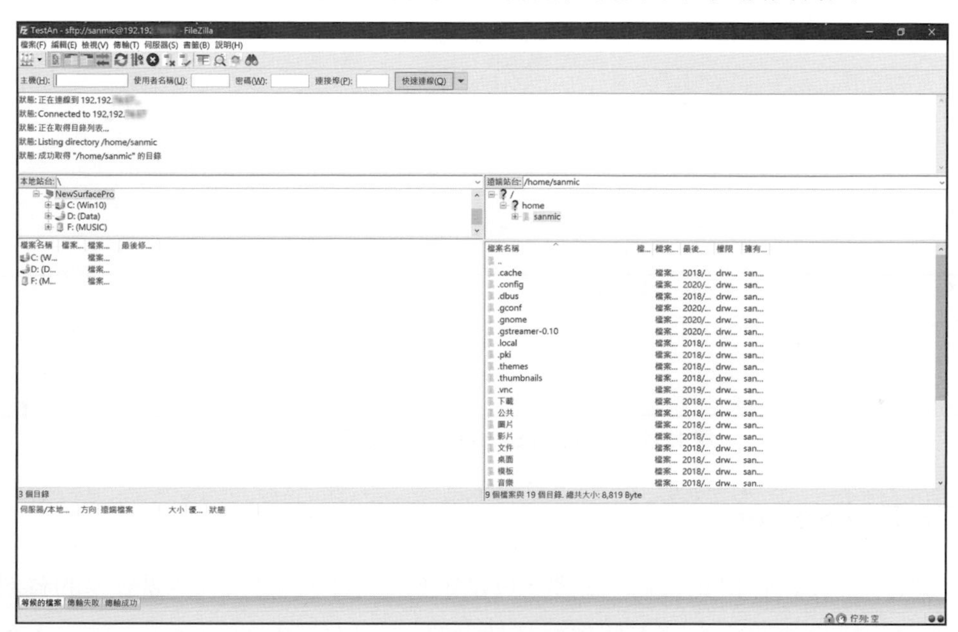

圖 12-9 FileZilla Client 連線後之畫面

◆ 續傳功能

隨著資訊時代越進步，利用網路傳送檔案顯得日漸頻繁，FTP 就顯得相當重要，網路傳輸若處於不太穩定的狀態，有時會產生傳輸中斷的情況，遇上了得從頭重傳，浪費時間及網路頻寬，這時需要續傳軟體 (Resume)，續傳軟體的主要功能能保證傳輸時就算斷線，也能自動從斷掉的地方重新連接，不用重頭開始，不過當然需要伺服器也支援續傳才行，不過大部份伺服器都有支援，而且還可利用此一特性將檔案切割成多段同時下載，以充分利用網路頻寬。

◆ FTP 伺服器端軟體

FTP 伺服器端軟體像 Serv-U（https://www.serv-u.com/）及 FileZilla Server 端軟體，請參考圖 12-10。通過使用 FTP 伺服器端軟體能夠將任何一台 PC 設置成一台 FTP 伺服器，自行架設的 FTP Server 有最大選擇權，可決定要採用何種安全協定、何種連線方式、使用者的權限等等。

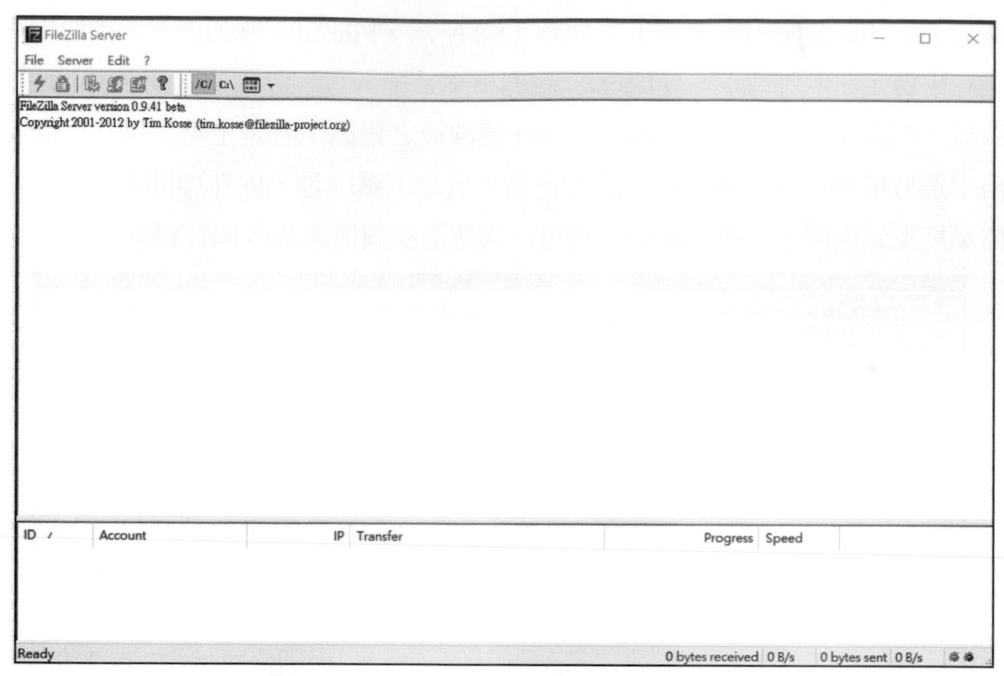

圖 12-10 FileZilla Server 端軟體啓動後之畫面

◆HTTP File Server

想要快速架設好 HTTP 檔案伺服器，只是短暫使用 FTP 服務，將要分享的資料上傳，好讓教室內的學員或學生方便下傳資料及教材等，可以使用 HTTP File Server(HFS) 這個好用的軟體，如圖 12-11 所示，官方網站：http://www.rejetto.com/hfs/，HFS 是一套簡易的 FTP 架站軟體，讓電腦瞬間變成可以上傳、下載的檔案伺服器，完全不需要繁雜的安裝程序，執行即可使用檔案傳輸服務，將要分享的檔案分享後，學員只要用網頁瀏覽器 (IE、Google Chrome、Firefox…等) 連線到此台電腦的 IP，就可以下載到分享檔案，很簡單只需要三個基本操作：分別爲設定連接埠 (Port)、測試連線及加入欲分享的檔案。

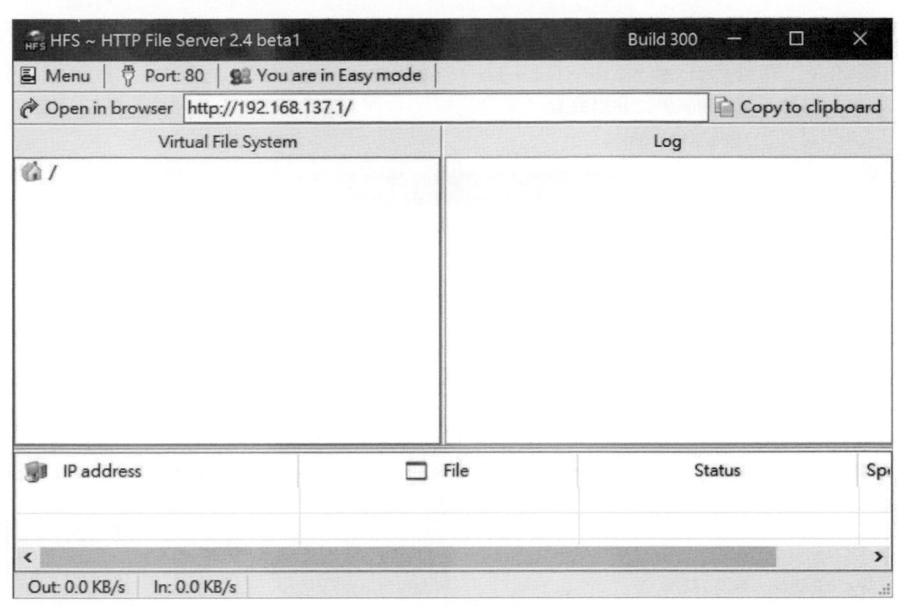

圖 12-11 HFS 執行後之畫面

◆設定通訊埠號碼

執行 HTTP File Server 後，如圖 12-11 所示，先設定通訊埠號碼 (Port)，預設是埠 80，若長期使用建議變更，請參考圖 12-12 到圖 12-14，避免不相干的人士來連線，變更時，按下視窗上方的 Port：80，即可進行變更，port 的範圍為 0 到 65535，其中 1~1023 保留給系統專用，請設定時盡量不要用到，避免發生問題；若短暫使用，就不用變更，方便學員連線，使用完記得關閉此軟體。

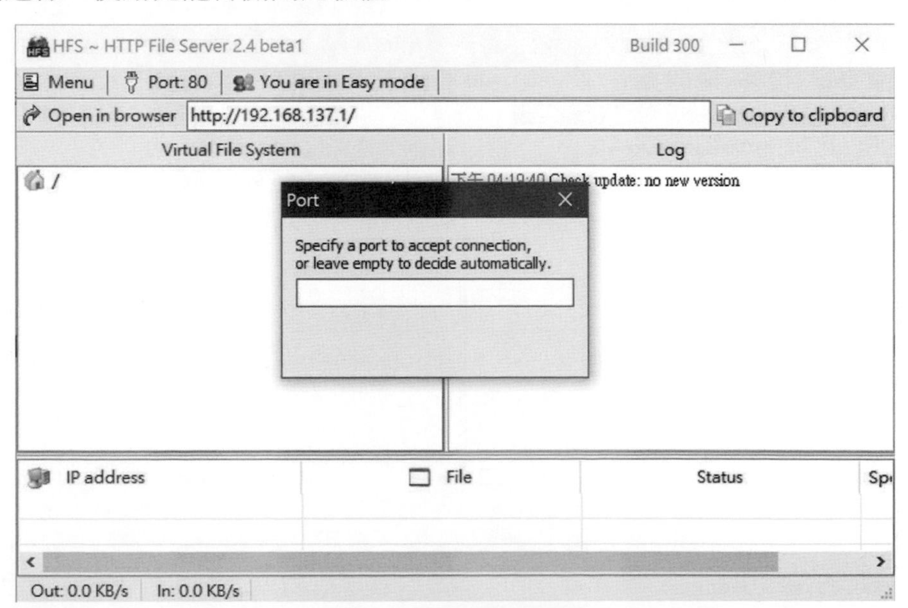

圖 12-12 設定通訊埠號碼

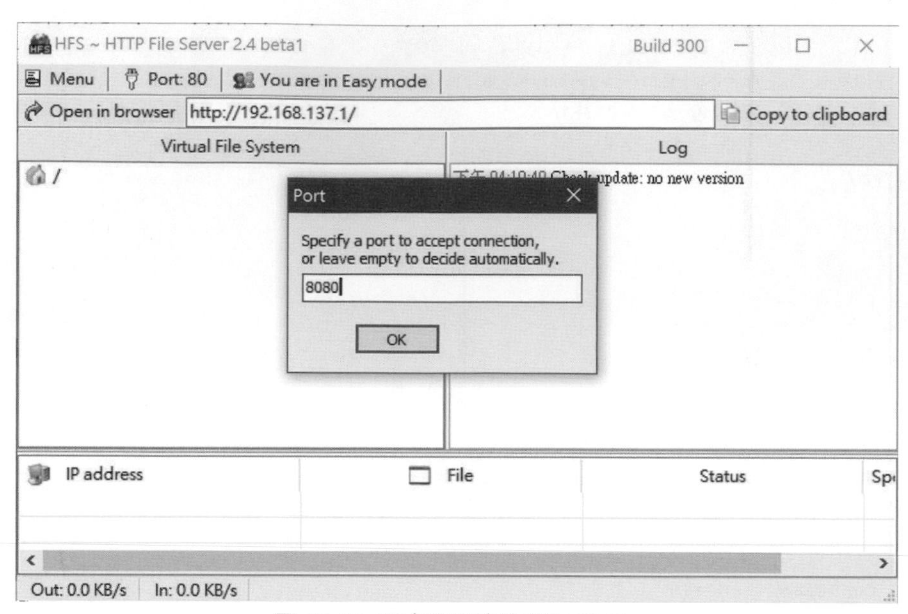

圖 12-13 設定通訊埠號碼為 8080

◆測試連線

設定完通訊埠號碼後，複製網址到瀏覽器上開啓。如果按下網址列左邊的「Open in browser」按鈕，則會自動以瀏覽器開啓「http://localhost:[port]/」。可是請注意「http://localhost:[port]/」這個網址無法讓其他人連結到你的電腦！因爲 localhost 指的是本機 IP(127.0.0.1)。以瀏覽器開啓網址後的畫面如下，會顯示出一個檔案清單。如果有看到這個畫面，而不是出現無法連線之頁面的話，你的 HTTP File Server 應該就架設成功了。

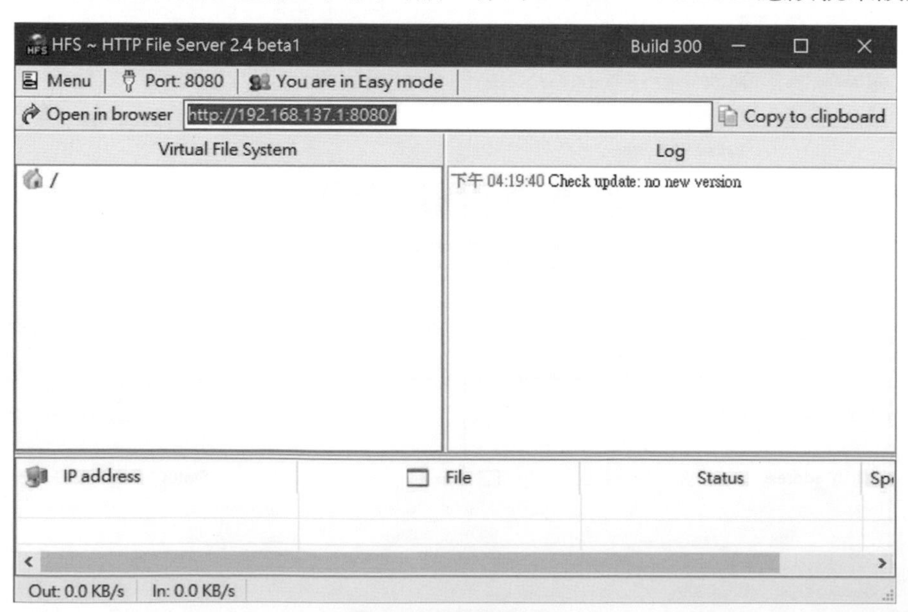

圖 12-14 複製網址

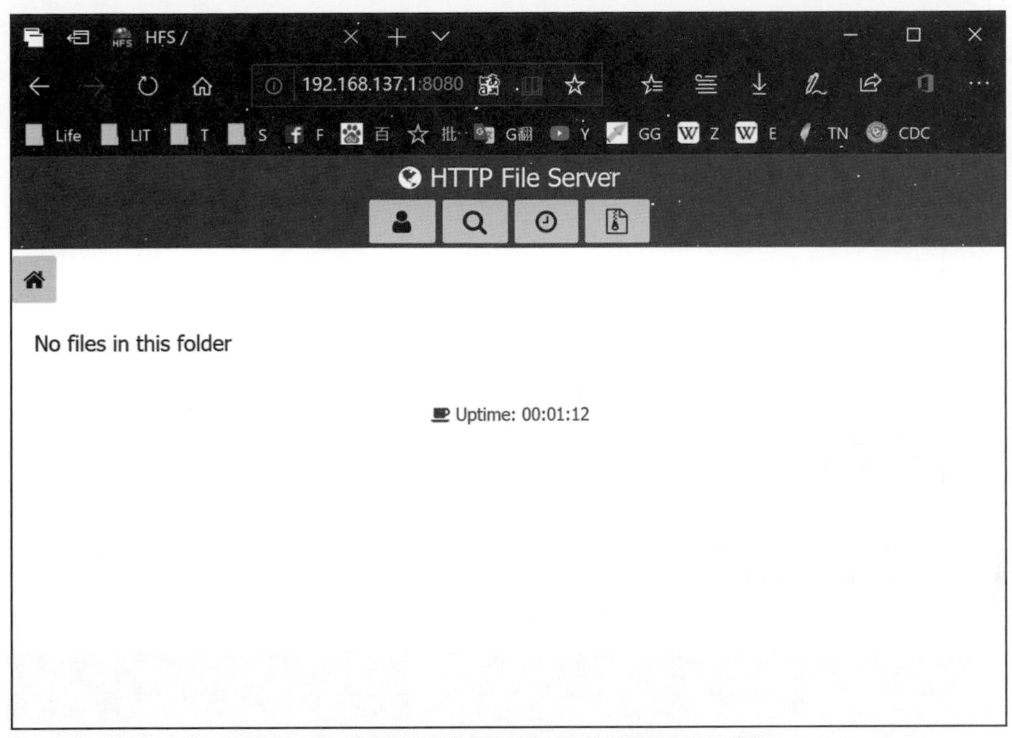

圖 12-15 複製網址到瀏覽器上開啓測試成功之畫面

◆加入欲分享的檔案

在右方 Virtual File System 中，可以直接按下滑鼠右鍵，選擇「Add file..」任意增加想要分享出去的檔案。當然也可以建立虛擬的資料夾。

檔案加入後，再用瀏覽器開啓網址連結。即可在檔案清單中看到剛才加入的檔案，而且每個都擁有各自的超連結。

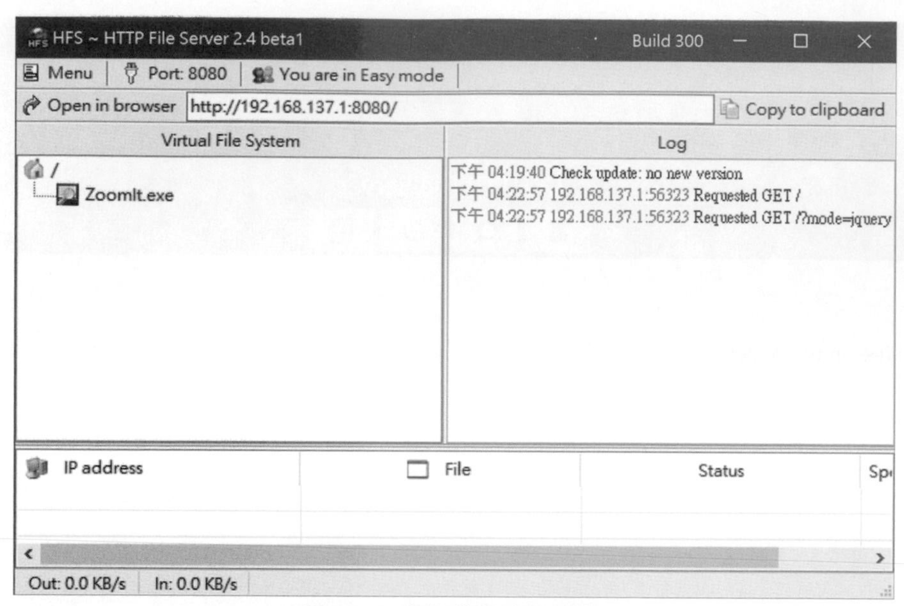

圖 12-16 加入欲分享的檔案

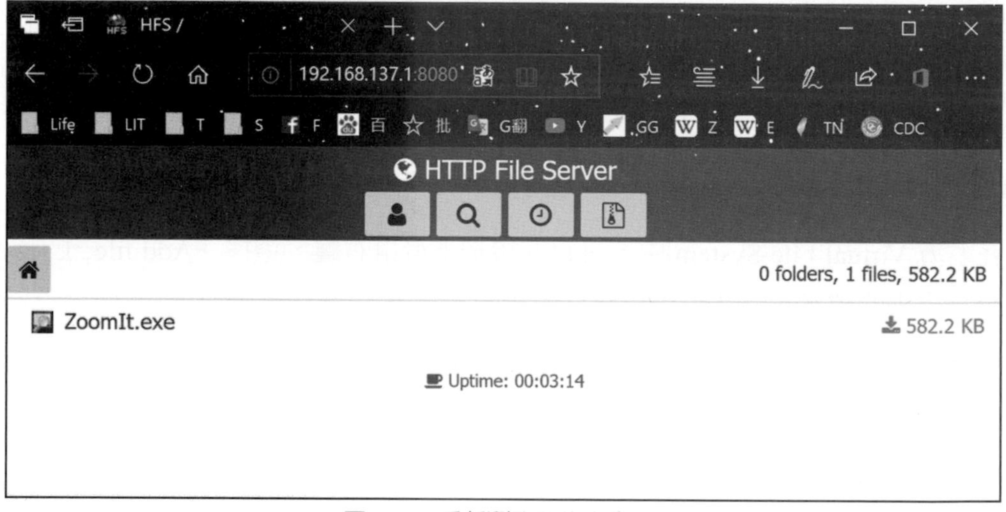

圖 12-17 重新瀏覽器後之畫面

12-8 檔案傳輸協定

簡單文件傳輸通訊協定 / 小型檔案傳輸協定 (Trivial File Transfer Protocol, TFTP：RFC 783)，TFTP 是 TCP/IP 協定族中的一個用來在客戶端與伺服器間進行簡單文件傳輸的協定，提供簡單、輕量的文件傳輸服務，使用 UDP 協定，提供不可靠的資料流傳輸服務，只使用一個預設埠號爲 69，不提供存取授權與認證機制，不能列出目錄內容及無驗證或加密機制，使用超時重傳方式來保證資料的到達，支援三種不同的傳輸模式："netascii"、"octet" 和 "mail"，前兩種符合 FTP 協定的 ASCII 和 Image 模式（即 binary）；"mail" 很少使用，已經廢棄，TFTP 只有 5 個命令可以執行（rrq，wrq，data，ack，error），與 FTP 相比，TFTP 的大小要小的多，FTP 的簡化版本。普遍使用的是第二版 TFTP（TFTP Version 2, RFC1350），嵌入式系統中很常用使用到。

12-9 Wireshark

本節將介紹使用 Wireshark 擷取 FTP 運作過程的封包，先啓動 Wireshark(圖 12-18) 及 FileZilla(圖 12-19)。

SOP：

- Step 1：選擇介面 (Ctrl + I)
- Step 2：設定選項
- Step 3：啓動擷取
- Step 4：執行網路行爲 (FTP 連線，下載一個 .ico 檔)
- Step 5：停止擷取
- Step 6：過濾封包 (利用 Display Filter 功能過濾呈現的內容)
- Step 7：分析封包

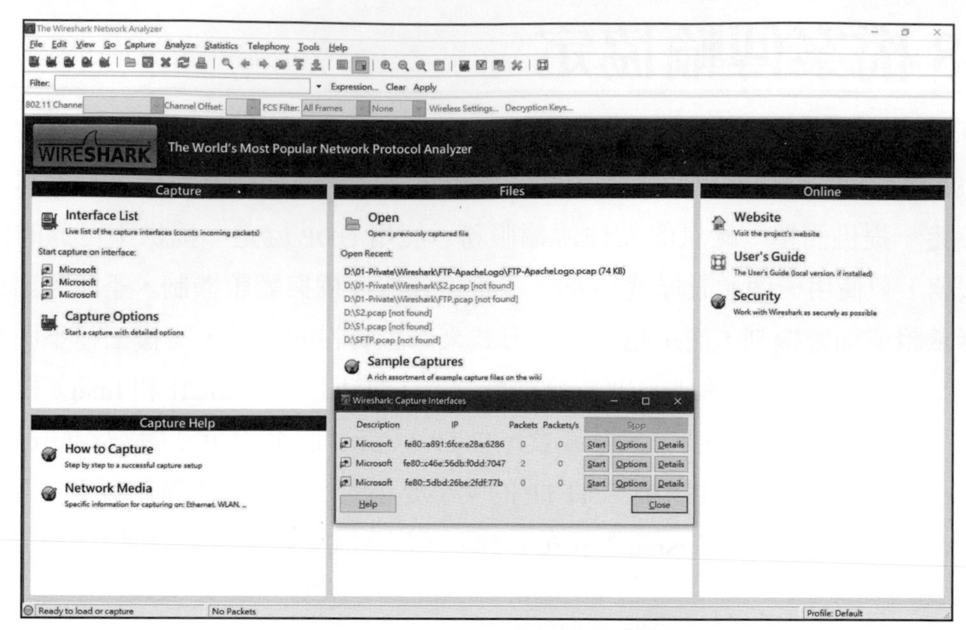

圖 12-18 Wireshark 開啓後的畫面

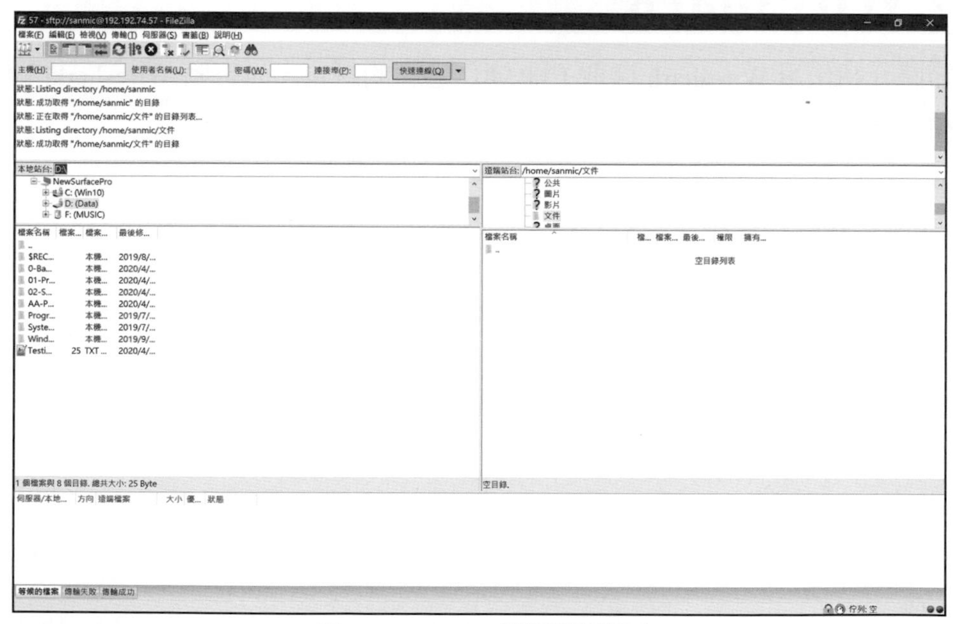

圖 12-19 FileZilla 開啓後的畫面

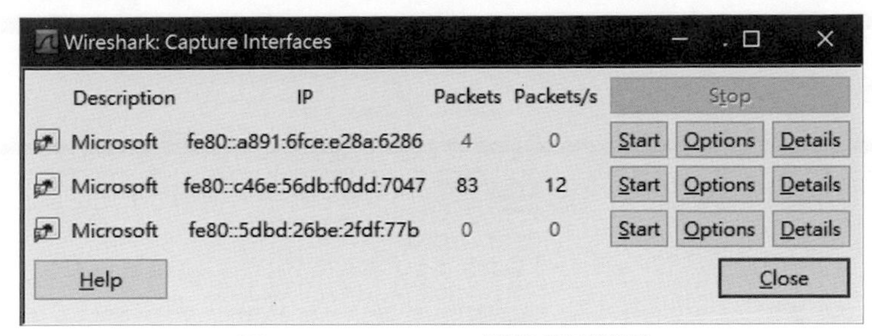

圖 12-20 Wireshark 擷取介面選擇

此範例連線到台大 FTP，其網址為 ftp://ftp.ntu.edu.tw 而 IP 位址是 140.112.36.185，下載 FTP 站中 Raspberry 目錄下 favicon.ico 圖示檔，是一顆樹莓。

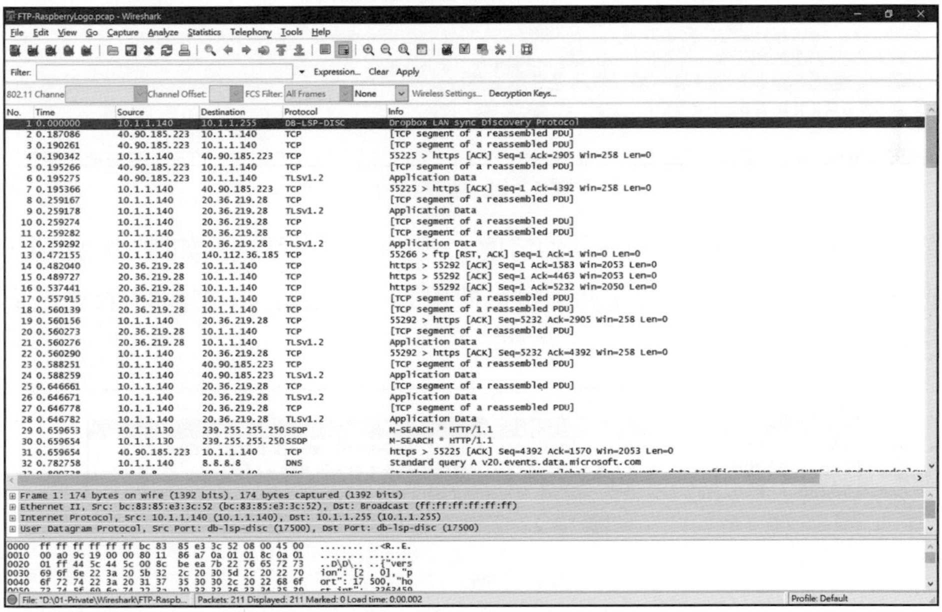

圖 12-21 Wireshark 擷取封包後之畫面

InFo 欄位中能看到登錄 FTP 伺服器的客戶帳號、密碼和傳輸檔案名稱及檔案，再來可過濾器來過濾封包，查看的封包數量，用來縮小範圍，本例已知來源的 IP address 及目的地的 IP address，用此兩個 IP address 來過濾封包並分析其互動的情境。套用此指令 (ip.src== 來源的 IP address && ip.dst == 目的地的 IP address) or (ip.src == 目的地的 IP address && ip.dst == 來源的 IP address)，可過濾出只有此兩個 IP address 的所有封包。

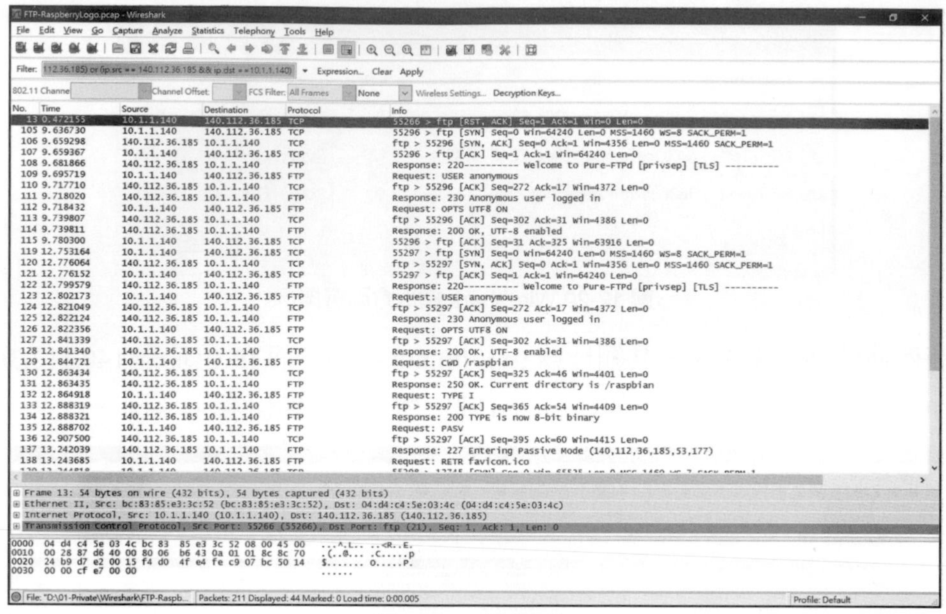

圖 12-22 過濾封包

再依封包編號排序即可，觀察互動情境 (一來一往的行爲)，如圖 12-22 所示，前三個封即前幾節提到的 TCP 三向交握。也可使用 Graph Analysis 來觀察 TCP 三向交握，如圖 12-24 所示。

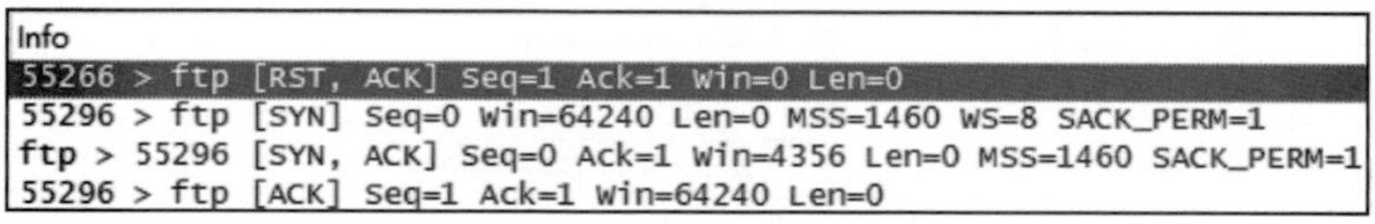

```
Info
55266 > ftp [RST, ACK] Seq=1 Ack=1 Win=0 Len=0
55296 > ftp [SYN] Seq=0 Win=64240 Len=0 MSS=1460 WS=8 SACK_PERM=1
ftp > 55296 [SYN, ACK] Seq=0 Ack=1 Win=4356 Len=0 MSS=1460 SACK_PERM=1
55296 > ftp [ACK] Seq=1 Ack=1 Win=64240 Len=0
```

圖 12-23 三向交握的封包

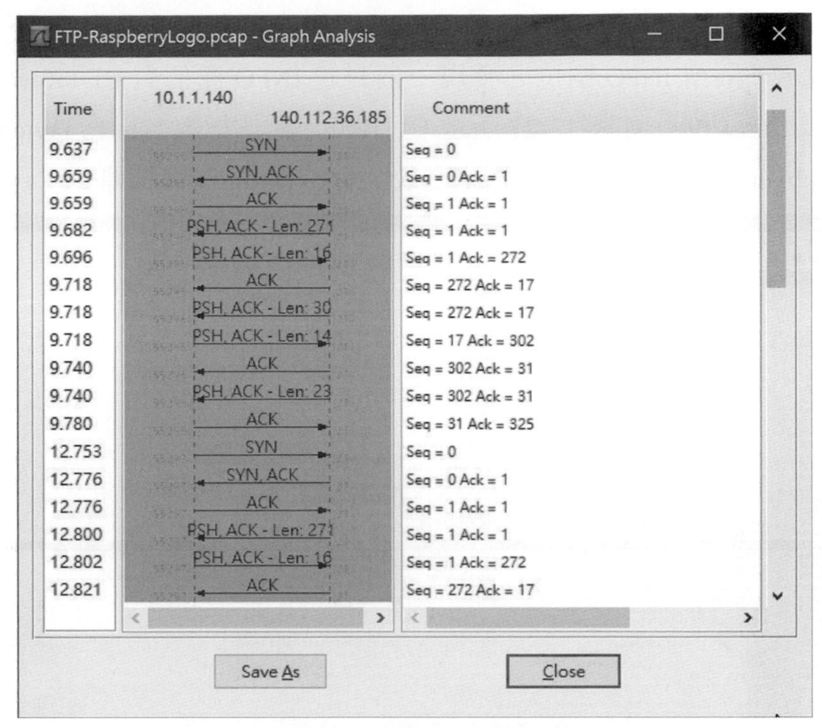

圖 12-24 Graph Analysis

三向交握封包任選一個封包，按右鍵，選取 Follow TCP stream 即可以看到完整相關的封包內容，單一個封包可能只有完整檔案的一部份，不方便觀察及分析，使用 Follow TCP stream 功能，能夠依序追蹤網路封包所傳送的內容，將有關聯的封包一起呈現，進行網路情境或通訊協定行爲分析時，較清楚易讀。

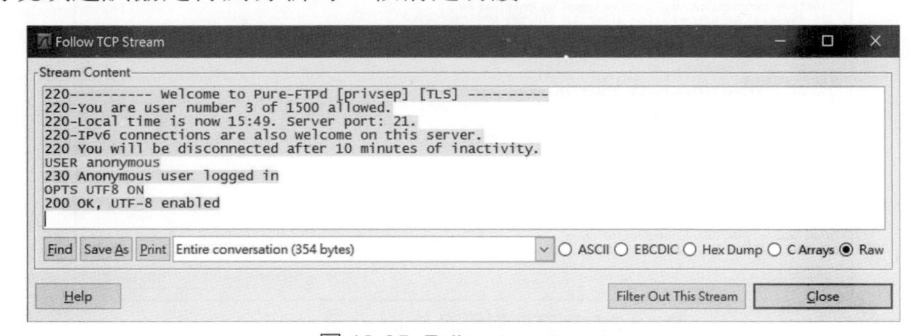

圖 12-25 Follow tcp stream

觀察，可知連結伺服器的埠 21 及連線時間，採用匿名登入（Anonymous），及切換目錄到 Apache，採用被動式 FTP 連線方式，可以查表法的方式來學習分析解讀訊息，可 FTP 命令該節中的表格。

接下來繼續往下找，經查 FTP 命令表可知上傳的命令爲 STOR，而下載的命令爲 RETR，如所示，觀察 INFO 欄位，發現一個封包 INFO 欄位有 RETR 命令，再使用 Follow TCP stream 功能，如圖 12-27 所示，可得知下載的檔案名稱爲 favicon.ico，及切換目錄到 raspbian 採用被動式 FTP、匿名登入（Anonymous）連結埠 21。

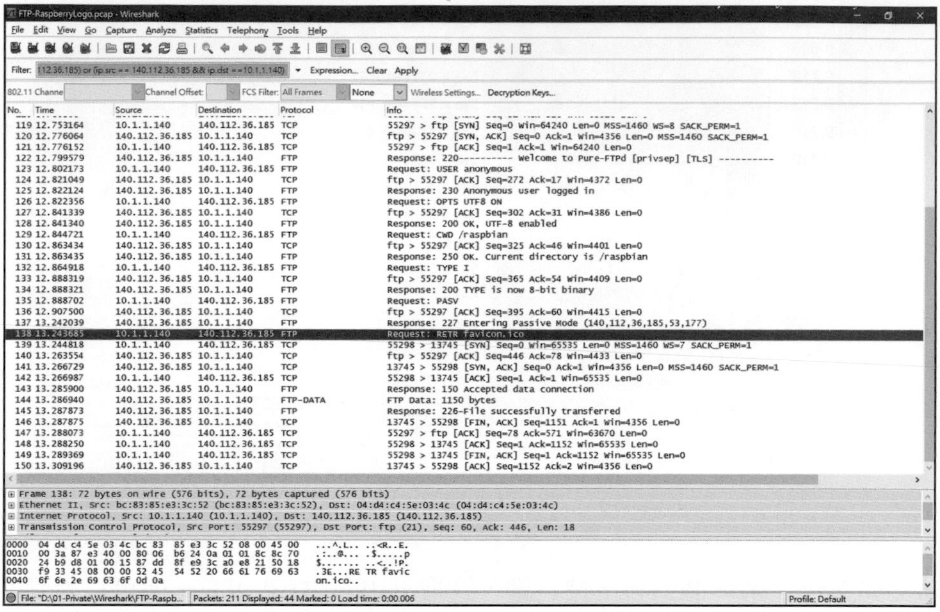

FTP-RaspberryLogo.pcap - Wireshark

Filter: 112.36.185) or (ip.src == 140.112.36.185 && ip.dst ==10.1.1.140)

No.	Time	Source	Destination	Protocol	Info
119	12.753164	10.1.1.140	140.112.36.185	TCP	55297 > ftp [SYN] Seq=0 Win=64240 Len=0 MSS=1460 WS=8 SACK_PERM=1
120	12.776064	140.112.36.185	10.1.1.140	TCP	ftp > 55297 [SYN, ACK] Seq=0 Ack=1 Win=4356 Len=0 MSS=1460 SACK_PERM=1
121	12.776152	10.1.1.140	140.112.36.185	TCP	55297 > ftp [ACK] Seq=1 Ack=1 Win=64240 Len=0
122	12.799579	140.112.36.185	10.1.1.140	FTP	Response: 220---------- Welcome to Pure-FTPd [privsep] [TLS] ----------
123	12.802173	10.1.1.140	140.112.36.185	FTP	Request: USER anonymous
124	12.821049	140.112.36.185	10.1.1.140	TCP	ftp > 55297 [ACK] Seq=272 Ack=17 Win=4372 Len=0
125	12.822124	140.112.36.185	10.1.1.140	FTP	Response: 230 Anonymous user logged in
126	12.822356	10.1.1.140	140.112.36.185	FTP	Request: OPTS UTF8 ON
127	12.841339	140.112.36.185	10.1.1.140	TCP	ftp > 55297 [ACK] Seq=302 Ack=31 Win=4386 Len=0
128	12.841340	140.112.36.185	10.1.1.140	FTP	Response: 200 OK, UTF-8 enabled
129	12.844721	10.1.1.140	140.112.36.185	FTP	Request: CWD /raspbian
130	12.863434	140.112.36.185	10.1.1.140	TCP	ftp > 55297 [ACK] Seq=325 Ack=46 Win=4401 Len=0
131	12.863435	140.112.36.185	10.1.1.140	FTP	Response: 250 OK. Current directory is /raspbian
132	12.864918	10.1.1.140	140.112.36.185	FTP	Request: TYPE I
133	12.888319	140.112.36.185	10.1.1.140	TCP	ftp > 55297 [ACK] Seq=365 Ack=54 Win=4409 Len=0
134	12.888321	140.112.36.185	10.1.1.140	FTP	Response: 200 TYPE is now 8-bit binary
135	12.888702	10.1.1.140	140.112.36.185	FTP	Request: PASV
136	12.907500	140.112.36.185	10.1.1.140	TCP	ftp > 55297 [ACK] Seq=395 Ack=60 Win=4415 Len=0
137	13.242039	140.112.36.185	10.1.1.140	FTP	Response: 227 Entering Passive Mode (140,112,36,185,53,177)
138	13.243685	10.1.1.140	140.112.36.185	FTP	Request: RETR favicon.ico
139	13.244818	10.1.1.140	140.112.36.185	TCP	55298 > 13745 [SYN] Seq=0 Win=65535 Len=0 MSS=1460 WS=7 SACK_PERM=1
140	13.263554	140.112.36.185	10.1.1.140	TCP	ftp > 55297 [ACK] Seq=446 Ack=78 Win=4433 Len=0
141	13.266729	140.112.36.185	10.1.1.140	TCP	13745 > 55298 [SYN, ACK] Seq=0 Ack=1 Win=4356 Len=0 MSS=1460 SACK_PERM=1
142	13.266987	10.1.1.140	140.112.36.185	TCP	55298 > 13745 [ACK] Seq=1 Ack=1 Win=65535 Len=0
143	13.285900	140.112.36.185	10.1.1.140	FTP	Response: 150 Accepted data connection
144	13.286940	140.112.36.185	10.1.1.140	FTP-DATA	FTP Data: 1150 bytes
145	13.287873	140.112.36.185	10.1.1.140	FTP	Response: 226-File successfully transferred
146	13.287875	140.112.36.185	10.1.1.140	TCP	13745 > 55298 [FIN, ACK] Seq=1151 Ack=1 Win=4356 Len=0
147	13.288073	10.1.1.140	140.112.36.185	TCP	55297 > ftp [ACK] Seq=78 Ack=571 Win=63670 Len=0
148	13.288250	10.1.1.140	140.112.36.185	TCP	55298 > 13745 [ACK] Seq=1 Ack=1152 Win=65535 Len=0
149	13.289369	10.1.1.140	140.112.36.185	TCP	55298 > 13745 [FIN, ACK] Seq=1 Ack=1152 Win=65535 Len=0
150	13.309196	140.112.36.185	10.1.1.140	TCP	13745 > 55298 [ACK] Seq=1152 Ack=2 Win=4356 Len=0

```
Frame 138: 72 bytes on wire (576 bits), 72 bytes captured (576 bits)
Ethernet II, Src: bc:83:85:e3:3c:52 (bc:83:85:e3:3c:52), Dst: 04:d4:c4:5e:03:4c (04:d4:c4:5e:03:4c)
Internet Protocol, Src: 10.1.1.140 (10.1.1.140), Dst: 140.112.36.185 (140.112.36.185)
Transmission Control Protocol, Src Port: 55297 (55297), Dst Port: ftp (21), Seq: 60, Ack: 446, Len: 18

0000  04 d4 c4 5e 03 4c bc 83  85 e3 3c 52 08 00 45 00
0010  00 3a 87 e3 40 00 80 06  b6 24 0a 01 01 8c 8c 70
0020  24 b9 d8 01 00 15 87 dd  8f e9 3c a0 e8 21 50 18
0030  f9 33 45 08 00 00 52 45  54 52 20 66 61 76 69 63
0040  6f 6e 2e 69 63 6f 0d 0a
```

File: "D:\01-Private\Wireshark\FTP-Raspb... Packets: 211 Displayed: 44 Marked: 0 Load time: 0:00.006 Profile: Default

圖 12-26 找到含有 RETR 命令的封包

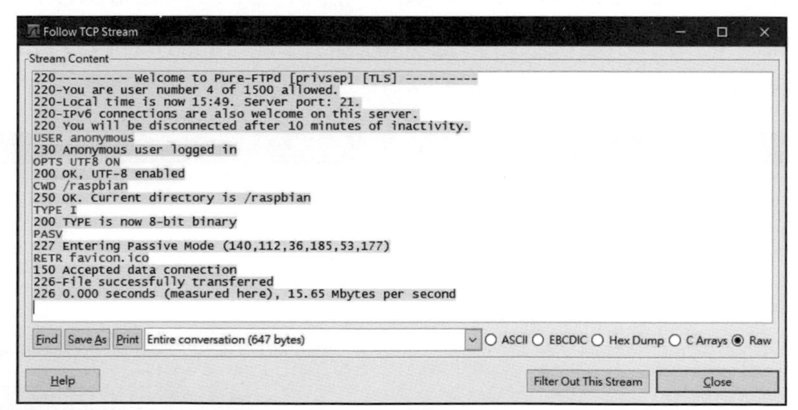

圖 12-27 RETR 封包的 Follow tcp stream

接下來繼續往下找，找到 FTP-Data 的封包，執行 Follow tcp stream，可得圖 12-28，即爲 favicon.ico 圖示檔的內容，所以另存新檔，在此取名爲 test.ico，以示區別，如圖 12-29 及圖 12-30 所示。

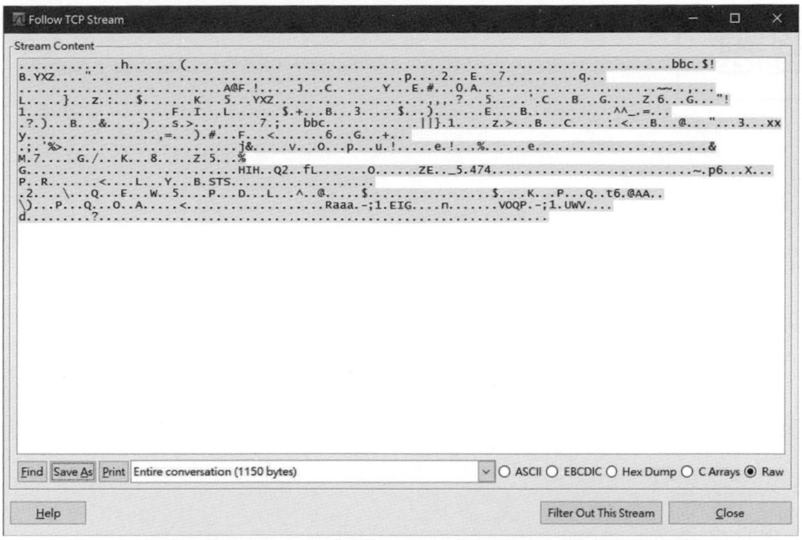

圖 12-28 Follow tcp stream 中找到 ico 檔

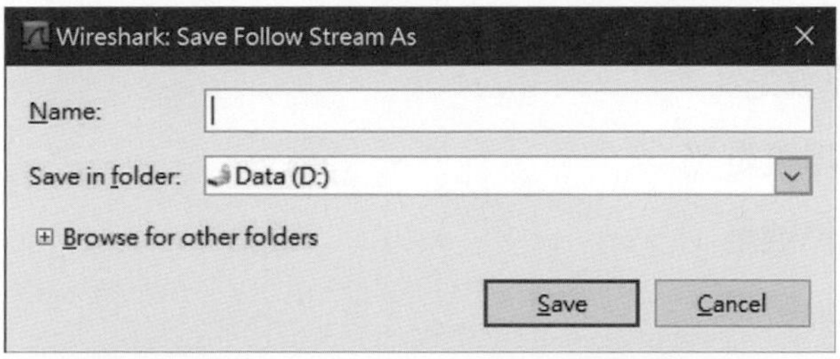

圖 12-29 Follow Stream 另存新檔之對話窗

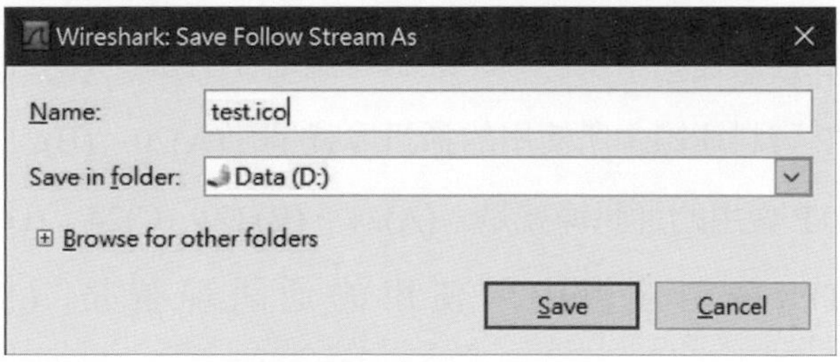

圖 12-30 另存為 test.ico

最後到檔案總管確認一下兩個檔案內容是否一樣，如圖 12-31 所示。

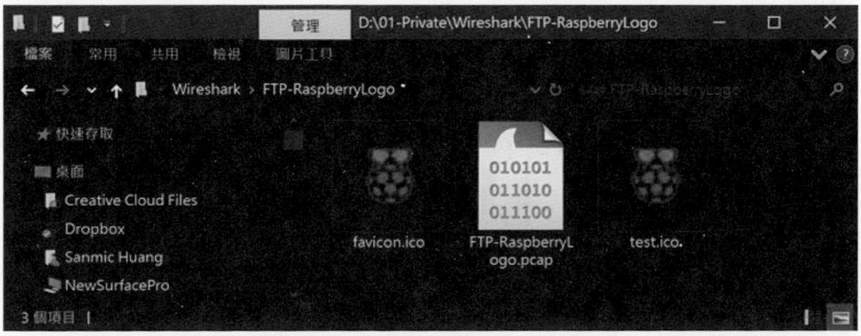

圖 12-31 從檔案總管來看 test.ico

本章習題

填充題

1. FTP 的英文全名是（　　　　　　　　　　　　　　　　　　　　　　　　　）。
2. FTPS 的英文全名是（　　　　　　　　　　　　　　　　　　　　　　　　）。
3. SFTP 的英文全名是（　　　　　　　　　　　　　　　　　　　　　　　　）。
4. TFTP 的英文全名是（　　　　　　　　　　　　　　　　　　　　　　　　）。
5. FTP 的中文全名是（　　　　　　　　　　　　　　　　　　　　　　　　　）。
6. FTPS 的中文全名是（　　　　　　　　　　　　　　　　　　　　　　　　）。
7. SFTP 的中文全名是（　　　　　　　　　　　　　　　　　　　　　　　　）。
8. TFTP 的中文全名是（　　　　　　　　　　　　　　　　　　　　　　　　）。
9. FTP 使用的通訊埠號是（　　　　　　）。
10. FTPS 使用的通訊埠號是（　　　　　　）。
11. SFTP 使用的通訊埠號是（　　　　　　）。
12. SFTP 使用的通訊埠號是（　　　　　　）。

選擇題

1. （　　）請問 FTP 控制連線中所使用的通訊埠號是 (A)20 (B)21 (C)25 (D)35。
2. （　　）請問 FTP 資料連線中所使用的通訊埠號是 (A)20 (B)21 (C)25 (D)35。
3. （　　）請問 SFTP 使用的通訊埠號是 (A)21 (B)22 (C)24 (D)25。
4. （　　）請問 FTPS 控制連線中所使用的通訊埠號是 (A)990 (B)991 (C)992 (D)989。
5. （　　）請問 FTPS 資料連線中所使用的通訊埠號是 (A)990 (B)991 (C)992 (D)989。

問答題

1. 何謂匿名登入？
2. 續傳功能有何優缺點？
3. FTP、FTPS 與 SFTP 之間的有何區別
4. 請說明隱式 FTPS 與顯式 FTPS 有何不同？

5. 請說明隱式 FTPS 與顯式 FTPS 有何相同？
6. 何謂 TFTP ？
7. 請比較 FTP 及 TFTP。
8. 請說明 Wireshark 中的 Follow TCP Stream 功能爲何？

實作題

1. 請使用 Wireshark 擷取 FTP 封包，並分析所擷取的封包。
2. 請使用 Wireshark 擷取 FTPS 封包，並分析所擷取的封包。
3. 請使用 Wireshark 擷取 SFTP 封包，並分析所擷取的封包。
4. 請比較上述三題。

NOTE

Chapter 13

無線網路

學習目標

朝向萬物聯網的時代，無線通訊技術越來越重要，無線通訊的好處是擺脫通訊線路與電源線的束縛，伴隨著有了一些新的問題，像是天線及電池續航力的問題，還有無線通訊的標準認證，目前常見的認證標準有 802.11b、802.11a、802.11g、802.11n、802.11ac、802.11ad 及 802.11ax，而常見無線通訊技術有 Wi-Fi、紫蜂（ZigBee）、藍牙（Bluetooth）、窄頻物聯網（Narrowband Internet of Things，NB-IoT）等等。

13-1 無線區域網路

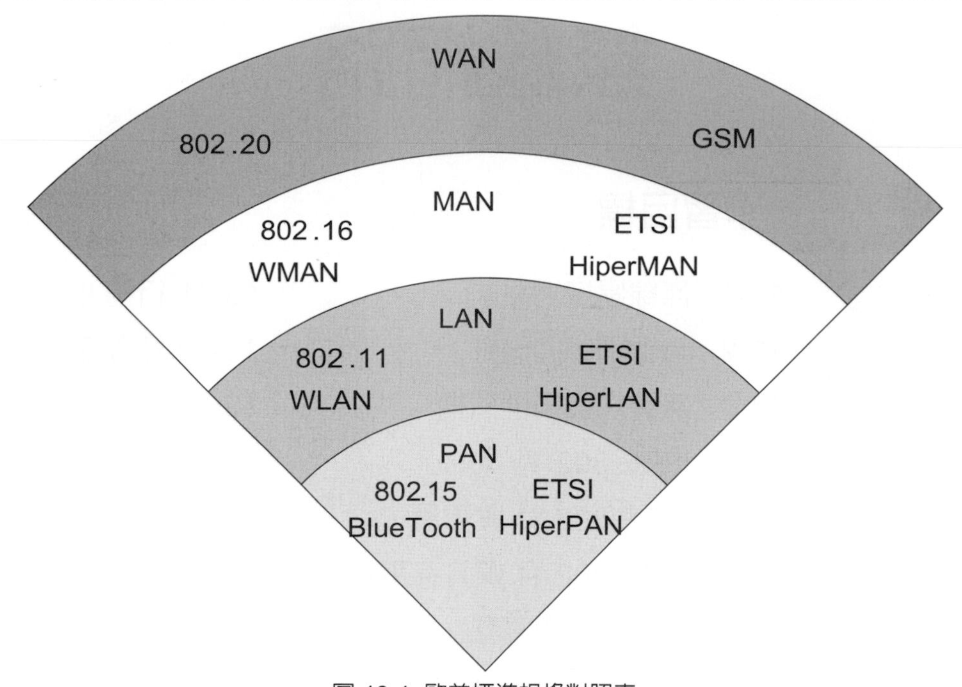

圖 13-1 歐美標準規格對照表

無線區域網路就是將無線傳輸的技術應用在區域性的特定空間內，例如：校園、商業大樓、一般家庭等。標準規格主要有以下這幾種：藍牙 (Blue Tooth)、ZigBee、家用無線電 (HomeRF) 及無線區域網路（IEEE 802.11）。

13-2 無線網路的優點

無線網路的傳輸速率隨著科技進步即將追上有線網路，無線網路具備了某些獨特的優點：

1. 延展性：可以延伸有線網路的範圍，較不需要受到線路與地理環境的限制。

2. 機動性：增加了使用者的機動性。
3. 易於架設：省去傳統網路必須佈線的麻煩，對於某些難以佈線的環境尤其適用，例如：災區、臨時通訊所等等。

13-3 無線網路拓樸架構

802.11 所定義的網路拓樸架構，以及各種網路組成元件，它的網路拓樸架構主要分爲基礎設施網路（Infrastructure Network）與隨意網路（Ad Hoc Network）兩種。

Infrastructure 網路

Infrastructure 網路的通訊範圍內是以存取點 (Access Point) 爲主、爲中心，由存取點來協調各個無線節點（node/mobile node/mobile station）之間的通訊，存取點和通訊範圍內各節點所組成的群組稱爲基本服務集 (Basic Service Set, BSS)，如圖 13-2 及圖 13-3 所示，這也正是無線區域網路架構的基本群組單位，它採用 PCF (Point Coordination Function) 協調機制來進行溝通。BBS 之間還可以透過分散式系統 (Distributed System，DS) 形成所謂的擴充服務集 (Extended Service Set，EES)，如圖 13-4 所示。

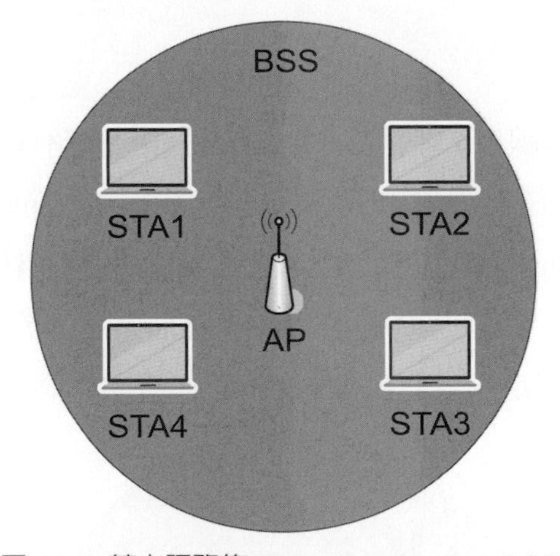

圖 13-2 基本服務集 (Basic Service Set, BSS)

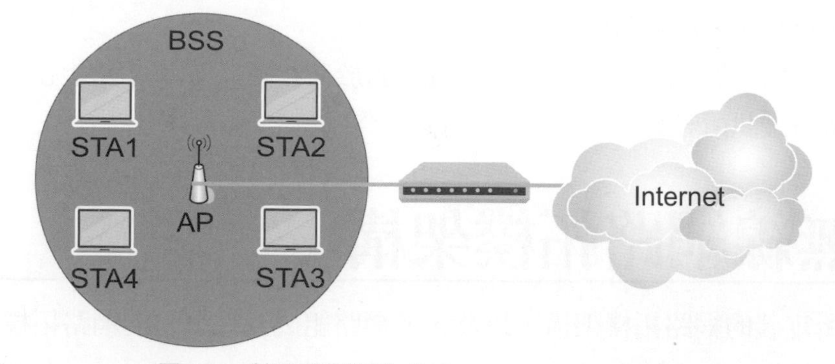

圖 13-3 基礎設施網路（Infrastructure Network）

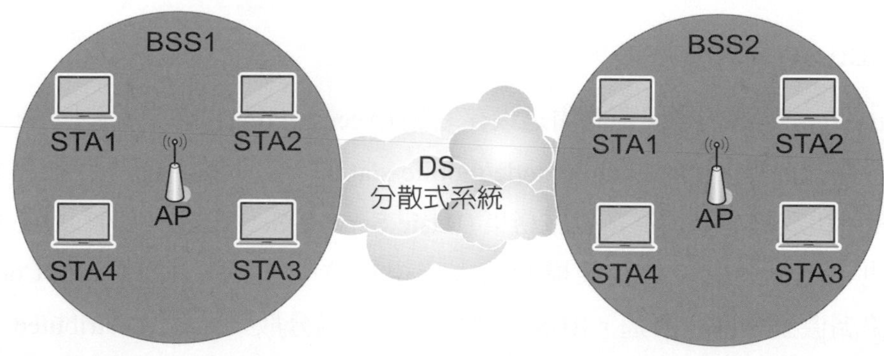

圖 13-4 擴充服務集 (Extended Service Set，EES)

◆隨意網路

只要有兩個 (以上) 無線節點就可以組成一個隨意網路（Ad Hoc Network），不需要透過存取點與分散式系統 (Distributed System，DS)。各節點之間採用分散式協調功能 (Distributed Coordination Function，DCF) 進行溝通，這種架構又稱為獨立基本服務集（Independent BSS），對於建立臨時性的區域網路而言，非常方便，以上的兩種拓樸是為了配合不同應用環境而制定的，當然 IEEE 802.11 允許這兩種拓樸同時並存。

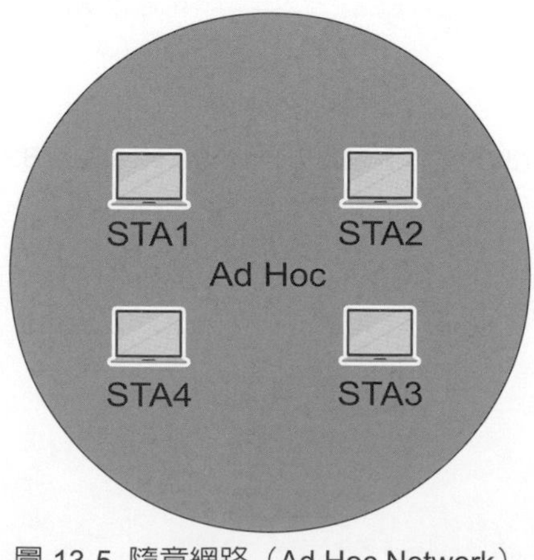

圖 13-5 隨意網路（Ad Hoc Network）

13-4 IEEE 802.11

802.11 是由 Cisco、3Com、IBM、Apple、Intel、AMD、Lucent、Dell 等大廠主導，在 1997 年由 IEEE 正式核可的無線區域網路標準，也正是本章節的主角。又可分為許多版本，請參考表 13-1 所示，無線區域網路 (wireless Location Network，WLAN) 所指的也就是 802.11 系列，IEEE 802.11 標準主要定義了無線區域網路的實體層 (PHY) 與媒介存取控制 (MAC) 的詳細規格。

表 13-1 無線標準 802.11 家族表

新命名	標準名稱	最高速度
	802.11a	54 Mbps
	802.11b	11 Mbps
	802.11g	54 Mbps
Wi-Fi 4	802.11n	600 Mbps
Wi-Fi 5	802.11ac	6936 Mbps
	802.11ad	675736 Mbps
Wi-Fi 6	802.11ax	10.53 Gbps

昔日 802.11n、802.11ac、802.11ax 容易讓人混淆，化繁為簡改稱為 Wi-Fi 4，即第四代無線網路、Wi-Fi 5，即第五代無線網路、Wi-Fi 6，即第六代無線網路，無線網路代數數字愈大代表愈新愈強的邏輯，較為方便且易懂，但注意並沒有 Wi-Fi 1 / Wi-Fi 2 / Wi-Fi 3 這些術語。

圖 13-6 802.11 標準網路連線設備

13-4-1 IEEE 802.11 的特色

1. 高速 (High Rate)：根據最新的 802.11ax 規格，它可以提供 Giga bps 的資料傳輸率，可因應未來使用，應用上相當具有高速性，這也是 802.11 目前最具優勢的一點。
2. 可靠 (Reliable)：802.11 採用載波偵測多重存取 / 碰撞避免（Carrier Sense Multiple Access with Collision Avoidance, CSMA/CA）演算法，可以減少封包踫撞而損毀的機率，保持一定的傳輸品質，並且進一步提供 RTS (Request To Send，RTS) / CTS (Clear To Send，RTS) 的功能，可以避免隱藏點 (Hidden Node) 的問題。
3. 安全 (Safe)：802.11 實體層所採用的技術，例如：直接序列展頻 (Direct Sequence Spread Spectrum，DSSS) 本身就具有一定的安全機制，再加上 MAC 層所提供的加密法則。
4. 漫遊 (Roaming)：透過多重頻道的切換功能以及換手 (Handover) 的溝通法則，802.11 的無線節點也能夠像我們常用的行動電話一樣享用漫遊的服務。

13-5 IEEE 802.11 實體層

802.11 定義了三種實體層技術，除了紅外線之外 DSSS 與 FHSS 都是採用 2.4~2.4835GHz 的 ISM(工業 Industrial、科學 Scientific 及醫學 Medical 用途) 頻帶作為無線傳輸的頻率，ISM 的好處是不需要申請頻道，較方便且節省成本，更棒的是幾乎全球通用。而 DSSS 與 FHSS 都是屬於展頻 (Spread Spectrum) 技術，研發的目的一開始是為軍事需要，為了抗雜訊干擾，在傳送前加入錯誤更正碼 (Error Correct Code，ECC)。

◆ ISM 頻帶

ISM 頻帶是專門提供工業 (Industrial)、科學 (Scientific) 及醫學 (Medical) 領域使用的頻帶，所以不需要申請可以自行使用，後來也開放給所有使用無線電波的設備使用，幾乎全世界都已開放，除了少數國家，像是西班牙和法國。

ISM 頻帶主要有三個頻帶分為 900MHz (902MHz~928MHz)、2.4GHz (2.4GHz~2.4835GHz) 及 5.8GHz (5.725GHz~ 5.85GHz)，各國並不完全一樣，在美國有三個頻段 902-928 MHz、2400-2484.5 MHz 及 5725-5850 MHz，而在歐洲有部份 900MHz 的頻段用於行動通信上，而 2.4GHz 為各國共同的 ISM 頻段，因此無線區域網（IEEE 802.11b/IEEE 802.11g）、藍牙、ZigBee 等無線網路，均可工作在 2.4GHz 頻段上。

表 13-2 ISM 頻帶

	ISM 頻帶	用途
美國	900MHz (902MHz~928MHz) 2.4GHz (2.4GHz~2.4835GHz) 5.8GHz (5.725GHz~ 5.85GHz)	ISM
各國通用	2.4GHz (2.4GHz~2.4835GHz)	無線網路

13-5-1 FHSS

跳頻展頻 (Frequency Hopping Spread Spectrum，FHSS)，展頻技術之一，同步是FHSS 最基本的要求，在 2.4GHz 頻帶以 1MHz 的頻寬將其劃分為 75-81 個無線電頻率通道（Radio Frequency Channel；RFC），發送兩端需要在一定時間間隔同步跳躍到相同的頻率（Frequency Hopping）來完成收發來接發訊號及防止資料擷取（跳躍頻率的最大時間間隔為 250ms，也就是每秒跳頻至少 4 次，傳送端傳送資料時所使用的頻道依照某一特定的順序變換使用而接收端也要同 使用相同順序變換頻道來接收才能正常還原使用，不知道變換頻道的順序，就無法正常接收還原使用。

13-5-2 DSSS

直接序列展頻 (Direct Sequence Spread Spectrum，DSSS) ，也是展頻技術之一，在原本的 802.11 規格中，DSSS 可藉由 DBPSK(Differential Binary Phase Shift Keying) 技術達到 1Mbps 的傳輸率，藉由 DQPSK(Differential Quadrature Phase Shift Keying) 則能達到 2Mbps 的高速率；而在 802.11b 規格中，它可以透過 CCK (Complementary Code Keying) 與選擇性的 PBCC (Packet Binary Convol utional Coding) 調變技術，達到 5.1 或 11Mbps 的速率。

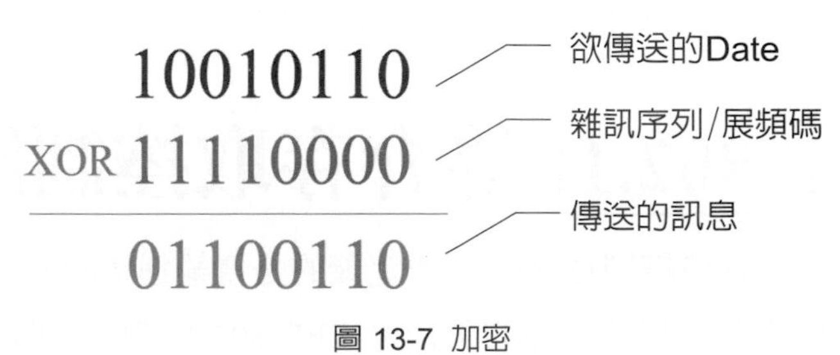

圖 13-7 加密

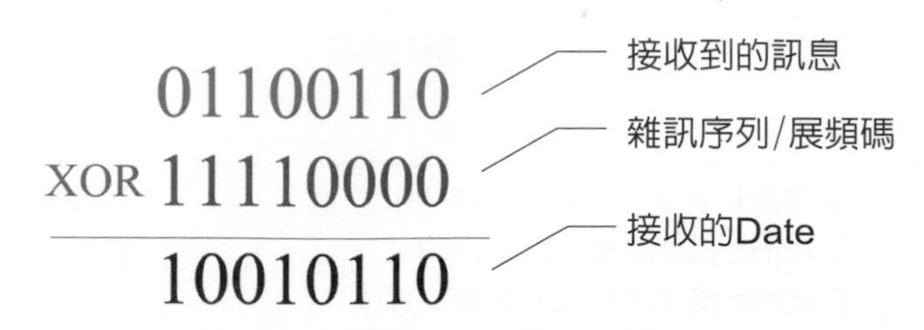

圖 13-8 解密

表 13-3 XOR 閘真值表

XOR 閘		
輸入		輸出
0	0	0
1	0	1
0	1	1
1	1	0

傳送端以直接序列展頻將要傳送的資料依圖 13-7 的方式來處理 (加密)，即是將欲傳送的 Data 與雜訊序列 (或稱爲展頻碼) 做互斥或後再傳送出去，而接收端以直接序列展頻將要接收的資料依圖 13-8 的方式來還原 (解密)，即是將接收到的 Data 與雜訊序列 (或稱爲展頻碼) 做互斥或（請參考表 13-3）後就能還原回傳送欲傳送的 Data。

802.11 是將整個頻帶切割爲 11 個頻道 (Channel/Chip)，傳輸原理是將資料與一個虛擬亂數 PN(Pseudo-Random) 做互斥或 (Exclusive OR，XOR)，或藉由 11 位元的 Barker Sequence 以人爲的方式將資料切割後，再展佈到比原始資料更寬的頻道中，進行訊號的傳送。如此可避免多重路徑衰退 (Multipath Fading) 的問題，干擾訊號也比較小，具有較高的安全性。11 個頻道中相鄰頻道有部份重疊，若要不重疊，可利用空間來隔開，或錯開使用的頻道，頻道 1、頻道 6 及頻道 11 是不錯的選擇。

13-6 IEEE 802.11 媒介存取控制層

IEEE 802.11 在媒介存取控制 (MAC) 層所定義的是傳輸通道的分配協定、資料定址、封包的格式、分段與重組，以及偵錯的工作。IEEE 802.11 無線網路所採用 MAC 協定是載波感測多重存取 / 碰撞避免（Carrier Sense Multiple Access with Collision Avoidance, CSMA/CA），而有線網路的乙太網路所採用載波感測多重存取 / 碰撞偵測（Carrier Sense Multiple Access with Collision Detection，CSMA/CD），爲何不使用 CSMA/CD 就好了？因爲在無線的環境下要做好碰撞偵測不太實際，訊息發射與接收有強弱之分加位置因素，就有機會處於不佳的位置造成誤判，使得效能低落，經改良後的 CSMA/CA，較 CSMA/CD 適合於無線網路，但仍有小問題，例如：隱藏點與暴露點問題，所以還是有可能發生碰撞，稍後說明。

CSMA/CA 運作方式如下：

1. 傳送端要傳送資料前，先檢查傳輸媒介上是否已有其他的訊號，即確認是否處於空閒狀態（idle）。
2. 如果傳輸媒介上已沒有任何訊號，則想要傳送資料的電腦便會送出一個“要求傳送”(Request To Send，RTS) 的訊號。
3. 仲裁者 (Coordinator)/ 接收端會回傳一個允許傳送 (Clear To Send，CTS) 的訊號。

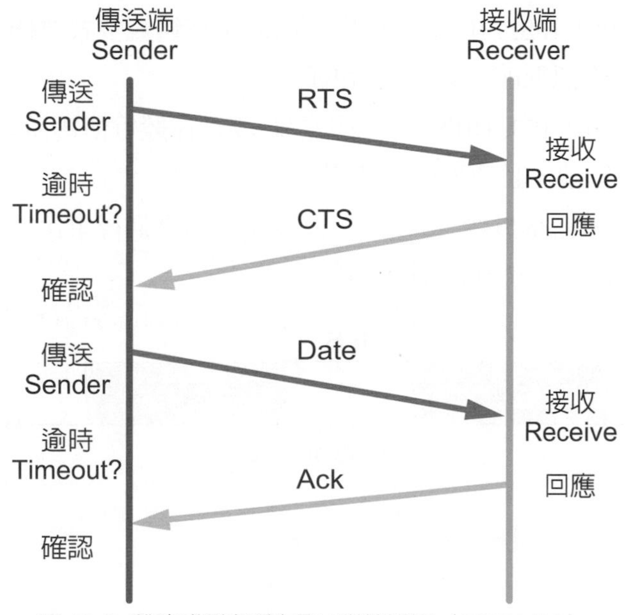

圖 13-9 載波感測多重存取 / 碰撞避免（CSMA/CA）

4. 想要傳送資料的傳送端收到了“允許傳送”的訊號後，便開始傳送資料。
5. 當資料傳送完畢後，傳送資料的傳送端會送出一個結束訊號（ACK），表示已傳送完畢。

CSMA/CA 是屬於四向交握，接下來將介紹二種協調機制，功能是用來決定如何使用頻道 / 媒介，像決定誰先用誰後用，使用多少久等等的問題，協調機制的設定分爲有仲裁者 (Coordinator) 及無仲裁者，有仲裁者就由有仲裁者來決定，一般會以輪詢（Polling）方式，依序詢問使用者是否需要傳送，而衍生的問題就是優先權的問題，反之無仲裁者誰來決定呢？一般採用競爭（Contention）的方式，剛才提到的二種協調機制分別爲分散式協調功能 (Distribution Coordination Function，DCF) 及集中式協調功能 (Point Coordination Function，PCF)。

13-6-1 DCF

分散式協調功能 (Distribution Coordination Function，DCF)。DCF 是 802.11 主要的協調機制，採用 CSMA/CA 演算法，屬於競爭性 (Contention-based) 的傳輸邏輯。說明前，先介紹訊框間隔（Interval Frame Space, IFS）是訊框與訊框之間的時間間隔，依時間長短分為短訊框間隔（Short IFS, SIFS）、PCF 訊框間隔（PCF IFS, PIFS）、DCF 訊框間隔（DCF IFS, DIFS）及延長訊框間隔（Extended IFS, EIFS）

1. 短訊框間隔（Short IFS, SIFS）：此間隔時間是用來做立即回應的訊框使用，屬於 SIFS 的訊框有：要求傳送（Request to Send, RTS）、允許傳送（Clear to Send, CTS）、確認回覆（Acknowledge, ACK）或輪詢回應（Poll Response）等，是此四種訊框間隔中最短的一種。
2. PCF 訊框間隔（PCF IFS, PIFS）：此間隔時間是在無競爭式傳輸服務 (Contention-Free) 時，PCF 傳送訊框前，必須等待的時間。
3. DCF 訊框間隔（DCF IFS, DIFS）：此間隔時間是在競爭傳輸模式 (Contention-based) 下，DCF 傳送訊框前，必須等待的時間。
4. 延長訊框間隔（Extended IFS, EIFS）：此間隔時間是進行重送訊框時，必須等待的時間，是此四種訊框間隔中最長的一種。

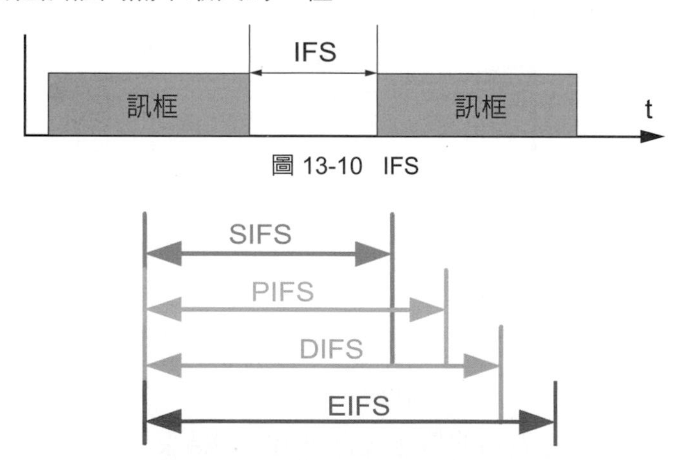

圖 13-10　IFS

圖 13-11 四類 IFS 時間長之比較（SIFS < PIDS < DIFS < EIFS）

於載波感測的部份，802.11 定義了實體感測與虛擬感測兩種方式，前者是藉由天線實際偵測無線媒介中的訊號強度；後者則是網路分配向量 (Net Allocation Vector，NAV) 來決定何時要進行載波感測，NAV 是藉由 RTS/CTS 訊框中所定義的持續時間（Duration Time）來計算傳輸時間，以及無線媒介可能閒置的時間。

◆ 後退演算法與碰撞延遲

在分散式協調機制下，傳送端偵測到頻道 / 媒體 / 媒介空閒後，需再等待一 DIFS 訊框間隔時間，再進入競爭視窗（Contention Window, CW），競爭到取獲得傳送權，再進行資料傳送。

當進入競爭視窗後，依後退演算法（Backoff Algorithm）算出一個隨機等待時間，再等待這段隨機時間之後，將訊框傳送到頻道上，順利時預期時間內會收到接收端回應 ACK 訊框，不順利時，即預期時間內沒有收到接收端回應 ACK 訊框，就視為與其他傳送端發生碰撞，傳送端會再使用後退演算法，來計算隨機等待時間，來避免再次發生碰撞，但還是有機會再次碰撞，再連續發生碰撞後，後退演算法所算出的隨機等待時間長度會較一般隨機等待時間長，所以此訊框間隔也稱之為延長訊框間隔（Extended IFS, EIFS），以降低再次碰撞機率，避免避免效能不佳。

Backoff time = CW * Random() * Slot time

後退時間 = 競爭視窗 * 亂數值 * 時槽時間

亂數值介於 0~1 間

至於踫撞避免 (CA) 的部份，它使用後退演算法（Backoff Algorithm）來減少踫撞發生的機率。DCF 還提供了一種稱為四手交握 (4-Way Handshaking) 的傳輸演算法，它是加強資料傳輸的可靠性。四手交握 (4-Way Handshaking) 即使 RTS、CTS、DATA 及 ACK 等信號來做控制。

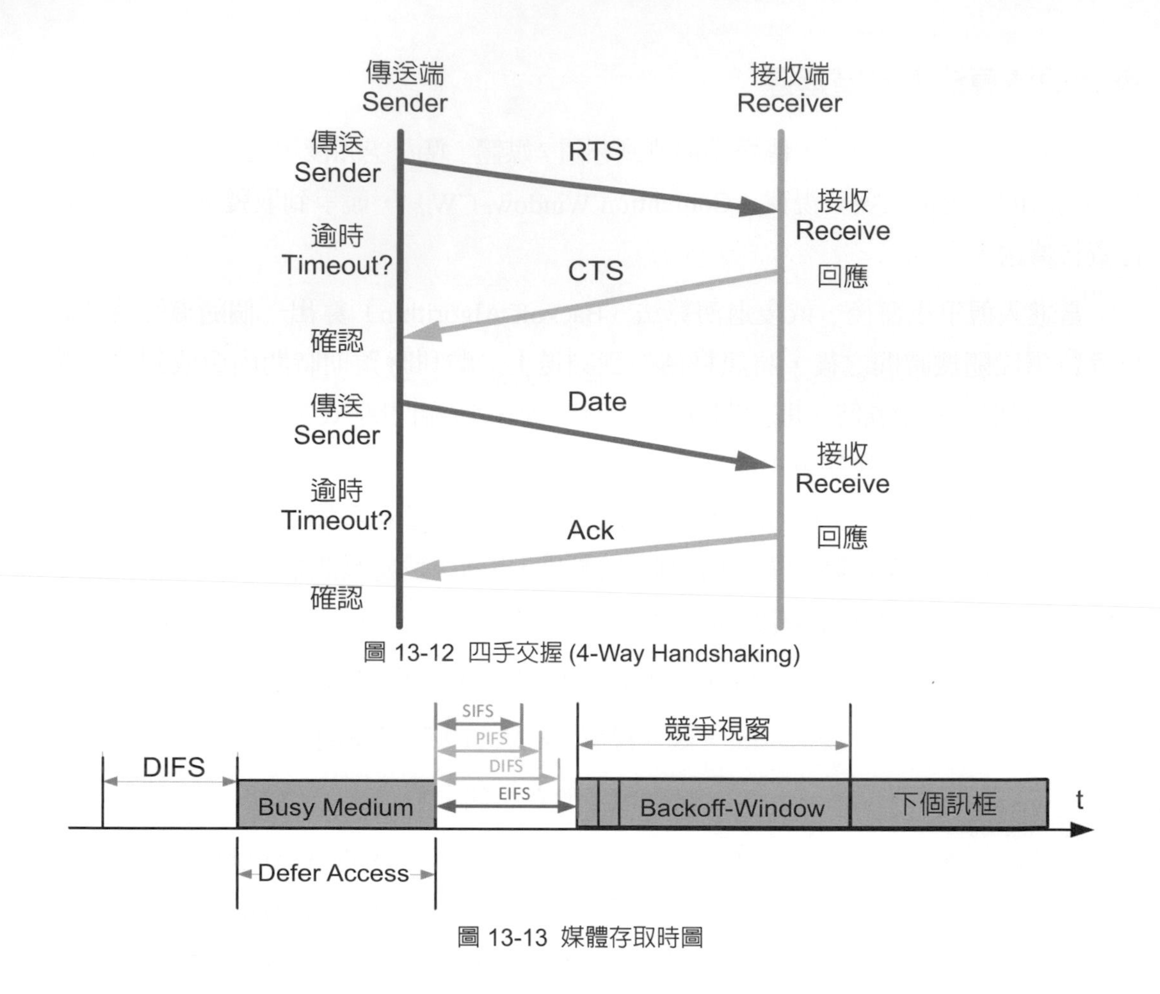

圖 13-12 四手交握 (4-Way Handshaking)

圖 13-13 媒體存取時圖

13-6-2 PCF

集中式協調功能 (Point Coordination Function，PCF)。PCF 是附加在 DCF 之上的選擇性 (Optional) 協調機制，PCF 必須透過一個存取點扮演仲裁者 (Coordinator) 的角色，負責以輪詢 (Polling) 的方式來分配 BSS 中無線媒介的存取，屬於非競爭性 (Contention-Free) 的傳輸機制，並且提供時限性 (Time-Bounded) 服務，PCF 適用於具有存取點的 BSS 架構中，BSS 中的存取點在等待一個 DIFS 時間後，如果無線媒介處於閒置狀態，仲裁者就會送出一個特殊的訊號封包 (Beacon)，就是超級訊框（Superframe）開始，超級訊框的出現率是固定的，超級訊框由非競爭周期 (Contention-Free Period) 及競爭周期 (Contention-based Period) 組合而成，競爭周期 (Contention-based Period) 會採用 PCF 協調機制。

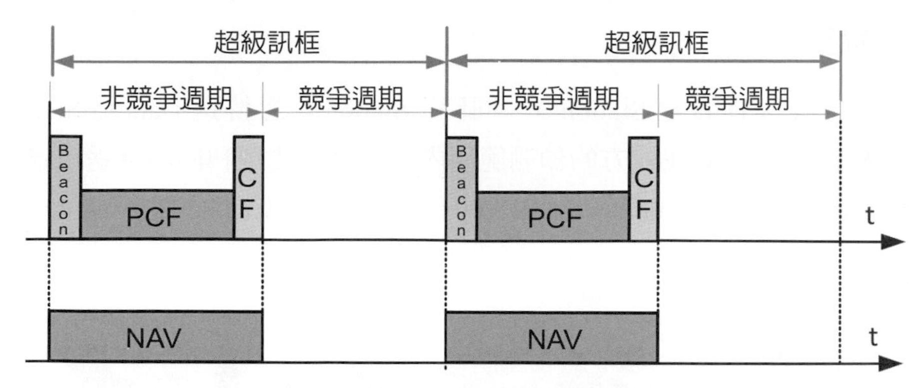

圖 13-14 超級訊框（Superframe）

13-7 隱藏點與暴露點

在無線通訊中，時常會發生該收到信號而沒收到及不該收到信號而收到信號衍生問題，這就是所謂的隱藏點問題 (Hidden station problem) 與暴露點問題 (Exposed station problem)，這類的問題會造成干擾或效率降低。

隱藏點問題

Station A 正在傳送 Data 給 Station B，這時，Station C 也想傳送 Data 給 Station B，因 Station C 偵測不到 Station A 的訊號，所以 Station C 就傳送 Data 給 Station B，因此干擾了 Station A 傳送 Data 給 Station B，這種情況稱之爲隱藏點問題 (Hidden station problem)，也有人稱爲 Hidden node problem。

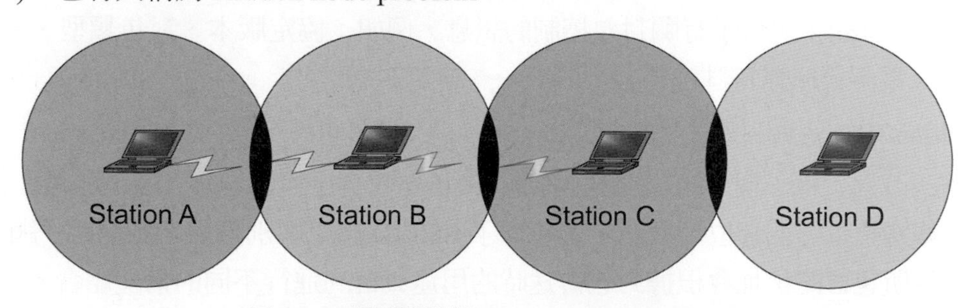

圖 13-15 隱藏點問題 (Hidden node problem)

◆ 暴露點問題

Station B 想傳送 Data 給 Station A，同時，Station C 想傳送 Data 給 Station D，而 Station B 及 Station C 彼此在對方的偵測範圍內，所以無法順利同時傳送，這種情況稱之為暴露點問題 (Exposed station problem，也有人稱為 Exposed node problem。

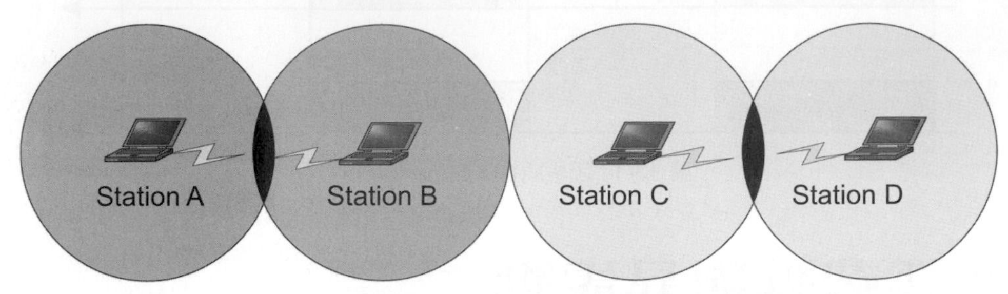

圖 13-16 暴露點問題 (Exposed station problem)

13-8 IEEE 802.11 封包格式

MAC 封包格式可分為三大部分：標頭 (Header)、本體 (Body)、檢查序 (Frame Check Sequence，FCS)。

Octets:2	2	6	6	6	2	6	0-2312	4
Frame Control	Duration /ID	Address 1	Address 2	Address 3	Sequence Control	Address 4	Frame Body	FCS

MAC Header

圖 13-17 802.11 封包格式

1. Frame Control：包含了有關封包控制的訊息，例如：協定版本、封包類型、分段、WEP、電源管理等資料。
2. Duration/ID：定義封包傳輸的時間長度，在 CFP 週期內，其值為 32768。
3. Address 1~4：每一個 Address 欄位都是 48bits，包含了目的位址、來源位址、接收位址、傳送位址等四種位址資訊，也包含了 BSS ID 用以區別無線區域網路子網路，這些欄位所包含的位址會根據封包傳送時的用途與目的進行不同的搭配組合。
4. Sequence Control：包含 12bit 的順序欄位以及 4bit 的分段欄位，用以辨識封包的順序，以及在整個資料段中所處的位置。
5. Frame Body：實際資料的存在位址，可以不包含任何資料，最多可以包含 2312bytes 的資料。
6. FCS：英文全名是 Frame Check Sequence 採用 32bit 的循環冗餘校驗（Cyclic redundancy check，CRC）來作檢查，提供封包的偵錯與檢驗功能。

此部份建議使用封包擷取軟體搭配 RFC 來觀察驗證學習，效果較好。

13-8-1 IEEE 802.11a

IEEE 802.11a 是使用 5 GHz 的頻帶，又稱爲 U-NII (Unlicensed National Information Infrastructure) 頻帶，屬於 ISM 頻帶，即不需要申請的頻帶，只有少數的無線裝置支援，傳輸技術是使用 OFDM(Orthogonal Frequency Division Multiplexing)，此技術不是展頻技術，是利用特殊的頻道分割方式，達到更快速的傳輸方式，缺點是需使用較多頻寬，依調變的技術不同傳輸的速度可由 6Mbps 開始，最高可達到 54Mbps。

表 13-4 早期無線網路標準

標準名稱	工作頻帶	傳輸速率	使用技術
IEEE802.11a	5.2GHz	54Mbps	OFDM
IEEE802.11b	2.4GHz	11Mbps	DSSS
IEEE802.11g	2.4GHz	54Mbps	OFDM
IEEE802.11n	5GHz	600Mbps	MIMO

UNII 有三個頻帶，都是 100MHz，分別爲 UNII 1 (5.15~5.25GHz)、UNII 2 (5.25~5.35GHz) 及 UNII 3 (5.725~5.825GHz)。

13-8-2 IEEE 802.11b

IEEE 802.11b 使用高速直接序列展頻 (HR-DSSS) 的傳輸技術，利用 2.4GHz 的頻帶，依所使用的調變技術不同，有 4 種傳輸速率：

1 Mbps：採用 DBPSK (Differential Binary Phase Shift Keying) 調變技術。

2 Mbps：採用 DQPSK (Differential Quadrature Phase Shift Keying) 調變技術。

5.5 Mbps、11 Mbps：這兩種高速傳輸模式都是採用 CCK (Complementary Code Keying) 的調變技術。

IEEE 802.11b 標準是無線區域網路的一種規格，認證機構爲無線以太網路相容性聯盟 (Wireless Ethernet Compatibility Alliance，WECA)，負責確保任何產品只要合於 IEEE 802.11b 標準，就能彼此相互操作，通過此項認證的產品則稱爲符合 Wi-Fi 規格，Wi-Fi 官方網站爲 www.wi-fi.com。IEEE 802.11b 標準定義了 11 個可用頻道，每個頻道的中心頻率間隔爲 5 MHz，頻道的編號是從 1 至 11，由於 IEEE 802.11b 的信號在同一地區內相鄰的頻道容易發生干擾現象，因此若同一地點有多個 Wi-Fi 網路，錯開使用 1、6 和 11 頻道，防止干擾情形的出現，也可以達到頻道重複使用的效果。

Wi-Fi 和藍牙產品都使用無須授權 (Unlicensed) 的 2.4-GHz ISM 頻帶，世界各國對此頻帶的操作規定可能並不相同，有些差異，本書只討論美國聯邦通訊委員會對2.4-GHz頻帶的有關規定。Wi-Fi系統可在11 Msps速率下透過BPSK與QPSK信號集來傳送資料，爲符合 IEEE 802.11b 標準的頻譜遮罩要求，Wi-Fi 系統會使用一個平方根升餘弦脈衝重塑濾波器 (Square Root Raised Cosine Pulse-shaping Filter) 來濾波，Wi-Fi 產品的資料傳輸速率最高可達 11 Mbps，最大傳送距離則爲 100 公尺，但實際距離會受到發射功率及環境的影響，例如：戶內或戶外及地形地物的影響而有所不同。

13-8-3 IEEE 802.11g

802.11a 設備無法在 802.11b 網路上使用，兩者使用的頻帶不同及傳輸速度也不同，但 802.11a 的安全性較 802.11b 佳，也傳輸速度比 802.11b 快將近五倍，但因爲不相容，所以就有了第三種 802.11 技術，802.11g，擁有 802.11a 的速度、安全性優於 802.11b，但卻又能與 802.11b 相容。

有許多人認爲 802.11 標準的無線網路會取代藍牙無線網路，也有人持相反的意見，筆者個人認爲藍牙與 802.11 各自擁有自己的市場，主要是因爲一開始它們的產品定位就不同，只是都是做無線傳輸，而藍牙目前在市場上開始有持續發光發熱的主要的原因是有了新的技術及市場。

另外還有一種規格就是超寬頻 (Ultrawideband，UWB) 技術，可在 15 英呎距離內有 400Mbps~500Mbps 的傳輸速率。但此技術受限於美國法規而無法普及，UWB 發出的訊號會干擾機場雷達或衛星導航等等系統，仍有待改善。

在歐洲還有另外一個標準，叫做高效能無線區域網路 (High Performance Radio LAN，HiperLAN)，是由歐洲電信標準協會 (European Telecommunication Standards Institute, ETSI) 制定的，而 HiperLAN 可分爲 HiperLAN/1 及 HiperLAN/2。

- HiperLAN/1：適用於 Wireless LAN，最大距離爲 50 公尺，最大功率 1W，23.5Mbps，使用 5GHz 的頻帶。
- HiperLAN/2：適用於 Wireless ATM，最大距離爲 50 公尺，最大功率 1W，54Mbps，使用 5GHz 的頻帶。

13-8-4 IEEE 802.11n

IEEE 802.11n-2009，一般稱爲 IEEE 802.11n，Wi-Fi 聯盟自 2018 年起，改稱爲 Wi-Fi 4，且 logo 直接就有，易於辨識，是對於 IEEE 802.11-2007 無線區域網路標準的修正

規格。目標在於改善先前的兩項無線網路標準，包括 802.11a 與 802.11g，在網路流量上的不足。IEEE 802.11n 的最大傳輸速度理論值為 600Mbit/s，與先前的 54Mbit/s 相比有大幅提升，傳輸距離也會增加。802.11n 增加了多輸入多輸出系統（Multi-input Multi-output; MIMO）的標準，使用多個天線來允許更高的資料傳輸率。

◆ MIMO

多輸入多輸出技術（Multi-input Multi-output，MIMO）是一種天線技術，基本原理是透過發射端與接收端都有多組天線且都可以各自獨立發射與接收訊號，可以在不需要增加頻寬或總發送功率耗損的情況下大幅地增加系統的資料吞吐量（throughput），有效提升無線通訊系統之頻譜效率，及改善通訊品質，但是天線越多，干擾值越高，商業化產品難度高，市面上較常見的是 2×2，即 2 支發射天線及 2 支接收天線方式。

MIMO 出現前，採用的是單輸入單輸出系統（Single-Input Single-Output，SISO），相當於單線道公路，MIMO 則是多線道公路，並包含早期的智慧型天線（Smart Antenna），也就是單輸入多輸出系統（Single-Input Multi-Output，SIMO）和多輸入單輸出系統（Multiple-Input Single-Output，MISO）。以天線 (Antenna) 電波的發射方向來分類，可分為：方向性 (Directional) 天線、半方向性 (Semi-directional) 天線及全方向性 (Omni-directional) 天線。

13-8-5 IEEE 802.11ac

IEEE 802.11ac 是 802.11 家族 (請參照表 13-5) 的一項無線網路標準 802.11ac 是 802.11n 的後繼者，2008 年年底，由 IEEE 標準協會成立新小組制定，透過 5GHz 頻帶提供高通量的無線區域網路（WLAN），俗稱第五代 Wi-Fi，因其使用 5GHz 頻帶，Wi-Fi 聯盟自 2018 年起稱為 Wi-Fi 5，且 logo 直接就有，易於辨識，開發目標是"Very High Throughput 6GHz"，IEEE 802.11ac 採用 802.11n 的空中介面（air interface）概念並擴展它，包括更寬的 RF 頻寬（提升至 160MHz），更多的 MIMO 空間串流（spatial streams）擴增到 8，下行多使用者的 MIMO 最多可到 4 個，以及高密度的調變（modulation）達到 256QAM。IEEE 802.11ac 有二代，2014 年推出 802.11ac Wave1，2016 年推出 802.11ac Wave2，主要的不同在於天線的設計及傳輸速度不同。

表 13-5 無線網路協定表

協定	頻率	Max PHY Rate	室內距離	室外距離
802.11a	5.15-5.35GHz 5.47-5.725GHz 5.725-5.875GHz	54Mbps	30m	45m
802.11b	2.4-2.5GHz	11Mbps	30m	100m
802.11g	2.4-2.5GHz	54Mbps	30m	100m
802.11n	2.4 / 5GHz	150Mbps (40MHz,1MIMO) 600Mbps (40MHz,4MIMO)	70m	250m
802.11ac	5GHz	200Mbps (40MHz,1MIMO) 433.3Mbps (80MHz,1MIMO) 866.7Mbps,Wave 2 (160MHz,1MIMO)	35m	

請參照表 13-5，IEEE 802.11b/g 使用 2.4GHz 的射頻（Radio frequency，RF）頻段，802.11g 為 802.11b 的升級版，最大實體傳輸速度（PHY rate）從 11Mbps 提升到 54Mbps；IEEE 802.11a 使用 5GHz 頻段，最大 PHY rate 為 54Mbps，所使用的頻道頻寬都是 20MHz。而 IEEE 802.11n 為 802.11a 和 802.11g 的改良版，IEEE 802.11n 頻道可以使用 40MHz 的頻寬，來倍增 PHY rate 外，還採用了 MIMO(multiple-input and multiple-output) 的技術，使得可以一次使用多個頻道傳送資料。簡單來說，就是使用多組天線的裝置。在市面上選購 IEEE 802.11n 無線 AP 時，可以簡單用有幾支天線來看此 AP 支援最大的 PHY rate 是多少，一支天線為 150Mbps，兩支就是 300Mbps，以此類推。

IEEE 802.11ac 則採用了 5GHz 的頻段，頻道的頻寬可分為 20/40/80/160MHz，擁有更大的 PHY rate，配合 MIMO 的技術，更能提升傳輸速度，一支天線約有 866.7Mbps 的 PHY rate，但 5GHz 的缺點在於傳輸距離並沒有像 2.4GHz 可達到約 100 公尺。

13-8-6 IEEE 802.11ad

IEEE 802.11ad 標準使用 60GHz 超高頻段，也稱為第三 Wi-Fi 頻帶（Wireless Gigabit，WiGig），其電磁波波長為 5mm，理論連線速度高達 7Gbps，比現有任何 IEEE 802.11ac 規格快兩倍以上，IEEE 802.11ac 開發目標是“Very High Throughput

6GHz”，IEEE 802.11ad 則為“Very High Throughput 60GHz”，IEEE 802.11ad 使用 60GHz 超高頻段運作，無法相容舊有 Wi-Fi 標準，且 IEEE 802.11ad 極容易受障礙物影響，使其無線覆蓋能力大減，所以 IEEE 802.11ad 較適合短距離且無牆壁阻擋的空間，否則會大幅降速，甚至無法連接。

13-8-7 IEEE 802.11ax

IEEE 802.11ax 同時支持 2.4G/5G 頻段，是第六代 Wi-Fi 標準，logo 直接就有，易於辨識，也被稱為高效率無線標準 (High-Efficiency Wireless，HEW)，未來很有可能取代市面上 IEEE 802.11n 和 IEEE 802.11ac 的產品。另外 IEEE 802.11ax 擁有較佳的 MU-MIMO（支持 8 個終端上行 / 下行 MU-MIMO），且使用了 OFDMA 技術，多裝置連線新技術大躍進，平均傳輸速率升數倍，加上網狀網路（Mesh Network）全覆蓋無死角，不再受地形地物影響收訊。

IEEE 802.11ax 優點頻寬大，傳輸速率從單一 433Mbp 提升到 600Mbps，單路頻段 2×2 能推升至 1200Mbps，理論速度超過 1000Mbps，所被稱為 Gigabit Wi-Fi，尤其在最高 8×8 架構下，5GHz 單頻總速率可上衝 4800Mbps。速度快頻寬大還是其一，關鍵重點在於 802.11ax 搭載正交頻多重分址調變技術（OFDMA），能將 Wi-Fi 封包切成數百個子載波小段，並同時分配給不同裝置使用，好處解決傳統運作時封包需依序傳輸機制，會因前有路隊長，造成後面大塞車，主因是需依序傳輸所造成的等待，OFDMA 更能因應未來無線環境下多裝置連線的順暢性。

此外 802.11ax 更增加 BSS 著色機制（BSS coloring），可不受周遭其他無線 AP 的訊號溢波干擾而降速，例如：鄰居家也有使用相同頻道的無線 AP，此技術是在表頭標示不同顏色，就能不理會對方的訊號；且新導入目標喚醒技術 (Target wake time，TWT)，主要改善了電力消耗問題，無線 AP 與各別行動裝置協商好喚醒時間，時間到行動裝置才醒來，等待無線 AP 發送觸發（Trigger）而進行資料交換，交換傳送完後，行動裝置可以再返回睡眠模式，有效改善行動裝置 Wi-Fi 連線時的電力消耗，有助於行動裝置省電續航改善，待機時間可增長，TWT 有三種工作模式，分別為個自 TWT（Individual TWT）、廣播 TWT（Broadcast TWT）及機會式省電模式（Opportunistic PS）。

表 13-6 無線網路協定表

標準編號	802.11n	802.11ac	802.11ad	802.11ax
Wi-Fi 分類	WiFi-4	WiFi-5		WiFi-6
吞吐量 Throughput	72~600 Mbps	433~3467 Mbps	4,600 Mbps 直到 7 Gbps	600~9608 Mbps
年份	2009	2013	2012	2019
涵蓋範圍	Home 70m	Home 30m	Room, <5m	
最大頻寬	40MHz	20 MHz、40 MHz、80 MHz、80+80 MHz 與 160 MHz	80 或 160 MHz	20 MHz、40 MHz、80 MHz、80+80 MHz 與 160 MHz
工作頻率	2.4/5 GHz	5 GHz	2.4/5/60 GHz	2.4/5 GHz
MIMO	4x4 MIMO	8x8 MIMO	無	8x8 MU-MIMO
MU-MIMO	無	下行	無	上行下行
最高調變	64 QAM	256 QAM	256 QAM	1024 QAM
應用	Data, Video	Video	Uncompressed Video	Video
傳輸分頻多工	OFDM	OFDM	OFDM	上行 OFDMA
下行 OFDMA	無	無	無	有
BSS 色彩	無	無	無	有
TWT	無	無	無	有

◆MU-MIMO 技術

MIMO 技術分為 SU-MIMO 及 MU-MIMO，之前介紹過 MIMO 是使用多組天線來進行傳送接收，還可再細分為上行還是下行，或是上下行，還可再細分為單一使用者 (Single User) 或多使用者（Multi-User），在行動裝置越來越盛行的世代，支援 Multi-User 才是必須的，且目前 WiFi 設備雙頻（即 2.4G 及 5G）是主流，2.4G 頻帶的好處是傳輸距離達 100 公尺，5G 頻帶的好處是傳輸速度快，通訊要順暢要通道要高速，設備都要配套做好才能達到效果，不然就會形成瓶頸。想像一下，國道大塞車，而省道順暢無車走，反之亦然，雙頻都適用時，國道塞車，省道順暢就改走省道，反之亦然，此法才是正道，再者，國道未塞車，卻開龜速上國道，造成後方回堵。

◆ OFDMA

OFDMA 應該是 802.11ax 科技之處。簡單說，OFDMA 將訊框結構重新設計，細分成若干資源單元（Resource Unit, RU），從而爲多用戶服務，用貨櫃車載貨來形容 OFDMA 技術，在原先 802.11n/ac 中使用的 OFDM 技術中是按訂單發貨，不管訂單貨物多少，接一訂單發一趟車，空載率會很高，而 OFDMA 技術則是將多個訂單整合在一起，儘量讓貨櫃車滿載上路，如此一來就能使運輸效率大大提高。最後提醒 Wi-Fi 6（802.11ax）是一個無線網路標準，只有在網路中所有的設備都支援 Wi-Fi 6 的情況下，才能使效果發生作用。否則效果就會大打折扣。

13-9 IEEE 802.11 的驗證方式

WLAN 的連線包括兩個步驟：第一步驟驗證，第二步驟連線，802.11 的驗證方式有兩種，分別爲 Open System 及 Shared Key。

Open System：只要 Client 及 AP 使用相同的 SSID 即可，802.11 預設爲此模式，是最簡單的認證方式。SSID 就是每個 AP 所形成的網路所使用的 ID。

Shared Key：使用 WEP (Wired Equivalent Privacy)，而 Client 及 AP 需使用相同的 WEP Key，而 WEP 有三種不同的設定：無 WEP、64-bit WEP 及 128-bit WEP，WEP 使用的是 RC4 演算法，這是一種串流加密器 (Stream Cipher)，它將短的鍵値展開成爲無限制的虛擬亂數鍵値串。

SSID 和 WEP 有本質上的缺陷，此機制是認機器不認人，若此機器是多人共用，則就會發生安全性問題，或是該機器遺失，而機器主人忘了通知管理員，也會發生安全性問題，因爲此機制是利用 NIC 的 MAC 地址和 WEP 密鑰。

13-10 熱點

無線區域網路在台灣已是很普遍了，使得一些公用場所要提供無線上網的服務，而提供無線上線的場所稱之爲熱點 (Hotspot)，現在在台灣提供無線上網的服務 Hotspot 有桃園國際機場、捷運站、便利商店、咖啡店、速食餐廳等等，有些是免費，有些可能要付費。

◆最後一哩

電信公司 (ISP) 的 (Central Office，CO) 到用戶的這段線路，稱之為最後一哩 (Last Mile)，而最後一哩是各家 ISP 爭食的戰場。

13-11 行動 IP

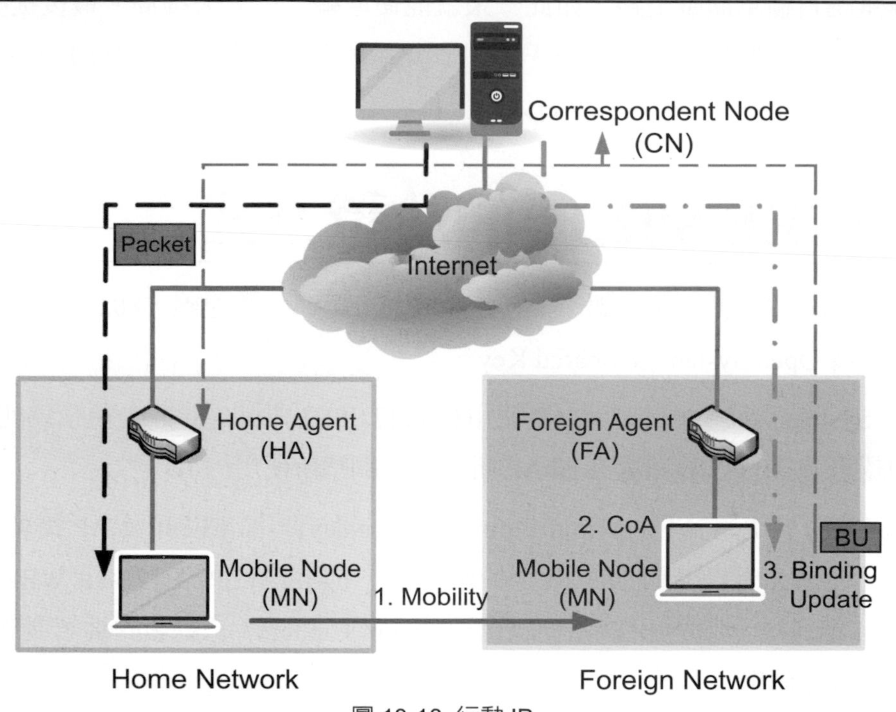

圖 13-18 行動 IP

若筆記型電腦是使用固定 IP，從家裡移動到學校去使用，在學校則無法連結上網，需要重新設定網路卡，重新更換一組網路設定，使用上十分不方便，長久以來網路使用者一直有個理想，希望不需要如此設定來設定去，現在加上無線網路的使用，這樣的需求就越來越高，所以就有了行動 IP(Mobile IP) 的出現，以下將以例子來說明 Mobile IP 的使用，請參考圖 13-18，移動的 IP 裝置，在例子中稱作行動點 (Mobile Node，MN)，MN 從它原本使用固定 IP 的網路移動到另一個網路，而原本所在網路則稱之為本地網路 (Home Network)，移動過去的網路則稱之為外地網路 (Foreign Network)，在本地網路中有一個專門裝置負責傳送封包給其網路中的行動點 (MN)，及接收行動點傳送來的封包，這個裝置叫做本地代理者 (Home Agent，HA) 像是無線區域網路中的存取點 (Access Point，AP) 負責傳送接收，相對在外地網路中也有一個，而稱之為外地代理者 (Foreign

Agent，FA)，假設 MN 在移動之前，本地網路之外的某一台電腦正在傳送資料給 MN，而這台傳送資料電腦則稱之為通信點 (Correspondent Node，CN)，之後 MN 移動到外地網路，運作步驟如下：

- Step 1：MN 由 Home Network 移動到 Foreign Network。
- Step 2：MN 向 Foreign Agent 送出一個要求。
- Step 3：Foreign Agent 發給 MN 一個轉交位址 (Care of Address，CoA)。
- Step 4：MN 得到 CoA 後，送出連接更新 (Binding Update，BU) 給 HA 及 CN，主要告知 MN 現在使用的 IP 為何。
- Step 5：Home Agent 收到 BU 之後，在收到有封包要傳送給 MN 時，則 HA 會攔劫該封包，以 MN 傳來的 CoA 為目的地用 Tunnel 的方式傳送到 MN。
- Step 6：MN 收到 HA 以 Tunnel 方式傳來的封包，得知有 CN 要傳封包給他，但是是傳到 Home Network 去，則這時 MN 會再發出 BU 封包給 CN。

13-12 紅外線

目前紅外線 (Infrared，IR) 傳輸大致有下列三種模式，分別為直接光束紅外線模式（Direct Beam Infrared）、全向性紅外線模式（Ominidirectional Infrared）及散射式紅外線模式（Diffused Infrared）。802.11 所採用的是散射式紅外線，它不需要將收發端互相精確地瞄準，而是透過能量的反射，利用 4 或 16 級 (Level) 的 PPM 調變來進行傳輸，因為它的速度較慢、傳輸速度較慢、傳輸距離較短 (約 10 公尺)，所以較適合室內環境或 PAN 的應用。紅外線的缺點是易受到日光燈的干擾，使傳輸距離變短。

13-13 藍牙

藍牙 (Bluetooth) 是由 Ericsson、IBM、Intel、Nokia、Toshiba、Motorola、Microsoft 等大廠主導的技術，主要目的是取代紅外線應用，也就是提供個人通訊設備與各種電腦周邊的短距連結，例如：行動電話、手錶、滑鼠、音箱、筆記型電腦及印表機之間的連結，形成所謂的個人區域網路 (Personal Area Network，PAN)，它是一種短距離、低功率、低成本，且運用無線電波來傳輸的技術，Bluetooth 官方網站為 https://www.bluetooth.org。藍牙一詞原本取自 10 世紀一位統一北歐諸國的維京國王哈洛藍牙之名，已正名過，所以藍牙的牙，沒有草字頭，不要再寫錯了。目前的應用範圍：語音及數據資料的即時傳輸、快速方便的網路連接。以下是藍牙技術的一些特性介紹：

傳輸範圍最遠達 10 公尺，若接上放大器則可達 100 公尺，使用 2.4 GHz 公用頻帶（ISM 頻帶），採用的無線傳輸技術是跳頻式展頻，跳躍的頻率很高 (每秒 1600 次)。

藍牙裝置有三種發射功率：

- 1mW(0dBm)：傳輸距離約 10cm~10m
- 2.5mW(4dBm)
- 100mW(20dBm)：傳遞距離約 100m
- 藍牙裝置有四種連線狀態：(最主要目的是省電)
- Active State：最耗電
- Sniff State：次耗電
- Hold State：次最不耗電
- Park State：最不耗電

主控端 (Master) 只有 Active State 狀態，而用戶端 (Client/Slave) 則有四種連線狀態可以選擇。

一個藍牙網路 (Piconet) 總共可以有 8 個藍牙裝置，其中一個是主控端 (Master)，其他裝置則是用戶端 (Client/Slave)。

每一個藍牙裝置又可成爲另一個藍牙網路的成員，藉由此特性將藍牙網路無限的延伸出去，形成一個大的藍牙區域網路。

曾提到要將藍牙技術的傳輸範圍擴大到 100 公尺，防止干擾並兼顧傳輸效率就非常重要，藍牙技術對此問題有幾個解決方法：

採用 FHSS 跳頻 (每秒 1600 次) 和小封包傳送技術，若是有封包在傳輸時遺失了，只需要將該部分重傳，而且因爲每個封包都很小，重傳不會對傳輸速度有太大的影響。

藉由錯誤控制的機制，確保封包傳遞的正確性。

因爲語音資料對於正確性的要求比較不高 (聽的到就可以)，因此語音傳輸時，若有封包遺失，並不會重傳，以避免延遲和因爲重傳所導致的其他雜訊。

在傳輸數據資料時，接受端會一一檢查封包的正確性，若有錯誤則會要求發送端重傳此封包，以確保資料無誤。

13-13-1 Piconet

一個 Piconet 最多可以有 8 個處於 Active 的藍牙裝置，其中一個是主控端 (Master)，其他裝置則是用戶端 (Client/Slave)，若是處於 Park 狀態，則最多可以有 256 個藍牙裝置。Master 主要負責的工作是協調 Piconet 內的藍牙裝置間的通訊，Piconet 內的 Slave 間要通訊時，需透過 Master 來協助傳送，由 Master 以輪詢的方式詢問 Slave 是否需要服務。Master 的產生方式一般是誰最先提出連線，誰就當 Master。每一個 Piconet 有各自的跳頻順序，而跳頻順序是 Piconet 中的 Master 來決定。

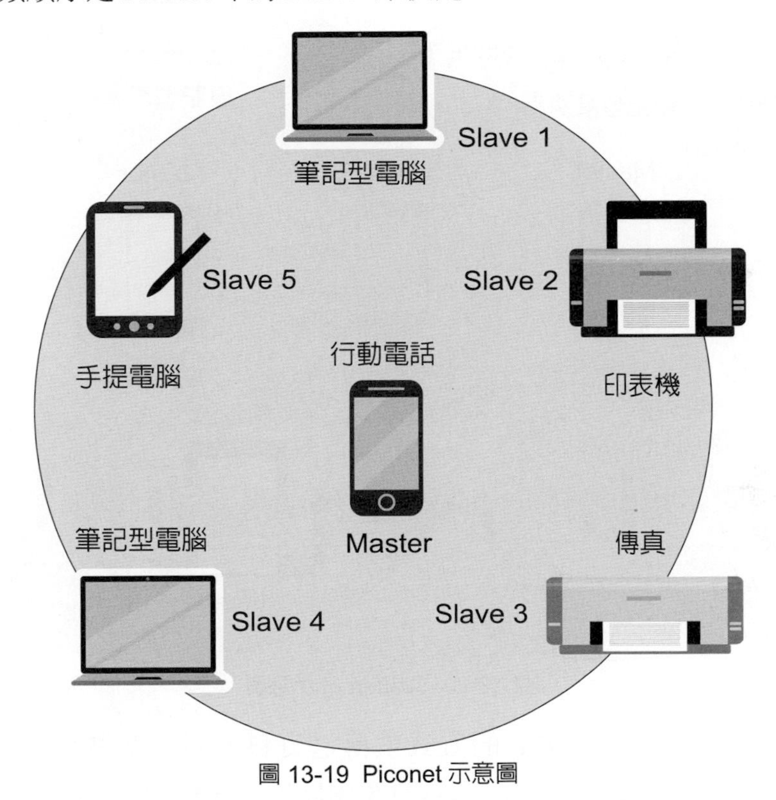

圖 13-19 Piconet 示意圖

13-13-2 Scatternet

超過 8 個藍牙裝置時，超過的藍牙裝置可以再形成另一個 Piconet，而多個 Piconet 則形成 Scatternet。在 Picotnet 中的所有設備 (最多可以有八個) 皆共同分享 Piconet 的 1Mbit/s 傳輸頻寬，當有更多的 Slave 加入 Piconet 時，每個 Slave 所分配到的頻寬就會減少，Bluetooth 標準所採用的解決方法，是分成二個 Piconet，而 Piconet 間的設備能夠互相通信，這樣就可維護在一定的頻寬。

在 Scatternet 網路中，設備 Master 與 Slave 的角色扮演會根據所處的所處的環而有所不同，例如：某一個藍牙裝置在 Piconet A 中是 Master，而在 Piconet B 中是 Slave，反之在 Piconet A 中是 Slave，而在另一 Piconet B 中是 Master，不同的 Piconet 可以共用一個 Slave，但是 Slave 在 Active 模式時 (Slave 有四個模式，分別爲 Active 模式、Sniff 模式、Hold 模式及 Park 模式，在 Active 模式最耗電，在 Park 模式最省電)，只能選擇加入其中的一個 Piconet。

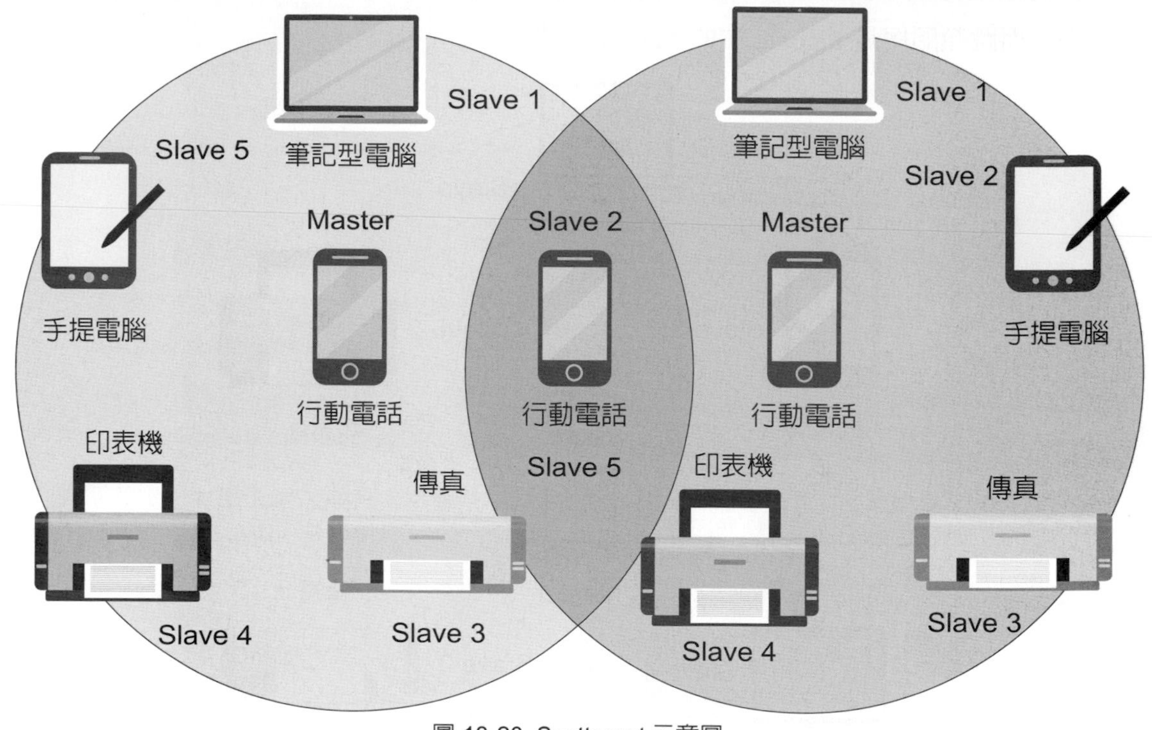

圖 13-20 Scatternet 示意圖

藍牙裝置是以頻率跳躍 (FH) 的方式來傳送資料，同一個區域中有兩個以上的 Piconet 存在時，若頻率間發生互相干擾或發生碰撞的機會增加時，傳輸的效能就會有所降低。

由於藍牙能承載的傳輸量每秒可達 1MB，安全性高，可設定加密保護，每分鐘能換頻率一千六百次，但有效的傳輸距離較短，傳統的版本大約在 10 公尺左右，因此比較多投入在個人化的感官體驗的資料傳輸應用上，因而聲音應用領域的配套發展的最多也最成熟。相較 Wi-Fi，藍牙的低功耗、低成本和安全度高是優勢，已發展到 4.2 的版本，除了提升傳輸距離和傳輸速率，更加降低其功耗，並新增隱私權的功能，強化安全性，持續發展中。

13-13-3 低功耗藍牙

低功耗藍牙 (Bluetooth Low Energy, BLE)，又叫做 Bluetooth Smart，與傳統 Bluetooth 相比的話，BLE 的優點是快速搜索、快速連接及超低功耗，弱點是數據傳輸速率低，物理頻寬只有 1M，實際傳輸速度在 1 ～ 6KB 之間，不適合傳輸串流資料。電池供電且低傳輸的產品適合使用 BLE。

表 13-7 經典藍牙與低功耗藍牙之比較

技術標準	經典藍牙技術	低功耗藍牙技術
距離	Class1：100 公尺 Class2：10 公尺 Class3: 1 公尺	>100 公尺
速率	1–3 Mbit/s	125 Kbit/s~1 Mbit/s~2 Mbit/s
吞吐量	0.7–2.1 Mbit/s	0.27 Mbit/s
語音能力	是	否
網路拓撲	Scatternet	Scatternet
功耗	約 1W	0.01~0.5W（視使用情況）
應用	行動電話、遊戲、耳機、音箱、智慧型家居、穿戴裝置、汽車、個人電腦、安防、傳感器、醫療保健、運動健身等	行動電話、遊戲、智慧型家居、穿戴裝置、汽車、個人電腦、安防、傳感器、醫療保健、運動健身及工業等。

13-14 HomePlug

HomePlug 則是利用電力線 (Power Line) 來傳送訊號的技術，好處是可省去佈線的工作，但是有一個先天的限制，訊號無法通過變壓器來傳送，所以傳送的範圍就受到了限制了，所以沒有被廣泛應用，而 HomePlug 1.0 最高的傳輸速度是 14Mbps，不過現在 HomePlug 技術能真正提供的傳輸速度約是 3 ～ 8Mbps。

13-15 家用無線電

家用無線電是由 Motorola、Intel、Compaq、Cayman、Proxim 等大廠主導，在實體層採用跳頻展頻 (FHSS) 技術，配合共享式無線存取協定 (Shared Wireless Access Protocol，SWAP) 系統爲主要技術的無線網路，能夠和傳統電話線路相容，並提供語音傳輸，也能將語音與數據資料整合在一起傳輸。HomeRF 又可分爲 HomeRF 及高速 HomeRF。

HomeRF 的支持者包括摩托羅拉、諾基亞與西門子等廠商，但這些公司也同時支持 Wi-Fi 標準，其他支持者還包括微軟、朗迅科技等；尤其在英特爾退出 HomeRF 陣營轉而支持 Wi-Fi 後，HomeRF 更有如江河日下。

HomeRF 能夠根據調變技術的不同，在 50 公尺內提供了 1 或 2Mbps 的傳輸速度，最多可連結 127 個節點，這些節點包括 HomeRF 基地台 (Control Point，CP)。事實上 HomeRF 也遵循了部份 IEEE 802.11 標準，主要的目標是放在家用無線網路市場。HomeRF 官方網站爲 www.homerf.org。其特性如下：

- 涵蓋範圍達 50 公尺
- 1 或 2Mbps 的傳輸速度
- 支援 128 個節點
- 可和藍牙設計在同一個裝置中

◆高速 HomeRF

高速 HomeRF 在 2000 年 12 月的一場 HomeRF 技術研討會，HomeRF 2.0 規格被提出，從此就進入了高速 HomeRF，高速 HomeRF 的特性如下：

- 傳輸速率最高達 10Mbps，亦支援 5Mbps、1.6Mbps 和 0.8Mbps。
- 相容於 HomeRF 1.2 的設備。
- 耗電量比市面上任何無線設備還要低。
- 同時最多可以有 8 個連線。

13-16 衛星通信

人造衛星 (以下簡稱爲衛星) 也是一種微波通信系統，如圖 13-21 所示，在衛星傳輸中，由地面的發射天線將訊號送上固定在地球軌道上的衛星，再由衛星轉送下來，廣播訊號給地面上其他的接收天線。

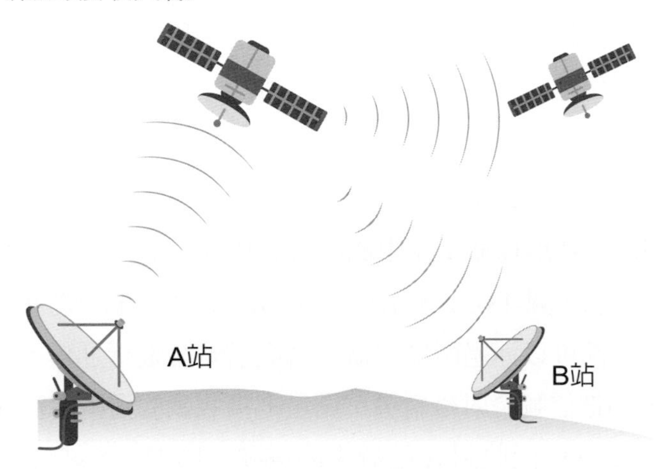

圖 13-21 人造衛星通信系統

衛星分爲低軌、中軌、高軌衛星，一般而言，通信衛星大都屬於同步衛星 (Synchronous Satellite)，同步衛星固定在地球表面上方 22300 哩的軌道，與地球維持同步旋轉，因此可視爲地球上某個固定點，故稱爲同步衛星。由於衛星通訊涵蓋範圍很大，彼此之間也可以互傳訊息，如圖 13-22 所示，因此只要使用三枚相差 120 度的同步衛星，就可以對全球任何地方可以做全球通信。

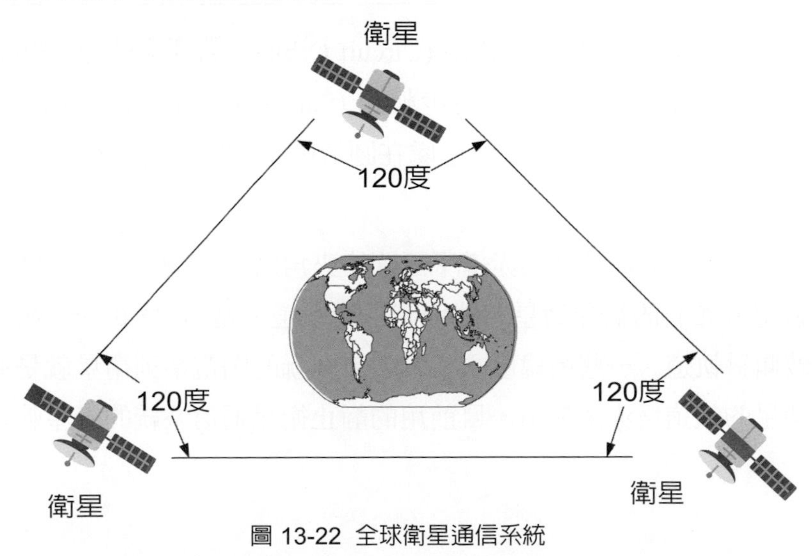

圖 13-22 全球衛星通信系統

過去相當風行的小耳朵、中耳朵與大耳朵均是同步衛星傳輸的範圍，或稱爲直播衛星 (Direct Broadcast Satellite，DBS)，例如：日本的百合二號。通信衛星系統已廣泛應用於科學、商業及軍事上，衛星電話與電視轉播亦透過衛星頻道。

◆衛星通信的基本概念

衛星所經過的路徑稱爲軌道 (Orbit)，衛星介於地球和大氣層之間，不會掉到地面也不會被拋到太空去，因爲地心引力與衛星的離心力恰好相等。我國因爲不是國際電信聯合會之會員，無法取得衛星軌道之位置，也無法參與國際電信聯合會的各項活動，衛星通信使用的頻帶請參考表 13-8。

衛星通信是指利用人造地球衛星作中繼站轉發無線電信號，在多個地面站之間進行的通信，如圖 13-21 所示。圖 13-21 表示在一顆通信衛星天線的波束所覆蓋的地球表面區域內的各種地面站，都可以通過衛星中繼、轉發信號來進行通信。例如：A 站要與 B 站進行通信，首先 A 站把信號發射給衛星；衛星把接收到的信號進行放大和頻率變換後再轉發給 B 站。這樣 B 站就能收到 A 站發來的信號。同理，A 站也能收到 B 站發來的信號。通過上述通信程序可以看出，衛星通信是地面微波中繼通信的發展，是微波中繼通信的一種特殊方式。

表 13-8 衛星通信使用的頻帶

頻帶	L Band	S Band	C Band	X Band	Ku Band	Ka Band	Q Band	mm Band
範圍 (GHz)	1.5~1.6	2.0~2.7	3.7~7.25	7.25~8.4	10.7~18	18~31	31~70	40~300

地球衛星的軌道 (Orbit) 有圓形軌道 (Circuit Orbit)、橢圓形軌道 (Elliptical Orbit)、同步軌道 (Synchronous Orbit)、太陽同步軌道 (Sun Synchronous Orbit)、極軌道 (Polar Orbit)、傾斜軌道或赤道軌道等等，地心處在圓形軌道的圓心位置或橢圓軌道的一個焦點上。

如果衛星的軌道平面與地球的赤道平面間的夾角爲 θ。當 $\theta=90°$ 時，地球衛星的軌道叫做極軌道。如有的氣象衛星的軌道就是極軌道。當 θ 爲 $0°\sim 90°$ 之間時，衛星的軌道叫做傾斜軌道。一些高緯度國家，如前蘇聯的閃電系列衛星就是傾斜軌道。當 $\theta=0°$ 時，衛星的軌道爲赤道軌道。目前用的靜止衛星通信系統的衛星軌道就是赤道軌道。

所謂靜止衛星，就是衛星的軌道是圓形的；而且軌道平面與地球赤道平面重合，即 θ =90° ；衛星離地球表面的高度爲 35785.6Km；衛星的飛行方向與地球的自轉方向相同。這時衛星繞地球一周的時間恰好爲 24 小時，如果從地球表面任何一點看衛星，衛星都是靜止不動的。這種對地面靜止的衛星叫做靜止衛星或同步衛星，利用這種衛星來轉發通信信號的系統叫做靜止衛星通信系統。目前的衛星通信絕大部分是靜止衛星通信系統。

衛星通信系統的分類，從不同角度，可把衛星通信系統分成以下幾類：

1. 按衛星運動方式分：靜止衛星通信系統、低軌道行動衛星通信系統。
2. 按通信覆蓋區分：國際衛星通信系統、區域衛星通信系統、國內衛星通信系統。
3. 按使用者分：公用衛星通信系統、專用衛星通信系統。
4. 按通信業務分：固定地面站衛星通信系統、移動地面站衛星通信系統、廣播業務衛星通信系統、科學試驗衛星通信系統。
5. 按多工方式分：分頻多工 (FDMA) 衛星通信系統、分時多工 (TDMA) 衛星通信系統、空間分隔多工 (SDMA) 衛星通信系統、分碼多工 (CDMA) 衛星通信系統、混合多工衛星通信系統。
6. 按基頻信號分：類比衛星通信系統、數位衛星通信系統。

自從 1957 年前蘇聯成功地利用一枚洲際飛彈發射了第一顆人造地球衛星 (尼克一號) 以來，目前世界上已發射了許多通信用的衛星。

◆ 衛星通信系統簡介

衛星通信系統可分爲靜止衛星通信系統、行動衛星通信系統和低軌衛星行動通信系統。靜止衛星通信系統：同步衛星固定在地球表面上方 22300 哩的軌道，與地球維持同步旋轉，因此可視爲地球上某個固定點，故稱爲同步衛星。衛星通信系統是由太空分系統 (通信衛星)、地面站和監控管理分系統等四大部分組成。行動衛星通信系統：行動衛星通信系統是指船艦、航空飛行器、車輛等移動體上的通信，地面站利用衛星進行通信組成的通信系統。包括有艦船之間、飛機間、車輛間、或它們與固定站之間的通信。簡言之通信雙方至少其中之一是移動的。

◆ 低軌衛星行動通信系統

太空技術和電子技術的進步，利用低軌行動衛星通信的時機成熟，美國提出用 77 顆衛星組成的低軌衛星行動通信系統，稱之爲銥計劃 (IRIDIUM)，蘇聯也提出了用 32 顆衛星組成稱之爲 COSCON 的低軌道行動衛星通信系統。

低軌道衛星離地面高度僅幾百至幾千公里，傳輸損耗是靜止衛星的幾千分之一，傳輸時間延遲大大減小，所以經過低軌衛星轉接進行全球通信的地面站可以做成地面蜂巢式行動通信手機般大小，如此一來任何人在任何地方任何時間都能夠利用手機與任何地點的另一個人進行通信。對於人口稀少，不能大量投資建設傳統通信設施的地區，低軌道行動衛星通信系統是適合的通信系統，低軌道行動衛星通信系統、地面蜂巢式行動通信系統、靜止衛星通信系統、地面有線公用網路、行動衛星通信系統等互連，就能實現全球個人通信。

一個典型的低軌道衛星行動通信系統是美國摩托羅拉 (MMotorola) 公司在 1991 年提出用 77 顆靈巧型衛星來覆蓋全球的行動通信系統，由於銥原子外圍包含 77 個電子，所以把這個計劃叫做銥計劃 (IRIDIUM)。從通信的角度出發可以給它一個這樣定義：銥系統是一種全球性的數位化衛星個人通信系統，用電池供電的小型可攜式終端，可以在世界任何地方接打電話和收發數據。各終端通過 77 顆地球低軌道衛星構成的星座進行通信，供全世界範圍內數百萬使用者使用。銥系統由太空段和地面段組成。太空段由 77 顆靈巧型衛星組成。這 77 顆衛星分成 7 組，每組 11 顆，分佈在圍繞地球上空，經度上距離相等的 7 個平面的極軌道上，從而使衛星天線的波束能覆蓋全地球表面。於是，在地球表面上任何地點、任何時間總有一顆衛星在視線範圍內，以此來達成全球個人通信。爲了便於達成銥系統計劃和提高系統性能，摩托羅拉所屬的銥公司提出了改進措施，其中一個改進措施是 1992 年 12 月提出的，把全系統包含的 77 顆衛星減爲 66 顆，仍然是每 11 顆一組，但這時全球經度上距離相等的極軌道就只有 6 個了，另一個改進措施是把原 37 個點波束增加成 48 個點波束，以使系統能把通信容量集中在通信業務需求量大的地方。

低軌道衛星不是地球的同步衛星，低軌道衛星繞地球運轉一周的時間約爲 100 分鐘，因此衛星天線波束所形成的地面覆蓋小區，在地球表面上是高速地移動的，一個使用者能看見每顆衛星的時間約爲 9 分鐘。當小區移過行動電話使用者時，也存在漫遊 (Roaming) 的問題，應及時轉接到下一個小區的頻道，這點與地面蜂巢式行動電話系統相似。與地面蜂巢式行動電話系統不同的是：在地面蜂巢式行動電話系統中是行動電話使用者移動通過小區，而在低軌道衛星行動通信系統中，則是小區移動通過使用者。

衛星行動通信系統主要是爲人口稀少的、通信不發達的地區提供行動通信服務。這種系統雖然能夠覆蓋全球，但不能取代地面蜂巢式行動電話系統，所以，在地面行動通信系統覆蓋的地區，衛星移動通信系統只起輔助的作用，例如：在受到重大自然災害或特殊的緊急狀態時提供通信服務。只有在沒有地面行動通信覆蓋的地方，衛星移動通信系統才起重要的作用。

13-17 全球衛星定位系統

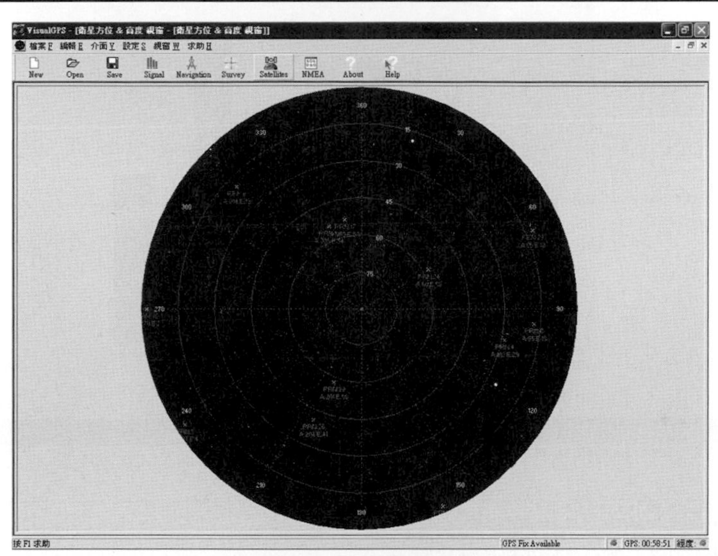

圖 13-23 三點定位

全球衛星定位系統 (Global Positioning System) 的衛星是利用是由美國政府發射的 24 顆定位民生通訊衛星 (Navigation Satellite Timing and Ranging，NAVSTAR)，其任務為測定地球上的相對位置，利用時間差算出距離加上三點定位原理 (如圖 13-23 所示) 計算出位置，即可得到的經度 (Longitude)、緯度 (Latitude)。就可以定出相對於地球上的位置，若是四顆以上的衛星更可以測出相對海拔高度。

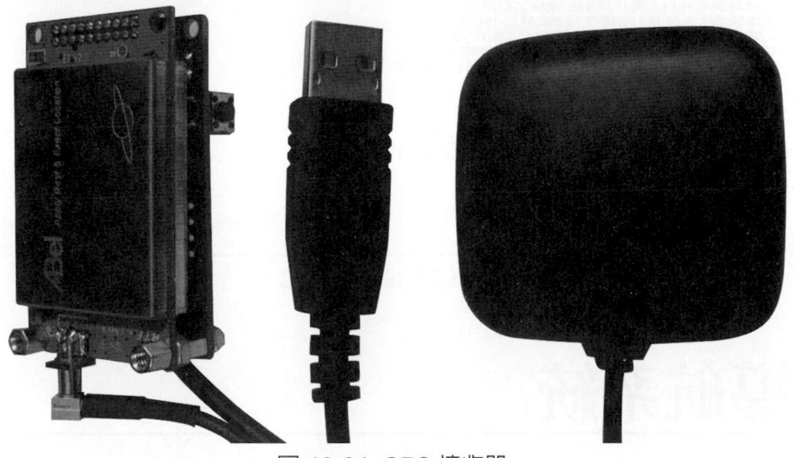

圖 13-24 GPS 接收器

GPS 的成敗在於定位的精確度，精確度取決於電子地圖的精確及 GPS 接收器 (如圖 13-24 所示) 的靈敏度，由於台灣的地籍資料不全，大都會地區道路又時常變動，使得維持電子地圖的精確形成最費時費力及最大的花費，GPS 的應用有航空、船隻及車輛，還有行動電話及筆記式電腦等等。接下來介紹最近較熱門的導航系統。

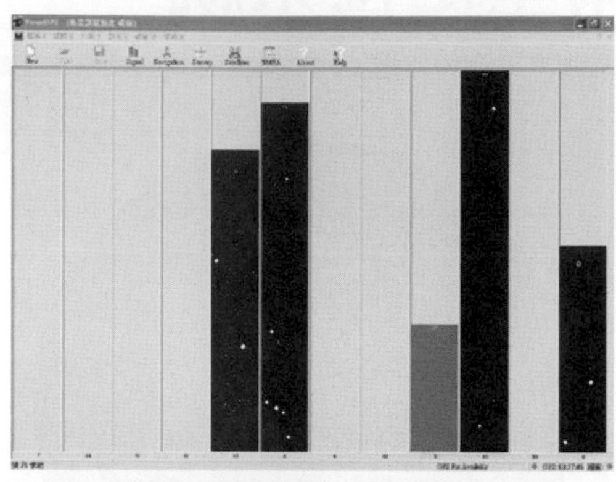

圖 13-25 接收信號強度

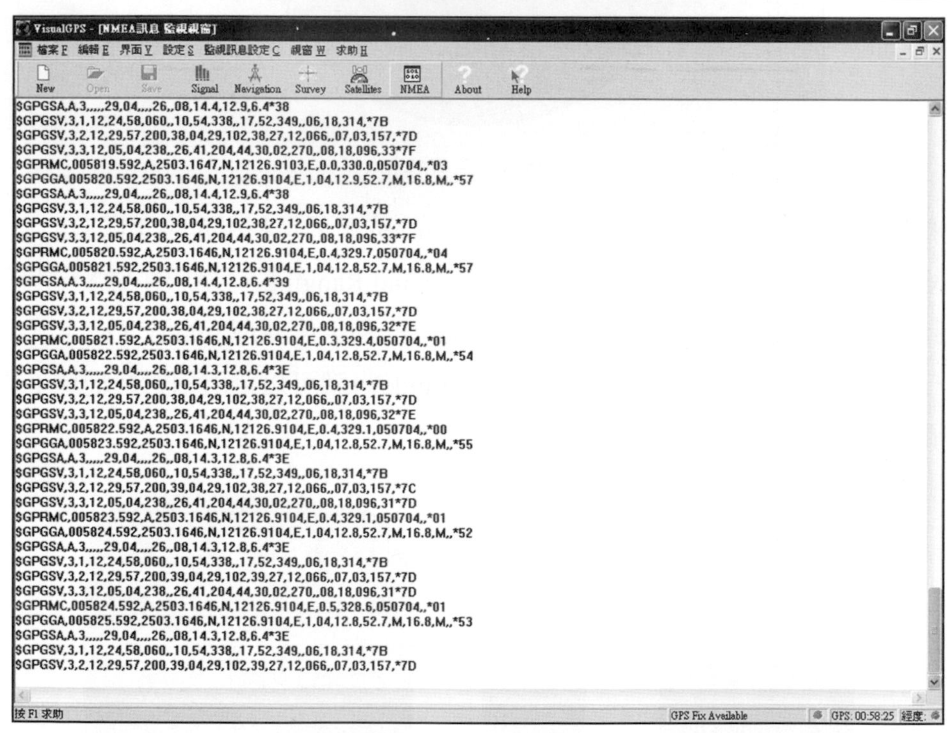

圖 13-26 NMEA 訊息

13-18 導航系統

導航系統是由天上的 24 顆定位衛星及使用者端的 GPS 接收器加上電子地圖，可將使用者端的 GPS 接收器加上電子地圖嵌入到 PDA 或獨自成為一產品，一個導航系統的好壞可以由接收器的接收能力、電子地圖正確度及人機的操作介面三方面來評估。

GPS 衛星訊號傳送至地面時訊號已經很弱了，所以 GPS 接收器最好能在空曠的地方才有好的收訊效果，天氣不好時，GPS 收訊也會比較差。GPS 定位的誤差約為 10 ～ 25 公尺，而定位誤差會隨著收訊狀況有些增減 (如圖 13-25 所示)。

依功能可分為軍用及商用，軍用較商用的定位精確度較高，標準接收介面使用 4800 bps的速率，資料格式遵守NMEA 0183(如圖 13-26所示)。GPS的標準是由NMEA 制定，所以 GPS 接收器及應用軟體都是根據 NMEA–0183 來實作的。

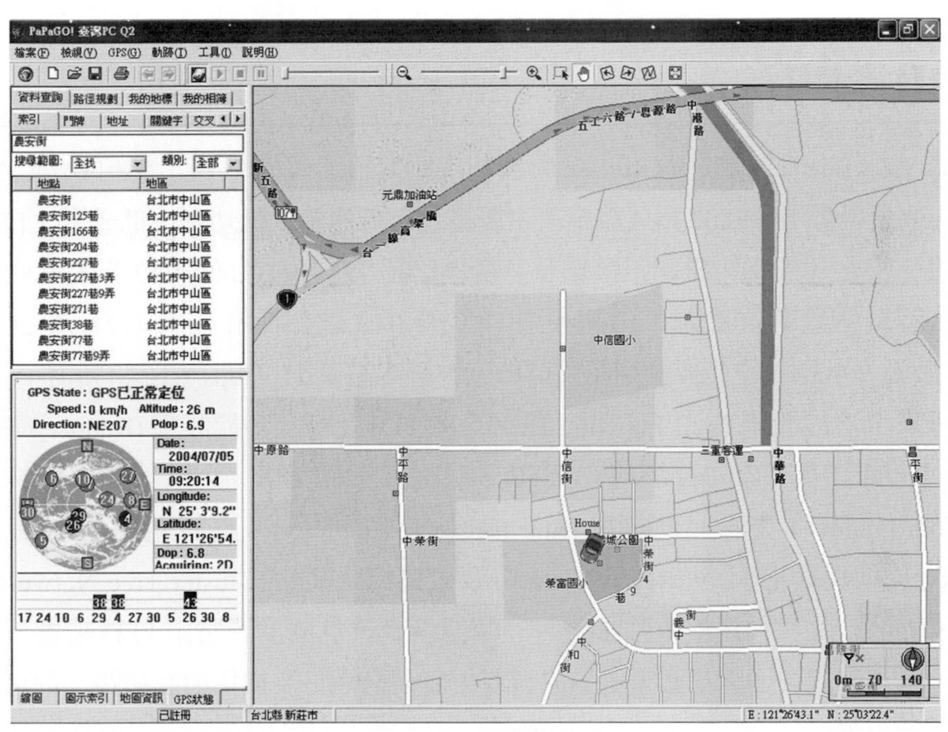

圖 13-27 導航系統

導航系統又可分為冷啓動 (Cold Start) 及暖啓動 (Warm Start)。

冷啓動 (Cold Start)：第一次使用的 GPS 需要花較多時間定位 (約需 5 分鐘到 10 分鐘)，稱為冷啓動 (Cold Start)。

暖啓動 (Warm Start)：在第一次定位之後 GPS 會記錄上次定位的位置，做快速的定位 (約 3 ～ 5 分鐘)，稱為暖啓動 (Warm Start)。

GPS 的定位所需時間，取決於接收環境，最好在開曠而無遮蔽的空間有助於提昇定位速度及定位精確度。若超過 10 分鐘無法定位成功，最好換個更開曠的地方再接收。

13-19 Z-wave

Z-Wave 是由 Sigma Design 所獨立開發，是一種短距離的無線射頻傳輸技術，主要優勢是安全穩定、低功耗，高效率，兼容性好，抗干擾能力強、靈敏度高，智能化家庭領域國際主流，但缺乏國際標準爲其依靠，應用著重於家庭自動化，Z-Wave 功耗遠低於 Wi-Fi 跟藍牙，在智能家居的應用領域佔有一定優勢。Z-Wave 裝置是網狀網路（Mesh Network）的關係，每個 Z-Wave 裝置易於串接起來，不過 Z-Wave 裝置的缺點是需要橋接器（網關、Hub）來與其他網路相連。

13-20 紫蜂

紫蜂（ZigBee）協定是由 ZigBee 聯盟制定的無線通信標準，該聯盟成立於 2001 年 8 月，ZigBee 屬於 IEEE802.15.4 協定，主要特色有低速率、低功耗、低成本、自組織、低複雜度、安全、支援大量網路節點及多種網路拓撲，ZigBee 使用頻段爲 868MHz(美國採用，資料傳輸率 40Kbps，10 組頻道)、915MHz(歐洲採用，資料傳輸率 20Kbps，1 組頻道) 及 2.4GHz(全世界共通頻段標準，資料傳輸率 250Kbps，16 組頻道)。ZigBee 裝置可分爲全功能設備 (Full Function Device，FFD) 及精簡功能設備 (Reduced Function Device，RFD) 二種，ZigBee 裝置在 ZigBee 網路有三種身份，分別爲 FFD、RFD 及協調者 (Coordinator)，支援星狀網路 (Star Network Topology)、點對點網路 (Peer-to-Peer Network) 或稱爲網格網路 (Mesh Network) 及叢集樹狀網路 (Cluster Tree Network) ，如圖 13-28 所示，此三種拓撲中都必須有一個協調者，且協調者需由 FFD 來擔任，在星狀網路，所有裝置要通訊都必須透過協調者，而網格網路及叢集樹狀網路，則可由其他 FFD 來協助協調者傳輸，但 RFD 則不行。

近年來大數據（Big Data）、物聯網 (Internet of Things)、人工智慧（Artificial Intelligence，AI）自動化、智能化、無人化這些 IT 術語到處充斥，不難想像各行各業未來發展界線不再那樣明顯了，皆這類應用都需要用到網路，尤是無線通訊，所以本章的介紹的無無線通訊技術都依然不斷再演進中，還很多都可學習。目前採用電池且低傳輸需求的設備適合 ZigBee 及 BLE，可接市電且需要高傳輸需求的設備適合 WiFi，好處可直接目前設備介接。WiFi、ZigBee、Bluetooth、Z- W ave 應用到智慧產品仍是一大戰場。

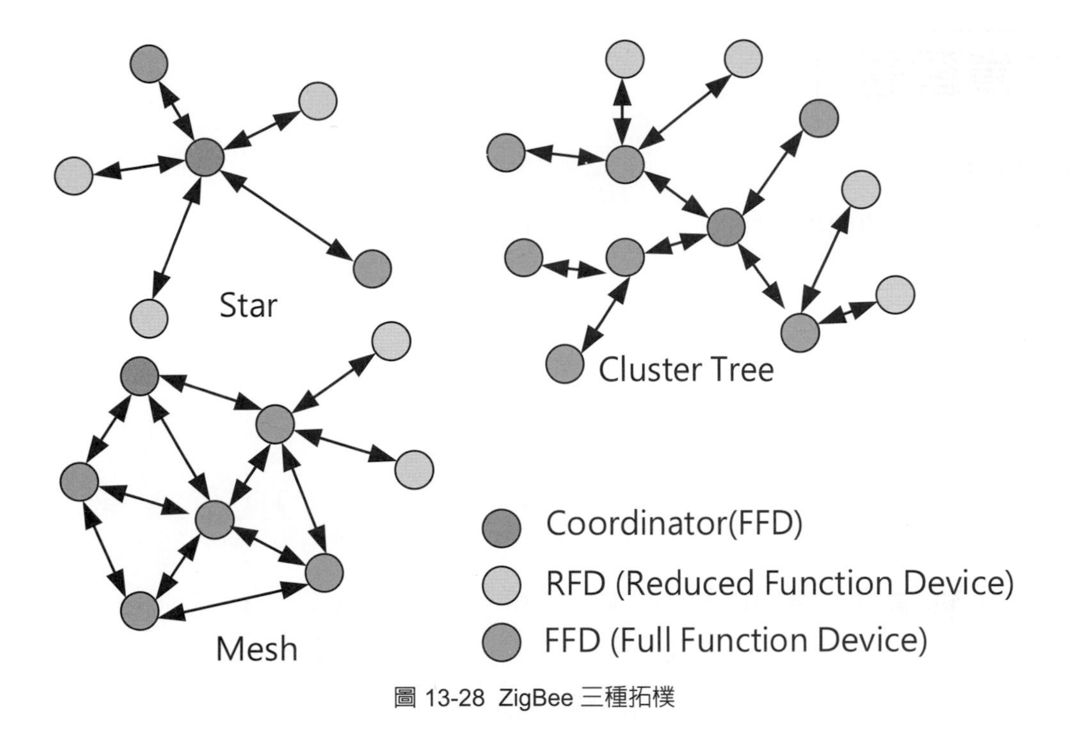

圖 13-28 ZigBee 三種拓樸

本章習題

填充題

1. ISM 頻帶就是專門提供 (　　　　　　)、(　　　　　　) 及 (　　　　　　) 領域使用。
2. CSMA/CA 的英文全名是（　　　　　　　　　　　　　）
3. MIMO 的英文全名是（　　　　　　　　　　　　　）
4. NAV 的英文全名是（　　　　　　　　　　　　　）
5. 四向交握分別爲（　　　　），（　　　　），（　　　　）及（　　　　）。
6. 天線電波的發射方向來分類，可分爲（　　　　　　）（　　　　　　）及（　　　　　　）。
7. WLAN 的驗證方式有兩種，分別爲（　　　　　　）及（　　　　　　）。
8. 全球衛星定位系統的原名爲（　　　　　　）。
9. 通信衛星大都屬於（　　　　）衛星。
10. 靜止衛星又稱爲（　　　　　　）衛星。
11. 當 θ =（　　°）時，衛星的軌道爲赤道軌道。
12. 當 θ =（　　°）時，地球衛星的軌道叫做極軌道。
13. θ 爲（　　°～　　°）之間時，衛星的軌道叫做傾斜軌道。
14. 按衛星運動方式分爲（　　　　）衛星通信系統、（　　　　）衛星通信系統。
15. 地球衛星的軌道 (Orbit) 有 (　　　　　　)、(　　　　　　)、(　　　　　　)、(　　　　　　)、(　　　　　　)、(　　　　　　) 及 (　　　　　　)。
16. 紫蜂的英文全名是（　　　　　　　　　）。

選擇題

1. （　　）ISM 頻帶就是專門提供 (A) 工業 (B) 科學 (C) 醫學 (D) 以上皆是 領域使用。

2. (　　) 請問下列哪一個並不是一種無線網路的協定？ (A)IEEE802.11a (B) IEEE802.11b (C) IEEE802.11c (D) IEEE802.11g。
3. (　　) 請問下列哪一個是 802.11ac 的另一種稱呼？ (A)Wi-Fi 4 (B) Wi-Fi 5 (C) Wi-Fi 6 (D) Wi-Fi 7。
4. (　　) 請問下列哪一個是 Wi-Fi 4 的另一種稱呼？ (A) 802.11a (B) 802.11ac (C) 802.11ad (D) 802.11ax。
5. (　　) 請問下列哪一個是 Wi-Fi 6 的另一種稱呼？ (A) 802.11a (B) 802.11ac (C) 802.11ad (D) 802.11ax。
6. (　　) IEEE 802.11a 的傳輸速度是 (A)10 (B) 11 (C)54 (D) 55Mbps。
7. (　　) IEEE 802.11b 的傳輸速度是 (A)10 (B) 11 (C)54 (D) 55Mbps。
8. (　　) IEEE 802.11g 的傳輸速度是 (A)10 (B) 11 (C)54 (D) 55Mbps。
9. (　　) IEEE 802.11n 的傳輸速度是 (A)10 (B) 11 (C)54 (D) 55Mbps。

問答題

1. 紅外線依傳遞的方式可分爲哪三種？
2. IEEE 802.11 封包格式可分爲哪三大部分？
3. 無線網路拓樸架構可分爲哪二種？
4. 何謂直接序列展頻 (Direct Sequence Spread Spectrum，DSSS) ？
5. 何謂跳頻展頻 (Frequency Hopping Spread Spectrum，FHSS) ？
6. 何謂隱藏點問題 (Hidden station problem) ？
7. 何謂暴露點問題 (Exposed station problem) ？
8. 何謂 ISM 頻帶？
9. 何謂 MIMO?
10. 何謂 MU-MIMO?
11. 比較一下 Wi-Fi 4/ Wi-Fi 5/ Wi-Fi 6。
12. 何謂 Mobile IP?
13. 何謂熱點 (Hotspot) ？
14. 請舉出三個以上有提供熱點 (Hotspot) 服務的場所？
15. 何謂最後一哩 (Last Mile) ？
16. ZigBee 有幾種網路拓撲？
17. WiFi、ZigBee、Bluetooth、Z- W ave 這四類哪一個較合物聯網，請說明理由。

NOTE

Chapter 14

廣域網路

學習目標

14-1 整合服務式數位網路

14-2 寬頻 ISDN

14-3 非對稱數位用戶迴路

14-4 纜線數據機

14-5 光纖網路

14-6 寬頻網路的應用

14-7 直播衛星

資訊爆炸時代的來臨，對於頻寬的需求是越來越高，無論是多媒體傳輸、資料檢索及視訊通訊服務等，都有寬頻的需求，全球各大通信廠商提出各式的解決方式，一般速率可分為窄頻與寬頻，窄頻是指在 T1 速度 (1.544MBps) 以下的資料傳輸速率，透過傳統實體層的傳輸媒介在單一頻道上之通信，因此其在單一時間內，僅能有一筆資訊作傳遞，而寬頻網路技術即為突破這個限制。寬頻網路除了提供較高的傳輸速率外，也可以在同一時間內有多個頻道傳輸不同的資訊此時可以將資料、語音、影像、傳眞同時進行。

寬頻網路簡單地說就是利用網路的壓縮及數位技術，將現有的網路傳輸效能及資料傳送的能力提升，看電視節目或隨選視訊 (Video on Demand，VOD)，都能輕易地達到，以目前所熟知的寬頻網路種類來區分的話，大致可為六種：整合服務數位網路 (ISDN)、纜線數據機 (Cable Modem)、非對稱數位同步用戶線路傳輸 (ADSL)、光纖網路、行動上網以及直播衛星 (DirecPC)。Cable Modem 和 DirecPC 可以說是電視訊號傳輸的變型，不過是一個使用纜線，另一個使用衛星；而 ADSL 則是透過電話線路來傳遞訊息，同樣光纖網路則是使用光纖來傳遞訊息。

網路步入新紀元，2019 國內網路人口已突破兩仟萬人，還再持續增加中，在不知不覺中已改變了你我的生活習慣，也增加了不少生活上的便利性，對於網路及頻寬的需求激增，不過 Cable Modem、ADSL、光纖網路和及行動上網等寬頻網路服務出現後，幾乎隨時都能使用網路非常便利。

14-1 整合服務式數位網路

整體數位服務網路 (Integrated Service Digital Network，ISDN) 出現前，電話、電報、電視、數位數據等公眾網路因服務性質的不同一直是各自發展，但隨著科技的進步，相關應用有合而為一的趨勢，隨著時代的需求，ISDN 應運而生，ISDN 是整合傳統公用交換電話網路（Public Switched Telephone Network，PSTN）、電路交換（Circuit Switching）、分封交換 (Packet Switching）等網路於一身的網路系統，透過電話公司的一對 ISDN 電話線即可獲得電話、影音、數據、高品質的傳眞服務、電傳視訊會議等的服務。ISDN 經多方的努力已成為全球數位電話網路的標準，傳統的電話系統主要用於人類的語音通訊，由於採類比線路，故不適合直接傳遞數位訊號，可透過數據機(Modem)將訊號調變（Modulate），再進行通訊。每個 ISDN 用戶都會有自己的 ISDN 號碼 (像是電話一樣)，可撥接別線，也可供別線撥入，使用前先撥號，使用後再掛斷，是標準的電路交換式 (Circuit Switching) 操作，其付費方式也與傳統的電話費相同，用戶須定時繳交線路租費給與電話公司，若是連上網際網路服務提供者 (Internet Service Provider，ISP)，則尚須依連線時間長短或數據傳輸量付費給 ISP。和傳統電話系統比較之下，ISDN 的使用方式與傳統電話相似，但是 ISDN 提供更高品質的語音、更高速的數據傳輸、更迅速地接通、更低的錯誤率及更多樣化的應用彈性，ISDN 擁有標準化、數位化、高頻化、電腦化及共通性等諸多特性，提供用戶經濟且富彈性的通訊服務，因此提昇了原有電話網路的功能。其提供之服務如下：緊急電話、顯示來話號碼、轉接服務、預定號碼轉接服務、多方通話、ISDN 電話機取代部份答錄機的功能、建立私人網路、傳眞、電傳視訊、線上電子查詢、電子購物等多樣化之數位通訊服務，但因為 ADSL 的流行，使得 ISDN 的使用人數大幅地減少。

14-1-1 ISDN 通道類型

ISDN 通道可分為以下六種類型，如表 14-1 所示，較常聽到用到的是 B 通道及 D 通道及 H 通道。

表 14-1 ISDN 通道分類表

通道名稱	說明
A 通道	4KHz 類比電話通話用
B 通道	64Kbps 傳輸語音或數據資料的數位通道
C 通道	8 或 16Kbps 之數位通道
D 通道	16 或 64Kbps 傳輸控制訊息的數位通道
E 通道	64Kbps ISDN 內部教換訊息用的數位通道
H 通道：	H0= 384Kbps，即 6B 通道 H10= 1472Kbps，即 23B 通道 (4H0) H11= 1536Kbps，即 24B 通道 (4H0/D) H12= 1920Kbps，即 30B 通道

ISDN 提供兩種傳輸界面連接用戶的終端設備，分別為基本速率界面 BRI(Basic Rate Interface) 及原級速率界面 PRI(Primary Rate Interface，PRI)，如圖 14-1，BRI 在歐洲又稱為 BRA(Basic Rate Access)，BRI 提供兩個 64Kbps B 通道用於傳送資料及一個 16Kbps D 通道用於傳送控制訊號，但在某些情況下也可挪作資料傳輸，BRI 的 2B+D 可獲得 144Kbps 的傳輸率，BRI 透過雙絞線傳輸，其 ISDN 插頭類似傳統的電話線接頭。

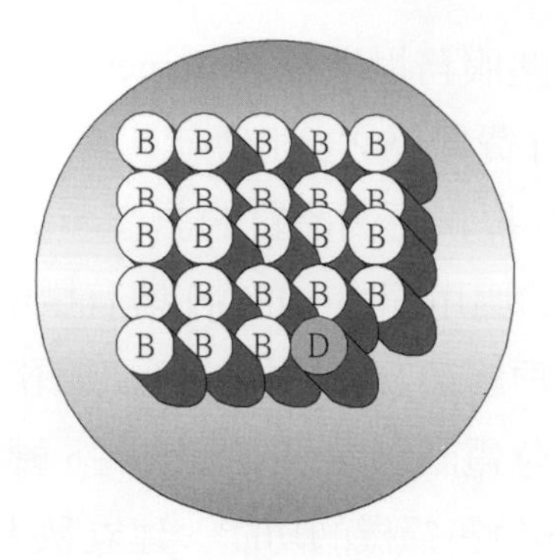

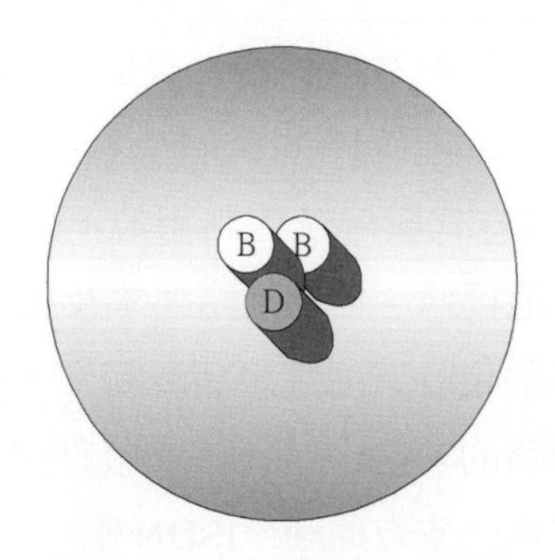

Primary Rate Interface (PRI)
23 B-Channels + 1 D-Channel

Base Rate Interface (BRI)
2 B-Channels + 1 D-Channel

圖 14-1 ISDN 通道及傳輸介面

原級速率界面 (Primary Rate Interface，PRI) 又稱爲 PRA (Primary Rate Access)，在北美及日本，PRI 有 23 個 B 通道及一個 D 通道，PRI B 通道及 D 通道的傳輸率都是 64Kbps，PRI 的 23B+D 可獲得 1.544Mbps 的傳輸率，該速率稱 T1; 在歐洲，PRI 有 30 個 B 通道，30B+D 可獲得 2.048Mbps 的傳輸率，該速率稱 E1，PRI 通常租給大型企業，並連接在 ISDN 路由器 (Router) 或私人分線交換器 (Private Branch Exchange，PBX) 等裝置。

14-2 寬頻 ISDN

寬頻整體數位服務網路 (Broadband Integrated Service Digital Network，B-ISDN) 是由 ISDN 發展而來的，因此原先的 ISDN 也稱窄頻 ISDN(Narrowband ISDN，N-ISDN)，寬頻 (Broadband) 指通道的傳輸能力高於 T1(1.544MBps，北美系統) 或 E1(2.048MBps，歐洲系統) 速率，而網路若能提供寬頻傳送能力，則此網路稱爲寬頻網路，寬頻整體服務數位網路 (B-ISDN) 於單一網路上同時提供多種資料型態之高速傳送，例如：數據、語音、影像、視訊等，其可利用連線導向 (Connection-Oriented) 與非連線導向 (Connectionless) 方式來提供用戶各種服務與應用，並能保證連線之服務品質。

B-ISDN 網路和 ISDN 網路均用來提供用戶高速率與高品質之資料傳送，網路有交換功能，用戶可利用單一線路來傳送多種不同應用，ISDN 網路可提供基本速率 (144Kbps) 與原級速率 (1.544Mbps) 兩種傳送速率介面供用戶選擇，且提供連線導向服務，用戶利用撥號功能而連接到目的地。而 B-ISDN 網路可提供多種傳送速率，例如：1.544Mbps、25Mbps、45Mbps、100Mbps、155Mbps 等，提供連線導向與非連線導向兩種方式來讓用戶使用各種應用時之選擇，且在連線方式可提供永久電路連線 (Permanent

Virtual Circuit，PVC) 與交換電路連線 (Switched Virtual Circuit，SVC)，所以 B-ISDN 網路比 ISDN 網路在應用上可提供較多種之傳送速率，且有較彈性之連線方式。

非同步傳輸模式網路 (Asynchronous Transfer Mode，ATM) 技術已被國際標準組織 - 國際電信聯盟 ITU 選爲實作 B-ISDN 網路時之傳送模式，其將做爲 B-ISDN 網路中之交換、多工與傳輸技術之基礎，因此採用 ATM 爲技術基礎之 B-ISDN 網路可稱爲 ATM 網路，ATM 是一種高速交換網路技術，其採用快速分封交換 (Packet Switching) 的技術，同時具有電路交換 (Circuit Switching) 及分封交換的雙重優點，ATM 網路基本的傳輸單位稱爲細胞 (Cell)，也有稱爲小包，細胞大小固定爲 53Bytes，其中表頭佔 5Bytes，資料佔 48Bytes，如圖 14-2 所示，可簡化交換程序及緩衝，ATM 網路能在單一網路上同時支援多重資料型態之高速傳送，例如：語音、數據、影像、視訊等。在實體傳輸介面上，ATM 網路並不受限於特定的傳輸介質，可使用 STP、UTP、同軸電纜或光纖等傳輸介質，因此 ATM 網路可支援的傳輸系統及速率有許多種類，例如：T1/T3 專線、E1/E3 專線、SONET、FDDI 等線路，使其滿足用戶的各種需求，提供多樣化高速通訊傳輸服務，例如：透過 ATM 網路進行遠距教學、遠距醫療、視訊會議等應用，同時 ATM 網路亦可作爲網路的骨幹。

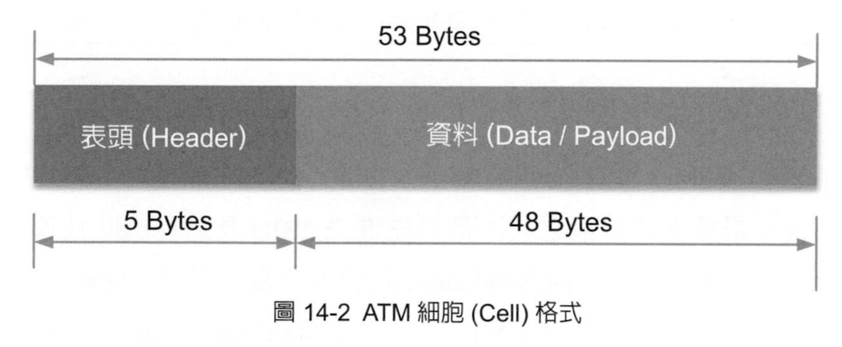

圖 14-2 ATM 細胞 (Cell) 格式

14-3 非對稱數位用戶迴路

當 Internet 上的多媒體愈來愈流行時，低速網路就無法滿足使用者，甚至是 ISDN 用戶，解決方案之一，是使用數位用戶迴路 (Digital Subscriber Line，DSL)，DSL 顧名思義是一種數位式的用戶線路，和之前的類比用戶線 (Plain Old Te1ephone service，POTS) 不同，DSL 並不是新的名詞，ISDN 也是一種 DSL，而 DSL 型式有許多種，一般稱爲 xDSL，其中較出名、較常聽到是非對稱性數位用戶迴路 (Asymmetric Digital Subscriber Line，ADSL) 也是 xDLS 中的一員，所以先從 xDLS 介紹。

14-3-1 xDLS

DSL 在目前的用戶迴路架構下提供一種高速傳輸的方法，一般速率可取代 T1/E1 之傳輸速率，使得在現有的銅線或雙絞線之傳輸媒介，能提供原先傳輸量的十五倍的傳輸速率，市場上的相關技術即稱爲 xDLS，可分爲 IDSL (ISDN DSL)、HDSL(High-bit-rate DSL)、ADSL(Asymmetric DSL)、SDSL(Symmetric DSL)、RADSL(Rate-Adaptive DSL)、VDSL(Very-high-rate DSL) 幾種，請參考表 14-2。

表 14-2 各種不同 xDSL 技術比較

技 術	下傳速率	上傳速率	傳送距離 (英呎) (24-gauge 線)
IDSL (ISDN DSL)	128 Kbps	128Kbps	18000
HDSL (High-bit-rate DSL)	768 Kbps	768Kbps	12000
ADSL (Asymmetric DSL)	2~5Mbps	64K~384Kbps	12000~18000
SDSL (Symmetric DSL)	2~5Mbps	2~5Mbps	10000
RADSL (Rate-Adaptive DSL)	7Mbps	1Mbps	12000
VDSL (Very-high-rate DSL)	13~52Mbps	1.5~2.3Mbps	1000~4500

◆ HDSL

歐規高速數位用戶迴路 (High Data Rate Digital Subscriber Line，HDSL)，HDSL 是目前 xDSL 系統中最成熟的技術之一，是以先進之 2BIQ 及迴音消除技術設計，HDSL 可將系統於短時間內，利用透過兩對傳統電話線路進行數位資料的傳輸，上下傳速度對稱 (Symmetric)，可以使其有 Tl(1.544Mbps) 或 El(2.048Mbps) 的速率，在單一條雙絞線的狀況下，速度可達 784Kbps 至 1040Kbps，有效距離爲三～四公里而不需中繼器即可延長距離且保持接近光纖之高品質傳輸，HDSL 通常是企業用戶使用。

◆ SDSL

對稱性數位用戶端迴路 (Symmetric Subscriber Line / Single-Line Digital Subscriber，SDSL) 是上行及下行頻寬相同的數位用戶端迴路，有效傳輸距離爲三公里，通常是企業用戶使用，一般民眾較著重於下行（下載）的頻寬，較適合使用 ADSL。

◆ VDSL

VDSL(Very High Data Rate Digital Subscriber Line) 是速度最快的 xDSL 技術，僅利用一條雙絞線，即可達到速度 12.9 到 52.8Mbps 間，甚至 60Mbps，速度的變化主要依據線路長短不同而定，而且是雙向等速的對稱傳輸。

14-3-2 ADSL

非對稱性數位用戶端迴路 (Asymmetric Digital Subscriber Line，ADSL)，ADSL 是最受注目的 xDSL 技術，因爲可以直接運用現有的電話線 / 簡明老式電話服務（Plain old telephone service，POTS) 線路來提高下行 / 下載 (Down Stream) 傳輸速率爲 2Mbps 最高可達到 5Mbps，上行 (Up Stream) 達 64Kbps 到 384Kbps 的不對稱式的網路傳輸技術，而不需要再增加現有基礎架構設備的技術，所有頻寬屬於單一使用者，先天限制是用戶與機房的距離不能太遠，使用方式是先撥接連線後再傳送資料，使用後再離線即可，需使用 ADSL 專用數據器 (即 ATU-R)，目前大都是 ISP 免費租借，而此種上下傳不對稱的速度，即是被稱爲非對稱性 (Asymmetric) 的原因。

傳統的 ADSL 服務網路以 Ethernet/Fast Ethernet 爲骨幹網路，圖 14-3 所示：

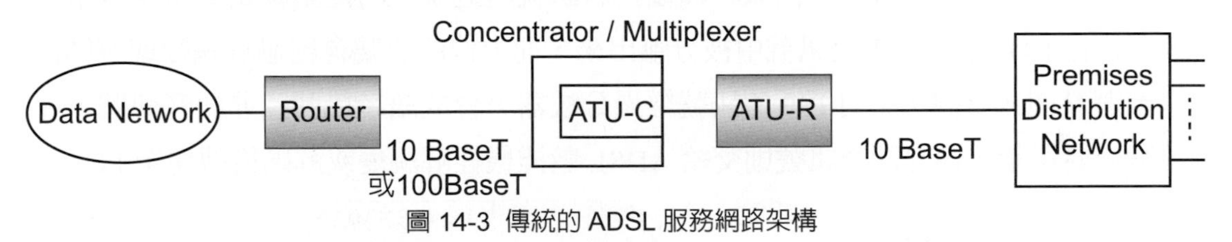

圖 14-3 傳統的 ADSL 服務網路架構

由於這樣的網路擴充性較差，只適合較小型的服務網路。因此目前大型的商用網路規劃，均以 ATM 爲骨幹網路。

以 ATM 爲骨幹網路的 ADSL 網路架構之演進可區分爲三個階段：

- 第一階段：以 ATM PVC 設定模式，建立區段虛擬電路（Virtual Circuit），連接各個界接設備。
- 第二階段：運用 L2TP 存取匯總 (L2TP Access Aggregation(LAA)) 技術或 PPP Terminated Aggregation(PTA) 技術，加入仲裁資訊控制閘 (Intermediate Data Gateway) 面對不同服務提供者 (Service Providers)。
- 第三階段：以 ATM SVC 交換方式，提供網路連接。方法上有 VPTA(Virtual Path Tunneling Architecture)、界接交換 (Edge Switching) 等。

14-3-3 ADSL 的架構

先分用戶端及局端兩方來說明，在用戶端需要自行準備電腦含網路卡、IP 分享器或 Hub(集線器) 等網路連線設備電腦及至少擁有一線電話，而 ADSL ISP 會提供分歧器、ADSL 專用數據器 (即 ATU-R)、電話線並在局端設定為 ADSL 用戶，如圖 14-4 所示。若多台電腦要共用一條 ADSL 線路上網時，接線方式如圖 14-5 所示。

局端 / 電話局 (Central Office，CO) 的設備提供 ADSL 服務，透過傳統的電話線路接到用戶端，用戶端需安裝一個 ADSL 專用數據器 (即 ATU-R)，ADSL 的頻寬是 1MHz，由於 ADSL 是用於擴展傳統類比式的電話服務，因此傳統電話功能是不可缺少的，在 1MHz 的頻寬中，最低的 4KHz 頻寬 (0~4KHz) 被用來做傳統的電話服務；4KHz 的頻寬被一個稱為 POTS(Plain Old Te1ephone service，POTS) 分歧器（Splitter），從 1MHz 的頻寬中分離出來，專門用來做傳統電話服務，另外的 100KHz 到 1.1MHz，則以最多每秒 6 個 bits 的方式來傳送電腦資料。

來自 PC 傳送至網路的資料，經由 ADSL 數據機將欲上傳的數位訊號調變及編碼成 DSL 訊號，並將此 DSL 數位訊號與 4KHz POTS 的語音訊號結合起來傳送到機房 (CO)，到機房後 POTS 的訊號被分離出來，然後再將訊號透過現存的電話線路傳送至各用戶端後，同樣在 CO 端 DSL 數位訊號中被分離出來，而上傳的訊號會經過解調變或解碼後再傳送至網際網。反向，來自 ISP 的訊號經過分岐器，分成語音訊號及非語音訊號，而語音訊號交給電話，而非語音訊號則交給 ADSL 數據機經解調變或解碼後傳送至 PC。

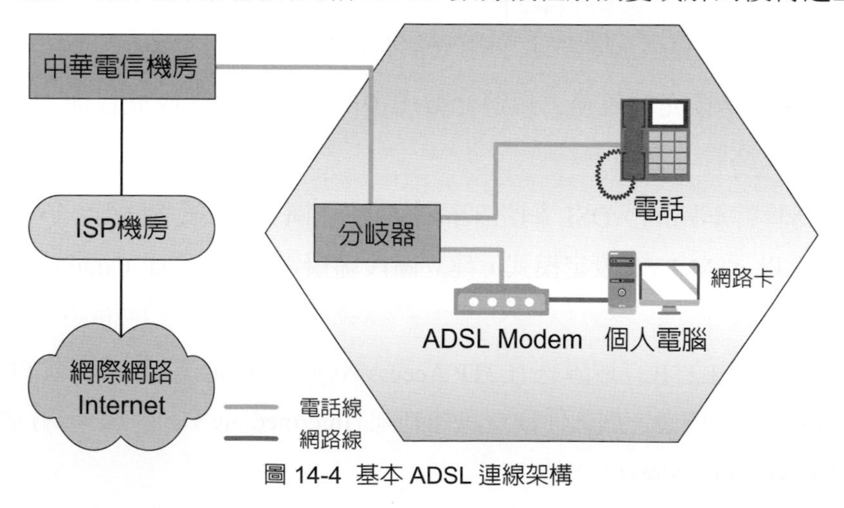

圖 14-4 基本 ADSL 連線架構

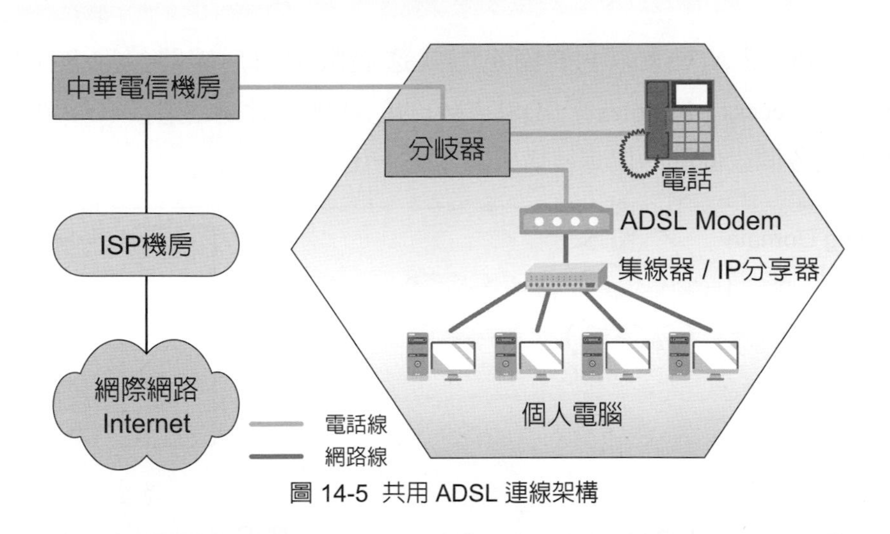

圖 14-5 共用 ADSL 連線架構

14-3-4 ADSL 網路架構

ADSL 網路以 ATM PVC 方式，如圖 14-6 所示，提供與 ISP 網路連接型態，加入資訊控制閘 (L2TP Access Concentrator，LAC)，或以 PPP Terminated Aggregation 技術，銜接不同服務提供者 (Service Providers) 之網路架構型態 VPTA(Virtual Path Tunneling Architecture) 網路架構型態，接取型 ATM 交換機以虛擬方式 (Virtual UNI)，處理用戶 UNI 信號方式之網路架構型態。

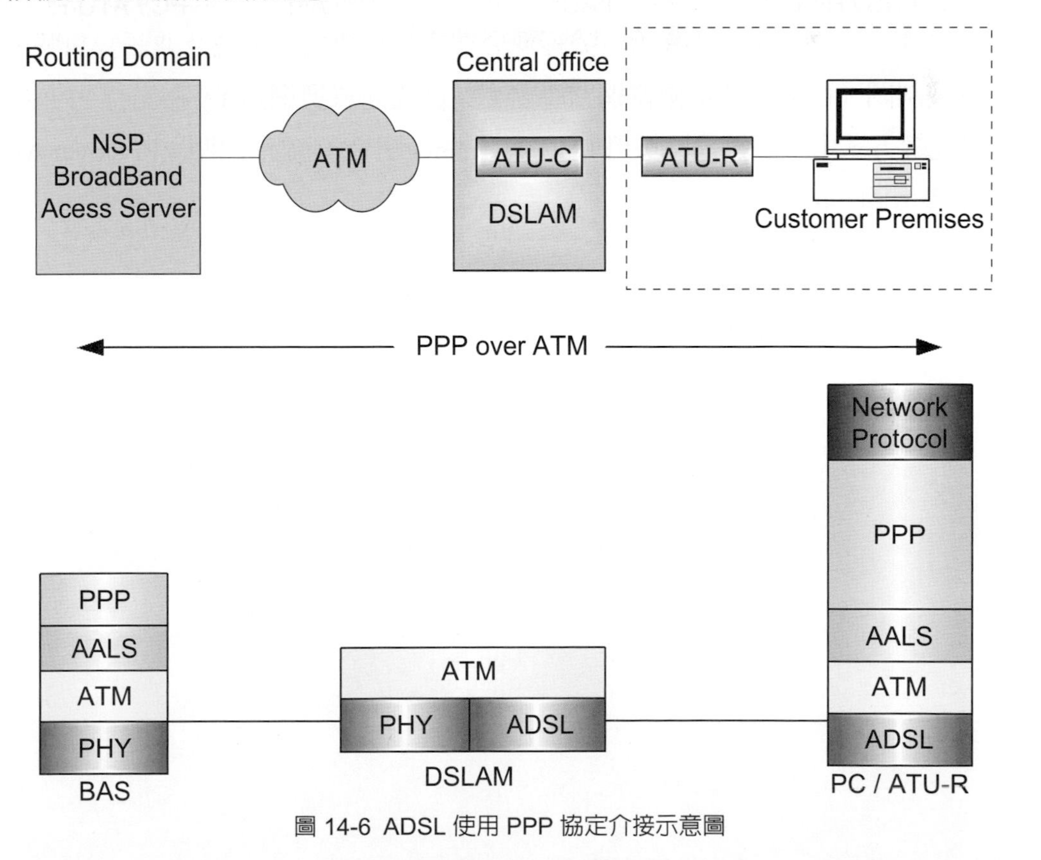

圖 14-6 ADSL 使用 PPP 協定介接示意圖

用戶終端 PC 或 ATU-R 以 PPP 協定方式透過數位用戶線路接取多工器（Digital Subscriber Line Access Multiplexer，DSLAM）或 ATM 骨幹網路連接 NSP 寬頻接取設備 (BAS)。PPP 在各個設備間的協定結構如圖 14-6 所示。

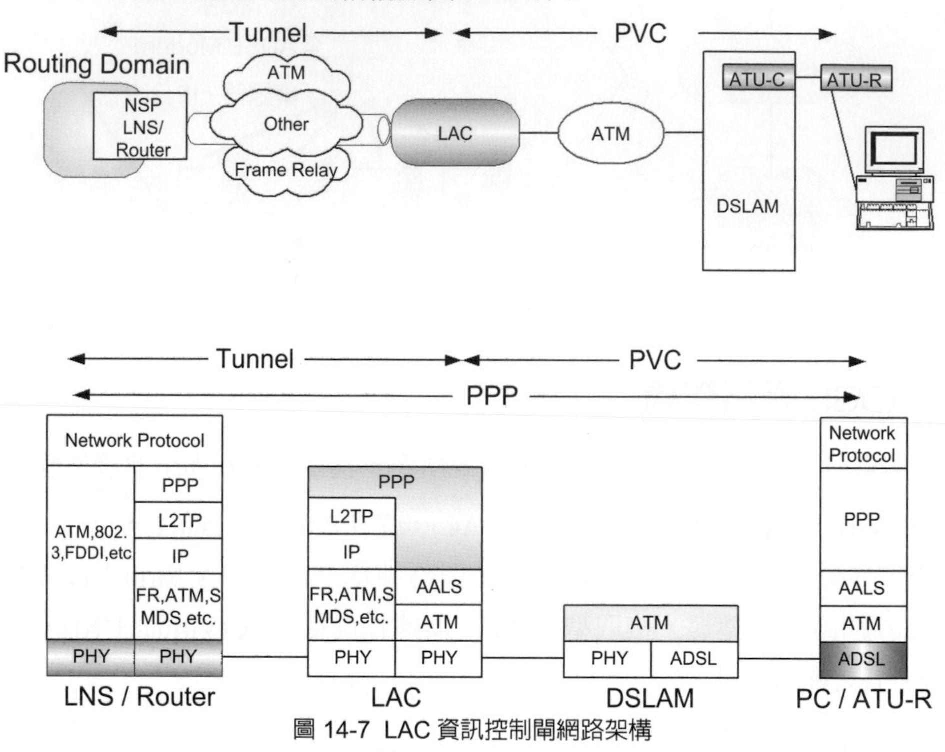

圖 14-7 LAC 資訊控制閘網路架構

資訊控制閘（LAC）銜接兩個網路平台 (異質或同質型網路)，在維持 PPP 終端對終端資料連線方式上，虛擬通路採用 PVC 與 Tunnel 組合。協定上則爲 PPP over ATM 與 L2TP。請參考圖 14-7。

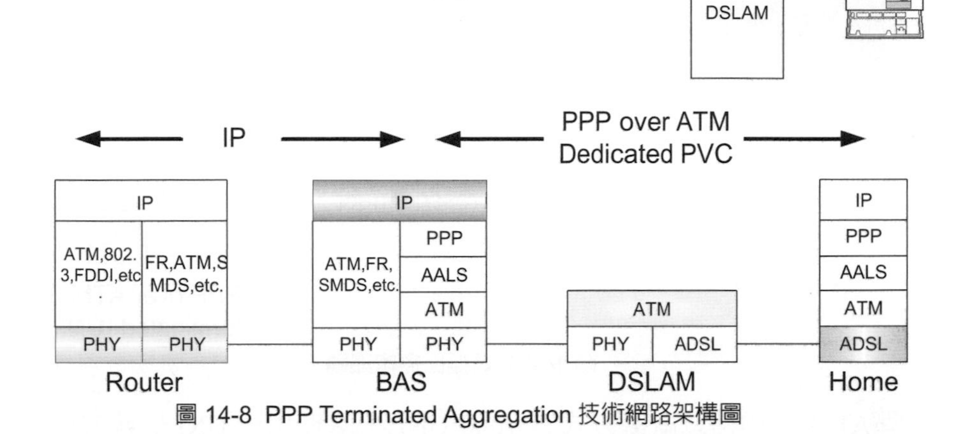

圖 14-8 PPP Terminated Aggregation 技術網路架構圖

PTA 架構採用一個類似目前 Remote Access Server 的設備，稱之為 Broadband Access Server（BAS），用來終結用戶的 PPP sessions，再將其透過傳統的 IP 骨幹網路連接到各 ISP 去。請參考圖 14-8。

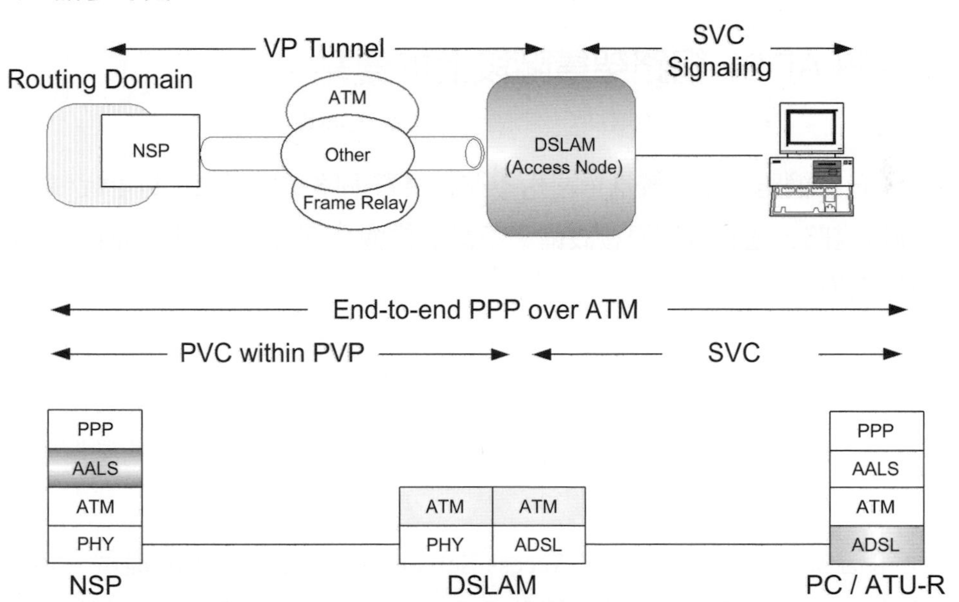

圖 14-9 VPTA(Virtual Path Tunneling Architecture) 網路架構型態

在 DSLAM 與每個 ISP 之間會建立一條 Virtual Path Tunnel，用戶透過 Q.2931 信號交換方式與 ISP 建立連結，而 DSLAM 會終結這個 ATM 信號交換，再選擇一條到該 ISP 的 PVC 給用戶使用，並將用戶之資料透過此 PVC 傳送。請參考圖 14-9。

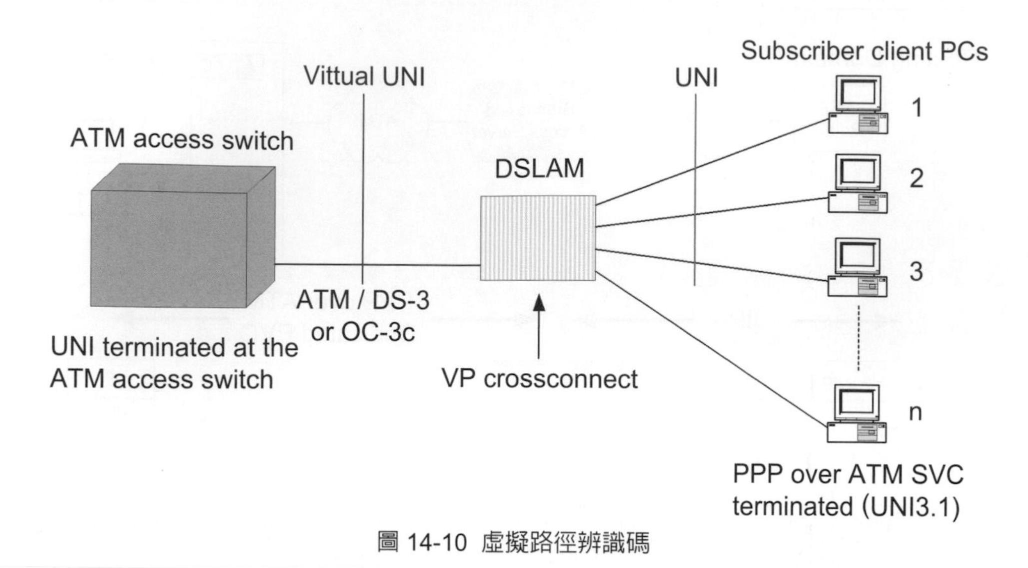

圖 14-10 虛擬路徑辨識碼

接取型 ATM 交換機以虛擬方式 (Virtual UNI)，處理用戶 UNI 信號方式之網路架構型態，在此架構中，每個用戶會有獨一無二的虛擬路徑辨識碼 (Virtual Path Identifier，VPI)，請參考圖 14-10，ATM access Switch 則提供 Virtual UNI(User-Network Interface) 介面與 DSLAM 連接，並終結所有用戶的 UNI 信號交換與 ILMI 協定。

14-3-5 各個 ADSL 網路架構階段上的優點：

1. 第一階段：

以 ATM 骨幹網路爲主，較爲單純化不存在異質網路交換問題。以 PVC 設定模式，建立區段虛擬電路，連接各個界接設備，不需要信號交換方式 (Signaling)。符合 Always On 的網路連線模式。

2. 第二階段：

LAA：強化網路擴充能力。能將多路用戶 PPP 連接通路，多工匯集在單一 Tunnel 通路中。更有效的使用骨幹網路通路寬頻資源。允許使用者更有彈性的選擇不同資訊服務提供者 (Service Providers)。

PTA：電信公司提供 Broadband Access Server 功能，不需由 ISP 提供。藉由降低進入障礙，以鼓勵 ISP 由傳統數據機撥接升級爲 ADSL 高速接取服務。可讓使用者接取或更換不同的 ISP。擁有良好的擴充性。

LAA 架構取決於 L2TP 協定的標準化進度，PTA 無此困擾。PTA 架構目前就可開始建設。

3. 第三階段：

如同第二階段一樣，提供用戶與 ISP 業者之間所謂 PPP 終端對終端資料連線方式。保留以 PPP 通訊協定連線方式的管理特色。例如：AAA (Authentication，Authorization，Accounting)。

依用戶設備開機連線需求，以 ATM SVC 交換方式動態的建立用戶虛擬電路替代以 ATM PVC 預先建立方式提供網路連接。有效使用電信網路資源。

良好的電信網路擴充能力，並且能提供多個 NSP(Network Service Provider) 界接。

14-3-6 ADSL 的調變方式

ADSL 的訊號調變方式，已成為 ADSL 硬體研發人員爭論的主要部分。一般分成無載波調幅與相位調變 (Carrierless Amplitude/Phase Modulation，CAP) 與離散多重音調 (Discrete Multi-tone，DMT) 兩種。

表 14-3 ADSL 的調變

ADSL 技術之爭		
	離散多重音調 (DMT)	無載波調幅與相位調變 (CAP)
所使用的技術	將頻譜分為許多 4KHz 頻帶，分析每一頻帶的訊號雜音比並依每一頻帶的狀況改變其傳送的位元率 (bit rate)。	使用回授等化器。將雜訊最小化的方式，並且可以最有效地利用低於 1KHz 的頻帶。
標準	ANSI 及 ETSI(歐洲)ADSL 的標準，另一項 RADSL 的標準在今年 (1997 年) 秋季經過 ANSI 核准，DMT for ADSL 即將成為 ITU 的標準，但互通性的功能往後延期。	ANSI 工作群組持續討論以 RADSL 為基礎的標準，而其成為 ITU 標準的機會渺茫。
其他的考量	DMT 將被用於另一種輕型版本的 ADSL 上，這種版本的 ADSL 用於較低速的數據機。	無

◆ CAP 調變技術

CAP 是第一種應用在 ADSL 的調變技術，1990 年美國 AT&T Bell Labs 運用了名為 CAP(Carrierless Amplitude / Phase) 的調變解調的技術在電話網路上，而後，在 1991 年由 AT&T Paradyne 開發出原型，產品可提供下行 (Down-stream) 1.5Mbps、上行 (Up-stream)64Kbps 的資料傳輸速率，此技術利用 QAM 的方式，將數位的資料調變於單一載波信號上，利用一對雙絞銅線來傳輸，且當沒有數位的資料可供調變傳輸時，則自動關閉載波信號不送出，故稱為 Carrierless，CAP 結合了上傳及下傳資料的訊號，在接收端的數據機中利用回音消除的方式將上傳與下傳資料分離開來，這種方式以成功的應用在目前 V.32 及 V.34 數據機中，CAP 是 ADSL 研發人員最初使用的方法，因為與現有的數據機使用的方式類似，因此整合性較佳，現在大部分的 ADSL 設備都是使用 CAP 的方式。

◆ DMT 調變技術

由 Amati Communications 公司發展出的，DMT 調變技術乃是將頻段分割成 256 個各具有不同載波信號的子頻道，再將數位的資料利用 QAM 調變方式，分配調變於 256 個載波信號的子頻道上，每個頻道傳輸的資料量可以依傳輸線路的干擾與串音的情況來調整，DMT(Discrete Multi-Tone)，將 100 KHz 到 1.1MHz 之間的頻寬切割成 256 個獨立的子通道 (Sub channel)，每個子通道所佔用的頻寬為 4KHz，然後依據每一子通道品質的不同，調整每一個子通道的位元數，可以使 ADSL 線路不致於有大多的雜訊及衰減，以確保 ADSL 有可靠的通信品質，這也就是為何 ADSL 可以在雙絞線對上支援如此高的傳輸速率。ADSL 最高傳輸速率是

256 個通道 × 每個子通道 4KHz 的頻率 × 最佳線路品質條件下以 6 位元編碼

256 × 4K × 6 ＝ 6Mbps

所以 ADSL 的傳輸速率，也就是其所提供的頻寬為 6Mbps，由於 DMT 技術會去檢查每一個子通道的訊號品質，以便去決定可傳送的位元數，所以線路的品質是很重要的，傳統線路的線徑愈粗，其線路的阻抗愈小，線路的品質也愈好，所以不同線徑會有不同的速率。

14-3-7 調變技術

為了提供高速 ADSL 服務，適當的調變技術是相當重要的。調變技術是將所需傳送的訊號作處理，以使訊號能在特定的環境下，進行最大資訊量的傳送，因此在不同的環境下，所需的調變技術則不相同。

但是由於調變技術牽扯到專利權與市場佔有等利益問題，使得 ADSL 的調變技術至少有三種技術互相較勁：QAM、CAP (Carrierless AM/PM) 與 DMT (Discrete Multi-Tone)。

DMT 利用頻寬分割的方式，將原本頻寬需求大的傳輸訊號分割成許多小速率、頻寬需求較窄的訊號來傳送，使得每個小訊號的通道響應看似平整，而且雜訊也近似 AWGN(Additive White Gaussian Noise)，讓每個小訊號的接收效果都能達到最佳狀態，由於每個小訊號都有其自身的載波傳送，因此稱之爲多載波調變技術。

而每個小載波所要傳送的位元數主要是由調變器於初始化階段所求得的訊號雜訊比 (SNR) 來推斷出來。其載送位元數與 SNR 的關係如下：

$$Bit.No. = \frac{SNR(dB) - 10NoiseM\arg in(dB)}{3}$$

由於每個載波所載送的資訊量是以自身的訊號雜訊比有關，此相似於 Shannon 理論，因此 DMT 技術比 QAM/CAP 更逼近通道所能傳送資訊量的上限。

14-3-8 ADSL 的限制

ADSL 最大的限制，就在於如果希望速度愈快，就必須愈靠近交換機房，也就是距離愈短，ADSL 的速度就愈快；如果希望達到 9Mbps 的下傳速度，必須距離機房 2.7 公里內；如果僅要求 2Mbps 的速度，那麼可以距離機房 4.6 公里遠。

至於 SONET-based DLC，也具有整合 ADSL 與一般電話線路的功能，以提供比舊有 DLC 更有效的遠控介面，而將用戶送入電信局的資料，轉換成相同的 SONET ATM 格式。

由於 Internet 上所隱藏的商機無限，如何利用現有的電話網路，以最低的代價獲得快速存取 Internet 相關資料的能力，整合現有技術與其他相關新技術來達成其目標，將是許多公司的夢想，也是各網路相關設備製造廠商在未來努力的方向。

14-3-9 ADSL 與 Cable Modem 消費者如何選擇？

隨著各式網路應用技術的發展、網際網路的盛行以及電子商務的商機無窮，大量的文字、影像、語音、動畫、及各種多媒體資料由電腦伺服器傳輸至客戶端 (Client)，形成下載至用戶端的資料量日漸增多，網路頻寬需求增大，但上行傳輸至網站只是少量的選取資料而已，因此非對稱式用戶數位迴路在此種環境下應運加溫，有人說以 ADSL 上 Internet 可謂適配，目前寬頻上網的方式除 ADSL 外，還有有線電視網路（Cable Modem）、直播衛星 (DirecPC)，由於網路建置架構方式不同，三者也各有利弊，以 ADSL 來說，雖然其現定之使用費較其他寬頻方式偏高，但其優點是每位 ADSL 用戶的線路頻寬皆是獨立的，使其資料的傳送具有高度的保密性，所有線路皆有妥善的管理與維護，電信機房內並有技術人員 24 小時看管，相較於有線電視網，有線電視網係利用現有之有線電視電纜來傳輸資料，然而有線電視電纜經常曝露於戶外的電線桿或牆上，管理較不易，若電纜有斷裂的情形亦不易查出是哪一條電纜，而用戶的網路連線也會隨之中斷，且資料在傳送上及用戶電腦中的資料都不具保密性，此外，有線電視網的傳輸速率會因使用者增加而遞減，若用戶突增，其頻寬被更多人同時分享，速率也會不如初期高。至於 DirecPC，係利用衛星傳送資料，但其傳輸速率受限於衛星頻寬，而且衛星傳輸費用也較高。

ADSL 的架構係分別於用戶端與電信機房內加裝 ADSL 設備，在現有的電話銅線上利用更多的頻寬，利用高於 4000Hz 的頻帶，使資料傳輸速度加快。申租 ADSL 之用戶所需的 ADSL 設備是由電信商提供，用戶無需另外購買，至於費用方面，用戶每月須支付 ADSL 電路月租費、通信費 (包月制)，第一次申租者另須繳納 ADSL 接線費及系統設定費。ADSL 可使用戶在同一條電話線上同時進行網際網路連線與自由撥打或接聽電話、24 小時永遠 on-line、用戶獨立專有的線路使用戶資料具保密性，並使線路易於維護與管理。

多數網路使用者的下載資料量較上傳大得多的情況，ADSL 有資料下載速度較上傳快的特性，目前最高傳輸速率可達下行 300Mbps，上行 768Kbps，依照用戶申請之速率，並測定用戶端與電信機房間的線路長度及可傳送速度來決定，一般而言，線路長度愈短，電纜線徑愈大，其傳輸速度愈快，但若要使傳輸效果達到基本狀態，用戶端與電信機房之間的線路長度須在 5Km 內。

ADSL 與有線電視的纜線相比較，雖然傳輸速率不如纜線的 30Mbps，但 ADSL 是專線，所有頻寬屬於單一使用者；而有線電視的纜線則是共享的，使用戶所擁有的頻寬，則視這條線路上的用戶多寡，再平均分攤 30Mbps。

表 14-4 ADSL 與 Cable Modem 上網比較表

項目	ADSL	Cable Modem
建設者	電信業者	有線電視業
涵蓋率	台灣地區 95% 以上	台灣地區 75%~80%
投資建設	目前有多家，但大多數基礎建設還是同一家，其他只是二房東	由系統業者、有線電視業者與 ISP 共同合作，網路架構較複雜，變數多
接取網路架構	星型，維修容易，個別電路，不影響他人	串接型，維修複雜，障礙會互相影響

項目	ADSL	Cable Modem
傳輸速率	依費率不同有不同的傳輸速率	依費率不同有不同的傳輸速率且與同時使用用戶數多寡有關
頻寬與硬體架構	ADSL 用戶獨享頻寬，具傳輸速率調節能力 (Rate Adaptive) 可隨線路品質調整傳送速度	共享頻寬架構，不具傳輸速率調節能力，當有干擾源出現於網路時，可能導致服務中斷，而無法自動以降速繼續提供服務
維護網管	可用既有的電信網管功能，效能較佳	廣播式的 Tree and Branch 網路，網管功能尚未有標準
上網服務品質	國內、外頻寬足，有保障	出國頻寬仍不足，欠缺保障
數據、視訊、語音服務品質	佳	佳
網路安全	佳	可

14-4 纜線數據機

再來介紹另一種方式，那就是纜線數據機 (Cable Modem)，兩者間各有千秋，競爭激烈，可從價格大戰可看出端倪。有線的寬頻網路是利用高頻寬的有線電纜和 Cable Modem 所組成的一種傳輸新媒介，利用調變方式稱爲正交振幅調變 (Quadrant Amplitude Modulation，QAM)，爲 RF 網路所發明最有效的數位資料傳輸方式。使用的傳輸有分爲 16-QAM、64QAM 及 256QAM 等幾種，在 QAM 前方的數字，所代表爲調變群組 (相位及振幅的特殊組合) 而 64QAM 的下傳資料傳輸最大速度爲每秒 30M 位元，而 256QAM 爲 40M 位元，但在傳輸中會有向前錯誤修正 (Forward Error Correction，FEC) 動作，因此所剩頻寬大約爲 27M 位元及 36M 位元，目前使用有線 Cable 傳輸共分爲三個頻帶，分別爲 Cable Modem 數位上傳 (5-42MHz) 下傳 (550~750MHz) 及電視節目類比信號下傳 (50~550MHz)。

圖 14-11 有線電視使用頻率圖

14-4-1 認識有線電視寬頻網路

在認識有線電視寬頻網路前，先了解一下有線電視 (CableTV) 的發展情況，在早期電視媒體是從無線電視 (只有三台) →閉路電視 (錄影帶) →衛星電視 (大小耳朵)，演變到目前的有線電視，由於台灣地狹人稠、人口密度集中、住戶集中的關係，在有線電視佈設線路的使用率來看，一條纜線拉個 10 公里可能就提供上千個住戶使用，比起其他國家，使用率可說是相當高，另外台灣並不是多島型國家，對於佈設 Cable 線路也較爲容易。

還有一個原因是在早期的無線電視，節目訊號是透過地面發射站發射送出，住戶只須安裝天線接收訊號即可欣賞節目，不過這只利於都市，像是被山脈阻隔的地區較不容易接受到訊號，所以若將由地面發射站發送的 RF 訊號，改爲透過同軸纜線 (Cable) 傳輸的話，只要將 Cable 拉到被阻隔的地區，該地區的住戶一樣可以接收到訊號觀賞節目。

當時小耳朵不就是接收衛星訊號嗎？這不就可以解決被山脈阻隔的地區接收不到無線訊號的問題嗎？小耳朵之所以會被有線電視取代的主要原因是，訊號透過纜線的傳輸方式，與訊號透過無線的傳輸方式，兩者在比較之下，訊號透過纜線可以容納較多的頻道數目，故有線電視可以提供更多的節目頻道，對未來較有發展潛力，另外小耳朵價格也較 Cable 昂貴。

在家所收看的每個節目都是一個類比訊號，是透過纜線到電視所以也必須了解 Cable 視訊規格；共有三大系統，分別爲 NTSC (National Television System Committee) 規格、PAL (Phase Alternation by Line) 視訊規格及 SECAM (Sequentiel Couleur avec Mémoire)，NTSC 規格的起源地美國，台灣也就是使用此規格，每個節目頻道會佔用 6MHz，若透過纜線來傳送節目頻道，以傳統的有線電視纜線 (50-550MHz) 來計算，可容納近百個節目頻道。歐洲使用 PAL(Phase Alternation by Line) 視訊規格，PAL 規格每個節目頻道會佔用 8MHz，但是所呈現的畫質比 NTSC 規格較好，還有 SECAM 視訊規格，蘇聯和法國使用 SECAM 視訊規格。

14-4-2 有線寬頻上網

有線寬頻上網，是以纜線數據機 (Cable Modem) 將電腦連上高頻寬的有線電視纜線 (Cable)，以作爲上網媒介的服務。有線寬頻上網的傳輸原理在於，以 6MHz 作爲有線電視頻道的切分單位，經過不同 QAM 的調變技術轉換，每一個頻道即可擁有 27Mbps 到 36Mbps 的速度，相當於 18~23 條 T1 專線，都只要透過一般家庭都已經擁有的有線電視纜線，就可以現成使用，即使 27~36Mbp 的速度已然驚人，但卻只是 Cable Modem 運用一個頻道所產生的頻寬而已，還有數十個以上沒有節目的頻道，Cable Modem 的頻寬是共享的，上線人數一多，是否還有會造成網路塞車？其實不然因爲 Cable Modem 不像電路交換的電話網路，必須給一個專屬的連結，所以使用者在上線期間不會佔據整個固定的頻寬。

以統計多工 (Statistical Multiplexing) 的模式推估，規劃一個頻道 27Mbps 會由 1000 至 1500 用戶共用，但其中同時上線的人數按比率推算，將只有 100 至 150 個人，這些人之中，又同時佔用頻寬下載的人將更低於此數，就和在 Ethernet 上傳送檔案的經驗一樣，一個人在幾微秒的時間內就可獲取所有可用的頻寬來下載資料可能每秒好幾百萬位元，所以當其他使用者沒有進行大量傳輸時，用戶幾乎可獨享全部的頻寬，以目前國內線寬頻網路服務而言，每個用戶可以平均 200-500Kbps，最快 1500Kbps (相當於一條 T1 專線) 的傳輸速度，而 27Mbps 的速度只有 Cable Modem 在一個有線電視頻道所產生的頻寬而已，假如由於過高的使用率而造成的擁擠現象開始發生，還可以分配另外的視訊頻道提供上網服務，而目前有線電視有高達數十個沒有節目的頻道可以提供服務，還會擔心有線寬頻上網的頻寬不夠用嗎？

14-4-3 有線寬頻上網的原理

有線寬頻上網方式，有線電視在家中經過分配器可分成 2 條線路，一條接上電視，一條則接上安裝在電腦上的 Cable Modem 因爲資料傳輸是分開的，如此就能用電腦享受寬頻上網而且不影響看電視。有線寬頻飆網的基本配備：家庭使用有線寬頻上網，基本上只需要有收看合法的有線電視及個人電腦。傳輸架構圖如下：

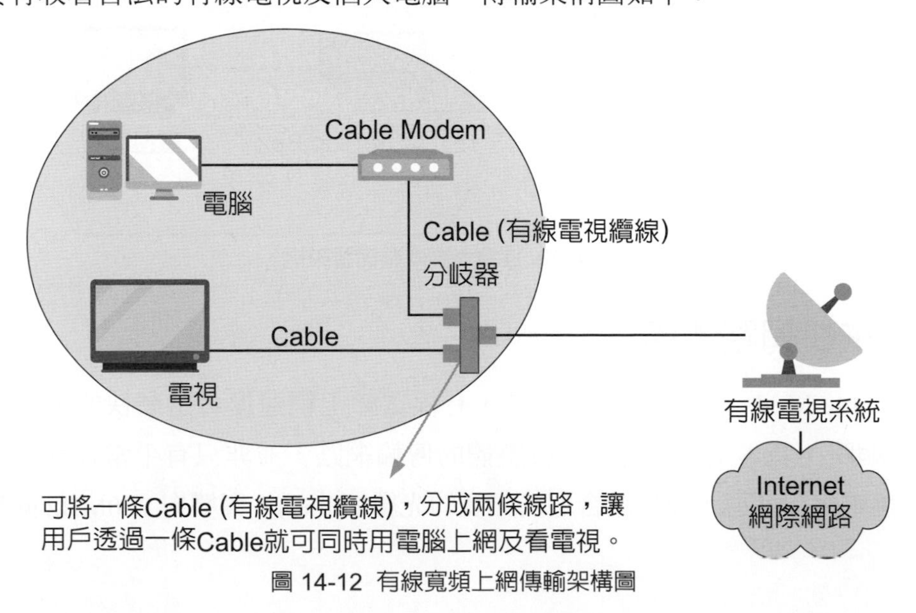

圖 14-12 有線寬頻上網傳輸架構圖

14-4-4 混合光纖同軸網路

傳統的有線電視系統線路，只能乘載 50-550MHz 之間的頻率，而且現在的有線電視業者所播送的節目頻道幾乎已佔滿了，若想要透過傳統線路上網就必須關閉幾個節目頻道，爲了不影響電視節目頻道的正常播放，Cable Modem 上網所使用的的頻率是 550-750MHz 的頻率來上網下載資料，然而這又衍生另一個問題，就是傳統的線路最多只能乘載 550MHz，放在讓電視節目與上網能同時共用的情況下，線路是勢必要被更換爲能乘載 750MHz，甚至更高的頻率。

因爲用戶端漸漸增加，纜線的傳輸量也會增加，相對的整個有線電視骨幹路負荷更加的吃重，所以除了更換同軸纜線以外，骨幹網路也必須更換爲更高的線路，即光纖。如圖 14-13 所示，目前有提供 Cable Network 的業者都是使用光纖作爲骨幹網路，再拉到有線電視業者，而有線電視業者到用戶端仍使用同軸纜線的網路架構，這整個網路架構就稱爲混合光纖同軸網路 (Hybrid Fiber Coaxial，HFC)。

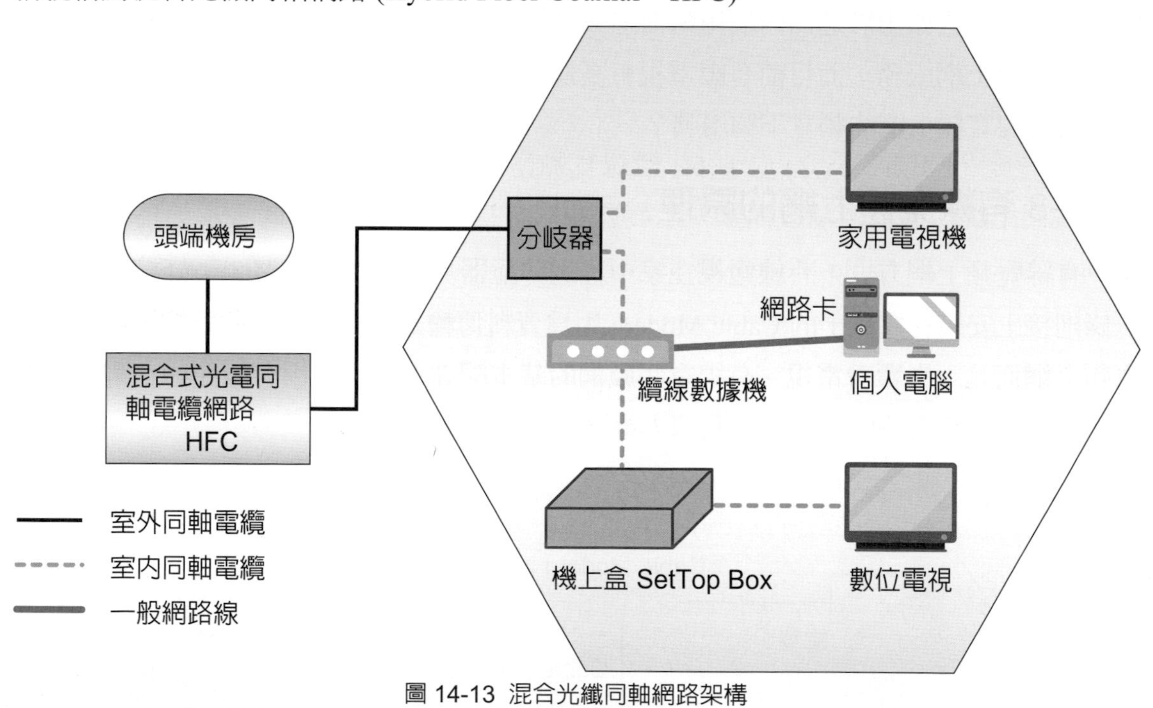

圖 14-13 混合光纖同軸網路架構

14-4-5 HFC 網路架構

除了 Cable Modem 的超高頻寬之外，有線寬頻上網速度會這麼快的另一個原因，就是 HFC 網路。基本上有線電視系統整體的傳輸網路，並非只有平常在家中或戶外所看到的黑色電纜線而已，而是結合超高頻寬的光纖 (Fiber)，與雙向 750MHz 同軸電纜線

(Coaxial) 的 HFC 混合光纖同軸網路。HFC 網路就好比一條 100 線道寬廣的高速公路，網際網路資料在上面傳輸，速度當然遠比老舊的電話線快上許多，光纖由有線電視頭端出發，連接至住戶區域的光纖節點 (Fiber Node)，再由節點以 750MHz 同軸電纜線連出，經由電纜線連到用戶家中。

14-4-6 HFC 標準規範

先前介紹 Cable Modem 時就已經提到有線電視頻頻道的頻寬，在此做更進一步的解釋：HFC 網路的頻寬高達 75MHz，以 6MHz 來劃分則整體的頻道，數量可高達 110 個頻道 750MHz=110 頻道，6MHz 之前提到由調變技術的不同，Cable Modem 在一個頻道可傳達 27Mbps/36Mbps，而在 750MHz 的 HFC 網路中，目前大約有 33 個頻道可留給數據資料傳輸，若是以 33 個頻道乘以 27Mbps 及 36Mbps。每個頻道在不同的地理區域還可重複使用 (類似大哥大頻帶重複使用的觀念)，因此 Cable Modem 在 HFC 網路整體的傳輸頻寬幾乎沒有實際的上限。當然這邊指的是下行的頻寬。

對於享受有線寬頻上網的用戶而言，了解有線寬頻網路服務 ISP 所提供的 Cable Modem 有無符合 MCNS(Multimedia Cable Network System) 的規範是很重要的。什麼是 MCNS 呢？ MCNS 為 Cable Labs(纜線實驗室) 與北美多家有線電視多系統經營業者所共同組成的機構，該機構致力於發展關於有線電視寬頻網路的各項規格與標準，目前已建立一套 Cable Modem 標準規格 -DOCSIS，此項 Cable Modem 標準已通過 ITU(International Telecommunication Union) 國際電信聯合會核可，成為全球通行的國際標準，符合 DOCSIS 標準的 Cable Modem 將可以互通使用，Cable Modem ISP 了解 Cable Modem 符合 MCNS 規範的重要性，所以目前提供的 Cable Modem 及本身系統採用的對應設備，皆採用符合 MCNS 與 DOCSIS 規範標準來設計的產品，以確保用戶權益。

MCNS 組織並不只是單純制定 Cable Modem 的規格，而是從有線電視系統、光纖線路、同軸纜線，一直到用戶端的 Cable Modem 都有制定規格，像是 5~45MHz 作為上傳資料 (Up Stream)、550~750MHz 作為下傳資料 (Down Stream) 都是由 MCNS 所制定。先來了解一下透過纜線所乘載的頻率分析，目前所有的纜線大都是以傳送類比訊號為主，這和透過電話撥接上網一樣，在 Internet 上所傳遞的數位訊號都必須先加以調變成類比訊號傳輸到用戶端，然後再透過 Cable Modem 解調為數位訊號給電腦，上傳亦是如此，所以 Cable Modem 必須擔任訊號的調變及解調工作。資料上傳及下傳的調變方式也不相同，下傳的調變方式有 64QAM 及 256QAM 兩種，以傳輸率來講 256QAM 大於 64QAM，上傳的調變方式有 16QAM 及 QPSK 兩種，傳輸率少於 64QAM 及 256QAM。

14-4-7 Cable Modem 的速度

介紹兩種 Cable Modem 所使用調變技術，分別為 64QAM 及 256QAM。

- 64QAM 的速度是 ($log_2 64$)*(Symbol Rate)，64QAM 的 Symbol Rate 為 5.057MSs (Million Symbols/second)，所以 64QAM 的 Total Data Rate 為 $log_2 64$*5.057= 30.342Mbps，而 Effective Data Rate 為 27Mbps。
- 256QAM 的速度是 ($log_2 256$)*(Symbol Rate)-256QAM 的 Symbol Rate 為 5.360M Ss(Million Symbols/second)，所以 256QAM 的 Total Data Rate $log_2 256$*5.36= 42.88Mbps，而 Effective Data Rate 為 38Mbps。

理論上可以得知下載速度介於 27M~38Mbps，速度相當驚人，若以 Tl 專線 1.5Mbps) 來比較的話，理論上相當於 18~24 條 Tl 的專線，不過網路的傳輸速度並不等於理論值，往往有其他因素會降低傳輸速度，例如：有線電視纜線架構是樹狀結構，用戶端在下載資料是共用同一頻寬，假如同一條纜線有 20 位用戶有申請有線電視寬頻網路，並且同一時間在下傳資料，那以 27Mbps/20=1.4Mbps，一個用戶端只有 1.4Mbps，這只是理論值並不完全正確，但可以確定的是它絕對比傳統的 Modem(56Kbps) 快上好幾倍。

每個有線電視頻道的頻寬是 6MHz，由於在整個 Modulation 的過程中有許多的頻率轉換，為了避免頻率偏移現象，在目前的 MCNS Cable Modem 標準規格中只使用其中的 4.5MHz。例如：64 QAM，速度就是：log(64)/log(2)(bit/Hz/s)*4.5MHz =27Mbps=18 條 T1 專線如使用 256 QAM，速度則為：log(256)/log(2)(bit/Hz/s)* 4.5MHz=36Mbps=23 條 T1 專線，27/36Mbps 的速度就很快了嗎？這只是 Cable Modem 運用一個頻道所能產生的頻寬，可以發現目前家中有線電視節目還有許多未使用的頻道，所以整體的頻寬是相當相當驚人的。

14-4-8 單向 Cable Modem 上網原理

單向傳輸原理：單向傳輸是指上網時資料上傳透過 56K 數據機，經由電話線傳到有線電視系統設置的撥接埠後在連上 Internet，而資料下傳則經由有線電視線及 Cable Modem 回到電腦，所以單向其實應該叫撥接上行 /Cable 下傳，因為還要透過電話撥接上傳資料，所以仍須負擔電話費。

單向傳輸的特色：網路下傳與雙向一樣快，但 ISP 連線費收費會較便宜。須同時使用 Cable Modem(下載) 及傳統 Modem(上傳)，需要付兩種費用，不建議使用。請參考圖 14-14。

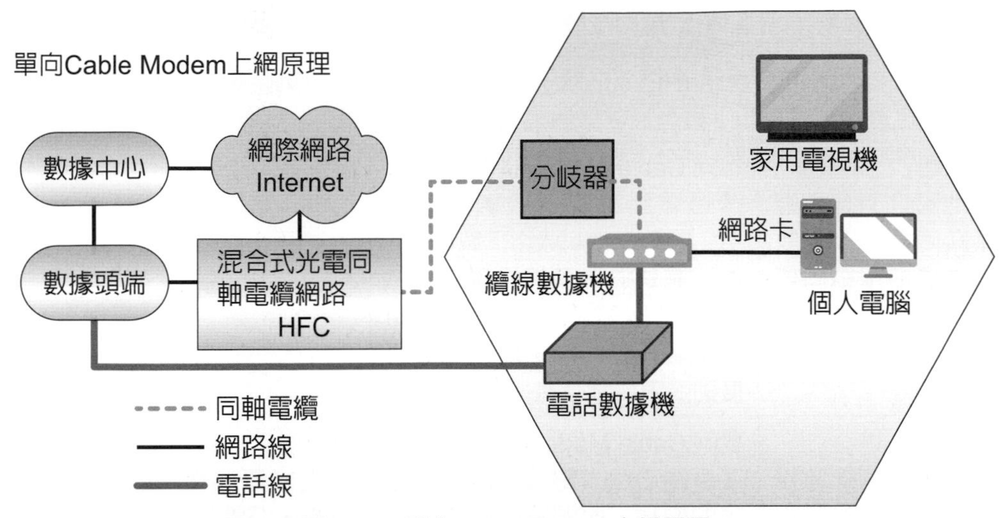

圖 14-14 單向 Cable Modem 上網原理

14-4-9 雙向 Cable Modem 上網原理

雙向傳輸原理：雙向傳輸，是指在上網時資料的上傳及下傳，都是透過 Cable Modem 經由有線電視纜線來傳輸資料。雙向傳輸的特色 - 開機即可上網，就好像在公司專線一樣，免去撥接程序。其實從用戶到有線電視系統這段網路，不單只是纜線而已，它是由有線電視纜線＋光纖所構成的 HFC(Hybrid Fiber Coaxial 混合光纖同軸電纜) 網路。

不需同時使用 Cable Modem 及傳統 56K 數據機撥接上網，雙向都是使用 Cable Modem，只需要付 Cable Modem 的費用，經濟實惠。請參考圖 14-15。

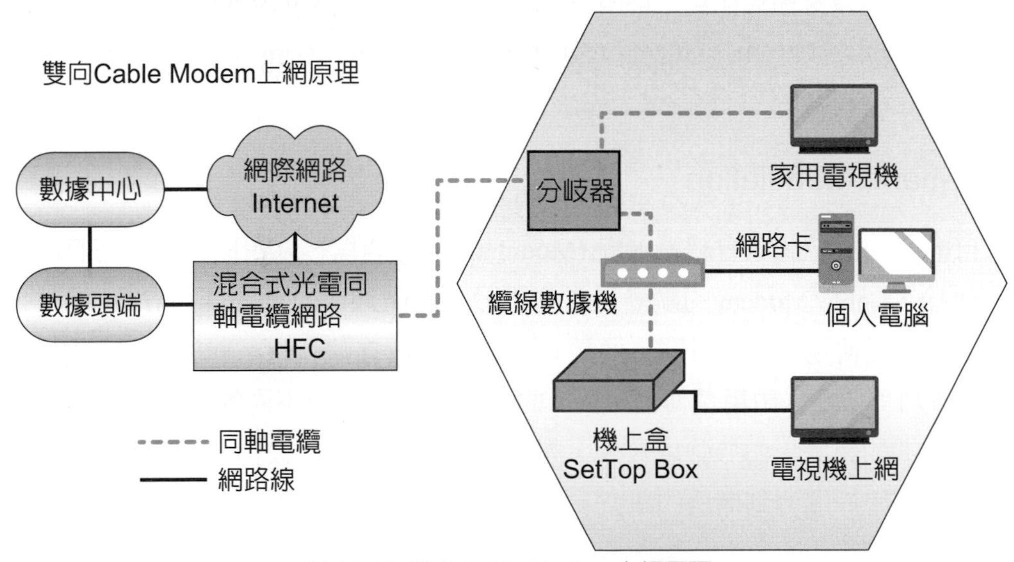

圖 14-15 雙向 Cable Modem 上網原理

表 14-5 單向及雙向傳輸服務之說明與比較表

<table>
<tr><td colspan="3">依有線電視光纖同軸混合網路 (HFC) 之狀況提供單向非對稱式傳輸服務及雙向對稱式傳輸服務，與現行之寬頻業者相較下具有最多樣且最先進之系統架構：</td></tr>
<tr><td>1. 單向傳輸
當服務地區之有線電視網路系統尚不能支援雙向時，必須使用單向傳輸模式</td><td>單向 Cable Modem 系統架構：透過電話線由一般數據機上傳，再由 Cable 線路下載資料，因下載是透過有線電視纜線，故速度與雙向 Cable Modem 的下載速度相當，但上傳的速度則受限於電話數據機。</td><td>優點為：
1. 使用費用採計時制。
2. 具高速傳輸頻寬。</td></tr>
<tr><td>2. 雙向傳輸
當服務地區之有線電視網路系統可支援多工雙向時，則採用雙向傳輸模式。</td><td>雙向 Cable Modem 系統架構：客戶端之個人電腦利用有線電視的纜線，與頭端設備聯結再與網際網路相通，達到雙向溝通的目的。</td><td>優點為：
1. 直接連上網、不需透過電話撥接、免電話費。
2. 不限時數，可 24 小時上網。
3. 具高速傳輸頻寬。</td></tr>
</table>

其他有線寬頻上網方式：機上盒 (Set-Top-Box) 可以用電視機上網，Set-Top-Box 與電視的關係類似 Cable Modem 與電腦一樣，目前技術已很成熟。

◆ Cable Modem 傳輸原理

Cable Modem 傳輸一般採用所謂的 Sub-carrier Modulation 方式進行就是利用一般有線電視的頻道作爲頻寬切分單位。每個頻道共有 6MHz 的頻寬。一般 Cable Modem 由機房傳到用戶端的傳輸順序是：Data →基頻調變（Base-band Modulation）→ Frequency Up-Shift → Cable Transmission → Frequency Down-Shift → 解調變（Demodulation）→ Data。

◆ Base-band Modulation

來自網路的數位訊號會經過調變 (Modulation) 的過程，以類比的方式在有線電視的線路上傳輸，Cable Modem 的調變通常會對於基頻載波 (Base-band Carrier) 進行，調變的方式則與訊號傳遞的方向有關，通常 Cable Modem 在傳輸時，對於下行 (由機房傳到用戶) 的資料與上行 (由用戶傳到機房) 的資料通常會採取不同的調變方式。對於由機房傳到用戶端的訊號，由於強度較大，對雜訊的抵抗力也比較夠，因此會採用 QAM 的調變。而對於用戶端傳到機房的訊號，則因爲雜訊較大，而通常會採用抗雜訊能力較強的 QPSK 作爲調變技術。

◆ Frequency Up-Shift

在調變之後，接下來要決定的是訊號會經由哪一個頻道送出，Cable Modem 在進行調變時採用的是基頻 (Base-Band) 的載波，再來的步驟就是要將這個經過調變後的基頻訊號轉換到要使用的頻帶，這個步驟會採用所謂的 Up-Converter 進行。譬如說當預備將 Cable Modem 的訊號經由有線電視的第 100 號頻道傳輸時，就會將調變後的基頻訊號傳送到第 100 號頻道所對應的頻帶進行傳輸。

◆ Cable Transmission

數位資料經過調變與轉換頻率之後，下一步動作是將轉換後的資料與其他有線電視的視訊節目訊號混合送出，由於有線電視系統多半採用光纖做為骨幹傳輸，因此一般而言訊號會先經過光電耦合器將電氣訊號轉換為光訊號，然後到適當的位置再轉回電氣訊號，中間經過各級的正反向放大器，利用同軸電纜傳到用戶家中，同時送給電視機和 Cable Modem。

◆ Frequency Down-Shift

Cable Modem 接到有線電視的訊號後，首先會經過 Frequency Down-Shift 的動作，將經過 Sub-Carrier Modulation 的訊號轉換為基頻訊號，以便進行解調的動作。這個步驟大致上是與 Frequency Up-Shift 的步驟相反。

◆ Demodulation

這是 Cable Modem 的動作，將以基頻調變的類比訊號轉回數位訊號，並且傳送到電腦中。

表 14-6 Cable Modem 及 ADSL 比較表

比較項目	Cable Modem 有線電視上網	ADSL 非對稱式數位迴路系統
網路頻寬	下載可達 36Mbps/ 秒 上傳可達 768Kbps ~ 10Mbps/ 秒	下載可達 1.6Mbps ~ 6Mbps/ 秒 上傳可達 64Kbps ~ 640Kbps/ 秒
距離限制	光纖網路無法到達之偏遠區	只能適用在電信局方圓 6 公里之內區域
使用限制	只能向第四台業者申請	上行頻寬較窄 (最高速率 640Kbps) 倘有大量資料上載，則會影響其他用戶上行速率變慢或發生斷續等不穩定現象。(只能向電信業者申請)

比較項目	Cable Modem 有線電視上網	ADSL 非對稱式數位迴路系統
應用項目	Analog TV、Digital VOD、Telephony、H-speed DataVideo-phone	Digital VOD、Telephony H-speed Data
支援服務單位	區域性有線電視台提供服務 (可提供最快速、最直接的維護支援)	僅由中華電信投入發展 (以全國性規劃時程發展建設)

在有線電視數位化後，有線電視頻寬大量提升，提供高畫質（HD）甚至更高解析度的高優質節目頻道，不僅可以看到節目內容，增加數位互動功能，提供 7 天節目表、錄影、隨選影片等功能，還有提供股票資訊、生活氣象及發票對獎等服務，不知不覺中已經與我們生活息息相關。

14-5 光纖網路

目前在台灣想要高速上網，一般會採用光纖網路，因光纖不受電磁波干擾，光纖能以光代電傳遞訊號，較傳統電纜傳輸量大、強度衰減小而訊號穩定等優勢，因此訊號質跟量都會提升，但升級線路基礎建設需耗費大量資金，所以升級時需與業者詢問一下，設置地是否可申裝，設置地的機房可能沒有線路，及設置地光纖是否接得進去，需要工程人員到場場勘，大部份不能安裝都是因爲裝潢問題，坊間只要是機房到使用者中間使用光纖，就統稱爲光纖上網，光纖上網可分爲光纖到鄰里（Fiber To The Node or Neighborhood，FTTN）、光纖到街角 FTTC（Fiber To The Curb，FTTC)、光纖到大樓(Fiber to the Building，FTTB) 及光纖到府 / 光纖到家 (Fiber to the Home，FTTH)，要眞正光纖上網當然要選 FTTH，所以資費要較高，且較容易因裝潢問題而不能安裝，只能期望 5G 行動數據上網。

大部份業者推的光纖上網都是盡力而爲模式（Best effort），簡言之即不保證速度一定有跟申裝速率那麼快，會因連網設備、網路負載狀況、距離、用戶所在位置的環境，以及到訪網站的連外頻寬等因素而變化。

14-6 寬頻網路的應用

寬頻網路除可做高速上網之用，未來還有更多的應用，像是家庭保全、視訊會議、隨選視訊、線上電玩及遠距教學。

◆ 家庭保全

可以透過雙向網路做到智能遙控監測，可自動感應到火警、小偷入侵，做到保全的服務，並可以讀取水電表的內容，直接記錄水電使用情況，更可以節約能源，在任可上網的地方都可對家中的每一個角落，一清二楚。

◆ 視訊會議

整合電腦、電話、動態視訊會議的功能，利用雙向寬頻網路的特性，讓兩個或二個地點以上的人，可以在螢幕上近似面對面的召開會議；而會議中所要用的資料、文件或圖片，也可以同步在網路上傳送，以達到開會目的。視訊會議最重要的功能，就在於可以在不限時空的環境下，讓許多人可以在一起進行會議，節省下許多往來奔波的時間及花費，同時文件的傳輸列印的紙張節省，也是不可忽視的一環，因病毒疫情，使得視訊會議功能的需求量大增，有人使用直播 APP，媒體串流，而安全性也突然重要起來了。

◆ 隨選視訊

可以在任何時間任意選取節目或影像（Video on Demand，VOD）觀賞，包括現在第四台中的所有節目，例如：隨選電影（Movie on Demand，MOD）、新聞、體育比賽、演奏會、藝文等。

◆ 線上電玩

連上線上電腦遊戲 (On-Line Game) 的站台，下載遊戲軟體或是與其他連線的使用者進行雙向遊戲，由於寬頻的速度夠快，各式的電腦遊戲，聲光效果會比過往的一般線上遊戲大不相同。可以做到更加逼真的顯示效果，例如 :3D。

◆ 遠距教學

把接受教育、培訓的場所，從課堂轉移到家庭，民眾在家中可透過有線電視網路選舉課程內容進行互動式學習，擴大學習領域，增進學習效能，免去往來之間的路途時間。

14-7 直播衛星

直播衛星 (DirecPC) 一詞的由來是從直播電視 (DirecTV) 而來的，由撥接或專線方式上網，再透過衛星直接將資料經由衛星下載，就是經由兩個不同通道傳送資料，使資料的傳遞更加快速且不塞車。DirecPC 是利用衛星傳輸資料提供網際網路服務，以解決網路頻寬不足的方式，透過用戶端安裝約 45~60 公分直徑大小的碟形天線接收器介面卡等配備，以 200~400Kbps 速度接收衛星下傳資料到個人電腦，由於其傳輸採用單向模式，雖然電腦接收資料經由衛星，但是上傳部分還要透過傳統的數據機連上 ISP 方式進行。當使用高速衛星網路服務 (Turbo Internet Service) 時，其 400Kbps 的速度，一份 400 頁的文件，在不到一分鐘的時間之內就可以下載完，而衛星多媒體傳送服務 (Multimedia Transmission Service) 及衛星封包快遞 (Package Delivery Service)，其 Mb/s 的速度就更不用說了。直播衛星的優缺點：

- 最快捷、經濟效益的網際網路服務。
- 提供一點對多點同時接收的高速傳送服務。
- 更大範圍的網際網路服務，利用衛星通訊，即使再遠也不是問題。
- 若選擇的是衛星多媒體傳送服務或衛星封包快遞服務，則不需專線播接 ISP，即可享受衛星直播網路服務。
- 可以最高 3Mbps 的傳輸速率，傳送大檔案到不限台數的電腦上。
- 比傳統數據機快 10 到 30 倍的速度下載網際網路檔案。

本章習題

填充題

1. T1 傳輸速度爲（　　　　　　　）MBps。
2. E1 傳輸速度爲（　　　　　　　）MBps。
3. ISDN 的 B 通道速率爲（　　　　　　　），D 通道的速率爲（　　　　　　　）或（　　　　　　　）。
4. ISDN 網路可分爲（　　　　　　　　　　　）及（　　　　　　　　　　　）二種通訊速率。
5. ISDN 的基本速率介面 (BRI) 提供（　　　　　　）個（　　　　　　）通道及（　　　　　　）個（　　　　　　）通道以傳訊，故整組 BRI 速率（　　　　　　）Kbps。
6. ISDN 的基本速率介面 (PRI) 提供（　　　　　　）個（　　　　　　）通道及（　　　　　　）個（　　　　　　）通道以傳訊，故整組 BRI 速率（　　　　　　）Kbps。
7. ISP 的中文全名爲（　　　　　　　　　　　　　　　　　　　　　　　）。
8. ISDN 的中文全名爲（　　　　　　　　　　　　　　　　　　　　　　）。
9. HFC 的中文全名爲（　　　　　　　　　　　　　　　　　　　　　　　）。
10. ATM 的中文全名爲（　　　　　　　　　　　　　　　　　　　　　　）。
11. ATM 網路的傳輸單位稱爲（　　　　　　　　　　）。
12. ATM 網路的傳輸單位固定大小爲（　　　　　　　）位元組。
13. ADSL 的中文全名爲（　　　　　　　　　　　　　　　　　　　　　）。
14. FTTB 的中文全名爲（　　　　　　　　　　　　　　　　　　　　　）。
15. FTTC 的中文全名爲（　　　　　　　　　　　　　　　　　　　　　）。
16. FTTH 的中文全名爲（　　　　　　　　　　　　　　　　　　　　）。

選擇題

1. （　　）請問 T1 傳輸速度爲何？ (A)64Kbps (B)144Kbps (C)1.544Mbps (D)2.048Mbps。
2. （　　）請問 T1 傳輸速度爲何？ (A)64Kbps (B)144Kbps (C)1.544Mbps (D)2.048Mbps。

3. (　　) 請問 ISDN 的 B 通道速率為何？ (A)64Kbps (B)144Kbps (C)1.544Mbps (D)2.048Mbps。
4. (　　) 請問 ISDN 的 D 通道速率為何？ (A)16Kbps (B) 64Kbps (C)128Kbps (D)144Kbps。
5. (　　) 請問 BRI 的 2B+D 傳輸速度為何？ (A)16Kbps (B) 64Kbps (C)128Kbps (D)144Kbps。
6. (　　) 請問 PRI 的 23B+D 傳輸速度為何？ (A)64Kbps (B)144Kbps (C)1.544Mbps (D)2.048Mbps。
7. (　　) 請問 PRI 的 30B+D 傳輸速度為何？ (A)64Kbps (B)144Kbps (C)1.544Mbps (D)2.048Mbps。
8. (　　) 請問 ATM 網路的傳輸單位固定大小為何？ (A)50Bytes (B)51Bytes (C)52Bytes (D)53Bytes。
9. (　　) 請問 ATM 網路的傳輸單位的表頭大小為何？ (A)5Bytes (B)10Bytes (C)15Bytes (D) 以上皆非。
10. (　　) 請問用戶端與電信機房之間的線路長度須在 (A)1 公里 (B)1 公里 (C) 3 公里 (D)5 公里內。

問答題

1. 請問何謂 ISDN ？
2. 請問何謂 ADSL ？
3. 請問 ADSL 最大限制為何？
4. 請問何謂 xDSL ？
5. 請問 ATM ？
6. B-ISDN 服務類型可分為哪兩大類？試說明之。
7. 試繪圖並說明有線電視網路架構。
8. 請問何謂 Cable Modem ？
9. Cable Modem 的傳輸方式可分為哪兩種？
10. 請問何謂 2B1D ？
11. 請問何謂 23B1D ？
12. 請問何謂 30B1D ？

13. 請問何謂 PRI？
14. 請問何謂 BRI？
15. 請問何謂 DirecPC？
16. 請問何謂 HFC？
17. 說明有線電視使用頻率的範圍？及 Cable Modem 使用頻率的範圍？
18. 說明 Cable Modem 上傳資料使用頻率的範圍？下傳資料使用頻率的範圍？
19. 請比較 FTTC、FTTB 及 FTTH。
20. 請舉出五個寬頻網路的應用。

NOTE

Chapter 15

電子商務

學習目標

15-1 電子商務來源
15-2 電子商務基本概念
15-3 電子商務的整體架構為何
15-4 電子商務消費種類
15-5 電子商務呈現的各種型態
15-6 企業間電子商務
15-7 電子商店
15-8 電子商店成功模式
15-9 線上交易處理
15-10 網路金融

15-1 電子商務來源

隨便問任何人亞馬遜 (Amazon) 是什麼？相信大家都會異口同聲的說，就是全球最大的網路書店及電子商務平台，1995 年 7 月，貝卓斯 (Jeffrey P. Bezos) 創立亞馬遜書店，當時他的觀念與魄力，讓許多人視作爲瘋子，並且認爲他不會成功，但事隔幾年之後，當亞馬遜市值瘋狂成長超過 300 億的時候，全球都開始使正視電子商務驚人的影響力，與網際網路每年將近 2300% 的可怕成長能力。它衍生出來的神奇商機，使昔日默默無名的貝卓斯可以白手起家，使他儼然成爲全球電子商務的教父。

15-2 電子商務基本概念

電子商務 (Electronic Commerce，EC)，究竟什麼是電子商務？事實上電子商務早在幾十年前就以開始，電子資料交換 (Electronic Data Interchange，EDI) 就是典型的電子商務活動，只是當時電腦用戶有限，而且網路成本高昂，以致效益未能普及，直到近年來網路用戶快速成長，加上多媒體與通信技術成熟，網上商業活動的效益日益明顯，電子商務一詞才開始受世人注意，電子商務通常是指透過網路進行商業活動，由電子資料交換 (EDI) 及加值網路的利用延伸而來的，包含商品與服務交易、金融匯兌、網上廣告或提供育樂節目，交易關係包含企業間及企業與消費者間，還包括傳送商品規劃、研發、行銷、廣告及售後服務等資訊的傳送、政府電子化服務、及遠距離教學等相關服務，傳輸的內容包括格式化、結構化的商業表單文件、非格式化、非結構化的電子郵件 (E-mail) 和檔案傳輸 (File Transfer)、聲音、圖形、影像及動畫等，觸及層面很廣。

15-3 電子商務的整體架構爲何

電子商務整體架構如圖 15-1 所示，經濟部商業司推動電子商業計畫之主要目的在於掃除障礙，建立自由公平競爭之電子商業發展環境，金流、物流、資訊流爲電子商務系統三大支柱。

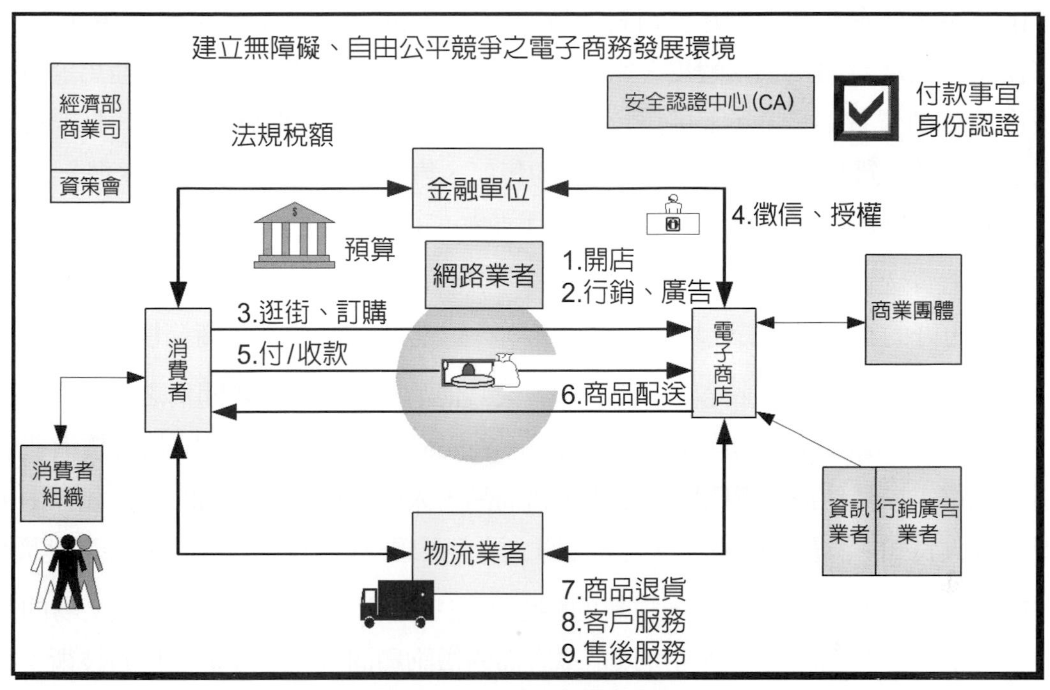

圖 15-1 電子商業整體架購圖

15-4 電子商務消費種類

就電子商務而言，分成幾種模式：

- 企業對企業 (Business to Business，B to B，B2B)
- 企業對消費者 (Business to Consumer，B to C，B2C)
- 消費者對企業 (Consumer to Business，C to B，C2B)
- 消費者對消費者 (Consumer to Consumer，C to C，C2C)
- 知識對知識 (Knowledge to Knowledge，K to K，K2K)
- 線上對線下（Online To Offline，O to O，O2O）
- 線上與線下融合 (Online Merge Offline，OMO)

B2B 的電子商務模式中，最典型的就是各種大型的企業組織，例如：台塑石化工業，它的上游可能是石油供應公司，下游則是石化工業的產品製造商，彼此之間就是以一種 B2B 的電子商務模式在經營，使企業與企業之間的交易訊息達到管理的自動化、節省成本、增加效率。

B2C 電子商務模式，舉凡公司對消費者販售商品的網站，都可以算是 B2C 的電子商務模式，像是 PC Home、蝦皮、露天、樂天、東森購物、奇摩 Yahoo、亞馬遜及淘寶等賣商品給消費者都是 B2C 的範例。如同虛擬店鋪，進入門檻就相對高一點，買賣要有發票，商品品質也較好，商家對消費者的售前、售後的服務也有一定的水準。

C2B 的電子商務模式，這一類的網站目前很少，宗旨就是將所有對同一種商品有購買意願的消費者組織在一起，然後一起向同一家公司進行議價的行為，其用意就是為消費者爭取更好的條件與品質，坊間稱之為團購。這就是 C2B 的電子商務模式。

C2C 的電子商務模式，是建立在消費者與其他消費者之間，坊間稱之為拍賣或跳蚤市場，最有名的就是 eBay 網站、露天拍賣、Yahoo 拍賣等，它的宗旨就是讓消費者利用這個網站去向其他消費者購買商品或銷售商品，入門門檻低，商品的售後和保固，全憑賣方個人良知，消費者購物沒有太大保障，讀者可想一些創新的方式，來改善此問題。

K2K 的電子商務模式，是一種新的觀念，在這類電子商務的觀念中，交易的過程裡將不再是有形的商品，這裡面可以是單方面的徵詢顧問，也可以是互相的技術支援，更可以是老師尋找學生知識販售行為，例如 : 線上課程網站像是 Udemy、TibaMe、Coursera、Khan Academy、Hahow。

O2O 是泛指將實體商務與電子商務整合，透過無遠弗屆的網路力量尋找消費者，再藉由行銷活動或購買行為將消費者帶至實體通路。指線上廣告行銷購買帶動線下經營消費，換句話說，消費者線上購買服務，線下取得服務。O2O 通過促銷、提供促銷資訊及預訂服務等方式，把下商店的訊息推播給線上用戶，將他們轉換為線下客戶，特別適合需要來店消費的商品和服務，例如餐飲、健身、電影、美容美髮、攝影、藝術展演、媒合訂房、宅配服務、網路叫車服務及百貨商店活動等，例如：Airbnb、EZTABLE、Uber、Gomaji 都是 O2O 模式的案例。

電子商務的對象不一定得是公司或機關團體，即使是上班族，或是家庭主婦，也可以投入電子商務的從業領域，從一個想要上網開店的 SOHO 族開始，到一般的企業，甚至政府機關，都可以是電子商務的適用對象。

15-4-1 電子商務的技術標準

1. 網景 (Netscape) 公司所發明的安全槽層 (Secure Sockets Layer，SSL) 技術，目的是在於提供伺服器一個安全的連結，去避免傳輸資料內容外洩，SSL 使用了公共密碼鎖 (Public Key Encryption) 的編碼方式，它是一種極為嚴密的編碼方式，由於其安全性高，目前已為公眾所接受，微軟的 Internet Explorer/Edge 瀏覽器及谷歌的 Chrome 也同樣支援此標準。

2. 由 VISA 及 Master Card 所共同制定的安全電子交易 (Security Electronic Transactions，SET) 系統，SET 乃是用來將存在廠商伺服器中的信用卡卡號進行編碼的標準。它目前也廣爲金融界支持，國內金融界目前也多半遵守這個標準。
3. 美國在 1970 年代專爲大型組織在私人網路上傳輸資料所設計的電子數據交換系統 (Electronic Data Interchange，EDI) 目前許多知名的企業中有將近 95% 採用此一標準。
4. 網路買賣標準 (Open Buying on the Internet，OBI) 系統， 由 Internet Purchasing Roundtable 所制定的標準。它是用來確保各電子商務系統間可以互相溝通的技術，OBI 由 OBI Consortium 所頒布，目前也已獲得 Orcale、Open Market、Actra、InteliSys、Microsoft 這些公司所支持。
5. 由 Microsoft 以及 Firefly 公司所推出的消費者資料格式標準 (The Open Profiling Standard，OPS) 系統，這個標準是爲了制定一個將網路消費者的個人喜好及興趣等資料提供給廠商的方法，他們建立這個標準的動機乃是爲了消費者可以保有自己的隱私又可以給廠商適當的資料幫助他們做市場分析去推出更好的服務。
6. 由數家美國電子商務公司爲了取得公眾信任所共同制定的 Truste 團體規章系統，他們的宗旨乃是對於那些能夠不侵犯消費者隱私權的電子商務網站去頒布 Good Housekeeping-style 的認證，來彰顯他們可以取得公眾信任的地位。
7. 共同貿易通信協定 (The Open Trading Protocol，OTP) 系統，則是用來將各種電子商務的支付行爲標準化，例如：購買契約、收據、付款方式等等，它出現的目的是用來與 OBI 相抗衡的，此技術由 AT&T、IBM、CyberCash、Hitachi、Sun Microsystems、Orcale、British Telecom 科技公司所採用。

15-5 電子商務呈現的各種型態

◆網路書店

亞馬遜 (Amazon，www.amazon.com) 及全華網路書店 (https://www.opentech.com.tw/）都有名的網路書店，如圖 15-2 所示，此種電子商務的形式，提供了上網的民眾透過網站，例如：有書評、暢銷排行榜等，更多元的介紹和比較讓消費者在網路上多元化的購買書籍。

圖 15-2 全華網路書店

◆網路外送

提供懶得外出的網路使用者，可以從網路訂購外食解決民生問題，尤其是疫清嚴重時期，美食外送平台，例如：Uber Eats (https://www.ubereats.com/) 及 foodpanda (https://www.foodpanda.com.tw/)

◆搜索引擎

例如：Google(https://www.google.com.tw/)，提供龐大的資料庫和快速地搜尋方法，讓網路的使用者可以輕易地找到想要的資料，避免在浩瀚的網路世界中不知所措。

◆電子報

從平面印刷的報紙，報紙業也走向網路的市場，提供使用者在網路上閱讀報紙，和用電子郵件的方式訂閱報紙，例如：聯合電子報 (https://paper.udn.com/) 現今型態電子報又再進化為以 APP 的型式來呈現，像是 TVBS 新聞 APP(http://vip.tvbs.com.tw/appshare/share.html) 讀者可依自己喜歡的報商下載相對應的 APP。

◆網路服務

還有一些比較特殊的服務，例如：網路洗衣、網路搭配買車、網路百貨等等，特別介紹一下美國聯邦快遞 (www.fedex.com/us/tracking)，聯邦快遞提供了快遞使用者可以查詢貨物的交流情形，不過使用傳統的電話詢問方式卻會造成很大的人事和電話成本開銷，而聯邦快遞在 1994 年設立了網站，讓使用者可以透過網路查詢貨物的情形，這樣一來省下了電話和人事成本，也可以提供客戶最好的服務，這也就是網路服務上一個很成功的例子。其實慢慢地會發現到，在網路電子商務的世界裡面眞是無奇不有，就如同先前所提過的一句話，一個新點子就可能成爲新的網路事業。

15-5-1 電子商務網計劃

自美國總統柯林頓爲了推動美國國家資訊基礎建設 (NII)，發佈 Electronic Commerce 白皮書之後，各國政府針對時代潮流及商務新契機等因素，皆推動電子商務爲主軸的 NII 計畫，使得全球刮起一陣網際網路的旋風，也帶動網路的週邊行業強烈地發燒。第十屆亞太經合會 (APEC) 年度部長會議代表團，台灣、美、加、紐、澳、越南等九國針對電子商務達成某些協定，推動電子商務行動藍圖，希望建立電子商務交易零關稅，並形成貿易無紙化的環境，積極帶動電子商務的風潮。由於網際網路帶動全球性電子商務運動，全球網際網路的使用者已超過 1 億 2 千萬人，每月正以 20% 速度成長中，計有 50 萬 Web sites，Web sites 的使用者不斷地激增，國外許多企業紛紛成立電子商務城、電子商店，改變經營策略，走向電子商務，更拉近客戶 (企業) 及消費者的距離，減少人力及文宣成本，並提高業績量，逐漸地全球透過網際網路跨越了國界及語言的限制，帶動了線上交易的狂潮，引爆全球商機。

15-5-2 國際電子商務新趨勢

1. 電子商務讓企業走入全球行銷

企業採用電子商務平台技術，整合業務、行銷、客戶服務、產品方向、後勤支援等，透過網際網路的行銷模式，發展全球性的電子商務，踏上世界性業務的舞台。

2. 電子商務讓企業推動個人化客戶服務

企業運用電子商務平台技術，有幾萬種的資料分類或選擇，讓一對一行銷不再是空談，積極以客戶爲中心的導向，讓客戶明瞭現有商品的存貨、訂價、品質、優惠等資訊，也可以直接在線上交易，不受時間及空間的約束。而企業也可以直接在線上瞭解訂貨狀況、商品進銷貨情況、迅速解決客戶疑問，依客戶不同的需求，做不同的解決方案，推動全球性個人化的客戶服務，掌握企業的業務新機。

3. 電子商務讓企業直接線上銷售商品或服務

由於網際網路的線上交易或通路具有直接性、便利性、省錢等優勢，市場潛力十分看好，已成爲此世紀直接行銷經營模式。以美國 Dell 公司爲例，除了自網路上直接販賣電腦外，Dell 亦提供線上技術支援服務，包括 Dell 產品的參考資訊、自我診斷工具、利用 e-mail 與線上技術支援聯繫等，成功地建立自己的品牌，業績有傲人的成績。Dell 自 1996 年 7 月開始進行 Internet 上販賣電腦產品，成長非常地快速，目前每天銷售額已達 100 萬美金。也由於在美國銷售成績驚人，Dell 也在其他國家進行線上通路販賣電腦，擴展市場佔有率。

4. 電子商務已帶動全球網路商店林立

網際網路持續發燒，全球網路商店每天以驚人速度在成長中，以資訊業來說，目前網路上已有不少販賣資訊產品及週邊的網路商店，其中較爲知名的有 ISN(Internet Shopping Network) 等，每月營業額就已超過數百萬美金，產品銷售種類超過 35000 種。Forrester 顧問公司預估，線上電腦相關軟硬體的銷售金額將可達數十億多美金，成長十分快速。網路商店已是目前企業重要的通路之一，尤其是資訊產業最爲明顯。

15-6 企業間電子商務

企業間電子商務 (Inter-organizational Electronic Commerce) 是以企業個體之間交易活動的觀點出發，認爲電子商務可以應用於下列的各項問題。

◆ 供應商管理

經由電子商務培養出來的信用，企業得以減少供應商的數目、縮短訂單處理的時間與成本、減少與供應商管理工作有關的員工人數。

◆ 庫存管理

隨著企業連線數的增加，原料物或零組件進庫的情形可經由及時性的更新登錄而提高庫存記錄的準確性。同時由於資訊流通更新快速，存貨量可降低、存貨周轉可以加快，停工待料或庫存短缺的問題亦可得到抒解。

◆運銷管理

在運銷管理 (Distribution Management) 有電子商務的應用使運貨文件的傳送，例如：提單、定貨單、出貨通知單等單據更快、更準確，可以達到資源更有效分配。

◆通路管理

當作業情況有所變動時，電子化系統能將相關資訊很快地傳給交易夥伴。以往必須利用繁複的話通知溝通有關技術、產品及價格的各種訊息，電子商務中的電子佈告欄 (Electronic Bulletin Boards) 可以很輕易地將大量的訊息通告分佈世界各地的廠商，一舉節省數以千計的工時，亦加強對市場的掌握，提昇顧客服務水準。

◆付款管理

企業交易夥伴之間利用電子轉帳系統，已經爲每一家參與企業減少作業失誤並降低交易成本，產生可觀的企業間效率 (Inter-organizational Efficiency)，再透過價格或服務的改善，使消費者也享受到企業生產力提高的效率。

◆電子商務對企業界的影響為何

目前上網交易還是以一般消費者居多，專家指出由於網路交易可以爲企業採購節省大量時間和人力，電子商業還是以企業交易爲主流，企業上網交易的風氣已經越來越普遍了。

◆電子商務之優點

1. 節省大量成本 : 例如：型錄的印製、郵寄、店面承租、人力成本、管理與作業成本等等，都可以因爲電子化而得到大幅改善。
2. 提昇服務品質 : 針對上下流的供應鏈提供即時而方便的服務，客戶的申訴與意見反應時效性也大幅提升 (提供 24 小時服務)，像是線上客服，語音客服機器人等服務。
3. 客戶滿意度提升 : 大幅降低人工處理錯誤與疏失，同時可以因爲客戶資料庫的建立，而更容易稽核。
4. 增加營業額 : 運用大數據資訊分析，可以了解客戶的傾向，找出受歡迎的產品，擴大客戶需求。
5. 整合營運鏈 : 利用電子化的便利性，可以縮短產品上市時間，加快市場反應與物流系統的周轉率。

6. 決策支援 : 有效管理客戶、產品及庫存，作出有效預估。
7. 新行銷通路：由於網際網路無國界特色，使得開創及拓展國內外新行銷通路的可行性提高。
8. 快速回應：利用各種電子化的便利性，可以達成商業間之快速回應 (24 小時都可以接受下單)。
9. 資訊投資成本容易維護，庫存易掌控與調度。

15-7 電子商店

電子商店，廣義的定義是指在 Internet 上提供商品或服務，並提供訂購用的表單 (Fill-out Forms)，可以接受消費者直接線上訂購 (On-line Take Order) 的網站。若是僅有廣告、或是須透過電話、傳眞、劃撥等其他方式才可訂購商品或服務的網站，嚴格說起來都不能稱爲電子商店。

而較狹義定義的電子商店則是指從瀏覽、訂購、付款、扣帳等所有交易流程都在 Internet 完成的，才可以稱爲電子商店！消費者透過電腦網路，進入網路上之電子商店，瀏覽商品並購買商品，稱之爲線上購物 (Electronic Shopping) ，所購買之商品，可爲數位化產品 (透過網路) 或實體商品 (實體配送)。以店家 (企業) 來說，透過 Internet 設置電子商店，行銷本身的商品或服務，並接受網友線上消費，實質獲取商業利潤。而商店的老闆也不用將笨重的商品搬到店鋪中等著您上門，而是將商品的型錄及影像以多媒體的方式透過全球資訊網 (World Wide Web) 呈現在消費者的電腦畫面。

電子商店是建立在網路世界中的虛擬商店，與傳統超市及百貨公司不同的是：

1. 不受時間、空間約束：至電子商店消費的顧客，只需在家中透過電腦的連線選購，不必出門，即可享受 24 小時消費的樂趣。
2. 虛擬電子商店：電子商店是完全無貨架的商店，具有高度的互動性及娛樂性，網友可以輕輕鬆鬆地透過電腦逛街、比價、消費，線上訂購後，對於陌生商品也可以進一步察看產品說明。如果依然對這項產品有疑問，也可以發一封電子郵件 / 打電話 / 通訊軟體詢問更進一步的資料。最後，當決定購買並付費時，安全的線上付款軟體則可以放心的利用信用卡以保密的方式通知銀行付款給供應商。透過電子商店虛擬實境的逛街購物方式，消費者無須浪費時間在壅塞的車陣中，即可在家中透過網路選購輕鬆購物，等著快遞送貨到府。

15-7-1 電子商店的契機

電子商店是虛擬商店，與傳統的店鋪行銷最大不同的是，不需設置店鋪，也不需囤積商品，節省了人力、店鋪、商品存貨的成本，商品種類和數量不受空間的限制，電子商店不斷地刺激網友的線上消費，不僅改變企業原有的經營體系，減少人力、管銷、文宣等成本，透過網路行銷，將業務面擴及全世界，業務就能急速成長。

15-7-2 電子商店的型態

◆單店

單店是目前最常見的電子商店經營型態，單店的經營者大多爲單一公司，所販賣的東西也大多爲自己所生產或是代理的商品。單店的經營特色是擁有自己獨立的網址及網站，且市場的行銷、廣告、配送及客戶服務也是由自己負責。單店依營運的規模可以區分爲零售店 (Retail Store) 及百貨商場兩類。

◆零售店

零售店型的電子商店經營特點是所販賣的商品種類多，而且大多將網路視爲其商品通路中的一環，目前這類商店經營較爲成功的大多爲傳統的郵購、型錄購物及電視購物業者，因爲這些業者已有經營居家購務的經驗，對於商品的來源及配送也有固定的管道，因此非常適合跨入網路購物的經營。亞馬遜（Amazon）及沃爾瑪（Walmart）即屬於此類型的電子商店。

◆百貨商場

網路上的百貨商場與傳統的百貨公司在營運方式上很類似，網路百貨商場的經營特色是提供多種類的商品及服務，以滿足消費者「一次購足」(One-Step shopping) 的需求。雖然其商品可能由多家廠商所提供，但是商店的本身是一個獨立的電子商店，使用單一的購物系統，允許消費者在不同的商品部門購物，並於最後結束購物時一次結帳。網路百貨商場的優點是對其整體商品的行銷策略可以做統籌的規劃，而其單一的形象塑造也比個別零售店來的容易。

◆專賣店

專賣店 (Specialty Shop) 型的電子商店經營特點是大多只販賣單一種類的商品，如圖書、運動器材、電腦軟硬體、CD 影帶、化妝用品、花卉等。專賣店型的電子商店是目前網路上最容易吸引消費者的商店，因為這類型的商店通常會提供許多實用的商品資訊，消費者除了可以在瀏覽這些商品資訊時吸收許多有用的專業知識外，同時也能增加對商品的瞭解及引發購買意願。

◆購物中心

1. 連結型購物中心 (Mall)：只提供商場索引功能的購物中心，這類型的商場本身並不提供促銷與客戶服務等功能，其主要的賣點是提供消費者查詢及索引各類商店網址的功能，協助消費者更快速的找到販賣其所需商品的網路商店所在。
2. 小型購物中心：由少數幾家商店所組成的商場。
3. 專賣型購物中心：由單一類型的商店所組成，提供消費者對特殊商品的選購時能得到更多、更完整商品選擇。
4. 大型綜合購物中心：由多種不同類型的商店所組成，提供消費者更多的商品選擇及服務。
5. 區域型購物中心：只針對某一個地理範圍內的消費者提供購物的服務。
6. 跨國經營型購物中心：具有跨國營運配銷的能力購物網站。

15-8 電子商店成功模式

電子商店成功模式分四個部份來介紹，分別為技術面 (建置面)、服務面、財務面及經營行銷面，在以下的章節做詳細的介紹。

15-8-1 技術面

◆電子商店技術系統

透過整合電子商城 (Net Commerce)、電子收銀機 (Commerce Point E-Till)、付款閘道 (Payment Gateway)、認證中心 (Registry for SET) 等技術系統，來達成電子商務解決方案。

(1) 採用電子商城 (Net Commerce) 設備

是一套符合 SET(Secure Electronic Transaction) 的商家伺服器，提供電子商店或 Mall 環境的支援，有先進的型錄工具、建立舒適的購物環境，利用比較功能、選擇功能及偏好功能的判斷流程引導顧客購物。

(2) 採用電子收銀機 (Commerce Point E-Till) 設備

完全符合 SET 規格的電子收銀機，可以自動執行收銀流程，處理必須的付款收銀授權要求，同時在企業資料庫內記錄該筆交易，如同店員在店內接受信用卡一樣，E-Till 自動接受信用卡。

(3) 採用電子錢包 (Commerce Point Wallet)

電子錢包成功地為信用卡處理器提供協定轉換及安排交易路徑，以保障客戶的信用卡全面性保護。而顧客經由一個密碼保護的 Sign-on Window，進入電子錢包，並輸入信用卡及憑證，直接線上訂貨，完成交易，交易後商家會立刻收到認可的訂購單。

(4) 採用付款閘道 (Payment Gateway)

付款閘道是採用 SET 標準的付款處理應用程式，為商家及顧客提供信用卡的保護；它讓商家可以確認客戶的同意，付款程序皆由安全方式進行中，只有店家、付款銀行才能知道顧客的信用卡資料。

(5) 採用認證中心 (Registry for SET)

認證中心提供商品、商家、信用卡持有人及付款閘道的憑證，即是一個彈性的註冊程序。認證中心伴隨著 SET 在伺服器上執行、建立及管理，它同時扮演持卡人認證中心、商家認證中心、或付款閘道認證中心的功能。

◆ 採用線上安全系統

(1) SET (電子錢包安全交易系統)

由 VISA 及 MasterCard 等共同制定，為現行最安全的線上付款國際標準，需具有商譽的商家方可申請。

(2) SSL (信用卡直接刷卡系統)

全球最普遍使用的線上付款工具，提供消費者最方便的線上付款方式，而其風險並不高於一般的信用卡刷卡。

(3) KEY POS (郵局線上轉帳系統)

提供全國九百萬郵局金融卡用戶線上即時轉帳消費，不分年齡，不需審核，大大提高了網路消費人口。

架構獨立及完整後台管理作業

(1) 後台管理內容

A.產品上架／店面樣板設計

B.多媒體電子型錄展示

C.智慧型購物車

D.訂單／會員管理系統及統計分析

(2) 完整購物流程

A.加入消費者購物車

B.指定收貨人及送貨地址

C.選擇出貨方式

D.統計訂單總額及選擇付款方式

E.訂單完成及確認收據

F.消費者可線上查詢訂單狀況

(3) 後台的管理程序介紹

A.完善的後台管理功能及線上付款系統

B.自動產品上架程式 (含新增修改)

C.客戶管理系統

(4) 訂單管理系統

A.訂單系統 : 訂單報表查詢

B.訂單系統 : 銷售統計查詢

(5) 商品暢銷排行榜

15-8-2 服務面

◆規劃完善的退貨流程

依消費者保護法規定，消費者在 7 天內享有退貨權益，因此規劃完善及人性化的退貨流程，會給予客戶良好的企業形象，無形中會對商品具信心，也會成爲公司的永久消費者，公司的業績才能平穩及成長。

◆設立線上 24 小時申訴專線

一般來說，設立線上 24 小時申訴專線，有助於瞭解客戶的消費反應和心態，並能適時化解客戶抱怨的危機，進而建立客戶的互動友誼關係，可以再與 CRM 結合，讓客戶容易成爲公司死忠客戶。

◆ 貼心及細緻的客戶服務

(1) 貨品送達須準時。

(2) 服務人員須適時與客戶問候。

(3) 設立客戶新商品推薦表：針對客戶需求，在線上依個別需求推薦新商品。

15-8-3 財務面

建議先將電子商店之預算三分法，分成建置 (20%)、行銷 (40%) 及經營 (40%) 之後，再根據現實狀況來做修正。

◆ 建置期：

佔總預算的 20%，原則上電子商店的建置需花費所貲，倘若只有建置而沒有經營 (維修) 及行銷預算，則電子商店不能發揮原有線上交易而帶來利潤的效用，因此建置費用僅佔電子商店預算的五分之一，其餘的經費則專注於經營及行銷面。

◆ 經營期：

占總預算的 40%，電子商店爲了吸引消費者的注意，企業需要做整體經營企劃，如規劃商品特性、網頁設計及相關內部作業管理等，因此電子商店的經營是電子商店營運的後盾力量，特別細心照顧，才能爲電子商店的線上交易鋪路，實質地提昇業績。

◆ 行銷期：

占總預算的 40%，電子商店需透過促銷活動及廣告計劃，消費者才能得知有關企業電子商店的訊息，所以企業要懂得包裝電子商店，運用公關媒體、廣告促銷的策略，打開電子商店的知名度，並進而鼓勵網友直接線上交易。

15-8-4 經營行銷面

租用電子商店後台作業系統，減少初期設備龐大資金及人力成本建立電子商店需具備電子商城 Net Commerce、電子收銀機 Commerce POINT e-Till、付款閘道 Commerce POINT Gateway、認證中心 Registry for SET 等相關設備，加上需有人力長期維護電子商店的工作，對於企業來說，是不小的負擔。主攻電子商店的廣告及行銷策略，達到營運績效，由於電子商店需要有一套完整的行銷廣告策略，才能吸引網友的注意力，並進而消費，因此企業需審愼規劃行銷及廣告計劃，有下列方向：

(1) 分析網友的消費特色，並找出企業本身商品的消費族。
(2) 與 ISP 業者等聯合籌辦促銷活動，或直接刊登廣告及網站聯結動作結合平面、電視媒體及網站，規劃商品的公關、促銷活動，如商品命名活動等。
(3) 網頁設計的豐富化。
(4) 商品區隔化及獨特化。
(5) 相關公信力網站登錄。
(6) 搜尋引擎及索引站登錄。
(7) 各大 ISP 網站廣告或登記建立鍵結。
(8) 相關公協會資訊網資料庫登錄。

規劃完整的商品策略、進存貨及後續的物流體系，以降低進貨、物流及庫存成本一個企業需可以透過電子商店，控制進存貨流量，往上推則是強化商品的獨特化，往下則是建立物流作業流程，方能有完整的作業體系，以減少進貨、物流及庫存成本。建立完善的客戶服務制度，加強客戶的忠誠度電子商店的線上交易後，需要有完善的客戶服務制度，電子商店才能永續經營，客戶服務需注重的方向有：

(1) E-mail 互動的客戶意見調查表。
(2) 適時回饋免費贈品或相關資訊線上安全交易服務，如 SET、SSL、郵局等線上交易服務。
(3) 成立網友留言板。

15-9 線上交易處理

線上交易處理 (Online Transaction Processing， OLTP)，如圖 15-3 所示，線上交易處理最常見應用行爲便是企業之間利用電子資料交換 (EDI) 所做的各種採購和庫存管理的活動。利用線上交易處理的機制，可以有效的減少紙張的浪費，並且可以藉由系統中即時的資料分析能力，統計出客戶的消費傾向，開創更多的商機。

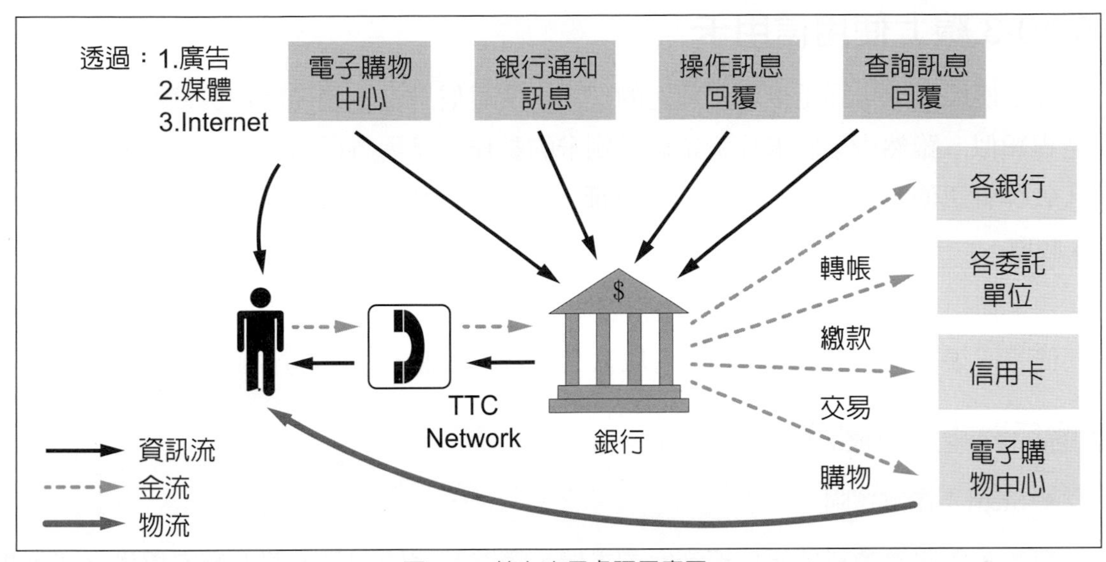

圖 15-3 線上交易處理示意圖

15-10 網路金融

根據國際電信聯盟的資料， 2018 年底網際網路人口數有約 40 億人，約全球人口數的一半，可見企業的下一個戰場是網路電子商務。未來企業經營之競爭力就等於科技之競爭力。

15-10-1 數位簽章及憑證

數位簽章 (Digital Signature) 是指除法律另有規定外，銀行及客戶將傳送電子訊息所附經雙方認同之電子識別碼或符號視為當事人一方之簽名，用以確認訊息發送之身份。

憑證 (Certificate) 則指由公正第三方憑證機構以數位簽章方式簽署之資料訊息，用以確認憑證申請者之身份，並證明其確實擁有一組相對應之公開金鑰 (Public Key) 及私密金鑰 (Private Key) 之數位式證明。

15-10-2 信用卡

信用卡 (Credit Card) 是目前十分普遍的金融工具、常使用的付款方式，接受信用卡付款的店家需要有信用卡刷卡機，且需連線上網，科技進步已有無線刷卡機。消費者跨國購物時，支付方式一般為現金、旅行支票或信用卡。

15-10-3 線上使用信用卡

線上使用信用卡即是以電子傳送的型式來使用信用卡，運作流程與實際信用卡的交易過程類似，雖然少了將卡片交給店員刷卡的動作，但需將信用卡卡號、有效期限及用戶代碼等資訊傳送交銀行，要求取得授權，並由銀行代付帳款，事後才向持卡人 (消費者) 收取。

線上使用信用卡系統的運作流程，過程中共有七個步驟：我們可以分成客戶消費交易、商家向銀行請款、銀行向消費者收款三個階段來說，分別詳述如下。

◆客戶消費交易階段

◆ Step1：瀏覽選購

消費者先透過瀏覽器連接至商家的主機，瀏覽商家的網頁，觀看商家提供之商品相關資訊，並選擇欲消費的商品。

◆ Step2：交易

確認欲購買的商品之後，開始進行付款交易，並選擇使用信用卡方式支付，然後消費者送出訂單給商家的電腦系統。

◆ Step3：授權

商家收到訂單後，便向銀行要求取得此筆訂單授權，所謂授權就是代表銀行願意支付此筆款項，商家將持卡人 (消費者) 的消費資訊傳送給銀行，像是信用卡號碼、有效日期、持卡人姓名、消費金額，銀行在查核持卡人的信用狀況後，如卡片是否有效、信用額度是否足夠，銀行同意支付此筆款項，就送出授權訊息給商家，商家日後即可憑此授權向銀行請款。

◆ Step4：完成現階段交易

商家取得了銀行的授權，接著就將交易的結果回應至消費者的電腦系統，於是消費者可以確認交易成功，完成現階段的線上交易。

◆商家向銀行請款階段

◆ Step5：商家請款

商家每隔一段時間，會將數次不同的信用消費資訊提供給商家的銀行，要求取得應付的款項。

◆ Step6：銀行結算

商家銀行收到商家的請款後，轉而向各個銀行 (不同持卡人各自所屬的銀行) 結算應付的金額，然後從持卡人的發卡銀行那取得消費帳款，也就是說，發卡銀行此時已代替持卡人支付消費款項給商家。

◆ 銀行向消費者收款階段

◆ Step7：更新消費記錄

發卡銀行代為支付消費金額後，將此金額加入消費者的消費記錄中，並每隔一段固定時間，依據所支付的消費記錄，向消費者收取帳款。

15-10-4 電子錢包

真實世界中錢包通常裡面存放身份證件及金錢，作為身份證明及支付使用，電子錢包是錢包數位化，功能不變，可用來提升電子商務交易安全性及便利性的技術。現今使用電子錢包需在手機上安裝專屬的 APP，第一次使用時，需完成註冊登入的動作，綁定可能是使用者的信用卡或是銀行帳號，可分為行動支付、第三方支付及電子支付。

◆ 行動支付

行動支付就是以手機作為信用卡的載具，第一次使用時，需完成註冊登入的動作，綁定使用者的信用卡，店家要有感應式刷卡機，使用者使用手機靠近刷卡機感應付款，行動支付採用的付款技術，是把信用卡資訊換成一連串加密過的代碼，付款時根本無法看到機密資訊，能降低被盜刷風險，在台灣常見的行動支付有 Pi 行動錢包、歐付寶、台灣 Pay、Apple Pay 和 LINE Pay 等等，而對岸有二大行動支付：阿里的支付寶、騰訊的微信支付。原則上盡可能多元提供給消費者。消費者付錢越方便，商家收到錢的機率就越大。

◆ 第三方支付

第三方支付歸經濟部監管，第三方支付的功能是交易代收付，交易買賣雙方彼此缺乏信任，因此由可信賴的第三方公正人當中間人，消費者把錢付給第三方中間人，當消費者收到了產品，商家會從中間人那收到應收款項，因為是第三方代收付交易金額，所以稱為第三方支付，第三方支付服務例子像是 Paypal，大多採用 QR Code 或是條碼掃描的方式進行付款且第三方支付只能付錢給商家。

◆電子支付

電子支付則歸金管會管轄範疇，電子支付能做的事情又比第三方支付來得多，目前大都在手機上使用，需安裝專屬的 APP，第一次使用時，需完成註冊登入的動作，綁定可能是使用者的信用卡或是銀行帳號，電子支付服務例子像是街口支付，大多採用 QR Code 或是條碼掃描的方式進行付款，電子支付可以轉帳給使用相同系統的任何人，而第三方支付只能付款給商家。

15-10-5 虛擬貨幣

世界四大虛擬貨幣（virtual currency、virtual money）分別比特幣 (BitCoin)、萊特幣、瑞泰幣及微盟幣，而總估值最高的四種貨幣分別是比特幣、以太幣、瑞波幣和萊特幣，虛擬貨幣一開始時，是只能在虛擬世界使用，也就是電玩遊戲中，接著演化出，現實世界中也可以使用，又可再細分單向及雙向。

15-10-6 比特幣

比特幣（BitCoin）為什麼很紅？因為比特幣有優於其他貨幣的優點，其優點是去中心化、匿名性、全球通用無需許可（Permissinless）且核心技術採用區塊鏈（Blockchain）。

比特幣的概念在 2008 年由化名為中本聰（Satoshi Nakamoto）的專家提出，比特幣不像一般貨幣，需由銀行或特定組織發行，也就是所謂的去中心化，銀行主要的功能就是記帳及發行貨幣，去中心化了，比特幣運作機制必須有一套特殊記帳及發行比特幣的方法，比特幣使以開源軟體建構在點對點網路 (P2P) 上，所以全球通用無需許可，任何人（礦工）皆可參與比特幣記帳活動（挖礦），透過挖礦（Bitcoin Mining）獲勝取得記帳權完成記帳後，完成任務可得到記帳獎勵及交易手續費，也就是比特幣，平均約十分鐘產生一個區塊（Block），區塊記錄十分鐘內的交易，還含一道難解的數學題，要比快！，最快完成任務者，得到記帳獎勵並將此區塊與前一個區塊連結起來；若無限制發行貨幣會造成通貨膨脹，為了避免通貨膨脹問題，比特幣透過記帳獎勵來發行比特幣，一開始的頭四年每完成一個區塊，獎勵 50 個比特幣，之後每四年遞一半，到 2014 年發行數量上限為 2100 萬個比特幣，之後礦工只能賺取交易手續費。發行數量上限為 2100 萬個比特幣，比特幣擁有與黃金投資品類型的屬性，總量固定且稀有，若比特幣是貨幣世界的黃金，萊特幣就是白銀，就是所謂的比特黃金萊特銀的說法。

50*6*24*365*4*(1+0.5+0.5^2+0.5^2+⋯)=2100 萬個比特幣

獲得比特幣有兩種方式，第一種方式，人人都可以透過挖礦方式獲得比特幣，並且檢視交易細節，挖礦是透過軟體在高計算性能電腦上解特定數學題比快解出以獲得比特幣，稱之爲挖礦 (Bitcoin Mining)。此用來挖礦 強大計算能力設備稱之爲礦機，而挖礦的人則稱爲礦工，挖礦需要花費大量時間，而且越來越困難。第二種方式，則是透過交易，買賣比特幣，造成暴漲暴。

因爲是一個公開、開放的平台且交易過程中不會透過銀行或企業，所以成本低、速度快，比特幣的總額是 2100 萬就不會有通貨膨脹的問題產生，比特幣透過公私鑰作爲數位簽章，對於使用者帶來了匿名性，匿名性也帶來了一些隱憂，如有心人士可能會將它用於洗錢等非法行爲。

本章習題

填充題

1. 安全槽層 (SSL) 是由（　　　　　）公司發明的。
2. 安全電子交易 (SET) 系統是由（　　　　　）及（　　　　　）所共同制定的。
3. 電子商務有哪幾種（　　　　　）、（　　　　　）、（　　　　　）、（　　　　　）、（　　　　　）及（　　　　　）模式。
4. 電子商務系統三大支柱為（　　　　　）、（　　　　　）及（　　　　　）。
5. 比特幣的優點是（　　　　　）、（　　　　　）及（　　　　　）。
6. 比特幣的最高發行總值是（　　　　　）比特幣。
7. B2B 電子商務模式的中文全名是（　　　　　）。
8. B2C 電子商務模式的中文全名是（　　　　　）。
9. C2B 電子商務模式的中文全名是（　　　　　）。
10. C2C 電子商務模式的中文全名是（　　　　　）。
11. K2K 電子商務模式的中文全名是（　　　　　）。
12. O2O 電子商務模式的中文全名是（　　　　　）。

選擇題

1. （　　）請問全球電子商務的教父是誰 (A) 馬雲 (B) 比爾蓋茲 (C) 賈伯斯 (D 貝卓斯。
2. （　　）請問那個不是電子商務系統三大支柱 (A) 金流 (B) 物流 (C) 資訊流 (D) 以上皆是。
3. （　　）請問那個不是虛擬貨幣？ (A) 比特幣 (B) 萊特幣 (C) 瑞泰幣 (D) 以上皆是。
4. （　　）請問那個是比特幣的優點？ (A) 去中心化 (B) 匿名性 (C) 全球通用無需許可 (D) 以上皆是。
5. （　　）請問那個是比特幣的優點？ (A) 去中心化 (B) 匿名性 (C) 全球通用無需許可 (D) 區塊鏈。

6. (　　) 請問那個是台灣常見的行動支付 (A) 歐付寶 (B) 台灣 Pay (C)Apple Pay (D) 以上皆是。
7. (　　) 請問那個是台灣常見的行動支付 (A) LINE Pay (B) 台灣 Pay (C)Apple Pay (D) 以上皆是。
8. (　　) 請問那個不是台灣常見的行動支付 (A) LINE Pay (B) 台灣 Pay (C)Apple Pay (D) 支付寶。
9. (　　) 請問那個不是台灣常見的行動支付 (A) LINE Pay (B) 台灣 Pay (C)Apple Pay (D) 支付寶。
10. (　　) 請問那個不是台灣常見的行動支付 (A) LINE Pay (B) 微信支付 (C)Apple Pay (D) 支付寶。

問答題

1. 什麼是電子商務？
2. 電子商務有哪幾種模式？
3. 試說明電子商務之優缺點？
4. 試說明電子商務之商店呈現的各種型態？
5. 何謂數位簽章 (Digital Signature) ？
6. 何謂數位現金 (Digital Cash) ？
7. 何謂電子代幣 (Electronic Token) ？
8. 何謂行動支付？
9. 何謂第三方支付？
10. 何謂電子支付？
11. 在台灣有哪些行動支付可使用？
12. 何謂虛擬貨幣？
13. 何謂比特幣，比特幣的優點爲何？
14. 何謂分享經濟？
15. 請舉三個生活中可見的分享經濟。

NOTE

Chapter 16

資訊安全

學習目標

16-1　密碼

16-2　資安三大基本原則

16-3　病毒

16-4　網路管理

16-5　簡單的網路管理協定

16-6　電腦蠕蟲

16-7　零時差攻擊

16-8 進階持續性攻擊

16-9 阻斷式服務攻擊

16-10 殭屍網路

16-11 社交工程

16-12 防毒軟體

16-13 資安法規

16-14 個資法

資訊安全是一種攻防戰，沒有那一方有絕對勝利，只有相對地勝利，另一種說法，沒有絕對安全，只有相對地安全，隨著時代科技進步，攻防兩方的手法也在不斷地演進，從密碼學的私鑰加密演算法、公鑰加密演算法、電話詐騙、網路詐騙到社交工程，不斷推陳出新，持續不斷學習進步。

16-1 密碼

爲了方便，就不設定密碼，自己方便，也同樣給入侵者方便，不設密碼是萬萬不可，需列爲再教育的對象，觀察表 16-1 可知，所設定的密碼若是複雜度過低，跟沒有設定密碼沒兩樣，密碼的選用應該是使用自己容易記住但入侵者很難猜到的字詞。

表 16-1 密碼長度複雜與破解時間的關係

密碼長度	英文字母 (26 字元)	英文字母 + 數字 (36 字元)	大小寫英文字母 (52 字元)	含特殊符號 (94 字元)
4	<1	<1	1 分	13 分
5	<1	10 分	1 時	22 時
6	50 分	6 時	3 天	3 月
7	22 小時	9 天	4 月	23 年
8	24 天	11 月	17 年	2287 年
9	21 月	33 年	881 年	22 萬
10	45 年	1159 年	45838 年	2100 萬年

表 16-2 應該避免使用的密碼之密碼表

分類項目	說明
入侵者的最愛的密碼	無密碼 / 預設密碼 /admin
過簡單的密碼	000/0000/…
過簡單的密碼	111/1111/…
過簡單的密碼	999/9999/…
過簡單的密碼	123/1234/…/1234567890
過簡單的密碼	321/4321/…/987654321
過簡單的密碼	098/0987/…/0987654321
過簡單的密碼	aaa/aaaa/…
過簡單的密碼	abc/abcd/…/abcdefghijklmn
過簡單的密碼	abc123/abc1234
簡單組合的密碼	qwe/qwet/…/qwertyuiop
簡單組合密碼	asd/asdf/asdfg/…
簡單組合密碼	zxc/zxcv/zxcvbnm
常用的密碼	生日、身分證字號、電話號碼
常用的密碼	帳號、主機
常用的密碼	公司、部門、單位等英文名

入侵者會猜的密碼都是最基本應該避免使用密碼列於表 16-2，若有使用到表中的密碼即表示，該更新密碼了，為提高密碼被破解的難度，密碼較佳的設定原則如下：

1. 不要使用入侵者會猜的密碼（尤其是無密碼）。
2. 過複雜度及過簡單的密碼。
3. 密碼不要有直接明顯的含義 (英文姓名、生日或電話…等)。
4. 避免設定相同的密碼。
5. 密碼長度至少 6 到 8 個字元的字串且含大小寫英文及數字且至少含一個特殊字元（! @ # $ % &）。
6. 最好不是簡單的組成，例如：生日結合電話。
7. 避免使用字典內的單字或機關名稱縮寫，例如 god。
8. 不共用、不分享帳號密碼給任何人，有擔心就立即換密碼。
9. 不將密碼表貼於電腦螢幕或桌上等明顯處。
10. 使用與系統管理相關專有名詞（例如 admin 等）。

◆定期更新

密碼設定技巧：

1. 穿插法 : Good 和 1234 的穿插法爲 G1o2o3d4。
2. 替換法 : God 中的 o，在字母順序中爲 15，用它來取用 o，則爲 G15d。
3. 位移法 : God 字母順序位移一步，則爲 Hpe。
4. 輸入法 : 黃在大易輸入法中爲 se78。
5. 刪去法 : elephant 單字去掉頭尾，則爲 lephan。
6. 再結合著使用，確定沒有上述不好的情形，即可用來做爲密碼使用。

16-2 資安三大基本原則

資訊安全三大基本，分別爲機密性（Confidentiality）、完整性（Integrity）及可用性（Availability），取其字首的字母即爲 CIA，可用來幫助記憶，不過在密碼學 (Cryptography) 中則是有四大基本需求，分別爲機密性 (Confidentiality)：確保訊息只有授權者才能取得 ; 完整性 (Integrity)：未經竄改或僞造，保證準確與完整 ; 驗證性 (Authentication)：傳送方與接受方需驗證識別 ; 及不可否認性 (Non-Reputation)：提供訊息傳送方與接受方的交易證明。

1. 機密性 (Confidentiality)：

未經授權者無法查看資料內容，確保資料的秘密性，一般使用的方法是透過加密方式達到機密性，常見的手法有對稱式密碼系統 (DES、AES)、非對稱式密碼系統 (RSA、ECC)、及安全傳輸協定 (Secure Socket Layer, SSL)。

2. 完整性 (Integrity)：

證明資料內容未經竄改或僞造，無論是傳送或儲存過程中，避免經非授權者篡改資料，一般使用的方法是透過雜湊函 (hash function) MD5(128 bits)、SHA-1(160 bits)、SHA-256(256 bits) 等來證明其完整性。

3. 驗證性 (Authentication)：

驗證可分爲身份驗證及資料來源鑑別，身份驗證要快速且正確地驗證使用者身份，資料來源驗證則是要確認資料來源，以避免惡意假冒某傳送不安全的資料，身份驗證可透過證件驗證、生物特徵驗證、通行密碼驗證達到驗證性。資料來源驗證可透過數位簽章 (digital signature) 或資料加密方式達到驗證性。

4. 不可否認性（Non-repudiation）：

確保交易的雙方無法否認曾進行過的交易、或參與通訊雙方皆無法否認曾進行資料傳輸或接收訊息，可透過數位簽章（digital signature）、公開金鑰基礎架構（Public Key Infrastructure，PKI）達到不可否認性

加解密方式來保護資料，可分爲二大類，分別爲對稱式加密法（Symmetric Encryption）及非對稱式加密法（Asymmetric Encryption），而密碼系統是由明文、加密演算法、金鑰（Key）、解密演算法及密文組合而成，如圖 16-1 所示。

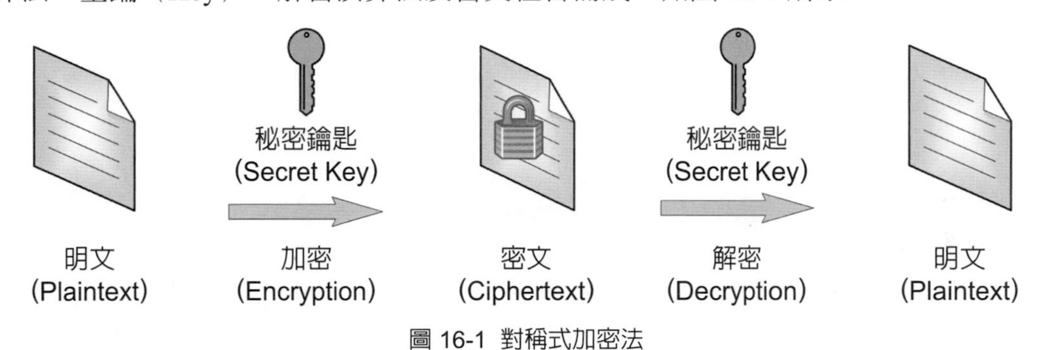

圖 16-1 對稱式加密法

明文（Plaintext）：加密前的原始資料，爲加密演算法的輸入，解密演算法的輸出。密文（Ciphertext）：加密之後的資料，爲加密演算法的輸出，解密演算法的輸入。加密演演算法（Encryption Algorithm）：利用密鑰對明文進行加密的編碼動作的演算法。解密演算法（Decryption Algorithm）：利用金鑰對密文進行解密的解碼動作的演算法。解密（Decipher）：將密文還原爲明文的過程。密碼破解（Cryptanalysis）：不需經由加密金鑰或使用僞造金鑰即能夠將密文破解原還爲明文。

16-2-1 對稱加密

對稱密鑰演算法（Symmetric Key Algorithm）又稱爲對稱加密、私鑰加密、共享密鑰加密，是密碼學中的一類加密演算法。在加解密時使用相同的密鑰，常見的對稱加密演算法有 AES、3DES、DES、IDEA、RC5、RC6。與公開金鑰加密相比，要求通訊雙方使用相同的密鑰是對稱密鑰加密的主要缺點之一。

16-2-2 非對稱加密

非對稱加密通常用於大量用戶需要同時加密和解密消息或數據的系統中，尤其是在運算速度和計算資源充足的情況下。該系統的一個常用案例就是加密電子郵件，其中公鑰可以用於加密消息，私鑰可以用於解密。

非對稱加密算法使用一個密鑰來加密數據，再使用另一個密鑰來解密它，在非對稱加密系統中，用於加密的密鑰稱爲公鑰，可以與他人進行共享，另一個密鑰，用於解密的密鑰是私鑰，應該自己使用，不可與他人共享。

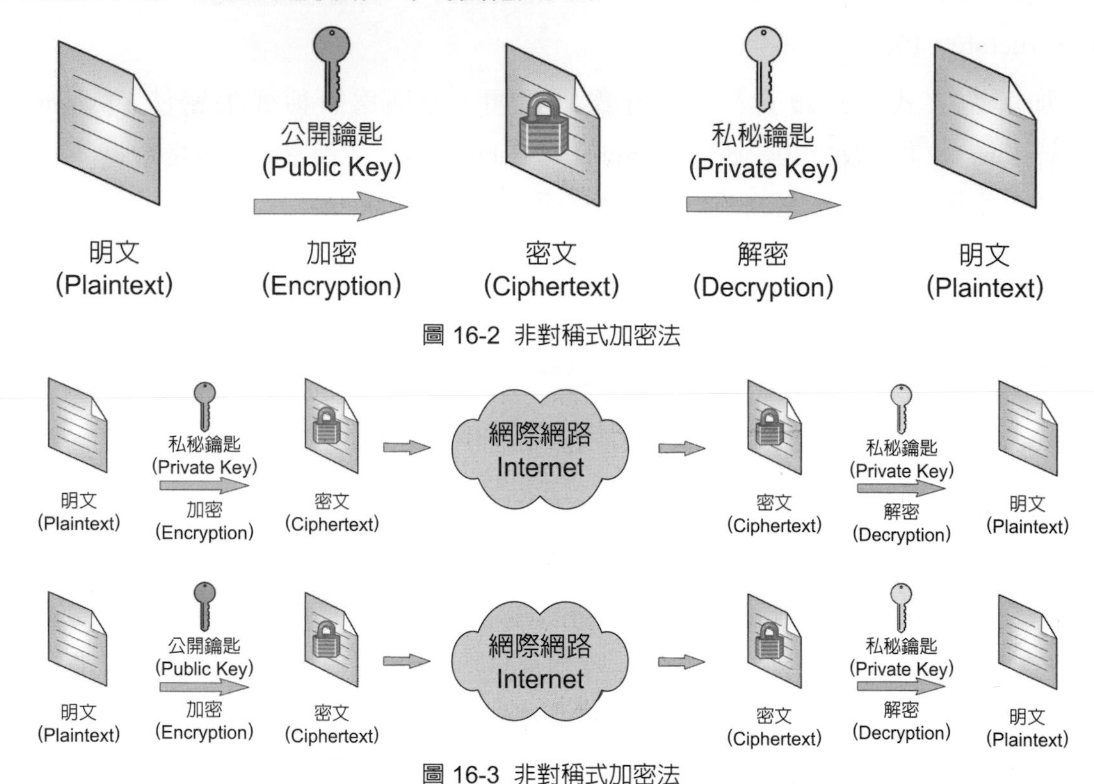

圖 16-2 非對稱式加密法

圖 16-3 非對稱式加密法

如圖 16-3 所示，在許多應用中，對稱和非對稱加密會透過網路來使用，有時也混搭使用，因透過網路，所以在網路這部份，也需要有安全保障，所以大都使用安全通訊協定（Secure Sockets Layer，SSL）及傳輸層安全性協定（Transport Layer Security，TLS），TLS 協定的安全性較高，已被主流瀏覽器廣泛使用。

◆密鑰長度

對稱和非對稱加密間的另一個功能差異與密鑰的長度有關，密鑰的長度以位元（bit）爲單位，並且與每個加密算法提供的安全級別直接相關，在對稱加密中，密鑰是隨機選擇的，長度通常設置爲 128 位元或 256 位元，具體長度取決於所需的安全級別，而在非對稱加密中，公鑰和私鑰之間有數學上的關聯，攻擊者可利用該關聯破解密文，因此非對稱加密需要更長的密鑰，才能提供相同級別的安全性，例如：128 位的對稱密鑰和 2048 位非對稱密鑰才能提供大致相同的安全級別，可知密鑰長度的差異是十分明顯的。

◆ 優缺點比較

對稱和非對稱加密法，各有各的優缺點，請參照圖 16-3，對稱加密算法運算速度快，且需要較少的計算資源，但主要缺點是密鑰的分發，加解密信息時，使用相同的密鑰，所以必須將密鑰發送給解密者，因此有了安全風險。相對地非對稱加密使用公鑰進行加密，私鑰進行解密，來解決密鑰分發的問題。然而，需要取捨的是，與對稱加密相比，非對稱加密系統運作較耗時，並且由於密鑰長度很長，因此需要更多的計算資源。

表 16-3 對稱加密和非對稱加密之比較

	對稱式加密法	非對稱式加密法
別名	秘密金鑰加密法	公開金鑰加密法
加解密的 key 是否相同	相同	不同
key 可否公開	不可公開	公開鑰匙可以公開 私有鑰匙不可公開
key 保管問題	如果與 N 個人交換訊息，需保管 N 把加解密鑰匙	無論與多少人交換訊息，只需保管自己的私密鑰匙
加解密速度	快	慢
應用	常用於加密長度較長的資料，例：email	常用於加密長度較短的資料、數位簽章

◆ 數位簽章

相對於現實世界中的簽章，在網路世界中的簽章，就是數位簽章 (Digital Signature)，功能與現實世界中的簽章相同，例如：銀行和客戶間傳送電子訊息所附的電子識別碼或符號，視為當事人一方的簽名，用以確認身份。

◆ 數位憑證

至於憑証則指由憑証機構以數位簽章方式簽署之資料訊息，用以確認憑証申請者之身份，並証明其確實擁有一組相對應之公開金鑰及私密金鑰之數位式證明。

16-3 病毒

本章提到的病毒 (Virus) 指的是電腦病毒，屬於惡意程式 (Malicious code) 的一種，與眞實世界中的病毒十分類似，有相似的生命週期（Life cycle）、潛伏期（Dormant Phase）、傳染期（Propagation Phase）、發作期（Active Phase）。

◆ 勒索病毒

勒索病毒也是惡意程式的一種，散播方式與一般惡意程式和電腦病毒一樣，感染後會鎖住受害者的電腦，或者將受害者電腦的資料加密，再向受害者要求付費，如同勒索一般，需繳交贖金後，才能夠贖回珍貴的資料，也就是解開加密資料。眞實案例中，有付了贖金，卻沒有解開加密資料，雪上加霜而已，也有越晚支付則贖金，則贖金金額越高。

◆ 攻擊

網路攻擊層出不窮，時有所聞，像是進階持續性滲透攻擊（Advanced Persistent Threat，APT）、分散式阻斷服務攻擊 (Distributed Denial of Service，DDoS) 、史諾登揭密事件簿 非法竊聽 、Line 貼圖詐騙、ATM 吐鈔等等屢見不鮮，如何防範呢？要防範攻擊，其實要先了解攻擊

- 最弱的資訊安全防護就是人
- 人的風險眞的只能靠教育訓練
- 處理流程爲偵測、監控、分析、通報、處置

16-4 網路管理

網路管理 (網管) 是必要的，從有病毒開始，人們開始注意網路安全，最近電子商務的流行，網路安全更被重視，而網路安全是網路管理的主要原因之一。網路管理需要管理那些項目，帳號 (Account)、群組 (Group)、網域、使用權限、流量管制、網路效能 (Performance)、防止駭客入侵及機密資料外流等等。網管工作通常由伺服管理員或 MIS(Manager Information System) 人員負責。

接著介紹有關網路管理架構，在 1989 年所發表的 ISO 7498-4 號文件，將網路管理規劃成四個項目，這四個網路管理項目，也就成了大家最探討的網管主題：

- 組態管理 (Configuration Management)
- 故障管理 (Fault Management)
- 效能管理 (Performance Management)
- 安全管理 (Security Management)

16-5 簡單的網路管理協定

在眾多網路監控通訊協定(包括某些廠商的專屬協定)中，最常見的便是簡易網路管管理協定 (Simple Network Management Protocol，SNMP) 和遠端監視 (Remote Monitoring，RMON) 這兩種通訊協定。

簡單的網路管理協定 (Simple Network Management Protocol，SNMP)，可以監督網路上任何一部主機的活動，屬於應用層協定，它用於收集、交換網路裝置及裝置間的網管資訊，例如：各裝置的資料傳輸率、例外事件等等，在目前日益複雜、分散、多元化的網路環境，其間充斥著各式網路設備，使得網路的管理、除錯變得困難，SNMP 的問世即是在解決複雜網路的網管問題，透過它網管人員將可更容易地管理網路效能，並查出問題徵結。

SNMP 是目前最普遍用於各式網際網路(不特指 Internet)的網管協定，包括業界應用及教育研發，SNMP 如同其名，是個很單純的協定，但其特點是足以應付各式各樣異質性網路的網管需求。由於 SNMP 的應用範圍極廣，故其在各方面應用的標準化過程仍在進行中，規格及應用仍不斷地推陳出新，目前的 SNMP 有三種版本，分別標記爲 SNMPv1、SNMPv2 及 SNMPv3，SNMPv1 提供基本的網管，SNMPv2 則更進一步加強安全性及協定效能，遺憾的是 SNMPv1 及 SNMPv2 兩者的規格並不相容，而 SNMPv3 爲下一代的 SNMP 的協定。

16-6 電腦蠕蟲

電腦蠕蟲（computer worm）與電腦病毒相似，是一種能夠大量自動自我複製的電腦程式，可能造成電腦效能變差，甚至當機，也有可能影響網路流量。與病毒不同點在電腦蠕蟲不需要依附在其他檔案。

16-7 零時差攻擊

零時差攻擊（Zero Day Attack）是指軟體使用一段時間後，需要修補，從發現修補到通知使用者進行修補這段時間，不難察覺中間有一段危險的空窗期，入侵者最好的攻擊時機，屬於危險時期，未能及時修補，狂客可能入侵成功等。

16-8 進階持續性攻擊

進階持續性攻擊 (Advanced Persistent Threat，APT)，有三項特色，分別是先進、威脅、持續性，先進（Advanced）指的是精心策畫的進階攻擊手法，持續性（Persistent）則是長期、持續性的潛伏、監控，而威脅（Threat）是 APT 攻擊重點在於低調且緩慢，並利用各種複雜的工具與手法，逐步掌握目標的人、事、物，不動聲色地竊取其鎖定的資料，所以極不易察覺。APT 是長期且多階段的攻擊，攻擊者會花長時間跟大量精神去打破組織的防禦能力，例如：弱點掃描失效則改用社交工程，資安人員面臨著一個不斷演變的資安威脅環境。

16-9 阻斷式服務攻擊

阻斷式服務攻擊 (Denial of Service attack，DoS)，又稱洪水攻擊（Flooding Attack），是一種癱瘓服務攻擊手法，目的在於使目標電腦的網路或系統資源耗盡，使服務暫時中斷或停止，導致正常用戶無法使用。進階版是透過分散式服務進行 DOS 攻擊，則進階為分散式阻斷服務攻擊（Distributed Denial of Service attack，DDoS）例如：當狂客 (Cracker) 使用網路上兩個或以上被攻陷的電腦作為跳板，向特定的目標發動阻斷服務式攻擊時，稱為 DDoS 攻擊。

◆導向清洗中心

導向清洗中心（黑洞）指將所有受攻擊電腦的通信全部導向至一個不存在的網址（黑洞或空介面）或者有足夠能力處理洪流的網路裝置商，像是國網中心沖洗站，以避免網路受到較影響。當流量被送到 DDoS 防護清洗中心時，通過抗 DDoS 軟體處理，將正常流量和惡意流量區分開，正常的流量則回注回客戶網站，這樣一來，站點能夠保持正常的運作，提供正常用戶應有的服務。

16-10 殭屍網路

殭屍網路 / 傀儡網路（Botnet）是指受害電腦被植入惡意程式，就會像傀儡般任人擺佈，經由遠端操控執行各種惡意行為，當一部電腦成為傀儡網路的一部份時，意味著 Bot 操縱者可將募集到的龐大網路軍團當作機器人來遠端遙控，從事各種非法入侵。近年來尤以藉著網頁掛馬（入侵合法網頁植入惡意連結）進行資料竊取危害甚鉅。瀏覽網頁者在無法察覺的情況下，連線到殭屍網路在背景底下被植入間諜軟體等惡意程式，並從此成爲殭屍網路的一員，繼續壯大殭屍網路軍團。

殭屍網路由三部份組成，分別爲殭屍牧人、殭屍及殭屍網路伺服器，殭屍牧人（botherder）：下指令給殭屍網路成員，即殭屍的司令。殭屍（botclient）：被遙控的受害者電腦，受害者通常不會察覺自己已經遭受感染，而成爲 botnet 殭屍網路的一份子。殭屍網路伺服器 (Command and Control Server，C&C Server)：負責維護管理控制整個殭屍網路的伺服器，可將殭屍牧人的命令傳送給殭屍。

16-11 社交工程

社交工程（social engineering）利用人類先天的情感例如：貪小便利心、同理心、同情心、好奇心及恐懼心等，透過以交談、欺騙、假冒或話術等方式從合法用戶中套取用戶系統的秘密，例如：用戶名單、用戶密碼及網路結構，與金光黨相似。

◆ 常見社交工程手法

目前社交工程大都是利用電子郵件或網頁來進行攻擊，手法有假冒寄件者、製造讓人感興趣的主旨與內文且含有惡意程式的附件或連結，請參考表 16-4。不小心中社交工程會成爲對方的代罪羔羊（跳板）、遭植入後門成了殭屍電腦等。

表 16-4 以假亂真的網址範例表

原	偽	正常正確的網址	偽造的網址
m	nn	www.mcdonalds.com.tw	www.nncdonalds.com.tw/
m	rn	www.mcdonalds.com.tw	www.rncdonalds.com.tw/
O	0	www.mcdonalds.com.tw	www.mcd0nalds.com.tw
l	1	www.lit.edu.tw www.paypal.com	www.1it.edu.tw www.paypa1.com
i	l	www.hinet.net	www.hlnet.net
W	vv	www.hinet.net	wvvw.hinet.net

16-12 防毒軟體

美國的 Norton Antivirus、McAfee、PC-cillin，羅馬尼亞的 Bitdefender，俄羅斯的 Kaspersky Anti-Virus，斯洛伐克的 NOD32 等產品在國際上口碑較好，但殺毒、查殺能力都有限。

16-13 資安法規

資訊安全相關法令有國家機密保護法、電子簽章法、刑法 (防駭條款)、電腦處理個人資料保護法、檔案法、著作權法、行政院及所屬各機關資通安全管理要點、機關公文電子交換作業辦法及智慧財產權。

16-14 個資法

在個資法規範中，對於防止個人資料被竊取、竄改、毀損、滅失或洩漏等都有明確規範，企業必須遵循法規並提出相關應變政策，包括駭客攻防與惡意程式威脅、防治資料外洩、系統與平台安全、網路安全、資安設備使用與個人資料保護等都是企業 IT 每天要面對的挑戰。

一般資料保護條例 (General Data Protection Regulation，GDPR)，可視爲歐盟的個資保護法，用於取代前一版本，且訂定個資合理使用範圍，及應有個資保護。

▲ 註：駭客（Hacker）和狂客 (Cracker) 是不一樣的，駭客是爲了證明或好奇而侵入別人的電腦，但不做任何破壞性之行爲，而狂客則是會做破壞性之行爲，一般人誤把狂客當駭客，現今有新的說法不同顏色帽子的駭客來分好壞，黑帽駭客（Black Hat Hacker），就會做破壞性之行爲的駭客，而白帽駭客（White Hat Hacker），就是不做破壞性之行爲的駭客。

16-14-1 ISMS 規範

資訊安全管理系統 (Information Security Management System，ISMS) 是一套有系統地分析和管理資訊安全風險的方法。之前提到要做到絕對安全是不可能的。ISMS 的目標是透過控制方法，把資訊風險降低到可接受的程度內。ISMS 提供了資訊技術、安全技術、資訊安全管理系統三者的整體概念。

16-14-2 國際資訊安全標準

國際資訊安全標準是 ISO 27001，分成 11 個領域 39 個控制目標、133 個控制要點，我國的 CNS 27001 參考 ISO 27001 修訂，爲資訊安全管理系統 (Information security management system，ISMS) 系列標準之重要指導綱要。

16-15 如何防範

預防勝於治療，遵守安全政策與程序，多一份警覺心，多一分求證，少一分損害，預防自己受騙，平時做好資安教育訓練與宣導，知彼知己建立完善通報作業，防人之心不可無，保持良好安全使用習慣，保持高度危機意識及警覺心，用一點不便換取高強度的資訊安全。

1. 密碼：加強密碼及敏感的資安意識，防止大部分攻擊，隨時提高警覺，不要未經確認即提供資料，任何詢問重要敏感資料的人，都需小心求證，確認要求者的身分，在任何資訊釋出時，都要確認要求者的身分及對方經過授權且權限應分級控管。
2. 電子郵件：不開啓來路不明的電子郵件，見到聳動的主旨、檔名及連結名稱吸引收信人點選開啓的信件或夾檔，應要有戒心是釣魚或是帶有病毒的網頁連結，若有可疑的附件檔案，像是 exe、dll、scr、bat、pif、com、vbs、lnk 等，以電話求證。
3. 不良網站：不點選色情網站、盜版影片、知名付費軟體免費下載、知名付費遊戲免費下載的網站，通常都暗藏玄機，像釣魚網站，免費最貴。
4. 隨身碟：USB 隨身碟尙未普及時，電腦中毒的管道大部份是磁碟片，但現今取而代之的是 USB 隨身碟，在不同電腦之間使用，自然成爲傳播病毒的最佳管道，不過有了雲端空間後，此情形稍有趨緩。
5. 安全防護：電腦、手機的作業系統或軟體像防毒軟體，通常一段時間就會提供修補更新，定期更新有助於安全性提升，且重要資料檔案要加密且備份防護。啓動個人防火牆（Firewall）。防火牆可分爲軟體防火牆及硬體防火牆，可解決不少網路攻擊。
6. 太好心的熱點：在使用行動裝置時，常有人爲了省錢而去找免費沒有設密碼的 Wi-Fi 熱點，有心人就利用此點，在熱點的無線路由器端植入惡意程式，側錄網上的一舉一動，不知不覺就中招了。

本章習題

填充題

1. 安全電子交易 (SET) 系統是由（　　　　　　）及（　　　　　　）所共同制定的。
2. 資安三大基本原則，分別爲（　　　　　　）（　　　　　　）及（　　　　　　）。
3. 資訊安全四大基本需求，分別爲（　　　　　　）（　　　　　　）（　　　　　　）及（　　　　　　）。
4. ATP 中文全名爲（　　　　　　）。
5. ATP 英文全名爲（　　　　　　）。
6. DOS 中文全名爲（　　　　　　）。
7. DOS 英文全名爲（　　　　　　）。
8. DDOS 中文全名爲（　　　　　　）。
9. DDOS 英文全名爲（　　　　　　）。
10. 防火牆可分爲（　　　　　　）防火牆及（　　　　　　）防火牆。
11. 駭客以好壞可分爲，（　　　　　　）駭客及（　　　　　　）駭客。
12. 殭屍網路由三部份組成，分爲（　　　　　　）（　　　　　　）及（　　　　　　）。

選擇題

1. （　　）請問下列哪一個不是一種安全的密碼？ (A)000 (B)111 (C)999 (D) 以上皆是。
2. （　　）請問下列哪一個不是一種安全的密碼？ (A) 生日 (B) 電話號 (C) 生日 + 電話號 (D) 以上皆是。
3. （　　）請問下列哪一個是一種安全的密碼？ (A) 密碼長度超過 8 (B) 含大小寫及數字 (C) 含特殊符號 (D) 以上皆是。
4. （　　）請問下列哪一個是資安三大基本原則？ (A) 機密性 (B) 完整性 (C) 可用性 (D) 以上皆是。
5. （　　）請問下列哪一個是防毒軟體？ (A)Norton Antivirus (B)McAfee (C)PC-cillin (D) 以上皆是。

6. (　　) 請問下列哪一個不是防毒軟體？ (A)Kaspersky (B)Mcoffee (C)PC-cillin (D)Nod32。
7. (　　) 下列哪一個是防毒軟體？ (A)Nod32 (B) McAfee (C)PC-cillin (D) 以上皆是。
8. (　　) 請問下列哪一個是防毒軟體？ (A)Nod32 (B)McAfee (C) Kaspersky (D) 以上皆是。
9. (　　) 請問下列哪一個是防毒軟體？ (A) 殭屍牧人 (B) 殭屍 (C) 殭屍網路伺服器 (D) 以上皆是。

問答題

1. 網路有何危險？如何避免？
2. 請問何謂對稱加密？
3. 請問何謂非對稱加密？
4. 請問何謂數位簽章？
5. 請問何謂數位憑證？
6. 請問何謂社交工程？
7. 請問何謂惡意程式？
8. 請問何謂電腦病毒？
9. 請問何謂電腦蠕蟲？
10. 請問何謂阻斷式服務攻擊？
11. 請問何謂零時差攻擊？
12. 請問何謂 APT?
13. 請問何謂網路釣魚？
14. 請問何謂殭屍網路？
15. 請指出兩個資安法規。
16. 請指出兩個防毒軟體

NOTE

讀者回函卡

掃 QRcode 線上填寫 ▶▶▶

姓名：＿＿＿＿＿＿ 生日：西元＿＿＿年＿＿＿月＿＿＿日 性別：□男 □女

電話：（ ）＿＿＿＿＿ 手機：＿＿＿＿＿＿

e-mail：（必填）＿＿＿＿＿＿＿＿＿＿＿＿＿＿

註：數字零，請用 Φ 表示，數字 1 與英文 L 請另註明並書寫端正，謝謝。

通訊處：□□□□□＿＿＿＿＿＿＿＿＿＿＿＿＿＿

學歷：□高中．職 □專科 □大學 □碩士 □博士

職業：□工程師 □教師 □學生 □軍．公 □其他

學校／公司：＿＿＿＿＿＿ 科系／部門：＿＿＿＿＿＿

．需求書類：

□A. 電子 □B. 電機 □C. 資訊 □D. 機械 □E. 汽車 □F. 工管 □G. 土木 □H. 化工 □I. 設計

□J. 商管 □K. 日文 □L. 美容 □M. 休閒 □N. 餐飲 □O. 其他

．本次購買圖書為：＿＿＿＿＿＿＿＿ 書號：＿＿＿＿＿＿

．您對本書的評價：

封面設計：□非常滿意 □滿意 □尚可 □需改善，請說明＿＿＿＿＿＿

內容表達：□非常滿意 □滿意 □尚可 □需改善，請說明＿＿＿＿＿＿

版面編排：□非常滿意 □滿意 □尚可 □需改善，請說明＿＿＿＿＿＿

印刷品質：□非常滿意 □滿意 □尚可 □需改善，請說明＿＿＿＿＿＿

書籍定價：□非常滿意 □滿意 □尚可 □需改善，請說明＿＿＿＿＿＿

整體評價：請說明＿＿＿＿＿＿＿＿＿＿＿＿＿＿

．您在何處購買本書？

□書局 □網路書店 □書展 □團購 □其他＿＿＿＿＿＿

．您購買本書的原因？（可複選）

□個人需要 □公司採購 □親友推薦 □老師指定用書 □其他＿＿＿＿＿＿

．您希望全華以何種方式提供出版訊息及特惠活動？

□電子報 □DM □廣告（媒體名稱＿＿＿＿＿＿＿＿＿＿）

．您是否上過全華網路書店？（www.opentech.com.tw）

□是 □否 您的建議＿＿＿＿＿＿＿＿＿＿＿＿＿＿

．您希望全華出版哪方面書籍？＿＿＿＿＿＿＿＿＿＿

．您希望全華加強哪些服務？＿＿＿＿＿＿＿＿＿＿

感謝您提供寶貴意見，全華將秉持服務的熱忱，出版更多好書，以饗讀者。

填寫日期： / /

2020.09 修訂

親愛的讀者：

感謝您對全華圖書的支持與愛護，雖然我們很慎重的處理每一本書，但恐仍有疏漏之處，若您發現本書有任何錯誤，請填寫於勘誤表內寄回，我們將於再版時修正，您的批評與指教是我們進步的原動力，謝謝！

全華圖書 敬上

勘誤表

書　號		書　名		作　者	
頁　數	行　數	錯誤或不當之詞句		建議修改之詞句	

我有話要說：（其它之批評與建議，如封面、編排、內容、印刷品質等．．．）